中國長江水利史料叢刊

叢書主編　郭康松

湖北隄防紀要

（外四種）

林久貴　整理

中国水利水电出版社
www.waterpub.com.cn
·北京·

图书在版编目（CIP）数据

湖北隄防纪要 ： 外四种 / 林久贵整理. -- 北京 ： 中国水利水电出版社, 2023.4
（中国长江水利史料丛刊）
ISBN 978-7-5170-9136-3

Ⅰ. ①湖… Ⅱ. ①林… Ⅲ. ①长江－水利史－史料－湖北 Ⅳ. ①TV882.2

中国版本图书馆CIP数据核字(2020)第266019号

書　　名	中國長江水利史料叢刊 **湖北隄防紀要（外四種）** HUBEI DIFANG JIYAO（WAI SI ZHONG）
作　　者	林久貴　整理
出版發行	中國水利水電出版社 （北京市海淀區玉淵潭南路1號D座　100038） 網址：www.waterpub.com.cn E-mail：sales@mwr.gov.cn 電話：(010) 68545888（營銷中心）
經　　售	北京科水圖書銷售有限公司 電話：(010) 68545874、63202643 全國各地新華書店和相關出版物銷售網點
排　　版	中國水利水電出版社微機排版中心
印　　刷	天津畫中畫印刷有限公司
規　　格	170mm×240mm　16開本　35.5印張　521千字
版　　次	2023年4月第1版　2023年4月第1次印刷
定　　價	**138.00圓**

序

水與人類生活息息相關。我國古代把水視爲五行之一，老子認爲“上善若水，水善利萬物而不争”。“水”字在古代既泛指一切水域，又特指河流，是河流的通稱，如灌水、瀟水、湘水、沅水、漢水、赤水、黑水等。古漢字中的“灾”字，有多種寫法，其中有一種寫作“災”，從水、從火會意，水在滋潤萬物的同時，又會給人類帶來灾害。夏朝的開國者大禹就是在治水中成長起來的領袖。在一代一代人治理水利用水的過程中，形成了豐富的水利史料。

先秦時期的文獻中，涉及水利的主要有《山海經》《尚書·禹貢》《周禮·職方氏》等。其後西漢司馬遷在《史記》八書中撰有《河渠書》，在記録主要河流流域的自然地理與經濟狀況的同時，尤其關注水利工程的興建情况及其利弊，如記載大禹治水、春秋戰國時期韓國水工鄭國修鄭國渠、西門豹引漳河水灌溉鄴地等史實，開創了正史專門記載河流、水利工程的先例。東漢班固在《漢書》中將其改稱爲《溝洫志》，《宋史》定名爲《河渠志》，此後的正史《金史》《元史》《明史》《清史稿》皆沿用《河渠志》之名。

在古代地方志文獻中，也有大量的水利文獻資料。如東晋常璩《華陽國志》中就有記録都江堰水利工程歷史的内容。唐李吉甫所撰《元和郡縣圖志》，是現存最早的古代地理總志，在每縣下記載着附近山脉的走向、水道的經流、湖泊的分布等。其後的地理總志，如北宋樂史《太平寰宇記》、南宋王象之《輿地紀勝》、祝穆《方輿勝覽》及《明一統志》《清一統志》等保留了這一傳統，保存有大量水利資料。從現存宋元地方志來看，如宋代張津《乾道四明圖經》、羅濬《寶慶四明志》、梅應發《開慶四明續志》以及《乾道臨安志》《剡録》《嘉泰會稽志》《寶慶會稽續志》《嘉定赤城志》《澉水志》《景定嚴州續志》《咸淳臨安志》《淳熙三山志》《新安志》《嘉定鎮江志》《景定建康志》等，元代李好文《長安志圖》、熊夢祥《析津志》、于欽《齊乘》、張鉉《至大金陵新志》、楊譓《昆山郡志》、單慶《至元嘉禾志》，均記載有當地的水利資料。明清以來修志成爲定例，省有通志、府有府志、縣有縣志，都記載有豐富的水利資料。

《尚書·禹貢》《史記·河渠書》《漢書·溝洫志》《宋史·河渠志》皆集中於全書之一篇，方志中的水利文獻則較爲分散。其專爲一書者，始於《水經》。《水經》的作者和成書時代歷來説法不一。《隋書·經籍志》有"《水經》三卷，郭璞注"，《舊唐書·經籍志》著録爲"《水經》二卷，郭璞撰"，改《隋志》之"郭璞注"爲"郭璞撰"，郭成爲作者，而《新唐書·藝文志》著録爲"桑欽《水經》三卷，一作郭璞撰"，宋以後的著作大多認爲《水經》作者爲桑欽，其時代爲漢代。《四庫全書總目》卷六十九稱："《水經》作者《唐書》題曰桑欽，然班固嘗引欽説與此經文異，道元注亦引欽所作《地理志》，不曰《水經》。觀其'涪水'條中，稱'廣漢'已爲'廣魏'，則決非漢時；'鍾水'條中，稱'晋寧'仍曰'魏寧'，則未及晋代。推文尋句，大概三國時。"《水經》簡要記述了一百三十七條全國主要河流的水道情況。《水經》是保存至今的最早的水利專書，原文僅一萬多字，記載相當簡略，僅"標舉源流，疏證支派而已，未及於疏浚堤防之事也"。北魏酈道元以《水經》爲綱，著成《水經注》，逐一説明各水的源頭、支派、流向、經過、匯合及河道概況，并對每一流域内的水文、地形、氣候、土壤、植物、礦藏、特産、農業、水利以及山陵、城邑、名勝古迹、地理沿革、歷史故事、神話傳説、風俗習慣等，都有具體的記述。全書共四十卷，約三十萬字，所記水道一千三百八十九條。

專言河流水道疏浚之書，蓋始於宋代單鍔《吴中水利書》。單鍔，字季隱，江蘇宜興人。嘉祐四年進士，得第以後不就官，獨留心於吴中水利，嘗獨乘小舟往來於蘇州、常州、湖州之間，長達三十年。凡一溝一瀆無不周覽其源流，考究其形勢，因以所閱歷著爲此書。宋魏峴撰《四明它山水利備覽》二卷，記載唐至宋它山堰的水利興廢情況，是一本非常珍貴的水利文獻。其後元代沙克什撰《河防通議》二卷、王喜撰《治河圖略》一卷，任仁發撰《浙西水利議答録》十卷，陳恬《上虞縣五鄉水利本末》二卷，歐陽玄《至正河防記》，皆詳言治水之法。

明代，水利專書漸繁。如姚文灝《浙西水利書》三卷、張國維《吴中水利書》二十八卷、歸有光《三吴水利録》四卷、陳應芳《敬止集》四卷、劉天和《問水集》三卷、伍餘福《三吴水利論》一卷、王獻《膠萊新河議》二卷、劉隅《治河通考》十卷、吴韶撰《全吴水略》七卷、潘季馴《兩河管見》三卷、龐尚鴻撰《治水或問》四卷、游季勛等《新河成疏》（無卷數）、王圻《東吴水利考》十卷、鄭若曾《黄河圖議》一卷、潘鳳梧《治河管見》四卷、徐貞明《潞水客談》一卷、張光孝《西瀆大河志》五卷、黄克纘《古今疏治黄河全書》四卷、黄承元《河漕通考》二卷、仇俊卿《海塘録》八卷、吴道南《河渠志》一卷、胡瓚《泉河史》十五卷、袁黄《皇都水利》一卷、朱國盛《南河志》十四卷、薛尚質《常熟水論》一卷等，還有撰者不詳之《新河初議》一卷、《吴中水利通志》十七卷、《新浚海鹽内河圖説》一卷、《黄運兩河考議》六卷等，都是比較著名的水利文獻。

清代，水利專書文獻更加豐富，除長江、黄河、運河、淮河、太湖等流域水利論著頗豐之外，與前代水利文獻相比又出現了新的特點。

一是水利文獻所涉及的地域更廣。福建水利文獻，如陳池養《莆陽水利志》等；新疆水利文獻，如袁大化《新疆圖志》等；浙江水利文獻，如毛奇齡《湘湖水利志》、吴農祥《西湖水利考》等；江西水利文獻，如蔣湘南《江西水道考》等；廣東水利文獻，如明之綱《桑園圍總志》，何如銓、馮栻宗《重輯桑園圍志》等；雲南水利文獻，如孫髯翁《盤龍江水利圖説》等。

二是新增了治水檔案文獻。如陳少泉、胡子脩編《襄堤成案》四卷、王概編《湖北安襄鄖道水利集案》上下兩集，江南河道總督衙門編《南河成案》五十八卷、《南河成案續編》一百零六卷、《南河成案又續編》三十八卷等。

三是注重水源的考證，如吴麟《江源記》、張文黿《江源考》、萬斯同《崑崙河源考》、紀昀《河源紀略》、沈楙德《漢水發源考》、孫良貴《楚南諸水源流考》、陳銛《漢州水源册》等。

四是海塘文獻明顯增加。繼明代仇俊卿《海塘録》八卷之後，清代海塘文獻種類及規模都顯著增加。如方觀承《兩浙海塘通志》二十卷，翟均廉《海塘録》二十六卷，琅玕《海塘新志》六卷、《續海塘新志》四卷，錢文瀚、錢泰階《捍海塘志》一卷，宋楚望《太鎮海塘紀略》四卷，蔣師轍《江蘇海塘新志》八卷，連仲愚《上虞塘工紀略》四卷等。

五是水利叢書的編撰。如吴邦慶編《畿輔河道水利叢書》，是收録清代畿輔地區（今京津冀地区）水利的專業性叢書。該書成書於道光四年（1824 年）。包括下列著作：清陳儀《直隸河渠志》《陳學士文鈔》（輯自陳儀所著文集中有關畿輔河道水利的文章，共八篇）、明徐貞明《潞水客談》（又名《西北水利議》）、允祥《怡賢親王疏鈔》（輯自雍正《畿輔通志》所載允祥於雍正三年至八年主持畿輔水利營田的奏疏九篇）、陳儀《水利營田圖説》（輯自雍正《畿輔通志》）、吴邦慶編《畿輔水利輯覽》（匯輯宋何承矩、元虞集、明汪應蛟等人的水利奏議、文章十篇）、吴邦慶編《澤農要録》（輯録《齊民要術》等農書中有關開墾水田、種植水稻等史料）、吴邦慶著《畿輔水道管見》《畿輔水利私議》。王來通等輯刻《灌江四種》，是彙集都江堰水利工程歷史、文化的叢書，由《灌江備考》《匯輯二王實録》《灌江定考》《川主五神合傳》組成，刊刻於光緒十一年（1885 年）。

長江發源於“世界屋脊”——青藏高原的唐古拉山脉各拉丹冬峰西南側。長江幹流流經青海、西藏、四川、雲南、重慶、湖北、湖南、江西、安徽、江蘇、上海十一個省（自治區、直轄市），長度六千三百餘公里，居世界第三位。長江數百條支流延伸至貴州、甘肅、陝西、河南、廣西、廣東、浙江、福建八個省（自治區）的部分地區，流域面積達一百八拾萬平方公里，約占中國陸地總面積的五分之一。長江與黄河一樣，是中華民族的摇籃，是中國古文化的發祥地。在雲南元謀發現的元謀猿人是迄今爲止中國發現最早的屬於“猿人”階段的人類化石，距今已有一百七十萬年左右的歷史。在長江上中游地區，就有云南“麗江人”、四川“資陽人”、湖北“長陽人”的化石和石器，屬於舊石器時代中晚期的人類遺迹，距今亦有十幾萬年至一萬多年的历史。在長江下游地區，發現有六千年前的馬家浜文化、五千年前的崧澤文化、四千年前的良渚文化等。江西清江美城和湖北武漢黄陂盤龍城兩處商代遺址，證實了這裏至少在三千年以前就已經發展了和黄河流域的中原地區基本相同的文化。在距今六千年至四千年間，生活在長江中游地區的人们就已經創造了輝煌的稻作農業文明，而水稻的栽培離不開水利。

長江流域的水利文獻十分豐富，但由於種種原因，人们對其重視不够。清代雍正時期傅澤洪所撰《行水金鑒》一百七十五卷，其中《河水》六十卷、《淮水》十卷、《漢水江水》十卷、《濟水》五卷、《運河水》七十卷、《兩河總説》八卷，其他《官司》《夫役》《漕運》《漕規》共十二卷，《漢水江水》僅僅十卷，與長江在全國江河中的地位不太相符。比較有名的長江水利文獻，如明代的有姚文灝《浙西水利書》三卷、張國維《吴中水利書》二十八卷、歸有光《三吴水利録》四卷、王圻《東吴水利考》十卷、薛尚質《常熟水論》一卷等，清代的有馬徵麟《長江水利圖説》十二卷、李元《蜀水經》三卷、陳登龍《蜀水考》四卷、王廷鈺《灌江備考》、張灼《匯輯二王實録》、王來通《灌江定考》、陳懷仁《川主五神合傳》、王柏心《導江三議》、田宗漢《湖北水利圖説》、王鳳生《楚北江漢宣防備覽》二卷、胡祖翮《荆楚修疏指要》六卷、俞昌烈《楚北水利堤防紀要》二卷、倪文蔚《荆州萬城堤志》十一卷、舒惠《荆州萬城堤續志》十一卷、王概《湖北安襄郧道水利集案》二卷、陳少泉和胡子脩《襄堤成案》四卷、范鳴龢《淡災蠡述》、李本忠《平灘紀略》六卷和《蜀江指掌》、沈楙德《漢水發源考》、綦世基《洞庭湖志》十四卷、孫良貴《楚南諸水源流考》、程國觀《李渠志》六卷、黎世序《練湖志》十卷、蔣湘南《江西水道考》五卷等。

水利文獻具有重要的文獻價值。它是研究我國古代水文化、自然地理、河流湖泊變遷、治水科技史、交通史、經濟史、軍事史、旅遊文化史、社會治理與社會生活史的重要資料，對現代河流湖泊治理開發、城市發展規劃、區域發展規劃、水利水電開發、旅遊開發、生態環境保護等具有十分重要的參考價值。

絶大部分水利文獻具有很明顯的地域性特點，大多流傳不廣，一般讀者獲之不易，研究者也查找困難，没有標點整理，閱讀起來也不方便，爲此我們精選長江流域重要的水利文獻，編爲六册，包括《蜀水考》（外二種）、《平灘紀略》（外一種）、《當邑官圩修防彙述》、《江西水道考》（外五種）、《重修槎陂志》（外五種）、《湖北隄防紀要》（外四種），整理出版。在本書即將付梓之際，略叙我國古代水利文獻發展史，并略舉長江流域古代重要的水利文獻以爲序。

郭康松

2022 年 8 月

凡例

一、《中國長江水利史料叢刊》所收録文獻主要爲反映長江流域河湖历史、江河治理、水利工程相关的文獻资料，收録文獻時間範圍爲從有文字記載開始至 1949 年止。

二、本次整理主要採用標點、校勘、注釋等方式進行，並增加了整理説明。整理工作原則爲句讀合理、標點正確、校勘有據、注釋簡明。標點使用遵循 GB/T 15834—2011《標點符號用法》；凡有可能影響理解的文字差異和訛誤（脱、衍、倒、誤）都標出並改正，必要時以校勘記進行説明，校勘記置於頁脚，文中校碼〔一〕〔二〕〔三〕……附于原文之後；正文改字在文中標注增删符號，擬删文字用圓括號標記，更正文字用六角括號標記，如把擬删的“下”改成“卜”，格式爲（下）〔卜〕；對於史實記載過於簡略、明顯謬誤之處，以及古代水利技術專有術語，專業管理機構，工程專有名稱、名詞等，進行簡單注釋。

三、每個編纂單元前，有文獻整理者撰寫的《整理説明》。其主要内容包括：文獻的時代背景，作者簡介及其主要學術成就，文獻的基本内容、特點和價值，文獻的創作、成書情況和社會影響，本次整理所依據的版本及其他需要説明的問題。

四、整理後的文獻採用新字形繁體字。除錯字外，通假字、異體字原則上保留底本用字，不出校。

五、爲保持文獻歷史原貌，本次整理不對插圖進行技術處理。

目録

湖北堤防紀要

王兆虎　丁壽石　余會雲　編纂

整理説明

《湖北隄防紀要》二卷，民國 14 年（1925 年）王兆虎、丁壽石、余會雲編纂。該書卷一爲序、呈文、例言、官隄表、民隄表，卷二爲官隄圖説、民隄圖説、附輯成案。目録之後有多篇序言，首先是時任督辦湖北軍務善後事宜兼省長蕭耀南之序，其次爲時任湖北政務廳廳長（民國 14 年 6 月）饒鳳璜、楊會康（民國 14 年 9 月）之序，江陵鄧振璣之跋文，再次爲時任湖北水利局局長屈德澤、荆宜道尹劉道仁、湖北實業廳廳長楊樹芬諸人之序，最後爲時任清查湖北隄防委員王兆虎、丁壽石、余會雲之序。據蕭耀南序云“民國十二年三月，擇掾吏之諳隄務者，曰王兆虎、丁壽石、余會雲，委專其役，先之以清理擋卷，繼之以實地查勘，寬假歲月，使得從容鈎稽，輯爲專書。今年夏，編輯既竣，披覽一過，見所列圖表，考證完密，依原定之計畫，爲精確之調查，時逾兩稔，卒觀厥成”，知蕭耀南首其事，王兆虎等諸人主其事，王氏等人在“先之以清理擋卷，繼之以實地查勘”，“依原定之計畫，爲精確之調查”，歷時兩年零三個月（蕭序作於是年六月）而告竣。

該書正文分爲官民隄表及官民隄圖説兩大部分，其獨具特色的水利文獻編纂形式，體現出對湖北隄防研究、治理的價值及意義。

首先，該書“按荆漢襄之區域、官民之界限、修防之緩急，各列爲表，表次以圖，圖次以説”，用表、圖、説結合的編纂形式，呈現荆、漢、襄隄防之大勢。這種體例在湖北隄防水利文獻編纂史上并不多見，正如王兆虎等在該書序言中所寫：“粤稽誌籍，隄防雖間有紀載，第關於全體之計畫、詳悉之圖表，獨少專書，甚非所以謀安輯、規久遠也。”

其二，表分爲兩部分，即湖北全省官隄表、湖北全省民隄表，官、民表又各分段别、縣别、隄名、工程、經費、水流緩急、隄塍形質、類别等項，分類的目的非常明確，就是“載段别以劃荆、漢、襄三江，載縣别以明係何縣所轄，載隄名以定其稱謂，載隄别以判官、民之界限，載工程以知建築之大小，載經費以明隄欵之收支，載水流緩急以標河泓之向背，載隄塍形質以覘基礎之堅脆，載類别以辨關係之輕重”。尤其是“類别”項下將所有隄防分爲“最要”“次要”兩類，“以利害關係重大、隄塍虚險者列最要，其隄塍堅厚、關係較輕者列次要”，使得湖北全省隄防之險工要段十分明晰。

其三，“圖説”部分别具新意。首繪圖，包括湖北荆、漢、襄三段官民隄防全圖及江陵萬城隄等各地分圖；次爲“説”，即作者對各圖所作的説明性按語；再次爲“附輯成案”，包括有關各隄工之諭旨、卷宗、典志等史料。這種編纂形式，既有直觀之隄圖，又有編者之按斷，還有史料之輯録，包含了豐富的江河隄防資訊。如所輯録之成案“計自清康熙至道光二百餘年奏准者三十案，民國由道呈准者一案，由省署通令者一案”，這些史料“俱於隄務行政足資參考”，其中王又旦疏與彭剛直修樊口閘疏“持論透闢、獨具隻眼”。

此外，有些史料還對研究當時的政治、經濟等有參考價值。比如，王兆虎等在論及當時修築隄工經費困難時説“惟因國庫竭蹶，無欵可撥，小民情急無法，只得乞憐華洋義賑會爲飲鴆止渴之計。查該會以義賑爲名，本屬慈善性質，借貸未嘗不可。第恐積漸難返，任意操縱，致啟外人干涉内政之漸，其害有甚於漫隄者”，説明編者已注意到國家主權之事。

此次整理所據底本爲民國 14 年（1925 年）刊本。若有不當之處，敬請批評指正。

目　　録

〔蕭耀南〕序[1]

賈讓《治河三策》於水道形勢及利害得失之數，瞭若指掌。綜其大恉，則在不與水争地，謂宜遵古聖之法，定山澤之位，使各處其所而不相奸。而以“繕完故隄、增庳培薄，勞費亡已，數逢其害”爲最下策。蓋自漢以來，言治水者率奉其説爲不刊之典。然泥古而不會其通，後遂有仿行其法而廢決隄埝以大爲民害者。夫以時事之迭有遷變，决隄以放水，既格於勢而有所弗行，則所以規畫隄務，力禦水患，以資爲田廬、生命之保障者，雖甚勞費，豈事之所得已乎！吾鄂古稱澤國，當江漢之衝，其間巨浸重湖，星羅碁布，自荆襄以達蘄黄，沃野平疇。吾民之環隄而廛廬其中者，亘千餘里。精華之所薈萃，政治視爲樞紐。軍興以來，隄防稍弛，大潦時至，輒患潰决。予蒞鄂五載，三告水災，報潰隄垸無慮數十，工之險且鉅者，以濱漢之王家營隄爲最，次則瀕江之沔陽宏、恩、上、田等隄及武昌西北湖隄，皆修而復潰，先後糜欵至數百萬或數十萬不等。他如鍾隄之三、四兩工，潛江之簡家灣、謝家潭，黄岡之沿江長隄及兩閘工，鄂城等屬之樊口隄閘工，費皆以數十萬計。罄公帑，殫民力，竭蹶以赴，迺蕆厥工。予於軍書旁午之餘，時或親履工次，周歷胝察，益慨然知隄防爲吾鄂命脉所在，而徹底計畫之不容或緩也，迺綜覽荆宜、江漢、襄陽三道川流之大勢，而審察乎江、漢二水衝要之所在及其利害之關係，并詳考乎官民各隄建築之緣起，與夫培護之情形，區爲段落，辨其緩急，以從事整理。民國十二年三月，擇掾吏之諳隄務者，曰王兆虎、丁壽石、余會雲，委專其役，先之以清理檔卷，繼之以實地查

[1] 本編纂單元存在多篇序言，爲方便閲讀，均在原篇名前補入作序者姓名。下同。

勘，寬假歲月，使得從容鈎稽，輯爲專書。今年夏，編輯既竣，披覽一過，見所列圖表，考證完密，依原定之計畫，爲精確之調查，時逾兩稔，卒觀厥成，其勤慎有足多者，亟命付印，俾將來考察隄務者，資以取證焉，亦庶幾事半而功倍乎！雖然江漢之環繞鄂境數千年於兹矣，江底則淤墊日高，垸圍則侵占益廣，大江兩岸穴口久湮，漢水經流支河半塞，昔之巨澤、重湖、曲港、灣泊足資江漢之洄漩者，今盡爾甸爾田、井畫疆理，每逢夏秋汛漲，水高於圍田者丈餘，一髮危隄，而冀其崇墉屹立、永慶安瀾，此勢所不能也。故欲爲正本清源之計，思患預防之謀，尤莫如清出支河、穴口，疏、障並舉。是編所附成案，於修防之法、宣洩之方，抉擇特詳，足備治水之一助。知隄防爲當務之急而加意以整理之，而復嚴申堵築之禁，實施疏濬之功，則於不與水争地之恉，庶仍不相背馳也夫。爰紀其顛末而爲之序。

中華民國十四年六月

督辦湖北軍務善後事宜兼省長蕭耀南

〔饒鳳璜〕序

湖北江漢交匯，向稱澤國，而隄防興作，稽之古吏，略焉弗詳。惟有明一代，自洪武迄萬曆，湖北隄防疏築工役，備載於《明史·河渠志》中，其前後雜見於他書與分載於鄉邑志者，不可縷計。水之病吾鄂也久矣。近歲以來，水災迭告，公私損耗無算，竭官帑，殫民力，群謀捍禦，一時之患，僅乃克紓。民國十二年，兼省長蕭公進椽屬而命之曰："前事不忘，後事之師也。湖北各縣，濱江濱漢者占全省泰半，一隄之成毁，其利害或在一隅，或繫數縣。枝節而圖之，於計無當，宜就全省水利，部别州分。若者隸官，若者隸民，察其重輕，相其緩急，參考成案，繪圖列表，次第董治，患庶可已。"於是擇屬吏之習隄事、耐勞苦者，曰王君兆虎、丁君壽石、余君會雲，俾司其役，使之分履各隄，一一查勘，既歸而後從事。三君足之所經，目之所見，耳之所聞，參互考訂，本其所得，著之於帙。綜全省隄防，區畫爲三，名稱工費，以類相從，具列於表。官隄隄各爲圖，凡十餘圖，民隄縣各爲圖，凡三十餘圖，皆爲説以明之。十四年五月，圖表成，將付石印，俾治水利者資考證焉。鳳璜於宣防之學，未嘗闡究，誠不足以相發明。而三君用力精勤，久而不懈，卒成巨製，條分縷晰，燦然畢陳有足多者。繼自今以時討論，思患預防，守而循之，無使失墜，固數世之利也。爰不揣固陋，綜其緣起，著之於篇。是爲序。

中華民國十四年六月

政務廳長饒鳳璜

〔楊會康〕序

吾國治水之書，莫古於《禹貢》。疏瀹排決，順水之性而行所無事。賈讓祖其説而以“增庳培薄，勞費亡已”爲最下策，論者韙之。顧地形、人事，互有遷移，墨守“讓地與水”之説，任人民之蕩析離居而莫爲之所，則洪水之禍又將復見於今日，故潘季馴“以隄束水，以水刷沙”之説亦行之而有效，誠以水性就下，無所歸則壅，無所範則濫，其害維均。善治水者，會其通而神其用，順水之性，使各由地中行而已。鄂省濱臨江漢，古稱澤國，有清中葉，江自藕池潰入洞庭，漢自澤口潰入潛沔，爲水道一大變遷，經流緩而沙泥易停，河床高而隄身益險，積漸而爲不可究詰之大患。會康世居沔陽，適介江漢之間，中襄河又直貫於中部，每逢夏秋盛漲，千金一蟻，百里其魚，朝繡壤而暮洪濤者，歲必數見。一邑如此，其他可知。憂時者欲爲根本救濟之策，然棄地與水，以祖宗之邱墓廬舍縱魚鱉之泳游，實人情所不忍；疏江則工鉅欵費，非一省所能專主，亦積久而無成議，其不能不恃隄防爲保障者，勢使然也。

兼長蕭公已溺爲懷，不忍吾鄂人民同罹昏墊之苦，深維治水之法，以疏濬治本，以隄防治標，果能順水之性，束水刷沙，則治標也，而治本即寓乎其中。迺就全省水道，兼籌並顧，分別官、民，次第興修，委員實地履勘調查，本其所得，編爲《湖北隄防紀要》，繪圖列表，附以説明，條分縷析，薈萃貫通，越兩稔而成書。其考證完密，擘畫周詳，裨益吾楚大局，良非淺鮮，得良有司實力奉行，固數世之利也。會康再長政廳，適值判竣，謹跋簡末，以誌慶幸焉。

中華民國十四年九月

政務廳廳長楊會康謹叙

〔鄧振璣〕跋

吾鄂苦水患久矣，江、漢之滸，荆、襄之垠，排水澤而田廬其中，比比皆是。不幸巨潦爲敗，所喪輒不貲，其不能不治畚鍤，以與水争，旦夕之命，誠迫於事勢之無可如何。增庳埤薄，勞費不休，雖甚下策，其烏能已。振璣承乏政廳，目覩官隄、民隄性質日就混淆；公隄、私隄界址日益糾紛，請於兼憲，實地勘查。王委兆虎、余委會雲、丁委壽石等實預其役。既蕆事，輯所得以貢諸當道，利害險夷，纖細畢載，據是編以先其緩急而時謹護視之庸，非事半功倍之道耶！雖然，徼目前之利，尺攘寸朘，以日塞其尾閭，終必有尸其害者。然則辨水道、修水利，補救於未然，疏濬更不容已，邦人君子，幸留意焉。

中華民國十四年六月

江陵鄧振璣跋

〔屈德澤〕序

吾鄂據長江上游，雲夢湘灕，古稱澤國，而襄河復自西北而東北，會合於大别山左。草昧之初，地曠人稀，尚不至與水争地。迨數千百年以來，滄桑互變，究其利害所關，其濱江各縣如江陵、公安、石首、廣濟、黄梅，濱漢各縣如鍾祥、荆門、天門、潛江、漢川，而監利、沔陽、漢陽則又合江漢澎湃之勢而兩當其衝，其他不若是之甚者不與焉。官民潰工，隨時見告，吾鄂人民，其同罹此昏墊之苦者屢矣。

兼憲蕭公涖鄂五載，百廢俱興。如王家營、宏、恩、上、田及簡家灣、西北湖隄、黄鄂隄閘各鉅工，皆毅力主持，先後蕆事，復慨然謀隄政之整理，委王君兆虎、丁君壽石、余君會雲，以清查隄防之職，使本其平時所研究及親身所見聞，皆一一筆之於《紀要》一書：首爲表，分列官隄、民隄而段别、縣别、隄名、隄别、工程經費與水流之緩急及隄塍形質載焉；次爲圖，中劃荆、襄、漢爲三江，何屬官隄，何屬民隄，何爲最要，何爲次要，要皆加以説明，閲者皆一目可了；餘若辦事用人，又皆詳述其原委，清釐其權限，無論爲官爲民，皆可旁資爲借鏡。德澤謬長水利局，尋越五載，細究湖北水患，常切切焉。欲據一得之愚，思有所敷陳，原治標之要在防，而治本之要在疏，防則僅事隄工，而疏則務去淤積，淤積去而江河之底自深，底深則天然之隄防不待築而自出。王君等此篇，非僅爲德澤一人言之，而實爲百千萬人言之也；非爲近今言之，而實爲將來言之也；非特具德澤所欲言者言之，即德澤夙所不能言者而亦代言之也。擇焉既精，語焉既詳，推諸施行，以待來者。是爲序。

中華民國十四〔年〕六月

水利局局長屈德澤

〔劉道仁〕序

古人言水利不言隄防。《禹貢》之所紀，《河渠》《溝洫》諸書之所述，言雖萬殊，然綜其大要，不外滯者導之，溢者瀦之而已。若夫營高岸、制湍流，所謂隄防者，不過鯀堙丹壑之故智，王者所弗宥，魁儒所弗道者也。自元沙克什撰《河防通議》，舉凡材料、工程、樁埽、籌算之法，燦然略具，始有治隄之專書。蓋地勢日變，人事因之而窮，導之無策，瀦之無地，自非通權達變以濟其窮，而必以鯀堙丹壑爲厲禁，則泥古害今，幾何不爲房琯之火牛、荆公之官禮哉！顧《河防通議》，詳於防河，其説不可通行於江、漢。前清荆州太守倪豹岑有《萬城隄工》一書，厥後踵事增華，繼述者不乏其人，然亦大概詳於荆江形勢而未遍及於全鄂隄防也。夫江流遠出於金沙，匯流於岷江，漢水發源於嶓冢，其始皆束於萬山之間，至楚境而其勢始騁。所謂荆河者，又漢水之支流也，自洞庭濱鄂之地日就淤阜，江漢之水勢無所瀦，河身因而日窒，以致江漢流域之間，無人不與水争地，即無人不患水爲災。導之不勝其導，瀦之又無地可瀦，然則舍隄防外又奚有他法哉！以言乎江漢，則全鄂之水道莫此爲要，能策江漢之隄防於萬全，則全鄂之國計民生庶乎有豸矣。道仁家近漢水，生長澤國，其於漢水一帶隄防之利弊，既所素稔，頃者銜嗃命督修萬城隄工，凡於荆江一帶隄防之要計，亦復悉心考究，頗欲匯成一書，以爲吾鄂言隄防者之嚆矢，顧有志而未遑也。適王君兆虎、余君會雲、丁君壽石，以所纂《湖北隄防紀要》一書見餉，并請爲弁言。道仁奉而讀之，深歎其於全鄂水道形勢瞭如指掌，而其於官民之界限、工程之緩急、經費之綜覈、根本之計劃，尤能言之確鑿，迥非嚮壁虛造者所可同日而語。至其銜命僅年餘而其成績之偉，即克臻此。其言事之覈、治公之敏，自非通時之儁、特達之材，其又孰能與於此！且道仁之所欲言而未逮者，今王君等竟能於短時間蒇其事，則尤道仁之所心折不置者焉。異日者坐言起行，則全鄂防隄，金城千里，江漢黎民數百萬有“瓠子之歌”而無其魚之憂者，將胥於是乎賴！是爲叙。

民國十四年六月

荆宜道尹劉道仁謹叙

〔楊樹芬〕序

湖廣境連八省，凡秦關、巴蜀、中原、湘黔諸水俱注之，導爲三江，瀦爲七澤，即《禹貢》“江漢沱潛雲夢”之故區也。楚北之水，江爲大，漢次之，諸水總匯於武昌，江身較闊，直注而東，以故武昌、蘄黄之境無大水患。蓋自七澤受水之地漸湮，三江流水之道漸狹，其所築之隄防亦漸潰塌，而後荆、襄、安、鄖、漢爲害持甚，大抵障於此者太過，斯壑於彼者可虞，其利害常相因也。竊維治水之法，首宜揣度地勢，參酌輿論，其受害在上游者宜於堵，其受害在下游者宜於疏，或事疏消於防堵之先，或借防堵爲疏消之用，通盤籌畫，不使有此益彼損之處。僅恃隄防，猶未爲上策也。

兼省長蕭公有鑒於此，就全省水利統籌兼顧，權其緩急，審其重輕，次第興修，以規久遠。顧水利隄防關係於全省甚鉅，苟不以其所區畫，與經過辨別流域之險夷，考察建置之沿革，判別官民之界限，稽核經費之公私，則年湮代遠，事過境遷，亦徒等諸過眼煙雲，殊無濟於事實。所賴王君兆虎、丁君壽石、余君會雲等始終其事，履勘之餘，以其所得諮詢故老，稽考成案，旁徵方志，別爲圖、表，記載不厭其詳，參考必徵其實，其力可謂勤矣。查湖北隄防向無專書，圖、表亦僅散見於各縣，不相聯貫。今得王君等條分縷析，薈萃成編，既可備將來參考之資，亦可爲當局壤流之助。後有作者，其將以此爲指南之導，庶幾事半功倍，得所據依也已。

中華民國十四〔年〕六月

實業廳長楊樹芬謹敘

〔王兆虎、丁壽石、余會雲〕序

鄂省濱臨江漢，向以隄防自衛，民命所託，財賦所出，關係至爲重要。粵稽誌籍，隄防雖間有紀載，第關於全體之計畫、詳悉之圖表，獨少專書，甚非所以謀安輯、規久遠也。民國十有二年春，有隄各縣工作方始，其時武、黄、鄂隄閘各工，皆經兼憲蕭公�軒巡視，毅力主持，卒成創舉，並思規劃全省隄政爲一勞永逸之計。前政務廳長鄧公振璣秉承謨略，擬畫三江，分區整理，渤爲隄防專書，委兆虎等躬其責，自維學謭才軨，殊不足以發揚盛德，永垂令甲。竊聞人有恒言士子不朽事業，藏之須爲著述，用之即爲經濟，兆虎等皆以文官供職省署，志雖未逮，心嚮往之，故兩年以來，搜羅舊案，分道履勘，蒙犯霜露，不憚險遠，冀在竭盡綿薄，以仰副我兼憲知遇之隆。今年夏始編查竣事，按荆漢襄之區域、官民之界限、修防之緩急，各列爲表，表次以圖，圖次以説，工之重要者節録成案，以志沿革，要皆恪遵令飭。根據成案，未便任意增損，雖不克悉臻完善，期在審慎焉耳。至修築之法、宣洩之方，私家多有撰述，本編姑從略焉。書成，進呈兼憲鑒核，謬膺褒嘉，諭飭付印，并蒙政務廳長饒公鳳璜奬飾備至。兆虎等以樗櫟庸材，辱荷培植，固榮幸無既，而兼憲與廳長爲全鄂人民排水患、謀福利，其用意更深且遠矣。顧或者謂邇來揚子江疏濬正在籌備，而此書專事隄防，毋乃與疏濬計畫相左乎？非也。疏濬在寬水量，隄防在順水性，寬其量者水有所歸，順其性者水無或濫，濬之而朝宗之勢以暢，防之而就下之性乃成，事本相輔，功歸一致，故善治水者兼言防。此以隄束水、以水洗沙之説，亦疏濬之一策也。爰就隄防之義而略論及之。

中華民國十四年六月穀旦

清查湖北隄防委員王兆虎、丁壽石、余會雲恭紀

〔卷　一〕[1]

呈文

呈爲遵令編輯《隄防圖表》成册彙賫鑒核付印事。

十二年三月，奉委任令開：照得本省隄防，急須徹底計畫，而計畫之方，自應先從查卷入手。茲擬將本署有案各隄，先分漢江、荆江、襄江三段，再分官隄、民隄兩種，復分最要、次要二類，詳細列表，提綱絜領，以定輕重緩急之標準。惟頭緒紛繁，原有科員，承辦日行事件，尚慮顧此失彼，亟應委員專司其事，以利進行。茲查有該員堪以委充斯職，月支薪水若干元，合行令仰該員即便遵照，尅日到差，勤慎從事，毋負委任等因。奉此，遵即入署供職，先查官隄卷宗。同年八月，將《官隄圖表》先行編竣，呈奉鈞座批諭，准付石印多分，分存各官廳備案在卷，委員等復着手清查民隄卷宗。旋奉委任令，并分赴有隄三十餘縣暨防守各專局，實地履勘。委員等當即束裝就道，會同各縣知事、各防守專員，臨隄踏勘，詳細繪摹，俾理論與事實相符。十三年四月，先後查竣回署，迭由各縣局會呈轉。奉指令尾開：所有勘明各該隄垸情形，應由該委員詳晰列具表圖，彙呈察核等因，各任案委員等謹遵照迭次令飭將勘查所得，證以本署有案擋册，参互比較，潛心鈎稽，計官隄表、圖十有三，民隄表分三段、圖共三十有六，末附輯成案一帙。稿經數易，始訂成册，是否有當，理合備文，連同圖表，賫呈鑒核付印批示祇遵。謹呈湖北兼省長蕭，當奉兼憲手諭“所編圖表，均甚詳明，准由該委負責，定

---

[1] 此標題原無，據底本目録補。

期印刷二百部”。

中華民國十四年五月

清查湖北隄防委員王兆虎、丁壽石、余會雲謹呈

茲謹將委令内查卷計畫附具説明：

一、先分荆江、漢江、襄江三段

謹按：宇内巨川，楚得其二。江自巴東入境，歷秭歸、宜昌而下，與漢水會於漢口；漢水自鄖陽入境，歷均縣、光化而下，至漢口與江水合，其間地勢平衍，專恃隄防爲屏障者幾二千里。論天然之河流，實維江與漢，若籌全省之隄政，非劃分區段不足以資整理，此區分荆、漢、襄三段之所由來也。因江水經湖北中區，上下亘千餘里，計有隄之縣：上游自宜昌、宜都、枝江、松滋、江陵、公安、石首，達監利之荆河腦，係湘、鄂分界之處，爲荆江段，荆宜道轄之；下游自嘉魚、沔陽、武昌、黄岡、黄陂、蘄春、蘄水、鄂城、大冶、陽新、廣濟，達黄梅之同仁隄，入江西、安徽境，爲漢江段，江漢道轄之。襄江自光化、襄陽、宜城、鍾祥、荆門、天門、京山、潛江、漢川，達漢陽之大别山會江水，爲襄江段，則多屬襄陽道轄之。其中荆、漢雖分兩段，要皆大江流城襄段，即漢水流域也。惟以大江匯合之區而曰漢江段，以漢水灌注之地而曰襄江段，名稱上似嫌混同而其實無大窒礙。蓋漢水自襄樊以下，迄乎漢川，土人皆呼爲襄河，積習相沿，由來已久。考《漢陽府志》，舊有襄陽口，在漢口北岸十里許，即古漢水正道，亦以見漢水即襄河也。茲劃漢水經流有隄各縣，定名爲襄江段，允爲適當。漢、沔、武、黄，錯壤之區，隄塍林立，各介乎江漢之間，且江水與漢水會於漢口而其流始大，故即以漢江段名之，殆取江漢匯合之義，而錯綜以爲文，非謂漢江段爲漢水所經之段落也。至荆江，固即大江之别稱。考地理沿革，州境以上謂金沙江，出川境，歷荆州重鎮通呼爲荆河，合洞庭、彭蠡、漢沔各水則稱爲揚子江，概括之曰大江。今舊荆州府屬重要之隄在萬城，而虎渡、調絃、南岸各隄垸互爲輔車，名之曰荆江段，紀其實也。民國十一年，省署整頓隄政，令委荆宜、江漢、襄陽三道道尹兼隄工監督，就近負

責整理，即禀此意遵照。迭次令飭根據成案，區爲三江，大致依三道區略爲變更而類次以及。

二、再分官隄、民隄兩種

謹按：政治遞嬗，代有因革，今所謂官隄，即有清之所謂部隄也。自民國以來，隄款歲入，列有預算，作爲經常開支。倘官、民之界限不清，則款項之分配無據，且脩防事宜，莫負專責，互相推諉，貽誤要工，實非淺鮮。本編區分官、民隄段，係根據改革以來省縣署卷宗暨原交檔册爲主，卷宗之無可稽者，概付闕如。其有卷官隄隄塍綿長、名目繁多者，則列其重工，提綱挈領以清眉目，并皆以十三年以前情形爲斷。凡江漢兩岸各幹隄，在前清半認爲部隄，今則或爲公隄，或爲民工。致本編未列入官隄者，亦悉依據案情，將其事實沿革紀載，以爲異日之參考，不敢稍有增損，以昭慎重。至將來水泓，或有移改情形，因而變遷。天時人事，調劑爲宜，官、民限界，自不能無所更改，是在整飭隄政者通盤籌畫、隨時斟酌焉耳。

三、復分最要、次要二類

謹按：志籍例詳，土方河流，向分險夷，攷《月令·季春》“脩利隄防”，“脩”者培厥高厚，“利”者審其順逆，是即最要、次要之所由分，而“脩利”之術之不可或緩也。本編本勘查所得，依水流之緩急，察土質之堅脆，辨關係之重輕，區爲最要、次要，以定脩防先後之標準。大約江、漢南北兩岸，半屬最要，而内湖、内河則次之。此亦不過據現前之形勢而爲大體之討論，將來水流異向，沙推靡定，又當因時制宜，不可膠執也。

例言

一、是編首表、次圖，純爲事實之紀載，少所論列。

一、是編列表，務在明晰：官、民隄表，載段别以劃荆、漢、襄三江，載縣別以明係何縣所轄，載隄名以定其稱謂，載隄別以判官、民之界限，載工程以知建築之大小，載經費以明隄欵之收支，載水流緩急以標河泓之向背，載隄塍形質以覘基礎之堅脆，載類別以辨關係之輕重。

一、是編官隄圖係參酌舊有隄圖及最近履勘情形繪製，民隄圖係按縣區繪製。凡關於隄防水利，不厭求詳，餘均從略。

一、是編隄圖，均加説明，俾瞭然於最近情形。其有官隄建置年代久遠者，附輯成案，以便稽攷。

一、是編劃定荆、漢、襄三江，與道區少有不同。自宜昌至監利屬荆江段，自沔陽至黄梅屬漢江段，自襄陽至漢陽屬襄江段。

一、是編區分官、民隄標準：以局長由省長委派、經費由省署指撥者爲官隄，其餘概屬民隄。如武泰、武豐、武昌、江岸、同仁、馬華、七口等隄，隄欵由隄工經費動支，局長由省長委派，其爲純粹官隄，固無疑義。他如萬城隄欵出土捐，老龍隄、鍾隄費恃船釐，特因其委派局長及修防諸端，向由省署直接管轄，故亦列爲官隄。又如王家營、沙洋劉家碼頭、上地大田宏恩等隄，原有歲修歸民之例，繼因潰口工鉅，災歉之餘，民力未逮，先後經公家補助修復，每屆大工承修人員係省署委派，先例相沿，未便放任，故亦稱爲官隄。此區分官、民隄之實在情形也。近黄岡、鄂城兩縣創修濱江隄，武昌縣修金口隄、西北湖隄，隄工、局長均由地方官紳呈請省長委派，不過昭示慎重起見，欵項雖間有墊撥，亦不過係補助民隄性質，究與省署直轄官隄不同。

一、是編辨明類別，以利害關係重大、隄塍虛險者列最要，其隄塍堅厚、關係較輕者列次要，以求翔實而定修防之緩急。

一、是編表、圖係根據省署及各縣案卷爲經，旁考本省隄防書籍爲緯，並實地履勘，博採故老遺傳，以民國十三年以前情形爲斷。遵令編輯成帙，亦攷查本省隄防之一助也。

湖北全省官隄表

段別	縣別	隄名	工程	經費	水流緩急	隄塍形質	類別
荆江段	江陵	萬城隄	隄自堆金台起，至拖茅埠止，長二百一十七里二分半，計三萬九千二百一十一丈，於萬城、李家埠、江神廟、沙市、登南、馬家寨、郝穴、金果市、拖茅埠等處，設九分局，以便修防。總工程局設沙市隄上，監督一切。有石工卡一所，駐沙市。每届安瀾後即開卡購石，以備冬工之需。自萬城至江神廟禦沮、漳，自沙市至拖埠禦江流。上段係土工，下段多石工。沙市有板石磯二座，登南有碎石磯三座，外抛毛碎石護脚。長樂隄有板石坦坡，冲和觀有板石磯二座，外築條石磡岸。雙聖觀有板石磯二座，外抛碎石護脚。郝穴全市均築條石磡岸，其下抛碎石護脚。自此以下係土工。全隄以沙市、楊二月、冲和觀、雙聖潭、上下潭子湖、龍二淵、郝穴、上下新愷爲最險工程	每届工費，在江陵縣地丁銀附徵土費項下開支。向例於秋水落漕，由局長預將冬修夏防額定及活支等項工欵作成預算書，並按地丁銀額攤派土方若干，咨請江陵縣署辦理。該縣正銀約五萬五千餘兩，派土約九十餘萬方，充萬城隄工費者約六十餘萬方曰南土，餘二十餘萬方充襄陰直路等隄工費曰北土。設七櫃經徵，縣城、龍灣、岑河口三櫃兼收南、北土，了角廟櫃收北土，棗嶺崗、普濟觀、郝穴三櫃收南土。每銀一兩，派土不過二十方，每土一方，定價一百六十文，分三限完納，頭限減四十，二限減二十，三限不減。局用額定開支，按季呈省署核銷。修防活支，先呈署備案，然後動用。近年工費浩繁，籌加川鹽規費，每包四百文，年入約十三萬，名萬城隄公益捐	自堆金台至沙市，水流較緩。自沙市至下新塏，多迎溜頂冲，水流迅急。自下新塏至拖茅埠外，有荻湖草塲，水流較緩。惟水泛時須防浪濤洗刷之患	隄亘二百餘里，順沮、漳、大江建築，成月隄形。自堆金台至江神廟，隄係土質含沙，多獾穴。自沙市至郝穴，純係土質，加石工。自郝穴至拖茅埠，純係土質	最要 此隄不獨荆沙之命脈，實下游監、潛、沔、漢數縣之長城。近者江心淤塞，泓流北向，隄身漸形外矮，險工林立，關係重要

續表

段別	縣別	隄名	工　程	經　費	水流緩急	隄塳形質	類別
漢江段	沔陽	劉家碼頭	隄係沔邑官隄之一部，在新隄上二十餘里，隄外有嘉魚縣複糧洲民垸，順江流挽修，以爲捍衛。十一年秋汛，複糧洲民垸上腦隄潰口一百餘弓，水勢洶湧，官隄因久未培修，亦於劉家碼頭潰口半里許，後經官紳將民隄搶築死水，官隄乃免崩潰，雖云出險，工程尚不甚鉅。當年由省署撥欵，於潰口處挽築月隄一段，計長二百六十丈，內外均係溝潭	十二年，修挽月隄，工費五萬餘串，超過隄工預算，經費係臨時由省署飭財政廳籌墊	隄外有複糧洲民隄爲屏藩，距江岸約二里，平時江流並未近隄，水流無	隄成月隄，形質含沙	次要 隄在沔邑，江隄上段於該縣有建瓴之勢，關係頗重，外監利、漢陽二縣關係較輕。前倚複糧洲垸隄爲固，疏於修防，致連帶潰口，旋即修復。民隄亦加培修，地勢高厚，並不虛險
漢江段	沔陽	大、上、地、田、宏、恩江隄	六號江隄爲沔屬部隄險工。大號，十一年秋汛，潰口六十餘丈，十二年委員修復。上號，在清同治九年及光緒十四年兩次潰決，撥帑修築；民國四年復潰，委員挽築月隄，自王家莊起至雲仙墩止，計長四百餘弓；十一年秋潰口，十二年委修復潰；十三年議修未果。地號，於民國五年潰口，六年撥欵挽修月隄二百二十弓，現保固。田號，於民國元年矬四十五弓，由財政司撥欵修築；六年月，因江水倒灌，內外夾激，潰口一百八十餘弓，七年委員修復；十一年，潰七十五丈，十二年委修復潰。宏、恩二號，於清宣統三四兩年潰，二次均修復；十一年潰一百二十丈，十二年委修復潰；十三年議修不果。六號江隄互相銜接，有連帶不可分立之勢，十四年由省署委員修復。上田、宏恩等四號隄，計應築應培之處約計十五里，計工費三十三萬，尚未竣工	每屆工費，由本省隄工預算經費項下動支，如超過預算則另籌	大、地二號稍曲迴，水流較緩。上、田、宏、恩四號臨泓陡險，水流迅急	各段隄均成月隄形，質多沙，每屆挽工，先須翻沙，始能堅實	最要 隄於沔陽、漢陽二縣關係甚重，嘉魚、監利、漢川次之，土多沙質，禦水力弱，對岸石磯及江心淤洲復陡水北刷，急流如矢，迭歲築挽，動用浩繁，關係重要

續表

段別	縣別	隄名	工　程	經　費	水流緩急	隄塍形質	類別
漢江段	武昌縣	武泰隄	隄上自金口起下至望山門止，計長六十里，計九千一百一十丈。光緒二十四年，張文襄公因舊隄年久失修，奏准培修一次，面寬二丈，分子、丑、寅、卯、辰、巳、午、未、申、酉十段，隄塍寬厚，上有民房、樹林、電桿，有龍床磯及上、中、下磯四座，以禦激流。於保安門外巡司河建大閘一座，名武泰閘，以資宣洩。舊設防守局駐隄，現與武豐合併	工費由本省隄工經費項下動支，局用額定支欵係按月請省署飭財政廳照發，歲修活支須先呈准具領。防守局現與武豐防守局合併，經常費每年共計四千九百八十二元四角，活支無定	自金口至下磯，水流甚急。自白沙洲以下，水流較緩	隄成直線形，純係土質	最要 隄近城址，範田十餘萬畝，於武長路線及金口交通關係甚重
漢江段	武昌	武昌江岸	江岸石工，上自鮎魚套敦義堂碼頭起，下至上新河滑止坡，計長一千五百九十五丈，有紅廟磯一座，有石碼頭二十七所，有石磡岸九所，民國四年、六年、九年、十年補修四次，近賴整飭，臨江城址及沿岸公私房産均建其上，每届秋汛，漢陽門及平湖門等處水漫岸上，深可沒踵，似應依水量增高，俾臻完善	每届工費，由本省隄工預算經費項下開支。前清例有歲修，今改勘險估修	全岸陡江，水流迅急	岸成直形，純係石工	最要 岸爲保障城址及沿岸公私房産而築，關係重要。江流至此被漢水阻遏，激流横衝，全頼石岸以爲捍衛
漢江段	武昌	武豐隄	隄上自下新河起，下至青山止，計長三十里，張文襄公督鄂時創築，内範民田、官産十餘萬畝，徐家棚車站、農林場及武昌商埠新建馬路，均倚爲保障。於青山大瓦廟建閘一座，名曰武豐閘，冬則啓以洩湖水，夏則閉以防江流	每届工費由本省隄工預算經費項下動支。前派員駐隄，現改併武泰局	隄臨江流，水流迅急	隄成直形，純係土質	最要 附廓田廬及農林場、武長路均倚隄爲固。近武勝門至徐家棚一帶敷設馬路，移植日繁，關係甚重

續表

段別	縣別	隄名	工　程	經　費	水流緩急	隄堘形質	類別
漢江段	黄梅	七口隄	隄自何家堡起，至同仁隄止，計長五十餘里，分馬路、梅家、胡家、楊家、劉左、止港、董家七口，故名七口隄，馬路、梅家、胡家、楊家居上游，爲平工，劉左、止港居下游，爲險工，尤以正港之段窑街爲最，民國六年於董家口挽月隄二百二十丈，十一年於劉左、正港、董家口挽月隄一千一百一十丈，與同仁隄上段銜接，工程較鉅	每届工費，由本省隄工經費預算項下開支	自馬路口至楊家口，外有淤墊，水流較緩。自劉左至董家口，江心有何家洲，逼流北向，水流迅急	隄成直線形，純係土質	最要 隄據同仁、馬華上游，相依爲固，外有何家洲亘塞，河泓近隄，崩挫時見，內有沈家湖距隄不遠，連年退挽，一旦江湖貫穿，則黄梅腹地均爲澤國矣
漢江段	黄梅	同仁隄	隄自七口隄起，至安徽宿松歸林大田尾止，計長一千七百八十六丈六尺，於清道光二十八年創挽，分全隄爲康、樂、和、親、安、平六字號，安徽宿松縣管轄康、樂、安、平四字號，江西德化縣管轄親字號，本省黄梅縣管轄和字號。每届培修，先經三省咨商，籌撥的欵，由險工管轄之省，派員駐工經修	每届培修工費，於清光緒二十二年，三省曾定專章，先查險工字號，係何縣管轄，即由該縣知事咨請兩縣會同估勘，再由險工管轄之縣主稿會稟三省咨商工欵，按總額分攤，本省係在隄工經費預算項下開支	江心有淤洲亘塞，水流迅急	隄成直線形，純係土質	最要 隄不獨保障宿松、德化、黄梅三縣田廬，且於本省七口、馬華等隄及宿松之徑江、九江之初公等隄，均有密切之關係

續表

段别	縣别	隄名	工　　程	經　　費	水流緩急	隄塍形質	類别
漢江段	廣濟 黄梅 宿松 德化	馬華隄	隄自馬家港起，至華陽鎮止，長七十餘里，計一萬三千二百六十餘丈，工程續建三次，始告竣工，民國三年創修馬家港至陳家洲一段，計一千八百餘丈，四年續修一段，計二千九百四十丈，六年又續修一段，計七千五百二十丈，抵華陽鎮楊泗廟止	歷次創挽經費，係由三省照章攤派後再由各省政府補助一半，人民担任一半。安徽承攤百分之三十一，江西承攤百分之十三，本省承攤百分之五十六。本省復照官、民各半定章，將承攤之五十六分認二十八由隄工經費預算動支，餘二十八，派黄梅認十七，廣濟認十一，在二縣正銀附徵。工程大小均以此爲例	隄外多淤墊，水流較緩，惟水汛時，浪濤頗大	隄成直形，純係土質	最要 隄與同仁、初公、徑江等隄有連帶關係。據黄梅農會調查，自此隄建築，江湖隔斷，無倒灌之患，較往昔多收穀五十萬擔以上，於該縣水利關係甚重
襄江段	襄陽	老龍隄	隄自萬山起，至楊泗廟閘口止，長十餘里，計二千零四丈，高三丈，面寬丈五至十二丈不等，沿隄修青石岸，分四十號，每號長五十丈，十一年培修一次	每届工費由安陸船捐項下撥支定章，按下水徵收多寡。以四成撥充此隄歲修用費，餘六成解省。民國二年，省署委員駐隄，專司修防，每月局用六百一十八串，按月册報，加修、歲修，須先呈准乃能動工	隄陡河泓，水流迅急	隄成直形，土隄之外加修青石岸	最要 隄據襄江上游，爲縣城保障，關係重要
襄江段	鍾祥	鍾隄	隄自龍山觀起，至京山張壁口止，長一百二十餘里，計一萬六千七百三十丈，分爲十八工段，省署委員駐隄，設上、中、下三分局，專司修防，以第三、第四兩工段爲險工，十一年大修一次，有石磯五座，以禦急流	每届工費，由安陸船捐項下動支，船捐分上、下水徵收，上水船捐盡數撥充此隄經費	全隄以第三、第四、第十六、第十七等工迎流頂衝，水流迅急，餘較緩	隄順襄河挽築成月隄形，純係土質	最要 襄水至鍾祥則山盡水泛，清季曾連淹十八年，故一次潰口，修復頗難，關係重要

續表

段別	縣別	隄名	工程	經費	水流緩急	隄塍形質	類別
襄江段	荆門	沙洋隄	隄自河家嘴起，至王家潭止，長二十五里，計五千零七十二丈，連月隄分工十九段，民國元年潰口三百餘丈、深丈五尺，由季招討使雨霖建議修復，並培修全隄，於頂衝四十一，廣用方石平舖，修爲滑坡，又於隄脚用碎石一丈爲護脚，工程堅固，二年、三年、四年均有歲修，隄外淤墊日高，河泓北趨，益臻鞏固	前清係撥帑修築，元年大工，曾請撥官欵並商借民欵，由江陵、監利、潛江、沔陽、荆門五邑錢漕攤還，工竣剩欵一萬，存典生息，並湖糧夫銀，年入二百餘兩，均係歲修經費，現存欵用罄，湖糧墨減，一旦興工，尚無的欵	隄外淤墊，水流在夏汛時爲急，秋水落槽則甚緩	隄成月形，純係土質，石工甚少	次要 元年大工以後，迭次歲修，隄塍高厚，附隄沙洲日見淤阜，河泓北趨，隄頗穩固
襄江段	京山	王家營隄 舊名漢隄	隄自鍾祥臼口起，至聶家灘止，長九十里，分全爲隄❶十八口，每口長五里，内有隄八百八十弓，係潛江縣擔任歲修，復與鍾祥隄有密切關係，盖王家營隄分口、鍾祥隄分工，每一口與一工相毗連，犬牙交錯，工係鍾祥擔（任）歲修，口由京山擔任歲修。民國八年及十一年大修二次，並於對面沙嘴開引河一道，以期徙洲改泓	每届歲修經費，按京山錢糧每兩附徵一百五十文内開支，年入五千串，八年及十一年大工，共用三百二十六萬，係省署籌撥	隄臨河泓，水流迅急	隄成月形，純係土質	最要 隄在馬良山下游，東西對峙。襄水經山脚直衝隄身，對岸沙嘴挺出，河淤日高，束水逆行，險工林立，一旦潰口，則京山、鍾祥、潛江、天門、漢川、應城、雲夢、黄陂、孝感等縣均難保全，關係重要

❶ 分全爲隄　疑爲“分全隄爲”。

湖北省荆江段民隄表

縣別	隄名	工　　程	經　　費	水流緩急	隄塍形質	類別
宜昌 宜都	雲興垸 又名沿江長隄	該垸於民國八年，由李趙、長春、長壽、永興、日興、固定等六垸合挽，宜昌縣管轄北隄一百九十二弓、順江隄一千七百二十八弓，宜都縣管轄南隄七十二弓、北隄三百一十二弓、順江隄一千二百二十四弓、方家子隄二百一十六丈。每届修防，分負專責，共田五千零六畝，宜昌田三千七百二十四畝，宜都田一千二百八十二畝，係小工	每届工費，兩縣各照垸田多寡按畝平均攤派	北隄、南隄及方家子隄水流較緩，順江隄水流甚急	北隄、南隄係按段興修。江隄成直形，含細石，黄土質	次要
宜都	福壽垸	垸隄計十六里强，分六汛經管，每届修防，各汛分舉，隄首六人經修，包田二百餘石，係小工	每届工費，按垸田二百餘石平均攤派	隄在紅花中區，水流甚緩	隄係直形，純係土質	次要
宜都	五合垸	垸隄係全義、至公、長壽、三義、福壽五垸合挽，週圍隄計二十餘里，包田三千餘畝，外勸學所學田四百五十畝，係小工	每届工費，按垸田三千餘畝分上、中二則攤派有差	隄在紅蘭區，水流甚緩	隄爲圓形，純係土質	次要
宜都	萬福垸	垸隄週圍計十二里强，包田一千八百餘畝，係小工	每届工費，按垸田一千八百餘畝平均分攤，規定二、五、八三期繳納	隄濱大江，水流甚急	隄爲直形，純係土質	次要

續表

縣別	隄名	工　　程	經　　費	水流緩急	隄塍形質	類別
宜都	義興垸	隄垸係姚家、大興、落成、尹家、龔家五垸合挽，週圍隄計十七里强，合建閘一座，洩港水入大江，包田二千八百餘畝，係小工	每屆工費，按垸田二千餘畝攤派	姚家、大興、落成水流較緩，尹家、龔家水流甚急	隄爲圓形，純係土質	次要
宜都	人和垸	垸隄挽於民國十二年，上自周家大路起，下至吴家港止，縱長四里强，於下游吴家港建閘一座，以洩漬水，包田四千餘畝，係小工	每屆工費，分夫工與局費兩種，按垸田四千餘畝分上、中兩等攤派有差	隄濱荆江，水流甚急	隄係沿江興挽，成直線形，純係土質	次要
宜都 枝江	三合垸 舊名合興垸	垸隄挽修於民國十年，係宜都之尹家、復與二垸與枝江之合興垸合挽，故名三合垸。週圍隄計四十餘里，以江隄爲險工，圍垸建閘五座，向瑪瑙河消洩者有三，向四合垸消洩者有二，包田萬餘畝，係小工	每屆工費，按垸田萬餘畝分受益多寡攤派有差	隄以濱江隄及順瑪瑙河隄水流爲急，餘均緩	隄係圓形，含沙質	次要
枝江	蘆州垸	垸隄週圍計十四里，分四甲照管，每屆修防，沿照垸内習慣，各甲輪流充當總圩頭，負經修責任外，舉垸証一人、甲長四人，督同辦理，包田二千六百餘畝，係小工	每屆工費，按垸田二千六百餘畝攤派土方	隄在南區，水流甚緩	隄爲圓形，純係土質	次要

續表

縣别	隄名	工　程	經　費	水流緩急	隄塍形質	類别
枝江	保障垸	垸隄係傍上百里洲垸挽修，上自羅家灘起，下至朱家嘴止，計長四里餘，上、下隄腦均與大隄銜接，於九年建閘一座，消洩漬水，包田一千六百餘畝，係小工	每届工費，分土方、石資兩種，按垸田一千六百餘畝平均攤派	隄障江洲，水流甚急	隄成直綫形，隄脚護以碎石，係土質	次要
枝江	同福垸	垸址係上百里淤洲之舊，於民國九年挽修成隄，計全隄七里强，在上百里洲馮口總之外，包田二千餘畝，係小工	每届工費，按垸田二千餘畝平均攤派	隄不當衝要，水流甚緩	隄成月形，含沙質	次要
枝江	東區復興垸	垸隄上與六合垸相接，下與百里洲相接，全隄計十（餘）里，分四總經管，每届工程，每總舉證盟一人經修，包田一千五百餘畝，係小工	每届工費，分土方、費用兩種，按垸田一千五百餘畝平均攤派	隄濱荆江，水流甚急	隄爲圓形，純係土質	次要
枝江	羊角復興垸	垸隄挽於民國十年，居於羊角洲之上腦，昔屬羊角洲内，後劃挽於外，計隄五里，包田九百餘畝，係小工	每届工費，分土方、隄費兩種，按垸田九百餘畝平均攤派	隄在羊角之腦，水流甚急	隄爲直形，含沙質	次要
枝江	復生垸	垸隄係傍上百里洲垸挽修，在寧白、華流兩總地段，計隄八里强，包田二千餘畝，係小工	每届工費，分土方、石資兩種，按垸田二千餘畝平均攤派	隄係傍挽，水流甚緩	隄成直形，純係土質	次要

續表

縣别	隄名	工　　程	經　　費	水流緩急	隄塍形質	類别
枝江	六合垸	垸隄係十四小垸合挽，計週圍五十餘里，地形低窪，隄塖單薄，前此累修累潰，十二年保固後隄塖較前高厚，包田二萬三千餘畝，係小工	每届工費，按垸田二萬三千餘畝平均分攤，曾借華洋義賑及本縣内債未清	隄塖濱江，水流甚急	隄成圓形，含沙質	次要
枝江	麗新垸	垸隄係傍上百里洲垸挽修，爲該垸南隄保障，全隄分爲四甲，經管每届工程，各甲分選隄首一人經修，急流百處，有磯頭一座，以防溜挫，包田二千五百餘畝，係小工	每届工費，分土方、石資兩種，按垸田二千五百餘畝平均分攤	隄臨荆江，水流甚急	隄成直形，純係土質，隄脚有碎石	次要
枝江	復隄垸	垸隄上接六合垸，下接上百里洲垸，計隄長六里强，包田千五百餘畝，係小工	每届工費，按垸田一千五百餘畝平均攤派	隄倚六合、上百里二垸爲屏障，水流甚緩	隄成直形，純係土質	次要
枝江	太平垸 又名共和垸	垸隄在沮漳河南岸，週圍隄計十五里，以煙丹坡爲險工，包田三千六百餘畝，係小工	每届工費，按垸田三千六百餘畝平均攤派	隄臨沮漳，水流甚急	隄成圓形，北隄含沙質，南隄純土質	次要
枝江	上百里洲垸	垸隄四面臨江，週圍隄計一百廿餘里，分甯白、蕭罐、華流、古畢、楊輝、香渡、瘦台、馮口、徐舊九總，每届工程，由縣署委隄政經理三人，每總舉協理二人，總有總圩頭，各照習慣輪流充任，全垸有石閘二座，以利消洩，有石磯、石（破）〔坡〕十七所，以防崩挫，包軍民田合正銀餉二千餘兩，係大工	每届經費，分土方、費用兩種，由各總工程之大小自行攤派	隄四面臨江，水流甚急	隄成圓形，土隄之外，於險要處加有石工	次要

續表

縣別	隄名	工　程	經　費	水流緩急	隄塍形質	類別
枝江	下百里洲垸	垸隄北濱沮漳河，南臨大江，陳家、趙家、詹家、楊家各小垸在其南，所以禦大江之水；蕭家、皮家管家、金家各小垸在其北，所以禦沮、漳之水。其下游建有軍三總横隄，所以防江水之倒漾只以地形低窪、土含沙質，不易修復。又與萬城大隄對峙，若强行挽建，或於萬城隄不利，故江陵人民特反對之議，包田一萬八千餘畝，係小工	每屆工費，按垸田一萬八千餘畝攤派，惟以歷年潰淹，無力修復，十一年曾借義賑六千元，尚未攤還	隄北濱沮漳，與萬城大隄對峙，南臨大江，水流均急	隄成圓形，舊係淤洲，多沙質	次要
枝江	羊角垸	垸隄四面臨江，週圍隄計二十八里强，分九總經管。每屆工程，闔垸公舉垸證二人，每總舉隄首一人經修。濱江急流，建磯一座，下游建閘一所，包民田八千餘畝、軍田計糧船二隻，係小工	每屆工費，分土方、石資二種，按垸内民田八千餘畝平均攤派，軍田免納	隄臨大江，水流甚急	隄成圓形，純係土質	次要
枝江	長收垸	垸隄創挽於民國十年，係上長、下長、泗收三垸合修，週圍隄計三十七里，東隄挨港，南隄濱江，西北隄靠山，包田一萬五千餘畝，係小工	每屆工費，按垸田一萬五千餘畝分上、中、下、最下四則攤派有差	南隄水流甚急，餘均緩	隄成圓形，純係土質	次要

續表

縣別	隄名	工　程	經　費	水流緩急	隄塍形質	類別
枝江 松滋	南北兩合垸 又名澌洋洲隄	垸隄創挽於民國九年，係枝江北偏大垸之五總、南河、陳公、枝垸上復興及松滋屬之一小垸等六垸合修，舊名金塔灣。全隄計三十餘里，内濱江隄計十餘里，素稱險工。外有各垸捍隄，以禦五溪漬水。仍沿舊例，由各垸自行培修，包田一萬一千餘畝，係小工	每屆工費，視用費之多寡，召集各垸垸首會議攤派有差	江隄十餘里，水流甚急，餘均緩	隄成圓形，純係土質	次要
枝江 松滋	兩全垸	垸隄上自天主堂起，下至培興垸止，計隄長三十餘里。每屆工程，兩縣各委督修一人經修，包田一萬有零，係小工	每屆工費，按垸田一萬畝攤派	隄濱大江，水流甚急	隄成直線形，純係土質	次要
枝江 松滋	蘆花洲垸 又名棉絮洲垸	垸隄臨江，計十一里强，枝江管十之六，松滋管十之四，包田一千二百餘畝，係小工	田係勸學所公産，每屆工費由佃户按照所佃畝多寡，帮土納費有差	全隄臨江，水流甚急	隄成直形，純係土質	次要
松滋	富德垸	垸隄創挽於民國五年，分爲南北隄：南隄自龍門嘴起，至大德垸止，計長一千一百四十九丈七尺二寸；北隄自青羊山起，至荷包灣止，計長二千四百九十一丈五尺一寸。包田三萬七千餘畝，係中工	每屆工費，按垸田三萬七千餘畝分上、中、下三等攤派有差	北隄水流甚急，南隄較緩	隄成圓形，純係土質	次要

續表

縣別	隄名	工　　程	經　　費	水流緩急	隄膛形質	類別
松滋	永豐垸	垸隄週圍計二十五里强，分天、地、人、和四甲照管，每届工程，由每甲各舉隄首一人經修，包田七千七百八十餘畝，係小工	每届工費，按垸田七千七百八十餘畝分上、中、下三等攤派有差	隄以楊家崗毛家坪一段水流迅急，餘均緩	隄成圓形，純粹土質	次要
松滋	雙合垸	垸隄週圍計長十八里强，分元、亨、利、貞四號，老頭嘴有石磯一座，爲隄上險工，包田九千餘畝，係小工	每届工費，按垸田九千餘畝平均攤派，限三期繳納	隄以老頭嘴一帶水流迅急，餘均緩	隄成圓形，純係土質	次要
松滋	西大垸 又名順河隄垸	垸隄自新江口起，至老嘴止，計長二十餘里，保障新江口、陡山寺、白溪橋、新陳市各商場。全隄建石磯六座，以月凹隄爲險工，包田一萬二千六百二十餘畝，係小工	每届工費，按垸田一萬二千六百餘畝平均攤派	隄臨順大河，水流甚急	隄成直線形，含沙質，外有石工	次要
松滋	同忠垸	垸隄係忠興、外同心、内同興三垸合修，週圍隄計十六里强，包田三千五百餘畝，係小工	每届工費，按垸田三千五百餘畝平均攤派	東隄水流甚急，餘均緩	隄成圓形，純係土質	次要
松滋	永定垸 又名荒塌口隄	垸隄創挽於民國七年，週圍隄計三十餘里，包良田四千四百餘畝、荒田六千餘畝，係小工	每届工費，按良田四千四百餘畝、荒田六千餘畝攤派有差	隄臨湖，水流甚緩	隄成圓形，含沙質	次要

續表

縣别	隄名	工　　程	經　　費	水流緩急	隄塍形質	類别
松滋	培興垸	垸隄週圍計四十餘里，分南隄、北隄：南隄建高、低、中、下閘四座，以洩蠡田湖漬水；北隄有朱市、商埠，頗稱繁盛。每届工程，由縣署派委督修，全垸公舉垸首二人監工，任期三年，包田一萬六千餘畝，係小工	每届工費，按垸田一萬六千餘畝平均攤派	北隄水流甚急	隄成圓形，純係土質	次要
松滋	三合垸	垸隄係三合上、三合西、三合東等三垸合修，週圍隄計長八千二百三十二弓，以王家渡、金家渡爲險工，包田一萬二千三百餘畝，係小工	每届工費，按垸田一萬二千餘畝平均分攤	王家渡一帶濱臨大江，水流甚急	隄成圓形，含沙質	次要
松滋	長壽垸	垸隄週圍計一百二十餘里，係景星、合心、永興、同興、同太、永國、永德、三星、保興、連保、聚保、天星及上中洲、下中洲、末中洲等十五小垸合修。每届工程由縣署委員督修，園垸公舉垸首六名經修，包田六萬七千三百八十二畝，係大工	每届工費，按垸田六萬七千三百八十二畝平均攤派	有濱江隄五十餘里，水流迅急，餘均緩	隄成圓形，純係土質	次要

續表

縣別	隄名	工　程	經　費	水流緩急	隄塍形質	類別
松滋	天福垸	垸隄週圍計九十餘里，分南隄、北隄：南隄分八段，自米積台起至難工止，計長一萬零四百餘弓；北隄分九段，自采穴起至涴市横隄止，計長一萬一千四百弓。南隄有磯頭十二座，北隄六座，各有工程局一所。全隄分關華、草坪、松柏、陶金、大佛、純豐、河清、紅花、西報德、東報德、華劉、來穴、東河夾、西河夾、陶市等十五總經管，包田七萬餘畝，係大工	每届工費，分土方、費用兩種。按垸田七萬餘畝平均攤派，規定三期繳納：以夏曆正月至二月十五爲第一期，以八折徵收；二月十五至三月三十爲第二期，以九折徵收；四月後爲第三期，按價實徵	南、北隄水流均急	隄成圓形，純係土質	次要
松滋 江陵 公安	全美垸	垸隄週圍計二十七里，由三縣共管：松滋轄十之六，名全美；江陵轄十之一，名合美；公安轄十之三，名大美。楊家溝建大閘一座，蓮花塇建小閘一座，以洩漬水，包田一萬四千餘畝，內荒田二千九百餘畝，係小工	每届工費，按垸田一萬四千餘畝分上、中、下三等攤派有差	隄以蕭家嘴、蓮花塇、下東港水流迅急	隄成圓形，含沙質	次要
松滋 江陵 公安	三縣垸	垸隄係松、江、公三縣共管，松滋轄隄十七里，包田三千餘畝，係小工	每届工費，按垸田三千餘畝分上、中兩等攤派有差	隄臨大江，水流甚急	隄成直形，含沙質	次要

續表

縣别	隄名	工　程	經　費	水流緩急	隄塍形質	類别
江陵	直路河隄	隄長三十餘里，江陵北面倚爲屏障，黎家月隄、盧潭垸、陽長隄、李家灘等處爲最險工。每届工程，以知事爲總理，擇委經理一人，並由龍東、西、南、北、中五區輪舉協理一人經修，係大工	每届工費，在該縣北土局土費項下開支	襄水自吴家改口，直趨東荆河，此隄適當其衝，水流迅急	隄成直線形，純係土質	最要 隄捍禦中襄之激流，於江陵、潛江、監利三縣均有關係，故列最要
江陵	虎西垸	垸隄挽於光緒二十八年，週圍計四十七里，係七星、保益、恒豐、三保、合義、天保、竹支、青陽、協心、三善等十小垸及黄家嘴、南帮合修，土隄之外以石工爲重，包田三萬二千八百餘畝，係大工	每届工費，垸田一畝派工一方，方數無變更，方價有增減：七星派土一千九百五十方，保益派四千八百七十一方，恒豐派一千一百九十二方，三保派二千九百九十五方，合義派三千九百七十六方，天保派六千五百五十一方，竹支派四千零十七方，青陽派九百六十四方，協心派四百四十三方，三善派五千零九十四方，黄家嘴派二百九十一方，南帮派二千三百方。派土之外，附徵隨費以充局用	隄北濱江，南濱太平河，水流均急	垸係圓形，純係土質，外加石工	次要

續表

縣别	隄名	工　程	經　費	水流緩急	隄塍形質	類别
江陵	襄陰隄又名中襄河陰湘城隄	隄共長一百七十餘里：中襄自草市頭工起至芙塘垸隄止，分十一工；陰湘自中襄起上駛至堆金台止，分十四工，有尤家大閘一座，以洩長湖漬潦。中襄屬捕東，陰湘屬捕西，每届經理、協理由知事選派，係大工	該縣隄工經費定有專章，每年按全縣正銀五萬五千餘兩，派土九十餘萬方，分南北局。南局約六十餘萬方，北局約二十餘萬方。共有七櫃：（一）設縣城，（二）設龍灣，（三）設岑河口均兼收南北土，（四）設了角廟純收北土，（五）設棗嶺崗，（六）設郝穴，（七）設普濟觀，均純收南土。南土充萬城大隄工費，北土充該隄及直路河隄工費。徵收亦有定章，可參看萬城官隄表	隄上捍沮漳之水，下當中襄之衝，水流迅急	隄成直線形，純係土質	最要 隄爲江陵全縣之保障，萬城爲其門户。此隄係其尾閭，故列最要
江陵 公安	虎東垸	垸隄週圍百餘里，四面環水，以楊家潭、雷家洲、杜家腦爲險工，垸内分監利帮、湖南帮、江陵上中下三路、公安板半里等汛，每届工程由各汛分舉隄首督修，包田五萬餘畝，係大工	每届工費，按垸内正銀二千三百餘兩攤派土方，土之多寡視工程之大小爲定，方價之貴賤視生活之低昂爲定，土外有隨費以充局用	隄濱江者計五十餘里，水流迅急，餘稍緩	隄成圓形，含沙質	次要
江陵 公安	大定垸	垸隄週圍計八十餘里，有支隄臨順大河，長三十餘里，素稱要工。全隄分爲金湖上約、金湖下約、下板大一、中板五里經管，包田三萬五千畝，係大工	每届工費及帮公安百家灣江隄工費，按垸田三萬五千畝平均攤派	隄北倚百家灣爲固，惟南臨順大河隄，水流迅急	隄成圓形，純係土質	次要

續表

縣別	隄名	工　程	經　費	水流緩急	隄塍形質	類別
江陵 松滋 公安	三善垸	垸隄包挽江陵虎西、松滋涴市米積台、公安三善等舊址，週圍計長二百餘里，由三縣分段承修，包田三萬六千五百四十四畝，係大工	每届工費，按垸田三萬六千五百四十四畝平均攤派	隄以江陵所轄之上游虎西水流迅急，餘均緩	隄成圓形，含沙質	次要
松滋 公安	大美垸	垸隄創挽於民國六年，週圍隄計三十六里强，以河口隄爲險工，急流處有土磯數座，包上田二千一百畝、中田三千二百畝、下田三千七百畝，係小工	每届工費，按垸田九千餘畝分甲、乙、丙攤派土方及費有差	隄以河口隄水流迅急	隄爲圓形，含沙質	次要
松滋 公安	全福垸	垸隄創挽於民國五年，週圍計長二十餘里，昔分東隄、西隄。東隄屬公安承修，西隄屬松滋承修，現以東隄均係平工，乃由二縣業户協商共修，西隄於迎流處築石磯一座。垸内有古河一道，名王良河。河東屬公安，河西屬松滋，共包田六千九百餘畝，公安計田二千三百餘畝，松滋計田四千六百餘畝，係小工	每届工費，按垸田六千餘畝平均攤派	隄以西隄水流迅急	隄成圓形，純係土質	次要
公安	西大垸	垸隄週圍計長六十餘里，分五股擔任修防事務，西三里攤任二股，西四五里攤任二股，平里攤任一股，包田二萬四千畝，係中工	每届工費及帮百家灣江隄工費，均按垸田二萬四千畝平均攤派	水流甚緩	隄成圓形，純係土質	次要

續表

縣别	隄名	工　　程	經　　費	水流緩急	隄塍形質	類别
公安	東大垸	垸隄週圍計長七十餘里，北隄臨江，上自百家灣江隄起，下至姚公江隄止，隄埁陡險，素爲險工，二聖磯有石磯一座，筰簍灣、鵝翅港各有石閘一座，包田二萬七千七百畝，係中工	每屆工費，按垸田二萬七千七百畝平均攤派。築二聖磯石首（首）縣大興垸及上、中、下天心洲。有帮費之例	北隄水流迅急	隄成圓形，純係土質	次要
公安	申阮平洲隄即申梓、阮陵、平灘洲隄	隄附挽東大垸，江隄之外，三洲分負修挽責任，不相牽涉。申梓順江隄二十餘里，包田一千餘畝。阮陵隄分東、西、上三總，分任工程，各舉隄首，東總計田二千三百畝，西總計田二千畝，上總計田二千八百五十畝。平灘隄分上、下兩段，亦係分認工程，各舉隄首，包田三千餘畝。均係小工	每屆工費，三洲均係按畝平均攤派。阮陵曾借華洋義賑二千元，尚未攤還	三洲水流均急	隄係直形，含沙質	次要
公安	大興垸	隄上自東大垸接段起，下至石首接段止，計長三千五百六十三丈五尺，分上、中、下三册，每屆工程，每册各舉隄首三人收費督工，包田一萬七千二百畝，係中工	每屆工費及帮姚公江隄工費，均按垸田一萬七千二百畝平均攤派	水流甚緩	隄成直形，純係土質	次要

續表

縣別	隄名	工　程	經　費	水流緩急	隄塍形質	類別
公安	全永接福垸 即全福、永平、接福、福田四小垸合修之省稱	垸隄北倚姚公江隄爲保障，係全福、永平、接福、福田等垸合修。南以順公隄爲屏藩，共負修防責任。至各垸隔隄，則各負責任，不相牽涉。全福包田千畝，永平包田四百餘畝，接福包田六千畝，福田包田四千餘畝。均係小工	每届修順河隄及帮修姚公隄工費係四垸分攤，隔隄工費係各垸分攤，輕重不一	以順河公隄水流爲急	隄成直形，純係土質	次要
公安	中興垸	垸隄附挽于恒德垸之外，原係一小淤洲，由業户各分汛段經管，每畝田分隄一丈六尺，包田六百九十餘畝，係小工	每届工程，只有局用係按垸田六百九十餘畝平均分攤	水流甚緩	隄成直形，純係土質	次要
公安	人和垸	垸隄週圍計十七里强，於構林溪建石閘一座，以利消洩。全隄以麻毫口爲險工，包田三十三百四十畝，係小工	每届工費，按垸田三千三百四十畝平均分攤，涂郭洲有帮費之例，該垸亦有帮修百家灣江隄之例	水流甚緩	隄成圓形，純係土質	次要
公安 與湖南澧州共管	護道垸	垸隄週圍計百餘里，分爲恭、寬、信、敏、惠五字號，由南、北二局承修。南局係澧州業户所設，負恭、寬二號修防專責，北局係公安業户所設，負信、敏、惠三號修防專責。全隄以惠字號之王家崗隄爲險要，專設工程所經管，包田計二萬八千餘畝，係中工	每届工費，由南、北局各按所管字號田畝多寡平均攤派	水流甚緩	隄成圓形，純係土質	次要

續表

縣别	隄名	工　　程	經　　費	水流緩急	隄塍形質	類别
公安	和順垸	垸隄週圍計四十里餘，分日、月、星、辰四字號經管，爲金獅垸隄禦順河之水，爲星、辰二字號保障。每届須帮修，金獅隄一百三十丈，日、月二號則僅修己隄，日、月包田四千畝，星、辰包田七千畝，係小工	每届工費，各號按垸田多寡平均攤派	水流甚緩	隄成圓形，純係土質	次要
公安	順河隄	隄長二十餘里，係松陶、合興、淘溪、後來、復昌五垸合挽，以禦順河之水，建石磯一座、石閘二座。每届工程，由五垸共舉經理經修，松陶包田二千四百畝，合興包田六千畝，淘溪包田二千一百五十畝，後來包田八百三十七石七斗七升（一石爲五畝），復昌包田九千畝，共計受益田畝約二萬餘畝，係中工	每届工費，分土方、雜費兩種，按五垸田畝多寡平均攤派	隄當順大河，水流迅急	隄成直形，純係土質，外加石工	次要
公安	義和垸	垸隄長二千四百餘丈，分東、西隄承修，有閘四座，以利消洩，除文廟學田外，包田四千餘畝，係小工	每届工費，分土方、局用兩種，按垸田四千餘畝平均攤派	水流甚緩	隄成圓形，純係土質，外加石工	次要
公安	德金垸	垸隄週圍計長十八里强，由德順、金獅二垸於十一年會商合挽，故名德金垸，包田三千五百二十餘畝，係小工	每届工費，按垸田三千五百二十餘畝平均攤派	水流迅急	隄成圓形，純係土質	次要

續表

縣別	隄名	工　　程	經　　費	水流緩急	隄膝形質	類別
公安	同泰垸	垸隄週圍計二十四里强，包田六千零六十三畝，係小工	每屆工費，按垸田六千零六十三畝平均攤派	水流甚緩	隄成圓形，純係土質	次要
公安	興盛垸	垸隄北抵毛業河、南抵楊权溝、東抵和順垸，西隄南抵大德垸。東隄週圍計長四千一百餘丈，分爲十段，每屆工程，每段派領修一名經修，包田一千六百餘畝，係小工	每屆工費，按垸田一千六百餘畝平均攤派	水流甚緩	隄爲圓形，純係土質	次要
公安	同福垸	垸隄四面臨河，週圍計長二十餘里，有石磯三座，包田二千九百畝，係小工	每屆工費，按垸田二千九百餘畝平均攤派	水流甚急	隄成圓形，純係土質	次要
公安	同興垸	垸隄週圍十七里，沿河隄及刵月隄、挨岡隄計長二千九百七十五弓，素爲險要，有石磯八座，包田三千零八十畝，係小工	每屆工費，按垸田三千零八十畝平均攤派	水流以刵月隄爲急	隄成圓形，純係土質，外加石工	次要
公安	保和垸	垸隄創挽於民國十年，分東、西隄，東隄計長一百五十丈零八尺，西隄計長一千三百一十八丈五尺四寸，有磯工五座，包田五千二百餘畝，係小工	每屆工費，按垸田五千二百餘畝平均攤派	西隄水流甚急	隄成圓形，含沙質，外築土磯	次要
公安	太定垸	垸隄週圍計長三十餘里，在大美、全福之下，有班竹壋北橫隄，素稱要工，包田八千五百畝，係小工	每屆工費，分土方及費用兩種，按垸田八千五百畝平均攤派，維新垸與該垸南隄銜接，有帮該垸工費之例	以班竹壋隄水流爲急	隄係圓形，純係土質	次要

續表

縣別	隄名	工程	經費	水流緩急	隄塍形質	類别
公安	復興垸	垸隄四面濱河，週圍隄計長三十四里，分子、丑、寅、卯、辰、巳、午、未、申、酉、戌、亥、全十三字號，每號置監隄一人經管，包田一萬一千七百餘畝，係小工	每屆工費，分土方及費用兩種，按垸田一萬一千七百餘畝平均攤派	以辰、巳、亥、全各字號水流爲急	隄成圓形，純係土質	次要
公安	彭范垸	垸隄週圍計二十餘里，内有順河隄，長七百三十餘丈，素稱險工，有石磯一座，有大閘一座、小閘二座，均在碑口横隄，包田四千餘畝，係小工	每屆工費，按垸田四千餘畝平均攤派	以順河隄水流爲急	隄成圓形，純係土質	次要
公安	福星垸	隄垸週圍計十五里强，與協心垸有唇齒相依之勢，協心不固，該垸亦不能獨全，有剅一座，以利消洩，包上、中田六十餘石，下漬田三十餘石，係小工	每屆工費，上、中田攤派全費，下漬田拆半帮，協心之費亦同，惟南大美垸因受益關係，每屆帮該垸上欵一千八百串	水流迅急	隄成圓形，純係土質	次要
公安	南大美垸 該縣有二大美垸，一在縣之北，一在縣之南	垸隄長十二里强，濱江臨河，險工居多，十二年與福星協商免修北隄工程，包田一千六百六十二畝，係小工	每屆工費，按垸田一千六百六十二畝平均攤派，帮福星一千八百串亦同	南隄水流爲急	隄成直形，純係土質	次要

續表

縣別	隄名	工程	經費	水流緩急	隄塍形質	類別
公安	黄金垸 又名淤泥垸	垸隄週圍計五十餘里，向分天、地、日、月、星、辰六字號經管，每届工程，各舉散首一名經修，有看護港隄及月隄，素稱險工，除學田、漬田不計外，包田三千餘石，係小工	每届工費，按垸田三千餘石平均攤派	護港隄一帶水流甚急	隄成圓形，含沙質	次要
公安	協心垸	垸隄週圍計十五里，以王峪、馬峪隄爲險工，十二年與福星立約，將王峪險工劃歸福星垸承修，包田二千八百餘畝，係小工	每届工費，按垸田二千八百餘畝平均攤派，外帮福星垸土四百方亦同	王家峪、馬家峪等處水流甚急	隄成圓形，含沙質	次要
公安	余德垸	垸隄週圍計十一里，迎流處有磯三座，包田四百餘石，係小工	每届工費，按垸田四百餘石平均攤派	水流迅急	隄成圓形，純係土質	次要
公安	鄒郝垸	垸隄週圍計四十餘里，分南、北二隄，各立工局經修，以大覺菴、姚家峪、三河子、碾槽溝爲險工，南局包田二百餘石，北局包田八百餘石，係小工	每届工費，按垸田一千餘石分上、中、下三等攤派有差，内計上田七百九十七石七斗四升一合、中田二百二十五石七斗六升四合、下田九十七石三斗四升七合	水流迅急	隄成圓形，含沙質	次要
公安	永長垸	垸隄週圍計十餘里，係淤泥垸舊址，包田三百餘石，係小工	每届工費，按垸田三百餘石平均攤派	水流甚緩	隄成圓形，含沙質	次要

續表

縣別	隄名	工　程	經　費	水流緩急	隄塍形質	類別
公安	順河上隄與前之順河有別	隄所以禦松滋、朱家埠下流之水，於天保、天申、保順三垸關係至爲密切。全隄長一千三百七十四丈，天保承修五百二十丈，天申承修四百零五丈，保順承修四百四十九丈，以天申承修之隄爲險工。每届工程，三垸共舉總理一人，各舉支首一人，受益田：天保計五百零五畝，天申計二百十二畝，保順計二百五十畝，係小工	每届工費，按三垸包田多寡平均攤派	全隄以財神廟水流迅急	隄成直形，純係土質	次要
公安	鐵馬垸	垸隄週圍計十餘里，包田二千餘畝，係小工	每届工費，按垸田二千餘畝平均攤派	水流甚緩	隄成圓形，純係土質	次要
公安	重新垸舊名永鎮垸	垸隄週圍計二十餘里，計險工有四千六百餘丈，隄身低矮，難於保固，包田六千餘畝，係小工	每届工費，按垸田六千餘畝平均攤派	水流甚急	隄成圓形，含沙質	次要
公安	維新垸	垸隄創挽於民國十二年，係大扁湖老城蘇家渡舊址，週圍隄計三十九里，挽築時分全隄爲民、生、國、賦、綽、有、餘、裕八字號。按段經修，各有段長一人監工，包田二萬餘畝，荒、熟各半，係中工	每届工費，按垸田二萬餘畝分甲、乙、丙三等派費有差	水流甚緩	隄成圓形，含沙質	次要

續表

縣别	隄名	工　程	經　費	水流緩急	隄塍形質	類别
公安	均益垸 舊名佛保垸	垸隄倚順河隄挽修，上自四望崗起，下至渣梓崗止，長八百餘丈，包田七百二十一畝七分三厘，係小工	每屆工費，按垸田七百二十餘畝平均攤派	水流甚急	隄成三角形，含沙質	次要
公安	春和垸	垸隄週圍計十餘里，十年建閘一座，以利消洩，包田二千三百餘畝，係小工	每屆工費，按垸田二千三百餘畝平均攤派	水流甚緩	隄成圓形，純係土質	次要
公安	官增垸	垸隄面河岡隄長六里，包田二百石，係小工	每屆工費，按垸二百石平均攤派	水流甚緩	隄成直形，純係上質	次要
公安	大勝垸	隄垸週圍長十餘里，有㘰湖隄臨江，素稱要工，於迎流頂衝拋碎石護脚，包田三千五百畝，係小工	每屆工費，按垸田三千五百畝平均攤派，帮百家灣江隄工欵亦同	江隄水流迅急	隄成圓形，純係土質，外加碎石工	次要
公安	恒德垸	垸隄靠百家灣江隄爲屏藩，隄工分南、北局管轄，南局管隄一千二百餘丈，北局管隄三千四百三十六丈五尺，每屆工程，由大一、大二、瓜一、廖二等四里各照號段經修，南臨順河，以劉家剅、黑狗壋、夾竹園爲險工，垸田分南、北册登記，南册計田一萬畝，北册計田三萬五千七百六十畝，係大工	每屆修防工費及帮百家灣江隄工欵均按垸田平均攤派，名目繁多，有土方、石用、局用、防險各項，不能劃一	以順河隄水流爲急	隄成圓形，純係土質，外加石工	次要

續表

縣別	隄名	工　　程	經　　費	水流緩急	隄塍形質	類別
公安	全福垸	垸隄週圍計十餘里，包水田一千四百畝、旱田七百畝，係小工	每届工費，按垸田二千一百畝平均攤派	水流甚緩	隄成圓形，純係土質	次要
公安	百家灣江隄	隄臨荆江，與萬城官隄對峙，綿長三百二十里，工程之大，爲民隄所罕見。隄近水泓，險工林立，西湖廟、林家淵、黄家灣、蔡尹工、窑頭埠、馬家嘴、大金横隄、許劉洲、興隆工、王家菜園、油河工、古柏門、青蓮菴、萬隄墻等處尤關重要。於迎流頂衝，倣萬城防護辦法，抛石護脚。每届工程，由大定、大勝、恒德、西大四垸擔任，各選經理一人經修，置總理一人監督工程，由四垸輪流選充，呈縣知事加委，設收費局、督工局。隄内有㪷護隄市，爲該縣大鎮，係大工	每届工費，分爲十成，大定垸認十之三，大勝認十之一，恒德認十之三，西大認十之三	水流迅急	隄成直形，純係土質，外加石工	最要 該縣北部民隄倚爲屏障，此隄一潰，則各垸垸隄勢如破竹，故列最要
公安	姚公垸	隄自張家嘴起，至新口止，計長十餘里，所以防江水倒漾之患，公安全屬垸隄倚爲保障者占十之六七。隄係各垸合修，尚稱高厚。每届工程，由縣知事委員督工，地方公舉垸首協助其事。論該縣隄工，除百家灣江隄之外，則以此隄爲重要，包受益田畝甚廣，係大工	每届工費，由接福、福田、全福、永平等四垸及下天心、合興、黄家、聶家等四洲分成擔任外，大興垸有酌量帮費之例	水流較緩	隄成直形，純係土質	最要 隄係接福等十數垸之命脉，公安全縣之尾閭，設此隄出險，則江水泛漾，各小垸隄埢單矮，難於捍禦，與百家灣江隄關係相同，故列最要

續表

縣別	隄名	工　　程	經　　費	水流緩急	隄塍形質	類別
石首	顧復垸	垸隄週圍計九十餘里，倚北隄爲保障，有雙保、巧岸兩隄，素稱險工，包田二萬一千五百餘畝，係中工	每屆工費，按垸田二萬一千五百餘畝攤派，民國九年借公帑一萬二千、十二年借一萬，均未攤還	北隄臨江，水流迅急	隄成圓形，含沙質	次要
石首 與湘省華容共管	久合垸	垸隄係合心、彭田、護雙等垸合挽。各垸隔隄，迄今未廢。計週圍隄八十餘里，東、西兩面濱江，素稱要工，包田三萬五千餘畝，係大工	每屆工費，按垸田三萬五千餘畝分上、中、下三等攤派有差	東、西兩面水流迅急，餘均緩	隄成圓形，純係土質	次要
石首	謙吉垸 即黄都永垸	垸隄上自告福垸起，下至鄭家岡止，週圍計長四十餘里，四面濱江，險工林立。全隄分七段經管，每屆工程，由七段各負責任，包田一萬二千餘畝，係小工	每屆工費，按垸田一萬二千餘畝分荒、熟攤派有差，十一年借華洋義賑一千二百串，尚未攤還	水流迅急	隄成圓形，含沙質	次要
石首	天興垸	垸隄週圍計六十餘里，分三局經修：東局轄隄九里，有磯七座；西局轄隄二十里，有磯二座；南局轄隄三十餘里，有磯廿九座。東局地勢高阜、隄塍穩固，西局多係崗嶺，惟南局地勢低窪，險工林立。東局計田八千八百餘畝，西局計田一萬五千餘畝，南局計田一萬三千餘畝，係大工	每屆工費，按垸田三萬七千餘畝平均攤派，十一年借義賑二萬八千九百串未還	水流迅急	隄成圓形，含沙質，外加石工	次要

續表

縣别	隄名	工　程	經　費	水流緩急	隄塍形質	類别
石首	永錫百合垸	垸隄係北、中、巴三垸合挽，三面臨江，週圍隄計一十餘里，包田四千二百二十八畝，係小工	每届工費，按垸田四千二百二十八畝平均攤派	水流迅急	隄成圓形，含沙質	次要
石首	五合垸	垸隄在鎮江垸之下，週圍隄計二十餘里，包田五千餘畝，係小工	每届工費，分土方、費用，按垸田五千餘畝平均攤派	水流迅急	隄成圓形，純係土質	次要
石首 與湖南華容共管	天然合垸	隄由七小垸合挽，週圍隄計三十四里强，每届工程，須受兩縣飭諭，包田六十餘畝，係小工	每届工費，按垸田六千餘畝平均攤派	水流迅急	隄成圓形，含沙質	次要
石首	鎮江垸	垸隄居五合垸上游，週圍計七百餘丈，包田八百餘畝，係小工	每届工費，按垸田八百餘畝分中、下二等攤派有差	水流迅急	隄成圓形，純係土質	次要
石首	永康垸	垸隄附挽於天興垸之西南，地名蕭家嘴，其形如帶，隄計長八里强，十一年，天興垸南局隄段潰决，無力修復，乃帮修，永康隄暫資保固，包田一千餘畝，係小工	每届工費，按垸田一千餘畝平均攤派。十一年，隄由大興垸幫修，所有垸田一千餘畝，亦歸併大興垸南局派費	水流迅急	隄成直形，純係土質	次要
石首	魯公垸 又名軍名垸	垸隄係軍民、同興、黄金、長裕、張澤等五垸合挽，週圍隄計七十餘里，軍民、長裕轄隄濵江，素稱險工。淵子口建剅一座，三汊港建閘一座，各有工局專管疏修事務，包田二萬五千畝，係中工	每届工費，按垸田二萬五千餘畝平均攤派	軍民、長裕兩垸水流迅急，餘稍緩	隄成圓形，含沙質	次要

續表

縣別	隄名	工　程	經　費	水流緩急	隄塍形質	類別
石首	羅公垸	垸隄於民國十一年與三合垸、三合外垸、六合垸、六合外垸等四垸合挽，計週圍隄長四十餘里。有成功隄一段，北接古長隄，南抵下碼頭，長六百八十二丈，素稱險工。包田一萬二千餘畝，係小工	每届工費，按垸田一萬二千餘畝平均派費	成功隄水流迅急，餘均緩	隄成圓形，純係土質	次要
石首	梅王張垸	垸隄係梅家、王家、張家三小垸合挽，居羅公垸之上游，週隄計九里，包田一千五百畝，係小工	每届工費，按垸田一千五百餘畝平均攤派	水流甚緩	隄成三角形，純係土質	次要
石首	長樂垸	垸居天合垸之東北，附隄挽修，俗稱爲耳垸隄，長五里，包田四百餘畝，係小工	每届工費，按垸田四百餘畝平均攤派	水流甚緩	隄成直形，純係土質	次要
石首	復陵垸 又名復陵中、上、下垸	垸分上、中、下三部，週圍隄計二十餘里，包田一千九百三十四畝，係小工	每届工費，按垸田一千九百三十四畝平均攤派	水流甚緩	隄成圓形，純係土質	次要
石首	天合垸	垸隄週圍計三十餘里，長樂附挽於東北，包田一萬一千餘畝，係小工	每届工費，按垸田一萬一千餘畝攤派，借華洋義賑二千串未還	水流迅急	隄成圓形，含沙質	次要
石首	連復垸 舊陳公巴垸（巴垸即耳垸）	垸隄三面濱江，一面附横隄，與連興毗連，週圍隄八里强，包田一千餘畝，係小工	每届工費及帮連興垸工費六十串，均按垸田一千餘畝平均分攤	水流迅急	隄成三角形，純係土質	次要

續表

縣別	隄名	工　　程	經　　費	水流緩急	隄塍形質	類別
石首	康夾垸	垸隄居天興垸上游附隄挽修，隄長五里，包田三百餘畝，係小工	每屆工費，按垸田三百餘畝平均攤派	水流甚緩	隄成直形，純係土質	次要
石首	連興垸	垸隄附横隄垸挽修，居連復上遊，隄長十餘里，包田二千餘畝，係小工	每屆工費，按垸田二千餘畝分中、下二等攤派有差，連復有帮費六十串之例	水流迅急	隄成直形，純係土質	次要
石首	下三合垸 又名護陳垸	垸隄週圍計二十餘里，包田三千餘畝，係小工	每屆工費，按垸田三千餘畝平均攤派	水流甚緩	隄成圓形，純係土質	次要
石首	同人北垸	垸隄週圍計五十餘里，分四分、五分、北灘三塊經管，地勢低下，隄塖單矮，十年九水，居民寥落，包田七千三百餘畝，係小工	每屆工費，按垸田七千三百餘畝分甲、乙、丙三等攤派有差	水流甚急	隄成圓形，含沙質	次要
石首	張惠老垸	垸隄週圍計三十餘里，向分八總承修，每屆工程，按總輪選隄首一人監工，有石磯一座，包田五千畝，係小工	每屆工費，按垸田五千畝分中、下、再下三等攤派有差	水流迅急	隄成圓形，含沙質	次要
石首	張惠東垸	垸隄週圍計四十餘里，分南、北、中三總，又分上、下兩垸，按段經修，各負專責，包田六千餘畝，係小工	每屆工費，按垸田六千餘畝平均攤派	水流甚緩	隄成圓形，純係土質	次要
石首	護隄西垸	垸隄計五里，包田三百八十餘畝，係小工	每屆工費，按垸田三百八十餘畝平均攤派	水流甚緩	隄成直形，純係土質	次要
石首	固城垸	垸隄週圍計十七里强，有磯一座以禦激流，有閘一座以利消洩，包田一千六百餘畝，係小工	每屆工費，按垸田一千六百餘畝分中、下、下下三等攤派有差	水流甚急	隄成圓形，含沙質	次要

續表

縣别	隄名	工　程	經　費	水流緩急	隄塍形質	類别
石首	陳公西垸	垸隄在羅城垸之下横隄垸之左週圍，隄計六十餘里，地勢低下，險工林立。以列貨山隄爲門户，包田一萬三千餘畝，係小工	每届工費，按垸田一萬三十餘畝平均攤分	隄埢臨江，水流迅急	隄成圓形，含沙質	最要 垸隄不僅保障本垸田廬，並與羅成、横隄、陳公東三垸均爲石首防禦江流之關鍵，故列最要
石首	陳公東垸	垸隄北面臨江，週圍隄計七十餘里，濱江北隄坍挫時見，連年退挽月隄，耗費鉅欵，難資保固。每届工程，分全隄爲十工段經修，每工各舉垸首一人，公舉總辦一人，包田一萬五千餘畝，係小工	每届工費，按垸田一萬五千餘畝平均分攤	北隄與天心洲相對，河泓南趨，激流如矢	隄成圓形，含沙質	最要 隄捍江流，爲石首東北之保障，故列最要
石首	柳平南垸	垸隄週圍計五十餘里，分南、北兩垸：南垸隄臨荆江，爲西鄉之門户；北垸隄埢虚險，内有深淵，外鄰大潭。每届工程，分六工段經修，包田一萬五千餘，係小工	每届工費，按垸田一萬五千餘畝平均攤派	南垸隄水流迅急	隄成圓形，純係土質	次要
石首	横隄垸	垸隄保障縣城，週圍計百餘里，北隄濱江，長約三千四百餘丈，每届出險，均係此隄，險工林立，不易修挽，包册田二萬七千餘畝、外新淤田二千五百餘畝，係中工	每届工費，前者係按畝攤派。十二年工費，近十二萬串，垸民無力承攤，乃按垸民田畝多寡，以十之三抽出變賣以充工用，其力能負擔者，仍照畝派費	北隄臨江，水流迅急	隄成圓形，含沙質	最要 垸隄不獨民垸之保障，且爲縣城屏藩，故列最要

續表

縣别	隄名	工程	經費	水流緩急	隄塍形質	類别
石首	羅城垸	垸隄週圍計一百五十餘里，北隄臨江，自焦家巷至欄北隄計二千三百八十三丈五尺，素爲險工，包册田二萬餘畝、新淤田一萬二千五百餘畝，係中工	每届工費，按垸田三萬餘畝分熟、淤攤派有差。石首羅城、横隄、陳公東、西各垸，逐年借挪華洋賑欵，無力攤還	北隄水流迅急	隄成圓形，含沙質	最要 垸隄與横隄、陳公東西諸垸同一關係，故列最要
監利	上鄉江隄	隄居監利上游，全隄分窑南上、窑北、窑南下三段，上自麻布拐起，下至八尺弓止，長四十餘里，隄外多沙洲，尚稱高厚，惟八尺弓臨泓陡險，素稱要工，計長六七里，十二年改築石工以禦江流，每届工程，由三段各選一人充隄董、共選一人爲總董經修，係大工	每届工費，按上鄉業户應納秋糧多寡攤派土方，請縣知事發給徵收券册，於夏曆四月在上鄉土局起徵，分三限繳納。上鄉全鄉應納秋糧總額爲二千五百石有零，十二年借義賑一萬元充八尺弓工用，議定附徵歸還	水流迅急	隄成直形，純係土質，外加石工	最要 隄臨荆江，上關萬城官隄之安危，下係沔漢之賦命，故列最要
監利	中汛江隄	垸隄上自八尺弓起，下至鳳凰隄止，計長五十餘里，逼近城址，年有加修，外有淤灘，隄尚高厚。惟流水口一段較爲險要，修有石工隄，内各垸劃分三塊。每届工程，每塊各舉一人爲隄董，由縣知事委督修一人經修，係大工	每届工費，按該汛業户應納秋糧多寡攤派土若干方，經徵手續與上鄉同。汛内新興、太馬北十三垸秋糧總額一千四百八十九石，向例按八成徵收，南十三垸陳黄區有帮費之例	水流迅急	隄成直形，純係土質	最要 與上鄉江隄關係相同，故列最要

續表

縣別	隄名	工　程	經　費	水流緩急	隄塍形質	類別
監利	下鄉江隄	隄長一百九十餘里，分下、中朱河、尺八、白螺四區，臨江陡險。每屆工程，均避水挽月。有黄家月計一百八十七丈，王家月計二百五十一丈，窑灣月計一百五十四丈二尺，觀音洲月計三百三十四丈。全隄以上蔣家、搭腦、汪家門、首桃椿巷爲最險工	每屆工費，按該鄉業户應納秋糧多寡攤派土若干方，經徵手續與上鄉中汛同，計下鄉秋糧總額五千四百八十石正	水流迅急	隄成直形，純係土質	最要 與上鄉中汛江隄關係相同，故列最要
監利	週老週城垸又名北週城垸，與分城週城垸有别	隄濱襄江，係楊林㪷湖、長湖、夾湖、大杜婆、羅老、林長、蔡家、六藝、彭家、上下何家、朱家、塞口、永鎮、北興、新林、郭家、陳家等十八垸合挽，週圍隄計六十餘里。每屆工程，舉垸長一名、垸副十名經修，包田一萬二千九百餘畝，係小工	每屆工費，各垸攤帮情形不一，蔡家、彭家、朱家、陳家、何家、郭家六垸係帮費，餘垸係按畝攤費	水流迅急	隄成直形，純係土質	次要
監利	東灣垸	垸隄在官湖王大垸上游，南、北、東三面隄，計長一千二百二十六弓，西有隔隄計長三百一十弓，有馬頸項隄計長一百弓，素稱險工，包田一千二百五十畝，係小工	每屆工費，按垸田一千二百五十畝平均分攤	馬頸項隄水流迅急	隄成圓形，純係土質	次要
監利	白湖垸	垸隄週圍計五十四里，包田八千一百二十畝，係小工	每屆工費，按垸田八千一百二十畝平均攤派	水流甚緩	隄成圓形，純係土質	次要

續表

縣別	隄名	工　程	經　費	水流緩急	隄塍形質	類別
監利	南九垸	垸隄係九垸合修，創挽於民國九年，依窑拆江隄爲固隄，自楊李垸起至鷄鳴舖止，計長三十餘里，包田一萬七千八百三十餘畝，係小工	每届工費，按垸田一萬七千八百三十餘畝平均攤派	水流甚緩	隄傍窑拆挽修，成月隄形，純係土質	次要
監利	北中汛隄	隄分上、下兩塊，上塊分水、陸二區，下塊分南、北二區，上自三元殿起，下至東横隄止，計長七十餘里，馮高隄、三元殿、湯子棚、游家灣、魏家刯、黄家拐素稱險工，每届工程，由上、下兩塊各選隄董一人，呈請知事委任，任期一年，以夏曆十月一日爲選舉期，係大工	每届工費按北中汛業户應納秋糧多寡，攤派土若干方，經徵手續與上、中、下各汛同	水流迅急	隄成直形，含沙質	最要 隄當荆河襄江之衝，爲全縣保障，故列最要
監利	東荆河北隄	隄係民國三年創修，上自獅子腦起，下至姚家嘴止，綿長四十餘里，分爲三段經管，梁子班、陽團湖、小蘇、上三總爲上段；府民、六合、大蘇、南總、北總、一總、黄工、鐵耳、嚴小、嚴西、湛小、從灘、福興爲中段；泥湖、同心、同耳爲下段，以劉家月、彭家月、朱家月爲險工，新溝有石閘一座，包荒、熟田約四萬餘畝，係大工	創挽工費係向財政廳借墊，由監利、潛江、沔陽三縣攤還，每届加修工費，監利縣係按畝攤派，潛、沔則係照田畝總額議帮	水流迅急	隄成直形，純係土質	最要 隄傍三縣民隄挽修，捍禦荆河激流，爲三縣民隄保障，故列最要

續表

縣别	隄名	工　程	經　費	水流緩急	隄塍形質	類别
監利	四合垸	垸隄創於民國十二年，係么母、東鄭、馬家、薪垸等四垸合修，週圍隄計十七里强，包田二千八百餘畝，係小工	每届工費，分大、小二種，大費充工用，小費充局用，按垸田二千八百餘畝平均攤派	水流甚緩	隄成圓形，純係土質	次要
監利	四角大興垸	垸内有四垸，復上、中、下三垸，週圍隄計三十餘里，包田一萬七千餘畝。上垸計二千餘畝，中垸計田四千餘畝，下垸計田萬畝。外四角小垸附挽於上腦，包田三千畝，與有密切關係，故總稱四角大興垸，係小工	每届工費，分爲十二成攤派：上垸承攤二成，中垸承攤四成，下垸承攤六成。三垸均係按畝派費，四角所管三千畝照例帮費。垸内又有潛江民田一千餘畝，向例照本垸田減半納費	水流甚緩	隄成圓形，純係土質	次要
監利	鐵老南新垸	鐵南原爲兩垸，因當襄江激流，輔車相依，不可分離，故併爲一，週圍隄五十餘里，以南新之謝灘、黄二總、嚴五總、焦家月爲險工，鐵老包田五千餘畝，南新包田九千一百三十七畝，係小工	每届工費，有夫、費兩種，按垸田一萬四千餘畝攤派	南新隄水流迅急	隄成圓形，純係土質	次要
監利	王小金庫垸又名王小六垸	垸隄週圍計三十餘里，係王小、金庫、任小、仁和、五姓、東灣等六垸合挽，共包田八千七百餘畝，係小工	每届工費，按垸田八千餘畝攤派，十一年借義賑三千五百元，未還	水流迅急	隄成圓形，含沙質	次要

續表

縣別	隄名	工　　程	經　　費	水流緩急	隄塍形質	類別
監利	隆興垸	垸隄週圍計八十餘里，分上、下兩垸經管，濱江隄計長八里，以馬家淵、劉家棚爲險工，包田二萬七千餘畝，係中工	每届工費，按垸田二萬七千餘畝，分上、中、下三則，派費有差，外有湖田，減半鴨食歸工	江隄水流迅急	隄成圓形，純係土質	次要
監利	南大興垸	垸隄週圍計一百餘里，係余家新、萬家新、任家新三垸合挽，包田三萬七千餘畝，係中工	每届工費，按垸田三萬七千餘畝平均攤派	水流甚緩	隄成圓形，純係土質	次要
監利	黄金垸	垸隄週圍計三十餘里，南臨長河，北濱鐵湖，分十五總經管，每總有總頭一人。全垸置垸長一人，由十五總輪流推選，任期三年，與每届臨時舉人經修者有別。包田四千八百四十八畝，係小工	每届工費，按垸田四千八百四十八畝平均攤派	水流甚緩	隄成圓形，純係土質	次要
監利	北沼垸	垸隄週圍計十八里强，共包田二千六百八十畝，係小工	每届工費，按垸田二千六百八十畝平均攤派	水流甚緩	隄成圓形，含沙質	次要
監利	週城垸	垸隄週圍計二十餘里，上起陳小垸，北抵沔陽，南抵三汊河，内包田二千二百七十五畝，係小工	每届工費，按垸田二千二百七十五畝平均攤派	水流甚緩	隄成圓形，純係土質	次要
監利	劉董四垸	垸隄週圍計三十餘里，係劉家、董家、三多、唐巾等四垸合挽，有石剅一座，包田九千餘畝，係小工	每届工費，民田按畝平均攤派，沙塊、軍田、湖田減半	水流甚緩	隄成圓形，純係土質	次要

續表

縣别	隄名	工程	經費	水流緩急	隄塍形質	類别
監利	蓮荷垸	垸隄週圍計六十餘里，係十三子垸合挽，爲赤射垸保障，有南隄十餘里，以禦鐵湖之水，素稱險工，包田一萬二千畝，係小工	每届工費，按垸田一萬二千畝平均攤派，赤射垸因受益關係，例帮南隄五百八十弓，十一年改爲帮費。每届照本垸畝費以十分之三爲率，按垸田九千餘畝攤帮，俟赤射隔隄修固，乃免除帮費之例	水流甚緩	隄成圓形，純係土質	次要
監利	青樊垸 又名青陽樊泗五垸	垸隄週圍計三十餘里，於民國十一年由青陽、樊泗、張小、敖螺、馬子五垸合挽。青樊居上，借張、敖、馬溝渠爲消洩。十二年五垸共建石閘一座，包田三千餘畝，係小工	每届工費，分十六成攤派：青樊承攤十成，張、敖、馬承攤六成。各按垸田多寡平均攤派	水流甚緩	隄成圓形，純係土質	次要
監利	北十三垸	垸隄週圍計八十餘里，建有仁信堂閘、周家溝閘兩座，以利消洩。每届工程，舉隄董四人經修，包田二萬零四百四十二畝，係中工	每届工費，分夫工、費用二種，按垸田二萬零四百四十二畝平均攤派	隄臨襄江，水流迅急	隄成圓形，純係土質	次要
監利	福田寺閘	閘爲監利消洩漬水之關鍵，舊與沔屬茅江閘相爲表裏，定於每年夏曆三月十五日閉福田閘，二十日閉茅江閘，以防江水倒漾。又定十月十五日先開茅江閘，二十日開福田閘，以免湖水爲災。近因茅江閘圮廢，沔新隄商會復力持不可開疏之議，監利消洩則專倚福田閘矣	每届工費、啓閉費，由上、中汛輪流擔任，修整費由全縣籌出	水流急	隄成直形	次要

續表

縣別	隄名	工　程	經　費	水流緩急	隄塍形質	類別
監利 沔陽	車馬垸 監民名車馬垸， 沔民名車網垸	垸隄週圍計二十六里强，北濱荆江，南臨洪湖，包田四千五百畝，沔陽計田二千三百畝，監利計田二千二百畝，係小工	每届工費，監利攤十分之六，沔陽攤十分之四，均按垸田平均攤派	北隄水流迅急	隄成圓形，純係土質	次要
監利 沔陽	仁和垸	垸隄週圍計隄二十餘里，上連九合垸，下接長春垸。戴市建閘一座，以利消洩，包田計正銀八十兩，係小工	每届工費，按正銀攤派	水流迅急	隄成圓形，純係土質	次要
監利 沔陽	官湖垸	垸隄週圍計二百餘里，内分上、下兩垸：上垸屬監利，捍荆河之急流；下垸屬沔陽，禦江水之汪漾。内又分七個半字號經管，倉康、大吕、王盧、曲革、牙良、沔衞、大林、董小、代豐、泥潘、張桃、花果、李枝是也。包田二萬二千八百餘畝，屬監利者十之三，屬沔陽者十之七。係中工	每届工費，按垸田二萬二千八百餘畝平均攤派，垸内湖課鴨食，年收千餘串，繳垸首存留公用	上垸水流迅急	隄成圓形，純係土質	次要
監利 沔陽	合城四十一垸	垸隄週圍計六十餘里，分上、中、下三段經管，上段屬監利，中、下二段屬沔陽，十一年疏濬建閘，以利消洩，包田七千六百餘畝，係小工	每届工費，先由上、中、下三段以十成認攤：上段承攤三成三；中段承攤四成二；下段承攤二成五。各段再按管田多寡及承攤輕重，分墾田、荒田、柴田攤派有差	水流甚緩	隄成圓形，純係土質	次要

湖北省漢江段民隄表

縣別	隄名	工　程	經　費	水流緩急	隄塍形質	類別
武昌	金口五里隄	明熊襄愍公創修，隄長五里，底寬三丈，面寬一丈，高一丈二尺，於關帝廟建閘一座	每届工費，由該垸湖主、佃户分攤：湖主任三分之一，田主任三分之二	濱江隄，水流迅急	隄成直形，含沙質	次要
武昌	金口長隄	上起四縣公隄，下抵赤磯山，長二十餘里，分日、月、光、天、德、山、河、壯、帝、居等號，隄高七尺至丈不等，面寬一丈二尺至三丈不等，底寬二丈六至三丈不等，於禹觀山傍建閘一座	清時曾派畝費一萬一千餘串，發典生息，作爲基本金，每届歲修，以息金作用改革，後出險數次，基金用盡	隄多險工，水流迅急	隄成直形，純係土質	最要 隄居武昌上游，與咸甯、蒲圻、嘉魚均有關係
武昌	五豐垸 即因赤磯、唐壪、新張家、大青口、下沙河湖，共有五處，故名五豐	自赤磯横隄起，至大青口止，長約二十餘里，係熊襄愍公創建。民國十年尚存有三四尺高之隄脚，經公民等集費加修，計成三百二十四廣。辛酉年湘鄂戰事發生，將該隄决斷，十二年春有大成垸公民代修天、地、玄、黄等號，復由陳知事聘請工程師前往培修，計土二萬二千餘方，並建閘二座，以竟全功	十年，原擬加修費五萬四千串、雜費六千串：内中陸地七百餘石，每石出錢三十串；柴山、水田共八百餘石，每石出錢二十串；草塲一千五百石，每石出錢十五串。正在進行，忽生阻力。十二年，陳知事詳定培修，費三萬四千餘串，分該垸爲上、中、下三業派費，按六、三、一之比例計：上業七千餘畝，每畝出費二串四百文；中業一萬一千餘畝，每畝一串二百文；下業一萬一千餘畝，每畝四百文	濱河水緩，但夏秋甚漲，水勢仍急	隄成直形，純係土質	最要 此隄與金口上、下官隄輔車相依，利害與共，官隄禦大江之水於前，該垸堵小河之水於後，若非同時修復，則前門驅而後門進，不特該垸賦命付諸東流，即官隄土費亦等虚擲

續表

縣别	隄名	工　　程	經　　費	水流緩急	隄塍形質	類别
武昌	西北湖隄 一名武惠隄	自城北青山下起至白滸山止，長四十五里。民國九年，由地方公民决議建修土隄，頗資利賴。十二年二月，由省署委陳知事爲督修、胡咸和爲經理，聘請工程師實地測勘，佈告投標，原定工作二十一段，築土約一十二萬一千二百餘方，開河約一萬一千零九十四方，打樁六百零七根，滑坡鋪石，計險處約三千方，至八月工竣。復照武泰、武豐辦法，滿用滑坡。十三年，因新修不堅，報潰	田地約計九千一百二十二石五斗。民國九年，每田地一斗派費一串，并由省署核准撥賑欵一萬串。十三年，估修工程費原定四十五萬串，由李紳紫雲認捐半數，其餘半數經省署核准由官錢局撥借，以隄内田地畝數清册四十本送存縣署，作爲抵押。每次還欵，由團總經收繳，由縣署轉解官錢局，復由公民决議，加籌錢九萬九千五百六十三串九百四十文，李紳紫雲加捐半數，餘仍借欵	濱江水急	隄成直形，純係土質，外加石工	最要 此隄地點佔省會沿江三分之一，張文襄督鄂時即有建修該隄之計畫，後因湖主横争魚利，飢民湧集，遂爾中止。民國九年，始由公民創修土隄。十二年，大興工作，滿建滑坡，期與泰豐並峙。關係重要
黄陂	棗林隄	隄係前清光緒五年徐、夏、李、翁各姓合修。民國六年，自土地廟起至大吉口止，另築支綫一條，長四百二十丈	民國六年，增修費二千餘串，按田均派，每斗出錢七串五百文	河流尚緩	隄成曲形，黄土質	次要

續表

縣別	隄名	工　程	經　費	水流緩急	隄塍形質	類別
黃陂	張江垸	創於同治年間，隄分三幹：一張垸，沿大河東，幹隄自朱家下窑起至朱家大壪止，長二十五廣，每廣十丈，高八尺至一丈二尺不等，面寬五尺，底寬三丈；二江垸，沿小河西，幹隄自冷家垸起，至江垸下流止，長七十七廣，寬、高丈尺，與東幹略同；三兩垸，沿湖南，幹隄自江垸下流灣上兩廣起，至朱家下窑止，長三十六廣，較前兩幹略爲寬高，中間有港口，建有石閘一座，以便宣洩。三幹之中，惟南幹爲險，十二年滿建滑坡，以石質不堅，十三年即行潰决	向章按畝派費田地三百四十餘石。十一年及十二年每斗派錢十二串五百文，共計工程雜用五萬餘串	沿河水急，沿湖較緩	隄成方形，含沙質，外加石工	次要
黃陂	七會隄	民國元年創修，由黃岳岡起，沿東河岸之孫家墩、陳玉宮一帶橫亘武湖東北角西畈頭、阮家牌樓止，長十里，延褒四十里，以孫家河坡、孫家墩獨窑等處爲險工	計田畝一千三百餘石，民國二年加修土隄、滑坡，共用一萬四千餘串，均係按畝分派。十二年，每斗加捐一串六百，以爲歲修之費	水流尚緩	隄爲曲形，黃土質	次要
黃陂	東河隄	隄分二面：一自李家嘴起，至巷子口止，長四里，面寬六尺，底寬一丈八尺，高六七尺，所以禦西河者也；二自李家嘴起，至馬家河止，長三里餘，面寬五尺，底寬一丈四尺，高六尺，所以禦東河者也。以艾家墻、文昌閣、李家壪爲險工	向係按畝派工，派費之事絶少	東河水緩，西河較急	隄爲曲形，含沙質	次要

續表

縣别	隄名	工　程	經　費	水流緩急	隄塍形質	類别
黄陂	西陵垸	民十二年由張清畈、諶家墩、湖北社、陳家尖角四垸合修一大隄，補修舊隄約十之七，新修隄埂約十之三。隄線自湖口南首起，至河楊坡南首止，面寬八尺，高八尺，外面一五坡，内面二坡，外面統填馬路，寬五尺，高二尺。馬路上修石坡到頂，概以工部尺爲準。自河坡楊北首起至夏家垸南隄止，又由陳家園至湖口社祠堂後止，隄面寬六尺，内、外均一八，坡高八尺。惟湖口社祠堂後修石坡十平方，劉家潭方面修石坡長三十丈、斜高一丈，其餘均栽草皮。夏家垸南隄加高二尺，面寬四尺，内、外一五坡，不行硪。張清畈彎後至西首獨屋修石坡，彎北修石硪，長一百五十尺，斜高一丈五尺。陳家尖角垸外、諶家小墩彎後，各修石䃮一座。馬家嘴、龍燈磡，各修小石閘一座。張清畈石䃮改修，接長加高	共估經費十六萬串，先由義賑會借欵一萬元，分兩次取用，由業主按畝攤派。隄内田地約一千四百餘石，每斗出錢十三串文，分四期繳納	湖水尚緩，惟夏漲較急	隄成方形，含沙質，外加石工	最要 查該垸在縣城西南十餘里，與七會隄對峙，南濱武湖，當水涸時，一帶湖地棄之，深爲可惜。是以業民見於湖地利益甚大，特爲擴張隄綫，又感於東面七會隄之增築，故聯絡舊有之四垸，以爲一致之進行。十二年估定工費，於該縣署稟請立案，並設有隄工局，以爲監工、收費之進行。惟創辦之始，經費既難籌集，人民復多觀望，是以隄段僅具雛形，俟宜切實進行，以竟全功
黄陂	大坦畈垸一名塔河灘社垸	西首有長隄一道，隄外即係西河社，内計有四垸，分爲上、中、下塔，前垸爲上垸，大坦垸爲中垸，張清畈、荷葉湖二垸共爲下垸。上、中垸地勢較高，隄段較堅；下垸地形較低，隄身單簿危險。十二年，下垸加高培厚	按畝派費	上段水緩，下段較急	隄成直形，含沙質	次要

續表

縣别	隄名	工　　程	經　　費	水流緩急	隄塍形質	類别
黄陂	馮家砦隄閘	民國十二年由夏家垸、桂家垸大坦畈、童家小垸、劉家夾垸、高湖垸、夏家園、馮家砦於馮家石橋建閘一座，眼空四尺，頗爲堅固	十二年擬定章程，閘内之魚苗歸公，段落以杜家石橋爲界，内中水利作爲公共工程之費	閘附近處水急，其餘較緩	隄爲曲形，純係土質	次要
黄陂	護城隄	全隄計長三里，寬五尺，高六尺至八尺，底寬一丈二尺，所以禦縣河之水，以爲縣城保障	費無存儲，向係臨時籌集	水流尚緩	隄成曲形，質係黄土	次要
黄陂	後湖隄	自民國三年決創議修，六年始行開工，多數主張禁築，糾轕互起，迄未成功	隄自創修以來，共用錢十餘萬串，畝費不足，負債甚多	因隄線太寬，水流甚急	隄成曲形，含沙質	次要
沔陽	姚老垸	垸隄週圍計九十餘里，南隄濱中襄河泓道，地勢低窪，素稱險工，有金小、仁和、潭子三小垸居其上游，該垸倚爲屏障，包田二萬七千餘畝，係中工	每屆工費，按垸田二萬七千餘畝平均攤派	南隄水流迅急	隄成圓形，含沙質	最要 吴家改口之水，經東荆河入沔境爲中襄河，急流如矢，該垸首當衝要，爲三十餘小垸保障，故列最要
沔陽	北豐樂垸	垸隄週圍二十餘里，四面臨河，地勢低窪，十年九淹，居户鮮少，包田三千餘畝，係小工	每屆工費，按垸田三千餘畝分熟、荒田攤派	水流甚緩	隄成圓形，純係土質	次要

續表

縣别	隄名	工　程	經　費	水流緩急	隄塍形質	類别
沔陽	郝梅垸	垸隄週圍計四十三里强，與豐恒、陶泛等垸相依爲固，包田五千餘畝，係小工	每届工費，按垸田五千餘畝平均攤派，十年工費甚鉅，豐恒等垸均有帮費	水流甚緩	隄成圓形，含沙質	次要
沔陽	棋杆垸	垸隄介兩河之間，週圍計三十餘里，上與紅土垸毗連，下濱漢陽湖，隄塖低矮，險工林立，包田六千零七十六畝，係小工	每届工費，按垸田六千零七十六畝平均分攤	南、北隄均臨河，水流迅急	隄成圓形，含沙質	次要
沔陽	永興垸	垸隄週圍計六十餘里，分甲、乙、丙、丁、天、戊、己、庚、辛九字號經管，南隄濱中襄河激衝，隄塖單薄，險工林立，加以居户不多，每届水漲，搶護無人，劇挽數次，未慶安瀾，包田約二萬七千餘畝，係中工	十一年挽修工費，係按垸田二萬七千餘畝分上上田、上田、高荒田、中荒田、下荒田五等攤派有差。十三年費用，係以垸田作抵，向殷實借墊。垸田未清丈，無確數，所云二萬七千餘畝，係據上届工册	南隄水流迅急	隄成圓形，含沙質	次要
沔陽	南大興垸俗名大興三垸	垸隄分四段：一名馬家堨，計長二十三廣；二名都隄，計長四十九廣；三名東順隄，計長十三廣；四名河隄，計長四十九廣。爲茅埠、史上、史下、馬家堨、甘家、趙小等六垸保障，包田四千餘畝，係小工	每届工費，按垸田四千餘畝平均攤派。十二年，茅埠等六垸按垸田三千七百餘畝折半帮修	馬家堨段水流迅急	隄成圓形，純係土質	次要

續表

縣别	隄名	工　程	經　費	水流緩急	隄塍形質	類别
沔陽	西城五垸	垸隄計長一百四十七廣，係新陸、水柳有西、西成、網柳、培小等五垸合修，包田四千餘畝，係小工	每届工費，由五垸分成認攤，例加工費一串，新陸攤四百，水柳有西攤一百六十，西成攤一百八十，網柳攤二百一十，培小攤五十，係向例	水流甚緩	隄成圓形，純係土質	次要
沔陽	毛范垸	垸隄週圍四十九里强，分毛家、潘家、梁家、高家、柳家、利家、李家、唐家、衞家等九小垸經管，内有濱河隄，自通海口起至潘家塌止，約長十五里，素係要工，包田七千六百餘畝，係小工	每届工費，按垸田七千餘畝平均攤派	順河水流迅急	隄成圓形，純係土質	次要
沔陽	西圻垸	垸隄週圍計一百餘里，内包西圻、北塌、萬豐、永豐、樂耕、西成、三合、神壇、風子、彭小、南尖、西新、大有、杠小、蕭小、陽小、范小、菊小、何小、中洲、灰墵等二十一小垸，以北塌長隄捍禦漢陽湖水，計長二百七十餘廣，素稱險工，包田六萬餘畝，係大工	每届工費，各小垸按畝承攤，多寡不一，西圻、北塌、萬豐等垸係按畝派全費，餘垸係垸業臨時會議酌定。惟八十弓隄、何小垸隄以當羊腸河，隄塍虚險，乃責成二垸專負修防責任，免派費欵	水流甚緩，惟北塌長隄值夏汛時迎風頂浪，須防護週密	隄成圓形，純係土質	次要

續表

縣別	隄名	工程	經費	水流緩急	隄塍形質	類別
沔陽	北大興垸又名大興八十三垸	垸隄週圍計二百餘里，内鄢家灣河隄八百餘丈所以禦襄水，與草八垸毗連之東隄所以禦南泛。垸内狗尾湖有石閘二座，三角嘴石閘一座，彭家埸、何家埸各有石閘一座，以利消洩。阡陌明析，溝渠交通，隄身高厚，物産豐饒，土人謂自清迄今三十餘年，獲慶安瀾，在沔邑澤國，實所罕見。内分一百零九字號，正供銀四千餘兩，包田十五萬餘畝，各縣民隄工程罕出其右者，係大工	每屆工費，按垸田十五萬餘畝分上、中、下三等攤派有差，迎祥、大陞列上等，曹家、柱内、柱外、十三、十四、十五、黄羅、張打、十一内、十一外、南紡、北紡列下等，餘垸列中等，共有八十三垸云	鄢家灣一帶濱襄隄，水流迅急。餘臨内河，水流較緩	隄成圓形，純係土質	最要 隄濱襄一段，昔爲險工，不僅爲該垸保障，一旦出險，則西圻、草八等垸勢如破竹，沔邑東北均成澤國，故列最要
沔陽	南豐官墻垸	垸隄週圍三十餘里，依卦名分爲八總經管，包田五千餘畝，係小工	每屆工費，按垸田五千餘畝平均攤派，公田、鴨廠、公溝租金充每屆防護之用	水流甚緩	隄成圓形，純係土質	次要
沔陽	十全垸	垸隄週圍長七十餘里，分天、地、人、日、月、乾、坤、大、騎、扁、金、九内、九外等十三字號經管。垸之東、南角各建閘一座，消洩漬水，包田一萬六千餘畝，係小工	每屆工費，按垸内上田一萬一千餘畝平均攤派，低塌田四千四百餘畝及湖水五百餘畝免費	水流甚緩	隄成圓形，純係土質	次要
沔陽	渣湖下垸	垸隄週圍長三千一百十三弓，分莒、初、牛、魯、吴、越等字號經管，包田四千九百零一畝，係小工	每屆工費，按垸田四千九百零一畝分上、中、下三則攤派有差	水流甚緩	隄成圓形，純係土質	次要

續表

縣別	隄名	工　程	經　費	水流緩急	隄塍形質	類別
沔陽	永太垸	垸隄週圍計長二千四百三十六弓，分东、西二號經管，包田二千三百餘畝，係小工	每届工費，按垸田二千三百餘畝分上、中、下、荒四則攤派有差	水流甚緩	隄成圓形，純係土質	次要
沔陽	大柳七垸	垸隄週圍計長五百六十餘廣，包田七千餘畝，係小工	每届工費，按垸田七千餘畝平均分攤	水流甚緩	隄成圓形，純係土質	次要
沔陽	官洲中垸	垸隄週圍四十餘里，濱臨中襄河，計河隄四千二百餘弓，素稱重要，激流頂衝，修有石礈，包田九千畝，係小工	每届工費，按垸田九千畝平均攤派	河隄水流迅急	隄成圓形，純係土質，外加石工	次要
沔陽	永固千秋垸	垸隄自官山起，至太字號止，計長三十餘里。隄之東、西、北三面均有外垸附挽，倚爲屏藩，惟南隄臨泓，險工林立，包田五千餘畝，係小工	每届工費，按垸田五千餘畝平均攤派	南隄水流迅急	隄成圓形，純係土質	次要
沔陽	高蕭十四垸	垸隄週圍計五十餘里，係高、蕭、世洪、七墩、要耳，金、黄、傅家，曾、史、譚家，東汊、丈浦、陳小馬等十四垸合挽，包田一萬餘畝，係小工	每届工費，以六垸按所估隄段分段承修，其他八垸係攤派欵項協修	水流甚緩	隄成圓形，純係土質	次要
沔陽	鴨兒垸	垸隄週圍長一百六十餘廣，包田二千二百七十七畝，係小工	每届工費，按垸田二千二百七十七畝平均攤派	水流甚緩	隄成圓形，純係土質	次要

續表

縣别	隄名	工　程	經　費	水流緩急	隄塍形質	類别
沔陽	六合垸	垸隄挽於民國十二年，週圍隄計十餘里，係六小垸合修，包田一千五百餘畝，係小工	每届工費，按垸田一千五百餘畝平均攤派	水流甚緩	隄成圓形，純係土質	次要
沔陽	京坻垸	垸隄週圍計二十餘里，分盧、小、京、壽、顧、陳、泥、鷄、白、洛十字號經管，包田三千餘畝，係小工	每届工費，分七股半攤派：盧、小、京、壽、顧五號各認一股，陳、泥二號共認一股，鷄、白二號共認一股，洛號認半股	水流甚緩	隄成圓形，純係土質	次要
沔陽	觀成垸	垸隄週圍長一百四十餘廣，包田二千餘畝，係小工	每届工費，按垸田二千餘畝分上、中、下三等攤派有差，鴨廠收入充工局雜費	水流甚緩	隄成圓形，純係土質	次要
沔陽	四合垸	垸隄週圍計四十餘里，分新、升、同、照、利、里、畢、坤八字號經管，同號建閘一座，包田三千七百餘畝，係小工	每届工費，按垸田三千七百餘畝，分上、中、下三等派費有差	水流甚緩	隄成圓形，純係土質	次要
沔陽	楊家垸	垸隄週圍計八里强，内濱河隄十三廣、嶺新隄四十廣，素稱要工，包田九百餘畝，係小工	每届工費，按垸田九百餘畝，分上、中、下三等派費有差	水流甚緩	隄成圓形，純係土質	次要
沔陽	護部垸	垸隄週圍計二百七十九廣，南有江隄，北濱襄河，西連豐樂垸，東爲金城垸，分吕、信、中、和、國、義、禮、智、山、日等字號經管，包田六千餘畝，係小工	每届工費，舊例係按各字號田畝之高低定派修隄塍之多寡，現因逃亡衆多，各業户尚須按畝攤費以修無主之隄	水流以濱襄隄較爲迅急	隄成圓形，含沙質	次要

續表

縣别	隄名	工　程	經　費	水流緩急	隄塍形質	類别
沔陽	大有垸	垸隄週圍計二百九十餘廣，包田四千畝零，係小工	每届工費，按垸田四千畝分高、低兩等攤派有差	水流甚緩	隄成圓形，含沙質	次要
沔陽	合中東垸	垸隄自魚嘴起，至觀亭嶺止，計二百廣，係合豐、黄興中、黄興東三垸合挽，包田三千四百餘畝，係小工	每届工費，分爲十成，由上、下垸分攤：合豐爲上垸，派十之八；黄興中及黄興東爲下垸，派十之二。上垸、下垸再按垸田攤派	水流甚緩	隄成直形，純係土質	次要
沔陽	草八垸	垸隄週圍計五十餘里，南以雷灣隄爲保障，西北以東小團豐隄爲屏藩。隄埁高厚，居户稠密，於何家帮、杜家窑各建石閘一座，以利消洩，包田一萬四千餘畝，係小工	每届工費，按垸田一萬四千畝平均分攤。雷灣小垸居上，自修順河長隄，不繳工費	以南隄水流迅急	隄成圓形，純係土質	次要
沔陽	豐樂垸	垸隄週圍計三百五十餘廣，包田四千餘畝，係小工	每届工費，按垸田四千餘畝，分上、中、下三則攤派有差	水流甚緩	隄成圓形，純係土質	次要
沔陽	楊漚垸又名石板里并上楊漚垸	垸隄週圍計一百二十餘廣，包田一千五百餘畝，係小工	每届工費，按垸田一千五百餘平均攤派	水流甚緩	隄成圓形，純係土質	次要
沔陽	陽泛豐垸	垸隄週圍計一百四十八廣，係陽夏、陶泛、禾豐三垸合修，包田二千畝，係小工	每届工費，按三垸田二千畝平均攤派	水流甚緩	隄成圓形，純係土質	次要

續表

縣別	隄名	工　程	經　費	水流緩急	隄塍形質	類別
沔陽	五合順城垸	垸隄週圍長一百餘里，與西城垸唇齒相依，内包三十餘小垸共田二萬三千餘畝，係中工	每屆工費，按垸田二萬三千餘畝平均攤派	水流迅急	隄成圓形，純係土質	次要
沔陽	銅盆垸	垸隄週圍計三十八里强，分公、私兩種計：公隄一千二百餘弓，由闔垸業户負責修防；餘爲私隄，由各業户分負修防專責。分八總經管，包田六千餘畝，係小工	每屆工費，按垸田六千餘畝平均攤派	水流甚緩	隄成圓形，純係土質	次要
沔陽	乾興垸又名乾興二十七垸	垸隄週圍計百餘里，分上、下兩垸，上垸包小垸三，下垸包小垸二十四，有月隄、隔隄、陸家公隄均爲要工，月隄由上垸負責修挽，隔隄由下垸負責，陸家公隄由上、下垸共同負責，包田二萬五千餘畝，係中工	每屆工費，分土方、局用兩種，按垸二萬五千餘畝，分上、中、下三則攤派有差	陸公隄水流迅急	隄成圓形，純係土質	次要
沔陽	野猫垸	垸隄週圍計八百餘廣，十二年建開疏溝，以利消洩，包田九千餘畝，係小工	每屆工費，按垸田九千餘畝平均攤派	水流甚緩	隄成圓形，純係土質	次要
沔陽	印小垸	垸隄週圍計九十餘廣，包田九百餘畝，係小工	每屆工費，按垸田九百餘畝平均攤派	水流甚緩	隄成圓形，純係土質	次要
沔陽	大朱郝家垸又名天心洲下垸	垸隄週圍計二百四十餘廣，包田三千餘畝，係小工	每屆工費，按垸田三千餘畝平均分攤	水流甚緩	隄成圓形，純係土質	次要

續表

縣别	隄名	工　程	經　費	水流緩急	隄塍形質	類别
沔陽	光下梭子垸	垸隄週圍計一百九十餘廣，係光下、梭子兩垸合修，包田二千八百餘畝，係小工	每届工費，按垸田二千八百餘畝平均攤派	水流甚緩	隄成圓形，純係土質	次要
沔陽	九合垸	垸隄週圍計六十餘里，内有順河長隄，上自蔣家口起，下至同興垸止，計十餘里，素爲要工，包田一萬一千餘畝，係小工	每届工費，按垸田一萬一千餘畝平均攤派	順河隄水流迅急	隄成圓形，純係土質	次要
沔陽	朱河壩	壩隄計長十餘里，所以禦荆河之水，排湖、上十三垸、中十七垸、下八垸倚爲保障，共計受益田約七萬七千餘畝，係小工	每届工費，按受益田七萬七千餘畝平均攤派	水流迅急	隄成直形，純係土質	最要 東荆河潰則沖四河灘隄，北襄河潰則沖管家隄，朱河壩與二隄唇齒相依，爲排湖、三十八垸屏障，故列最要
沔陽	襄嶺建隄	隄長二十餘里，所以禦排湖倒漾之水，爲大柳七垸、南洲、北洲劉小、趙上、王楊等十二垸保障。每届工程，各垸按隄段多寡各負專責，係小工	每届工費，由各垸按所修隄段費用多寡分攤，情形不一	水流甚緩	隄成直形，純係土質	次要
沔陽	童潭垸	垸隄週圍計一百一十餘廣，有李家嘴月隄三十八廣，素爲險工。外有洗脚湖，田畝倚爲保障，包田一千六百餘畝，係小工	每届工費，按垸田一千六百餘畝平均攤派，外洗脚湖田四千餘畝，以受益關係協帮	水流甚緩	隄成圓形，純係土質	次要

續表

縣別	隄名	工　程	經　費	水流緩急	隄塍形質	類別
沔陽	朱麻四垸	垸隄週圍計二百八十餘廣，內有險工八十四廣，包田四千五百畝，係小工	每屆工費，按垸內良田四千二百餘畝平均攤派，外沉荒田三百餘畝免費	水流甚緩	隄成圓形，純係土質	次要
沔陽	紅郝垸	垸隄週圍計二十三里，外隄濱河，自邵家埫起，至石家口止，計長七百二十三弓，素爲要工，垸隄逼近縣治，包田五千餘畝，係小工	每屆工費，按垸田五千餘畝平均攤派	水流迅急	隄成圓形，純係土質	次要
沔陽	鄭家邵興垸	垸隄週圍十八里，係鄭家、邵興兩垸合挽，兩垸之間有隔隄，上建石閘，由鄭家垸獨負防修責任。又二垸公隄一百八十廣及中府河石閘修防由兩垸負責，包田二千三百餘畝，係小工	每屆工費，按垸田二千三百餘畝平均攤派	水流甚緩	隄成圓形，純係土質	次要
沔陽	馬腦垸	垸隄週圍計八十餘廣，包田一千一百餘畝，係小工	每屆工費，按垸田一千一百餘畝平均攤派	水流迅急	隄成圓形，純係土質	次要
沔陽	紅溪垸	垸隄週圍計九十餘廣，包田一千二百五十餘畝，係小工	每屆工費，按垸田一千二百五十餘畝平均攤派	水流甚緩	隄成圓形，純係土質	次要
沔陽	高家垸又名新泊高家垸	垸隄週圍計十餘里，內有濱襄江隄三百餘弓，與白家腦隄有關，素爲險要，包田一千餘畝，係小工	每屆工費，按垸田一千餘畝平均攤派	水流迅急	隄成圓形，純係土質	次要

續表

縣別	隄名	工　程	經　費	水流緩急	隄塍形質	類別
沔陽 漢陽	永和垸 俗名磁器湖	垸隄週圍計一百四十餘里，挽於民國九年，漢陽管十之八，沔陽管十之二。西連漢陽溝，北接五福垸，東南濱新灘口，分天、地、永、昌、福五號經管。隄堘高厚，土質肥沃，包田四萬餘畝，係大工	每屆工費，按垸田四萬餘畝平均攤派	濱中襄河一段水流迅急	隄成圓形，純係土質	次要
沔陽	大石垸	垸隄週圍計五十餘里，濱臨襄江，爲沔陽東北保障，内白家腦隄一百二十丈，素稱險工，包田八千七百餘畝，係小工	每屆工費，按垸田八千七百餘畝平均攤派，附近杜公湖、馬七、馬四、陽二、長溝等處，因受益關係，有帮費之例	白家腦水流迅急	隄成圓形，純係土質	最要 隄臨襄江激衝，居沔陽上遊，東北南沙查角、大小馬尾剅、孟北、新字、新南、新北、西圻、大興、長埫、十全、八成等垸倚爲保障，故列最要
沔陽	杜公湖垸	垸隄週圍六十餘里，濱臨襄江，隄附沙淤，險工不多，白家腦隄居其上遊，每屆須帮修一百二十丈，包田一萬五千餘畝，係小工	每屆工費，按垸田一萬五千餘畝平均攤派，帮大石垸工費亦同	水流較緩	隄成圓形，純係上質	次要
沔陽	白沙垸	垸隄計二十餘里，係傍濱江官隄挽修，官隄、晏劉二段係白沙垸保障，包田四千餘畝，係小工	每屆工費，按垸田四千餘畝平均攤派。前此，晏劉月隄曾撥用公欵	官隄一段水流迅急，垸隄甚緩	隄附江隄挽修成月隄形，純係土質	最要 隄居洪恩官隄上遊，故列最要

續表

縣別	隄名	工　程	經　費	水流緩急	隄塍形質	類別
沔陽	烏林垸	垸隄計二十餘里，係傍濱江官隄挽修，包田五千餘畝，係小工	每届工費，按垸田五千餘畝平均攤派	官隄水流迅急，垸隄甚緩	隄成月隄形，純係土質	最要 隄上連楚屯垸，下接洪恩官隄，故列最要
沔陽	萬全垸	垸隄週圍百餘里，南臨洪湖，北濱中襄，南隄計四十餘里。每届洪湖水泛，防護艱難。有同慶石閘一座，包三十七小垸，計田十萬二千餘畝，係大工	每届工費，按垸田十萬二千餘畝平均攤派	南、北水流均急	隄成圓形，純係土質	次要
沔陽	東作垸	垸隄週圍計一百六十餘廣，分西、壩二字號經管，包田三千六百餘畝，係小工	每届工費，西字按田三千一百餘畝分荒、熟田攤派有差，壩字按田五百餘畝平均攤派	水流甚緩	隄成圓形，純係土質	次要
沔陽	乾西垸	垸隄週圍計七十餘里，居金鏞、鄭興二垸之間，濱中襄河，以東隄及順河隄爲要工。東隄自左家灣至陳家剅計一百零八廣，順河隄自中革嶺至左家嶺計一百餘廣，包田一萬零七百餘畝，係小工	每届工費，按垸田七千七百二十九畝高田攤派，其餘低田三千畝免費	水流迅急	隄成圓形，含沙質	次要
沔陽	時合垸	垸隄週圍計九十餘里，於民國三年依古河舊隄改挽，包解陳、城隍、郝梁、郝小、楊小、七官等小垸於内，東起唐嘴，西抵解家口，包田二萬七千餘畝，係中工	每届工費，按垸田二萬七千餘畝平均攤派	水流甚緩	隄成圓形，純係土質	次要

續表

縣別	隄名	工程	經費	水流緩急	隄塍形質	類別
沔陽	金城垸	垸隄週圍計五十餘里，係四小垸合挽，西南倚官隄，東倚十二總隔隄，北修長隄以禦襄水倒漾，分日、月、光、天、德五字號經管，包田一萬六千餘畝，係小工	每届工費，按垸田一萬六千餘畝攤派	水流甚緩	隄成圓形，純係土質	次要
沔陽	紅土垸	垸隄週圍計九十餘里，分公隄、私隄兩種，公隄由全垸負責，私隄由各業户負責。計公隄三百餘廣，地勢低窪，隄堘虛險，包田十萬餘畝，係大工	每届工費，按垸田二萬三千畝平均攤派，餘田或因低荒，或爲隱藏，均不出費。垸内鴨廠、學稞年收八百餘串，作爲補助費	水流以南隄爲迅急	隄成圓形，土含沙質	次要
沔陽	張蒲垸	垸隄週圍計七里强，南濱中襄河，北臨玉帶河，係張蒲、孫家、陳内、陳外四垸合挽，包田一千八百餘畝，係小工	每届工費，按垸田一千八百餘畝平均攤派	濱襄隄，水流迅急	隄成圓形，純係土質	次要
沔陽	趙西垸又名趙西十三垸	垸隄週圍計三十餘里，係十三子垸合挽，内以江家頭、朱家河二隄爲險工，包田九千畝有零，係小工	每届工費，按垸田九千畝平均攤派	水流甚緩	隄成圓形，純係土質	次要
沔陽	八城垸	垸隄週圍計二百餘廣，係楊家、步逐、佘李、龍昇、富庶、解城等垸合挽，包田四千餘畝，係小工	每届工費，按垸田四千餘畝平均攤派	水流甚緩	隄成圓形，純係土質	次要
沔陽	天成垸	垸隄週圍計八十餘里，濱中襄河隄，素爲要工，内包十六小垸，計田一萬五千畝，係小工	每届工費，按垸田一萬五千畝平均攤派	濱襄河隄，水流迅急	隄成圓形，純係土質	次要

續表

縣別	隄名	工　程	經　費	水流緩急	隄塍形質	類別
沔陽	興仁垸	垸隄計二十餘里，建石閘二座，以利消洩，包田八千餘畝，係小工	每屆工費，按垸田八千餘畝平均攤派	水流甚緩	隄成圓形，純係土質	次要
沔陽	蕭徐六垸	垸隄週圍計二十餘里，係蕭家、梅家、豐收、徐家、楊林、盛豐六小垸合修，内以三支角、新濠口、老濠口爲險工，包田五千畝，係小工	每屆工費，按垸田五千畝平均攤派	水流甚緩	隄成圓形，純係土質	次要
沔陽	陸途垸	垸隄週圍計五十餘里，於民國十二年由陸途、馮喻、翟小、吴、張、新熊、荷湖等七垸合修，將中間小河上下遊築隄建閘，下以禦排湖倒漾之水，上以捍監利下洩之水，包田一萬餘畝，係小工	每屆工費，按垸田一萬餘畝平均攤派	水流甚緩	隄成圓形，純係土質	次要
沔陽	銅小垸	垸隄週圍計六里强，係銅城大垸舊址，因大垸久淹，乃於千、張二號交界之處挽修成垸，包田六百餘畝，係小工	每屆工費，按垸田六百餘畝平均攤派	水流甚緩	隄成圓形，純係土質	次要
沔陽	金鏞垸	垸隄週圍百餘里，係水慶澧湖、藕湖，歲有紅土、蓮子、梅家、八墩、太公，新作東河、五墩、四墩、唐腦、七墩，小賽智、信垸、小賽仁、義、禮垸等十七垸合修，建南、北石閘各一座，包田二萬二千三百餘畝，係中工	每屆工費，按垸田二萬二千三百餘畝平均攤派	水流甚緩	隄成圓形，純係土質	次要

續表

縣別	隄名	工　程	經　費	水流緩急	隄塍形質	類別
沔陽	浮圖垸	垸隄週圍計三千二百弓，内包浮湘、并子等垸，包田三千二百餘畝，係小工	每届工費，按垸田三千二百餘畝平均分攤	水流甚緩	隄成圓形，純係土質	次要
沔陽	芳洲垸	垸隄週圍一百八十餘廣，濱臨襄河，包田三千餘畝，係小工	每届工費，按垸田三千餘畝平均攤派	水流迅急	隄成圓形，純係土質	次要
沔陽	古城垸	垸隄週圍計二百六十餘廣，係蓮上、蓮下、古城三垸合挽，内以留名口爲險工，包田五千餘畝，係小工	每届工費，按垸田五千餘畝平均攤派	水流甚緩	隄成圓形，純係土質	次要
沔陽	青石垸	垸隄週圍計十餘里，隄埁高厚保固，迄今四十餘年，包田二千餘畝，係小工	每届工費，按垸田二千餘畝平均攤派	水流甚緩	隄成圓形，純係土質	次要
沔陽	楊椿垸	垸隄週圍計五十餘里，内濱東荆河隄計二十餘里，素爲險工，包田八千五百餘畝，係小工	每届工費，按垸田八千五百餘畝分高、中、下三則攤派有差	水流迅急	隄成圓形，純係工質	次要
沔陽	殷湖垸	垸隄週圍計十餘里，内有東隄一段，素爲險工，包田二千餘畝，係小工	每届工費，按垸田二千餘畝平均攤派	水流甚緩	隄成圓形，純係土質	次要

續表

縣别	隄名	工　程	經　費	水流緩急	隄塍形質	類别
沔陽 漢川 漢陽	三益垸	垸隄週圍計三十餘里，分十五字號經管，元、亨、利、貞、禮、義、仁、智，全屬漢川，定字屬漢陽，師、北、紅、孔屬沔陽。每届修挽，三縣分負責任，共包田五千餘畝，沔陽四字號計田一千七百畝，係小工	每届工費，三縣各按管田多寡平均攤派	水流甚緩	隄成圓形，純係土質	次要
沔陽 嘉魚 監利	護部垸又名複糧洲垸	垸隄計長八里，挽於清光緒十八年，沿江修築，爲劉家碼頭官隄保障，舊由三縣分段防修，現改合修，包田六千餘弓，係小工	每届工費，按垸田六千餘弓平均攤派	水流迅急	隄成直形，純係土質	最要 隄爲劉家碼頭官隄外藩，十年隄潰，官隄亦隨之出險，與官隄唇齒相依，故列最要
嘉魚	鈇山垸	垸隄週圍計五十餘廣，挽于民國五年，内接湖水，外濱大江，包田六百七十餘畝，係小工	每届工費，按垸田六百七十餘畝，分三則攤派有差	水流迅急	隄成圓形，純係土質	次要
嘉魚	護縣垸	垸隄週圍計二百三十七廣，係護縣洲舊址，四面臨江，分新洲、七洲經管，包田二千八百四十八畝，係小工	每届工費，按垸田二千八百四十八畝平均攤派	水流迅急	隄成圓形，純係土質	次要
嘉魚	附豐垸	垸隄計三百六十丈，傍慶豐垸挽修，包田一千餘畝，係小工	每届工費，按垸田一千餘畝平均攤派	水流甚緩	隄成直形，純係土質	次要

續表

縣別	隄名	工　　程	經　　費	水流緩急	隄塍形質	類別
嘉魚	上護隄垸	垸隄長二十餘里，傍江隄，遊、萬、民、保、障五字號挽修，爲江隄外藩，包田六百餘石，係小工	每届工費，按垸田六百餘石平均攤派	水流迅急	隄成直形，純係土質	次要
嘉魚	赤壁垸	垸隄週圍三十餘里，在古赤壁之旁，故以命名，濱江隄計十餘里，素稱險工，建石閘一座，消洩漬水，包荒、熟田一萬二千餘畝，係小工	每届工費，按垸田一萬二千餘畝分荒、熟二則。攤派有差	江隄水流迅急	隄成圓形，純係土質	次要
嘉魚	慶豐垸	垸隄自江隄起，下與金城隔隄銜接，計長二十餘里，分上、中、下三截經管，包田四千餘畝，係小工	每届按垸業田畝多寡派隄，不另派費	水流迅急	隄成直形，純係土質	次要
嘉魚	合豐垸	垸隄週圍計三十餘里，挽於清光緒年間，隄塝高厚，包田六千八百九十八畝，係小工	每届工費，按垸田六千八百九十八畝平均攤派	水流甚緩	隄成圓形，純係土質	次要
嘉魚	東柳垸	垸隄週圍計二十餘里，有石閘以利消洩，包田五千六百餘畝，係小工	每届工費，按垸田五千六百餘畝平均攤派	水流甚緩	隄成圓形，純係土質	次要
嘉魚	六合垸	垸隄週圍計十七里强，地勢高阜，隄塝堅厚，有閘二座，一消大江，一消内湖，包田四千六百餘畝，係小工	每届工費，按垸田四千六百餘畝平均攤派	水流甚緩	隄成圓形，純係土質	次要

續表

縣別	隄名	工程	經費	水流緩急	隄膝形質	類別
嘉魚	同樂垸	垸隄週圍計二十餘里，濱臨大江，江隄自邱家灣起至石頭磯止約十里，素爲要工，包田四千餘畝，係小工	每届工費，按垸田四千餘畝平均攤派	水流迅急	隄成圓形，純係土質	次要
嘉魚	閤鎮垸	垸隄週圍計八十餘里，濱臨大江，篩洲市爲該縣西塲，倚此隄爲保障，向分六社經管，包田三萬五千餘畝，係中工	每届工費，按垸田三萬五千餘畝平均攤派	水流迅急	隄成圓形，純係土質	次要
嘉魚	港口隄閘	隄爲南、北山諸村之屏藩，閘爲漬水消洩之關鍵，約計受益田千九百餘石，係小工	每届工費，按各村受益情形攤派有差	水流甚緩	隄成直形，純係土質	次要
嘉魚	同興垸	垸隄週圍計長十餘里，於民國十年係諸和、永鎮二垸合修，包田二百二十餘石，係小工	每届工費，按垸田二百二十餘石平均攤派	水流甚緩	隄成圓形，純係土質	次要
嘉魚	護障垸	垸隄計十餘里，在縣城北門，地勢低窪，每届江水泛漲，全城震動，修防工程，素稱重要，包田一千六百餘畝，係小工	每届工費，按垸田一千六百餘畝平均攤派	水流甚緩	隄成月隄形，純係土質	次要
嘉魚	護隄垸	垸隄計長三千五百五十九丈，傍四邑江隄挽修，爲江隄外藩，上自上字號起，下至蒲圻承修之城字號止，包田七千三百餘畝，係小工	每届工費，按垸田七千三百餘畝平均攤派	水流迅急	隄成直形，純係土質	次要

續表

縣别	隄名	工　程	經　費	水流緩急	隄塍形質	類别
嘉魚	永豐垸	垸隄週圍計三十餘里，包田一千七百七十餘石，係小工	每届工費，按垸田一千七百七十餘石派費，按費派土	水流甚緩	隄成圓形，純係土質	次要
嘉魚	上三合垸	垸隄週圍計九里强，東、南、西三面隄係分防分修，北面大隄係公修公防，包田一千四百餘畝，係小工	每届工費，按垸田一千四百餘畝平均攤派	北隄水流迅急	隄成圓形，純係土質	次要
嘉魚與湖南臨湘縣共管	萬城垸	垸隄週圍計五十係里，包田二萬三千九百六十餘畝，係中工	每届工費，按垸田二萬三千九百六十餘畝分上、中、下、荒四則攤派有差，湖南臨湘有帮費之例	水流甚緩	隄成圓形，純係土質	次要
嘉魚	護城垸	垸隄週圍計四十餘里，濱江隄六七里素爲險工，有石閘一座，包田二萬二千餘畝，係中工	每届工費，按垸田二萬二千餘畝平均攤派	江隄水流迅急	隄成圓形，純係土質	次要
嘉魚	二甲垸	垸隄上接東嶺隄，下連閣鎮垸，裡外濱江，計隄七里强，包田千餘畝，係小工	每届工費，按垸田千餘畝平均攤派	水流甚緩	隄成直形，純係土質	次要
嘉魚	珍福垸	垸隄週圍計四十餘里，包田八千七百餘畝，係小工	每届工費，按垸田八千七百餘分荒、熟攤派	水流甚急	隄成圓形，含沙質	次要
嘉魚	錦湖垸	垸隄計十九廣零十二弓，包田八百餘畝，係小工	每届工費，按垸田八百餘畝平均攤派	水流甚緩	隄成圓形，純係土質	次要

續表

縣別	隄名	工　　程	經　　費	水流緩急	隄塍形質	類別
嘉魚	四團垸	垸隄週圍計三十餘里，南、北與合興、慶豐二垸毗連，東濱湖港，西臨大江，素以江隄爲要工，包田六千餘畝，係小工	每屆工費，按垸田六千餘畝平均攤派	江隄水流迅急	隄成圓形，純係土質	次要
嘉魚 武昌	大成垸	垸隄計長十餘里，於民國十年依明季熊襄愍所建江隄舊埁加挽，上接咸甯承修之江隄，下抵武昌五豐民垸，包田八萬餘畝，係大工	每屆工費，按垸田八萬餘畝攤派	水流迅急	隄成直形，純係土質	最要 隄介嘉魚、武昌之交，於武泰官隄有關，故列最要
嘉魚隄於蒲圻、咸寧、武昌諸邑均有修防責任，以隄段專屬嘉魚縣地，故不列他縣	江隄	隄上自馬鞍山起，下至陶家碼頭止，計百餘里，分爲四大段：第一段爲四邑上遊萬民保障，諸字號由嘉魚承修，計長三千二百三十九丈；第二段爲居、然、江、上、一、長、城諸字號，由蒲圻縣協修，計長二千五百二十六丈；第三段爲康、甯、永、慶、歲、昇、平諸字號，由咸甯縣協修，計長三千三百七十九丈；第四段爲金、城、同、樂諸字號，計長二千七百九十九丈，由嘉咸蒲武四縣協修。舊係部隄，現工欵由四縣籌撥	每屆工費，由嘉魚、武昌、咸寧、蒲圻四縣攤派	水流迅急	隄成直線形，土含沙質	最要 隄爲該縣民垸保障，居武昌上遊，於咸寧汀泗橋一帶及蒲圻北區之郭連、官喬、馬獅、坪下、汀泗、池江、方喬等七團有密切關係，故列最要

續表

縣別	隄名	工　程	經　費	水流緩急	隄塍形質	類別
鄂城	羅湖隄	道光年間建，上自北端起，下至石閘止，長十餘里，上半截高五尺、面寬三尺、脚寬八尺，下半截高八尺、面寬五尺、脚寬二丈	田地一百三十六石，公隄、私隄、閘費均係按畝分派	濱江水急	隄成曲形，質含沙	次要
鄂城	南蹟湖隄	計長二百餘丈，傍山高處爲易工，其餘則爲險工，全隄公、私二種，公隄長九十二丈四尺，私隄長一百零九丈	田地三百餘石，向係按畝派費	水流急	隄成直形，質含沙	次要
鄂城	甫塘湖隄	自烟燈山起，至官山止，公、私隄共長二百零五丈，高九尺餘，面寬六尺，底寬一丈六尺，係同治八年創修。清末江水泛漲，崩潰甚多，民國元年培修一次，九年隄身殘闕，多由窑户所致，十一年勒石封禁，窑户始行斂迹	田約五百餘畝，向係按畝派費，十一年培修，每畝派錢一串文	水流急	隄成直形，質含沙	次要
鄂城	馬礄湖隄	此隄東段屬岡，西段屬鄂，長九百二十八弓，建於光緒十五年冬，因畝少民窮，迄未成功，清末大水冲壞，民國元年補修一次，鄂民修六股半，岡民修三股半，六年潰口二十丈，八年由兩縣代表會議培修	建修時曾用欵十餘萬，鄂民担任六股半，岡民担任三股半。民國八年，由兩縣會議改案：自西岸黄鶴林起，至東岸老隄止，當衆分段立界，岡民認修三七，鄂民認修六三，規定面寬一丈五尺、高加三尺，統歸一律，石閘亦按此派費	水流急	隄爲直形，含沙質	次要

續表

縣別	隄名	工　　程	經　　費	水流緩急	隄塍形質	類別
鄂城	新港湖隄	道光己酉年修，上自張家山横隄，下抵彭山埠横隄，横直長九里，向分上、下二段修築。民國元年培修一次，全隄加高三尺、面寬定一丈二尺、脚寬定三丈，二年歲修一次	内有新港、張家、姚家三湖，畝數無卷，惟民國六年每畝派費三百文，十年每畝派費一串文	水流緩	隄爲直形，係土質	次要
鄂城	張北湖隄	此隄有大、子之分：大隄長七十七丈九尺，高一丈五尺，面寬八尺，脚寬五丈；子隄長一百五十五丈，高四尺，面寬四尺，脚寬六尺	按畝派費	水流急	大隄直形，子隄曲形，含沙質	次要
鄂城	彭北湖隄	長三百二十一丈，高一丈，面寬八尺，脚寬二丈六尺，亦有公隄、私隄之分	按畝派費	水流緩	隄成直形，含沙質	次要
鄂城	南北湖隄	自左家窑起，至接龍寺止，長六百餘丈，中間隄綫、地名如大隄，角石、崇二、孟家壋、金家壋、牛郎彩五處各設石閘一座，民國三年五閘俱壞，原因改革以後，人心涣散，怠於培修，雖於是年及六年培修二次，然工程草率，隄段危險，十年北洋湖隄潰口十餘丈	向係按畝工、費兩派，修隄則派工，修閘則派費，民國三年每畝派錢三百文、派工二十個	水流急	隄爲曲形，含沙質	次要

續表

縣別	隄名	工　程	經　費	水流緩急	隄塍形質	類別
鄂城	羅家湖隄	全隄計三里弱，高八尺，底寬二丈，面寬六尺，每歲夏漲，由業民分段加修，按畝派工	已開之田地五百餘畝，向未派費	水勢平緩	隄爲直形，含沙質	次要
鄂城	横山頭隄	隄分二面：一禦江水之隄，在長港北岸，由謝家灣直至東港、大港、小港、沿港一帶是也；一禦湖水之隄，即内地、保礄寺、拖船嶺、後港、何家礄、横山頭隄等是也。建修已百餘年，清已亥年並在東之保礄寺、西之横山頭各建閘一座，至民國七年始成	向係按畝工、費兩派，佃田、東佃各半	濱江水急，濱湖水緩	隄爲月隄形，含沙質	次要
鄂城	楊葉洲隄	同治八年建，分爲聖姥、三九、白沙三段：上段寬一丈五尺、高五尺，中段寬二丈、高六尺，下段寬三丈、高八尺	按畝分段派工	水流急	隄成直形，係土質	次要
鄂城	錢家礄隄	分爲横、直二隄，自錢家礄直抵樊山，長十餘里，向章按作四股分段承修	民田一百五十石，軍糧五十一石八斗，民地五十四塊，七塊作畝一石，向係按畝均派	港水洶湧	隄爲三角形，含沙質	次要
鄂城	水徑隄	内分八堡劃段承修，向分爲大修、小修二種：大修者，即遇大水冲潰，一堡不能獨修，邀集八堡隄首公同妥議，照堡派工，通力合作之謂；小修者，即未經冲潰，各自補修，與别堡無涉，江水泛漲，各保各段之謂	堡内畝册一千六百石	水流甚急	隄成直形，係土質	次要

續表

縣別	隄名	工　程	經　費	水流緩急	隄塍形質	類別
鄂城	洋瀾湖隄一名五丈港隄	隄建於光緒初年，分爲八段，有閘一座，内附支隄十段，皆極薄窄	共田六百餘石	水流急	隄成直形，係土質	次要
鄂城	盛礄隄	分爲松林、石三、楊澤三堡，按段分修，民國四年在閘外築横壩一道，八年復加培修	田地二百餘石，公隄按畝派費，私隄各自補修	水流緩，惟周宏一段較急	隄成直形，係黄土質	次要
鄂城	琵琶湖隄	隄長四里、高八尺、面寬一丈、底寬二丈餘，民國三年培修一次，並將閘座補修，十一年以工代費，復將全隄加高培厚	田畝三百餘石，民國三年每斗出錢二串八百	水流緩	隄成曲形，純土質	次要
鄂城	黄柏山隄	自黄柏山起，至樊山脚下止，有隄一道，長四十餘里。舊以武、黄、縣、衛、田、廬、保、障八字爲標準，每一字計程五里爲一段，各自按段修理。最危險處有磧磯窑隄一段，其隄尾出水之所名曰薛家溝，先年曾建閘底，旋因費絀未果。同治五年曾請帑銀一萬餘兩加高培厚，光緒五年補修一次，民國以後因注意樊口横隄而長隄失修	老卷内武、黄、鄂、冶有四縣受水災，編有緩免錢糧及歲修黄柏山長隄經費册，每石每年納隄費四百文：計武昌正銀六千餘兩，黄岡軍糧一千九百餘石，鄂城正銀九千五百餘兩，又軍糧八百八十餘石，大冶正銀三千餘兩	濱江水急	隄爲直形，純土質，濱江處多紅石砌成	最要 該隄外江内湖，在樊口北岸，爲武、黄、冶、鄂四縣田廬保障。而冶邑共七十餘堡，受益者計十八堡有奇，惟履勘、估工、請欵、督費各手續，向由鄂城主政

續表

縣别	隄名	工　程	經　費	水流緩急	隄塍形質	類别
大冶	港鄉隄	同治年間建，上抵昌大隄，下至勝陽港隄，沿江長十里有餘，惟自高等學堂起至運鑛處附近約長里餘，均係險工，而瓦窑地點係屬通衢要道，隄面潰決尤多，十二年培修一次	内中田地一百四十餘石、官礦署田三十八石、水泥廠五石，向係按畝派工、費，每年補修官鑛署補助錢一百串文	江水甚急	隄成直形，純土質	次要
大冶	勝陽港	同治年間建，自石灰窑起至袁家河止，長十餘里，並有石閘一座	内中田地三百餘石	水流急	隄成曲形，係黄土質	次要
大冶	昌大隄	隄分二面：一自東至西，由黄石港磚頭起至老虎山止，長五里、面寬七八尺、底寬五丈、高八尺至一丈二尺；二自南至北，由武昌滄起至車湖港止，長三十里，高、寬略同上。舊有石閘一座，閉塞無用，其上建有隄防公所，民國四年於老虎頭建新閘一座，頗爲堅固	田地二千餘石	江流急，其餘較緩	隄成直形，係土質	次要
大冶	四顧隄閘	同治八年創修横隄一道、直隄一道，合長三十六丈，面寬一丈，底寬三四丈，高二丈；又有封港流隄一道，長六丈，寬一丈八尺，高與横隄、直隄相等，並在四顧山下建有石閘一座。民國十二年大加培修，并在四顧山開清流港一道，計長二十餘丈；又在截流閘上用亂石修砌斜坡，計長八丈、寬一丈餘，以防直隄崩卸之虞	向係按畝派工派費，民國五年共用培修費千餘串，十年用錢一千五百串，東、佃各半	水流急	隄成三角形，純土質，外加石工	次要

續表

縣別	隄名	工　程	經　費	水流緩急	隄塍形質	類別
黃岡	西岸沿江長隄	沿黃岡西岸，地甚低窪，外濱大江，内多湖泊，民國十一年紳民建議築隄、建閘、濬河同時並舉。隄上自龍口起，下至楮城止，長百里，工分平工、次險、最險，酌量加工。全隄擬建閘兩座：一在鵝公頸，一在羅家溝。鵝公頸隄閘業告成功，名蕭公閘，誌不忘也，閘口工程，尚稱堅結，閘爲三眼式，内、外皆麻石砌成；羅家溝閘因工費尚在計劃中，至所擬修之陶家淌、秦家淌兩處皆未動工	當十一年會議時，因工欵浩繁，由蕭兼憲首捐鉅欵，餘則募捐有差，公推今工賑督辦，李公隱塵董其事，其不足之數由淍出田畝分上、中、下三級丈量科派，地方人民踴躍從工，乃得告成	地瀕大江，水溜甚急	隄形沿江直下，隄質純係黃土	最要 該地甚低窪，外江内湖，隄閘未修時，每逢夏秋汛漲，江湖貫串，倉子舖以下一望浩渺，時患淹没，自修隄閘，始免此患
黃岡	東岸沿江長隄	隄由薛家溝起，至黃柏山止，長四十五里。民國十二年就原有隄址加高三尺、培寬兩丈，險工用紅石砌滑坡，又自雷山麓至橫隄長四里，工程與上段相等。樊口上約二里許接築橫隄，隄身高五丈、隄脚寬五十丈、面寬二十五丈，兩旁各打木樁，實以三合土，樁外用麻石修砌滑坡，中間安置鐵機水管，兩旁各開引河，準備修石閘兩座	民國十一年經黃、鄂各縣士紳集議公決，依清時彭剛直公疏議計劃，於樊口上修築橫隄，推今吴將軍兆麟董其事，設局經修。已將橫隄修竣，洩水機器安置妥貼，閘工刻正招標承修，經費由淍出田畝及受益田畝攤派分擔，閘地屬黃地管轄與鄂治縣城接近，利害關係亦較鉅	隄瀕大江，對岸赤壁斜射，水流迅急，橫隄内湖水甚寬，以梁子湖爲大，水汛時，須防浪濤	沿江隄成直形，純係土質，外加石工	最要 樊口爲疏洩内湖積水要道，閘工及橫隄均能告厥成功，外江不能灌入，内湖得有消洩，不惟淍腴田鉅萬，並於商業大爲影響

續表

縣别	隄名	工　程	經　費	水流緩急	隄塍形質	類别
黄岡	利濟隄	隄在縣城外觀瀾橋北隅，直達江濱，清道光時知府祁宿藻、知縣俞昌烈重加石隄	修補現無費	甚緩	成直形，兩旁砌以石	次要
黄岡	河口隄	隄在孔阜區，清光緒初築，並建朝天閘，以時蓄洩	培補修理費用，按受益田畝照派	水流甚緩	隄成直形，爲土質	次要
黄岡	灄河隄	隄在縣五重鄉，道觀河水所經，築以禦上遊山水之暴發，近來未見泛溢，不甚重視	派夫培修，不另醵費	小河水不急	隄形曲折不一，隄埁土質	次要
黄岡	老鸛河隄	隄在慕義鄉，舉水所經，築以禦上流山水之暴漲，十二年夏略有冲毀，已加補修	派夫培修，不另起派費用	小河水不急	隄成直形，隄埁土質	次要
黄岡	菱湖隄	隄在慕義鄉，舉水所經，築以禦水之暴發，去年稍有冲毀	派夫培修，不另收費	小河水不急	隄成曲形，隄埁土質	次要
黄岡	龍坑隄	隄在慕義鄉，舉水所經，築以禦山洪之暴漲，清嘉道間毀於水，近就原有隄址稍加修補	培修派夫，不另收費	小河水不急	隄成直形，隄埁土質	次要
黄岡	邵公隄	隄在庶安鄉，上起嘉魚村，下迄柳子港，亦舉水所經，又西南有曾家隄，現甚傾圮	培修按户派夫，不另集費	小河水不急	隄形曲，係土質	次要
黄岡	木屐口隄	隄在周山舖東北，蕭家墩下築有石閘一座，修於清同治年間	修隄及修閘工費，按田攤派	内湖甚緩	隄形直，隄埁土質	次要

續表

縣别	隄名	工　程	經　費	水流緩急	隄膛形質	類别
蘄水	北永隄	同治十二年創建，隄分西、南二面，自巴河内七里舖起，至六巷徑止，長三十餘里。險工有羅家增、王家墩、新港、六巷徑等處。閘係光緒二年建，坐落新港，係青石所造，高三丈六尺、寬三丈二尺，中空寬一丈、高二丈四尺，盡純料石造，並未築土，頗爲堅固	内中田地稞谷二萬四千石，儲有公積田畝，每年可收谷一百六十餘石作爲歲修搶險之費，故該隄自成立以來，僅派費六次，向例按畝派工	江流甚急	隄成直形，純係土質	次要 查該隄坐落西一、西二兩鄉，隄内地段約有十四甲之廣，占全縣五分之一。向例歲修，按甲分段，結合之處，工程草率。羅家增有横坑里餘，以及王家墩、新港、六巷徑均係險工，而羅增風浪自上流五十里而來，崩卸甚多，十年水漲時，離隄面僅三尺，十一年僅一尺
蘄水	永保隄	建於同治年間，分東、西、南三面，北面無隄。一東面：自羆台起，至蘭溪河口止，長八里，此爲河隄。二西、南二面：爲江隄，自河口起，至新港止，與北永連界，長十五里，閘在袁家墩，河工險處在北湖增長二里餘江隄一帶，每年崩潰甚多，無處不險	隄内稞約五千餘石，積水稞約二千石，每年搶險，先由隄首墊用，秋收後按稞分派，向存無儲	河流較緩，江水甚急	隄成三角形，係上質	次要

續表

縣别	隄名	工　程	經　費	水流緩急	隄塍形質	類别
蘄水	永豐隄	同治十三年創，自大礄起，至張家灣止，長五里，面寬一丈，底寬三丈，高八尺至一丈二尺不等。閘建於穴山下，附近左家湖最爲低窪，全隄分爲天、地、人、和四段，以建閘處爲險	内中田地共稞三千五百餘石，向係工、費兩派，而積水稞約六百餘石	水流平緩	隄成直形，純係土質	次要
蘄水	綦家湖隄	創於同治年間，有閘一座，在張家山嘴，民國四年隄决三十餘丈，五年培成	田稞一千餘石向係按稞派費	水流平緩	隄成圓形，含沙質	次要
蘄水	永固隄	同治十一年創，自青蒿港起，至紅石磯止，長二十餘里，分爲博、厚、高、明、悠、久六號，面寬八尺、高一丈二尺、底寬三丈，險虞在王家墩下約二三里。又馬料灣亦係險工，約五六里，沿江挽月約有六處，濱河挽月共計三處，小月長十餘丈，大月長四十丈至六十丈不等，並有石閘一座，坐落破礄，建於光緒三年，均係紅石，高一丈四尺、寬三丈。全隄取土之處以王家墩爲最難，民十一年馬料灣潰决十餘丈，卒因搶險得力未受大害，十二年因風浪洗刷甚多，培修一次	田租約六千六百餘石，向例工、費兩派，開工時每石派工若干，及秋收後始開大會，按用費平派分担	水流甚急	隄爲曲形，含沙質	次要

續表

縣別	隄名	工　程	經　費	水流緩急	隄塍形質	類別
蘄春	永成隄	同治年建，自城南烟關樓起，至廣屬横壩止，長十餘里、面寬八尺至一丈二尺、底寬三丈至八丈、高一丈至二丈，有閘一座，以閘口二面及十五廂一帶爲險工，民國元年曾添修閘板及駁砌石坡一次，二年培土一次，五年江水過漲建有保磴兩段，七年培修一次，九年於十五廂内修月隄、外建石岸，十二年浪洗殘缺、損壞不堪	原田一百七十四石七斗，九年舉行丈量一次，計二百七十八石，向係按畝工、費兩派，如每斗派錢三百文即派工三個，錢出於東，工出於佃	江流甚急	隄成直形，含沙質	次要
蘄春	赤東湖隄	自金牛洞起，至沙徑寺接十里壩、北接野塘嘴止，長十里，計三千三百六十弓，民國三年由公民稟縣立案，擬定隄脚低處寬二十丈、高處寬十數丈不等，低處高三丈、高處一二丈不等，用開方法平均合算，需土工二十餘萬，隄閘擬建高、下二口，額定土、石工三十餘萬，期以民國五年成功，自後開工四載，至民六尚未告竣	老册畝數計七千餘畝，尚有黑壳墩以内之湖田七千餘畝，三年估定土隄二萬餘串、閘工三萬餘串	水流平緩	隄成曲形，純係土質	最要 查該隄俗名八里湖，在縣治之北五里，爲五鄉往來咽喉，昔由東關外至冷水井，踰上台北之金牛洞至沙徑寺之間，建有石磴六座，上有木板架礄，自擬建隄閘，業民踴躍。惟隄脚多係鬆泥，隨修隨壞，如改建隄綫、極力修成，則隄内多數民圍悉可以免水患

續表

縣別	隄名	工　程	經　費	水流緩急	隄塍形質	類別
蘄春	成城團	民國九年由公民稟章立案，自童家嘴圍壩直下横過抵曹姓山脚，長約三里、面寬八尺、底寬二丈、高八尺，計工二萬可成	田約八十餘石，每斗派工三十名，田二串稞由東、佃各半	水勢平緩	隄成曲形，係土質	次要
蘄春 廣濟	恒豐隄	查此隄地段，蘄春十之八、廣濟十之二，同治年間創，先由近地中口、窑湖口建修，旋復買得大黑壳墩帮南邊湖口爲建閘地，籌辦數年，迄未成功，民國元年復由公民集議，實行收費建修隄閘，延至三年尚無成效，五年、十二年復相繼成功	田約九百餘石，元年至三年用錢二萬串，每斗出錢二串六百，十二年復用去閘費一萬六千七百串、隄費八千串，亦係按田抽收	水勢平緩	隄成曲形，係土質	次要
蘄春	茅山隄	同治十一年創，至光緒十五年始成，自花菓園起，至十二塘止，除中間山麓約七里外，正隄以弓合里約四十餘里、高約二丈、脚寬三四丈、面寬二丈不等。全隄分爲三段，細分爲九股：五甲、福主廟屬蘄水，合九股之四；散花洲、下湖屬蘄春，占九股之五。閘建於斛子山，高三丈六尺、寬一丈二尺、深二丈，險要在花菓園、中家嘴、絲茅徑等處	受益田稞三萬石，七年收畝費三千串，用去二千二百串，尚存錢八百串，惟派費則近六千串，八年復派費五千串	水流甚急	隄成直形，土質含沙	次要

續表

縣别	隄名	工　程	經　費	水流緩急	隄塍形質	類别
廣濟	盤塘隄	一、横隄一道：由北至南，自駝山邊起，至江邊止，長約四百丈、面寬一丈二尺、底寬三丈、高一丈二尺，上有石擺，係民國六年建。二、直隄一道：自駝山脚下横隄南端起，至茅林棚界止，長約五里，名爲新建隄，民國六年築，有増坡約八百五十六丈。三、接新建隄東界起至蔡山止，沿江七十里，計長七千一百四十丈，分爲十三棚，中有修防公所，建設武穴全隄，險處在五里、黄花二棚，而急水棚與中廟棚亦覺可慮	新建隄無夫無役，全恃公家撥欵，舊爲部隄。而十三棚則向有派費成例，即共計隄米一千五百石，按米工、費兩派	水流甚急	隄成直形，土質含沙	最要 查此隄爲濱江幹隄，居黄梅上遊，不惟廣濟一縣利害，即黄梅之官、民各隄皆有關係。昔人謂盤塘一潰則黄梅、宿松、望江、懷寧皆成巨浸，蓋緣江流自西至東逐漸而下，横隄爲三省門户，最關重要
廣濟	羅城隄閘	光緒二年創修，自北面童司牌起，至南面合興圍止，蜿蜒十餘里，長一千一百八十八丈、脚寬十五丈、高一丈二尺不等，面寬八尺至一丈不等，光緒三十一年於童司牌之南建有石閘一座，日久漸壞，全失作用，民國十二年於舊閘西改建新閘一座	隄内十八棚共米四千二百石，盤塘十三棚共米一千八百二十六石，十二年修閘共用工錢四萬六千串，十八棚米一石派錢十二串，十三棚米一石派錢六串，廣野圍則帮錢一千串，合之爲六萬一千餘串云	水流平緩	隄成曲形，係土質	最要 查該横隄關係五鄉，所以防江水之倒灌，長雖十里，内面私圍尚多，大者曰廣埜，其次有李家、魯家、黄金、城塘、筲箕、小脚、柳绿、珊瑚、天保諸圍，均與該隄閘有極大關係

續表

縣別	隄名	工　　程	經　　費	水流緩急	隄膛形質	類別
黄梅	外隄 一名江隄	自寶賽口起，至潘興圩汪家廟止，過江西德化縣屬封郭隄，又自馬路口起，至安徽宿松縣同仁隄止，共長九十里，計一萬二千六百丈，分爲十三段，即涼亭口、丁家口、商家口、沙灣口、潘興口、何家堡，德化隄馬路口、梅家口、胡家口、楊家口、劉左口、正港口、董家口，前六段爲上，均屬民工，後七段爲下，均屬官隄，已詳七口隄表	向係按畝工、費兩派，歲修派工，大修則兼派費	水流甚急	隄成曲形，含沙質	最要 據七口、同仁、馬華等官隄上遊，安危與共，故列最要
黄梅	驛路隄	自馬路口丁字壩起，至孔壠楊泗廟止，長七千二百二十丈；自楊泗廟至黄泥塘止，長三千六百丈；自周宣口起，至孔壠西馬坊口止，長七千八百四十丈；又自穀頭壩起，至嚴家閘止，長五千四百丈；自嚴家閘起，至毛家店止，長六千三百丈；又自孔隴東北起，至濯港鎮止，長三十里。合計四萬餘丈，高寬不等	由隄内業民共同培修，或任意捐資，或按畝派費，各以慣例施行	水流平緩	六段成直形，係黄土質	次要

續表

縣別	隄名	工　程	經　費	水流緩急	隄塍形質	類別
黄梅	王家大圩	自白湖渡南岸起，至外隄凉亭口止，綿亘二十餘里	内中田地數萬畝，向係按畝派費	水流平緩	隄成曲形，係土質	次要
黄梅	中立圩	建於明萬曆年，長五百餘丈	田約五百餘石，向係按畝派費	水流平緩	隄成曲形，係土質	次要
黄梅	復修圩	自王家坂至嚴家坂頭止，長四里	田畝百餘石	水流平緩	隄成直形，係土質	次要
黄梅	湖東圩	按民國八年立案，工程分爲險、平、穩三段，平、穩面寬一丈、高一丈，險工申高加寬	實畝三千八百三十一畝五分，免丈一千六百二十畝，民國九年每畝派錢六百六文	水流平緩	隄成曲形，係土質	次要
陽新 春圻	河口隄	隄創於清同治十一年，係陽新、蘄春共管，外爲大江，内爲海口湖，所以禦江水倒漾之患，内分上、下園，往時工程係分修，民國四年後改爲合修，受益田約二萬餘畝，係小工	每届工費，按兩園受益田畝攤派	水流甚緩	隄爲直形，純係土質	次要

湖北省襄江段民隄表

縣别	隄名	工　程	經　費	水流緩急	隄塍形質	類别
光化	老河口隄	老河口爲鄂西繁盛商埠，地勢北低而南高，原有土隄，近甃以石，長一百八十餘丈，鱗砌堅結	原有定額土費，向由縣按年徵收，改革以後，概由河口商會就地徵收，縣署不能過問	北、西面臨漢，水勢迅急	隄成直形，市鎮衝要處悉爲石砌，兩頭尚有土隄	次要
光化	石隄	在漢水東，厥後漢水西徙，隄没土中，清末水漲，冲出石隄數十丈，有土人鑿斷之遺跡	傍石隄北岸尚有熟田萬餘畝，歷年并未培修，故無固定經費	水勢稍急	隄成直形，質爲石砌	次要
襄陽	樊城隄	隄與襄城老龍隄對峙，漢水從中流，如硤口，唐白河向下冲激，恍惚武漢形勢，工程近來多事石砌	隄由樊城商會醵費經修，完全爲保衛商鎮而設，與農田水利關係尚淺	漢自萬山麓直下唐白河，又自下阻其去路，頗爲急湍	隄成直形，其無石處爲土質，頗堅	次要
襄陽	救生土隄 一名南隄	在襄城西南隅，宋郭杲築，以障三里橋九宫山溝澗冲發之水，設二閘，長二千九百餘丈	二閘按時啓閉，水涸則放之於濠以衛城，水漲則導之於漢以杜衝溢，啓閉及培補經費按畝科派	完全爲防止淫雨、山水暴發而設，外有官隄爲保障	隄城直形，係土質	次要
襄陽	檀溪隄	繞檀溪湖，長七百丈，自響水洞至三里溪爲東隄，自三里溪至萬山麓爲西隄	此隄不常培補，遇有必要時，仍按隄内受益田土酌爲匀攤	地多積潦，水流甚緩	隄成直形，係土質	次要
襄陽	啟公隄	在縣治東南筲箕窪，長四十丈	遇有修補，按畝攤派	地爲積潦，水流甚緩	曲隄多土質	次要

續表

縣別	隄名	工　　程	經　　費	水流緩急	隄塍形質	類別
宜城	護城隄	舊距鳳凰山約二十里，後漢水内徙，逼城僅五里，老隄漸塌。有清中葉，間於舊隄外另築新隄，并於衝要處所，悉砌以石，至今尚稱堅固	按年由民間照畝攤派，土工各自按段補培，倘遇大工，請縣得撥縣有公欵以補不足	襄流至宜城水勢不甚急，東岸則藉山爲天然隄岸	周圍環繞，隄質除石砌外屬土質	次要
宜城	救生隄	在縣治西南，築爲二牐：一通於漢，一達於濠，水涸則導入濠，水漲則放於漢，消洩以時	按受益田畝酌量科派，培修隄埁之費不及牐口啓閉及整修費之多	水勢甚緩	隄成直形，隄埁土質	次要
宜城	陸公隄	沿漢西岸而下，上起臥虎厓，下迤葛藤灣，長九十里，凡六萬丈，高一丈至三丈不等	隄肇創於陸祐勤，故土人呼爲陸公隄，每年培補缺塌，按田派夫	隄外距襄流頗遠，並有淤洲爲障，水流甚緩	沿西岸迤邐而下，隄係土質，成直形	次要
鍾祥	護城隄	在縣城西南，上接土山，下接鍾祥官隄龍山觀，長約七里，隄外有民田數萬畝，又有民隄爲外障	歷年培修，向由縣署委正紳承修，經費得由縣財産酌撥，或由行政罰欵項下指撥	外藉民隄保衛，水流甚緩	繞城作半月形，盡爲土質	次要
鍾祥	浪隄觀月隄	長九百九十七丈，有石閘一座	按畝派費	隄外有沙洲，水流甚緩	隄成月隄形，係土質	次要
鍾祥	殷家灣隄	長三百八十丈，有石閘一座	按畝派費	隄外有沙洲，水流甚緩	隄成曲形，係土質	次要
鍾祥	劉公隄	長八百七十五丈，石閘一座，民國十二年大水衝毀，冬間尚未鳩工，因下接官隄，縣令屢催，以重官工	按畝派費	水流頗急	隄成直形，隄係土質	次要

續表

縣别	隄名	工　　程	經　　費	水流緩急	隄塍形質	類别
鍾祥	豐樂隄	隄在豐樂鎮，距縣治九十里，沿隄植柳，上起觀山，下迤蚌山嘴，長十餘里，清同治創修石閘三座	培修經費照垸内田畝起派，民國十二年大水冲毁，土人派費不易，屢呈請縣署設法撥補	外有洲三四里，近因日淤日高，較隄内田畝反高，水流甚緩	隄成直形，盡爲土質	次要
荆門	魚池垸	距縣治近百里，隄傍白石港，上起長夾洲，下迤蘆花垸，長四百五十七丈，石剅一座	按畝科派	湖水平穩	向潛江直下，隄成直形，隄係土質	次要
荆門	蘆花垸	上接魚池垸，距彭湖家里許，下迄借糧湖，長一千二百丈，石剅一座，按年修補	按畝收費	湖水平穩	界連江陵，成圓形，係土質	次要
荆門	沙洋鎮隄	下接沙洋官隄二十五里，上接馬良小江湖民隄四十里，控荆、監、江、潛、沔五邑咽喉，隄上下内外皆市街	本鎮街隄由商會經修	隄外有街道，街外有淤洲，水流甚緩	横亘中間，成直形，隄街均佈石	次要
荆門	小江湖長隄	上自馬良山即《禹貢》"内方山"之禹王廟起，下迤邐達王家集止，長五十里，築上、中、下三閘，惟上閘今淤	民國三、四年，屢因潰決，大加修築，按受益田畝起費，十一年又潰塌數處，復加派費培修	水溜頗急	沿襄直下，成直形，隄塿土質	次要
荆門	鯉魚潭隄	小江湖内間隄長一百一十四丈	隄創修於清嘉慶間，現按土徵費	水流最緩	曲形，土質	次要
荆門	廖家凹月隄	距沙洋二十餘里，長三百餘丈	隄創修於清乾隆間，現按土徵費	水流最緩	曲形，土質	次要

續表

縣别	隄名	工　程	經　費	水流緩急	隄塍形質	類别
荆門	仙人古月隄	隄屬荆潛交界處所，荆管二千一百五十丈，潛管四百九十九丈，工程兩縣合修	隄創修最古，現按畝收費	水流不急	月隄形，係土質	次要
荆門	緑蔴月隄	即劉馬渡月隄，長四百六十丈	按畝起派	水流甚緩	成直形，係土質	次要
荆門	楊家腦月隄	長四百九十五丈	按畝派費	水流甚緩	曲形，土質	次要
京山	金港口隄	距縣治西南百二十里，長六百三十三丈，内鍾隄一節長四百六十二丈，荆右衛一節長一百二十五丈	自此隄起，接聶家灘止，長九十里，統稱爲京山長隄，分之爲十八口，遇有潰決，前清時發帑補修	沿襄流徑趨，最爲迅急	直形，土質	次要
京山	楠梅廟隄	上接金港口，長四百九十六丈，内鍾隄一百四十五丈，荆右衛二十丈，建草壩一百四十丈，月隄一百八十丈	隄關衝要遇有毁决，公家設法補救	最爲迅急	直形，土質	次要
京山	王家營隄	上接楠梅廟隄，長四百九十六丈，又鍾隄五十二丈，荆右衛三十五丈	京山十八口原係民隄，王家營爲十八口之一，自民國十年大修，現列入官隄，但因工口銜接之故，仍列於此	迅急異常	大灣形，含沙質	最要 另詳官隄
京山	馬林口隄	上接王家營隄，長八百六十二丈，又鍾隄一百七十二丈，内有荆右衛七十五丈，近來漸就低矮	隄段内向由管修内分别補修	不甚頂冲	長形，土質	次要
京山	張壁口隄	上接馬口林口隄，長六百七十四丈，内有荆右衛四十九丈，隄漸就低矮，民國十一年省署委員佑勘	此隄十一年間估爲二萬餘串，因民力集費有限，稍加修補	頂冲	直形，土質	最要 現最低坍，又當水衝

續表

縣別	隄名	工程	經費	水流緩急	隄塍形質	類別
京山	操家口隄	上接張壁口隄，長六百四十七丈，內荊右衛隄二百八十六丈，近因失修，半就圮塌	徵費有限，工程甚鉅	水勢稍平	斜長而下，土質	次要
京山	陳洪口隄	上接操家口，長三百六十丈	按畝徵收土費	水勢稍平	稍形灣曲，土質	次要
京山	渡船口隄	上接操家口，長九百八十七丈五尺	按畝徵收土費	水勢稍急	稍灣曲，土質	次要
京山	樂豐垸	上按渡船口隄，長一千零七丈	按畝徵收土費	水勢稍平	直形，土質	次要
京山	王萬口隄	上接樂豐垸，長九百丈	按畝徵收土費	水流急	斜長形，係土質	次要
京山	長豐垸	上接王萬口隄，長九百一十二丈	按畝徵收土費，但田畝較他處爲多	水勢稍平	作曲形，係土質	次要
京山	丁家潭隄	近多寶灣鎮，上接長豐垸，長九百丈	按畝徵收土費。該處街市林立，設縣佐駐防	隄外有沙洲爲障，水流平	直形，土質	次要
京山	黄傅口隄	上接丁家潭隄，距縣佐署三里許，長九百丈，近另築月隄約百丈，石砌坦坡四處、石磯兩座，洗刷殆盡	按畝徵收土費。此隄水向隄脚洗刷，急宜修補，但爲經費所限	水溜直射	自丁家潭而下作一大灣，含沙質	次要 各險要處，急宜修補
京山	唐心口隄	上接黄傅口，長五百八十一丈，內潛江隄一百七十丈，石磯坦坡漸就圮塌，計畫補修，工程甚鉅	按畝徵收土費	頂冲迎溜	長形，含沙質	最要 原有石磯，洗刷殆盡
京山	鮑家嘴隄	上接唐心口隄，長七百四十七丈	按畝徵收土費	水勢稍平順	作曲形，多沙質	次要

續表

縣別	隄名	工　程	經　費	水流緩急	隄塍形質	類別
京山	楊隄灣隄	上接鮑家嘴，長九百丈	按畝徵收土費	水漸平坦	斜灣形，多沙質	次要
京山	吕家灘隄	上接楊隄灣，長九百丈	按畝徵收土費	略急	直形，多含沙質	次要
京山	聶家灘隄	上接吕家灘，長九百丈，十八口段止此	按畝徵收土費。京山僅沿襄岸有隄，餘多山地	稍平	向下灣曲，多沙質	次要
潛江	簡家灣隄	民國四年加修月隄，十年潰，漂流房屋四百餘所，省署派員勘災，准與王家營撥欵興修，旋由華洋義賑會包修，十二年修而復潰，十三年驗收，長四百丈、脚寬十七丈、高三丈	四年用欵六萬餘串，按十五垸受益田畝攤派，十年估工二十二萬五千餘串，公家撥一萬零，下餘五萬，令監、沔、潛、江、荆五邑就地税撥還，餘由義賑會擔任	隄在襄河南岸，距北岸王家營數十里，最爲頂冲，對岸沙嘴直射，崩挫時虞	作大月隄形，含沙質	最要 爲五邑三衛保障，上、下三十一垸有田四十餘萬畝
潛江	大澤口隄 即吴家改口	上下南北兩岸計修部隄，亘八百里，全賴此口以殺水勢，南岸垸民主塞，北岸垸民主通，塞則鍾、京、天、漢、黄、孝、雲、夏等縣受害，通則潛、監、沔、江等縣受害。民國元年距澤口之龍頭拐開工堵塞，雙方争勢，官廳派兵彈壓，今通	當潛、沔、江、監四邑合議，堵塞時，按每畝派夫一人、派費十文，共集萬餘人，聲勢洶洶，官廳派兵解散，不服，當開槍斃六十餘人，方鳥獸散，嗣由雙方協議調解，仍照原開通	漢出爲潛，襄水由此口灌入沔、江、監等邑與大江匯通，口門流率迅急	上下一氣連貫，中一口向西倒灌。成直形，隄含沙質	最要 此口不惟繫南北兩岸十餘縣利害，并於全省水利大有關係
潛江	南岸長隄	西自荆門王家潭入境，東至天門多多垸交界止，九十餘里，歷長一上垸、長三上垸、坦豐蚌湖鎮月隄、新豐、栗林、白洑、社林、黄獐、沙窩、獏獐等十餘垸，計隄分作十一工，共長一萬六千四百五十二丈	按工段起費補修，每工段内各推舉隄首經管	襄流甚急	順襄流曲折而下，隄塍含沙質	最要 隄頗單薄，又當襄水之衝

續表

縣别	隄名	工　程	經　費	水流緩急	隄塍形質	類别
潛江	北岸長隄	西自京山聶家灘入境，東至天門長溝垸止，一百餘里，歷中泗、楊湖、樂豐、趙林、計家、太平、沿江七垸，共隄八工，長一萬八千餘丈	按段起費，報由縣委員監修，因沿爲例	襄流頗急	蜿蜒而下，含沙質	最要 隄甚低矮，倘逢大水，每患漫潰
潛江	東荊河隄	自吴家改口上之龍頭拐溯流而東，歷官洲、鄭浦、陀埠、紅西、東耳等垸，工程經八年大修後頗堅結	民國七年由水利局長承修，先由財政廳墊欵，仍攤之受益各垸田畝，分年遞還	襄自吴家改口流入，水流仍急	直形，含沙質	次要
潛江	西荊河隄	自東荊河田關場分流而西爲西荊河，歷彭仲、陳萬、永豐、磚橋、黄福、鄉東、鄉南等垸，長四千餘丈	各照受益田畝派修，報縣委員監修	通太白湖，溝通大江，流率不急	横斜而西，成直形，含沙質	次要
潛江	陳吕王隄	垸地甚低窪，全賴剅閘以宣洩積潦，有謝家剅、長泊剅、滿洲剅，甚關重要，十一年間改换剅門，工程尚稱堅好	此隄關係南湖、社林等十五垸，分上、下二區：上區一萬五千餘畝；下區三萬餘畝，按畝起派	甚緩	成曲形，含沙質	次要
潛江	馬頸項垸 亦名羅揚垸	隄與監利毗連，民國六年，潛、監合挽大月，屬潛一百三十丈，屬監五十二丈，上起潛邑傅家竹林，下迄監邑趙家場，工程竣後，報由兩縣備案	當兩邑合挽大月時，呈准省署，潛邑發票各借四千串，并監邑隄工局上届存欵二千六百串，儘撥培修，其餘不足之數按受益田畝攤派	水流甚緩	作大月隄形，土質含沙	次要
潛江	張家滄隄	民國六年挽月一道，綜計全隄連上、下腦共長四百十五丈九尺，共土九萬五千八百餘方	六年挽月，每土方價五百四十文，硪價每方七十文，共徵土費六萬餘串，計以十六萬畝照派	水流頗急	成直形，含沙質	次要

續表

縣別	隄名	工程	經費	水流緩急	隄塍形質	類別
潛江	趙家垴隄	民國八年挽月一道，長一百五十丈	由十六垸受益田畝攤派，共費一萬七千餘串	甚緩	直形，含沙質	次要
潛江	馴馬隄	民國六年因外灘全行洗刷，老隄更崩塌殆盡，議決先修補上、下游老隄，又退挽大月	按六區受益垸田分擔經費，每畝計派三四百文不等	水流頗急	曲形，含沙質	次要
潛江	謝家潭隄	隄在吳家改口下，十二年潰，議退挽大月，旋因當處士紳意省署派員估修，因欵鉅難籌，遷延經年，十三年省署派候補知事劉士傲承修	屢議向華洋義賑會借撥，按年加徵土費退還，現尚未竣工	瀕襄流頂冲	直形，含沙質	最要 十二年潰口甚鉅，淹没甚廣
潛江	孫家拐隄	水由澤口直衝而下，關係五區要害，圫埠一區尤爲密邇。民國十二年冲毁，由五區集議動工補修	每畝派夫一名，每夫派錢五百文，由縣署委員監修	頗急	作曲形，含沙質	最要 水泓甚急，保衞亦廣
潛江	韓家灣隄	民國七年慢毁一口，計淹六垸，潰口寬三十丈。現將已毁作爲無用退挽大月，長三百五十丈	挽大月共費工錢一萬三千餘串，按客垸、主垸酌量攤派，官督民修	甚緩	作曲形，含沙質	次要
潛江	熊家拐隄	民國八年漫潰一次，合議補修，計土方三千九百八十五方	垸内共六千餘畝，年加培修，酌量派夫，八年補潰口，每畝派工費三百五十文，共計一萬餘串	甚緩	大月形，含沙質	次要
潛江	王家拐月隄	民國六年大修一次，計加高三尺、撑脚寬一丈，共土七千八百餘方	係義、和、仁、永四垸役夫分三萬餘畝派費，歷届先報縣勘定，委員監修	水流緩	作曲形，含沙質	次要

續表

縣别	隄名	工　程	經　費	水流緩急	隄塍形質	類别
潛江	毛中陶垸	向章軍户修隄、民户疏溝，改革後改組合修。十一年兩垸會議，仍依向章，毛陶修隄、毛中修溝	毛陶有田五千餘畝，毛中有田一千七百餘畝，分垸各舉隄首經管	水流緩	圓形，含沙質	次要
潛江	林家月隄	民國三年退挽月隄二百六十弓	按畝攤費，計錢七千一百一十串	甚緩	作月隄形，含沙質	次要
潛江	泗港隄	在縣東北，隄闊五丈、脚寬十丈、袤延二千餘丈	按畝起派，由縣委員監修	甚緩	作圓形，含沙質	次要
潛江	夏家河隄	在縣東北，闊五丈、脚寬九丈、長二千七百丈	按畝起派，修築時由縣委員監修	水流迅急	直形，土質	次要
孝感	王母垸	民國元年創修，分爲二面：一、南至劉家嘴後，北至吴家寨南，首隄約五里餘，長九百五十丈，底寬六丈，面寬一丈，高一丈；二、自尚德社西堡起，至仁壽社陳八埠止，長八里，約一千五百二十丈，底寬四丈，面寬一丈、高一丈二尺，並於相公廟建閘一座。全隄分爲平、險二工：西北濱湖爲平工，東南濱河爲險工。七年及十一年修整滑坡，加修土礙兩次	元年共創修費三萬餘串，七年至十二年先後用錢十二萬餘串，均係按内中田地二千餘石分四等攤派，即上、中、下、下下是	濱河水急，濱湖較緩	隄成圓形，黄土質	最要 查此垸在縣東二十里，坐落東西湖濱，内中共十一社，沿隄二百六十餘廣，東通大江，南臨襄漢，西承縣河、府河之交流，創修以後，曾於九年、十年及十一年潰决三次，蓋因居襄河下游，襄河隄潰，此垸不能安瀾

續表

縣別	隄名	工　程	經　費	水流緩急	隄塍形質	類別
孝感	同歡垸 一名芝蔴地垸	民國二年創修，週十餘里，底寬三丈、面寬八尺、高一丈二尺，並於南面低處建有石閘一座。十一年南面潰決一次，十二年培修完成，全隄分爲難、易二工，以南面爲難工，其餘爲易工	二年共用創修費二萬餘串，按内中田畝一千一百五十餘石分爲上、下二等攤派，培修准此	南面水急，其餘較緩	隄成圓形，含沙質	次要
孝感	黄絲垸	週圍十餘里，面寬八尺、底寬三丈、高一丈。民國十二年毁去張家橋土壩，於王家寨建石閘一座，隄局設於段家廟	計田二千四百石，按畝抽派	河流尚緩	隄爲圓形，質係黄土	次要
孝感	同修大垸	民國十年合蟠龍、茶湖二垸爲一垸，週圍十餘里，底寬二三丈至四五丈不等，面寬七尺、高一丈至二丈不等，以濱談家夾溝一帶爲險工，有吉二座，以資宣洩	田畝八百餘石，向章派費分爲上、中、下三等	濱談家夾溝一帶，夏漲水急，其餘較緩	隄爲圓形，土質	次要
孝感	蛟湖垸	週約六里，面寬八尺、底寬三丈、高由八尺至一丈不等，並有石吉二座	按垸田平均攤派	水流甚緩	隄爲圓形，土質	次要
孝感	長湖垸	週約四里，面寬七尺、底寬二三丈不等、高約一丈，内、外並有石吉一座	内中田地二百餘石，按等分派	水流尚緩	隄成圓形，黄土質	次要
孝感	深溝垸	週里許	田僅三十餘石，按石派費	水流尚緩	隄爲圓形，土質	次要

續表

縣别	隄名	工　程	經　費	水流緩急	隄塍形質	類别
孝感	盈豐垸	民國五年創修南面隄一道，計長四十三廣，東、西、北三面原有古隄	田約一百二十石，按畝分等派費	水流尚緩	隄爲圓形，黄土質	次要
孝感	善德垸 一名共和垸	民國六年由興善、興德兩舊垸合併，由東一面修隄，長三百三十餘丈，閘吉各一座	田約三百餘石，按畝平均攤派	水流尚緩	隄爲直形，黄土質	次要
孝感	永和垸	民國六年創修，西、南、北三面皆屬高畈，惟東面濱湖，修隄一道，長約二里	田約五十餘石，按畝平均攤派	湖水甚緩	隄爲直形，係黄土質	次要
孝感	連合垸	民國七年創，上接永和垸，下抵嚴家橋，邊長三十六廣	田約八十餘石，費分六等	水流緩	隄爲直形，係黄土質	次要
孝感	大興垸	民國五年創，計長三十六廣、高九尺、脚寬一丈二尺、面寬六尺，並有吉一座	田約五十餘石，五年每斗派費五串，共用錢二千五百串	水流緩	隄爲直形，係黄土質	次要
孝感	協和垸	民國七年創，週十餘里	田八百餘石，按田派費	水流緩	垸爲圓形，係黄土質	次要
孝感	興盛垸	乾隆初年創，週四里許	田百餘石，按田派費	水流緩	垸爲圓形，含沙質	次要
孝感	陶家垸	民國三年創，週三里餘	田百餘石，按田派費	水流緩	垸爲圓形，係黄土質	次要
孝感	彭家垸	週五里許	田二百餘石，按田派費	水流緩	垸爲圓形，係黄土質	次要

續表

縣別	隄名	工　程	經　費	水流緩急	隄塍形質	類別
孝感	清明垸	週四里許	田約二百石，按田派費	水流緩	垸爲圓形，係土質	次要
孝感	文家垸	週七里三分	田五百餘石，按田派費	水流緩	垸爲圓形，係土質	次要
孝感	康熙垸	南面有隄一道，計長二里	田一百餘石，按田派費	水流緩	隄爲直形，係土質	次要
孝感	老興垸	週三里	田八十餘石，按田派費	水流緩	隄爲圓形，係土質	次要
孝感	殷家垸	週四里	田百餘石，按田派費	水流緩	隄爲圓形，係黃土質	次要
孝感	聯和垸	週十餘里	田八百餘石，按田派費	水流緩	隄爲圓形，係黃土質	次要
孝感	麥秋垸	民國二年創修，週十三里	田千餘石，按田派費	水流緩	隄爲圓形，係黃土質	次要
孝感	四福垸	民國三年創修，週六里許	田三百餘石，按田派費	水流緩	隄爲圓形，係黃土質	次要
孝感	天津垸	週十餘里	田六百餘石，費分上、中、下三等攤派	水流緩	隄爲圓形，係土質	次要
孝感	墩子垸	創於乾隆初年，週五里餘	田百餘石，按田平均攤派	水流緩	隄爲圓形，係黃土質	次要
雲夢	漏灌隄 舊名部隄	自上升會起，至南保會止，共十四會，隄高一丈四尺至八尺不等、底寬三丈至四丈不等、面寬一丈二尺、長四千六百九十九弓三尺，創於明嘉靖年。隄在縣西南五里，自北至南，所以禦北河之水，保障十四會田地約一萬餘石	隄按田地多寡分段修築，習慣上並不派費，尚有協修，甲夫各載弓口，不在照田分隄之内，由雍正七年勒石，永垂久遠	水流甚急，多迎流頂衝	隄成直形，土質含沙	最要 隄在縣西南，以禦北河之水，保障十四會，故列最要

續表

縣別	隄名	工　　程	經　　費	水流緩急	隄膛形質	類別
雲夢	溳河隄	創於明正德年，在縣南溳河北岸馬家灣、蕭里埠一帶，隄高一丈一二尺不等、底寬三丈、面寬八尺，以隔蒲潭爲險工	向係分段派工	水流甚急	隄成直形，土質含沙	次要
雲夢	史河隄	創於明嘉靖年，現河水淤塞，隄形殘闕，此隄在縣西北三十里，接安陸境	向未培修，故無派費之事	水流塞	隄爲直形，係土質	次要
雲夢	韓信隄	在縣東北十五里，長數百丈，相傳爲韓信所築，係爲戰争作用，有廟俗稱韓王岡，隄址雖存，於農田上並無關係，惟因古跡，保存至今	向未興工派費	水流緩	隄爲直形，係黄土質	次要
應城	十姓垸	隄有閘二座，東連馬家灣，南齊迎水寺後，西至艾家隄，北以黄姓灘邊湖爲界，共長八百餘丈，高九尺至一丈二尺不等、底寬三四丈不等、面寬七八尺不等，險要處在馬家灣西首，因西水、山水每歲泛漲，同時爲害，民國七年西口潰倒，八年、九年相繼培修	受益田地計六百四十五石，向係按畝工、費兩派，民國八年每石派錢二串、工二名，共用錢一千四百五十串	馬家灣西首水流甚急，其餘較緩	隄成圓形，係黄土質	次要
應城	大興垸	該隄繞道冠、赤岸、七口、珍珠四團，由民國十一年創修，因訟案糾紛，迄未竣工	十一年由公民代表向華洋義賑會借錢一萬五千串，議定條件十則，以田五十三石一斗六升作爲抵押	水流緩	隄成圓形，係黄土質	次要

續表

縣別	隄名	工　　程	經　　費	水流緩急	隄塍形質	類別
應城 漢川	郭家垸	道光五年修，上接隔蒲潭窑頭部隄，下至上義團經藏寺，長一千餘弓，工作分爲二部：漢川承修三分之二，長六百六十六弓六尺；應城承修三分之一，長三百三十弓三尺。在漢名六總，在應名六秀，每總每秀各派隄長一名，以司培修任務。民國八年襄水洶湧，全垸淹盡，十年連破數口，十一年各按隄段督修	垸户四千餘家，田地五千餘石，向係工、費兩派，分段負責	水流甚急	隄爲曲形，土質含沙	最要 此隄管地有長江、上義、新添、郎君、康林五團，周圍五十餘里，關係川、應、雲三縣。光緒丙申襄隄潰口，該垸南隄澎破，大受水害
天門	獏獐垸 亦名多多垸	在襄江南岸，長一千三百三十三丈	垸内計一萬三百餘畝，每歲培修，分上、中、下起派，遇大修則報縣備案	水流急	上接潛江，成圓形，含沙質	次要
天門	牙旺垸	在襄河南岸，長一千三百五十七丈，民國十一年曾經大修，工程尚堅	歲修按畝照畝派	水流頗急	上接多多垸，成圓形，隄埁含沙質	次要
天門	馬家垸	在襄河南岸，長九百七十丈	按畝起派費用	水流頗急	成圓形，含沙質	次要
天門	下老觀垸	在襄河南岸，長七百三十五丈	按畝起派費用	水勢平	圓形，含沙質	次要
天門	石泉垸	自馬家垸起，歷上中州一區至六區、下中州一區至六區，長六千餘丈，本垸僅占一百四十二丈，石剅一座	本垸所管田畝計三百八十餘畝，每年起費依上中州、下中州各區攤派	水甚緩	圓形，土質	次要

續表

縣别	隄名	工　程	經　費	水流緩急	隄塍形質	類别
天門	長湖垸	在襄河南岸，長五百三十丈，石剅一座	按畝派費	水勢平	圓形，隄含沙質	次要
天門	豬冢垸	在襄河南岸，長六百九十丈，石剅一座，今淤	按畝派費	水溜極平	圓形，隄係土質	次要
天門	爛泥垸	在襄河南岸，長七百一十四丈，石剅一座	按畝派費	水勢尚平	圓形，隄塍係土質	次要
天門	犴獐垸	在襄河南岸，長六百四十二丈，石剅今淤	按畝派費	水流不急	圓形，隄塍土質	次要
天門	漚麻垸	在襄河南岸，長五百九十丈五尺，小横隄共長六百五十丈	按畝派費	瀕襄流頗急	成圓形，質含沙	次要
天門	青泛垸	在襄河南岸，與七家垸毗連，中作土壋，共長六百七十一丈五尺	歲修與七家垸各自派費，各出土工	水流不急	成圓形，質含沙	次要
天門	桑林垸	在襄河南岸，長三百七十五丈	按畝照派	水流不急	成圓形，隄質含沙	次要
天門	來洲垸	在襄河南岸，長七百四十七丈五尺	培修照畝起派土工，大修另議	水流不急	成圓形，隄係土質	次要
天門	戴家垸	在襄河南岸，長四百九十五丈，計自潛江界多多垸起沔陽界止，大小共二十四垸	襄河南至此爲止，所有培修費用均按畝照派，或另酌工夫帮助	瀕襄河，水勢頗急	成圓形，土質	次要
天門	長溝垸	在襄河北岸，上接潛江，長二百五十八丈	培修按畝派費，酌幫土工	瀕襄河，水流頗急	作圓形，質含沙	次要
天門	孫塌垸	在襄河北岸，接長溝垸，長四百二十丈	培修按畝派費，酌帮土工	瀕襄流，水勢頗急	作圓形，質含沙	次要

續表

縣别	隄名	工　程	經　費	水流緩急	隄塍形質	類别
天門	月兒垸	在襄河北岸，長三百五十七丈	培修按畝起派	瀕襄流，水勢頗急	作圓形，土質	次要
天門	上老觀垸	在襄河北岸，長八百一十一丈	培修各畝酌出	瀕襄流，水勢頗急	作圓形，土質	次要
天門	范獐垸	在襄河北岸，長七百五十六丈	培修每歲派費甚少	臨襄流，水勢頗急	成圓形，含沙質	次要
天門	洋潭沙溝垸	在襄河北岸，長一千二百十四丈	培修援舊章起派，無異議	水勢平	圓形，含沙質	次要
天門	上、中、下牛蹏垸	在襄河北岸，長四百三十丈	按垸内田畝分兩等起派，并酌派土工	水勢頗急	成圓形，土質	次要
天門	龔家垸	在襄河北岸，長五百丈十四尺	照畝派費	水流不急	成圓形，隄含沙質	次要
天門	新興垸	在襄河北岸，長七百七十四丈	照畝攤派，并酌起土工	水流不急	成圓形，隄質含沙	次要
天門	上、下陶林垸	上陶林一區長八百八十九丈；二區、三區及下陶林一、二、三、四區共長三千二百三十六丈；三區均挽月；四區石閘一座	各區各照垸内熟田，於民國十一年内培修費每區每畝派費三百文，報縣有案	間瀕襄河，水流緩急不等	自上陶林接下陶林二區形曲下直，質含沙	次要
天門	黄沙垸	在襄河北岸，長二千二百五十七丈，置石閘一座，最關重要	每年派費鬧費佔其大半，培修時並按垸民夫赴派工作	水急不流，查此垸之上尚有雙湖垸，今廢	成圓形，隄質含沙	次要
天門	團湖垸	在襄河北岸，長七百四十丈，石閘一座	按畝派費無異	水勢甚緩	成圓形，隄係土質	次要
天門	查家垸	在襄河北岸，計長二百四十丈，石閘一座	每届培修，由垸首照畝派	水勢緩	成圓形，隄係土質	次要
天門	中和垸 下殷垸	在襄河北岸，中垸長八百六十二丈五尺，下垸長七百五十三丈，石閘一座，今淤塞	每届歲修，照畝預派費用，並按起土工	水流緩	成圓形，質含沙	次要

續表

縣別	隄名	工　程	經　費	水流緩急	隄塍形質	類別
天門	泊魯上、下垸	在襄河北岸，上垸長六百七十七丈，下垸長一千丈，無閘	培修兩垸，各照田畝攤派，不相混涉，若遇大修，兩垸通力合作	水流頗急，北岸隄至此止，共長一萬六千百餘丈	成圓形，係土質	次要
天門	上古垸	在通順河南岸，長二千二百五十丈，石剅一座，上接潛江界之拓垸起	每歲培修，早由垸首約垸民公議，酌量工費起派	水流不急	成圓形，係土質	次要
天門	下、中古垸	在通順河南岸，接上古垸起，長一千一十六丈，下古垸硃磯寺有石剅一座	歲修與上古垸同	水流不急	成圓形，係土質	次要
天門	吴孔垸	在通順河南岸，長一千五百九十丈，窑頭壩有石剅一座	歲修照垸内田畝起派，計通順河南岸共三垸	水流不急	成圓形，係土質	次要
天門	蘆林垸	在通順河北岸，上接潛江通過垸，長四百六十七丈，潛江借隄建剅一座，今廢	每届歲修，早約垸民共議，按畝收租存儲，爲冬春之用	水流迅急	隄成圓形，純係土質	次要
天門	大剅垸	通順河北岸，上接蘆林垸，長一千一百五十一丈，石剅一座，今廢	歲修徵費辦法與蘆林垸同	水流不急	成圓形，隄含沙質	次要
天門	牛糟垸	通順河北岸，上接大剅垸，長一千八百八十六丈，雲縣寺石剅一座	歲修費用，係早收畝内租穀預存，爲冬春之用	水流不急	成圓形，隄含沙質	次要
天門	樑楝垸 穀家垸	通順河北岸，上接牛糟垸、樑楝垸，長六百四十丈，穀家垸長四百九十丈，獅山溝一、石剅一座	每年培修，兩垸通力合作，因兩垸有種種密切關係，不能分開	水流不急	成圓形，係土質	次要

續表

縣别	隄名	工　程	經　費	水流緩急	隄塍形質	類别
天門	報臺垸 濫溝垸	在牛蹷支河南岸，上接龔半垸，長一千八百一十二丈，石剅一座	隄費照畝攤派，并量出工土	牛蹷支河在襄河之北，水流頗急	成圓形，係土質	次要
天門	潭家垸	牛蹷支河南岸，長四千八百六十丈	隄費照畝攤派，并量出工土	水流頗急	成圓形，上質多沙	次要
天門	白湖垸	牛〔蹷〕支河南岸，長七百九十丈，石剅一座	培修費用，按畝攤派	水流頗急	成圓形，係土質	次要
天門	虎獐垸	牛蹷支河南岸，長一千七百九十丈，石剅一座	培修費用，按畝攤派	水流頗急	成圓形，隄含沙質	次要
天門	鄭家垸	牛蹷河支河南岸，長一千三百二十二丈，石閘一座，上連有新冲、施家、殷家、毛湖、夾洲、河湖、黄羊、黄貢、麻佃、斐湖等垸，共長三千餘丈	自鄭家垸以上，連續大小九垸，所有派費，由各垸自按照垸内熟畝起派，多寡不等	因牛蹷支河水流尚急	成圓形，隄含沙質	次要
天門	河灣垸	牛蹷支河南岸，長一千二百五畝丈，廖家斗石剅一座	培修按畝攤派	水流頗急	成圓形，隄含沙質	次要
天門	倒套垸	牛蹷支河南岸，長一千三百丈，石剅一座	本垸之上尚有新修馬灣垸，派費同	水流不急	成圓形，隄多土質	次要
天門	鴉鵲垸	牛蹷支河南岸，長一千三百丈，郭家嘴地方有石剅一座	民國十一年歲修費，每畝派錢五百正，報縣有案	水流不急	成圓形，土質	次要

續表

縣別	隄名	工　程	經　費	水流緩急	隄塍形質	類別
天門	柴頭垸 釵子垸	牛蹏支河南岸，柴垸長七百五十丈，釵垸長九百三十丈，兩垸毗連，培修工程亦合通力合作，接連尚有下沙、實栖、白栖、一形、二形、三形、四形等，垸極小	各垸按畝派費，小垸半與大垸合作收費，各有多少不等	牛蹏支河水勢尚緩	隄成圓形，隄塍土質	次要
天門	塞土垸	牛蹏支河北岸，長九百四十七丈，附有截河、花台、趙家、高作、南灣、西汶、橫林、張台等八小垸，長各數百丈	各垸各依老章，按畝起派修築	水勢不急，故歲修費亦不多	隄成圓形，隄塍係土質	次要
天門	馮家垸	牛蹏支河北岸，長一千四百七十丈，石剅一座	培修按畝起派費用	水流甚緩	隄成圓形，含沙質	次要
天門	李港垸	牛蹏支河北岸，長六百七十八丈，附有高座、鄒魯、彭截築、漚麻、便文等四小垸，各三四百丈	經費各照畝攤派，興工時各出土工，輪流工作	水流不急	隄成圓形，純係土質	次要
天門	徐魯垸 蘇港垸	牛蹏支河北岸，長四百二十八丈，石剅一座，附有灌溉小垸	經費均按畝攤收派	水流甚緩	成圓形，係土質	次要
天門	尹家垸	牛蹏支河北岸，長三百二十丈，石剅一座	經費按畝起派	水流不急	成圓形，係土質	次要
天門	臺坡垸	牛蹏支河北岸，長三百四十三丈	歲修按畝攤派	水流不急	成圓形，質含沙	次要
天門	程鐵垸	牛蹏支河北岸，長四百二十八丈，石剅一座	歲修費用，按畝攤派	水流甚緩	隄成圓形，係土質	次要

續表

縣別	隄名	工　程	經　費	水流緩急	隄塍形質	類別
天門	長樂垸	牛蹏支河北岸，長六四十丈，石剅一座	培修按畝起派，民國十年每畝派費五百文	水流甚緩	隄成圓形，係土質	次要
天門	左腦垸	牛蹏支河北岸，長一千三百二十八丈	同年派費與長樂垸同，附有觀音、社湖、三王三小垸均同		隄成圓形，係土質	次要
漢川	麻埠垸	濱襄河北岸，自麻埠垸接江西垸，計長四千一百二十丈，內有石閘一座，頗堅	歷年培修，由垸內田畝起派，十一、十二年間每畝派錢四百、五百不等	逼近襄河，水溜頗急	於接江西垸處，頗成直形，土質	次要
漢川	江西垸	上接麻埠垸起，從北至南區繫馬口，轉灣走兩河口至麻埠港口，計長六千八百丈，石閘二座	派費情形與麻埠垸同	逼近襄河，水溜尚急	由北直南，接繫馬口處爲直形，係土質	次要
漢川	姚兒垸	濱襄河，自廟頭起，至城隍港止，二千四百丈，石閘一座，歷久不廢	歷年培修，由垸內田畝起派，定後由隄首報縣備案	逼近襄河，水流頗急	成圓形，隄係土質	次要
漢川	香花垸	自六湖垸抵城隍港，計長四千四百丈	內有石閘一座，最關重要，補修費幾占培修之半	濱襄河，水溜急	成圓形，隄埁含沙質	次要
漢川	六湖垸	自香花垸至三汊潭廟頭，計長四千八百丈，有石閘一座，最關重要	每年培修，按垸內田畝六百餘石起派	瀕襄河，水溜急	隄沿三汊潭處，略灣曲成圓形，土質	次要
漢川	魏夏垸	自葉家溝起至許家隄止，計長一千八百丈，用木剅一座以洩水	培修按田畝起派，定後由垸首報縣備案	濱小港，水流緩	隄成圓形，含沙質	次要

續表

縣别	隄名	工　程	經　費	水流緩急	隄塍形質	類别
漢川	郝城垸	自龍家隄角至蔣家台止，計長一千丈，築木剅一座	因近湖，培修費尚少，派亦不多	濱松湖，水流不急	隄成直形，隄塍係土質	次要
漢川	長興垸	自長興舖至楊子港，計長一千九百丈，築木剅一座	每年培修經費與郝城垸同	濱松湖，水流緩	隄成直形，隄塍係土質	次要
漢川	郭家垸	自道人橋至長江埠，計長一千五百丈，以三分爲率，應一、漢二，石閘一座	培修費用，由兩縣垸民各按田畝多寡起派，各報縣署備案	溜不急	隄成圓形，係土質	次要
漢川	南湖垸	自重石河至田二河，計長一萬四千九百丈，石閘一座，關係甚重	濱支河，經費起派不多，垸雖大，潰決甚稀	水溜甚緩	隄成圓形，隄塍係土質	次要
漢川	喻家垸	自大橋口至迴龍灣横隄止，計長六千六百餘丈，築石閘一座	每年派費培修費均有常額，照例報縣備案	因臨支河，水溜不急	隄成圓形，含沙質	次要
漢川	蓼湖垸	自迴龍灣至三角邱間隄止，長八千二百丈，石閘一座	經費照舊章起派，由垸首於修後竣工後報縣備案	瀕支河，水溜不急	隄成圓形，含沙質	次要
漢川	麋攝垸	自三角邱至楊條垸中嶺止，計長一千九百丈，石閘一座	垸内經費起派甚少，歷年亦未大修	濱小港，水溜不急	成圓形，係土質	次要
漢川	東湖垸	與麋攝垸同，垸自小里潭街尾至來蓮寺，一千六百丈，石閘一座	經費情形與麋攝垸同	濱小港，水溜甚緩	成圓形，係土質	次要
漢川	彭公垸	自張池口至分水嘴横隄，底内支流水河二十里一帶借沔成漢，長一萬五千五百丈	於官湖、石橋、桃源之處各建石閘三座，近年因修石閘，費用頗鉅	濱襄河北岸，向分漢四沔六，水流略急	成圓形，隄塍含沙質	次要

續表

縣别	隄名	工　程	經　費	水流緩急	隄塍形質	類别
漢川	裙帶垸	與彭公垸接連，自分水木橋至三汊潭廟前止，計長三千丈，石閘一座	石閘工費比彭公垸爲少	濱襄河，水流略急	隄成圓形，隄質含沙	次要
漢川	石心垸	自崔家横隄至華子垸止，計長三千六百丈，石剅一座	經費每年照舊起派，如遇增加時，約集垸内民人共議	濱支河，水溜不急	成圓形，係土質	次要
漢川	竹筒垸	自三義廟至教子台止，計長一千八百餘丈，石剅一座	經費依老例起派	濱支河東岸，水流頗急	成圓形，隄係土質	次要
漢川	老實垸	自新集至三台湖隄角，計長一千七百八十丈，石剅一座	經費照田畝預派，臨時按夫修補	濱竹筒支河，水溜頗急	隄成圓形，含沙質	次要
漢川	扁擔垸	自太平垸隄頭至楊林溝止，計長一千二百三十丈	按畝派費補修	濱襄河南岸，水流頗急	隄成直形，係土質	次要
漢川	白魚垸	自楊林溝至脉旺嘴下間隄止，計長二千四百六十丈	按畝起派	濱襄河南岸，水流頗急	隄成圓形，係土質	次要
漢川	寧家垸	自泉家壋至沔瀟泗溝止，計長二千六百丈，與合修南隄一千丈，木剅一座	垸分漢二、沔一，由兩縣垸民酌派土費培修，分報備案	濱赤野湖，水流不急	成圓形，係土質	次要
漢川	細魚垸	自寧家垸至湘洋間隄止，計長一千二百丈	按畝派費	濱小港，水流不急	隄成圓形，含沙質	次要
漢川	教子垸	自竹筒河隄頭至余家民垸，長一千五百五十丈，石剅一座	垸内派定培修原有成額，如必要增加時，由垸首先行報告，集議酌定	濱竹筒支河，水流頗急	隄形甚直，含沙質	次要

續表

縣别	隄名	工　程	經　費	水流緩急	隄塍形質	類别
漢川	太實垸	自風門至蝦子溝，長一千六百丈，石剅一座	經費定額除培修外，大修另自集議	濱竹筒支河，水流頗急	隄成圓形，係土質	次要
漢川	後湖垸	自劉家隔至新河止，一千八百四十三丈六尺，石閘一座	近來未加大修，所有培修費用按畝照派	濱臨府河之北，水溜頗急	成圓形，係土質	次要
漢川	太平垸	自分水嘴至扁担垸止，計長二千七百丈，木剅一座	經費按畝派定，用後由垸首開單公布	濱襄河南岸，水流頗急	隄成圓形，係土質	次要
漢川	湘洋垸	自細魚垸至朱龍垸止，計長一千四百二十四丈，原修工程尚堅結	每年培修，按垸内熟畝起派	濱小港，水流不急	隄成圓形，含沙質	次要
漢川	朱龍垸	自湘洋垸至蓮子茯，計長八千七百丈	經費係按畝起派	濱長河，水流不急	隄成圓形，含沙質	次要
漢川	蓮子垸	自朱龍垸至周家帮，計長八千六百餘丈，石閘一座	經費起派，均按田畝，并每畝派工一天，永爲定例	濱赤野湖，水流甚緩	隄成圓形，係土質	次要
漢川	打雁垸	與朱龍、蓮子二垸接壤，長一千丈	培修經費，按畝起派	濱長河，水流甚緩	隄成圓形，含沙質	次要
漢川	索子垸	自小别甑山頭朱家埠起，至旺家河謝家垸横隄，抵史家山，長四千五百丈，石閘一座	垸對河即縣城，按畝派費較他垸爲重	濱襄河，水流甚急	迤邐作直形，係土質	最要 因襄河南岸水流甚急，關係重要
漢川	謝家垸	自史家山嶺起，從旺家河包圍至石滚灘下，轉灣南至榔頭嶺，東至漢陽白湖横隄止，長二千七百丈，石閘一座	每年培修，由垸首清查田畝底册，分上、中、下起派費用，并酌派工，沿以爲例。大修則報縣派員，估定照派	濱襄河南岸，水由縣東城角斜射，激湍爲患	隄作圓形，土含沙質，近漢陽白湖處係土質	最要

續表

縣別	隄名	工　程	經　費	水流緩急	隄塍形質	類別
漢陽	江永垸	江水漸向鸚鵡洲退出，距江岸漸遠，年久未修，有閘一座，前清時建	該隄計長三十餘里，現在漸成村落，亦不再籌經費	距江岸幾六七里，亦有洲隄爲障，水流甚緩	由漢陽城直抵新嘴港，成直形，係土質	次要
漢陽	鸚鵡洲下垸	内有田四千餘畝，民國十一年創修	經費係按畝派費，又閘費八百餘串	對岸即武昌，水流頗急	成直形，係土質	次要
漢陽	保豐垸	歷年加以培修，有保豐隄閘一座，係前清修建	内有地畝三千二百石，每遇培修期間，按畝派費	水溜不急	成圓形，含沙質	次要
漢陽	復本垸	與保豐垸接近，歷年補修工程亦同，民國三年創修	内有四百石地畝之譜，培修經費按畝照派	水溜緩	上段成直形，係土質	次要
漢陽	連豐垸	坐落縣二區，一遇補修，同垸内按户出夫，民國八年創修	内有田地一百二十餘石，年修經費無多	水溜緩	成圓形，係土質	次要
漢陽	德豐垸	有隄三十餘里，建閘一座，係前清創修	内有田畝一千九百餘石，經費出自畝派	水溜甚緩	成圓形，係土質	次要
漢陽	西湖垸	隄在江西岸，有閘二座，共錢七萬五千三百餘串	垸内計田六萬餘畝，民國元年創修	水溜不急	成圓形，隄係土質	次要
漢陽	永豐垸	隄段不長，工程因之不大，亦無隄閘	内有田一千二百餘畝，遇有歲修，按畝出費	水溜甚緩	成圓形，含沙質	次要
漢陽	南屏垸	有閘一座，與漢川縣繪圖，於民國七年創修	計有田一萬四千六百餘畝，尚有漢川縣不在内，兩縣按畝合派	當漢水之衝，水流頗急	隄成圓形，隄埢係土質	次要

續表

縣别	隄名	工　　程	經　　費	水流緩急	隄塍形質	類别
漢陽	金城垸	民國九年創修，由田所占田畝各自出工	内有田二千七百六十餘畝，修時按所占田多少出費	水溜不急	成圓形，係土質	次要
漢陽	中洲垸	民國九年創修，工程尚小，報縣有案	内有田九百餘畝，隄成時商定每年照畝派費	水溜不急	成圓形，係土質	次要
漢陽	復興洲垸	民國十二年修築，工程尚小，報縣有案	迄隄修成時得田一千五百餘畝	水溜不急	直形，土質	次要
漢陽	金錢垸	民國三年修築，工程甚小，報縣有案	隄成得田僅七百餘畝	水溜不急	成圓形，含沙質	次要
漢陽	和豐垸	民國六年修築，有隄閘一座	隄閘費九千五百七十六串零，歲修按畝出費	水溜甚緩	成圓形，土質	次要
漢陽	永和垸	民國八年修築，垸圍甚大，工程亦鉅，與沔陽共管	隄成計得田六萬五千餘畝，修築費一十六萬餘串	水溜急	成圓形，係土質	次要
漢陽	五福垸	民國六年修築，共費一萬八千餘串	商定嗣後遇有歲修，費用照畝酌派，報縣有案	水溜緩	成直形，含沙質	次要
漢陽	永和下垸	民國十一年修築，工程按畝出費	計共費創修費錢三萬餘串，報縣有案	水溜緩	成圓形，隄質含沙	次要
漢陽	同興垸	民國九年創修，工程較小，有閘一座	計費五千餘串，以得田之多寡派出	水溜不急	成圓形，隄係土質	次要
漢陽	合興垸	隄爲前清老隄，近年間三四年一培修	培修時照田派費，田約有一萬餘畝	水溜不急	隄成圓形，係土質	次要

續表

縣別	隄名	工　程	經　費	水流緩急	隄塍形質	類別
漢陽	豐樂垸	民國九年修築，工程甚小	共田計三百餘石，創修時經費出自田畝	水溜緩	隄成圓形，係土質	次要
漢陽	補生垸	民國九年築修，工程共費錢四千零	創修時經費照丈得田畝派出，報縣有案	水溜緩	成圓形，係土質	次要
漢陽	四合垸	隄坐落東江腦，地方原有閘二座	有田二萬餘畝，歲修俱照畝捐	水溜稍急	沿江岸曲形，含沙質	次要
漢陽	復成垸	民國九年修築，工程不大，得田一千四百餘畝	修築費約三千串，報縣有案	水溜緩	成圓形，係土質	次要
漢陽	長豐垸	老隄有隄閘一座，甚堅固	約有田畝千餘石，歲修按畝出費	水溜緩	成直形，含沙質	次要
漢陽	同豐垸	民國三年修築，工程小	修築費約二千串，報縣有案	水溜甚緩	成直形，含沙質	次要
漢陽	三合垸	係老隄，有閘二座，甚堅固	約田得六十餘石，歲修由民自行派費	水流不急	隄成圓形，係土質	次要
漢陽	沫溜垸	係老隄，有閘二座，甚堅固	隄居郭家圩之左，有田三千餘畝，按畝出費	水流不急	隄成圓形，係土質	次要
漢陽	三成垸	民國十二年修築，工程甚小	有田二百石之譜	水流甚緩	隄成圓形，含沙質	次要
漢陽	永鎮垸	老隄，有隄閘一座，甚堅固	經費每年按畝出錢四百文，集爲歲修	水流緩	隄成圓形，含沙質	次要
漢陽	永固垸	民國八年修築，工程甚小	修築時費錢二千餘串，報縣有案	水流緩	隄成直形，係土質	次要

續表

縣别	隄名	工　　程	經　　費	水流緩急	隄塍形質	類别
夏口	張公隄	上自長豐垸起，下至游湖接連鐵路止，分甲、乙、丙、丁、戊、己、庚、辛、壬、癸十段，工程甚鉅，癸字號建有石閘，甚堅	前清時向歸官辦，以出口米捐及後湖基地租金支銷，民國六年省令就地籌欵，所有癸字號石閘啟閉用費則就塔子湖租金開銷	前瀕漢水率頗速，後臨西湖則緩	前沿漢頗曲，沿湖成直形，質含沙	次要 關係漢鎮安危
夏口	長豐垸	工程雖不大，而垸内意見紛歧，難歸儘一	民國十三年因經費争執，尚有訟案未了	西近漢，水流頗急	隄成圓形，係土質	次要
夏口	長安垸	上接長豐垸，工程較小	按畝派費歲修，田畝約一萬餘畝	水流緩	隄成直形，含沙質	次要
夏口	三堡垸	工程不大，由縣委員監修	按畝派費，田約一萬三千餘畝	水流緩	隄成圓形，含沙質	次要
夏口	西湖垸	老隄近，每年加築，工程亦堅	每年培修經費按畝攤派，多寡不等	因防湖水，水流甚緩	沿湖自西而東直形，係土質	次要
備考	本篇官隄表係據省署卷宗及原交檔册編列，其隄塍綿長、名號複雜者，則僅列其工程最重者，以清眉目。至各縣舊有部隄，或因改革後未援官隄手續辦理無卷可稽者，或由隄政因革改易辦法致未列入官隄者，亦將事實沿革紀載，以爲將來參攷。民隄表則以縣署卷宗爲主，證以父老遺傳，其經過兵燹之縣卷宗焚燬并無從採録者，均付闕如，編者據卷紀述，未便任意增損，以昭慎重					

〔卷　二〕❶

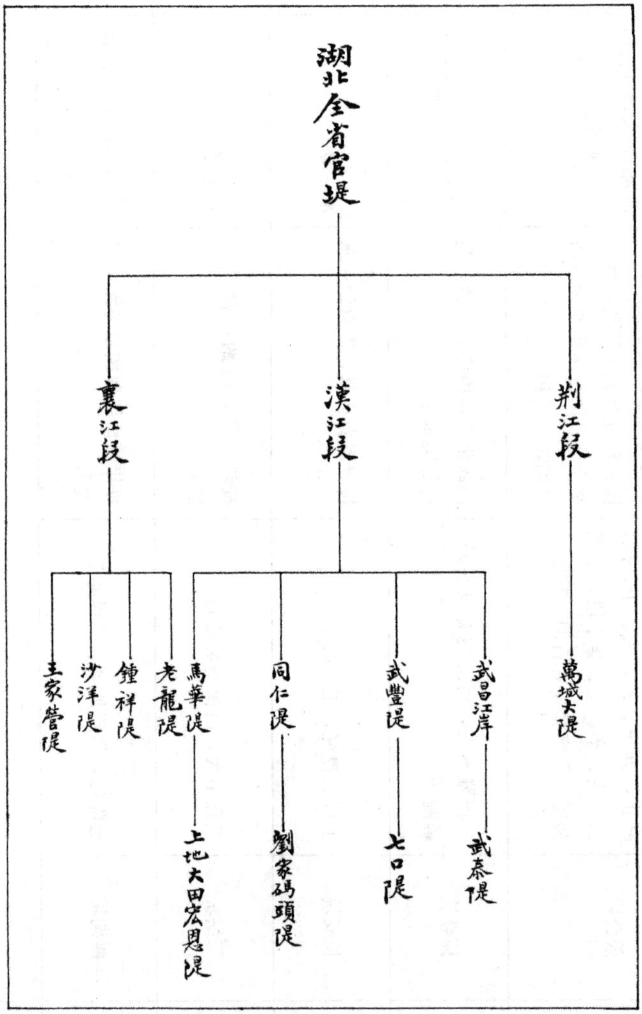

❶ 此標題原無，據底本目録補。

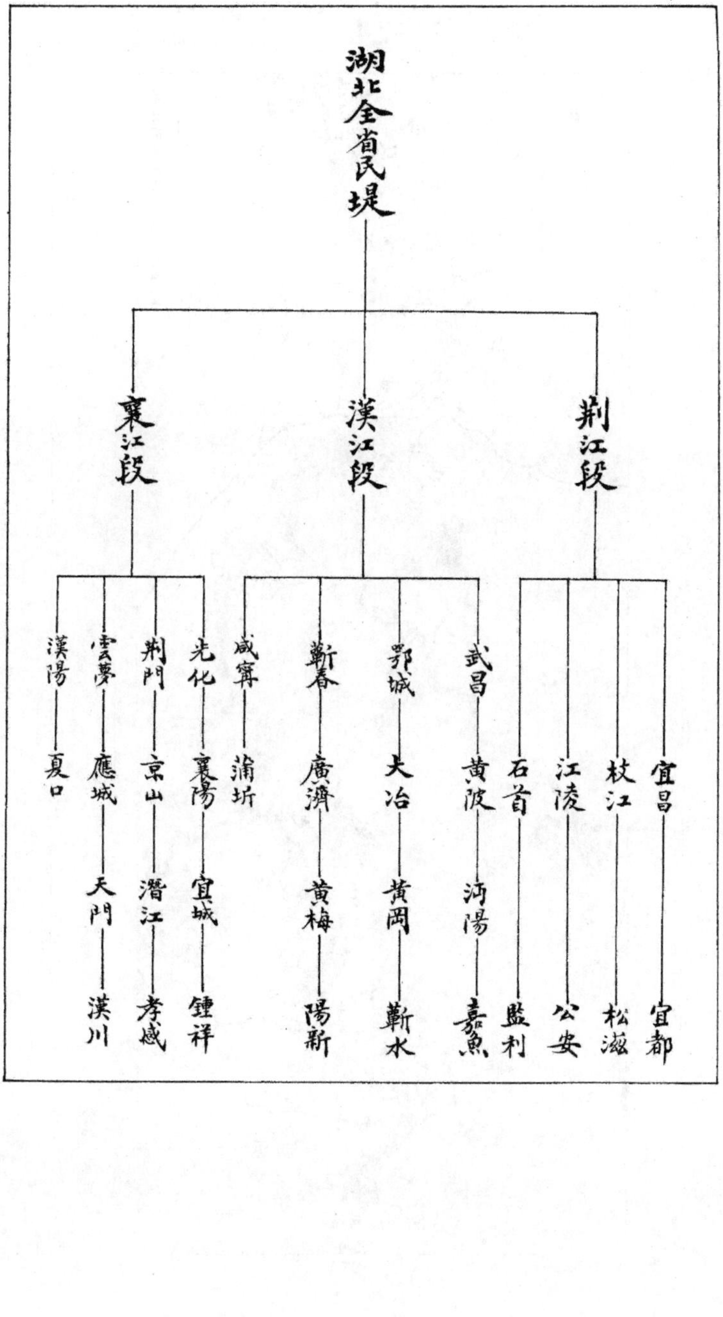
湖北全省民堤
襄江段
漢江段
荊江段
漢陽 夏口
雲夢 應城 天門 漢川
荊門 京山 潛江 孝感
光化 襄陽 宜城 鍾祥
咸寧 蒲圻
蘄春 廣濟 黃梅 陽新
鄂城 大冶 黃岡 蘄水
武昌 黃陂 沔陽 嘉魚
石首 監利
江陵 公安
枝江 松滋
宜昌 宜都

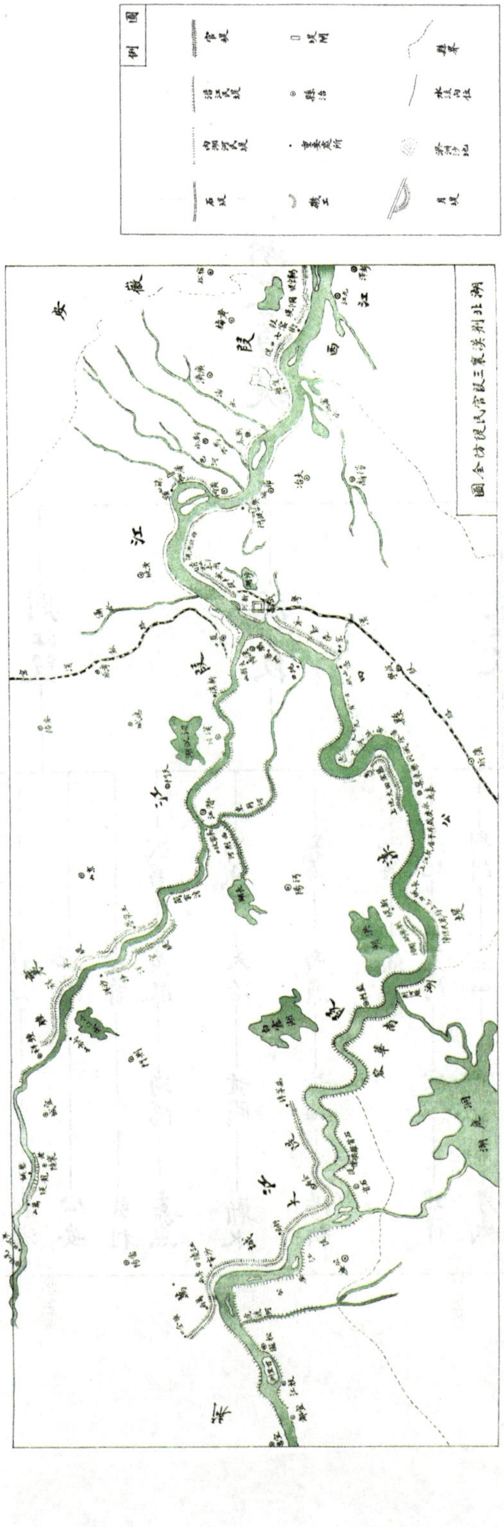

〔官隄圖説〕

謹按：湖北之水，江、漢為大。江自巴東入境，至宜昌即有奔騰莫禦之勢。漢自鄖西入境，至光化即有衝激難防之虞。兩流直貫，亘千餘里，至陽夏滙合，其勢益大，澎湃下注，經蘄、黄而入江西，内則支河汊港、巨浸重湖，屏障百川，端賴隄防，故治楚者莫不以治隄為急務，國賦之赢虧，民生之休戚，胥在於是。今將本省隄防分為三段：以宜昌至監利為荆江段，内官隄一，曰萬城大隄，民隄縣分八，曰宜昌、宜都、枝江、松滋、江陵、公安、石首、監利；以沔陽至黄梅為漢江段，内官隄八，曰劉家碼頭、大上地田宏恩六號、武泰、武昌江岸、武豐、七口、同仁、馬華，民隄縣分十有四，曰沔陽、嘉魚、武昌、黄陂、鄂城、黄岡、大冶、陽新、蘄水、咸寧、蒲圻、蘄春、黄梅、廣濟；以光化至夏口為襄江段，内官隄四，曰老龍、鍾祥、王家營、沙洋，民隄縣分十有四，曰光化、襄陽、宜城、鍾祥、荆門、京山、潛江、孝感、雲夢、應城、天門、漢川、漢陽、夏口。三段之中，隄防之險夷，關係之輕重，亦各不同。在荆江，官隄惟有萬城大隄，荆、沙之精華，江、潛、監、沔之賦命，惟兹是賴；民隄則監利江隄，不僅一縣之藩障，實即下游潛、沔、川、漢之長城。至如江陵、公安、石首、枝江、松滋等縣，雖以隄為重，究係一縣之利害。至宜昌、宜都，則更為次矣。漢江官隄以武泰、武豐及七口為重，武泰、武豐關省垣之安危，七口據同仁馬華之上游，他隄固不可同日而語；民隄則以嘉魚四縣公隄、武昌西北湖隄關係較大。襄江官隄則以京山王家營、鍾祥鍾隄為最險工，兩隄犬牙交錯，輔車相依，一旦出險，則京山、鍾祥、潛江、天門、應城、雲夢、孝感俱受其災；民隄工程首以潛江简家灣為大工，次則以夏口張公隄為最要，他縣民隄受益較輕，縱令出險，為害亦微，無足紀者。三江隄防情形略具於是。究之，滄桑變遷，水泓無定，因時制宜，治法不拘，苟能修防有方，則崇墉屹立，亦可以慶安瀾。賈讓三策，賈魯二策，皆疏、障並舉，未闻以隄防治標而忽之也。

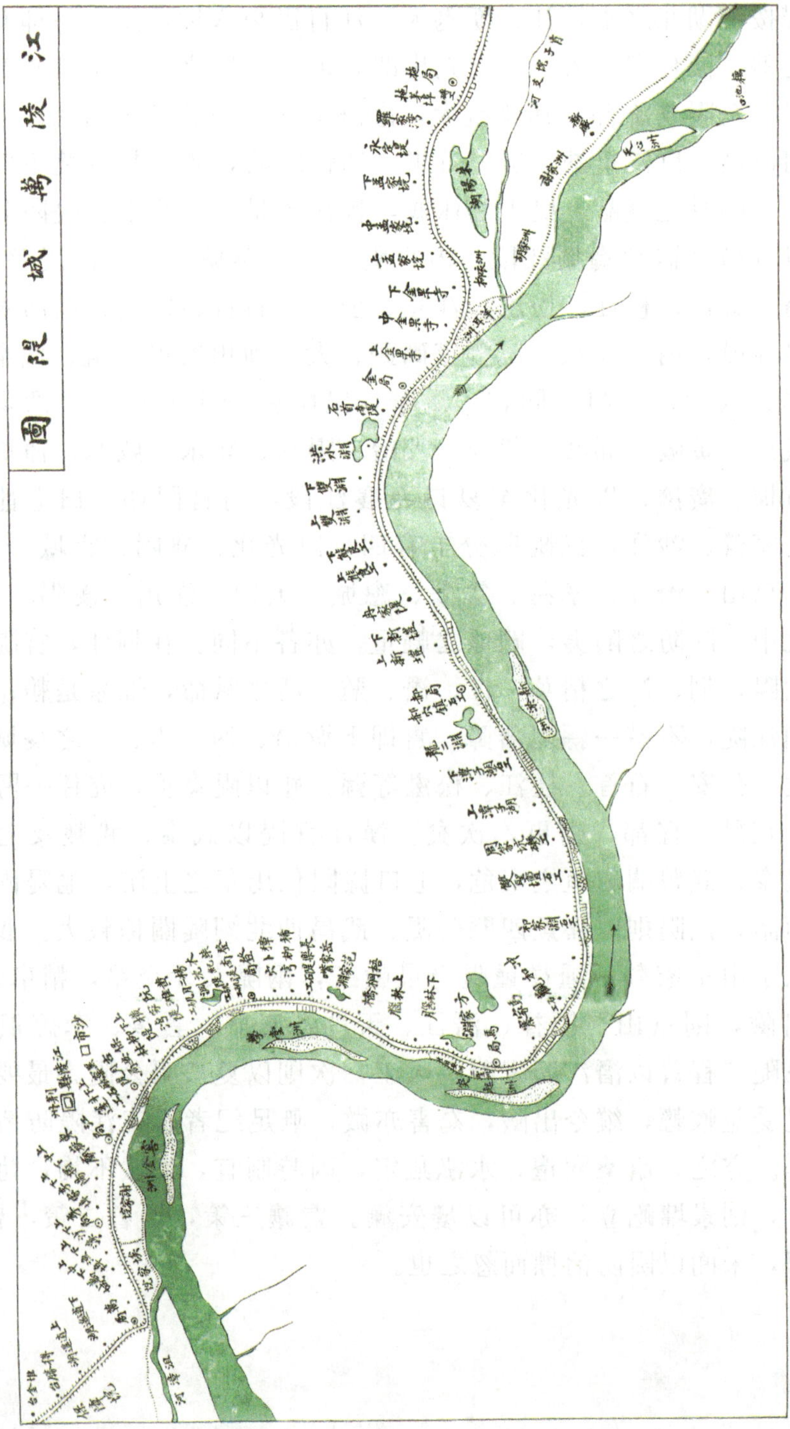
江陵萬城隄圖

謹按：萬城隄亘二百十七里，計三萬九千餘丈。自堆金台至沙市計一萬三千餘丈，當沮、漳之流，有下百里洲、天鵞洲、江桿洲、學堂洲環繞，競挽私垸，阻遏漳流。每届夏汛，山泉下注，江水倒漾，三流滙合，甚為可慮，此上段土工所不可忽也。自沙市古月隄至洪水淵計二萬零五百餘丈，當荆江之衝，突起洲、新淤洲挺峙江心，逼溜北趨，衝刷崩挫，險工林立，沙局之古月隄，登局之楊二月、柴紀、登南，馬局之冲和觀、祁家淵、雙聖壇、周家坑，郝局之上下潭子湖、龍二淵、上下新壋等處，外濱大江，内有深潭，無法退挽，惟進而與水争地，此中段石工所宜注重也。自金局至拖茅埠計五千六百六十七丈，以禦倒漾之患，外有洲垸，距江較遠，隄塍尚稱穩固，惟湖泊積水廣濶，每值夏汛，南風激盪，孟家淵、永定隄、羅家湾等處迎風頂浪，此下段防護所以當周密也。統籌荆江隄防，首重萬城，而萬城隄尤以中段石工為最要。計大小磯工十座，磡岸坦坡亦有十處，護脚碎石幾於無地無之，特設石卡一所，以便購買。惟近年對岸公安江隄日臻鞏固，私挽漸多，穴口淤塞，石首羅横陳修復後水勢益形束缚，加以天心洲居其下游，阻遏江流，促成淤墊，河心日高，形勢轉变，若江流不尋故道，則郝穴一帶汲汲可危。故目下治標之計，固不外增籌隄欵，妥慎修防，而將來久安之策，非實行疏濬不為功也。

附輯成案

雍正五年奏准："荆州沿江隄工，著動用帑金，遴委賢員，監督修理，修成之後，仍算民隄。今百姓加意防護，並隨時補葺，俾得永受其益。"

乾隆五十三年九月，大學士公阿桂等奏："窖金洲沙漲，逼流北趨，恐開挖引河，江水平無勢，仍致淤塞，請於對岸楊林洲靠隄先築鶏嘴石壩，逐步前進，約計百四十丈，激流向南。俟洲坳盪擊剥蝕，方乘勢酌挑引河，較為得力。又黑窑厰一處應用碎石裹頭，遏其北來水勢，可期溜緩沙積，不再往裹搜刷。又御路口迤東拐灣之處，飭員載石沈船，亦漸挂淤保護隄根，俱無用改建石工。"

乾隆五十三年諭："荆州沿江隄工，潰漫至二十餘處，是此次荆州被淹較重，由隄塍不固所致。該處隄工於四十四、四十六兩年被水後，均經借欵興修，如果工程鞏固，何致屢被漫？决况此項工程，例係民修，向無保固，承辦之員，並不認真妥辦，草率從事，甚或漁侵入已，均屬事所必有。著即詳細查明，嗣後着定限保固十年，如在限内衝潰者，即嚴行参處，以示懲儆。至該處隄塍，為全部保障，所關甚重，亦不忍令其自行修理，所有此次應修各隄工，著動項興修，官為辦理，並著妥為估計，務期加高培厚，認真修築，俾崇墉屹立，永資抵禦。俟將來每歲修理需費無多，再照例辦理，以示體恤。”

五十三年奏准："荆州萬城隄等處，遇有歲修及增工，所需銀兩，于司庫存貯抄産變價發商生息及田地租籽銀兩内動用，由道府勘估，赴司支領，按年報部覈銷"。

五十四年奏准："修築萬城隄，原定土方例價不敷，硪工應酌給硪價，募夫夯築，以資鞏固。"

五十四年奏准："荆州萬城隄黑窑廠對岸及觀音寺對岸，挑築引渠一道。"

五十六年奏准："荆州萬城隄中萬城上漁埠、李家埠、中獨陽、御路口、黑窑廠、觀音寺等處頂衝坐灣，溜勢内逼，每處安設鉄牛一具。"

嘉慶二十四年："修築荆州萬城大隄並楊林磯、黑窑廠衝刷坍塌處所，添築石岸。"

道光四年奏准："荆州府屬萬城大隄培補衝缺口二處，自横塘至拖茅埠加修各工，及尚林腦、上新壋兩處月隄，動支庫欵，作正開支。"

道光十二年諭："湖北荆州府萬城隄工為全部保障，向係水利同知專管，歷届歲修由該同知勘估詳辦，飭縣攤派，督率收繳興修。兹據該督撫等查明，近年水勢盛漲，歲修工費逐年加增，該同知催費督修，均不能得力，請改歸荆州府承辦。著照所請。此項隄工，著自本年為始，改歸荆州府承辦。該府先期親詣勘估詳定，照例按糧派費，繳存府庫，由府慎選紳耆充當董事，不許假手吏胥，仍令該同知督率稽查，務於春汛以前完竣。”

辛亥改革變更舊章，由省長委萬城隄工局長駐沙市，專司修防，並延請地方正紳充協理，藉資臂助，工欵仍沿舊例，由江陵土費項下開支。

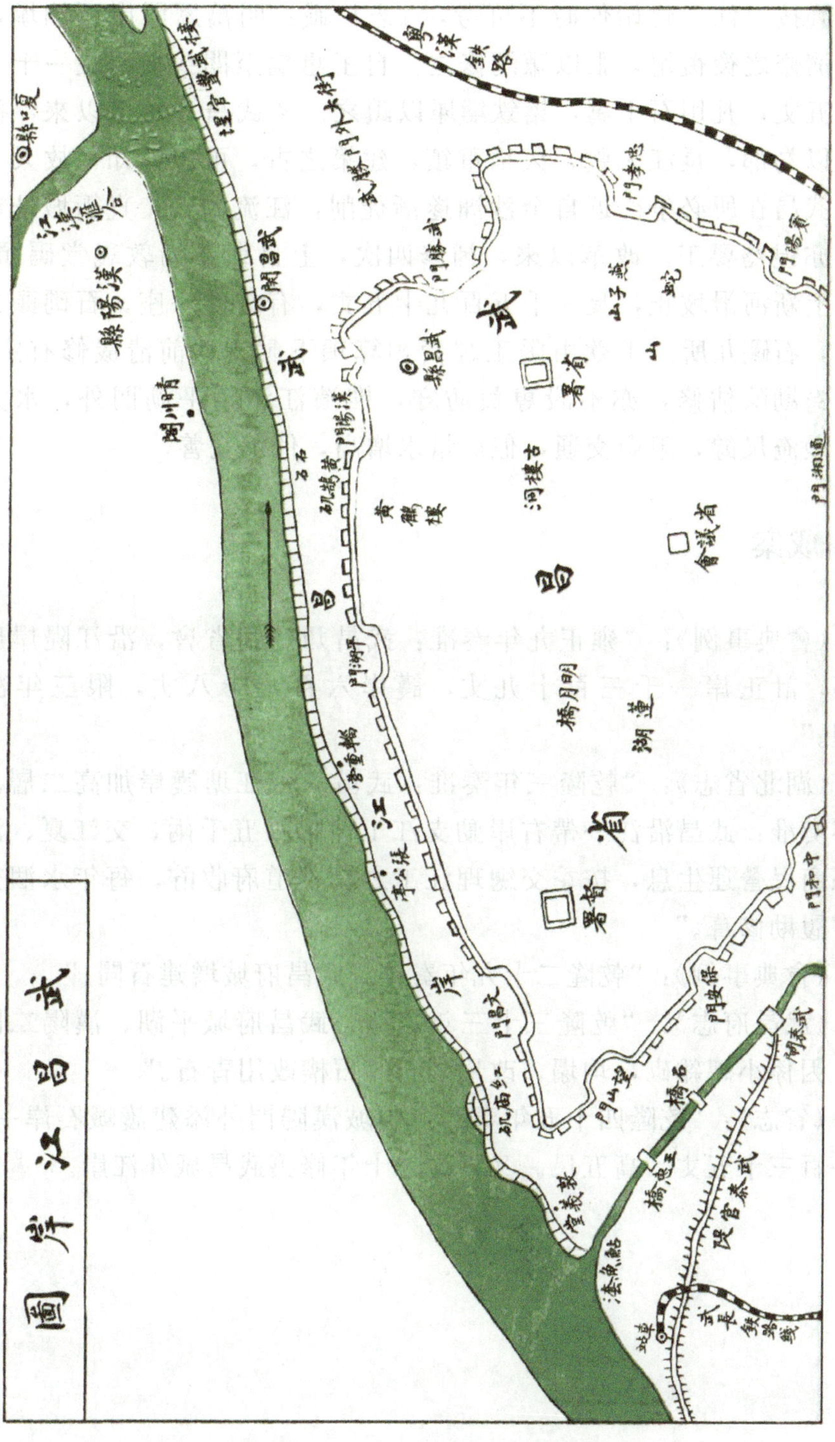

武昌江岸圖
粵漢鐵路
武勝門外大街
漢陽縣
夏口縣
晴川閣
黃鶴樓
蛇山
武昌
武泰閘
武長鐵路線

謹按：江岸建始何時不可考，《志》載：明萬曆間岸石倒塌，郡守韓濟修之後復圮，張以謙請修之。自王惠橋至閱兵樓，長一千一百三十五丈，凡用石十萬，鎔鉄鑄犀以鎮之。考武昌自後漢以來，孫吴曾據以為都，長江天塹，久稱重鎮，建築之古，可想而知，故天下有事，武昌在所必争。近自金沙洲遂漸徙削，江流如矢，直衝城址，即平時亦視為要工。改革以來，補修四次，上自繅丝局敦義堂碼頭起，下至上新河滑坡止，長一千五百九十五丈，有紅磯一座，石碼頭二十七所，石磡九所。工欵由隄工經費預算項下動支，前清歲修有定例，今改為勘險估修，亦不設專員防守，惟濱江漢陽平湖門外，水大年分，漫淹尺餘，阻礙交通，似應量水增高，俾臻完善。

附輯成案

《會典事例》："雍正九年奏准：武昌乃楚疆省會，沿江隄岸應行修築，計正岸一千三百十九丈，護岸六百八十八丈，限三年次第修理。"

《湖北省志》："乾隆三年奏准：武昌一带江塘護岸加高二層。又八年奏准：武昌沿江一帶右岸動支江工節損銀五千兩，交江夏、漢陽二縣商民營運生息，按季交總理江工之驛鹽道府收貯，每年水涸交地方官履勘修葺。"

《會典事例》："乾隆二十九年奏准：武昌府城增建石閘。"

《武昌府志》："乾隆三十三年覆准：武昌府城平湖、漢陽二門閘座，因係小磚雜砌，均塌，改用砂石，石槽改用青石。"

《省志》："乾隆四十五年奏准：省城漢陽門外添建護城石岸一道，長一百三十五丈，高五尺。又嘉慶二十年修築武昌城外江岸。"

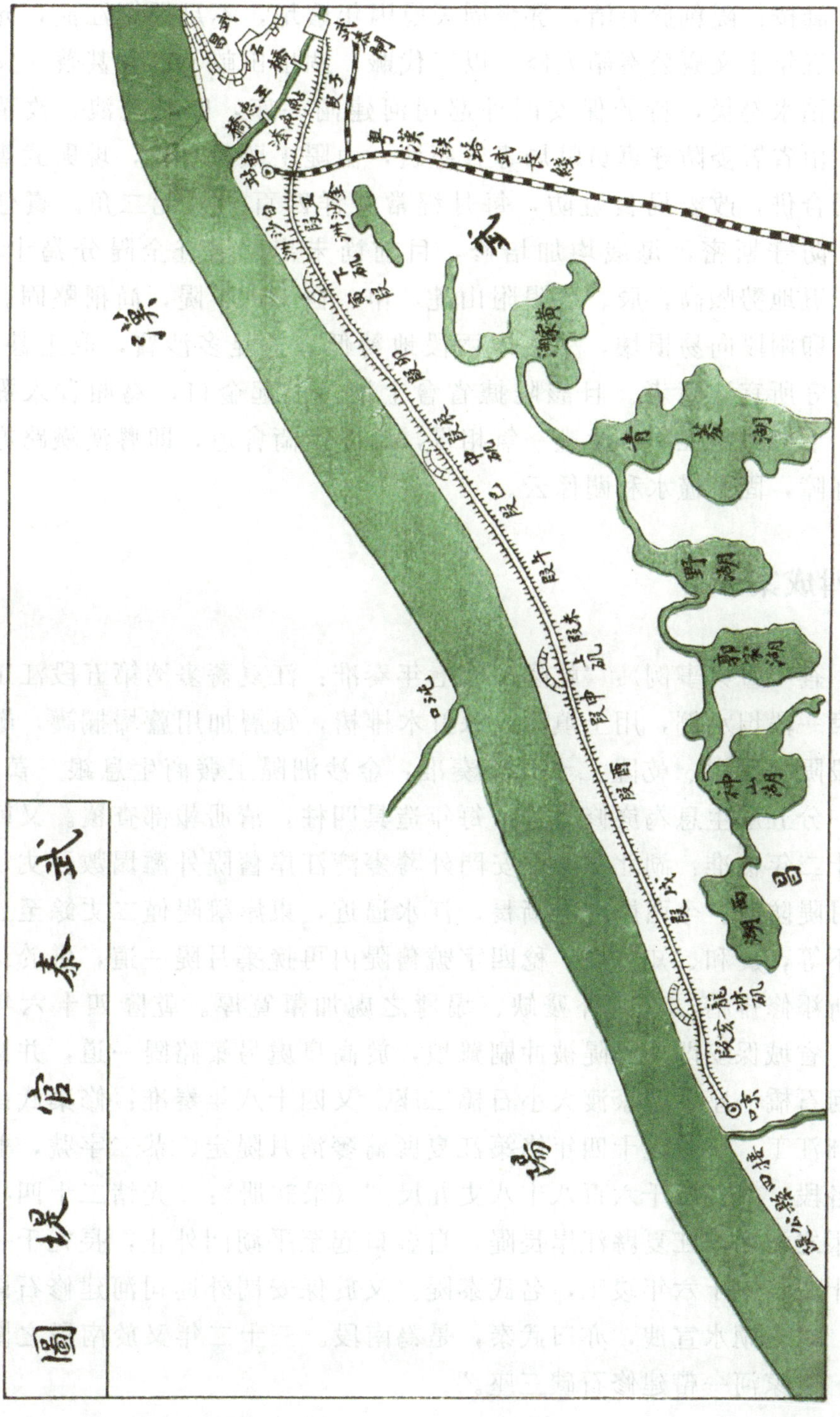
武泰官堤圖
漢陽
武昌
粵漢鐵路武長綫
武泰閘
黃家湖
青菱湖
野湖
郭家湖
神山湖
西湖

謹按：隄創於有清，鄂督周天爵因年廢圮，不足捍禦江流，光緒二十五年張文襄公奏請大修，以工代賑，涸出田畝，為利甚普。又因内湖積水為災，特於保安門外巡司河建閘一座，以資宣洩。改革以後，由省署委防守專員駐局專管經費，由隄工欵項動支，現與武豐防守局合併，改委局長駐防，每月經常費洋四百十五元二角。責任既專，防守斯密，每歲均加培修，目前尚未出險。查全隄分為十段，子、丑地勢頗高，辰、巳隄附山麓，申、酉半山半隄，尚稱堅固。惟寅、卯兩段向易損壞，午、未兩段地勢低窪，隄多沙質，取土甚難，此防守所宜注意者。且該隄據省會上游，上起金口，為湘省入鄂要道，下與武昌江岸、武豐一氣相貫，藉以拱衛會垣，即粵漢鐵路亦倚為屏障，固不僅水利關係云。

附輯成案

查《會典事例》："乾隆二十七年奏准：江夏蕎麥湾第五段江工倣照第一段坦水例，用土填築，深釘木排樁，每層加用蘆埽攔護，嗣後各段隄工照辦。乾隆二十九年奏准：金沙洲隄工發商生息銀三萬兩，以一分五厘生息為歲修之資，每年造具四柱，清册報部查覆。又乾隆三十二年覆准：湖北省城保安門外蕎麥湾江岸舊隄外灘塌數百丈，全賴月隄防護。今西岸江灘漸長，江水逼近，東岸離隄僅二丈餘至五六丈不等，於和、知、歲、稔四字號舊隄内再挽築月隄一道，併於頂冲處所添修排樁，其内外殘缺、塌薄之處加幫寬厚。乾隆四十六年奏准：省城保安門外路隄被冲刷難填，於高阜處另築路隄一道，并修砌便河石橋一座、張家渡大小石橋二座。又四十八年奏准：修築武昌金沙洲江工。又道光十四年修築江夏縣蕎麥湾月隄定、恭二字號，並老隄各段，共長二千六百八十八丈九尺。"《采訪册》："光緒二十四年總督張之洞奏修江夏縣江岸長隄，自金口起至平湖門外止，長九千一百一十丈，二十六年竣工，名武泰隄。又於保安門外巡司河建修石閘一座，以資湖水宣洩，亦曰武泰，是為南段。三十二年又於南段之闞家河、袁家河一帶建修石磯三座。"

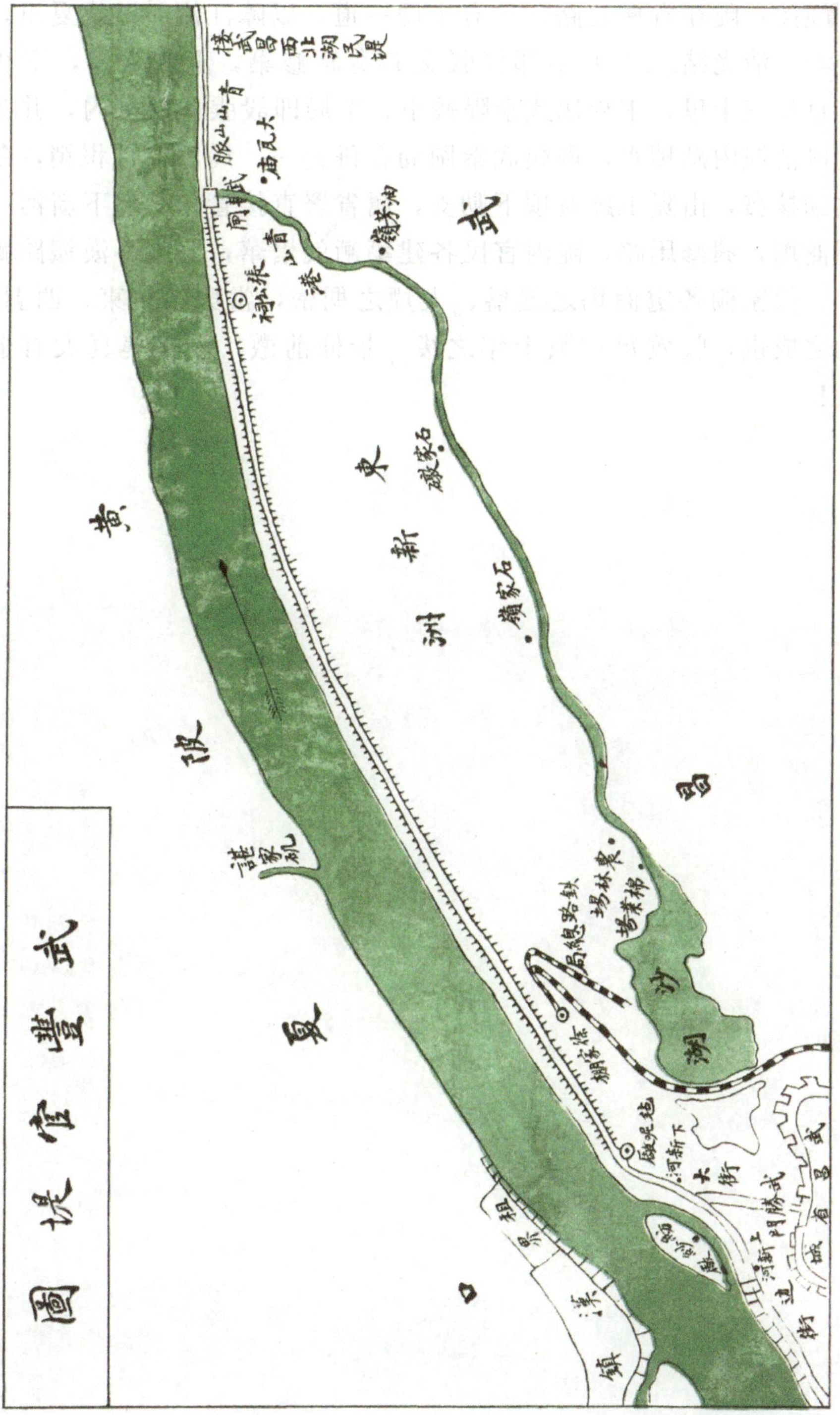
武豐官堤圖
黄
陂
夏
口
諶家矶
租界
漢鎮
東新洲
武
昌
青山脉
武昌西北湖民堤接
武豐閘
大民庙
張公祠
青山港
油芳嶺
石家破
石家嶺
鉄路總局
徐家棚
袁林場
棉業場
沙湖
紡紗廠
毡呢廠
下新河
大街
武勝門
上新河
街道
武昌省城

謹按：隄在省會北路，舊有土埂一道，以障江流，一值夏汛，即遭漫淹。清光緒二十五年鄂督張文襄奏請修築，上起新河，下止青山，亘長三十里，工程比武泰隄較小。工局即設張文襄祠内，并築武豐閘以消洩内湖積水，現與武泰閘局合併為一，局用按月報銷，冬工則估勘核發，由隄工經費項下動支，屬省署直接管轄。現下新河一帶籌闢商場，興修馬路，隄内官民各建築漸就繁華，將來粵漢鐵路實行通車，徐家棚各處商場之繁盛、人煙之稠密，當與漢鎮東、西對峙，大功之成也，收效每在數十年之後。景仰前徽，張文襄真大有造於鄂矣！

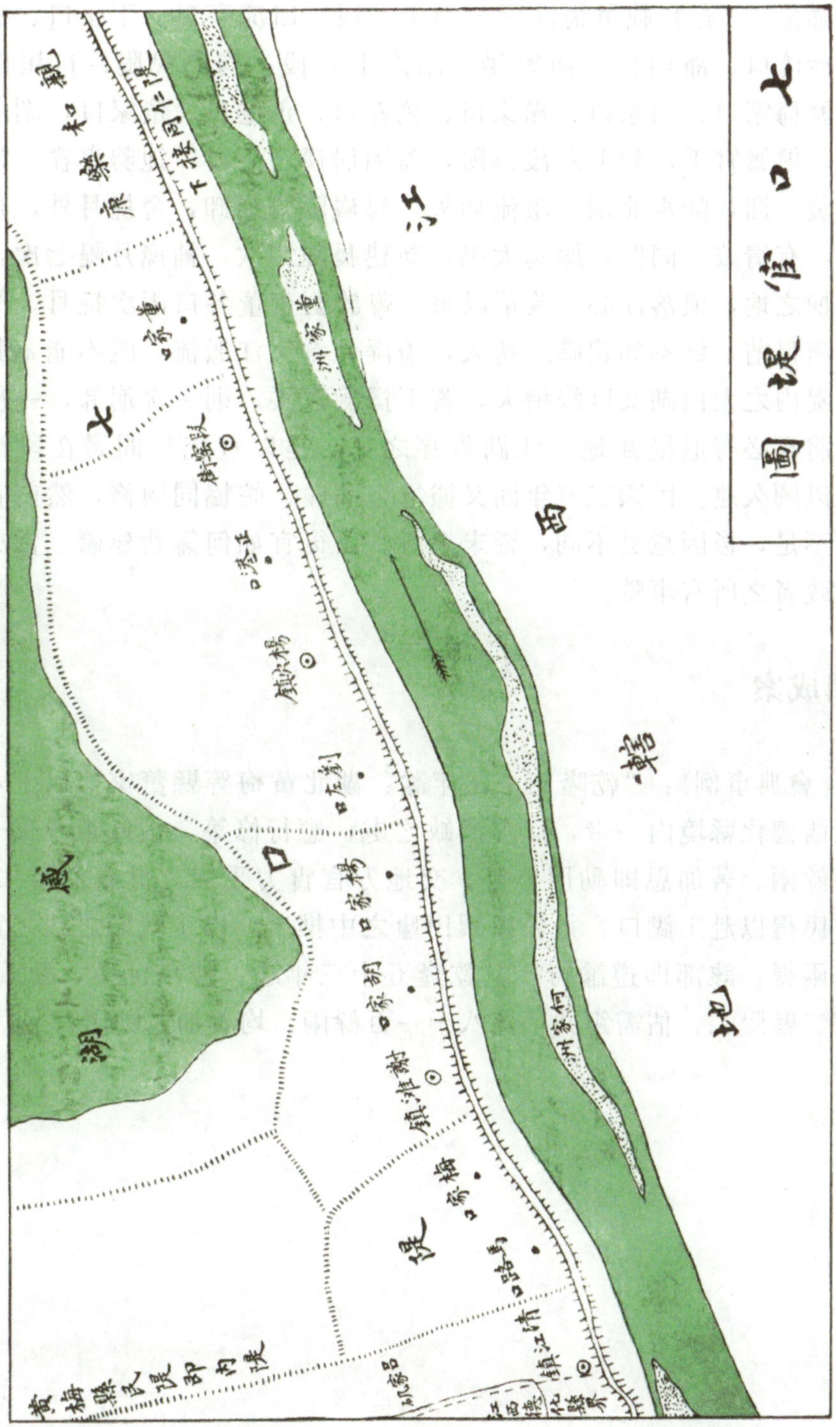

謹按：《志》載黄梅江隄分為十三段：曰涼亭口、丁家口、商家口、沙湾口、潘興口、何家堡，謂之上六段，均為民隄；自馬路口起，歷梅家口、胡家口、楊家口、劉左口、正港口、董家口，謂之下七段，俱屬官工，較上六段為險，蓋因居漢江下游，地勢卑窪，外有向、黄二洲，陡水北刷，激流如矢，每歲隄脚崩卸，舍挽月外，幾無善策，有清咸、同間，屢為大患，新建長隄四次，補挽月隄七次，凡所退挽之地，俱落江心。改革以來，曾於劉正董各口兩次挽月，第不過救濟目前，終不如建磯之持久，盖隄外當大江激流，既不能塞其水勢，隄内之太白湖又巨浸稽天，若不擇險建磯，則一次崩卸，一次挽月，將來必有退挽無地、江湖貫穿之日。是以宣统年間議在段窑建磯，以圖久遠。民國二三年間又據情咨商贛、皖協同興修，然前者以經費不足，後因意見不同，皆未果行。以後宜如何籌費建磯，當亦留心隄政者之所有事歟。

附輯成案

《會典事例》："乾隆三十二年論：湖北黄梅等縣董家口以上，界連江西德化縣境内一带，江隄潰缺之處，應行修築，估修銀一萬七千九百餘兩。著加恩即動用公帑，交地方官實力妥辦，毋庸借帑扣還，俾貧民得以赴工餬口。是於捍禦田廬之中推廣，以工代賑之法，實属一舉兩得，該部即遵論行。又乾隆五十三年論：據畢沅奏，勘黄梅、廣濟二縣隄工，估需銀共一萬八千一百餘兩，均着加恩動用官帑。"

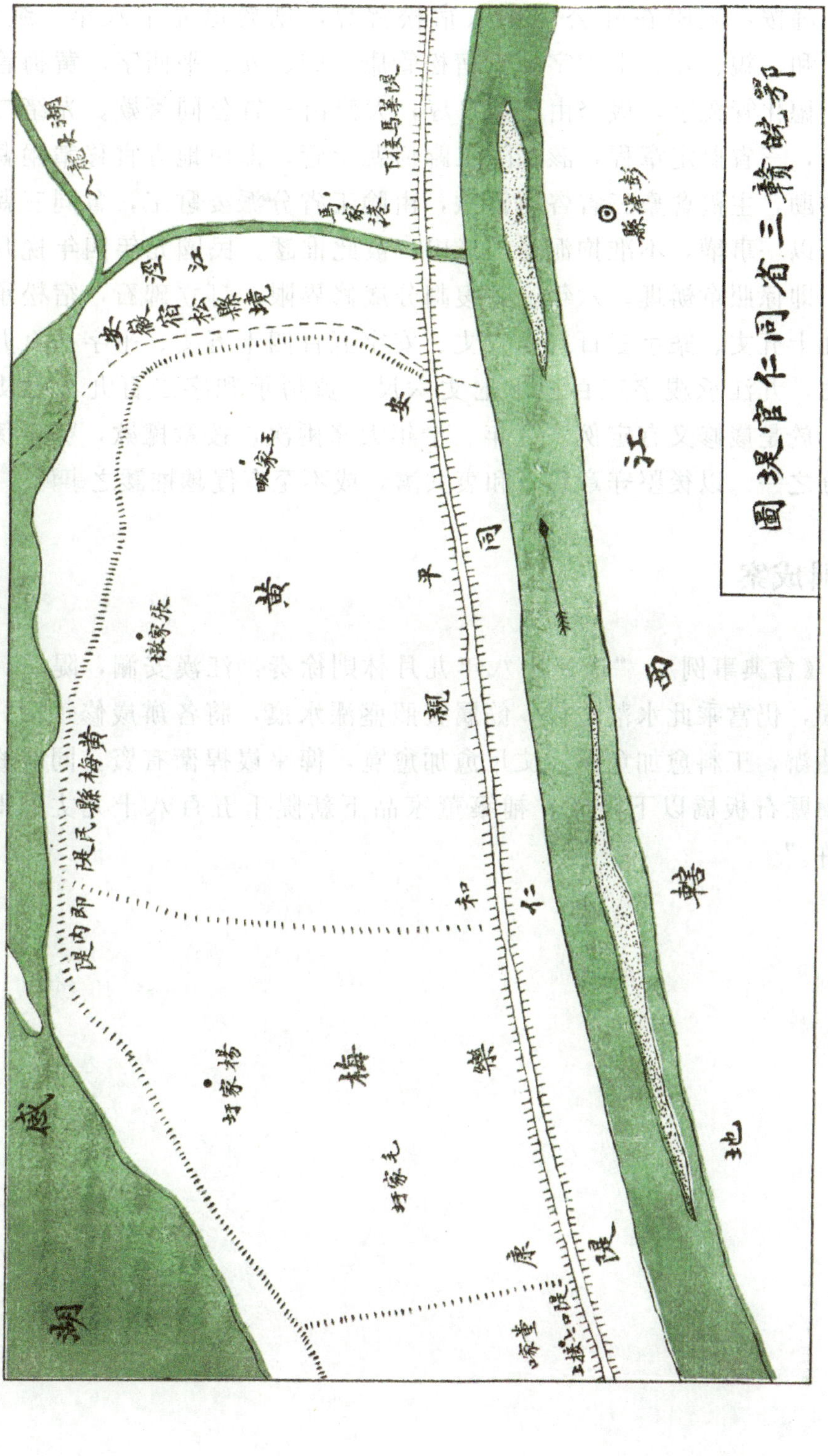
感湖
黃梅縣民隄即內隄
張家墩
楊家圩
毛家圩
王家畈
安徽宿松縣境
澄江
馬家港
下接馬華隄
安平親和樂康
黃梅
同仁隄
江西轄地
彭澤縣
董家嘴

鄂皖贛三省同仁官堤圖

謹按：該隄在桂公隄尾入宿松縣界，創於道光十八年，編康、樂、和、親、安、平六字號，宿松管康、樂、安、平四字，黄梅管和字，德化管親字，歲修由各縣自專，大修由三省公同籌欵。光緒二十二年，三省擬定章程，該縣險工歸何縣承管，即由地方官移請兩縣會同估勘，主稿會稟三省咨商籌欵，由險工省分派委駐工，會同三縣修築，以一事權，不准拘泥隄内無田，被此推諉。民國元年四年挽月兩次，即係照章辦理。六年三縣復劃分歲修界限，訂立碑石，宿松承康字九十五丈、樂字三百二十二丈、安字五百四十五丈、平字一百九十一丈，九江承親字三百三十七丈六尺，黄梅承和字二百九十五丈四尺，於是歲修又有定例。九年、十年大修兩次，按章攤欵，鄂省係出三分之一。以後堅守章程，和衷共濟，或不至有侵越推諉之事歟！

附輯成案

《會典事例》："道光十八年九月林則徐奏：江漢安瀾，隄防一彙鞏固，仍當乘此水落之後，飭屬查照盛漲水痕，將各辦歲修工段，及早估辦，工料愈加愈堅，丈尺愈加愈寛，俾來歲捍衛有資。同時修築黄梅縣石板橋以下隄工，補築董家品下新隄千五百八十九丈。得旨嘉許。"

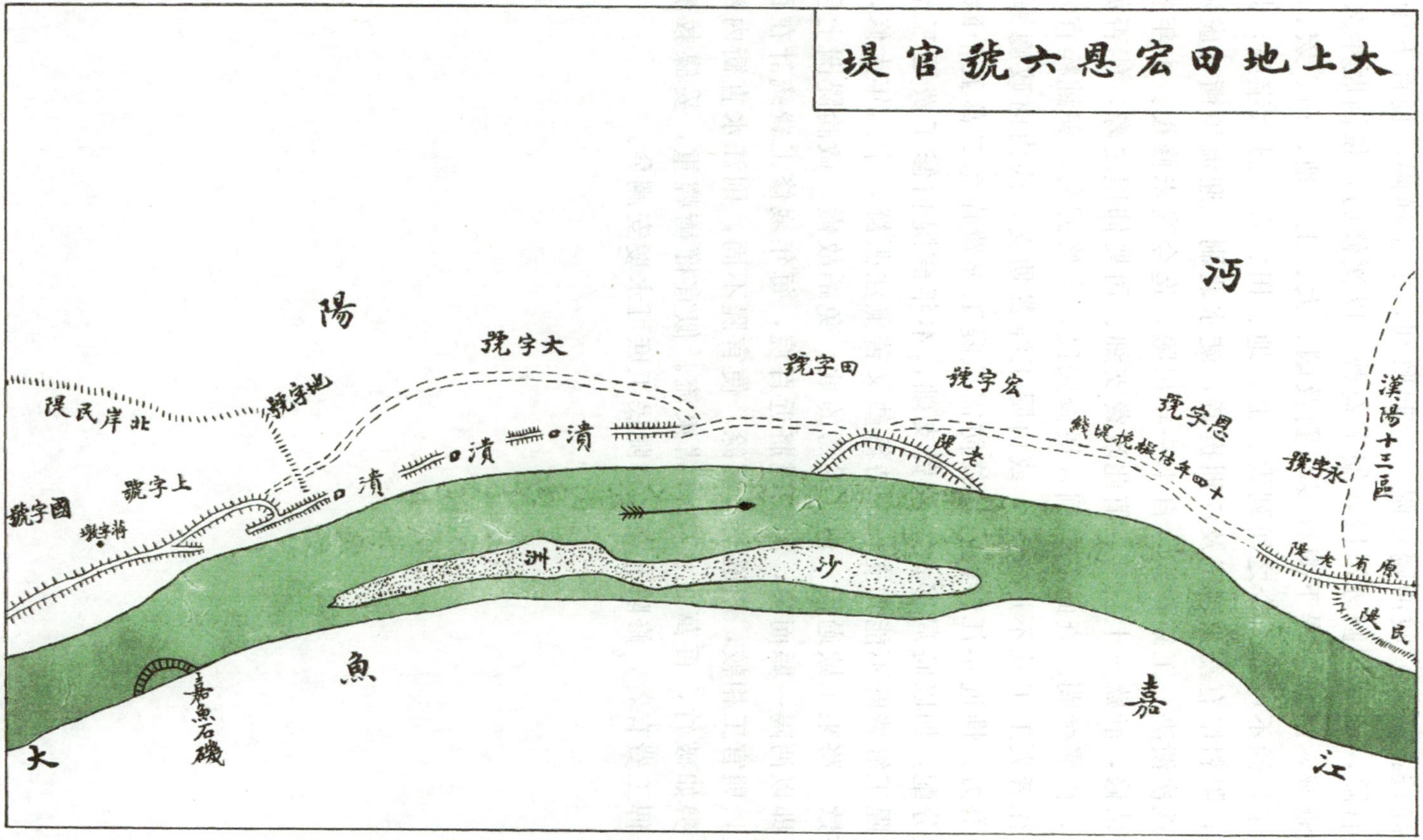
大上地田宏恩六號官堤
沔
陽
嘉
魚
大
江
漢陽十三區
永字號
恩字號
十四年估擬挽堤線
宏字號
田字號
大字號
地字號
上字號
國字號
北岸民隄
老隄
原有老隄
民隄
潰口
潰口
潰口
沙洲
嘉魚石磯

謹按：《志》載沔陽江隄，上起監利，下止漢陽，長百五十里，名長官隄，依舊例劃分汛段，编字為號，以便修防，後因歷年久遠，字號淹滅，該縣新隄下尚存晏、劉及國、大、上、地、田、宏、恩、永等字，餘不可攷。今之所列大、上、地、田、宏、恩六字號，其險工耳，隄對岸有嘉魚磯工及江洲挺峙，陡水北刷，迎流頂衝，虛險異常，迭次潰決，工鉅費繁，自十一年出險，迄今尚未修復。本年省署委員估修，計欵三十三萬，值此政費支絀、司農仰屋之際，能否如數指撥，尚屬疑問。查此隄舊例，歲修歸民，大修歸公，與純粹官隄稍異，往者大工工欵不過數萬，或由隄工經費動支，或由財政廳籌借，均易為力。惟近年江、襄官隄修防需欵隄工經費僅念二萬五千餘元，不敷分配，加以時局多故，政費支絀，本年該隄估修工費達三十餘萬。隄工經費既不能動支，臨時籌墊又苦無法張羅，十二年大修，停工待欵。將來工欵過鉅，似宜妥籌的欵，免蹈故轍。微論隄關七邑賦命，即以沔陽一縣而論，計民隄將近百垸，每年歲修工費統計在百萬以上，與官工相較，超過三倍有餘。使官隄不固，則江水直衝内部民垸，勢如破竹，百萬之民工付諸東流。似宜權衡輕重，妥謀救濟之法，俾工費有着，修防有賴，官隄民工庶可永慶安瀾矣。

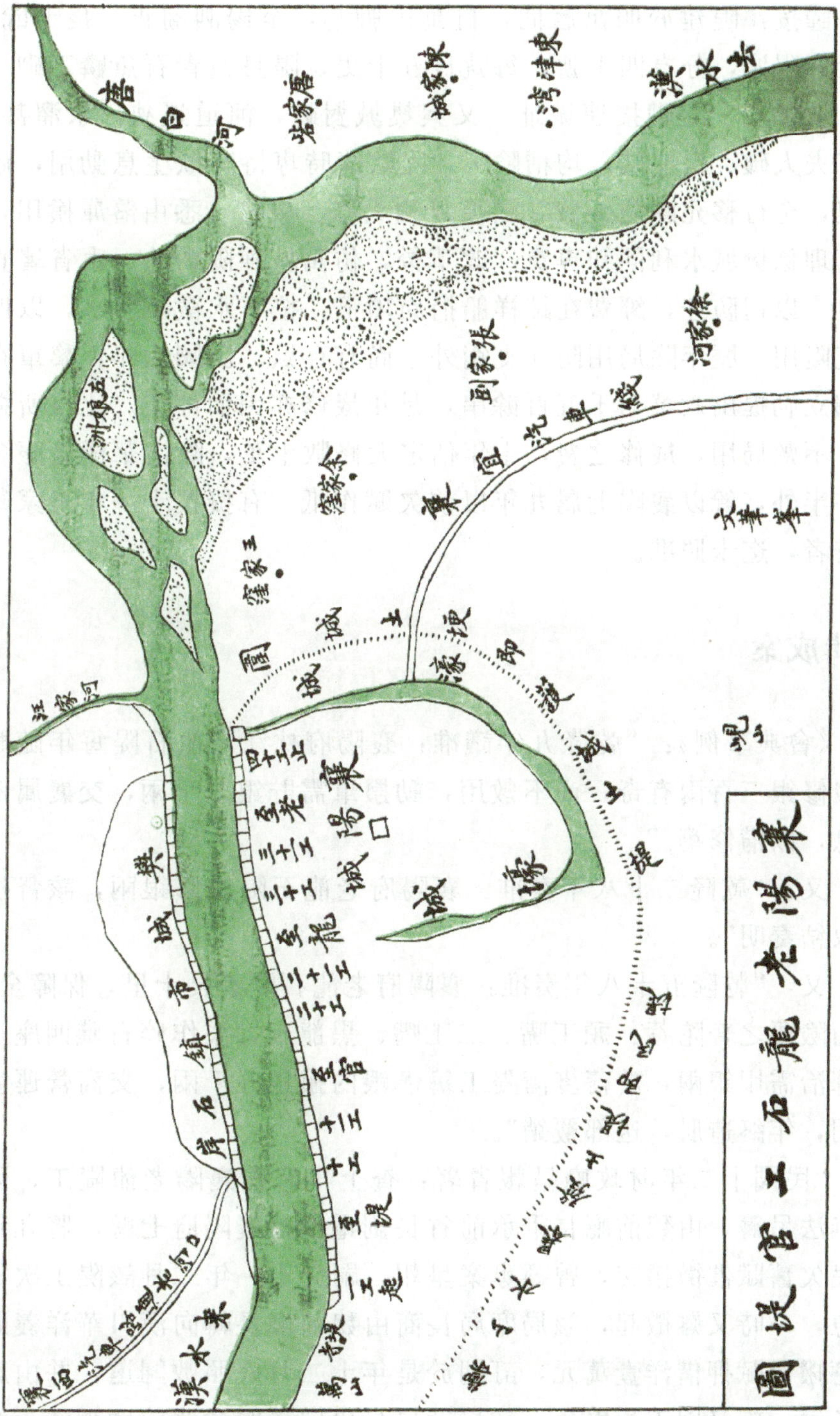
襄陽老龍石工堤圖
唐白河
漢水去
東津灣
襄陽城
樊城
汪家河
萬山

謹按：隄建於明萬曆間，自萬山脚起，至楊泗廟止，長十餘里，逼近襄陽城，分為四十號，每號長五十丈，隄身為青石魚鱗丁砌。自二十七號起，隄脚接連城址，又與樊城對峙，河道逼狹，水溜甚急，所有夫人磯、黑龍磯，均稱險工。隄欵清時專恃存欵生息動用，咸豐軍興，全行移充團防經費，嗣後無論大修、歲修，悉由藩庫撥用，修築管理係樊城水利同知專責。改革後，仿萬城鍾隄辦法，由省署直派專員，以司防守，經費在鍾祥船捐局項下，按下水徵收多寡，以四成撥充隄用。歷年除局用防守支銷外，尚有存欵。民國六年，黎軍在襄陽獨立勒提出六萬七千五百餘串，是年歲修亦因而停止。比來所撥船捐，不敷局用，歲修之費，十年估定大修數十萬，除由華洋義賑會籌募一半外，餘以襄陽七属九年以前欠賦作抵。有擬援十一年王家營隄案辦者，迄未照准。

附輯成案

《會典事例》："乾隆九年議准：襄陽府枕江老龍石隄每年随賦額徵歲修銀三百兩有奇，尚不敷用，動撥軍需貯銀五千兩，交襄属商民生息，以備修築。"

又，"乾隆二十八年奏准：襄陽府老龍石隄歲修銀兩，該督撫委驗取結奏明"。

又，"乾隆五十八年奏准：襄陽府老龍石隄袤長十里，保障全城，頂衝險要之普陀菴、頭工嘴、二工嘴、黑龍廟，添作碎石磯四座，每年葺治需用銀兩，於薔麥湾隄工籌備銀内撥銀五千兩，交商營運生息應用，年終造册，送部覈銷"。

"民國十二年財政廳呈報省署：查上年修復襄陽老龍隄工，因工欵無法另籌，由魏前廳長秉承前省長劉電飭舊襄陽府七縣，將九年以前民欠舊賦催徵撥交，曾經專案呈報，嗣於十一年二月該隄工次需款甚急，一時又難徵起，該局席局長商由魏前廳長轉向漢口華洋義賑會以應撥舊賦押借洋壹萬元，訂期於是年十二月底照數歸還，并由廳簽字負責。旋又因工程緊急，該局席局長仍向義賑會照前欵辦法，續借洋五千元。現舊賦尚未解到，對外信用所關，當經函請義賑會展期三月。茲接復函，三個月内須加息七百五十元，自應承認利息，以昭信用。理合照抄合約，仰祈備案。”

謹按：近來辦理隄政困難，華洋義賑會借欵是一大原因，當初借時所訂合約條件嚴酷，并涉及用人行政，啟外人干政之漸，實深隐憂。為防徵杜漸計，非從隄政根本改革不可。

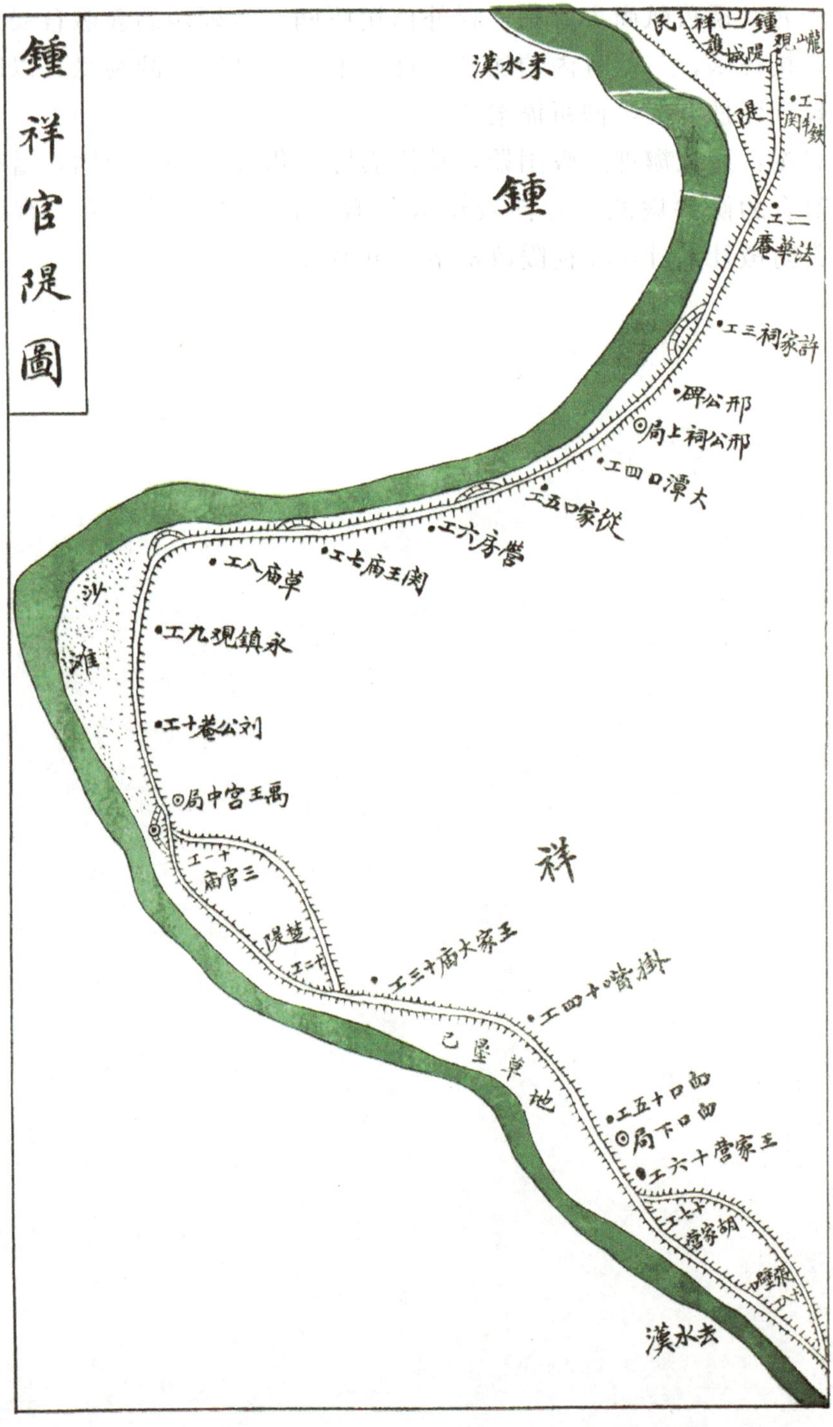
鍾祥官隄圖
漢水来
鍾
祥
永鎮觀九工
劉公菴十工
禹王宮中局
草廟八工
関王廟七工
營房六工
大潭口四工
邢公祠上局
邢公碑
許家祠三工
三官廟十一工
楚隄
王家大廟十三工
王家營十六工
漢水去

謹按：全隄分十八工：一工鉄牛關、二工法華菴、三工許家隄❶、四工大潭口、五工從家口、六工營房、七工關王廟、八工草廟、九工永鎮觀、十工劉公菴、十一工三官廟、十二工楚隄、十三工王家大廟、十四工掛嘴、十五工面口，後復益王家營、胡家營、張壁口於内，统稱為十八工，與京山十八口犬牙相錯。因當時府隄與衛隄於一區内，又各分段落，互立界石，計自龍山觀起，至張壁口止，長一百二十餘里，以三、四工段為最險。因其外無襯灘，内多深潭，對岸沙嘴挺逼，激湍洶猛，所修磯頭，迭被衝刷，現在大潭口、從家口、上下沙岸坍溜冲急，亦甚危險。隄欵在鍾祥船捐項下上水收入撥支，由省署委派專員駐局防守，分設上、中、下三局管轄全隄修防事宜，自民國元年至九年歷修，尚有贏餘。民國十年，因十一工潰口，估修工費達三十七萬有畸，動用浩繁，羅掘俱空。至論襄江形勢，宜城以上，兩岸夾山，地形較高；鍾祥以下，泓道窄狹，來源陡急，挾沙推移。南岸之大澤口，北岸之牛蹏河，積久漸淤。下游不暢，上流自壅，一遇漫潰，監、潛、漢、沔、京、天、川、孝、應、雲各邑，首當其災。故欲為此隄永久之計，要在疏、防並舉。查舊《安陸府志》載，鍾祥舊有數口，内多湖泊，以資疏蓄，故明以前無水患。自興獻措陵寢後，惑於風水之説，衹留澤口一處，餘俱湮塞，水患始亟。迄今滄桑變易，故道難復，就目前之計畫，急宜疏通澤口下之東、西荆河，暨天邑属之牛蹏支河與通順河，如治病然，先理其經絡，調其血脈，則壅腫之疾自除，而元氣自復矣。但經費為工程之母，該隄工欵僅恃船厘收入，歲修尚敷開支，疏濬則力有未逮，是又須另行籌畫耳。

附輯成案

《會典事例》："乾隆四十五年奏准：修築鍾祥縣自永興觀至保隄觀挽築月隄二百五十三丈。"

《會典事例》："光緒三年奏准：鍾祥縣境禹王宫隄加築石岸坦坡并培補月隄，劉家湾隄脚汕刷退挽月隄一道。"

---

❶ 許家隄　《鍾祥官隄圖》中爲"許家祠"。

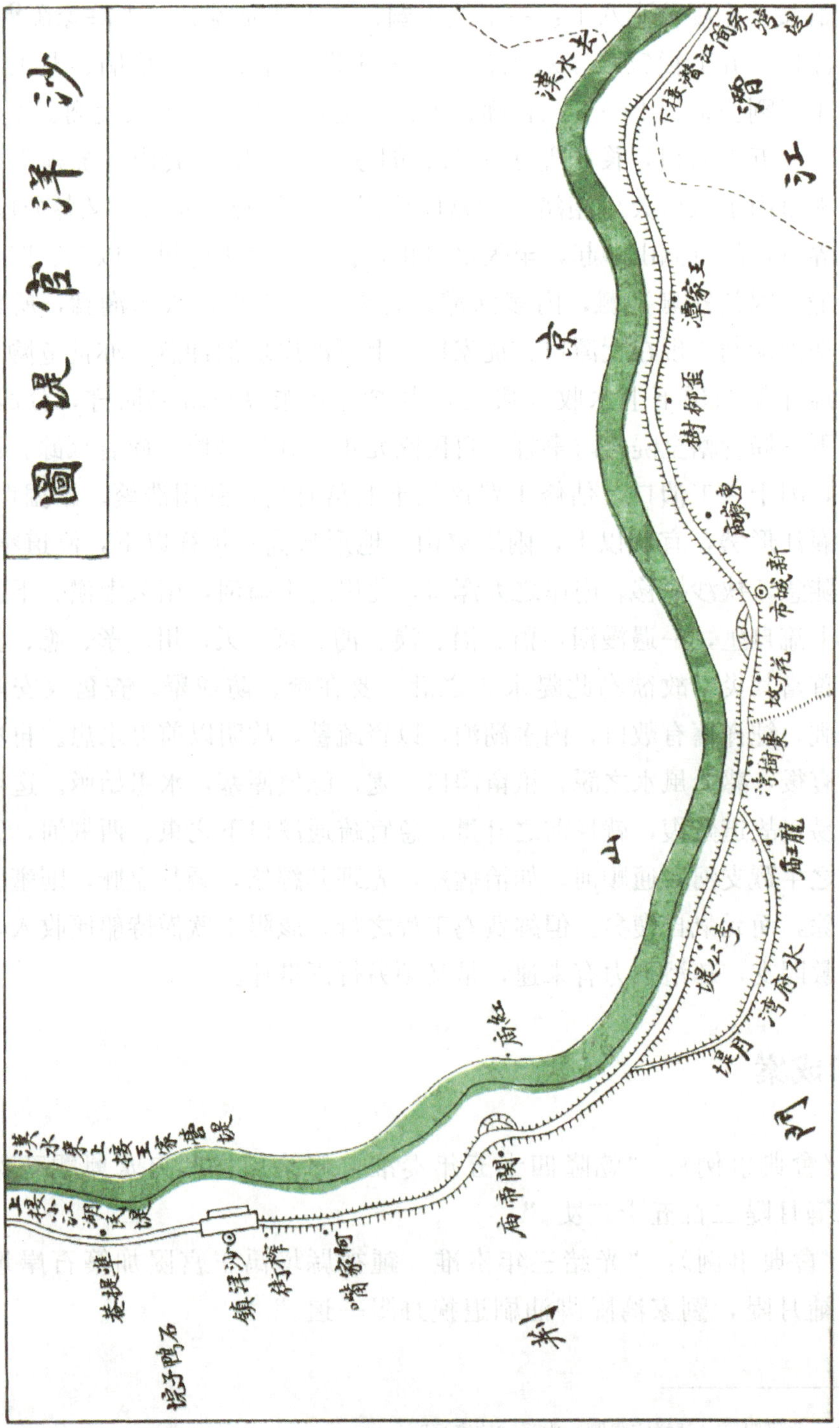
沙洋官隄圖
京山
潛江
荊門
沙洋鎮
關帝廟
新城市
李公堤
水府灣
月堤
龍王廟

謹按：隄上起沙洋鎮何家嘴，古謂之緑麻隄，八工十九段，長二十五里，控荊門、江陵、監利、潛江、沔陽五邑之上游，最為重要。雍、乾之際修三隄，建磯十座，築石岸八十丈，稱為鉅工。宣統元年李公隄崩挫，搶築數次，費欵百餘萬，下游五邑迭遭漂溺。民國元年季招討使雨霖，實行兵工政策，墊借商欵，請撥公帑，從事修築，不一年，大工告竣，共費錢三十六萬四千有奇。其借之商人者，則發行公債，以五邑兩年錢糧附加攤還。爾時在工員司實心任事，隄塍堅固，十餘年來迄未出險。八年、九年對岸王家營隄兩遭潰溢，水泓北趋，附隄淤墊。近來新城上段江水内洗日益加甚，應添築石岸坦坡，以資預防。惟現在歲時培修，僅恃有湖糧夫銀及元年剩欵息金，向由荊門縣署量撥備案，倘陡出險工，尚須另籌經費耳。

附輯成案

《會典事例》："雍正七年議准：荊門、沙洋大隄逼臨襄江，歲徵湖糧，每石輸銀一錢，計銀三百兩，以資歲修之用。"

《會典事例》："乾隆八年奏准：荊門、沙洋大隄，發銀壹萬兩，分給荊門州遠安縣，交商營運取息，按季呈繳安陸府庫，每屆歲修，勘明動用，如有遺賸，遞年存貯備用。"

《荊門州志》："乾隆五十三年覆准：荊門李公隄等處工程單矮，迎溜頂冲，分别加修高厚，以資保障。"

《湖北省志》："道光二年修築荊門州仙人大隄，三年修築沙洋官隄。"

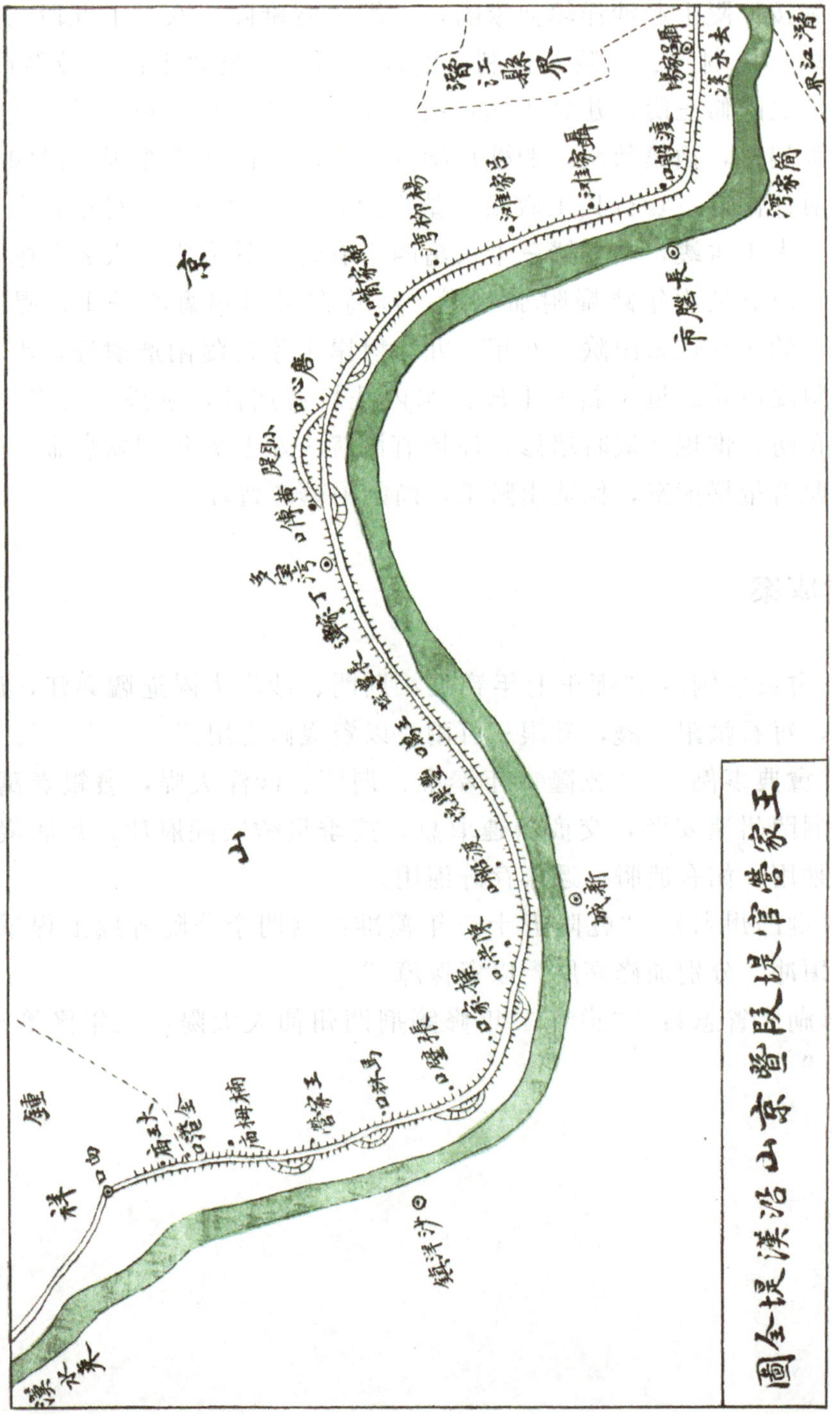
王家營官堤段暨京山沿漢堤全圖
京
山
潛江縣界
漢水來
漢水去

謹按：京山縣属沿江長隄，計分十八口，王家營塘其一也。每口約長五里，共九十里，與鍾隄係以工口為區别，每一工與一口相連，工、口交錯，各有界碑，工属鍾祥，口属京山，各負歲修之責。但有隄在京山縣属而歸鍾祥歲修者，亦有隄在鍾祥境内而歸京山歲修者，因前清時劃分安陸府隄與荆門州衛隄之故。全隄以王家營渡船口、黄傳口、唐心口為險工，清時隄决十餘次。道光八年將對岸胡李湾沙洲設法洗刷，水流較暢，至光緒年間復迭潰，張文襄督鄂時撥帑銀八十萬兩乃克修築。改革以後，對岸沙嘴復日淤高，束水逆行，八年夏曆六月，潰口三四里，為災甚鉅，派江漢道尹為督辦，共耗工費百六萬有零，計工一百二十九廣，並於老隄外添挽月隄二十廣，隄頭及龍門口外建磯兩座。惟以全隄土含沙質，堵水力弱，十年復潰十餘里，災溺十餘縣，並大王廟原有三磯衝毁殆盡，政府特派李公開侁為督辦，以工代賑，極力搶築，共計用去欵項二百一十八萬，外開引河費四十萬，工程之大，經費之鉅，為近來所創見。自經此次大工，隄塍堅厚，嗣後歲修工程應特别注意云。

附輯成案

《會典事例》："道光六年奏准：京山縣王家營隄塍對岸荆門州沙嘴淤漲挺出河心，逼溜直射，請於王家營迤北為碎石順壩一道，以敵溜勢，藉洗沙嘴。"

《會典事例》："道光七年六月諭：據嵩孚奏'籌辦京山縣王家營隄塍，請於沙灘之中開挑引河，疏導積水，排樁下埽，固其根柢，再行修築隄身'等語，事關民寞，不可不詳慎妥籌，以期一勞永逸。"

〔民隄圖説〕❶

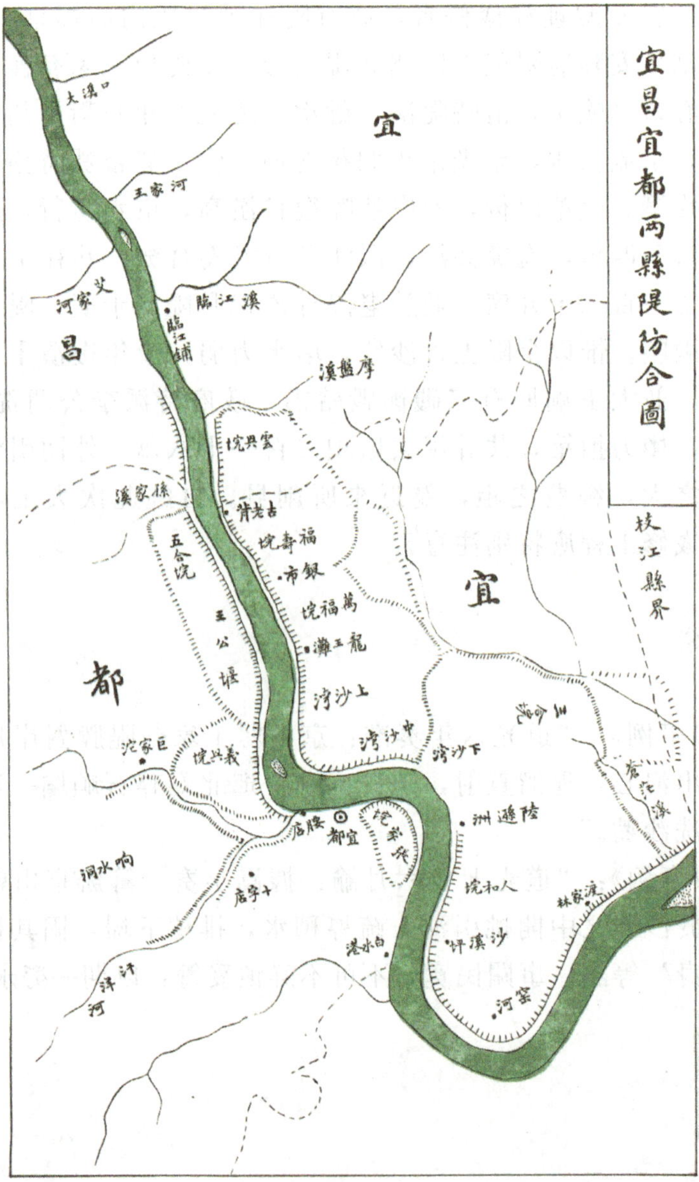

---

❶ 此標題原無，據底本目録補。

謹按：江水自巴東入境，為重巒叠嶂所束縛，不能逞其虐，至宜昌下游，漸入平坦。北岸濱江一帶無高山崇阜，每届江水汎漲，田廬淹没，深以為患。於民國八年與宜都協修沿江長隄計三千餘弓，並修北隄以禦山水，計四百餘弓，此外無隄防之可言。宜都跨江建治，江南隄防甚少，江北地勢較低，水流亦急，均倚隄為固，约計民工十餘處，然以關係甚微，工程甚小，無足紀者。

枝江縣隄防圖

當陽縣界
宜都縣界
江陵縣界
松滋縣界
荆河來
荆河去
沮水
柳港
义和垸
長岐垸
符家村
余家垸
六合垸
太平垸
蔡家垸
萬城市
西湖
東湖
上長林垸
下長林垸
楊林湖
天心壋
百里洲
麗新垸
同德垸
向家湖
老閘
永圓垸
方家場
董市
天鵝湖
松滋口

謹按：枝江跨江立縣，江流至此，其勢頗猛，民隄計二十餘垸，佔全縣之半，尤以上、下百里及羊角等垸工程為鉅。該縣西南多山，土瘠民貧，土物供給，不敷分配，乃競挽淤洲，以資移殖。惟因斗逼江流，隄多沙質，耗糜鉅欵，保固難期。幸每屆工程大都重攤土方，輕徵費欵。垸民於冬季農息之時，担土上隄，將工抵費，借此稍舒財力，而於工程方面亦可少杜侵蝕之弊，此該縣隄政日有起色也。

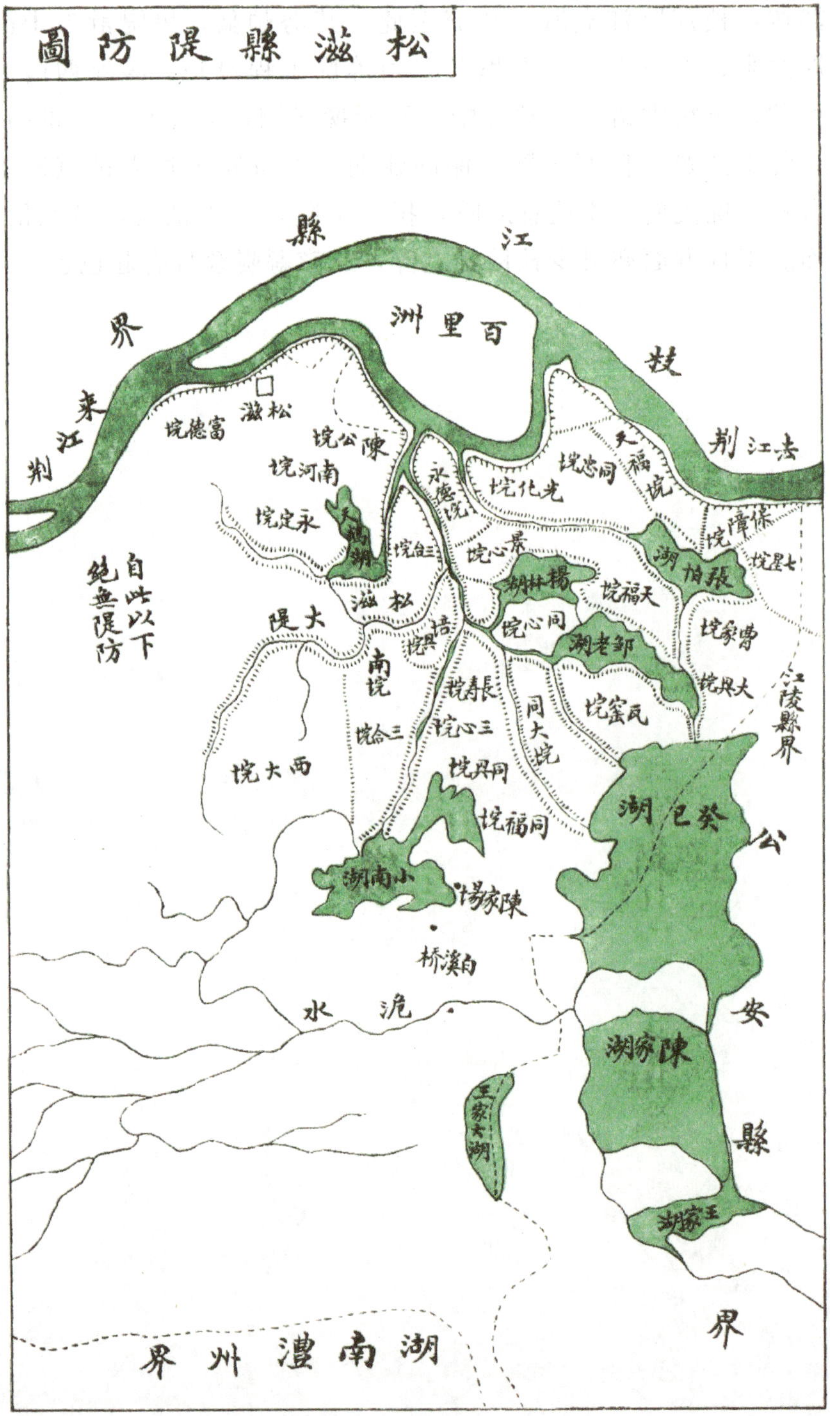
松滋縣隄防圖
枝江縣界
百里洲
荊江來
荊江去
松滋
富德垸
陳公垸
南河垸
永定垸
天鵝湖
三合垸
永德垸
光化垸
同忠垸
天福垸
保障垸
張柏湖
七星垸
景心垸
楊林湖
天福垸
松滋
大隄
自此以下絕無隄防
南垸
同心垸
鄧老湖
曹家垸
大興垸
長壽垸
三心垸
同大垸
瓦窯垸
江陵縣界
三合垸
西大垸
同興垸
同福垸
癸巳湖
公安縣界
小南湖
陳家場
白溪桥
洈水
陳家湖
王家大湖
王家湖
湖南澧州界

謹按：松滋地勢高阜，其倚隄為固者僅十之二三，計民隄十餘垸，工程較鉅者為長壽、天福諸垸，其餘小垸傍山憑阜，管域甚微，無關輕重。全縣隄堘多係土質，雖濱江流，險工甚少，物産豐富，民力充裕，每届隄工用費籌集頗易，從無因財力虧耗致陷停廢者，此其特色也。

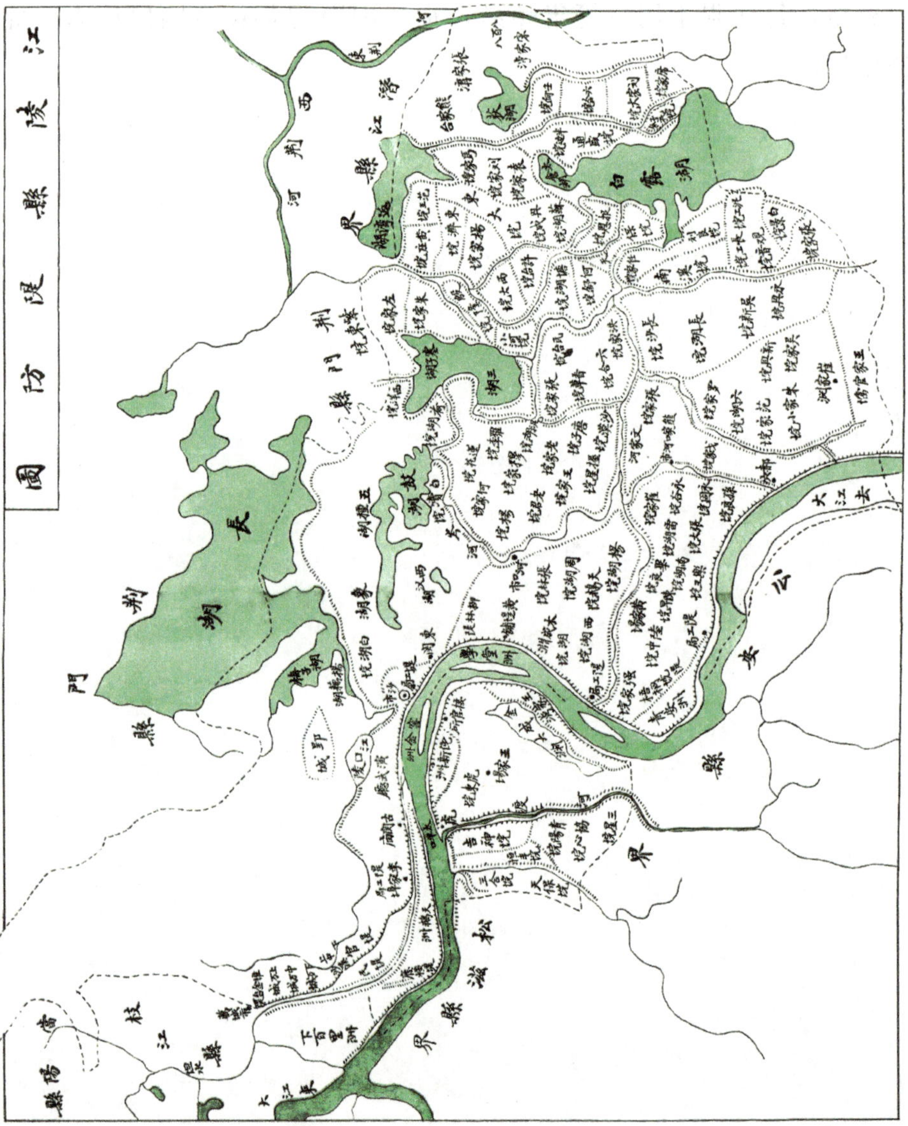
江陵縣隄防圖
長湖
白露湖

謹按：江陵南以萬城大隄為屏障，其説詳載官隄，北以陰襄、直路為命脈，計二百餘里，上捍沮、漳之水，下當中襄之水衝，河泓逼隄，急流如矢，險工林立，黎家月、李家灘等處尤關重要。每届工費，向分南、北土局徵收，南費修官隄，北費修北隄。近年陰襄、直路等隄工費浩繁，入不敷出，是非切實籌劃，不足善其後也。該縣隄防情形與他縣少異，所重者僅南、北兩隄，内部子垸隔隄勿須修挽，一旦南、北隄堘不固，勢必全縣覆没，兩隄關係之重如此。論者謂該縣土費過鉅，議設法補助，惟以全縣之財力修南、北之隄防，誠不為重，較之他縣民垸碁布，節節布防，稍有不同也。

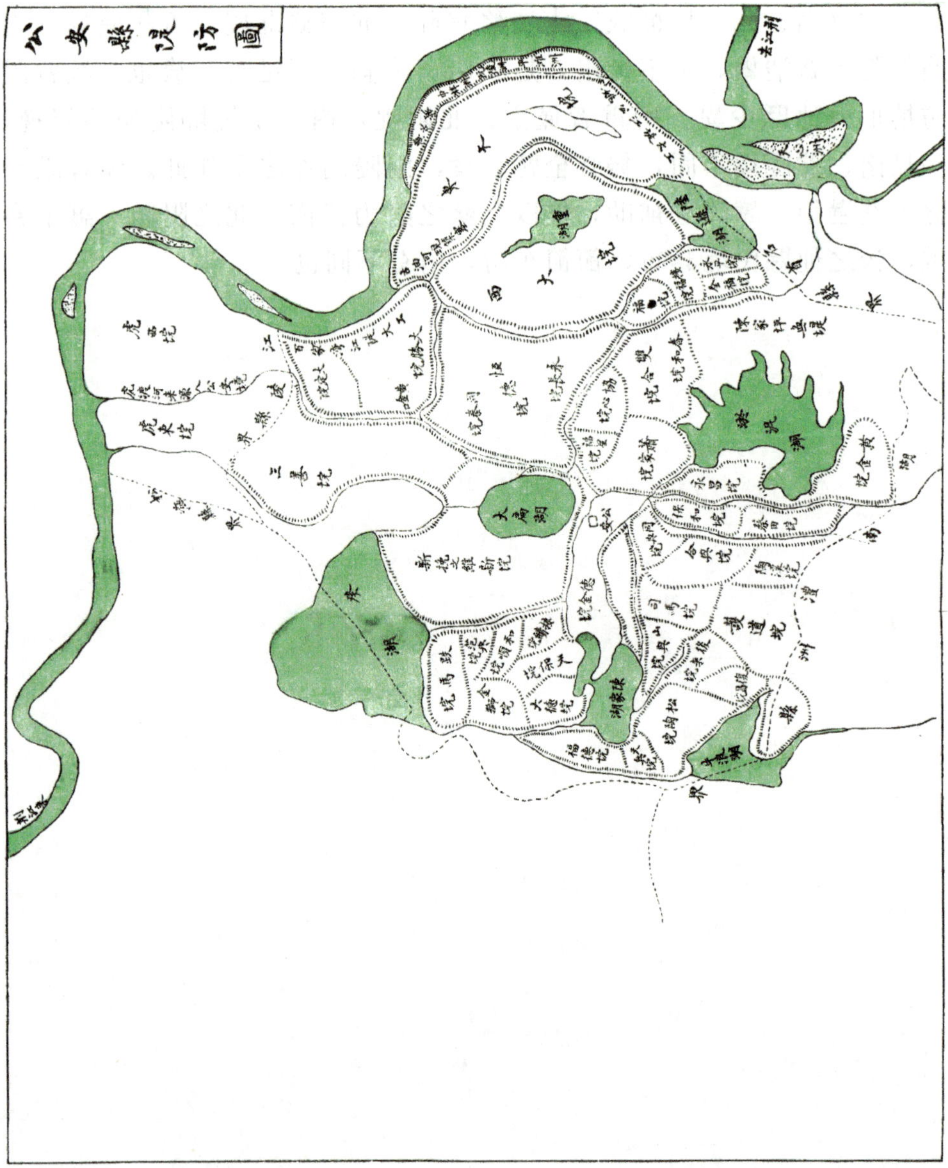
公安縣隄防圖

謹按：公安内湖外江，河港縱横，素倚隄防為命。往昔地勢低下，各垸隄塍，十年九淹，近則滄桑變遷，日漸淤阜，迥非昔時矣。上有百家灣江隄為該縣門户，與萬城官隄對峙，河泓南趨，急流如矢，防護之法，講求頗精。每届以石工為重，賴地勢高阜，迭慶安瀾。内有虎渡河直貫中部，陸遜、淤泥、大扁諸湖復参厠其間，垸隄星羅，計七十餘垸之多。下游以姚公江隄為尾閭，每届江水倒漾，勢甚汹湧，此隄為内垸屏藩，關係亦稱重要。此該縣隄防情形也。縣治自油江舊址崩入江心，後凡三遷，其他一片汪洋，素稱澤國。近年淤墊日高，荻湖草塲漸挽隄塍，湘省石、澧客籍及江、監民人視為移植之區云。

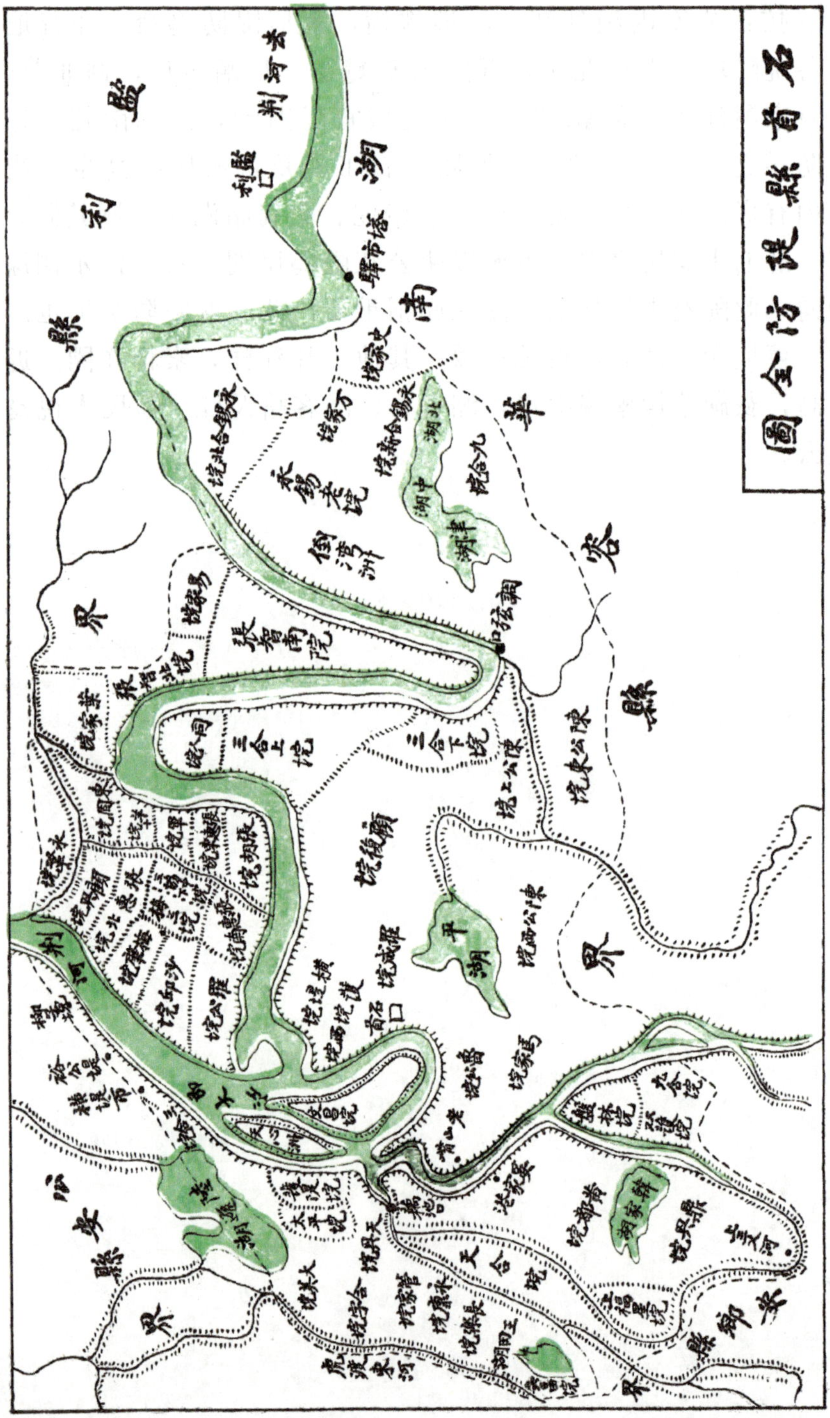
石首縣隄防全圖
荆河
監利縣界
湖南
華容縣界
公安縣界

謹按：石首當大江之激流、藕池口之頂衝，所恃為捍禦者首推羅城横隄及陳公諸垸濱江隄塍。盖諸垸雖各自獨立，而江隄則互相接連若長隄然，實不僅關係一二垸之利害，亦即全縣之門户也。惟以上有公安之淤墊，前有萬城隄之峙立，中有天心洲之阧塞，江流至此，幾以該縣為滙注之區。加以地勢低下，保固匪易，近年累修累潰，財力虧耗。上届工費借撥義賑，公賣民田，以充工欵，终以估工未相地勢之宜修築，失監督之方，與水争地，糜帑覆工，殊可惜也。

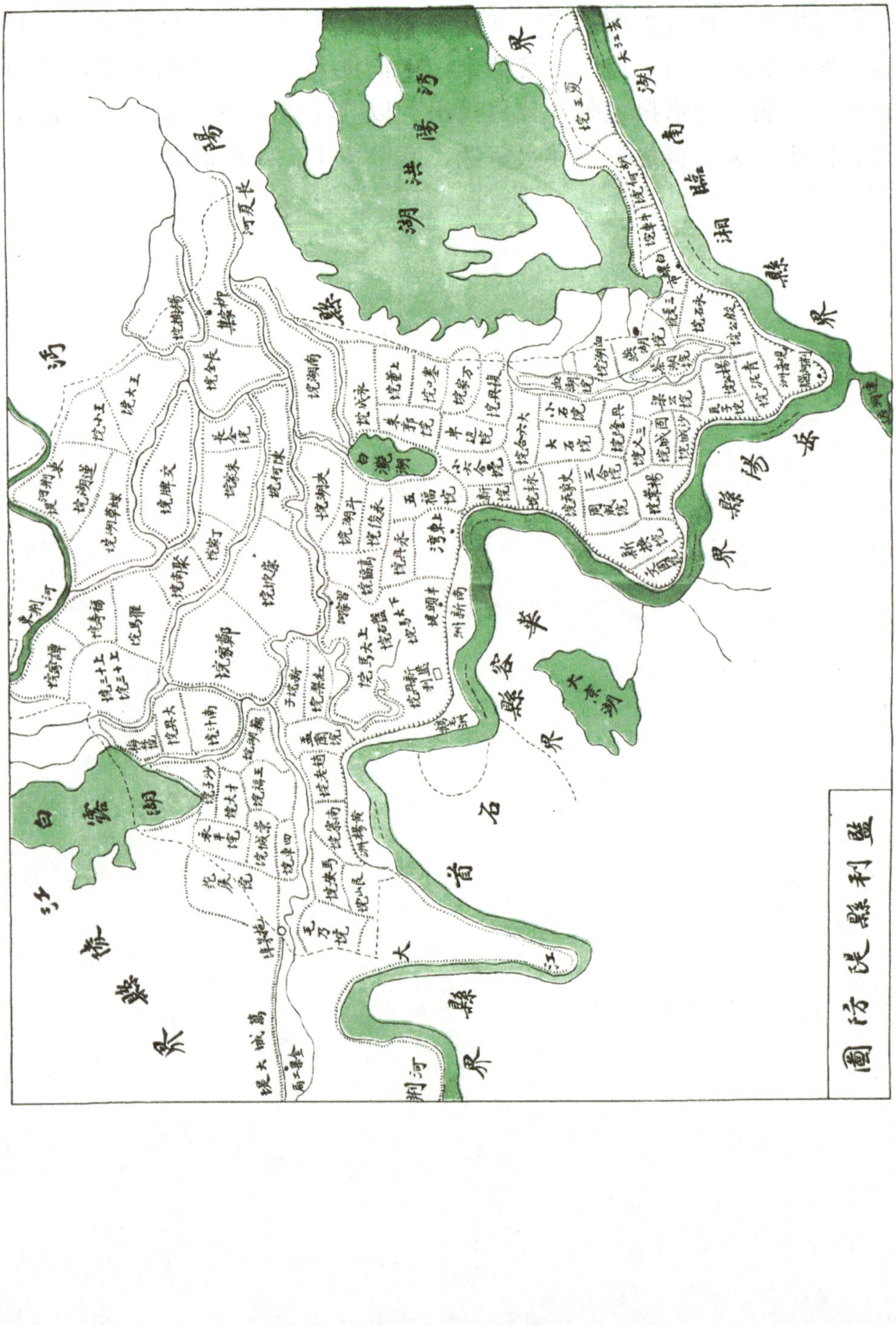
監利縣隄防圖
洪湖
白鷺湖
大荆湖

謹按：監利濱江带襄，田廬之保安，一惟隄防是賴。江隄分上鄉、中鄉、下鄉三段，共長二百餘里，水流迅急，崩矬為患，每届大工，均係退挽月隄，以資捍禦。襄隄以北，中汛隄及東荆河隄為要工，共長百餘里。襄流自吴家改口分注而下，此隄適當其衝，激流如矢，防護為重。該縣所轄，江、襄諸隄不獨為一縣命脈，實即下游數縣之保障。此外雖民垸隔隄星羅碁布，然不過防湖渚之漬，無足紀者。工費係仿江陵辦法，設局徵收。其各垸子隄則係按畝攤派，隄董先由各鄉選舉數人，呈由縣知事擇一委任承辦隄工。

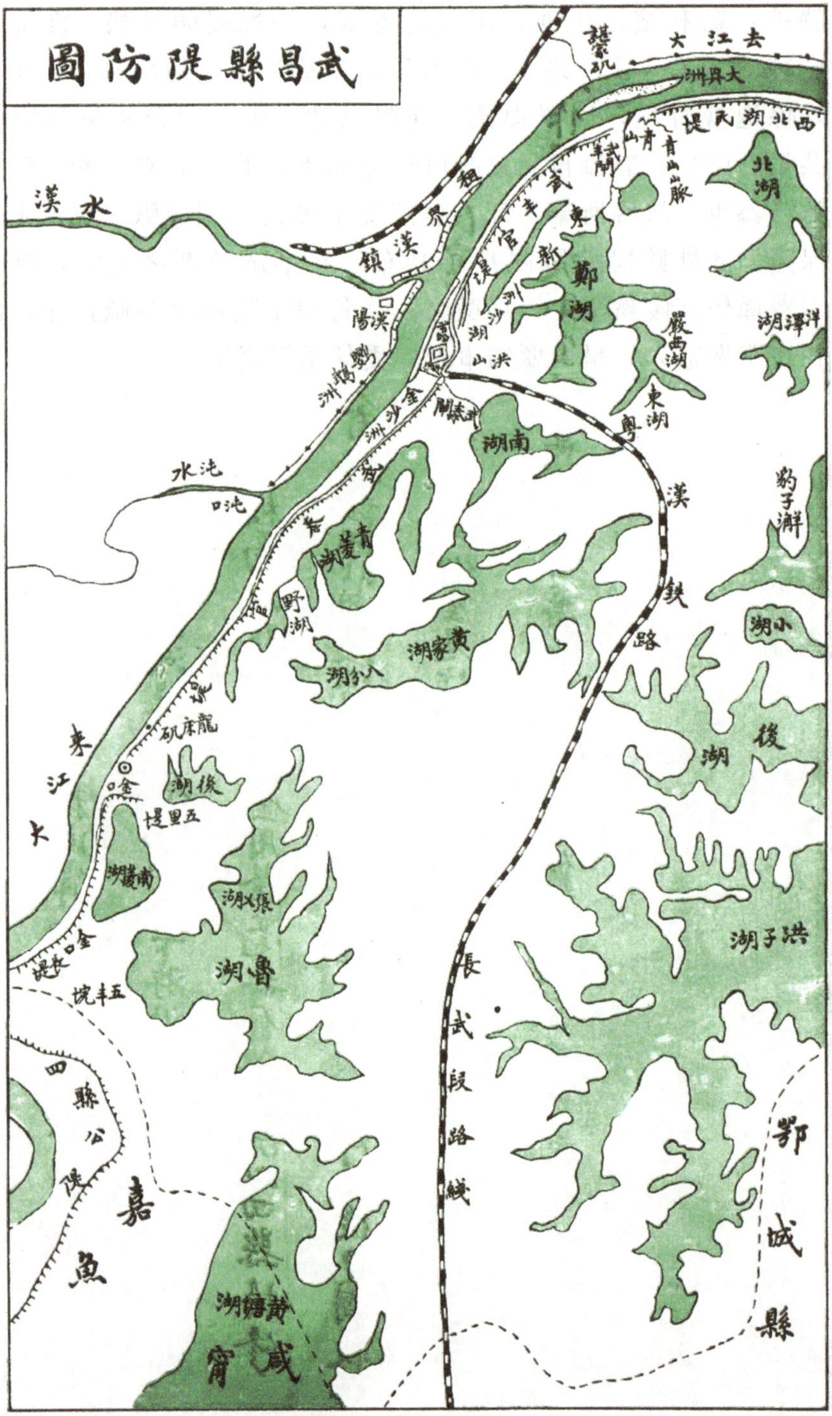
武昌縣隄防圖
大江去
大興洲
西北湖民隄
青山
漢水
漢陽
鸚鵡洲
鄭湖
北湖
嚴西湖
東湖
南湖
沌水
沌口
青菱湖
野湖
黃家湖
後湖
粵漢鐵路
大江來
金口
五里堤
魯湖
長武段路綫
四縣公隄
嘉魚
咸寧
鄂城縣

謹按：武昌西臨長江，與陽夏鼎峙，東毗鄂城，南接咸甯，除江岸及武泰、武豐外，若金口長隄及四縣公隄，皆居武泰之上游，西北湖隄則居武豐之下游，沿江一氣啣貫，均關重要。考查現狀，金口隄臨流頂衝，極為薄弱，兼之基金用罄，毫無存留。公隄以四縣協修，事權不一，每遇工作，多有推諉。西北湖隄借欵二十餘萬，未能照期履行。以後力圖救濟，則金口隄宜籌的欵，仍照舊例生息，作為歲修費用。公隄宜溝通意見，以期通力合作。西北湖隄則宜仿萬城土費帶徵之法，分期償還借欵，斯亦可矣。

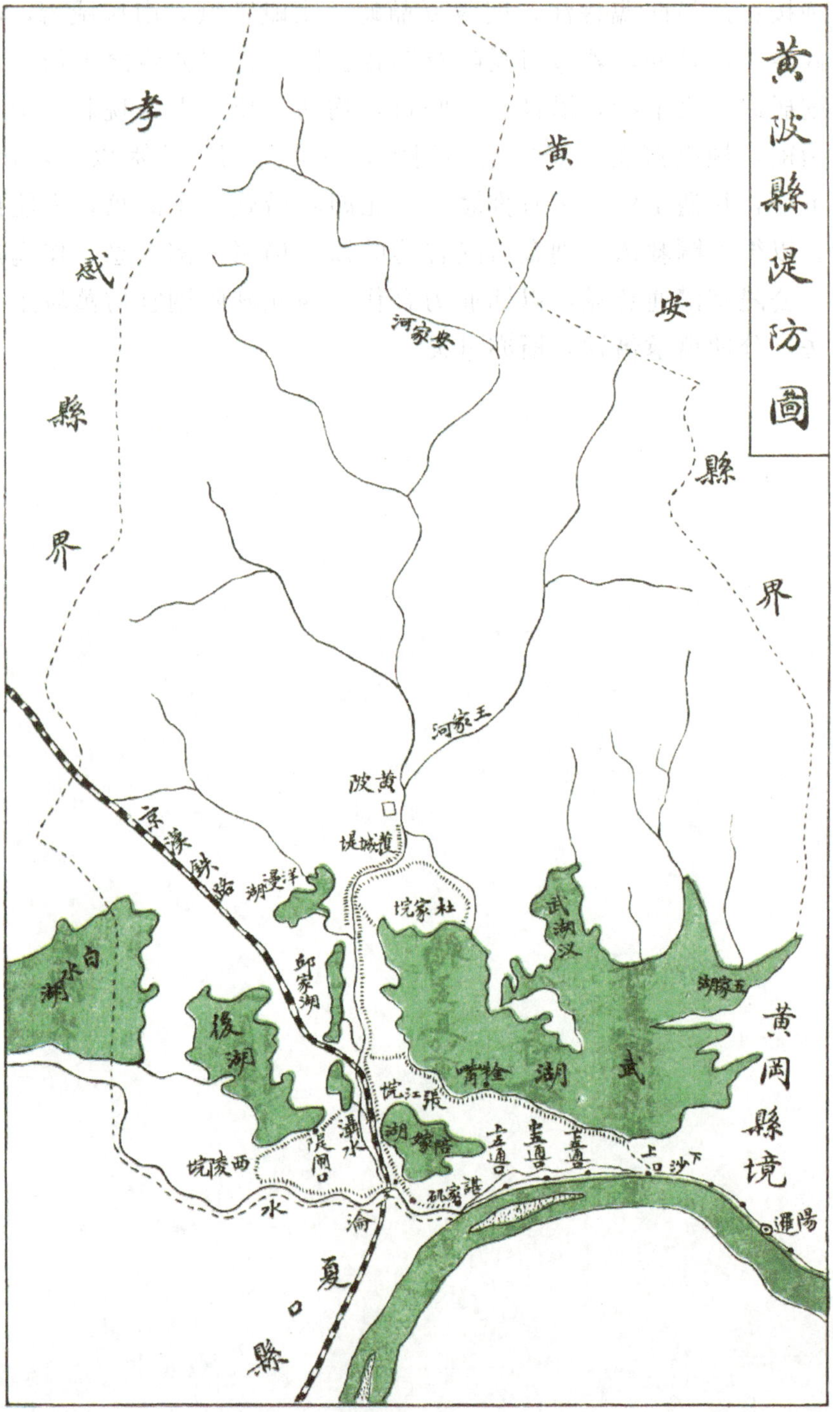
黃陂縣隄防圖
孝感縣界
黃安縣界
安家河
王家河
黃陂
護城隄
京漢鐵路
洋漫湖
杜家垸
武湖汊
五家湖
白水湖
邱家湖
後湖
武湖
張江垸
陪嫁湖
西陵垸
上沙口
下沙口
黃岡縣境
陽邏
夏口縣

謹按：大江在城南四十七里，自夏口流入縣境，下達黄岡。灄水正源出黄安西北山中，南流入境，沿途受諸小水，至縣城東南曰前川，又西南分二派，西河入什仔湖，至灄口會淪水，由諶家磯入江，東河入武湖，會界埠河，由水口入江，盛漲則兩湖合一。惟河水易漲易瀉，無俟隄防，湖面雖大，為江河盛漲容積之地，似有不能争競之勢，雖棗林、東河、七會、西陵諸隄垸業已成局，而後湖隄之創建，則生莫大之糾轕，主其事者雖以成立為職志，而無如隄綫太寬，上流及下游人民均認有壑鄰之害。統籌全局，該隄自以禁修為好，即其他諸隄，亦祇能照舊補修，不能擴張新線。盖河流既窄，實不能得寸以進尺，湖面雖寬，更不能見小以誤大云。

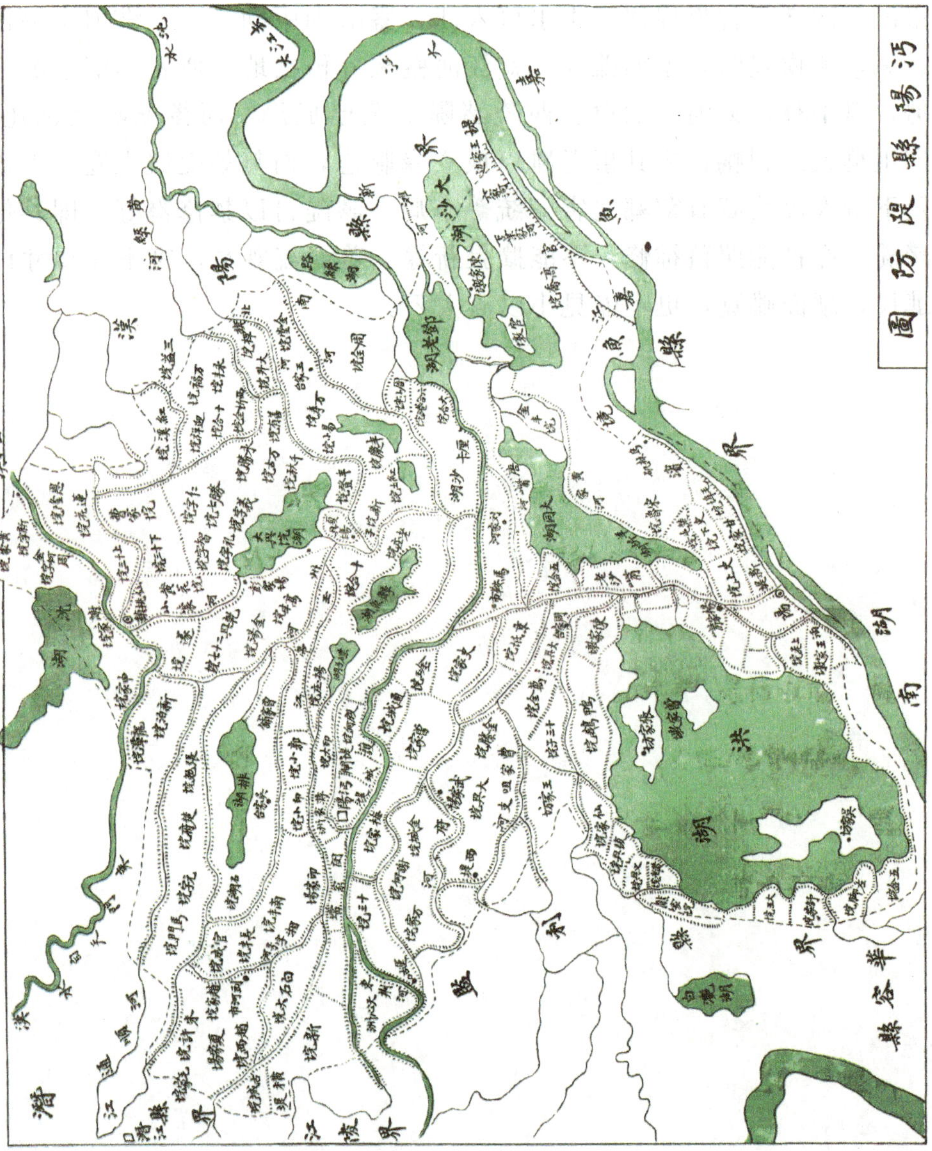
沔陽縣堤防圖

謹按：沔陽素稱澤國，保障田廬，維持賦命，惟隄防是賴。南有劉家碼頭及宏、恩、上、田一带官隄，詳《官隄圖説》，兹不具論。北有濱襄隄，長百餘里，復有中襄河，直貫中部南、北兩岸，垸隄交相啣接，以為捍衛，加之支河汊港，縱横如織，内隄、隔隄星羅碁布，幾乎無地無之，其關係之重可知也。地當江、漢滙注之區，水流泛濫，隄塍雖多，無法安瀾，防於上即决於下，堅於南則虚於北，均係節節築塞，素無統一計劃，各自為政，以鄰為壑，每届泛漲甚者，决鄰垸之隄以自固，地方士紳復乘隙把持，弊端百出，難求萬全之策。論者謂須將該縣隄防重工劃分南江、北襄及中襄兩岸為四段，各段按受益區域之大小及情形之重輕，通盤籌議，協力合作，一革從前分立之弊，俾隄政漸趨於統一之途徑，官廳便施監督之職責，其説亦不無所見也。

嘉魚縣隄防圖

謹按：嘉魚境内山區約十之二三，築隄垸者計十之七八，其重大工程，首推江隄，不僅為一縣之保障，於武昌、咸甯、蒲圻諸邑，亦至有密切之關。昔以嘉魚財力不能任此重工，乃創協修之例。嘉魚承修四邑上游萬、民、保、障諸號，上起馬鞍山，下止石家墩，長三千二百餘丈。咸甯協修康、甯、永、慶、歲、昇、平諸號，上起平字號，下抵老貫嘴，長三千三百餘丈。蒲圻協修居、然、江、上、一、長、城諸號，上起老隄角，下止應家碼頭，長二千五百餘丈。外有金、城、同、樂四號，係嘉魚、咸甯、蒲圻、武昌四縣協修，上起下田寺，下止陶家碼頭，長二千七百餘丈。總計全縣濱江隄塍綿亘二百餘里，險工林立，不易保固。所存基金，又以兵災化為烏有，是非妥籌的欵不足以重要工，十二年挽工，其明鑑也。至該縣内部民隄小垸，工程甚微，無足紀者。咸、蒲二邑，盡屬山阜，無所謂隄防，惟咸邑汀泗橋及蒲邑郭連、官喬一帶，倚嘉魚江隄為外藩，因受益關係，向例協修。

鄂城縣隄防圖
武昌縣界
羅湖堤
永經堤
彭北湖堤
新港湖隄
黃岡地
馬橋湖隄
南塘湖隄
樊口
鄂城
黃龍矶
樊口閘雖在黃地關係鄂城水利甚鉅
南北湖隄
羅家湖隄
琵琶湖隄
保安湖
大冶界
鄂城境內湖泊紛歧多半就地爲阡陌不用隄防沿江岸在新港湖與彭白樓壞閘築有隄塍一道其餘沿岸皆就驛路爲保障藉天然山勢尚少水患

謹按：鄂城分為內、外八鄉，外四鄉濱水，雖沿江一帶以山為障，無甚隄防，然連江各湖在洪、永二鄉者，隄塍林立，習慣上極為注重，每年無論是否被淹，例係冬季水涸時農民自行小修一次，如遇冲潰崩塌重大情事，由隄首稟請勘明，估工出示，收費搶築，按畝分派，佃田、東佃各半，此為通行之慣例。雖民國十年夏汛盛漲，淫雨連朝，該縣隄防稳固，迄未出險。惟昌大之與加檠湮糾轕甚多，因湮隄屬鄂城一縣，昌大屬鄂、冶兩縣，湮隄居上游，閘先建，昌大居下游，閘後建，當昌閘未建先，湮閘向機啟閉，自昌閘既建後，湮閘啟闭即受制限，此所以兩相争持，迄未解决。以後權衡輕重，宜求平允之辦法也。

大冶縣隄防圖
大江來
黄岡
巴河之黄蘄界
樊口
鄂城縣界
蘄水縣
黄石港
滕陽港
鐵廠
石灰窑
大昌隄
水泥廠
沿岸隄
大江去
大冶口
漳源口
漳源湖
陽新縣界
大冶沿江西惟自黄石港起迄望洋港迤邐達石灰窑一段築有隄防餘俱藉山為屏障沿岸設置驛路與東岸同

謹按：冶邑要鎮曰黄石港，濱臨大江，全賴隄防保障；曰勝陽港，隄自袁家河起，至石灰窑止，長十餘里，由石灰窑上沿江長十餘里，則名曰港鄉隄。二隄為鑛産鉄路及黄石港之保障，田畝雖少，關係重大。餘若四顧隄閘，在蘄春、陽新、大冶交界，因冶邑地域較多，故向由冶邑主政。而昌大隄則與鄂城相連，共長約三十餘里。老虎爪新閘一座，内外均係紅麻石砌成，閘内有多數大湖。涇閘之南曰走馬湖，寬十數丈，長約三里。再南為石頭湖，最為遼濶，寬四五里，長約十餘里，該湖分属鄂、冶兩縣，分界處曰積玉磚。再南則冶属之大港，地低而狹，距老虎爪約十八里，如夏令山水暴發，涇閘地居上游，一瀉而下，昌閘腹背受敵，幾難救濟。

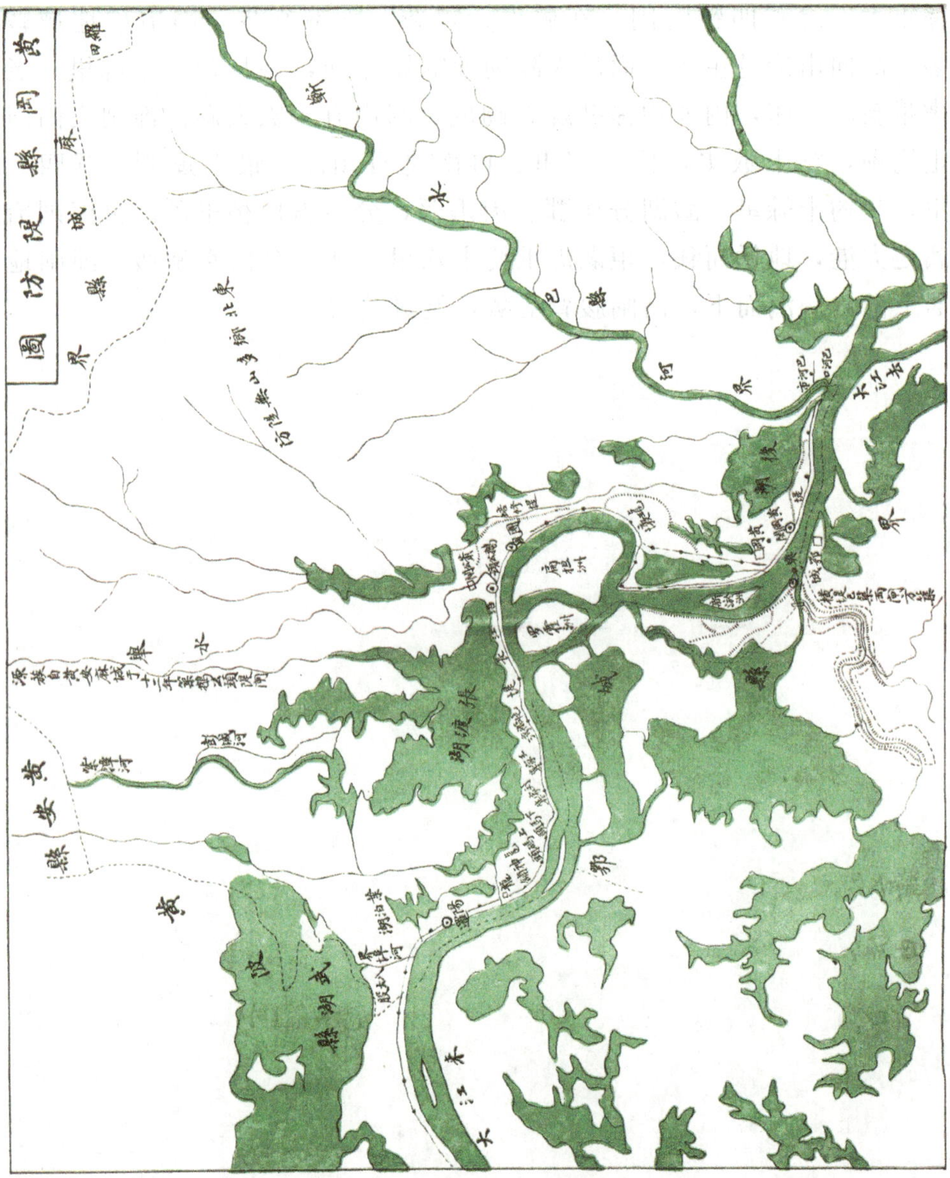
黃岡縣堤防圖

謹按：縣境西北多山，泉源亦富，東南環抱大江，內地港汊紛歧，互相貫通，亦便水利，惟因秋夏汛漲，難免江水倒灌，變為巨浸，故為害猶甚。東岸上自龍口起，至堵城止，計長百里。再自縣治而下，至巴河止，約長三四十里，半為驛路，半為隄防。西岸長隄自薛家溝起，至黄栢山止，約四十餘里，外防江而內防湖，最關重要。又南岸長隄由雷山麓至横隄止，約四里，近日加高培厚，足資防衛。最近工程以鵝公頸之蕭公閘及樊口隄閘為最鉅。

附紀蕭公閘概略

查鵝公頸地方，外濱大江，內瀕湖泊，每當夏秋之交，江汛漸漲，山洪暴發，低處田廬盡成澤國。民國十一年，地方士紳築閘堵塞，督辦蕭公慨捐鉅欵，議遂定公推李隱塵董其事，隄閘用最新三眼式，閘底滿釘梅花樁，實以鉄筋，填以三合土，閘身概用湖南湘陰産之天生麻石工作，修整上下滑坡則用紅石，兩旁則砌蠻石。閘成，名之曰蕭公閘，誌不忘也。惟黄安、麻城及本縣西北各鄉水源甚遠，消洩不易，倘能再將三台河一帶從事疏濬，俾內湖之水有所歸宿，則更善矣。

附紀樊口隄閘概略

查樊口修築隄閘，先正彭剛直公建議最早，李督瀚章獨反對之，迄未成功。民國十一年提議修閘，先堵上流九口，建築横隄，隄身高五丈，隄脚寬五十丈，面寬二十五丈，兩旁各打木樁二排，中寬五尺，實以三合土，樁外用蠻石修砌滑坡，內安一機器鉄水管，以備消洩湖內積水，業於十三年冬竣工。現在南、北兩岸業經開河放水，南岸河長里許，深一丈五尺，寬八尺，北岸因薛家溝原有之河計長七百餘丈，濬深六尺，寬十丈，刻正籌建石閘兩座，將來閘工告成，不惟涸出湖田，為利甚溥，即樊口商業，當更發達矣。

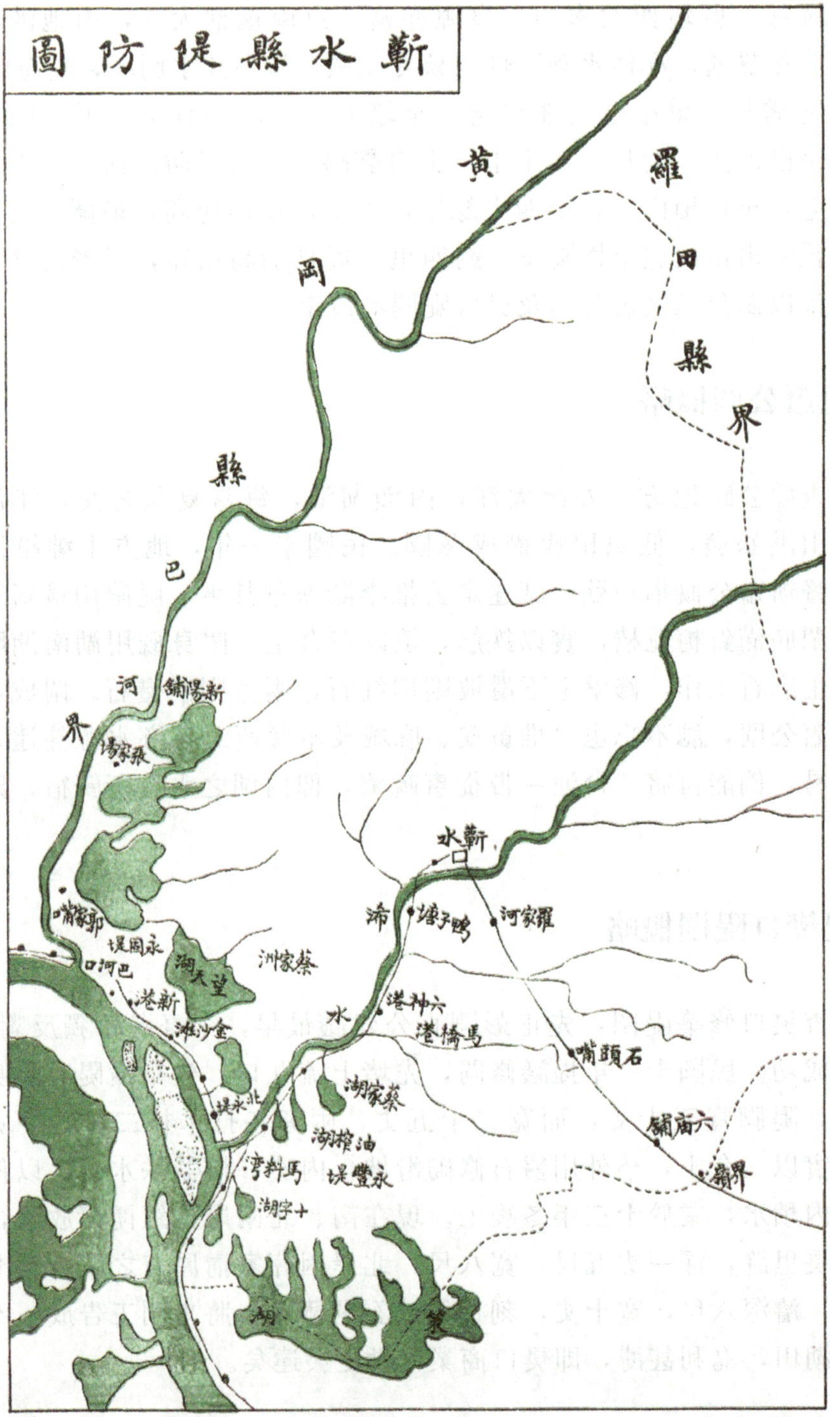
黃岡縣巴河界
羅田縣界
新陽鋪
張家場
郭家嘴
永固堤
巴河口
望天湖
蔡家洲
新港
金沙灘
北永堤
蔡家湖
油榨湖
馬料灣
永豐堤
十字湖
策湖
浠水
蘄水
鴨子塘
羅家河
六神港
馬橋港
石頭嘴
六廟鋪
縣界

蘄水縣堤防圖

謹按：蘄城南行四十里曰蘭溪，有大河曰浠水，源出英山，繞縣治南，由蘭溪之北入江。在蘭溪西起，上至罧台，長約八里，即永保河隄；由河口起西行至新港止，長十五里，即永保江隄；再由新港西行至巴河七里舖止，長三十餘里，曰北永隄。又自大磪起至張家壪止，長五里，曰永豐隄。自青蒿港起至紅石磯止，長二十餘里，曰永固隄。比較四隄，永豐隄綫較短，防守尚易，永保沿江一帶崩潰甚多，永固挽月約有六處，而北永則較大，稞石較多，農田之廣，幾占全縣五分之一，誠最要之隄也。惟查該縣習慣有宜改良者，即總理、經理、坐辦、副辦以及總領、大領、小領諸名目人數過多，急宜綜核名實，減省冗員，庶幾欵不虛耗，責有專歸，隄政或有起色云。

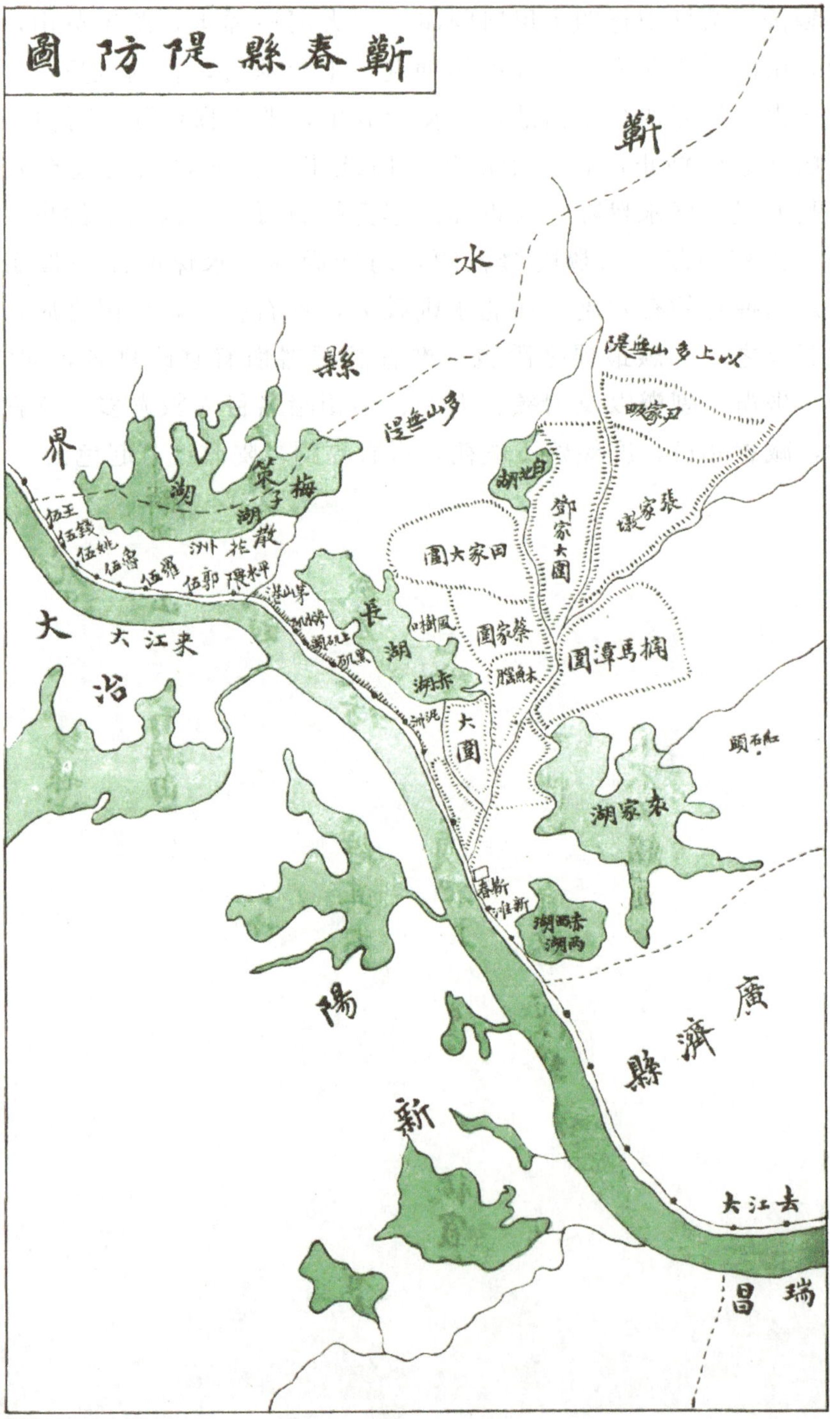
蘄春縣隄防圖
蘄水縣界
多山無隄
以上多山無隄
大冶
陽新
廣濟縣
瑞昌
大江來
大江去
散花洲
長湖
赤湖
白池湖
田家大圍
鄧家大圍
張家垸
蔡家圍
大圍
紅石頭
蘄春

謹按：大江自蘄水來，經散花州及茅山九里十三磯，繞縣城西南，自花菓園起，至十二塘止，沿長四十七里，有隄一道，曰茅山。城內有麟、鳳二山，滙為雨湖，由南出江，經烟關樓至廣属横壩，沿江有隄長十餘里，名曰永成。又自金牛洞起至野塘嘴止，長十里，曰赤東湖隄。在此湖內面，相傳有四十八圍，然多係小壋，並不成為隄防性質。綜其大勢，該縣之宜重視者有二：其一，茅山隄塍薄弱，原因地跨兩縣，意見紛歧，又以大領把持，費多虛耗，以後宜歸蘄春主政，裁省大領數目；其二，赤東廢壞，甚為可惜，以後宜改定隄線，極力完成，則多數民圍，悉資利賴。至恒豐、成城諸圍，利害尚小，不必綴述。

廣濟縣隄防圖
江水自蘄春入境過馬口港至田家鎮十里達盤塘又三十里達武穴又三十里至隆平鎮入黃梅境
東南諸水合注太白湖有水利而無水害
江岸隄防在廣濟縣西南七十里起自盤塘若盤塘一潰則黃梅宿松望江各縣皆成巨浸
蘄春縣界
黃梅縣界
瑞昌
廣濟口
太白湖
武山湖
連城湖
方城湖
陽城湖
田家鎮
盤塘
武穴
隆平鎮
江家洲

謹按：濟邑外江内湖，地分七鄉，五鄉濱水，外有盤塘部隄，起點與富池口相對，水勢直射，兼以南面濱江一带盡係石山，故水不由南趋而冲刷隄脚，雖祭風台下建有石擺，而撲虎山已被水洗一半，實地經驗，水力固已大矣。至新建隄之增坡，約數百丈，概行損壞。而自新建隄起至蔡山止，沿江七十里，分為茅林、急水、狗兒、龍塘、窩陂、穴下、青林、汪家、中廟、五里、黄花、寶賽、李林十三棚，舊以五里、黄花為最險。然考查現狀，急水棚子隄崩壞，中廟棚水逼隄脚，亦属可慮。至若羅城横隄，保障廣埜、李家、魯家、黄金、城塘、筲箕、小脚、柳緑、珊瑚、天保、謝家、馮家、周家諸圍及蘇家、王家等三十餘垅，關係頗為重要。而其闸座防江水之倒灌，與十三棚亦有關係，誠民隄之最要者。

黃梅縣隄防圖
蘄春界
廣濟縣界
宿松縣界
黃梅地勢卑窪爲彭蠡水又南來衝突故隄防潰決之患較廣濟爲甚
太白湖
感湖
黃梅口
驛路隄謂內隄
陳池湖
大竹林
江西德化縣
大江來
大江去
向家洲
七口隄
清江鎮
江隄自馬路口起至安徽宿松屬同仁境止共九十里沿江築隄上七口隄由官款修同仁及下梗之馬華隄歸三者協修原有專案俱謂外隄

謹按：黄梅外濱大江，自蔡山、新開兩鎮下，迄清江、謝灘、楊穴三鎮，延長一百餘里，皆屬外隄。蔡山、新開兩鎮，江流暢達，尚無洗刷之患。清江一鎮早已陷入江腹，只餘數十户口。謝灘、楊穴詳《七口隄圖説》。内隄則保障濱湖田畝，最大之湖曰太白，界連廣濟曰源湖、感湖、涉湖，與宿松接壤。又有七里、柴池等小湖，迤邐十五鎮地方，共計驛路四萬餘丈。此外，尚有民圩一百餘座。但從前馬華未築，内隄處處吃緊，近自馬華告成，即届江流盛漲，亦止華陽一口不無倒漾，不似先年之彌漫無垠也。故内湖之水既無江灌，即僅容納本縣之山河，來源減殺，漲度頓低，是以驛路、民圩皆得稍緩障力。但該縣十八山鎮，層巒叠障，每於三伏驟雨、秋季連陰，河港紛歧，江隄封鎖，宣洩無路，浸溢亦属可慮。

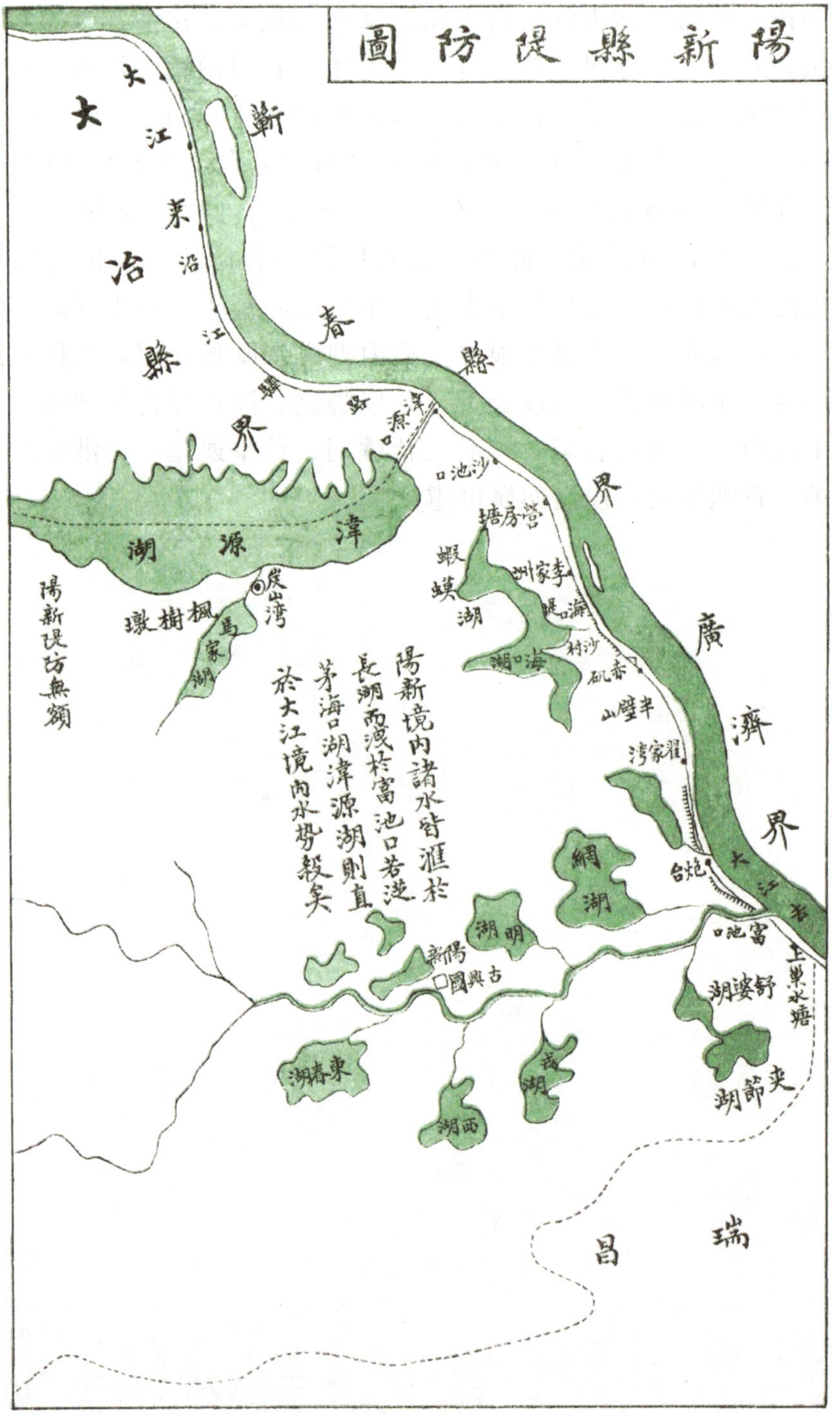
陽新縣隄防圖
大冶縣界
蘄春縣界
廣濟界
大江
大江來沿江驛路
漳源口
沙池口
營房塘
蝦蟆湖
李家洲
海口隄
海口湖
沙村
香砚
半壁山
翟家灣
網湖
炮台
富池口
大江去
上巢水塘
舒婆湖
夹節湖
漳源湖
炭山灣
楓樹墩
馬家湖
陽新隄防無領
明湖
陽新
古興國
東春湖
西湖
瑞昌
陽新境内諸水皆滙於長湖而洩於富池口若逆茅海口湖漳源湖則直於大江境内水勢殺矣

謹按：陽新境内多湖，便於蓄水，雖值盛漲，而川湖暢達，由長湖以出富池口，不至壅塞，盖因地勢較高，無須隄防以為保障。雖多湖泊，易蓄易瀉，而沿江一带山多石質，又係天然之隄，富池口以下與盤塘隄相對，水勢北趨，對岸日見洗刷，南岸毫無變遷。溯富池以上，亦衹有海口隄一道，關係尚小。

光化縣隄防圖

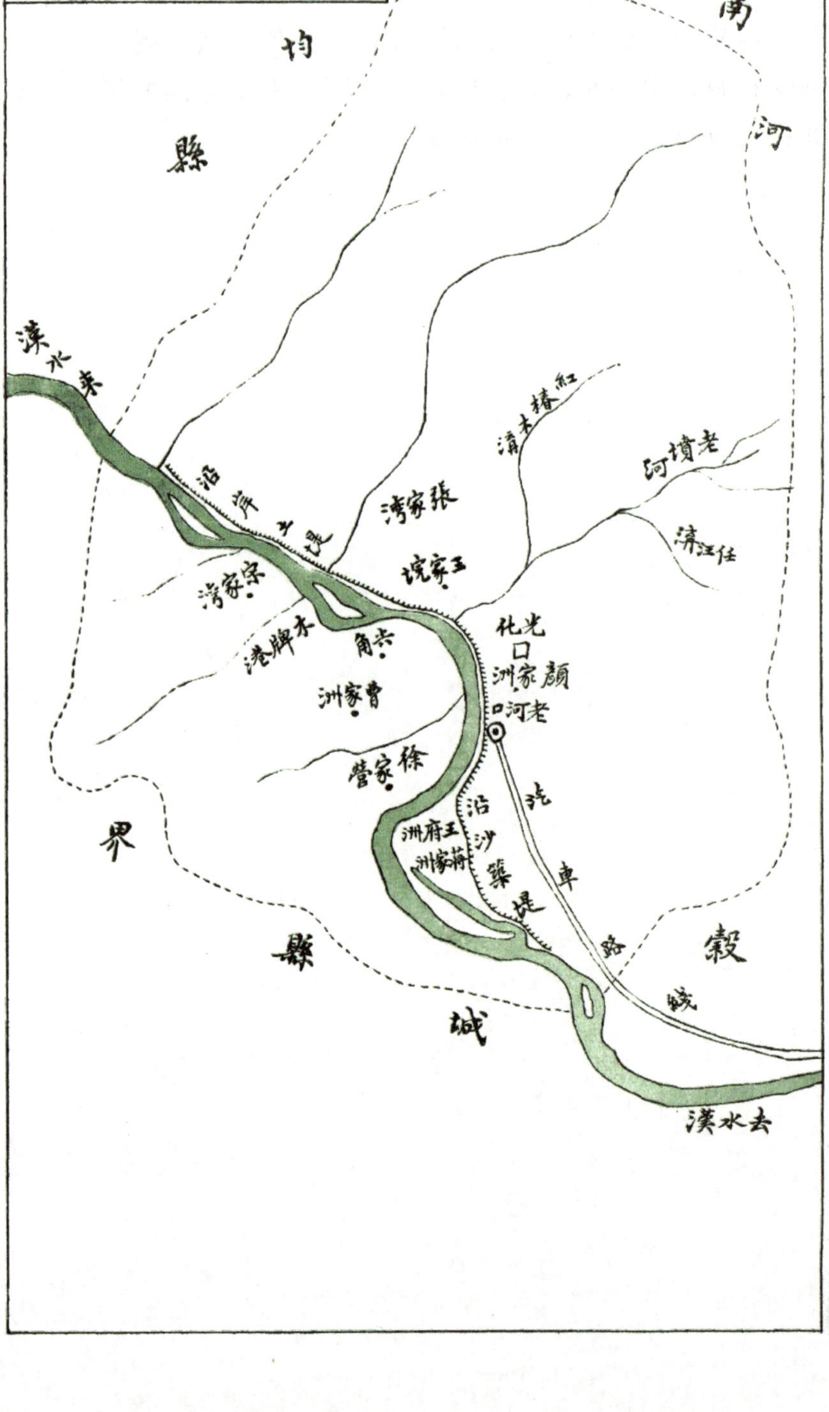
均縣界
河南省
漢水來
沿岸土堤
張家灣
王家垸
宋家灣
木牌港
六角
曹家洲
徐家營
光化口
顏家洲
老河口
老墳河
任江渚
王府洲
蔣家洲
沿沙築堤
汽車路綫
穀城縣界
漢水去

謹按：漢水自陝西漢中歷石皋、紫陽、興安、白河，入湖北鄖西西境，迤邐流入鄖縣、均縣。兩岸沓嶂峻嶺，水流其间，皆湍悍噴薄，無停泓涵蓄之勢，潦則激射，旱則促縮，民恒以為患。至光化，稍就平坦，即山水暴發，隨漲隨消，亦無庸重視隄防。惟老河口商埠，地方沿岸築有土堈，因以為隄，每歲額徵土費，向由縣署徵收，改革以後，逕由老河口商會包徵，縣署未嘗過问。查該隄雖關係商埠重鎮，費實派自地畝，應仍歸縣行政公署徵收，依法造報，以重隄政。

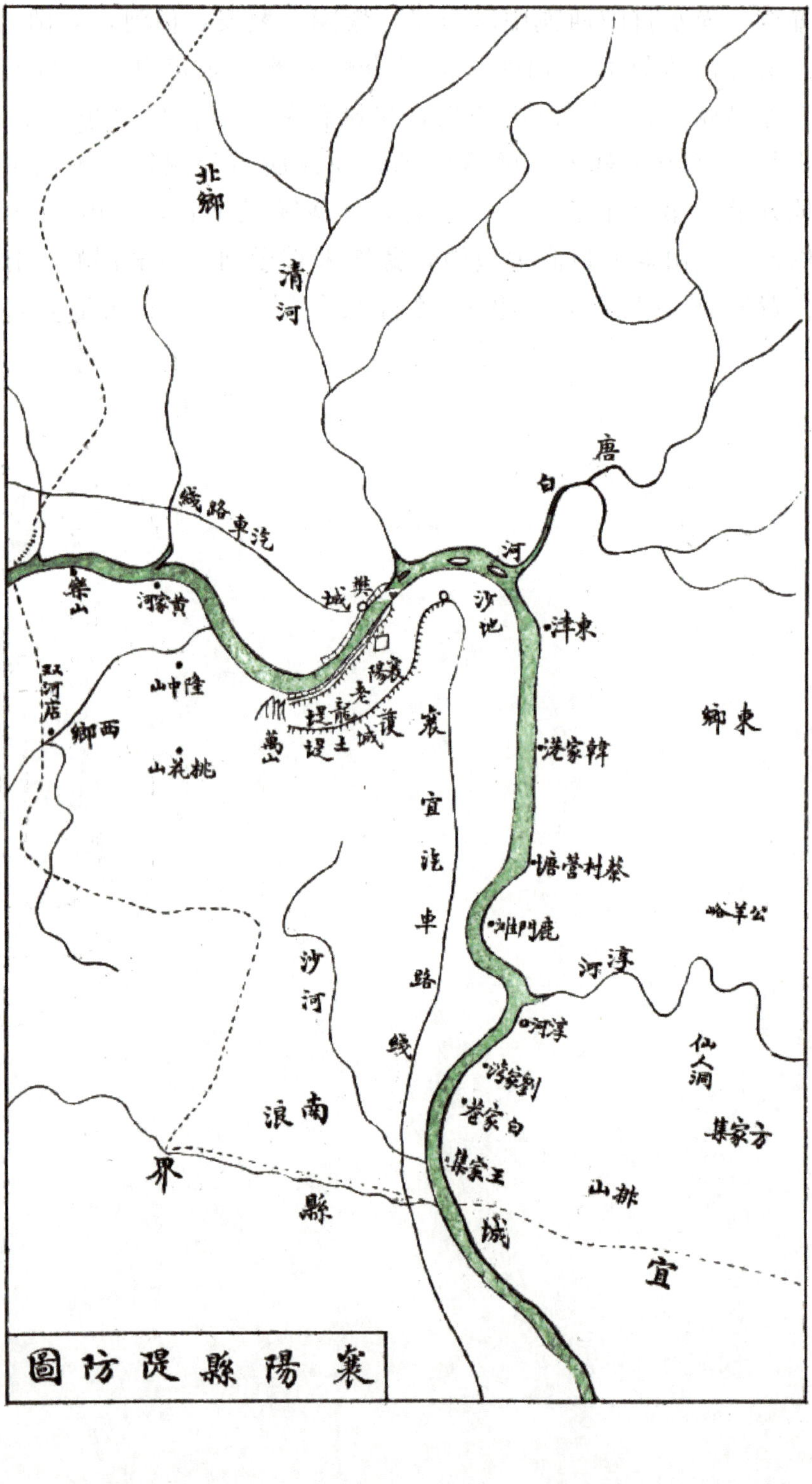
北鄉
清河
唐
白
河
汽車路綫
樊城
柴山
黃家河
沙地
東津
襄陽
老龍隄
護城
土隄
萬山
隆中山
双河店
西鄉
桃花山
東鄉
韓家港
襄
宜
汽
車
路
綫
蔡村營塘
公羊峪
鹿門灘
淳河
沙
河
淳河
仙人洞
劉家灣
白家營
南
漳
縣
界
方家集
王家集
排山
宜
城
襄陽縣隄防圖

謹按：漢水自隕西入鄂境，後經光化、老河口，東流入襄陽。城北水勢漸大，唐白河又自北來亂之，波激為患。襄城逼近河溜，故做老龍石隄以禦之，年支二萬八千餘元，由鍾祥船捐項下指撥，名為官隄欵，實出自商人。該隄完全為護城而設，於農田水利無多關係。距官隄約三里許，築有矮小民隄，以捍禦山水之暴發，因不關緊要，年久未修，殘缺殆甚。故襄陽自老龍官隄外，實無隄工之可言。

宜城縣隄防圖

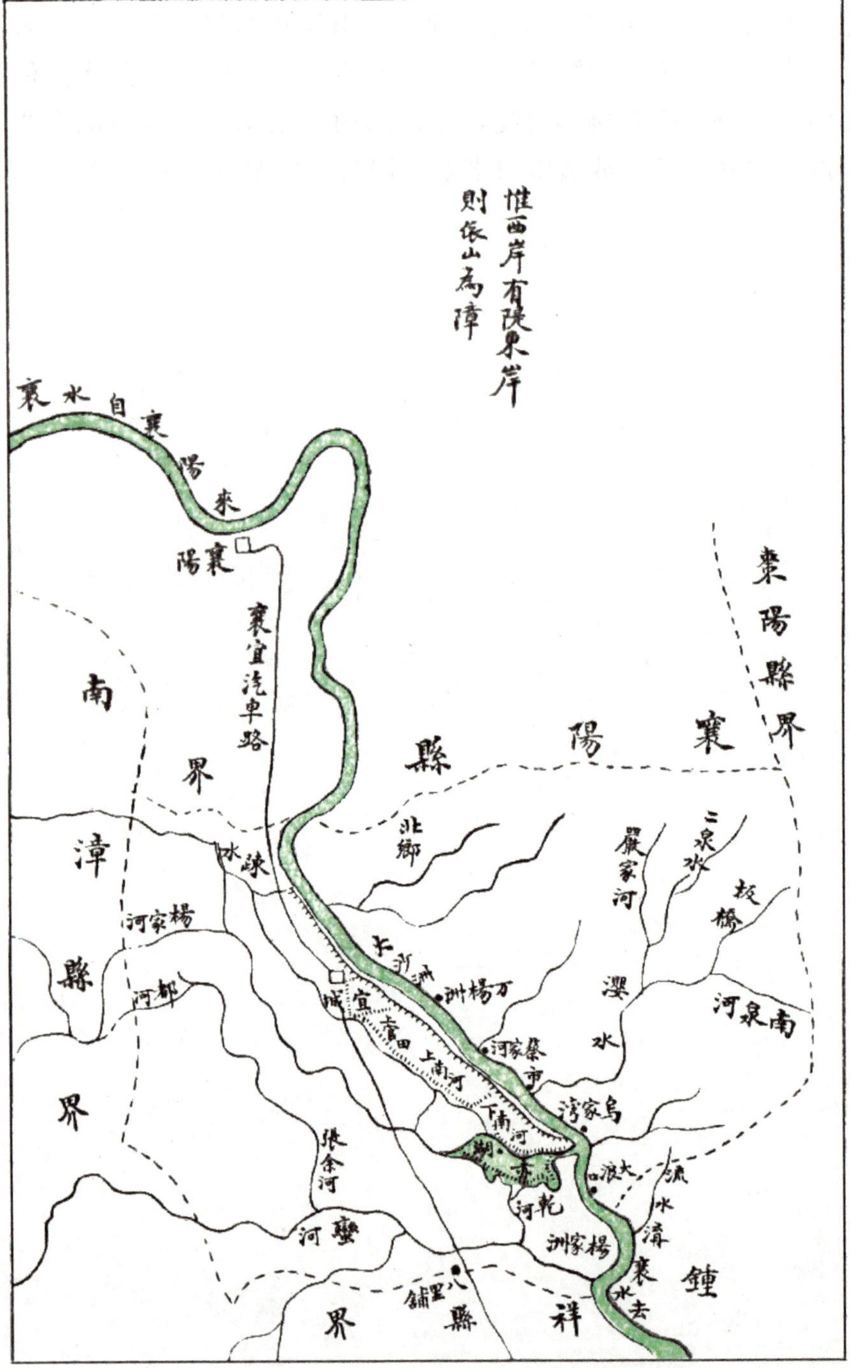
惟西岸有隄東岸則依山為障
襄水自襄陽來
襄陽
襄宜汽車路
南漳縣界
襄陽縣界
棗陽縣界
北鄉
嚴家河
二泉水
板橋
南泉河
漯水
楊家河
宜城
蔡家河
烏家湾
大浪口
清水流
楊家洲
乾河
蠻河
張余河
八里舖
鍾祥縣界
襄水去

謹按：縣境三面臨江，僅一面距山，對於隄防應關重要，但以地勢尚高，故水不能為患。惟襄流故道，在明中葉以前本繞龍鳳山而下，去城幾二十餘里，後因江溢直衝迎水洲而下，逼城僅五里許，爰築護城以資捍衛，以後時加修築，得安瀾無恙。民隄於江之東岸，并未築隄；西岸自上官田起，至谢家河止，約長三四十里，并於蛮河下游之北岸、乾河之南岸横築一隄，歲由民间自行賦費培修，亦未發生有何種争執。

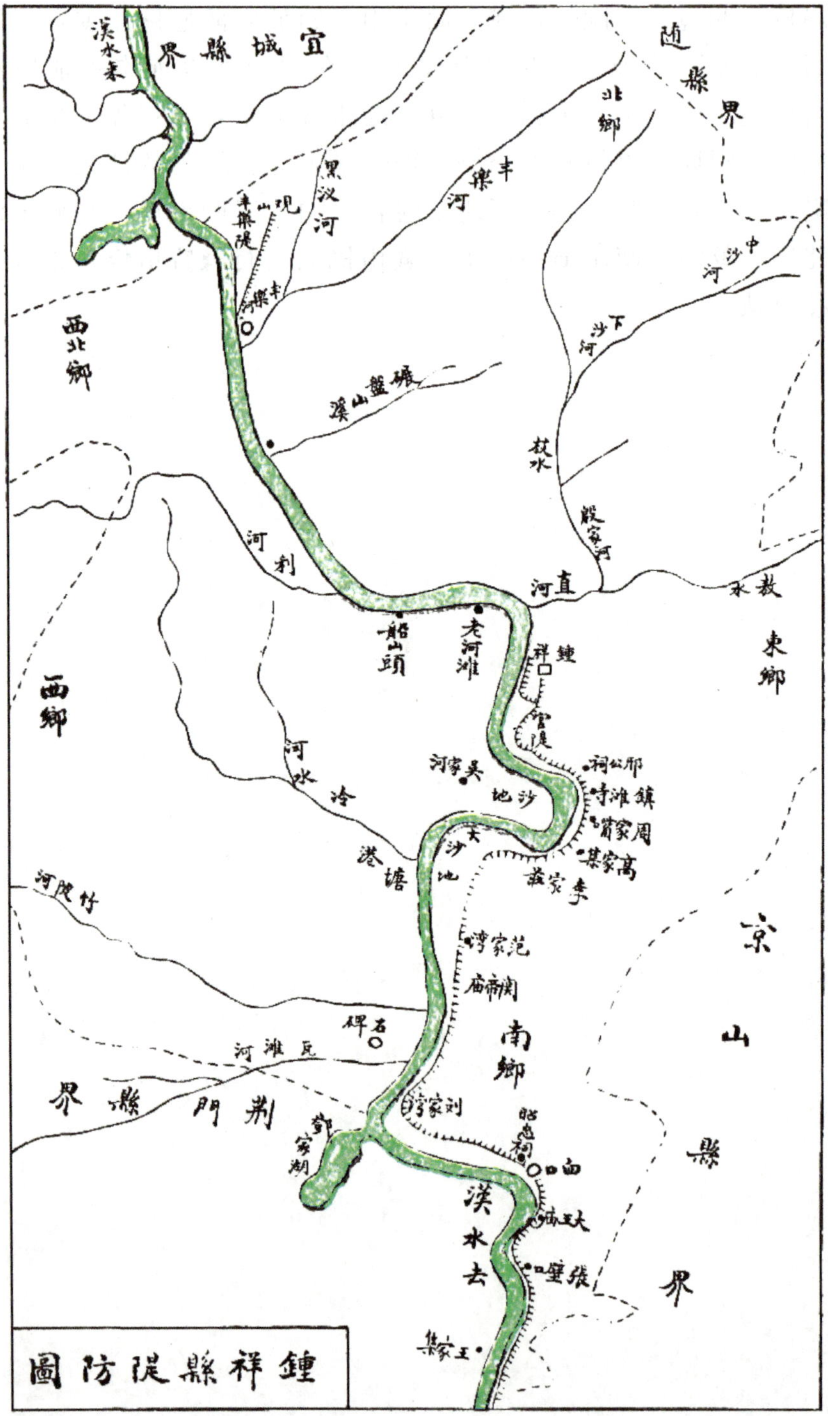
宜城縣界
漢水來
隨縣界
北鄉
丰樂河
黑汊河
丰樂河
西北鄉
中沙河
下沙河
磙盤山溪
杖水
殷家河
利河
直河
敖水
東鄉
船山頭
老河灘
鍾祥
官隄
西鄉
冷水河
吳家河
沙地
祁公祠
鎮灘寺
高家集
塘港
竹陂河
范家灣
關帝廟
南鄉
石碑
瓦灘河
荊門縣界
京山縣界
鄧家湖
劉家灣
昭忠祠
白口
大王廟
張壁口
王家集
漢水去

鍾祥縣隄防圖

謹按：漢水自宜城南下，迄京山交界，幾三百里。官隄起龍山觀、鉄牛關，至王家營，關係京、天、潛、沔等，利害極為重要。另詳官隄。民隄計僅分兩項，近城上自直河口直下，接護城官城止，長約十餘里，由民分段經修，各立闸壩，以時啟闭。豐樂隄在豐樂鎮，上自觀山起，下迄蚌山嘴止，創修於前清咸、同之際，近因外洲漸淤漸高，而隄以内之土地相形見低，昔見為利，今反為害，大修則派費维艱，廢棄則時虞淹没，地利、人力兩窮於術，陵谷變遷，其一例也。

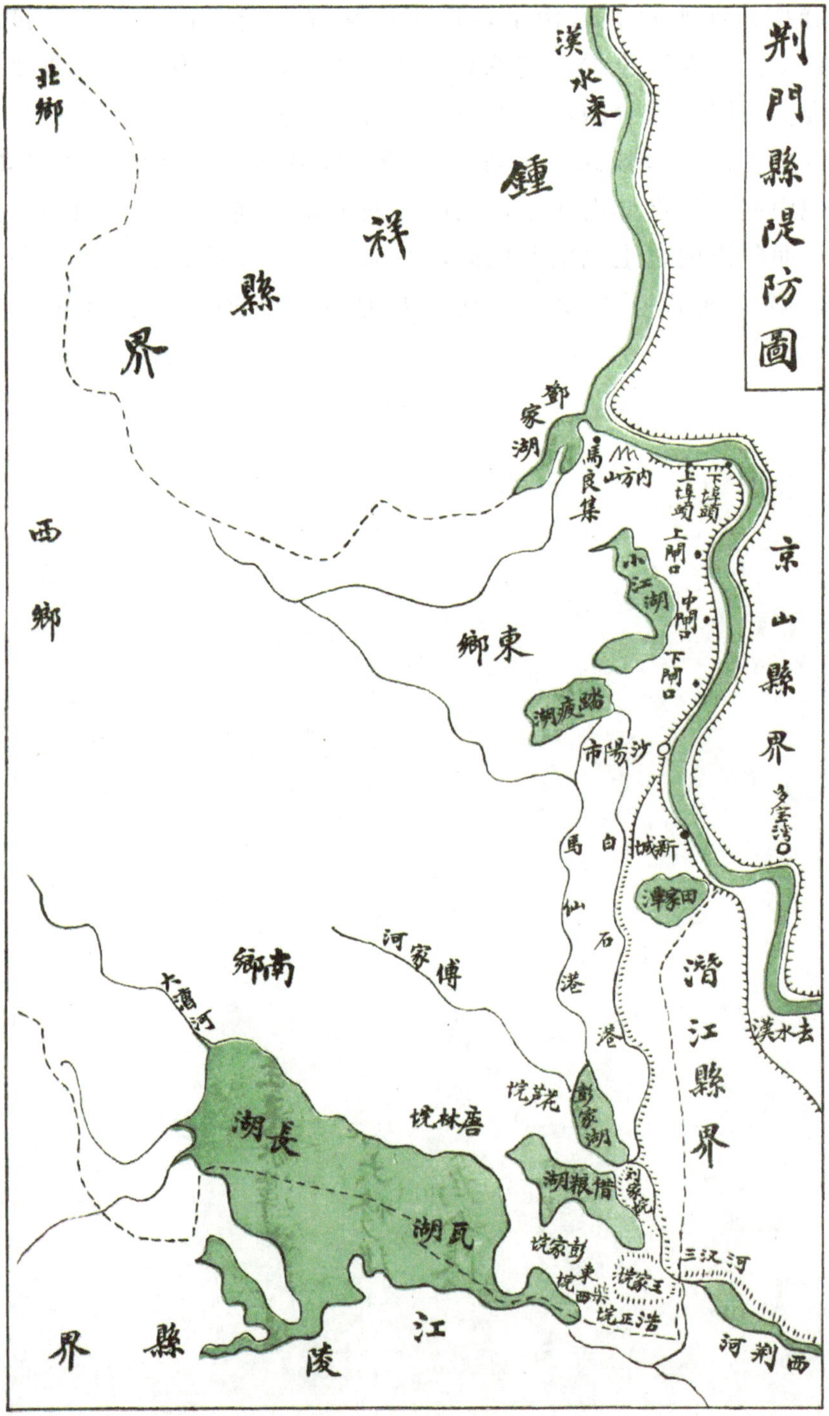
荆門縣堤防圖
漢水來
北鄉
鍾祥縣界
鄧家湖
內方山
禹良集
下埠頭
上埠頭
上閘口
中閘口
下閘口
小江湖
京山縣界
東鄉
西鄉
沙陽市
多寶灣
新城
白石港
馬仙港
潛江縣界
漢水去
傅家河
南鄉
大漕河
長湖
唐林垸
彭家湖
借糧湖
瓦湖
彭家垸
王家垸
三汊河
西荆河
江陵縣界

謹按：馬良山即《禹貢》之内方山。襄河自鍾祥入縣境後，近馬良山之南，有小江湖，三面環山，一面濱江，上自禹王廟，下迄準提菴，長五十餘里，地處窪下，山水漲發，每多為患，乃分二閘為尾閭，以資宣洩。其下即沙陽鎮，自何家嘴起，至王家潭止，連月隄分二十九段，計長約二十五里，扼江、監、潛、沔之上游。民國初元，經季雨霖大修後，十餘年來尚未潰决，近惟新城一段江水内嚙，頗堪危險，倘不及時培修，實為全隄隱憂。其餘濱湖各垸，人民均築隄自衛，以生以聚，因距縣城尚遠，官亦未嘗過問云。

京山縣隄防圖
京山
鍾祥縣界
漢水
小河
寨子河
京山
南河集
拖船埠
天門縣界
縣河
潛江縣界
蝦子垸
牙旺垸
官吉口
陽湖垸
車老垸
長老垸
胡家場
唐心口
黄傅口
多寶灣
丁家潭
灄家灘
漢水去

謹按：縣境多山，地屬高阜，惟西南一隅逼近漢水，自鍾祥界起，至潛江界止，長約九十餘里，均恃隄防為命脈。其留溜頂衝之處，以張壁口、唐心口、黃傅口為最。王家營經大修後，外又別開引河，可保安瀾。惟自多寶灣達縣治幾百里，所有隄工事宜，委由縣知事主持，百里遥制，鞭長莫及。該駐防縣佐事權不属，每於夏秋汛漲，負責無人，似應恢復前清舊制，予縣佐以防守專責，庶幾其有豸也。再王家營一段，自民國十年大修後，另列入官隄，其沿漢險工，如張壁口、唐心口、黃傅口各處，前清向係部隄云。

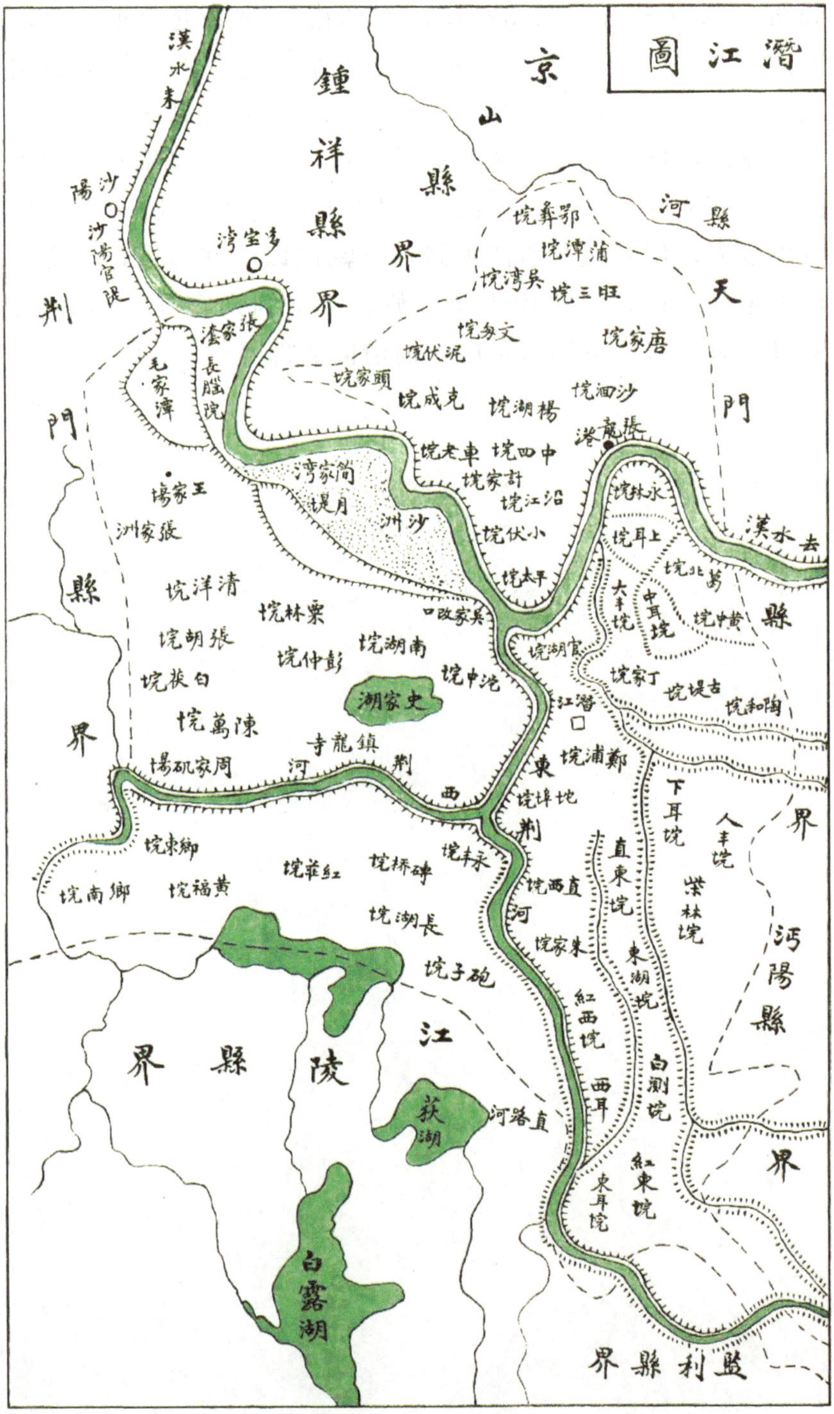

潛江圖
京山縣界
鍾祥縣界
天門縣界
荊門縣界
沔陽縣界
監利縣界
江陵縣界
漢水來
漢水去
沙洋
沙洋官隄
多寶灣
張家溚
長隄垸
毛家潭
張龍潞
潛江
史家湖
荻湖
白露湖
直路河
東荊河
西荊河
沙洲
月隄
王家場
張家洲
清洋垸
粟林垸
張胡垸
彭仲垸
南湖垸
白茯垸
陳萬垸
鎮龍寺
周家矶場
鄉東垸
鄉南垸
黃福垸
紅莊垸
長湖垸
砲子垸
鄭浦垸
丁家垸
古堤垸
上耳垸
下耳垸
中耳垸
大丰垸
人丰垸
直東垸
東湖垸
白洑垸
紅西垸
西耳垸
紅東垸
東耳垸
唐家垸
文多垸
楊湖垸
克成垸
車老垸
中四垸
許家垸
沿江垸
小伏垸
太平垸
永林垸
黃中垸
官湖垸

謹按：《爾雅》載：水自漢出為潛，其分流於四境者，皆漢水支流。瀕漢兩岸皆隄，南岸自荆門五家潭入縣界，下迄天門界止，計長九十里；北岸自交京山界之顏家垸起，迄車墩垸止，共長百餘里。此外，支河各隄紛紜交錯，各自為垸，尤為倍蓰，每歲由民間按畝派夫修築，官為督催。近因年久弊生，官紳狼狽為姦，互相漁侵，而隄政益窳矣。至境内水道，以東荆河、西荆河為其大綱，而通漢之口，則在大、小兩澤口云。

孝感縣隄防圖
安陸界
雲夢縣界
京漢鉄路線
孝感全境諸水
皆入溳水滙於
大江隄防全在
西南與雲夢
漢川逼近縣
人築土為
隄溉而為田
隄固則綠畦千頃黃孝
之米所以為鄂省冠也
以上地勢漸高
均無隄防矣
洪家垸
孝感
大街口
八埠口
同兴垸
湖垸
十洋湖
易家垸
文家垸
万金垸
涂家垸
朱湖
魏家垸
黄花垸
北汊垸
对河垸
大有垸
楊林湖
芝蔴垸
楊馬湖
蒲湖
白水湖
天門縣
漢川縣
夏口縣
新溝
西湖

謹按：環河由九里關入境，右會黃龍山水，南流繞三里城，逕廖家舖、清風澗水為雙河口。又逕二郎畈、柳林河，合老虎崖水注之。又南逕小河溪，迤西流，右會黃沙河。又左會淮水，南流迤繞縣治西隅，東南流入黃陂。是孝感河流極為紛歧，每值夏漲，洪濤奔瀉，即全賴隄塍以為保障。非特黃絲隄係明代建築，即縣東之蛟湖、縣南之蟠龍茶湖，深溝盈豐，各垸亦皆建修既久，有部垸之稱。惟王母、同歡、善德、永和各垸，係民國以後創建，開闢耕地，保障田園，其已在縣立案、毫無異議者，固當與老隄並重。惟河身日窄、隄線日寬，不加禁止，恐至遏抑以後。保全已有，不准擴張，亦或為興利除害之一法云。

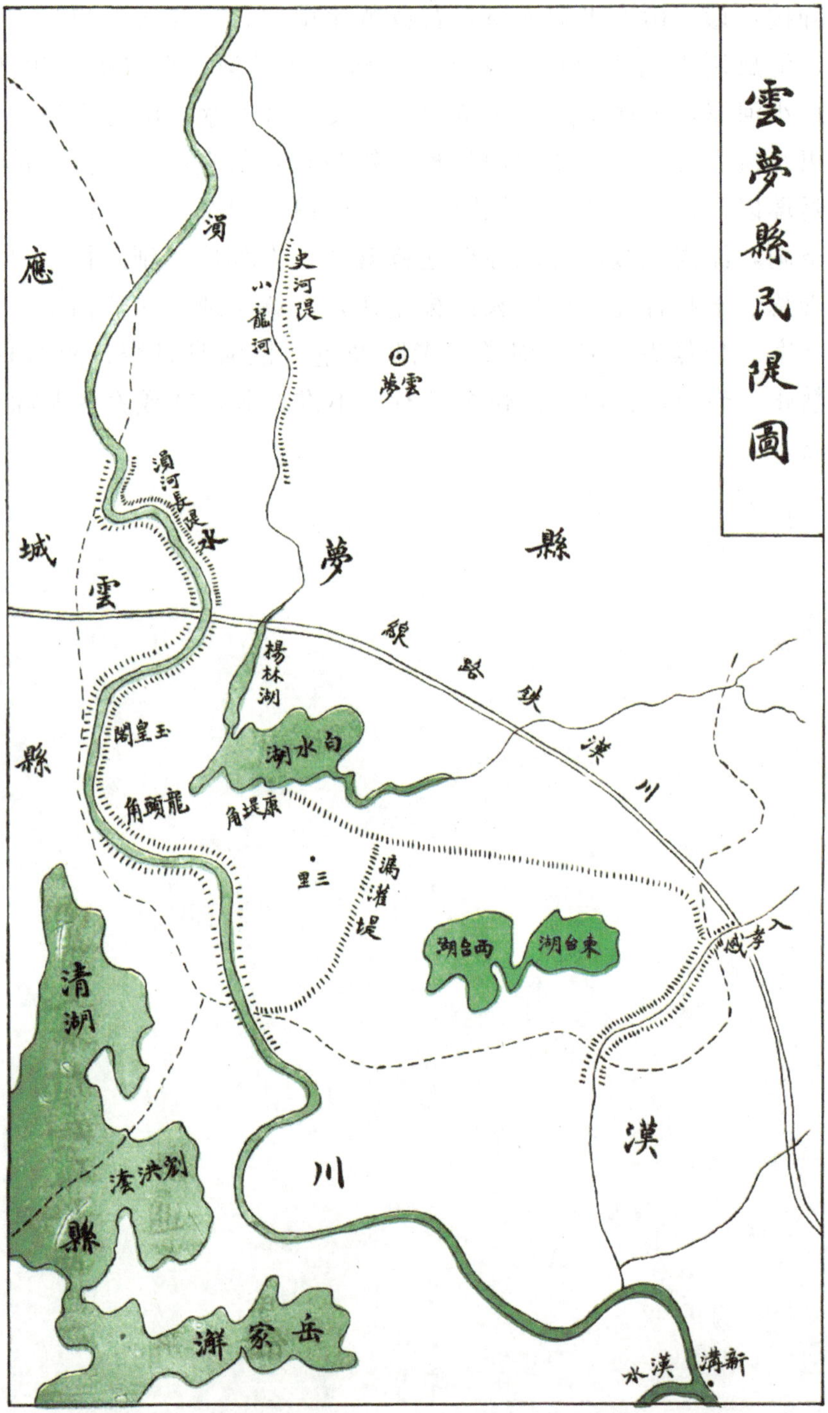
雲夢縣民隄圖
應城縣
溳
史河隄
小龍河
雲夢
溳河長隄
雲夢縣
楊林湖
玉皇閣
白水湖
龍頭角
康隄角
三里
西台湖
東台湖
入孝感
清湖
岳家灘
漢川
漢水
新溝

謹按：雲夢地勢平衍，古稱澤國，《荊州志》“雲夢縣南皆大澤”引為確證。西北以涓水與應城分界，南與漢川之同心垸毗連，東與孝感縣之澴河相通，史河、韓信諸隄，實成古跡，無關緊要。惟漏灌隄舊名部隄，長四千六百九十餘弓，保障十四會田畝，有一萬餘石，為該縣重工云。

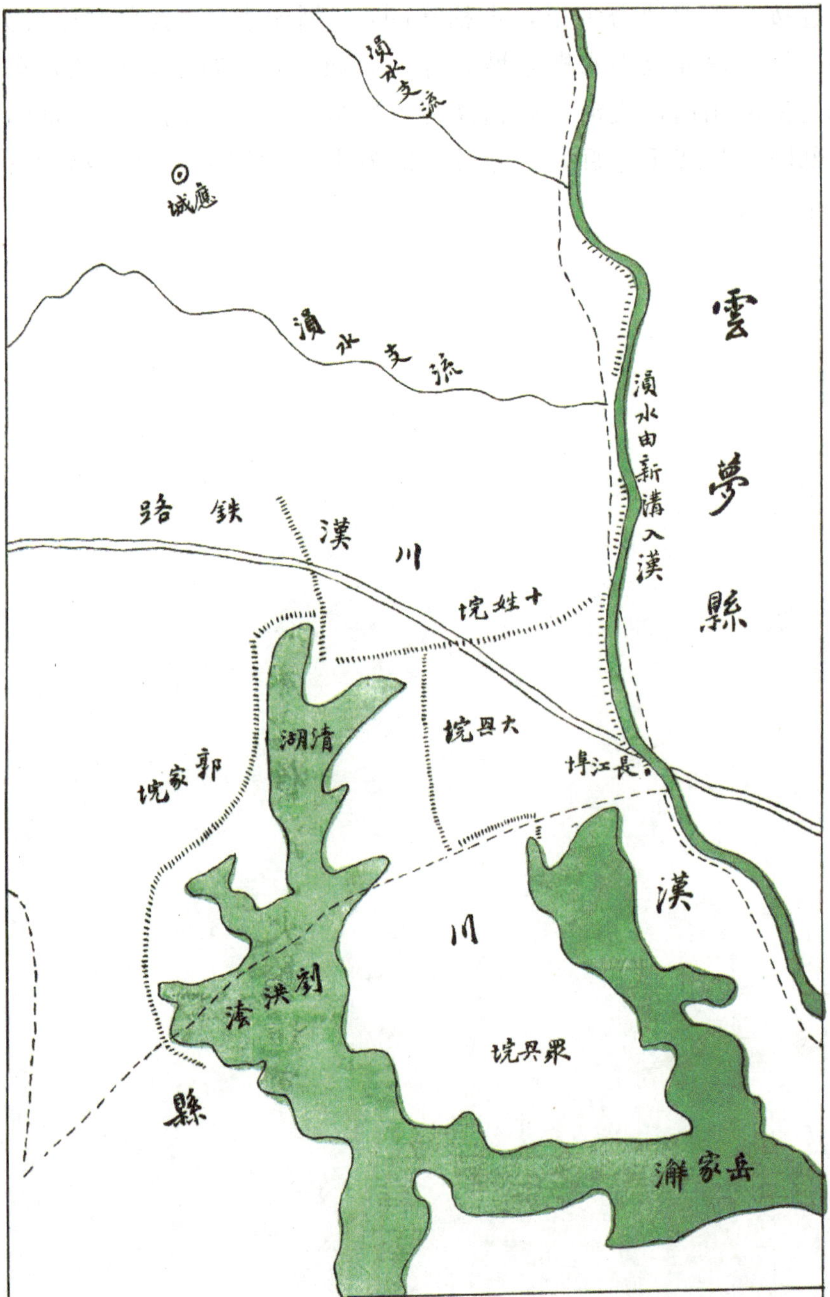
溳水支流
應城
溳水支流
鉄路
漢川
十姓垸
溳水由新溝入漢
雲夢縣
清湖
大呂垸
長江埠
郭家垸
劉洪潦
漢川
眾興垸
縣
岳家灘

應城縣堤防圖

謹按：應城西北多山，東南與漢川毘連，地勢平衍，溳水由西北直灌而下，全縣水利悉於斯是賴。十姓垸、大興垸土地肥沃，郭家垸與漢川共同修築，以堵湖水之倒漾。小火輪近可達距縣城之三十里地方，交通亦稱便利。

天門縣隄防圖

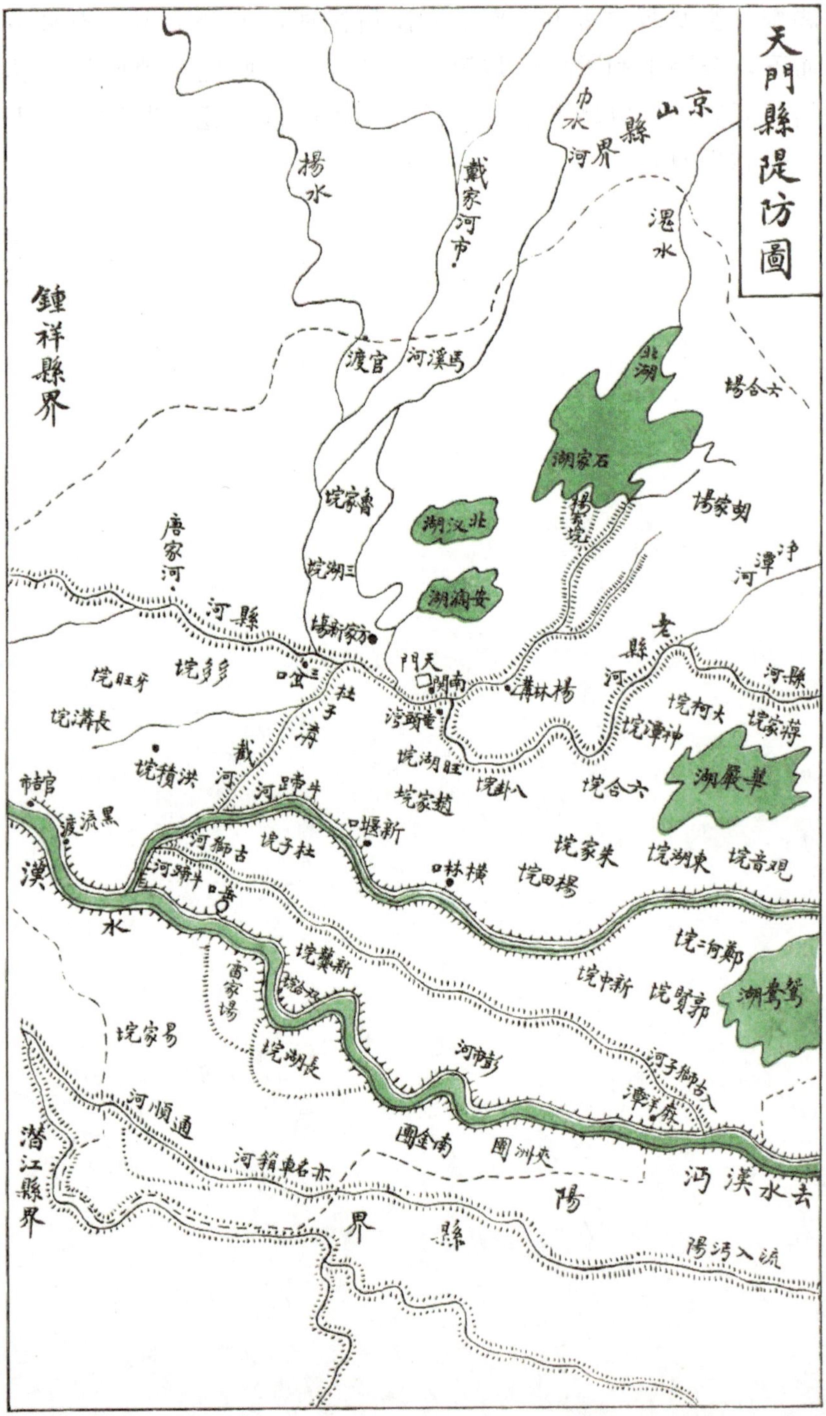
京山縣界
巾水河
揚水
戴家河市
溳水
鍾祥縣界
官渡
馬溪河
北湖
石家湖
六合場
魯家垸
北汊湖
胡家場
唐家河
三湖垸
安滴湖
淨潭河
縣河
老縣河
天門
南關
長潸垸
洪積垸
牛蹄河
八卦垸
六合垸
趙家垸
黑流渡
新堰口
漢水
古獅河
杜子垸
橫林口
楊田垸
朱家垸
東湖垸
觀音垸
華嚴湖
岳口
新中垸
郭賢垸
鴛鴦湖
雷家場
易家垸
長湖垸
彭市河
通順河
潛江縣界
南金圍
夾洲圍
漢水去沔
沔陽縣界
流入沔陽

謹按：縣境地勢東南多水，西北多山，附漢沔者地坦而卑，界京山者地高而阜，故迤北資山泉之灌溉，迤南依隄防為命脈，此其大較也。襄河自潛江界入境，南、北兩岸皆隄，緊相依抱。其南有通順河，北有牛蹄河。又大河之左、牛蹄河之右，中有獅子河，即乾灘河。今出入之口雖淤，兩岸皆築隄自保，岳口為其重鎮，縣之精華所在。至城南，有護城隄一道，長約七八里，係防上游隄潰、衝刷城址而築，擁西、南、東三湖為保障，自明迄今，屢决屢築，今年培築更厚，與沿漢隄并重矣。

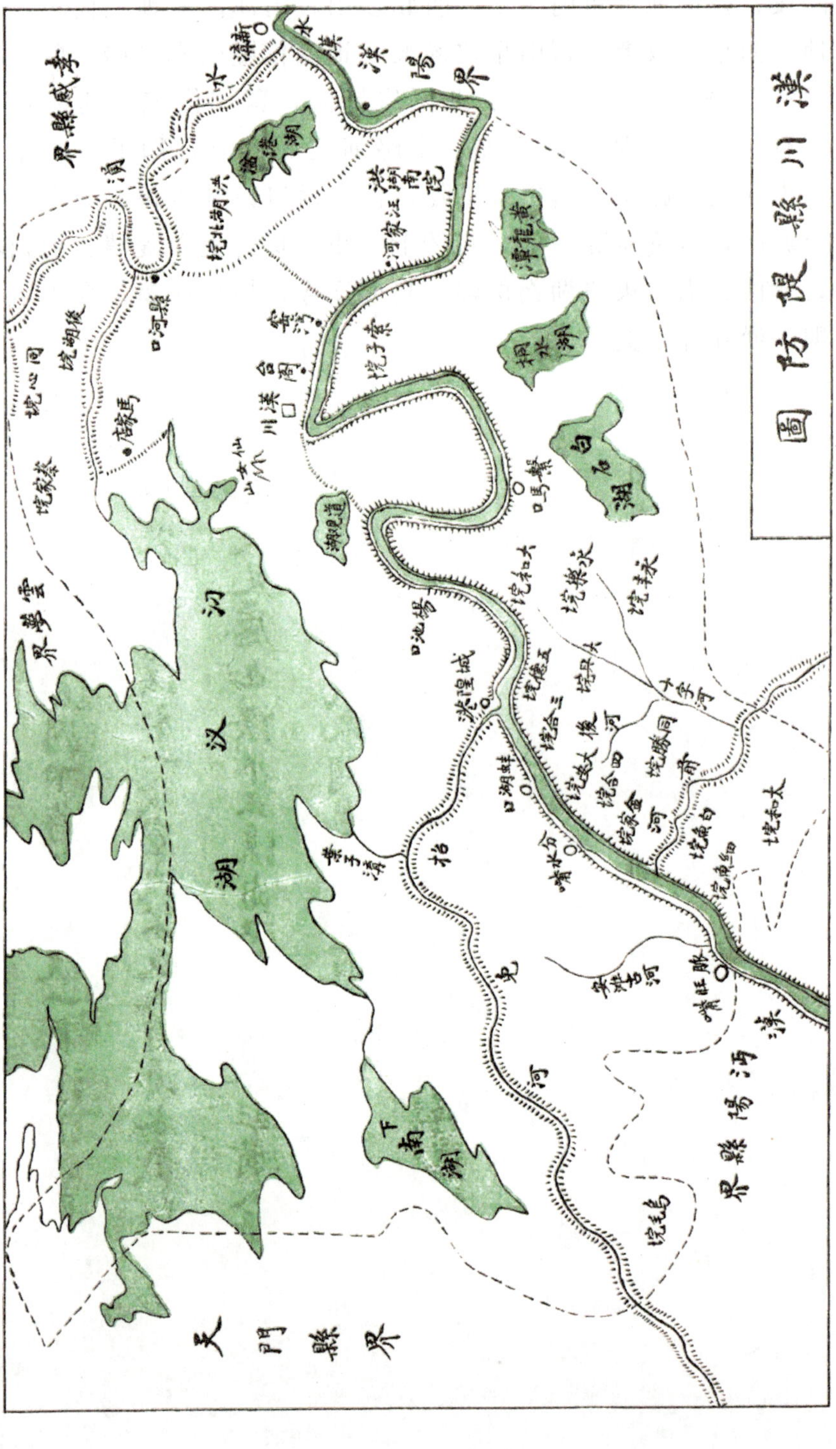
漢川縣隄防圖
孝感縣界
漢陽界
天門縣界
雲夢界
汈汊湖
白石湖
下南湖
漢陽縣界

謹按：縣境川澤縱横，地居鍾、京、潛、天、沔下游，各屬隄一有潰决，則縣境遽受其禍，雖有汈、汉等湖足資容納，而漢水一綫宣洩不及，又有涢水截阻去路，一髮危險，隄詎能如鐵石之堅？此大足慮也。漢水正流由沔陽之脈旺嘴入境，自西而東至楊池口，折而北流，經繫馬口繞縣城東門，過石滾壖至涢口，抵漢陽界北岸，計隄約長一百一十里，南岸惟太安、索子、謝家，有隄長三十里餘，俱民垸及敝畈。此外，漢水支流一支由天門之牛蹄支河自乾驛入田二河，又一支河由喻家官垸斜東北流，又一支自仙桃鎮支河經縣南境，各分流入漢。更有涢口諸水，經縣西北分三道入漢。水流紛歧，港汊百出，境内交通便利，而水患漸滋矣。

漢陽縣隄防圖

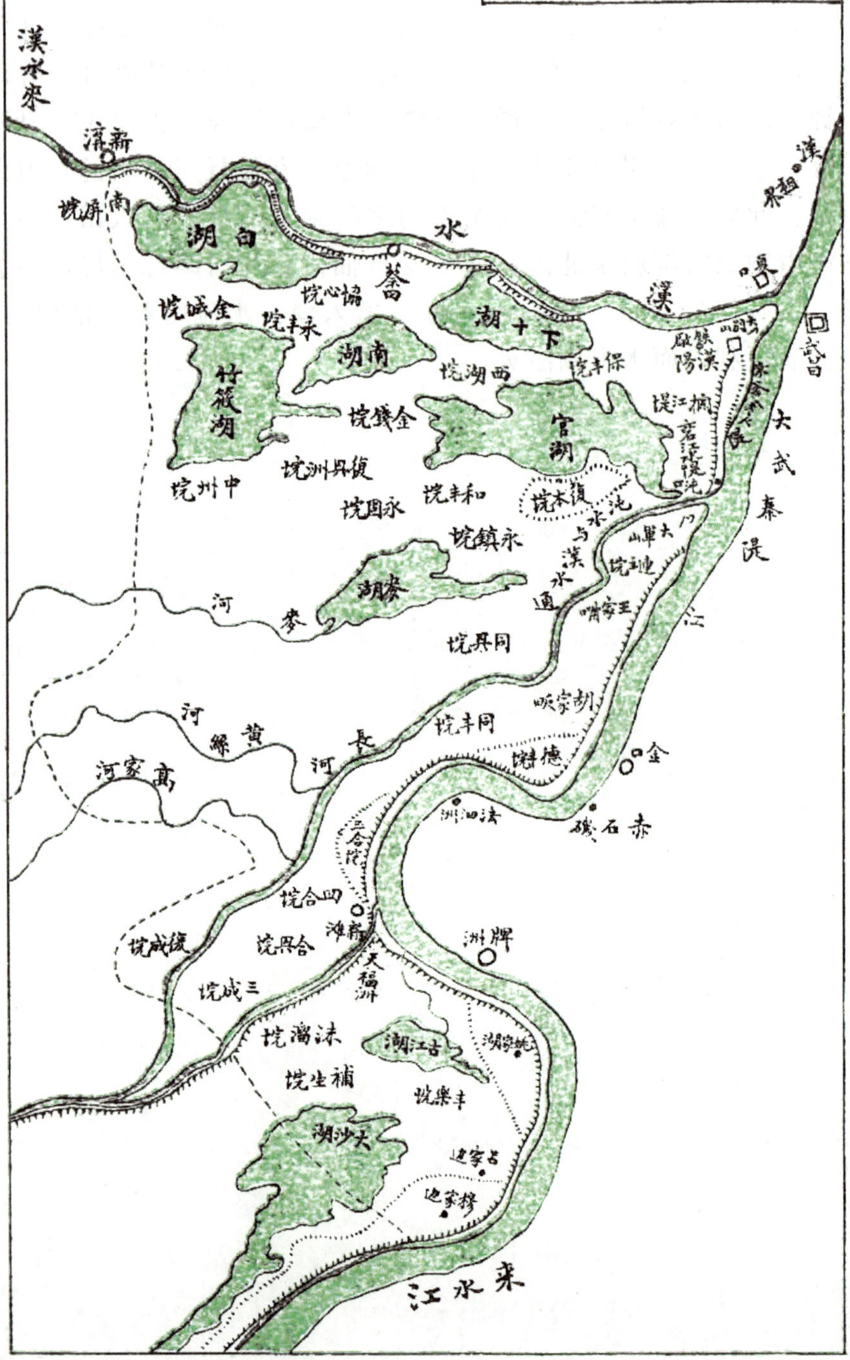
漢水來
新濱
南屏垸
白湖
水
蔡甸
協心垸
金城垸
永丰垸
下十湖
竹筱湖
南湖
西湖垸
保丰垸
金錢垸
官湖
復興洲垸
中州垸
和丰垸
復本垸
永固垸
永鎮垸
漢陽
武昌
大武泰隄
漢水通
蔡湖
河
蔡
同興垸
長河
黃絲河
高家河
同丰垸
德補垸
赤石磯
四合垸
新灘
合興垸
牌洲
天福洲
三成垸
沫溜垸
吉江湖
補生垸
丰樂垸
大沙湖
江水来

謹按：縣治與武昌對峙，當江、漢交滙之處，漢水西來，大江東去，大別一山，天然隄防。攔江大隄，久亦未修，漸成村落。沿漢流無山之處，地勢較高，多係敝畈，無隄，水漲則一漫而過，旋長旋消，不恒為患。漢水入江之處，俗呼為小河口，因近年來底淤漸高，漢水恒為江水壅遏，不能宣洩，加以鐵廠、兵工廠鼎峙口門，炭滓滯積，出口日溢，倘再不設法阻止，為害將不可言狀。境内近湖各處多自為垸，以興農業。漢自協心垸以下、江自永豐垸以下，時有修築，但工程不大，籌費尚易，因之亦少争執焉。

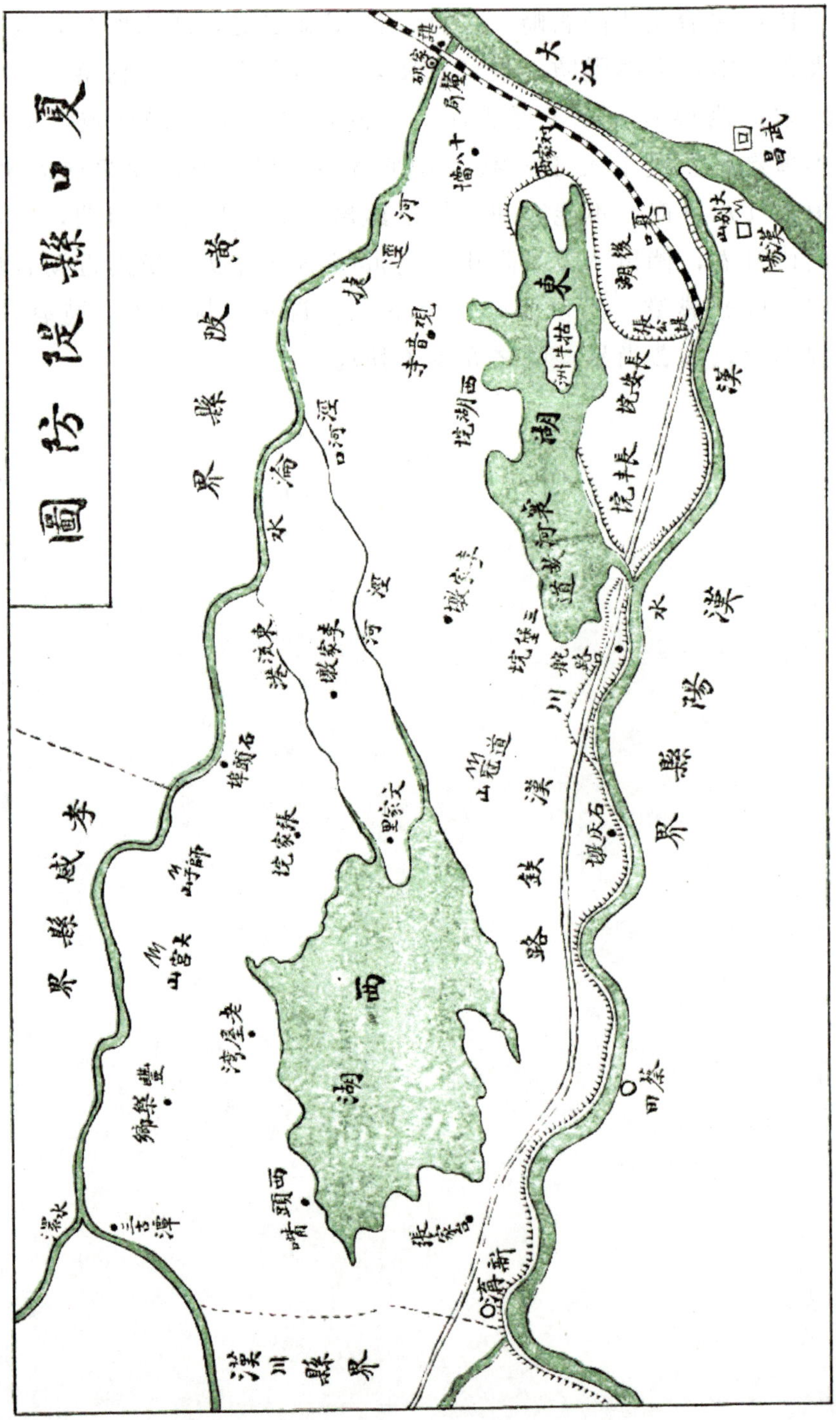
夏口縣堤防圖
大江
黃陂縣界
孝感縣界
漢川縣界
漢陽縣界
漢水
東湖
西湖
川漢鐵路

謹按：襄流自漘口入境，迤邐至漢口入江滙合，達諶家磯出境，沿漢無最大險工。自漢鎮沿租界悉數石砌，縣内隄防不多，惟以張公隄為近來最鉅工程。民國十一二年間屢議興工，卒以籌費及辦事權限上發生争執，迄未竟工，刻正繼續進行，竣工當有日也。又一支北出，名後襄河，為漢水故道，久已淤塞。又西北通孝感縣境者為篠子港，南入於漢。又東北會黄陂縣界之毛清河及通武湖之灄水，東流為石潭河，出五通口。

附輯成案

緒言

楚北之地，江漢所經，匯合陽夏，朝宗於海。在昔神禹治水，導江及漢，文王化行南國，先及江漢，載籍史册，班班可考。然《禹貢》稱“九澤既陂”，坡者，土坡下而袤側，即有隄防之嚆矢。《周禮·考工記》謂“溝必因水勢，防必因地勢。善溝者水漱之，善防者水淫之”，亦即講求築隄防之方法。兆虎等于民國八、九年間，先後以文官籤分來鄂，即派省署實習。十二年春，同時奉委爲清查隄防專員，駐署供職。因以搜閱省署成案卷宗，并覓集有隄三十餘縣志書及隄防書志等類，潛心研究，其疏濬之源流、修築之概略，考之於古、驗之於今，得失具在，可畫而談也。業編輯《官民隄表》一册、《官民隄圖説》一册，費二年鈎稽之功、數月勘查之力，始克成書。第關於有清以來之因革損益，瀏覽所及，摘録概要，心有所懷，附具意見，積之既久，裒然成册。以其與隄防行政具有密切之關係，爰附於圖表之後，以備參攷。

中華民國十四年六月穀旦

清查隄防委員王兆虎、丁壽石、余會雲謹識

隄防成案

《會典事例》："康熙十三年議准：楚省濱江一帶地方有司，專令漢陽府知府，武、黄、荆、安、襄、德、六府同知分督江夏、武昌、蒲圻、黄梅、鍾祥、京山、天門、江陵、公安、石首、監利十一縣縣丞，潛江縣主簿，沔陽、荆門二州州同，咸寧、嘉魚、漢陽、漢川、廣濟、當陽、雲夢、應城、孝感、松滋十縣典史，每逢夏秋汛漲，各於所屬地方董老圩甲，搭蓋棚房，置備樁簍、柴草、蘆葦、鍬筐等項器具，堆貯棚所，晝夜巡邏，看守防護，春冬興工修築。"

謹按：有清官制對於水利專官非常注重，誠以財賦之所從出，生民休戚之所攸關。有正印官以總其成，必賴佐職員以專其責，同知、縣丞、典史、主簿駐在有隄各縣，即以防守得力與否爲考成。改革以來，各職裁撤未幾而復設縣佐，各繁盛市鎮復設警察分所，是即同知、縣丞、典史、主簿之遺意，似應仿照前清官制，分擔防守責任，令行江漢、襄陽、荆宜各道道尹暨警務處核議，酌量分派防守辦法，以新隄政而專責成。

《沔陽志》："康熙二十一年工部議覆：先經吏科給事中王又旦疏稱'湖北荆安諸郡隄工使州縣各築汛地，不得彼此扳扯'等因，具題行查去後，今據湖廣巡撫王復會同總督董衛國具題'前來查荆、安兩郡隄工，該督撫既稱照依科臣條議，各修各隄，永禁協濟，不得推諉貽誤'等語，應如所題。如有不肖官吏借端科派等弊，該督撫即行題參，以憑從重擬處。"

附録王又旦原疏

竊湖北諸郡負漢水以居，百姓以隄爲命，一經潰决，各官處分照黄河例革職，督催立法亦極嚴矣。然黄河隄工，歲支國帑，有一番費用，則有一番報銷。而湖北諸郡縣隄工，皆問之百姓，水利諸臣派夫議價，遂得任意以爲輕重，百姓既竭其力，復竭其財，本境既勞胼胝，他邑又復告協濟，嚴檄之下，分身無術，其厲民爲最甚也。臣查安陸府自鐵牛關以下，皆係鍾祥汛地，又扳潛江景陵矣。潛江自長老垸以下，皆其汛地，又扳沔陽矣。關廟係荆門州汛地，又扳潛江監沔諸州縣矣。臣以爲，扳協之不便，其害有五：天氣寒凝，畚築斯興，百姓裹糧數百里外，多有餒凍而死者，一害也；夫役上隄、到工、完工，不得不假於胥吏之手，包折需索，勢所不免，二害也；舍己芸人，致使本境之隄一概廢弛，三害也；協夫不便，因議協銀，水利各官，未必清白，自矢苞苴，既入私橐，上司無從稽查，四害也；文牒紛紜，從此争辨，動需時日，致誤修築之期，五害也。而水利諸臣不肯毅然而去之者，爲其利在於己耳。臣七年楚吏，備悉此情，誠有見荆安百姓之苦，大半由此。臣查各州縣隄工多寡，有七八十里者，有一二百里者，惟荆門州屬地隄工纔十餘里耳，該州設有水利州同一員，關廟一隄年年加幫，是其專責。臣在楚時，親見畚築不施，必待其潰决而始告協於鄰邑，曠官廢事，朝廷亦何樂有此坐視成敗之人使之虛縻俸禄乎！臣請皇上勅部，永禁協濟之例，使州縣各築汛地，不得彼此扳扯，一有潰决，照例處分，庶免推諉。其於兩郡之國賦民命，不無小補也。

謹按：遇有險工潰口，照受益連帶縣分攤派費用，最易發生争議，禁之原是也。但有時因時地不同，工程甚鉅，而公家補助有限，當地附近居民財力不及，似又不能不酌爲協濟，以期大工速成，共安耕鑿。近如龍頭拐、簡家灣、謝家潭各工程，以及黄岡東西岸沿江長隄及閘工，并武昌之西北湖隄、夏口之張公隄，或按受益田畝量爲協助，或酌撥墊借，遞年攤還，紛糾煩難，亦所不惜，蓋不如是則不足以慶安瀾而固金湯。是又在整飭隄政者辨緩急之要、權輕重之宜，似又未可膠柱鼓瑟，執一見以求勝也。

又按：沔陽、監利、天門、潛江等縣，當江漢之衝，土地坦窪，有清之初，屢遭墊溺，節經請帑脩築，嘉道以來，稍得平土而居。自牛蹏支河、通順河、吴家改口及調絃口、荆河腦等處，水流未能疏暢，而爲患漸滋矣。近來疏江濬湖，計畫經湘、鄂兩政府協提爲一議案，輒以費絀而止。現在揚子江疏濬又在籌畫中，繼續有人企焉望之。

《會典事例》："康熙三十九年議准：湖廣築隄，責令地方官於每年九月興工，次年二月告竣。如修築不堅以致衝決，將巡撫照總河例、道府照督催官例、同知以下照承修官例議處。"

謹按：江漢之水，率於霜降後水落歸槽，清明以還逐漸日漲，修築工程趁此農隙時間，官工固容易覓夫，民工尤便於派夫。改革以來，隄政不綱，庫帑竭蹶，民工固積漸生玩，官工輒因循失時，甚至夏汛已臨，始草率興工。倘遇大水年分，坐視其魚，而各道尹、各知事、各防守專員，下至隄董、隄甲，或督摧不力，或因緣爲姦，賞罰不及，則考成無憑，此又當酌採成規，以漸蘄整飭者也。

《會典事例》："康熙五十四年上諭：江隄與黃河隄塍不同，黃河水流無定，時常改移，故特設河官看守，江水並不移改，故止交與地方官看守，如江水偶一泛漲，亦非人力所能保。湖廣隄岸引黃河看守隄工例議處，地方官之處，着再議詳察具奪，遵旨議定。嗣後湖廣隄岸衝決，府州縣官各罰俸一年，該撫罰俸六個月，將三十九年之例停止。"

謹按：大江水性浩蕩，澄碧與黃河大易，漢水自襄陽以下，沙流推移無定，頗與黃河水性相近，而混濁尚不及。康熙三十九年之例，照黃河看守例治罪，本嫌過重，嗣後僅行罰俸，較爲持平。令則沿江漢險工縣分，遇有潰決，有防守之責者，議罰并不及矣。立法則昔嚴今寬，議防則昔密今疏，就隄防一端可以覩世變矣。

《嘉慶志》："雍正六年三月，湖廣總督邁柱奏稱'湖廣各屬隄塍，歷係業户按糧派出夫工，逐年修築。今各業户感戴皇恩軫念民生至計，莫不踴躍歡呼、自出夫工，照上年水痕加高修築。其支河淤塞之處，業户亦照歲修之例，自行挑濬'等語。奉上諭：查康熙五十五年，湖北、湖南地方興修隄垸河道工程，蒙聖祖仁皇帝特恩，賞助米糧人工之費共銀六萬兩。今朕遵照此例，將帑銀賞賜六萬兩，令邁柱於湖北、湖南二省酌量工程多寡，分派散給。"

謹按：有清開國之初，多行令舉，增光史册，如永不加賦，詔免逋租并減輕雜税，皆其犖犖大者。康熙、雍正時，正值隆運，而對於有隄省分，更行注意，一經疆臣具奏，無不立沛殊賞，以資勵勸，不惟見其軫念民瘼之殷有加無已，即近三百年來之休養生息皆基於此。宣統遜國，翌贊共和，視宋末之漂流海濱、元末之追逐窮北，真有天壤之别。

《會典事例》："雍正六年題準：楚省修隄有勒索業户、包攬夫工者，照河工包折鬧夫、溜夫例，分别治罪。又議準：楚省官民，有於隄外捐栽柳荻者，照河工例議敘。"

謹按：世運有隆替，人心有變遷。昔之勒索業户包攬夫工者，尚分别治罪，今則侵蝕工費、扣減夫銀視爲固然。如估定爲十萬工程，有五萬上隄已爲莫大之廉潔。其五萬則運動去其半，應酬去其半。尤不肖者，款一到手，捏電開工，而實則捲款潛逃，查封家産固已家徒壁立，明令通緝不過官樣文章。官箴之弛，可爲浩嘆。至捐栽柳荻，又絶無而僅有者矣。

《會典事例》："雍正七年議準：武昌、荆州、襄陽三道各加兼理水利銜，統轄武昌等府同知、州同、縣丞、主簿等官，如有防護不力、修工怠玩者，該道揭參。該道徇隱不揭，該督、撫一併題參。"

謹按：題隄防之大，國賦民生倚以爲命，防範既不能不密，責任自不得不專。觀此條例載，立法何等森嚴，幾以隄政之張弛，視爲考成之標準。今兼憲蕭公早見及此，感於華洋義賑會之紛糾，官、民隄各工之争執，意欲徹底改革，擬將全省隄防分爲荆、襄、漢三區，是即本武昌、荆州、襄陽三道各加兼理水利之遺意。現稟承方針，編輯成册，行見湖北隄政逐漸改良、安輯黎庶，在此一舉。

《會典事例》："雍正九年奏准：修築江工，每砂石長三尺、厚一尺，價銀八分六釐；每樁長七尺、圍一尺五六寸不等，銀四分五釐；汁米一石銀一兩二錢，柴每斤銀一釐，化灰槽銀八錢，汁桶銀五分，小灰桶銀二分，土箕銀八釐，埽銀三釐，竹桿銀一分五釐，木桿橇棍銀三分，灰籮銀五分，灰節銀四分，木掀銀三分，□斗銀二分，桶竹每捆銀五分，青竹篾每把銀三分，揪棍銀一釐，蘆蓆銀二分；每石灰百斤，漢陽脚價銀四分五釐，武昌五分，荆門州八分；每匠一名工銀五分，夫一名三分五釐。"

謹按：物價之貴賤與錢價之低昂，均按社會生活之程度與物質文明發達與否，以爲衡觀。此條所載，至纖至細，其零星用件，暨運費準諸現在情狀，其相差原不過一倍或二三倍不等，惟汁米一石、衹銀一兩二錢，則突過七八倍。考隄工所用米汁，即舂成精熟之糯米，煑成稀粥灌入石縫，使不破裂，以一兩二錢之銀，至令僅購得斗許矣。據此以觀，足見國家當隆盛之時，貨物充盈，人民樂業，一至政綱改紐，百物騰踊，民不聊生。凡一切善政，均因之而廢弛，世變之來可勝嘆哉！

《會典事例》："乾隆二年覆準：湖北各屬溝、澮、塘、堰等工，遇有應濬應築處，飭令該地方官於政暇農隙時令民濬築。儻遇歉年，該督撫督率地方官設法修築。奉行不力，藉端滋擾，分别參究。"

謹按：沿江、漢兩岸各邑，固純藉隄防爲命脉，而内地尚多湖泊漾水之地，不加疏洩，爲患滋大，此塘、堰、閘、壩各工尤應特别注意者也。近年新築之鵝公頸閘、樊口横隄閘，内以消洩湖水，外以堵截江流，以人力補天然之缺陷。愚謂隄閘石工，即女媧氏之鍊石，乃論者尚多持異議，殊未思之甚也。今該兩閘業次第成功，閘内將變爲天然絶大之農場，閘局當變爲天然絶大之商埸矣。

《安陸府志》："乾隆十一年議準：安陸府今鍾祥。黄蓬山同知改駐荆門州沙洋地方，麗陽司巡檢改駐潛江縣，與主簿分地管理。天門縣縣丞改駐岳家口今岳口，鍾祥縣縣丞改駐石牌。沔陽州東、西、南三方大隄，州東令沙鎮巡檢，州南令鍋鎮巡檢，州西令州同分管，天門之牛蹏河令乾鎮巡檢專管，以專責成。"

謹按：朝廷設官原有專職，否則贅疣視之矣。考有清時所設縣丞及巡檢各市鎮地方，今則多添設縣佐或警察分所長，如岳口、沙洋、多寶灣、樊城等處。縣佐與警察所同駐一地，每多互相推諉；縣署相距頗遠，鞭長難及，一有漫潰，職微則呼應不靈，互諉則卸責有地，迨至補救無術，徒嘆其魚。始認爲天災地變，不可抗力，吁亦偵矣。不如令駐在縣佐及警察分所長同負責任，較於實際有益。

《荆州府志》："乾隆十二年，湖北各隄隄長嚴飭印河各官加意稽查，隄長止令傳喚催工，如有曠誤，營私勒索，滋擾情弊，嚴加治罪，别行公舉籤充。如印河各官漫無覺察，經道府揭參照隄岸潰殃疎防例處分。”

謹按：隄長即今之隄董，遇有工程稍大由縣署呈准核委者，多美其名曰局長。現檢閱省署各隄案卷宗，其控訴隄長侵蝕舞弊者居其大半。充厥職者豈盡不肖？歟抑挾嫌誤攀，故爲恐喝歟？平心而論，其人果真正廉幹，地方自有公論，其牽訟累年者，必其不肖者也。正本清源，是在初委之時，首宜審慎博訪，周諮詢謀，僉同方行，呈請備案，形直則影正，而訟案自息矣。

《嘉慶志》："乾隆十三年議準：民間隄垸原無給價助修之例，祇以年歲偶歉，估發半價，官爲助修。至於被災深重，而所議之工又係有關蓄洩機宜急應修理之工，給發半價。尚恐不敷，該督撫將實在情形並作何籌畫酌辨之處，於疏内分晰聲敘，請旨遵行。儻遇偏災，其所作工程又非逼不及待之工，不得概行聲叙陳請。”

謹按：修隄以興農，興農以安業，民自經修，官代督摧，上下之職應爾。過此則恤農反以怠農，補助半價限於急工，餘則不能概行題奏，亦以民力宜紓、庫款有限。今者民情疲玩，一有修築，除官工不計外，民隄各工動以向華洋義賑會墊借爲得計。而所借之款，該會又必向官廳爲擔保，償還或不及期，對外威信所關，又必爲之設法籌措，勢將變民工盡爲官工，且以啟外人干涉内政之漸，而紛糾益滋矣。《易》曰"履霜堅冰至"，言"漸不可長"也。

《横梅志》："乾隆十七年湖北巡撫彭葵奏准：查荆襄一帶，江湖袤延千餘里，一遇異漲，必藉餘地以資容納。考之宋孟拱知江陵時曾修三海八櫃以豬水，後豪右據爲田，汪葉力復之。又荆州舊有九穴十三口以疏江流，會漢水自滄桑變易，故迹久湮，現在大江南岸止有虎渡、調弦、黄金等口，疏江流入洞庭，漲時稍殺其勢。至漢水由大澤口分脉入荆，夏秋汛漲，又上承荆門、當陽諸山之水匯入長湖，下達潛、監，瀰漫無際，所恃以爲蓄洩者，譬諸一人之身：江邑之長湖、桑湖、紅馬、白鷺等湖，胸膈也；監、潛、沔陽諸湖下達沌口，尾閭也；其間港洄盤折之支河港汊，四肢血脈也。胸膈欲其寬，尾閭欲其通，四肢欲其周流無滯。無如襄江之水，惟性濁多沙，最易淤積，有力者因之趨利如鶩，始則於岸脚、湖心多方截流以成淤，繼則藉水糧課四圍築隄以成院。在小民計圖謀生，惟恐不廣，而不知人與水争地爲利，水必與人争地爲殃。川壅而潰，蓋有自矣。臣伏查舊案，接據荆宜施道屠家正、安襄鄖道王檕議‘將未有之垸，永禁私築。已潰之垸，不許修復’等因，詳請飭遵，補偏救弊，誠爲允當。惟是利之所在，民間每不憚百計以求勝，而地方有司未能規及遠大，少不留意，則私築之弊仍有不能免者。縱令道府清查，而曾否加添究屬無憑。臣再四籌思，竊以爲積習既久，挽回非易，今欲復三海八櫃之舊，勢誠不能。惟有檄飭各州縣於春冬之際親行履勘，將該州縣所有現垸若干，各依土名，查造清册，由府核定，齎送各衙門存案。嗣後即以此次所查，著爲定數，聽民安業。此外永遠不許私增，即以一垸之内，亦不得再爲擴充。仍令道員於本年出巡之便，細查結報，則有無增册可稽，而各州縣之實心奉行與否，亦可藉以查核，勸懲至此。後遇有淤灘原係民間納糧之地，或種麥豆，或取柴草，均聽自便，但不得另築垸埂以妨水路。如此則愚民不得因小失大，地方官有司亦不敢姑息怠玩，自貽參處，而與水争地之錮習或可稍息矣。”

謹按：江漢經流，亘古常在，何以昔不爲患而今幾與黄河工程并重者，誠以江底日漸淤高，下流之餘地有限，而上流之來水無窮。以有限之地供無窮之源，勢必水無所容，一綫危隄，安得不潰？計惟有分其勢、暢其流之一法。蓋水之性，分則力弱而安流，合則勢强而衝突，引湍悍者披爲支河，捐卑下者瀦爲大澤，疏其淤而洩其漲。此彭撫所奏，爲留心隄防者所當極力研究者也。

《宣防備覽》：“乾隆十四年上諭：勸民疏濬江陵縣之虎渡口、穀城縣北古洋河上游之土灘溝、觀音堂溝、界山溝、北粉何之黑虎廟溝、三叉口溝、宜城縣東鄉之南泉畈、上馬石、王旗營、邱家湰、獅獺菴、賨燕山、連泗洪，共開塘堰二十處。西鄉之候王營、古北岡、新張，共開塘堰六處。地方官勸民疏渠開堰，工程多者酌量記功。其紳士有急公捐資在三百兩以下者給扁獎勵，三百兩以上者題請議叙。”

謹按：開渠納水，築堰蓄水，前人言之詳矣。乾隆時距今幾二百年，客歲奉命實地勘查，周歷殆遍。考察當時疏鑿故跡，聽故老遺傳，半歷歷可指。三百兩以下給扁獎勵，三百兩以上題請議叙。人之好義，誰不如我，我能鼓舞，以神其用，民自踴躍，以輸其財，國不糜帑，水自歸壑，潦有所洩，旱有所備，撫安凋瘵，永奠攸居，莫急於此。頻年以來，未知疏鑿之方，專以節費敷衍爲事。玩愒歲月，苟安目前，養癰以待其潰，逮一發而難收，遂致國與民交受其害。議蠲議賑，未有窮已，其利害誠相去萬萬也。

《宣防備覽》："乾隆五十四年上諭：荆州沿江隄塍爲百姓保護田廬而設，固應動用民力。此次因被淹至重，朕不忍仍令被災之民按例修理。業經降旨動帑，官爲修築，永資保障。俟將來歲修，再照例辦理。但該處民人甚衆，若竟歸民修，不復官爲經理，則百姓等誰肯首先出貲，踴躍從事？即如井田之制，宜古者未必宜今，若此時而沿襲井田，則'雨我公田，遂及我私'之句亦徒虚語。將來修理隄塍，各費派之於民，仍當官爲經理。第不肖官吏於官工尚思侵肥，矧此項工程例歸民修，并無保固。官員等不特藉端灑派入其囊橐，而且草率從事，偷減侵漁，均屬事所必有，其該管上司又因係民修之工，遂爾漫無查察，殊非慎重隄防、保護民命之道。自應立定章程，并定以保固年限。庶工程可期永固，而官員亦不致有侵蝕情事，方爲妥善。除此次應修之隄動項官辦外，其將來民修隄工作何稽察保固之處，著悉心妥議具奏。"

謹按：修築民隄，固當由民經紀。蓋他人之代爲謀斷，不如自謀之切如一家。然錢款出入應由家長管理，但一地方之隄較一家之範圍頗廣，倘所舉隄甲不如家長之忠心，爲家則如之何？此官代監理又事實之必然也。近年人心澆薄，每因隄甲而發生訟端，甚者訟費比隄費爲多，官府窮於查察。垸内各分黨羽，攻擊頻仍，工程坐廢。言念及此，蠹然心傷，時爲之勢爲之矣，安敢取舊日之陳言輕爲借箸哉！

《荆州府志》："乾隆五十五年議準：荆州歲修隄工，嗣後責成荆宜施道、荆州府專管督辦。每年秋汛後，荆州水利同知會同江陵縣將應修處所，逐一勘明，估計造册，送府覈實，詳道覈勘，移咨藩司，借項興修，取具道府，切實印結，報府核銷。仍令藩司於奏銷後親往查勘一次，督撫每年於春汛前輪往查驗一次。如有偷減情弊，即行查參著賠。此外南、北兩岸民修各隄塍緊要處所，亦令道、府於每年秋汛前通行查閲一次。遇有單薄殘缺者，照此一例辦理。隄面、隄身，按年歲修，照依乾隆五十三年加高培厚丈尺，分别估辦，幫補足數，以期經久。修築隄工，須募夫逐層、逐段夯硪堅實，令該同知親身督辦，該管道、府隨時輪流，密往查察。知有草率偷減、假手家丁書役包修尅扣者，即將該同知、知縣揭參究辦。"

謹按：荆州府沿江長隄，今爲萬城大隄，有清時煌煌教令，何等重要，今僅設防守專員，荆宜、施鶴兩道及駐管縣知事概諉其責於防守專員，幾不過問，立法何古密而今疏也。查萬城大隄，自民國設守專員以來，如天之福，尚未出險，現各處磯頭漸就坍裂，江底漸高，每年夏秋兩汛，此較水量有加無已，而地方紳董習焉苟安，倘有潰決，將何以善其後也？此外南、北兩岸民隄，無論爲緊要處所與否，官府亦漫不加察，民間自生自滅，隄務之弛，殊深隱憂。今兼憲蕭公有鑒于此，力加整飭，即以荆宜道監修萬城隄工，殆即淵源此議，而斟酌盡善者歟？

《監利縣志》："嘉慶二年奏准：荆門州、沔陽、江陵、監利、石首等州縣沿江隄工，加高培厚，填補缺口，并築月隄、鑲龍尾、（掃）〔埽〕工，均係動項興修，勒限保固十年，俟保固限滿，照例民修。"

謹按：沿江漢兩岸緊要隄防，遇有塌崩，因民力有限，官爲修築，取限保固，歲修費用、夫工固應歸民，歷辦成案，迄今相沿未改。惟保固年限，現爲三年，然亦有旋修旋潰不及三年已付巨浸并未照賠追償者，此隄務之所以日弛而殷憂之亦即以啓聖也。事窮則變，變則通，通則久，通久之功其在今日乎！

《沔陽縣志》："嘉慶二十三年奏准：沔陽州低窪田畝，全賴隄防保護，每遇秋汛盛漲，江水浸灌，垸内無路疏消。兹據勘明該州龍王廟地方添建閘座引渠可資宣洩，於農田大有裨益。著照所請，準其於該處建立石閘，挑挖引渠，以時啟閉。所有估需銀二萬八千九十一兩，加恩先於司庫商捐隄河沙洋籌辦善後工程款内借資給領，勒限完工，照例保固十年，所借銀兩於工竣後分作五年攤徵歸款。"

謹按：建閘消洩，原以補天地之缺陷。張文襄督鄂時首建武泰、武豐兩閘，而省會上下游屹然重鎮，近今議建鵝公頸隄閘、樊口隄聞，先後取次告竣。將來裨益於農田、關係乎隄政，實靡淺鮮，不謂有清嘉慶年間早已有成案可稽，其大旨不外乎挑挖引渠，以時啟閉。即所借之款按年攤還，亦與現在情形相符，乃論者猶多疵議，何也？

《當陽縣志》："道光元年諭：據楊煇曾奏'湖北當陽城外西北五里，爲關帝之陵，向建有祠宇，陵外相距數丈即係沮、漳二水匯流之處，甚爲逼近。現在對岸已成砂磧，河勢漸就洗刷，請飭查勘，捍以石隄，以資保護'等語，我朝崇祀關帝，春秋致祭，載在祀典，今陵寢之地，沮、漳匯流，逼近衝刷，自應急籌捍衛，以奠神居。著陳若霖即派員前往詳加查勘，應如何建築隄工，俾資保障，并籌經費，奏明興修，用垂久遠。"

謹按：關帝陵寢正當沮、漳匯流之衝，現在石隄巍然留爲保障，神鑒有赫，萬民具瞻，此雖與國家隄政無大關係，而有清一代文物典章亦可想見矣。

《宣防輯要》："道光八年諭：嵩孚等奏'各衛屯户隄塍歲修工程請改歸屯坐州縣就近經理'一摺，湖北屯坐各州縣軍户隄工係歸各衛守備經管。茲據該督等奏稱'每年秋汛後水落應修隄塍之時，正值趕辦新漕，該衛守備等簽丁、造船、兑糧、起運，無暇督辦隄工。其屯頭、隄長人等任意延宕，以致書役串通，侵蝕土方，工程不能堅固。且屯、隄俱係濱江臨河，一經汛漲，即致貽害。民隄請將每年歲修工程，改歸屯坐各州縣，就近經理'，著照所請，即飭令各衛，限一月查明屯坐地方管修隄工之首事、隄長、屯頭、業户，造册移送該州縣存貯。自本年始，於秋後勘辦民隄之時，順道查勘軍隄，凡低矮單薄之處，按段加高培厚，估計應需夫工，造册詳報。一面責令首事、隄圩人等趕辦土方，自行興修，毋許書役涉手，以杜弊竇。并責成該州縣暨汛員等一體督率查催，認真搶護巡防，倘有草率偷減及防護不力，即着嚴行參處。"

謹按：世無百年不變之法。軍隄歲修，向歸守備，逮積漸弊生，改由屯坐州縣就近經理，法至善也。迄今日而軍户民之界限又混而未分，《易》"履霜堅冰至"，殆亦機緘之欽兆者歟！

《湖北省志》："道光十二年諭：前據給事中邵正笏奏'江湖漲灘，

占墾日甚，請飭查辦’，當經降旨，令該督撫等酌議具奏。茲據楊懌曾勘明各屬洲灘情形，酌議覆奏‘長江一帶，沙洲日增，阻遏水道，自應急籌妥辦’，著照所議，寬其既往，嚴禁將來。該撫即督飭濱臨江漢各州縣，確查灘地之已升科者，毋許挽築私垸，亦不準以子母相生影射再報及私行占墾。嗣後查有續漲及甫經淤出洲灘，各地概作官荒，永遠禁止認種升科。著責成各州縣每年親詣所轄江面，周歷查勘一次具報，并出示嚴切曉諭，倘有奸民敢於新洲地内私墾及種蘆葦者，嚴拿治罪。查有胥吏勾串混報，一併重究。”

謹按：江漢來源，各亘千里，容納百川，勢漸浩大，必賴有紆徐洄澴之餘地，始不至奔騰而衝激。嚴禁新築隄垸，人不與水争地，水自不與人争患。寧損小以圖大，寧忍暫而謀久。道光以後，世變多故，禁令漸弛，官文、張文襄等相繼督鄂，復從而張之，而隄政以肅。改革以來，政尚共和，人競趨利，挽修隄垸，漫無限制，以致阻遏水路，滿溢爲患。嗣後急應申明舊章，嚴格制限，凡創築新垸，非經官廳核準有案者，一例禁止，庶可弭水患於無形，而隄防亦得以鞏固矣！

《荆楚脩疏紀要》：“道光十三年諭：據御史朱逵吉奏‘開濬支河，以工代賑’，亦屬一舉兩得之計。盧坤前在湖廣總督任内是否委員查勘，因經費不充，未及辦理，著納爾經額等體察情形，遴委明幹大員相度地勢，諮訪輿情，清出支河故道。倘查明亟應興修，即在該督等前請撥鄰省銀二十五萬兩内，趁此水落歸槽之際，擇要興工，以工代賑，庶於水利、民生，兩有裨益。”

謹按：江自宜昌以下，漢自光化以下，東、西分流，相距不過數百里，鍾、荆、天、沔、江、監、潛、石各邑，地勢平坦，港汊歧出。中經東、西荆河，吞納溝湖，江、漢早已灌串。第江之水性與漢大異，漢水挾沙推流，幾與黄河性近。江則紆徐坦蕩，浩氣流轉，虎渡、調絃各口分流，達於洞庭，賴以稍殺其勢；而漢則無鉅浸重湖以資渟蓄，故其爲患較江流爲甚。今觀此疏，而知天運有循環，陵谷有變易，原有支河故道，或昔通而今塞，或昔有而（令）〔今〕無，年代久遠，清釐不易。《易·繫詞》曰“天道虧盈而益謙，地道變盈而流謙”，水（麗）〔灑〕於地盈則爲變，若能相度地勢，多開引河，是即於盈而防其變、於謙而導其流。蓋水無情而有性，其性下，能順其就下之性，自不至於爲屬，而隄防之功反居其次矣。

《監利縣志》：“道光十四年諭：有人奏‘江漢脩防事宜’一摺，據稱‘楚北隄工并不預備土牛，應於每年勘估時即將土牛一併估計。向例所納蘆課，改徵柴束，以濟工用，并每三里設隄正、隄夫，飭令巡防。又宜相度情形，於內面近隄、本有河港者，因而開通之、分洩之，支河因而疏瀹之；其順隄難堵者順勢利導之，務使水分其勢，不致壅遏爲患’等語，於湖北頻年水災，及下游各省，均受其患，均應及早修防，永資保護。著納爾經額等所奏四條與該省現行情形，悉心體察，詳細妥議具奏。”

謹按：赴工者，人力也。濟用者，物料也。物料未備，雖有人力，無所用之，故有隄正、隄夫以資巡防，尤必先備土牛、柴束以資應用。至正河之外原有支河，或因便而開通，或順勢而利導，必且沛然莫禦。而停沙淤淺之處，更可隨流冲刷，是分水之勢，人力所成十之二，水力所成十之八。任天而不任人，固失聖人範圍補救之道；任人而不任天，尤爲小智穿鑿意見之私。嗚吁！觀此可以會其通矣。

《湖北省志》：“道光十七年湖廣總督林則徐、湖北巡撫周之琦片奏：楚北江漢隄防，延袤三十餘州縣，歲脩需費甚鉅，而生息款項有限，不得不集費於民。查歷來收費辦工，或官徵官修，或官徵民脩，或民徵民脩，三者皆不能無弊。蓋費徵於官則必假手於胥吏，費徵於民則必諉權於董事。胥吏之多舞弊，固不待言，而董事若不得人，亦難駕馭。即以監利設局收土一事言之，溯查該縣數十年前舊章，本係隄長自行收費，繼而改爲官徵、官脩，又繼而改爲簽董給單，至道光十四年復改爲設局收費，法已屢變，不宜再涉紛更。惟就總局之章程，而加之以稽查局，不許多設人，不許多充用，不許多開費，不許多派。首士必由公舉，不許夤緣濫入，不許留戀把持，至糧書不許收費，而糧户的名册擋仍須令行攢造。擇其狡獪之尤，痛懲一二，庶知儆懼。所有局務，一切飭縣隨時秉公查覈，并責成道、府留心稽查，有弊即除，有犯即懲，如或遷就因循，察出一併參處。復申嚴例禁，并出示編諭，如再冒稱糧工等書哄騙侵收者，許其指名告發，即予盡法懲辦。”

謹按：利害相沿，法久弊生，自古皆然。紛更甚則益足以滋弊而法益壞，惟擇害莫若輕，擇利莫若重，權衡至當，去其泰甚，神乎法之外，游乎法之中，而害以袪而利以生。此疏剴切周密，足爲講求隄政者之規臬。

《武昌府志》：“道光十八年總督林則徐奏准：將十六年寶武局暫停鼓鑄案内奏明發典局錢共八萬七千七百六十餘串，設法籌措，量爲捐補，湊足十萬串之數，發交漢岸鹽商彙總生息，按月八釐，每年可獲息錢九百六十串，以四千串歸還錢本，易銀解存藩庫，其餘五千六百串作爲襄河正隄防險經費，由外覈銷。”

謹按：有清全盛時期，對於隄務非常認真，除修復鉅工、動撥帑金外，并屢設法另貯巨款，交商生息，以應不時之需。咸、同以後，漸廢弛矣。至今日照預算，隄工經費爲數有限，且減之又減，名爲法價，實則不及半額，又不能十足照發，因陋相沿，變爲積習。况遇有指撥，公文往還，遷延時日。遍查近來官隄巷宗，半爲催款飭廳之文，迨牖户未修而陰雨突至，以致潰决時警交相委過。直至十年、十一年間經修各員，仰承意旨，上下交征，無論官、民，各工一估，動以數萬或數十萬不等。值兹民窮財盡、庫帑如洗之際，驟增鉅款，從何籌措？即或節節羅掘，亦已捉襟肘見。此言隄政於今日，所以急宜根本改造，另籌良善辦法，以濟其窮者也！

《湖北省志》：“道光十八年總督林則徐奏‘江漢安瀾，隄防一律鞏固，仍當乘此水落之後，飭屬查照盛漲水痕，將各辦歲脩工段，及早估辦，工料愈加堅實，丈尺愈加高寬，俾來歲捍衛有資’，得旨嘉許。”

謹按：隄防歲修，係積極工作。汛漲汛落，在天然自有定時。倘人力不足以勝天，水力即與人争地，人力稍退讓一分，水力即驟增一分。故必節節增高，以防其泛濫，如防盗然必固其門鍵，如行軍然當利吾鎗彈。門鍵不固，其如盗何？鎗彈不利，其如敵何？春冬不加修築，其如夏秋之防護何？講求隄政者，以防盗之術防水患，以殺敵之心殺水勢，則思過半矣。

《湖北省志》："道光二十年議準：江漢隄塍脩竣，無論官工、民工新築歲脩，一律予以固限，凡一切官、民新工限十年保固，歲修工段若止加高培厚費至五千以上者限三年保固。一有失事，除官工仍照舊例辦理外，其歲修民工由原辦之地方官與經修之首事先摘去頂戴，責令各賠四分，驗收之員賠二分，修竣之後，始準開復。"

謹按：立法不憚嚴，行法不嫌寬。保固之法，相沿已久，至於今日，有旋修旋潰者，有潰後復令經脩者，有騙得鉅款而潛逃者，民國十一年以前，數見不鮮。法令不足畏，民命不足恤，以救災工作之場所，視爲升官發財之機會。官常之廢弛，可爲浩歎。今欲爲補偏救弊之計、正本清源之謀，首應劃清官、民界限，嚴限保固，庶知所警惕，而偷減侵蝕之風當可稍戢。

《會典事例》："同治九年諭李鴻章等奏'湖北被水成災較重，請飭部撥款以濟工賑要需'一摺，著準其在於應解京餉之司庫地丁及江漢關六成洋税，各撥銀十萬兩，并在本省貨釐、鹽釐項下各撥銀五萬兩。照該督撫所議，將有隄州縣未成災者準其借款修隄，已成災者以工代賑。"

謹按：借款修隄，向有成例，未成災者計年攤還，已成災者工以代賑，分别緩急，意甚善也。現在修復各處要工，尚遵此制辦理。惟因國庫竭蹶，無款可撥，小民情急無法，只得乞憐華洋義賑會爲飲鴆止渴之計。查該會以義賑爲名，本屬慈善性質，借貸未嘗不可。第恐積漸難返，任意操縱，致啟外人干涉内政之漸，其害有甚於漫隄者。星星不息，炎炎奈何。涓滴不塞，將成江河。不急起直追，另圖挽救，則外人始則借款，繼則抵押，再進而侵占，將吾江漢兩岸膏腴之區，悉爲其經濟策源之地。瞻念前途，隱憂殊甚。美人假退還庚款而握我教權，東鄰以借債要挾而另立苛條，皆最近覆轍之可鑑者也。隄務爲吾鄂命脈所繫，而有華洋義賑會之設，吾鄂之恥，行政之玷也！

《會典事例》："光緒四年諭：前據御史李廷蕭奏'湖北樊口隄牐，關係農田民命，委員勘報不實，請飭覆查'，當派彭玉麟等前往確查。兹據彭玉麟奏'樊口隄牐，於濱湖農田、民命關係甚重，必須將濱江黄柏山起至樊口之大隄止，趕緊修補，再於黄柏山以上添脩里許，樊口以内宜脩一石牐，其横、直、寬、廣，可以度地布置，并設立埠頭，搬運貨物，由民間自行脩理。官則嚴立規條，重懲需索’等語，該處隄牐，既據該侍郎查明，有裨國課民命，而於漁户商販尚無大害，自應權衡輕重，酌度興脩。著照所請，由李瀚章等督飭屬員趕緊辦理，毋任該地方官拘泥成規，稍形鬆懈。此次所築隄牐，實因地勢變遷，必須興辦，既可於民田有益，而江流宣洩亦無防碍，與他處情形不同，不得援以爲例。”

又，“同年十一月論：前據彭玉麟奏‘湖北樊口地方宜修補大隄，建築石閘’，當諭李瀚章等飭屬辦理。兹據李瀚章等奏稱‘樊口建閘，惟西陽畈附近一（偶）〔隅〕有利，而江湖盛漲時皆難宣洩，有害通省水利’等情，所奏不爲無見。惟建閘非隄壩可比，但當察看外江、内湖水勢消漲，以時啟閉，既可宣洩盛漲，又可保衛田廬，未始不可兩全。該督等所稱下閘必在桃汛以前，放閘應俟霜降以後，利害若何，仍準隨時體察具奏”。

又，“五年三月論：李瀚章奏‘樊口創建石閘，前議舉行’。嗣據武昌紳耆議稱，建閘約需工費七萬兩，楊畈民糧僅二千有奇，應在内四鄉及江夏、黄岡、大冶三縣，派費興脩。查集費建閘，必須衆情欣願，若僅據城畈紳士開報處所，遽令外縣、外鄉按畝出貲，難保無抑勒情弊。當批令設法廣勸公保、首事速行集費承修，務順輿情，不得苛斂。仍飭嚴立規條，重懲需索。尋奏建石閘章程，閏三月得旨，所議尚屬周妥，著該督等飭屬興辦，仍隨時體察情形，總期有利無弊”。附抄彭玉麟原奏，暨李瀚章原奏。

《東華續録》：“彭玉麟奏略云：臣於二十三日抵武昌、黄岡兩縣所屬之樊口，雇小划入樊口三十餘里，即築隄、毁隄興訟之處。該隄雖毁，形迹猶存，横寬不過十丈，直寬六十丈。由此再進則名九十里長港，屬黄岡縣者六十里，屬武昌縣者三十里。此港九十里内港汊分歧，旁通各湖，如蔓繫瓜，其右有洋湖、漁湖、月山湖、湮頭湖、鴨兒湖、江夏湖、鮮魚湖等共十二處，其左有根洲湖、夏新湖、三山湖、保安湖等共六處，每年江水盛漲，由樊口入港，右則薛家溝、東港、沈家溝等處灌滿各湖，左則楊澤溝、會邱溝、東溝等處灌滿各湖。九十里長港盡頭處曰磨刀磯，過磯始入梁子湖，湖心有山，有市鎮。此湖於江水未灌時，周環不過三百餘里，而東、西、南、北所通，俗稱九十九汊，東通武昌、黃岡所屬之長港則汎[1]樊口港也，西通咸寧、興國所屬各汊，北通江夏所屬各汊，南通大冶、武昌所屬各汊，而總匯出入之路則實在樊口，捨此無路消瀉。每年江水灌入，各湖港汊不分，一片汪洋，濱湖各田無不變爲澤國，周環七八百里。小民流離轉徙，慘不忍言，此樊口以内之湖河港汊江水浸灌之實在情形也。查梁子湖各港汊兩岸，皆平疇沃野，農民賴以安焉。濱湖各州縣所屬田畝，惟武昌縣十居其五，各縣又分居其五。而武昌縣之田畝，又莫廣於三坂，曰上西洋坂、中西洋坂、下西洋坂。此三坂人稠地廣，俗稱九堡半，若每年不被水災，計堡耕種，可播穀種三十餘萬石，每石穀種如遇豐年，可得穀十石有餘，約計可收穀三百餘萬石。又加州縣所屬濱湖之田，雖田有肥瘠，綜計亦可收穀三百餘萬石。而此六百餘萬石穀之收成，全賴濱湖田地之不被水。欲求湖田地之不被水淹，全賴樊口地方之建築閘壩。此事利害甚鉅，是非甚顯，關繫甚重。該處居民各執一説，不盡以建閘爲然者，何也？樊口乃魚米之鄉，百姓謀生有二：一則有恒産者以耕田爲業，一則無恒産者以捕魚爲業。耕田者惟恐江水内灌而禾稼被淹，捕魚者惟恐江水不内灌而罟網失利。利本相反，勢不竝存。加以一築閘壩，則商販貨物有盤壩起旱之費，此亦稍有不便處。然以人數計之，則耕田者十居七八，捕魚者不過十之二三。以國課計之，收田課則利倍千百，收魚税不過千百之什一。至於商販之盤壩，更屬害之至輕者。倘因小有損於客商、漁户，而舉數百萬生靈待食之穀，年年付諸洪波巨浸之中，因小而誤大，得少而失多，可不煩言而解矣！臣再四思，維欲顧樊口内各屬湖濱生命，不能不脩補老隄，建築閘壩。所謂老隄者，濱江黃栢山起至樊口四十里，向有大隄，脚圩[2]大江前面之水，隄身漸已坍塌，而隄脚尚屬堅結，急宜提緊修補，并須於黃栢山以上添修里許，方爲有

[1] 汎 《東華續録》原文無此字。

[2] 脚圩 《東華續録》原文作“足抗”。

濟，以該山上面尚有塌口，可以入水也。樊口以内則宜修一石閘，其横直尺寸之寬廣，可以度地布置。惟必宜建石閘，斷不可築土隄，土隄呆板而易於冲决，石閘活動而便於啟閉。如今年水勢本非常有，但使春夏播種之時偶有澇患，則江水與湖水消長，隨時可以斟酌宣洩，實爲兩全無弊之策。至建築石閘後，并應設立埠頭，搬運貨物，均由民間自行經理，官則嚴立規條，重懲需索，此則地方官應盡之職。情形與此不同者，不得援此爲例。”

《東華續録》：“李瀚章等奏云：伏查武昌縣樊口地方，内通梁子等湖，周圍八百餘里，匯於一口出江，載在《大清會典》《一統志》《明史·地理志》諸書，數千年從無議建閘壩之事。同治元年武昌縣知事龍雲始據紳士禀請築壩，前撫臣嚴樹森以此隄一築，水無分洩，大江兩岸，必別有衝决之患，嚴飭不準。三年，紳士等復申前請，前督臣官文以水漲之時内外衝激，閘壩斷難支持，必有損於隄工，顯爲歛費肥己起見，立案不行。前撫臣曾國荃曾以前此師次黄州，採訪輿論，如在樊口築壩，僅附近西洋三畈田廬受益，内湖積水別無消路，各邑被淹必廣，樊口與鄰境同係朝廷赤子，豈能損彼益此！飭縣嚴禁。前升任布政使臣何璟以樊口脩隄築壩，如果有利無害，數百年來何竟無人議及？該紳民欲派費於附近六縣，從中取利，勒揹商船，索取閘費，胆敢豎旗歛費，擅自興工要挾，實屬目無法紀，其平日刁悍强梁，慨可想見。飭將已脩工段平毁，出示永禁。此歷任辦理情形也。光緒二年，前撫臣翁同爵按準京官來函，議建閘壩，委員覆勘，此處興建，利少害多，重申禁令。廪生郭瑞麟等抗違不遵，糾衆强築，將河堵塞，并私立埠頭，抽收船釐，把持勒索。臣瀚章回任後，疊據受害紳民控告，并請該管府州查明商民被擾及郭瑞麟藐抗情形，并請派營查辦。事關通省水利，未便稍示姑容，故飭調兵勇將該處私壩刨毁奏明，嗣後樊口地方永遠不準建築閘壩。欽奉諭旨，轉行遵照。今歲春間，突有革生胡炳盧、汪國沅等家無田産，但冀盤剥獲利，（斜）〔糾〕衆復築。鄉民有不願者，立將房屋燒毁，始而不服，地方官彈壓，甚至捆捉縣差，戕害勇丁，形同叛逆。不得已，派營前往查拿，始各解縣。此臣等先後辦理情形也。竊惟湖北之水，江、漢爲大，江水自巴東入境，漢水自鄖水入境，分流千有餘里，漢口而合流，其勢浩大，外則支河港口，内則巨浸重湖，節節棊布星羅，足爲分殺停瀦之地，使之紆徐委折，逐漸東趨，故前史所載水患希見。自後世與水争地，設隄防以禦之，水道日窄，然沿江、沿湖亦祇有順水直隄，從無堵水横壩。歷考名臣奏議，留心湖北水利如阿桂、汪志伊等，僉以疏濬支河爲要。凡宣洩積水之路被居民堵塞者，乾隆五十三四年迭奉諭旨，照例嚴治其罪，并飭勒碑永禁。伏讀道光十一年上諭‘本年湖北省水患成災，如果平日講求水利，江湖通暢，何致釀成水患。著於濱江、濱湖地方，詳加履勘，如有壅遏水道之處，必當設法查禁，使漲水得資宣洩，則害除而利以興等因欽此’，外欽奉諭旨甚多，不能備録。煌煌祖訓，深切著明，誠帝王經世之宏謨，萬古不易之準繩也。樊口地方，外江内湖，爲古來洩水之要道，山川如故，並無變遷，壅塞其流，爲害滋大。惟口内西洋畈一帶周圍三十餘里建閘以後，田園受益較多，該處居民紛紛訴請，百端聳聽，臣瀚章亦幾爲所摇，迨屢次親歷其地，察其形勢，復博訪周諮，通籌全局，始知建閘築壩，其害有五：樊口内包湖澤九十有九，其源甚遠，其浸甚廣。每逢春夏，各縣山水畢壅於湖，僅恃此一綫之口以出水。江水盛漲之年，亦倒漾而入，内外相連，汪洋一片，即至冬令水枯，口門高寬二十餘丈，壩固爲害，閘亦無益。議者乃謂築壩則湖水無出，勢不可行，建牐以時啟閉，可期消洩。不知樊口係兩面受敵之地，即須洩出湖水，又慮灌入江水，豈能兩全？況下牐必在桃汛之前，放牐應俟霜降以後，此數月中，如大雨時行，諸湖有漲無消，漫溢何可限量？無論向來各洲地春收豆麥，悉付波臣，即濱湖數百頃稻田，亦必盡（漕）〔遭〕淹浸，受害之家，歸咎於閘，勢必彼築此毁，相尋械鬬，巨案疊出。是不建閘，僅止水大年分江水倒灌入湖，盛夏不無可慮；建閘即水小年分，湖水亦無消路，妨農病稼，歲以爲常，甚至激成事端，其害一也。江水經由之道，譬之人身，湖河港汊，猶四肢之脈絡，所以宣行血氣也。今堵塞湖口，是截去肢體，僅留胸膈也。胸膈不開，頭、足皆病，口不能塞，則尾閭洩之。沿江各隄，雖不能指定南岸、北岸，要知川壅必潰，理有固然。嘉慶年間，監利之水港口、沔陽之茅江口，皆因横堵一隄，上游石首、江陵大受其害。近日脩吴家改口，遂溢於天門之岳口，是其明證。樊口爲江、漢合流以後南岸洩水首區，一經築塞，則上、下隄防皆有岌岌可危之勢，其害二也。樊口内湖之民，農、漁參半，漁有應完漁課、蘆課，農有額設之地丁、漕糧，向係一律啟徵。溯查同治元年至今十六年中，僅上三年蠲緩，歷有成案可稽。足見水小之年，湖消洩入江，江水不致灌入，仍可普獲豐收。建閘後江魚不能入湖，漁利全無，即農田因積水難消，亦耕作俱廢，不特正供無著，而此無數失業窮民何以爲生？又沿湖市鎮林立，恃有該口，帆檣上下，百貨流通，釐收最旺。河口一堵，舟楫皆停，課於何出？惟西洋附近居民，縱禾稼被淹，仍可踞埠頭以資勒索，坐獲其利，徒蹙民生，無裨國計，其害三也。鄂中爲天下咽喉，樊口乃省城後路，自來論形勢者江、漢與武昌並重。咸豐三年，鄂省三陷三復，軍械、糧糈多轉運於梁子湖。建閘後，湖内淤泥隨流下注，壅積口門，數年後愈積愈高，閘將淪爲平地，萬一有事，徵兵、轉餉必須泝江而上，屯儲無所，運調不靈，失地傷軍，兵家切忌。我朝運際隆平，固無慮此，而閘内湖水盛積，一旦沛然横決，下游郡縣之民蕩析離居，皆意中事，其害四也。大江兩岸，如新灘口、沌口、金沙口、陸溪口、富池口等處，皆係江湖灌通，與樊口情形無異。居民屢請堵築，疊經據理駮斥，如樊口建閘，雖有'他處不得援以爲例'之諭旨，而小民何知？必謂利害相同，形勢相似，何以辦理？兩歧難免，怨咨交作。且見樊口之民，恃强横築，官遂準行，萬一相率效尤，(糾)〔糾〕衆逞凶，肆無忌憚，必盡堵諸口而後已。江水建瓴而下，孤行數千里，兩傍無可停瀦，無可宣洩，驚波剽悍，一瀉無餘，下游數省之田廬，何堪設想，其害五也。以上數端，灼然易曉，在創議築壩者耳聞目見。不過樊口附近之一(偶)〔隅〕，臣等所慮者實係乎通省之水利、東南之大勢，是以奸民之聚訌將近二十年，歷任督、撫嚴禁於先，臣等復力持於後，無非欽遵列聖諭旨，循守歷辦章程。又慮西洋畈一帶地方時受水災，曾於上年奏明，於水内兩岸添築直隄，以資保衞。區區經畫苦心，初不敢求諒於衆人，亦不敢自明於君父，倘欲見好愚民，爲目前敷衍之計，或因廷臣論奏，遂于將來變故不先陳明，則獲戾滋大。前侍郎彭玉麟奉旨來鄂查辦，未經調核原卷，覆奏各稿，未據咨送。茲蒙諭旨飭臣等督飭屬員赴辦，何敢固執成見、稍涉遲疑！謹已遵旨，轉飭司道，秉公妥議，應'如何嚴立規條重懲需索，遴選公正紳士責令自行集費興修及聽民設立埠頭'一節，有無窒礙，并飭詳查議覆。"

謹按：樊口隄閘，在當時尚多争議，彭剛直主脩而李瀚章反對之，均持之有故，言之成理。數十年來，迄未見諸事實非常之原，黎民懼焉。至前年方將横隄築就，石閘將次開工，涸出膏地以千萬畝計。樊口商務逐漸殷盛，將來沿隄汽車路一氣聯貫，殆所謂及臻厥成，天下晏如者乎！至彭、李兩奏，要皆經天緯地之文，録之以備研究水利者之龜鑑。

查有清光緒時期，隄務行政生軒然大波者，即在樊口隄閘。嗣張文襄隻眼特識，將武泰、武豐兩隄修成，并於青山及保安門外添築石閘，可謂爲鄂省隄防上放大異彩，受其賜者真萬世之利。今兼憲蕭公，緯武經文，痌瘝在抱，感於庫帑之奇絀、華洋義賑會之紛糾，即概捐鉅款，於黄属之鵝公頸地方創建石閘，俾賑務督辦。李公開侁，專董其役，并委吴將軍兆麟脩築樊口隄閘，成彭剛直公數十年來未竟之志，遠謨鉅略，經畫靡遺，不惟與武泰、武豐隄閘功績先後媲美，直爲有鄂以來未有之鴻規，高山仰止，景行行止，益爲之低徊不置云。

擋案：民國六年，襄陽道呈准省署"嗣後各縣興脩民隄，無論款由官脩，或就地籌措，須由縣呈請鈞署派員勘估，仍責成該知事切實監督，一俟工竣，再行呈請派員驗收，如果工精費省，擬請予以相當奬勵，倘有減料侵蝕情弊，應即着原辦紳首賠修，并予嚴行懲處。似此勸懲，皆施辦隄人員有所觀感，庶於隄務不無稗益"等情到署。查來呈，據稱"嗣後各縣興脩民隄，由縣呈請派員勘估驗收，擬予勸懲兼施辦法"，所見甚是，應准照辦。

謹按：民隄民脩，責有攸歸。乃必仍由縣呈請省署派員勘估驗收者，昭其慎也。無論款由官脩，或就地籌措，總爲吾民之脂膏，承斯役者宜如何激發天良、工歸實踐。乃近來勸者未聞、懲者未及，泄沓相仍、迄未實現者，抑又何也？積習難返、信令未符也。爲今日計，與其重申明令、空言整理，不如劃分三段，實行負責，官、民之界限攸分，最要與次要亦一目瞭然。按籍課最，若綱在綱，徹底改革之計，莫善於此。

擋案：民國七年通令："鄂省濱漢臨江，全賴隄防以資保障，有隄之縣多至三十餘縣，殆無歲無修隄之工，亦無歲無潰隄之事，求一工程切實堅固持久者，迄不可得，實由經理隄務者不得其人，以致流弊叢生，且積久而不可挽也。查各屬民隄，向均設有紳董，經收土費、管理歲脩。其工程稍大者，尚須呈請縣知事，親往勘估，集議籌費，呈請派員督修；其次者則由紳董集費脩理，地方或始終并不與聞。此鄂省民隄習慣辦法，但紳董既經理隄垸，實人民之所託命，且利害尤爲切身，宜如何激發天良、顧全公益，遇事認真妥辦，以期工歸實際、款不虛糜。乃連年以來，各屬隄垸紳董之以攤費不公、賑款不清、辦工不實致垸民控告者，層見叠出，欲籌整頓之方，不得不定劃一之制。除官隄不計外，其官督民脩各隄，已經設有專員，如江陵之萬城隄局、襄陽之老龍隄局、鍾祥之鍾隄局，所有一切工程事項，應責成各該局長會同各該縣知事，切實妥辦，各該縣紳董不得從中干預，以一事權。此外，各屬民脩隄垸，均由各該縣知事隨時督飭，紳董勘估集費，分別工程大小，呈請派委覆勘，或由縣派員認真督修。"

謹按：鄂省純粹官隄，僅武昌、江岸及武泰、武豐隄閘。其餘若七口、馬華、同仁，關連三省，自係純粹官隄之例。老龍鍾隄則捐撥船釐，萬城則徵收土費官爲監理而已。至沙洋隄、沔陽江隄、王家營隄，近爲官修，亦稱官隄。工程之鉅，近來以王家營隄工爲第一，工費達三百餘萬。其餘皆民隄也。官隄由官經脩，歷有成案可查。至辦理民隄，照各縣習慣，又各不同。今既實行分段設所檢查，認真督防，與泛言派委估勘驗收者，固自有别。倘由此切實進行，再詳定具體辦法，行見江漢安瀾、金湯永慶矣。

以上摘録成案，計自清康熙至光緒二百餘年奏准者三十案，民國由道呈准者一案，由省署通令者一案，俱於隄務行政足資參考。其持論透闢、獨具隻眼者，首推王又旦疏與彭剛直修樊口閘疏。李瀚章反對彭疏，於通省水利大計，不無見解。兹各抄録全篇，以爲研究鄂省隄防者之借鏡。至於工程概要、修防事宜，如分守安襄鄖兵備道王槩之詳定歲脩規例十三條，湖北布政使林則徐之修築章程十八條暨續行修築隄工事宜六條，并詳定江漢隄工防守大汛章程八條及其任總督時之防汛事宜六條，又安陸府知府周保義覆擬二條，參互比較，周密靡遺，以及《導江三策》，既另具有專書，概不贅述。若夫議論之閎闊、敷陳之剴切，如顧亭林之《郡國利病》三條，《湖廣通志》所載之"護守隄防總考""開穴口總考"，劉湘煃之《隄防論》，汪志伊之《荆州水患篇》，皆洋洋灑灑，數千百言，幾如日月經天、江河行地，以及時賢之所研著，抒爲意見，要皆救時之策、經世之文，瀏覽所及，義不勝收。但多偏於一（偶）〔隅〕，未反全體，且并有可言而難於行者，兹概從略，謹就奏案及通令案之有關隄務行政者，輯爲一卷，以備參考焉。

楚北江漢宣防備覽

〔清〕王鳳生 撰

整 理 説 明

《楚北江漢宣防備覽》二卷，清王鳳生撰。王鳳生，字竹嶼，安徽徽州府婺源縣（今屬江西）漳村人，僑居江寧白鷺洲，建有江聲帆影閣、三山二水居。父友亮，曾任刑部郎中，有清直聲，以詩名。嘉慶、道光年間，王鳳生歷任浙江通判、嘉興知府、河南布政使、兩淮都轉鹽運司使等職。道光十二年（1832 年），湖北大潦，總督盧坤疏留王鳳生治江、漢堤工，半載告竣，秋水至，新堤有潰者，王鳳生引咎乞疾歸。道光十四年（1834 年），他復任兩淮都轉鹽運司使，赴任之途，因病而返，於道光十五年（1835 年）乙未四月二十四日卒於江寧，誥授中憲大夫，例晋中議大夫。《清史稿》有傳。

王鳳生亦仕亦學，尤好圖志，成《越中從政録》《宋州從政録》《荒政備覽》《浙西水利圖説備考》《河北采風録》《江淮河運圖》《漢江紀程》《楚北江漢宣防備覽》《淮南北場河運鹽走私道路圖》諸書。他每官一地，即能指畫其形勢，籌謀其興革，《楚北江漢宣防備覽》即是其臨楚治江、漢堤務，“就年來周歷之各水道堤防源流要隘，繪圖輯説，編刻成帙”（見該書卷首“序”）。

是書分卷上和卷下，首載“楚北江漢水道堤防全圖”，并以“楚北江水來源及境内諸水附入攷”“楚北江漢現在情形及堤工積敝説”“上湖廣訥制軍籌議江漢宣防略”三篇文章，對江漢水道、堤防及其積弊作總體概述。其後，分縣進行詳細介紹，每縣一圖，勾畫該縣水道流向、堤工名稱以及地理形勢，并以“水道堤防説”作爲文字説明。如“江陵縣水道堤防圖”勾畫了長江在江陵境内的流向，標明了沿江各地堤工、村鎮、沙洲名稱等，并對長江在江陵縣境内接納的各支流情況也進行了勾畫；而“江陵縣水道堤防説”則對江陵的歷史治屬、面積的四至、山水情形、各堤工起訖及長度、險要堤工之處等均作了詳細説明。全書所涉各縣計有：松滋、江陵、公安、石首、監利、嘉魚、江夏、廣濟、黄梅、鍾祥、京山、荆門、潛江、天門、沔陽、漢川、漢陽。最後收録的是“道光壬辰盧制府奏定修築湖北堤工章程”“續行修築堤工事宜”“詳定江漢堤工防守大汛章程”“擬堤工修防善後事宜”“附録 《天門縣誌》載王觀察概《詳定歲修派土條規》”。

該書特點是：分縣介紹，每縣一“圖”一“説”。不同於以江河爲綱的堤防文獻，分縣介紹的文獻重在分片記述，以江河爲綱的文獻重在通覽，兩種體例的文獻資料可互爲補充，這也是該書的主要價值所在。

此次整理所據版本爲清道光十二年（1832 年）刊本，正文前有王鳳生自識（即“序”）一篇，説明此書成書的原因及簡要經過。不當之處請批評指正。

目　　録

序[1]

江爲天地間一大澤，漢亦西南一巨川也。江至荆州其流始大，漢至漢陽以江爲墟，兼有洞庭、彭蠡二湖之水滙注於楚江上下，澒洞奔騰，故氾濫横流之患，楚北一省已自昔爲然矣。近以上游墾山之沙泥流注，洲渚叢生，江漢底日淤高，其患爲尤烈。道光十一年辛卯夏，江漢大水爲灾，潰决堤塍七十餘處。時涿鹿盧厚山宫保總制湖廣，古六楊介坪中丞巡撫湖北，念切民瘼，於蠲緩賑卹外，復籌辦宣防水利，以冀久安，疏請動借帑銀二十九萬餘兩，堵築潰口堤共長三萬三千零二丈，其餘漫潰之漢堤以及各州縣堤之殘蝕坍矬者，另由官民捐辦，一律修築加培如式，計經費亦不下十數萬兩，仍於鹽業捐銀十五萬兩，分限三年，以儲善後之用。深謀遠慮，可謂至周且備矣。

壬辰春正，鳳生奉奏調來楚，綜理是役，適厚山宫保以楚南猺變，將赴軍營，倥偬之際，猶相與究致患之由，籌弭患之策。竊以爲，《禹貢》"敷土濬州，九澤既陂，九川滌源"，"滌"與"陂"即"宣防"也，二者原不可偏廢，今若堤塍築固，假以時日，繼長增高，然後疏通支河，濬深閘堰，次第興舉，以三年爲期，庶可出斯民於昏墊而登袵席，此其始願也。詎意堤工甫竣，夏秋又值異常大水，雖原口復潰無多，而歲修各堤漫潰成口者正復不少，目睹洪濤浩瀚，拍坼盈堤，與河上無以異也。伏思國家經費有常，豈能以帑項借之不已，而民力又叠遭水患，年困一年，救死不贍，徒切望洋之歎？是堤之觀成今且不易，遑恤宣洩以爲後圖！何天心之未厭亂耶？余無術迴瀾，憂懼交迫，致以病廢，將歸而抱此區區終不能恝然自已。孟冬，長白

[1] 此標題原無，本次校補。

訥制軍蒞任，因承下問諄諄，不敢以敗將之嫌甘於緘默，爰抒所見以對，並就年來周歷之各水道堤防源流要隘，繪圖輯說，編刻成帙，以俟諸後之君子，或可爲嚆矢之一助爾。

道光十二年歲次壬辰冬十月婺源王鳳生識

卷　上

楚北江漢水道堤防全圖

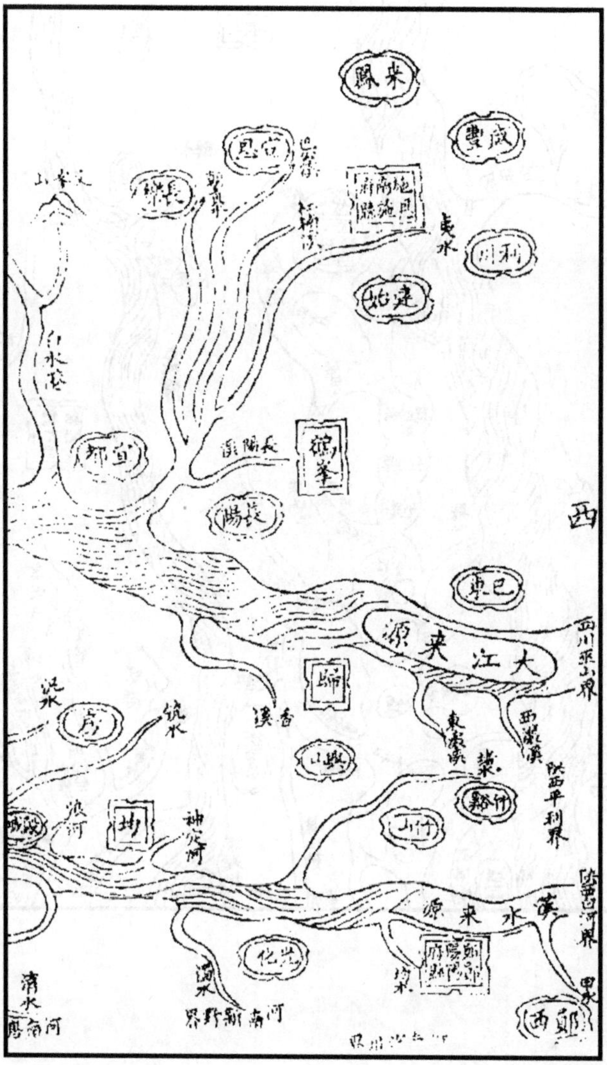

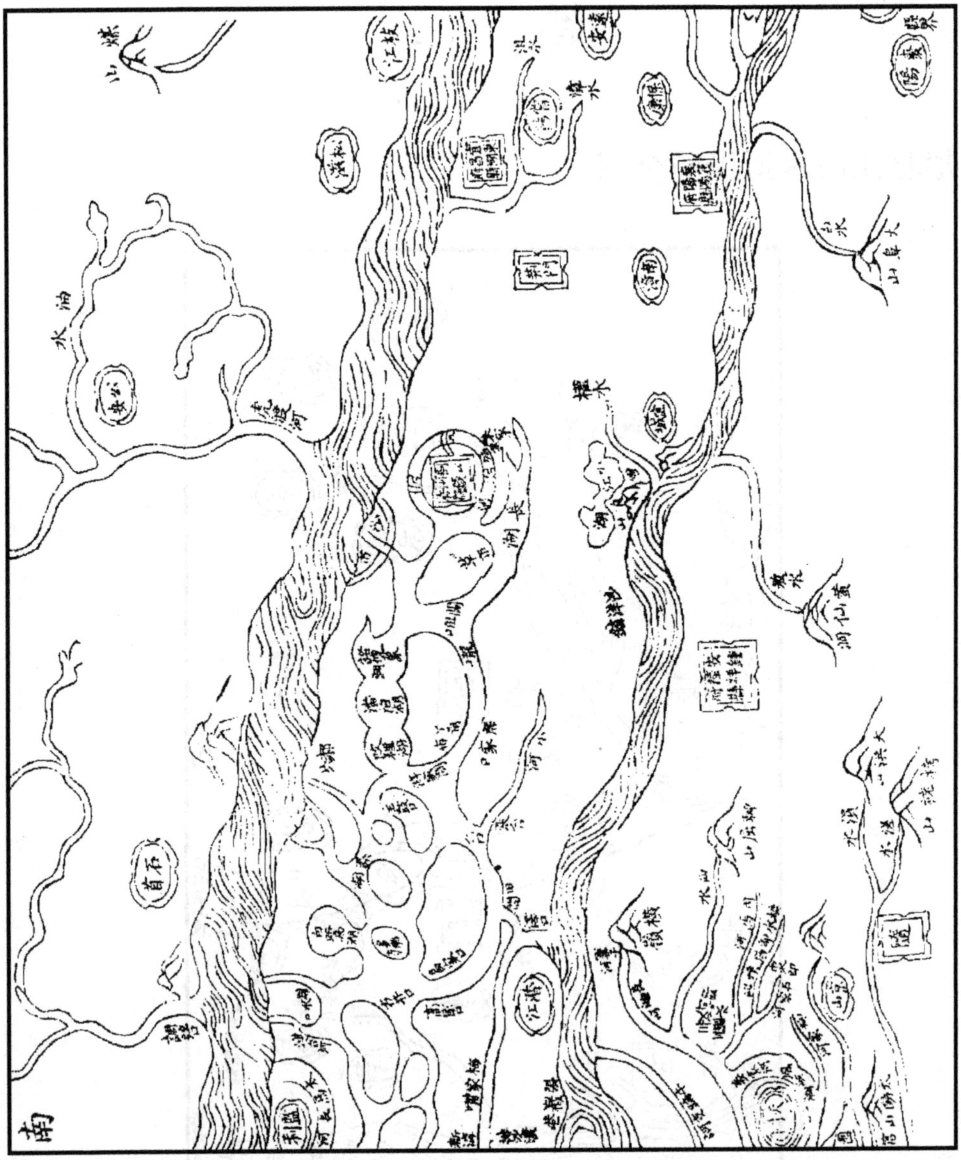
南

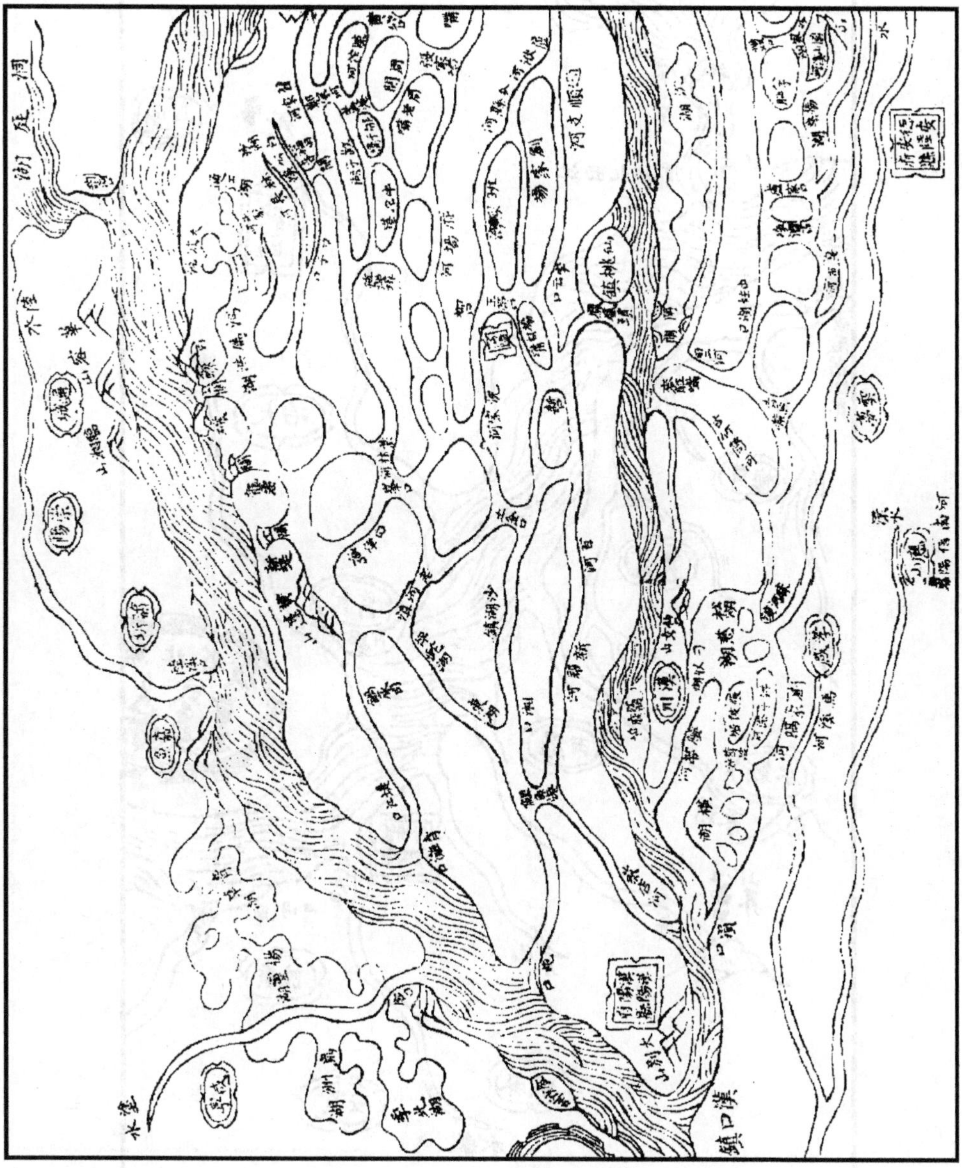

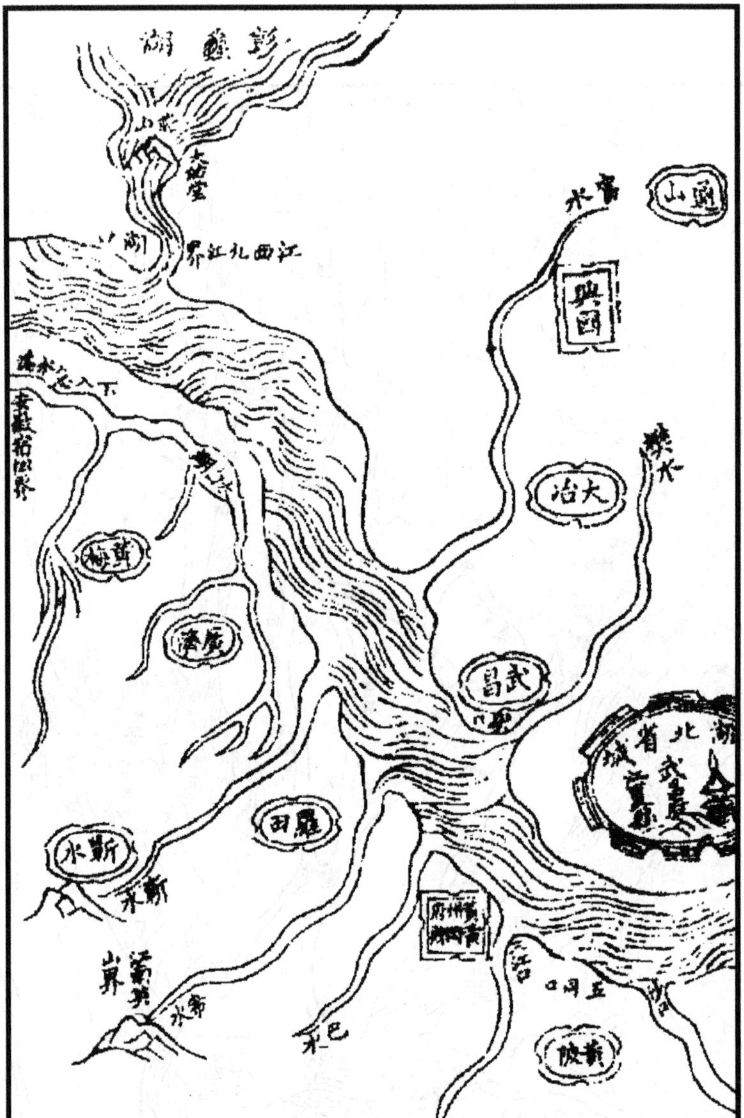
彭蠡湖
江西北江界
興國
大冶
武昌
湖北省城
蘄州
廣濟
蘄水
羅田
麻城
黃陂
黃安

楚北江水來源及境内諸水附入攷

江源出於岷山，西南流經松潘衞西。又南經疊溪所西，又南經茂州城西，又西南經威州之西，又南經保縣東；又東南流至汶川縣西，又東南經灌縣西，又東南經崇慶州北，又東南經新津縣南，又東南經彭山縣東；又南經眉州之東，又南經青神縣之東，又南經嘉定府東，又南經犍爲縣東；又東南經叙州府城北，又東南經南溪縣東；又東經江安縣北，又東經納溪縣北；又東北經瀘州城東，又東經合江縣北；又東北經璧山縣南，又東北經江津縣北，又東北經重慶府南；又東經長壽縣南，又東經涪州北；又東北經酆都縣南，又東北經忠州城南，又東北經萬縣南；又東經雲陽縣南，又東經夔州府城南，又東經巫山縣南。以上隸四川境，諸水之附入不具考。又東流入湖廣省宜昌府巴東縣北界，有西瀼溪源出孫家巖，東瀼溪源出紫陽山，自北來注之。又東經歸州城北，有香溪，一名昭君溪，源出興山縣寗都，自北來注之，其入江處謂之香溪口。又東經宜昌府，城西北二十五里，西陵陂在焉，與夔州之瞿唐、巫山之巫峽，共爲三峽。又自東曲折流六十餘里而至宜都，縣西北之荆門山與南圻、虎牙山對圻，自昔爲險阨之處。縣西有夷水，源出恩施縣羅錫堰，經長陽縣流入縣界，合源出宣恩縣萬里山之朝貢水，及恩施縣源出翠濤山之巴公溪、源出班鳩崖之紅蘭溪、長陽縣源出桃符山之長陽溪，滙於清江口。又縣東有白水河，俱自南來注之。又東北經枝江縣城北，江流至此分而爲二，間以大洲，謂之百里洲，洲之北曰北江，南曰南江，《方輿紀要》謂“《禹貢》‘東别爲沱’”，即此地也。又東南經松滋縣北，又東北經荆州府城南，有沮水源出房縣之景山，與源出南漳縣荆山之漳水，至當陽縣河溶合流，俗名沮漳河，自北來注之。對江南圻有虎渡河，係分洩江水，支流自北而南下注澧水，歸洞庭湖。又東南經公安縣北，《誌》載，有油水歸江，今爲堤阻，改由虎渡河下達洞庭。又東南經石首縣北，有調弦口分洩江水入洞庭。又東經監利縣南。又東經華容縣北。又東經岳州府北之城陵磯，有洞庭湖水自南而北由此注於江，謂之荆河口。又東經臨湘縣北。又東北經嘉魚縣西，有源出蒲圻縣港口之新溪河納大羅、龍坑、磐石等湖之水，至石頭口南來注之；又有源出崇陽縣之陸水納崇陽、通城二縣諸水，至陸溪口即古陸口南來注之。折而北經漢陽縣西，有青灘口、沌口上承江陵、監利及潛沔分洩之，漢水自北來注之，其南岸爲江夏縣，有塗水源出咸寧鍾臺山至金口鎮自南來注之。又六十里北經漢陽府城東之大别山南與漢水會，所謂漢口也，亦謂之夏口。漢陽、武昌二府城隔江相對，不過七里，爲自古津渡必争要隘。江水會於漢水，並流而北，復折而東。江之北岸爲黄陂縣境，有澴水，源出河南信陽州天磨池，經孝感縣流入境，東通武湖之灄水，西會馬溪河，至五通口，一名沙口，自北來注之。南拆爲武昌府江夏縣及武昌縣境。武昌縣西有樊水，源出咸寧縣石燕泉，北流入境，納縣南湖澤諸水，至樊口南來注之。北岸爲黄州府黄岡縣境，有舉水，源出麻城縣黄蘖山，西南流至縣西三江口，北來注之。又東南三十里，有巴水，源出羅田縣之鹽堆山，經蘄水縣流入縣境，合羅田諸水及縣之上巴河，至巴河鎮，北來注之。又東經蘄水縣南，有希水，源出六安州英山縣之霍山，西南流至蘭溪口，北來注之。又東經蘄州城南，有蘄水，源出四流山，至挂口，滙廣濟縣迤西之水，北來注之。江之南岸爲興國州界，有富水，源出通山縣九宫山，東流遶州城南，納境内諸湖水，至富池口，南來注之。又東南經廣濟縣及黄梅縣南境，出安徽宿松縣界。凡廣濟境之梅川、斤竹諸河，連城、赤磯二湖，及黄梅境東北源自唐家山、西北源自紫雲山諸水，均滙入縣之太白湖，逕東觀市，由望江縣之急水溝入於江。黄梅江岸與江西德化縣犬牙相錯，對江爲九江府，城之北迤東爲湖口縣，其彭蠡湖水自縣城西南注於大江。

楚北江漢現在情形及堤工積敝説

按：江水自四川岷山發源，至巴東縣入楚境，歷歸州、東湖、宜都、枝江、松滋、江陵、公安、石首等縣，東至監利縣滙洞庭，又東由沔陽、嘉魚、江夏等州縣，至漢陽縣與漢水同流，出黄州而達溢浦。其在東湖以上，兩岸皆山，江流順軌，故無所患。迨至荆州之江陵縣，地勢寬衍，三峽之水迸流至此，如櫪馬脱繮，隨性奔逸，兼以宜都下至監利，其中洲渚蔓延二十餘處，錯綜阻遏，勢益湍激沸騰，故江水之患，首在荆州一郡。查唐、宋時本有九穴十三口分洩上游之水，後漸湮没。明初猶存其三：一虎渡口與調弦口，流注澧江，同入洞庭；一郝穴，流入漢口，與大江復合。自嘉靖間將郝穴堵塞，僅餘虎渡與調弦二口宣流，全藉堤防爲捍禦。南岸則枝江、松滋、公安、石首，堤凡五萬四千餘丈；北岸則江陵、監利，堤凡四萬九千餘丈。唇齒相依，一處不堅，勢難獨保。然地本居高，苟能順其就下之性，隨長隨消，原可不致渟積，無如在下之洞庭湖，每當夏漲，受黔、湘兩省之水，出荆河口而入於江，致截川江去路。夫水緩則沙停，沙停則洲之有者漲而愈寬，無者生之不已，江面之日占日窄，水患之年盛一年，其勢然也。上年，洞庭南水大旺，致荆州江水壅滯，經久不消，淤墊尤甚。本年盛漲，荆州之楊林磯誌椿水痕，較比上年仍大二尺一寸，而下游水不加多，可見非汛漲之較增，實江底之高仰耳。又東流至武昌漢陽，復有漢江受秦、豫諸水，北出漢口以入江。又東流至黄州達溢浦，復有鄱陽湖受章、貢、徽、饒諸水，南出湖口以入江。故嘉魚、江夏、廣濟、黄梅等縣，無山處所，亦賴堤防。凡楚北江水經行之區，悉爲諸巨川滙注之地，勢猶横截，漲每同時，節節紆迴，自不免逆而旁溢，此楚北江水頻年爲患勝於他省所由來也。兼之漢水自陝西嶓冢發源，至鄖縣入楚境，歷均州、光化、穀城、襄陽、宜城、鍾祥、荆門、京山、潛江、天門、沔陽、漢川、漢陽等十三州縣，出漢口與江水合，其水本如黄河，性帶沙泥，隨處坐灣淤積，尤易生灘，凡灘嘴挺生之處，往往逼溜頂沖，勢成危險。迨流至漢陽界，又有涢口，上承德安郡屬之府河及安陸府屬堤内湖河諸水，北來注之，每於夏秋奔騰浩瀚，已有宣洩不及之勢，且出口歸江，僅只漢口一道，正值川江、洞庭並漲，阻遏不能暢流，宜其益形淤墊。若從前不與争地，亦不過水漲時一漫而過，爲害尚輕，積年漸即停淤兩岸，轉成高阜，乃昔人狃近利而忘遠患。自襄陽以下，至鍾祥、荆門、京山、潛江、天門、沔陽、漢川各州縣，南、北兩岸千數百里，皆築堤以禦之，自此内外判然，即不能棄而弗守。查宋元時，自鍾祥以至漢川，均有支河可以分漢流而殺其勢，後俱湮塞堵築以堤，至今七邑民舍、田疇，但倚堤塍爲命。然河身日高，則堤内之地日下，設遭潰漫，勢若建瓴，皆成巨浸，甚至積潦無從疏洩，仰似缽盆，連歲不能耕藝，此楚北漢水頻年與江水同患之實在形情也。考諸《誌》《乘》，自明季以來，此塞彼潰，已無歲無之。國朝乾隆、嘉慶年間，連年潰堤，歲比不登，民困斯極。嘉慶十三年，前督院汪勘明湖北各州縣應疏應堵情形，當經疏濬河道，堵築堤防，修建石牐，分别奏請籌辦，其時積潦藉以稍疏，民可安業。迨嘉慶二十一二等年，不旋踵而水災又見。道光元年以後，迭遭潰漫，至道光十一年，江漢與洞庭之水汎濫爲災，各州縣衝潰堤塍七十餘處，更爲百餘年所未有。本年六月，復異常盛漲，致濵江之松滋、江陵、石首、蒲圻四縣堤，濵漢之鍾祥、京山、天門、沔陽、漢川五州縣堤，又多潰口成災。伏思澤國固多苦潦，而今之視昔，何以流愈滯而害愈多？推原其故，竊以爲人事、天時有二患焉。查漢水之上游，逼近皆山，山多藏蛟，每一舉發，水來甚驟，且高逾數丈，所至成灾，非汎水之日，長尺寸可比。然從前只春、夏時有之，亦不經見，近則屢受其害，且不獨春、夏爲然，如湖北鄖陽府在萬山中，踞通省最高之地，本年七月初三及八月初九日，連次陡發，山水數丈，水勢奔騰直下，冲潰襄陽老龍堤並襄陽、宜城等縣城垣，其地勢之在下者，更屬如頂灌足，沛乎莫禦。至江水向只夏汛一漲，今則屢漲不已，秋汛幾與夏汛無異，節交霜降，仍未歸槽，是皆未之前聞，此天時之爲患也。在昔江面寬濶，江底深通，故漲水易於消納，不致爲灾。近因上游秦、蜀各山多爲民人開墾，土石掘鬆，每大雨時行，山水挾沙冲卸，水緩沙淤，以致江河底益墊高，在在易生洲渚，其在中流者爲洲小，民貪利報陞，輒種蘆葦，久漸漲寬，其近兩岸者爲灘，沿堤居民亦各報陞，墾成田畝，並私築堤垸，自謀捍禦，二者兼之，故江面日爲侵佔，兩旁既靳其瀦蓄之寬，中央復阻其暢流之勢，未有不横溢四出者，堤身稍爲卑弱，力豈能支？此人事之爲患也。夫患在天時，其爲害固非可逆料，若第以洲灘而論，其患係在人事，似尚可力與挽回然。凡此已成之地，或開阡陌，或結屋廬，儼成村落；即種葦沙洲，其來已久，延長數里及數十里不等，沿流皆是。皆由從前地方官，或因幅輿遼濶，查察難周；或因生齒日繁，遷就姑息；或因民情强悍，畏難苟安。事遠年湮，致成積重難返。今欲設法挑毁，以江漢之在楚者，各長千數百里無論，斷無此鉅費可興大工。且案查乾隆五十三年，荊州江水泛漲，衝潰堤城，經欽差大臣查辦，以江中有窖金洲一道，約長十餘里、寬五里，侵占江面爲害，奏請永禁開墾，並於對岸築石盤頭以挑水刷沙。迄今四十餘年，雖洲地墾禁未弛，而寬廣已較前增倍，徒勞無功，是其明驗。總之，江漢受患之由，大率在於與水争地，以堤阨束其流，益恣盪擊。然宋、元以前，疏穴口以洩水，其患尚減。自明以來，諸穴多湮，而專事堤防，其患益密。蓋下洩則上無横溢，支分則流必平緩，“宣”與“防”原不可偏廢。若議“防”而不議“宣”，一綫長堤，障千里之淜湃，欲其萬全，其可得乎？故南塞則北潰，北塞則南潰，前明迄今皆然。兹以上游墾山之泥沙流注，到處洲灘滋蔓叢生，江河底日淤高，水益勤而且大，川壅則潰，後患殊未已也。查江漢堤塍，有按糧徵土、官爲經理者，如江堤之松滋、江陵、公安、石首、監利五縣，漢堤之鍾祥、京山二縣是也；有按糧派土、聽民自修者，如江堤之廣濟、黄梅、沔陽州，漢堤之潛江、天門、沔陽、漢川四州縣是也；有歲修生息、專欵由官領辦者，如江堤之江夏、嘉魚二縣與咸寧、蒲圻四縣之公堤，並漢堤之荊門州是也。官修之工，固多浮冒偷减，即派土聽民自修，而工由官督書役查催，仍不免於借事需索包攬等弊。且小民於夯硪築法，每不如式，亦難經久。邇年因連遭水患，民力拮据，奏請借項興修，分年攤徵歸欵，例有保固，不能不責成官辦。而民以保固在官，凡畚鍤、搶險等事，轉若置身局外，雖令不行。至承修之員，欲其諳練工程而復能潔己奉公者，其人本不可多得。且一經興工，每於委員、差役、夫馬、飯食之外，另須查驗監催、使費，種種剥削，其實用到工者，尚餘幾何？積習相沿已久，縱有長吏實力稽查，而鞭長莫及，斷非一手一足所能爲烈。在辦公者，輒藉口於十年保固，恐貽後累，伏查固限之在他省江湖、河海、土石、柴塘，俱以三四年爲斷。即本省襄陽老龍堤石工，保固亦例只三年，從未有如江漢土工固限之久者。川流汹湧，土性鬆浮，欲律以十年不敝，與他處相形，似未足以昭允洽。但查各堤工，雖有土名，向未將高寬袤長丈尺劃清界址，逐段刊載石碣，豎立工次，及造册申報道府衙門有案，故遇潰口，無難挪東掩西，朦混具報。雖例限綦嚴，亦徒有虛名而已。似不若區分段落丈尺，勒石造册，易於稽查，以杜前弊。一面援照襄陽工例，奏請酌減固限，俾於公事，得臻核實之爲愈也。再江堤兩岸，上自荆州，下至武、黄，約長二千餘里；漢堤兩岸，上自鍾祥、荆門，下至漢川，約長千數百里。工段極長，全資民力。近患江河淤墊，沿流堤塍，自不能不隆與俱高，培之使厚，無論堵、築潰口，經費浩繁，即每年歲修之資，亦復甚鉅，沿堤各州縣業民叠被水灾，謀食不贍，焉有餘力？兼以伏秋大汛，洪流衝突，拍岸盈堤，其迎溜頂冲及有獾洞、鼠穴暗險處所，在在可危，直與河工無異。然河工設有專管之丞倅、汛員、兵役巡察，於平時保護，於臨事並搶險，有欵項開銷，逐段有料土堆積，尚可有備無患。今江漢長堤，以一州縣管轄數百里之工，本有刑錢專司，無暇兼顧，况搶險無欵可支！舉凡土料、夫工，均須捐備。縱有亟公任事之員，而力有不逮，亦只得觀望不前；至佐雜汛官赤手從事，更無能爲役。方今國家經費有常，豈能以江漢堤工，致縻財賦？若欲徵之於民，修堤且藉代籌，搶險益難集費，此又堤工積敝及事處兩難之實情也。

上湖廣訥制軍籌議江漢宣防略

謹按：江水自三峽出荆州，始得逞其展蕩，勢極奔騰澎湃。至江陵、松滋兩縣，南、北既各束以堤，中邊復洲渚叢生，不能容納，及抵監利，又有洞庭湖水，夏、秋同時並漲，由荆河口南來注之，横截阻遏，兼爲其下之楊林、白螺、臨湘等山南北對峙，口門偪仄，扼束其流，以致水緩沙渟，江底日益淤墊，自上年洞庭南水大旺，其害尤甚。查乾隆五十三年，前經欽差大臣監築荆州萬城大堤，於堤頂隨地置有鐵牛制水，今積年加培之土，已距原置鐵牛處所高出丈餘，而本年盛漲水痕直平堤面，此即今、昔迥殊之明徵矣。宋、元時，荆屬向有九穴十三口，分洩以殺其勢，自明嘉靖間堵塞殆盡，僅餘虎渡、調絃二口，宣流入澧。且調弦口未得分溜之勢，川壅而潰，理在則然。今江底較前益仰，洲灘較前益多，故此築則彼潰，彼築則此潰，其患幾於無歲無之。如今歲夏、秋盛漲，荆屬北岸之萬城以至監利，南岸之松滋、江陵、公安、石首，共堤長十萬餘丈，其水與堤平者幾及過半，所以潰口大率因漫而成。既患江底淤高，則以後尋常漲水即難保無汎濫之憂，苟欲爲來年保障計，除堵築潰口外，舉凡卑矮堤塍，必須預籌歲修，一律培與俱崇，乃可有備無❶患。通盤核算，經費浩繁，若照向届民間按田派土，原係衆擎易舉，特今冬攤派，只江陵北岸萬城堤可以仍舊；南岸松滋縣雖有偏灾而地方富庶，尚可併潰口設法捐修；餘如公安、石首及江陵南岸俱連年被水，監利亦僅五分收成，均係積困之餘，繼以癘疫，大半逃亡，民力殊未可恃，籌之不可不早也。至嘉魚、江夏及蒲圻、咸寧四縣公堤，除潰口應責令賠修，其歲修各有生息專欵存貯藩鹽庫。廣濟、黄梅二縣，向係派土歲修，兹幸完固，應令繼以人力。以上各縣，只須於堤之卑薄處酌爲加培高厚，實力督辦，便可以資捍禦矣。漢水自鄖西縣入境，歷襄陽抵鍾祥縣，勢益就下，兩岸俱築堤以限之，浩蕩奔騰，東南流三百里，至潛江之夜澤、排沙二口，水始分流：其一支遶潛境西南而下，分注監利、沔陽二州縣境，由新灘口歸江；其一支由蘆洑河灌輸於沔陽各湖，分由沌口歸江。是漢水之支分賴有此耳。今夜澤、排沙兩口門及腹内諸河道俱多淤塞，惟夏時始通舟楫，則分洩空有其名，上下二千里迸力東下，欲其束縛順軌，直至漢口而達於江，每當盛漲之際，奔雷轉轂，譬彼張其口而潤其腹，咽喉一綫，能保無虞乎？况漢水一石得泥逾斗，幾與黄河相等，淤墊之易，更甚於江，兩岸堤塍培厚增高，益欲有加無已；無如所歷州縣，俱屢遭水患，歲比不登，謀食不贍，焉能更集畚鍤之費？本年潰口，惟鍾祥縣有堤工生息專欵存貯藩庫可以撥用，沔陽州已自認賠修，天

❶ 無　别本作“有”，疑誤。此處徑改爲“無”，當是。

門縣所潰無多，可飭自行籌辦。此外，如京山縣吕家潭潰口，爲天門、漢川二縣之頂冲，潛江、沔陽並遭波及，最關緊要，宜亟堵築。但口門以下俱衝成深潭，碍難對口興修，須相地施工，延長尚難逆料，所費恐多。是口今歲之修即係勸捐而成，未便以復潰再資民力，自須另籌趕辦。至漢川縣堤，夏汛僅潰二百數十丈，後經異常秋漲，爲上游各潰口之水灌注於縣之腹裹，堤塍内外，一片汪洋。近聞已敗壞，不可收拾，尚未據該署令稟報。若爲通工修整，所費尤鉅，縣之業民，遭昏墊者十有餘年，斷難派土，一切均待官籌。且該縣地勢極窪，居潛、沔下流，爲衆水滙注之委，不特漢江汛漲自固吾圉，抑且上游之鍾祥、京山、潛江、天門、沔陽各堤一有不虞，無不以鄰爲壑。雖境有刁汊、三臺、横湖等以備瀦蓄，而來源汹湧，下游又有涓口受安陸、德安二府屬之水注之於漢，壅滯去路，以致宣洩不及，四溢旁流。該堤塍兩面受敵，不潰於外必潰於内，縱以數萬金錢不日成之，亦難期其屹立之不可撼也。故賈讓曰："堤防之作，壅防百川以自利，民耕田之或久無害，稍成室家，遂成聚落，時至湮没，則更起堤防以自救，稍去其城郭，排水澤而居湛溺，自其宜也。"又《漢書》云："左堤强則右堤傷，左右俱强則下方傷。"其斯之謂與！《潛江縣志》載："欲防水患，莫急於修决堤、濬淤河、開穴口，三者備乃爲百年經久之謀。"俱屬切中時病。但居今反古，賈讓棄地之議，既以民田、廬墓，關係匪輕，諸多格碍，即開穴口、濬淤河二説。兹查，支河到處淤積，穴口遺趾多湮，且欲復故道，須築校堤以禦水，在在經費不貲，待興大工，先需財用，此項從何籌備？惟查《沔陽州志》載陶大年云："水有性，水有勢，莫如相其潰口之成河者，留一口以爲消洩，則順水之性殺水之勢，所棄少而所全多。"斯水、土兩利之急策。迨水既成河，岸可成田，因其岸而堤之，可立待也，庶或因敗見功之一道。若荆江之上游，終無分洩之區，漢江之支河尾閭不濬深通而廣瀦蓄，雖歲議築堤，是猶止兒啼而塞其口耳，何益之有！倘官項既無欵可借，民財又無力能勝，萬不得已而爲補苴，目前之圖，則潰官工者責令賠修，有專欵者發令趕辦，其餘擇要口，先爲籌欵堵築，任用得人。至松滋潰口及歲修堤工，仍責成各府縣自行設法辦理，是其下策，如來年幸無大水，未始不可希冀安全。然云確有把握，則非管見所能及也。伏惟周諮而鑒察焉。

松滋縣水道堤防圖

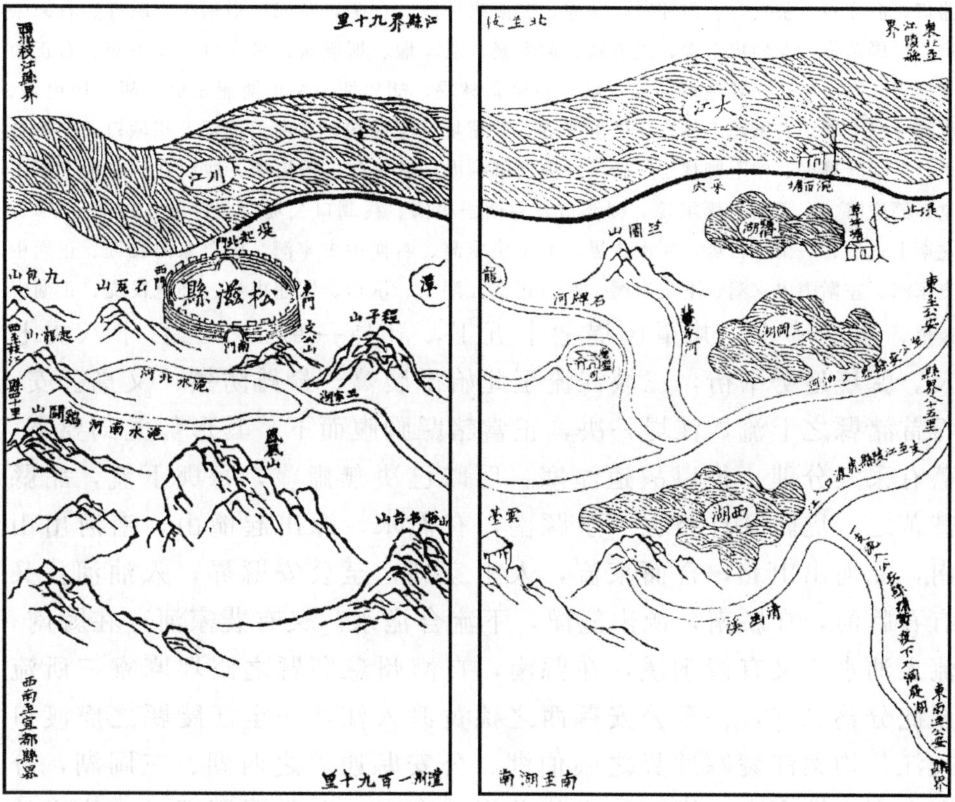

松滋縣水道堤防説

松滋縣，爲漢置高成縣，屬南郡。後漢省爲孱陵縣，地屬武陵郡。魏復立，屬安豐郡。晉僑置松滋縣，屬南郡。咸康四年置南河東郡，齊曰河東郡。陳天嘉二年置南荆州，尋廢。隋廢河東郡，縣屬南郡。唐屬江陵府。五代及宋因之。元屬中興路。明屬荆州府。東西廣一百二十五里，南北袤二百八十里。東至公安縣界八十五里，南至湖南澧州界一百九十里，西至枝江縣界四十里，北至枝江縣界九十里，東南亦界公安縣，西南界宜都縣，西北亦界枝江縣，東北界江陵縣。境内西接夔峽，面江阻山，山居其南，江在其北。大江自枝江縣分爲三派，下流入縣境復合爲一，達於江陵，沿圻築堤，由麗家灣起，歷朱家埠、車老堰、左衛劉鸞鳳、張會、羅庶、度鑾、羅明兒、右衛七里廟、左衛許學信、牛路口、但守貞、張友株、田仲賢、陳秀、右衛龍華舖、左衛許冬兒、張稱兒、陳春、右衛余家潭、馬黄崗、左衛皮李鸞、燈盞窩、黄木嶺、范家堰、烟墩嶺、采穴口、高山廟、右正衛李形堤、高山廟、李會屯堰、孟堰坑、左衛雷林堤、胡思堰、左正衛龍甫堤、胡思民屯堰、淇潭寺民屯堰、右衛趙王俊、正衛淇澤寺、陳遠坑、王滿灣、左衛王英堤、胡堰口、上柳林子、左衛陳思虎、中下柳林子、新堤、夾洲民屯堤、易家灣、獨楊樹、沙洲廟、左衛丁恩王堂、鄭應時、左衛上下馬家墻、楊潤口、左衛張興國、楊潤口長堤、金頂兒、右衛雷茶口、左衛上古堤、右衛下古堤、左衛古堤、上中史家灣、右衛中史家灣、中史家灣長堤、正衛中史家灣、左衛中史家灣、下史家灣、左右正衛江灌子、涴市、懶龍屯堤、懶龍民堤、正衛懶龍堤，至古墻止，共軍民堤七十五工，計長一萬二千二百十八丈七尺。縣境地勢平衍，三峽江流至此始得展蕩，最難防禦，又爲公安、石首諸縣之上流，江堤一决，正當諸縣胸腹而下，其形勢尤爲要害。舊有采穴分洩，後以故道湮塞，明時已決無虛歲，每與下流，諸縣甚苦之，堤防其首務也。至縣南，有涴水，源出起龍山，南河出山南，北河出山北，合而東流，入王家湖，至公安縣界，入油河。又有石牌河，在縣南，源出龍潭，下流合涴水。又有裴家河，在縣南，流入油水。又有清幽溪，在縣南，自澧州慈利縣之添坪麻寮三所流至此分爲二支，一至公安縣西之孫黄渡入江，一至江陵縣之虎渡口入江，均與江陵縣連界之張伯湖、公安縣連界之西湖、三岡湖，分資山鄉之灌溉者。惟濱江之倚兹堤爲命者，非僅吾圉而已，防之殆不可不慎。

江陵縣水道堤防圖

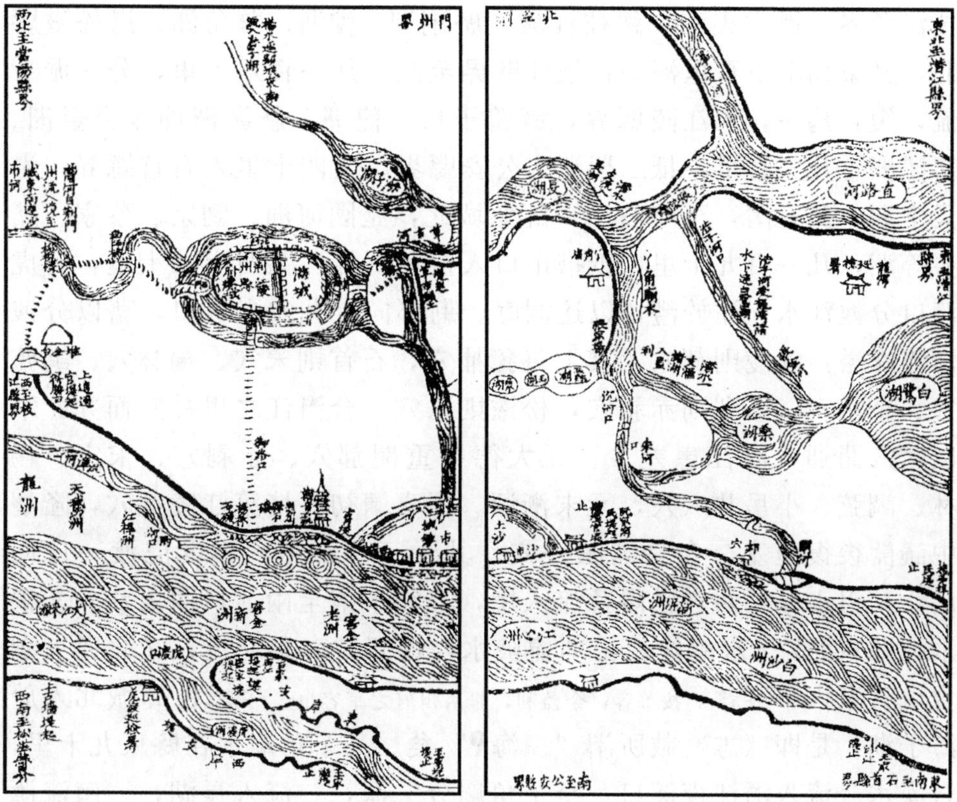

江陵縣水道堤防説

江陵縣，在春秋時爲楚郢都。漢置江陵縣，爲南郡治。後漢因之。晉兼爲荆州治。宋、齊以後因之。隋爲南郡治。唐爲江陵府治。五代、宋、元因之。明爲荆州府治附郭。東西廣一百一十五里，南北袤七十里。東至安陸府潛江縣界七十五里，南至公安縣界五十里，西至枝江縣界四十里，北至荆門直隸州界二十里。東南界石首縣，西南界松滋縣，西北界荆門州當陽縣，東北亦界潛江縣。《諸葛武侯傳》謂爲“東連吴會，西通巴蜀，南極湘潭，北據漢沔”，洵上游一重鎮也。境無崇山，其著名者縣東十里有蛇入山，今更名陰德山，相傳孫叔敖埋蛇於此。又縣西門外有龍山，晉桓温九日讌僚佐孟嘉落帽處。大江自虎牙灘入宜都縣界，至清江嘴，過縣北六十五里，至白水港入枝江縣界，過青夾洲，經枝江城，歷浰洲、漏洲、羊角洲，過松滋縣北，又東爲上下百里洲。自枝江縣界至此，凡一百六十里，分三派下流，復合爲一，入江陵縣界，經鴨子口、龍洲、新淤洲即今窖金洲、新泥洲，凡二百里，抵二聖洲入公安縣界。又四十里入石首縣界，過天生洲、萬石灣，至陽岐山，經縣城北，歷團河洲、劉宗、蔡家、赭要等洲，凡一百九十里，抵搭市口入監利縣界，縣西南二十里，有虎渡口分洩江水，注於澧，以達洞庭。荆郡向有九穴十三口，藉以分洩江流漲溢：江陵則郝穴，其上爲獐捕穴，石首則宋穴、楊林穴、調弦穴、小岳穴，監利則赤剥穴，松滋則采穴，合潛江之里社穴而九。宋以諸穴開通，故江患差少。元大德中重開郝穴、赤剥穴、宋穴、楊林、調弦、小岳共六穴，元末漸湮。明嘉靖初又堵築江陵郝穴，隆慶中議開後復湮塞。今只調弦一穴。其十三口無考，亦惟虎渡一口而已。又沮水在縣西自當陽縣流入境，合漳水南至兩河口西入江。又楊水在縣東北，《水經注》云即龍陂水，逕郢城南東北流，又北與三潮會，又東入華容縣。按華容，今監利，非岳州府之華容也。今水由郢城北入於海子湖，是即《志》載所謂“三海❶”矣。又丫角廟水在縣東九十里，自漢水分流入潛江夜澤口，至丫角廟分二派，一流入長湖，一南流滙諸湖水入監利縣界。又東三十里有浩子口河，受龍灣市諸水，下達白鷺湖。又漕河在城北，自荆門州流入，至城東南達沙市河，西北入草市河。又《誌》云：“夏水在縣東南，東流入監利縣界，又東流入漢陽府沔陽州界，一名長夏港，又名大馬長川。”《水經注》云：“夏水出江，流於江陵縣江津豫章口，東有中夏口，是夏水之首，江之汜也。”按：今江之北岸，西自當陽交界，東至拖茅埠，均築以長堤，諸穴俱塞，久無江水可通，惟郝穴之東尚有石閘遺址，閘下有河斜西

---

❶ 三海　始於三國兩晉，至南宋時，爲阻金騎兵入侵再擴大，把沮水、漳水全部匯入，綿延數百里，寬數十里。見《宋史·吴獵傳》。在相當長歷史時期内，其對江陵附近地形、地勢影響甚大。

北流，名朱河口，折而東北入桑湖、白鷺湖，下注於監利之太馬長河。以其地考之，近是。縣境南臨大江，北通潛水。江南大堤，自上古墻起，歷中、下古墻，興隆工，二、三、四、五、六、七、八、九節工，周家垸，上、下楊林湖，至王家湖止，共十六工，長九千四百六十八丈。進虎渡口東支堤，自崔家垸起，歷曹家垸、化成寺、江瀆宮、麻家堤、梁家垸、曲老灣、團湖垸、吴二垸、蕭二垸、羅二口、茂林垸、王家垸止，共十三工，長七千二百一十丈。又江南大堤，自石家廟起，歷三元觀、東嶽廟、白廟兒、上下太平街，接官廳、小江埠、龍王廟、蕭石嘴、張家淵，至王家淵止，共十二工，連荆左右衛，計堤長五千九百五十三丈二尺。以上隸江陵縣轄。又江北大堤，除堆金、得勝二台續增工計長六里外，上自逍遥湖起，歷下逍遥湖、上中下萬城、上中下方城、上下漁埠、上下沙溪、上下李家埠、上中下獨陽東岳廟、上中下笋篷、黑窑厰、沙市古月堤、上下柳林，至横堤止，爲官工共二十五段，長一萬四千八百七十七丈。又自阮家灣起，歷黄灘場、楊二月、柴紀堤、登南堤、獐卜穴、稀柳□❶、長樂堤、岳家嘴、范家淵、梧桐橋、上林腦、下林腦、方家淵、馬家寨、冲和觀、雙聖壇、周家垸、上下潭子湖、龍二淵、上下新閘、冉家堤、上下熊良工、上下雙淵、洪水淵、石首南堤、上中下金果寺、上中下孟家淵、永寧堤、羅家淵至拖茅埠止，爲民工共四十段，長二萬三千一百二十二丈，向隸荆州同知經管，今改爲荆州府轄。又河堤自沙橋門起，經丫角廟，至張家塲止，計長四十里，係江陵縣丞汛經管。又直河堤，分十三工，計長三十五里一分八厘零，係龍灣巡檢汛經管。各堤歲修，俱係按畝徵土，官爲修整。兩岸江堤，均患卑矮，雖迎溜頂冲，以沙市、郝穴二工最爲危險。然近年江底淤高，夏汛輒易泛漲，北岸上游如堆金、得勝二台，堤多滲漏，自横堤以下，本年大汛，水平堤面之處，不可枚舉，孟家垸至拖茅埠爲尤甚。南岸之潰决亦皆因漫而成，其險要比比皆然。竊恐後之視今患猶未已，若無分洩之區，但以兩堤扼束，必欲其順軌而無旁溢，吾不信也。有心民瘼者，圖之不可不預。

❶ 原文漫漶不清。

公安縣水道堤防圖

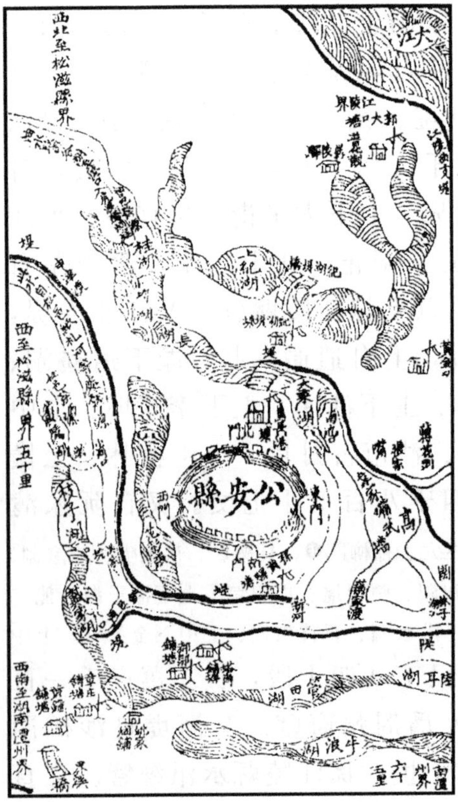

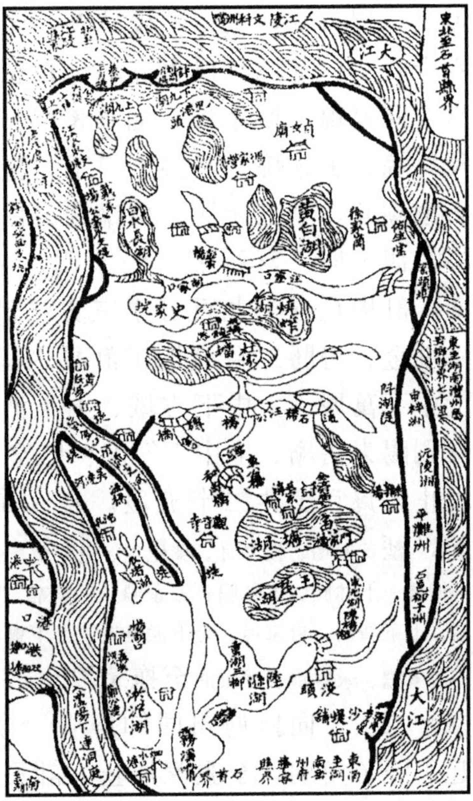

公安縣水道堤防説

公安縣，在漢爲孱陵縣，屬武陵郡。後漢因之。季漢析置公安縣，吴爲南郡治。晉太康元年，改縣曰江安，郡曰南平，孱陵仍屬焉。南齊移郡治孱陵，公安爲屬縣。陳復爲公安縣。光大二年，以江陵屬後梁，乃於公安置荆州。隋開皇九年，省孱陵入公安，仍屬荆州。唐屬江陵府，元屬中興路，明屬荆州府。東西廣一百二十里，南北袤一百三十五里。東至湖南澧州屬安鄉縣界七十里，南至湖南澧州界六十五里，西至松滋縣界五十里，北至江陵縣界七十里。東南界湖南岳州府華容縣，西南亦界湖南澧州，西北亦界松滋縣，東北界石首縣。地據荆南之阨塞，爲楚北之要衝。平衍無，多山阜。大江在其東北，洞庭在其東南。江自江陵縣流入縣境，又東流入石首縣界，沿江俱築以堤。自吕江口起，歷上下灌洋、毛家巷、杜楊劉、西湖廟、右衛白家灣、正衛雷四灣、田家灣、正衛雙石碑、黄家灣、窑頭埠、楊公堤、高季么、趙周胡、何家潭、張朝慶、鄭家潭、羅楊黄、清溪口、陳張何程、周陳黄、黄廟祠、周張邱、葉胡林、沙堤埠、張楊工、張詹李、冀張黄、公石正右二衛軍堤，至石首界止，共長二萬二千六百七十六丈五尺。又虎渡西支堤，自李家口起，歷龍秉習、朱祥治、魯田龍、田羅陳、涧水灣左衛軍堤、毛公墙，至咼家汶止，軍民堤共長八千三百六十丈。又虎渡東支堤，自沙河口起，歷文蔡祥、王徐張、吴胡堤、寺李大、潘家墻、程家剅、蕭三口、赫荀墻軍堤，至鄷家榨止，軍民堤共長八千五百四十丈，内以西湖廟工最爲頂冲險要。又縣東有虎渡河，分江水支流，自北而南入澧水，下達洞庭湖。又於虎渡東分一支，名黄金口，東南流至孫淵口，注於霧溪嘴，東入洞庭。黄金口又分一支折而東，其自北流者爲上下九湖及白水長湖汪家口諸水；自南流者爲魚塘、陸遜諸湖，出孫淵口與黄金口支流合。又分三支西流：一通大東湖、馬長河、上下紀湖，一通陸耳等湖，一通牛浪等湖。又縣南有孫黄河，西自松滋縣流入縣界，經孫黄渡，下至港口合流，南入洞庭。又縣西有油河，自松滋縣流入，西與涴水合，又北流入於大江。近以堤阻，不能逕入。查縣西有自松滋流入申津渡、東南會孫黄河同入港口歸虎渡河達洞庭一河，與《誌》載：油河方位近是。縣境諸水，均以洞庭湖爲歸墟，到處川澤縈迴，如通脉絡，以資灌溉，固一膏沃區也。只支河久患淤積，江水分洩而下，稍滿則溢，如東北下九湖至汪公橋，又黄金口至瓜渚湖口；西北大秉湖口至新河口，又蔣花剅林子湖、蘇家渡新河、鐵匠河、洪家垸小河各口，均湮塞不通，亟宜深濬，俾暢其流。至江拆更倚堤爲命，不特本境一有潰决，遍野洪濤，兼與上游之松滋、江陵二邑堤塍亦有唇亡齒寒之慮。“宣”與“防”，殆不可偏廢也。

石首縣水道堤防圖

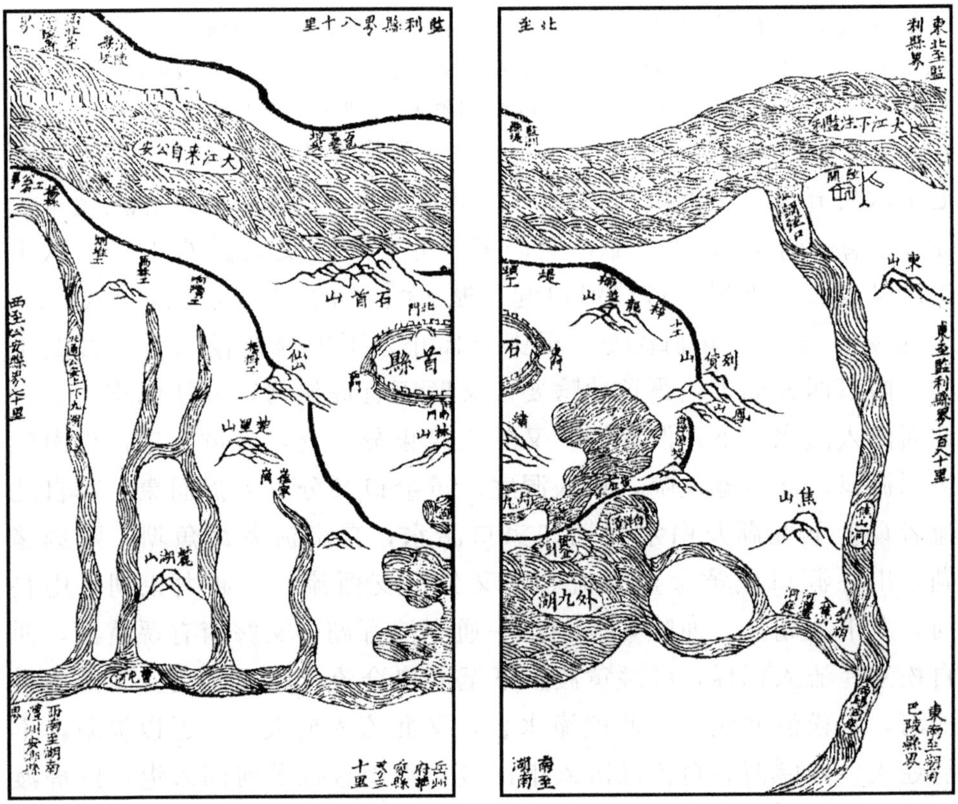

石首縣水道堤防説

石首縣，漢華容縣地。晉析置石首縣。南北朝宋省。唐武德四年復置，屬江陵府，天寶元年屬荆州。五代及宋因之。元屬中興路。明屬荆州府。東西廣一百九十里，南北袤一百一十里。東至監利縣界一百二十里，南至湖南岳州府華容縣界三十里，西至公安縣界七十里，北至監利縣界八十里。東南界湖南岳州府巴陵縣，西南界湖南澧州安鄉縣，西北界江陵縣，東北亦界監利縣。境内三面皆崇山環峙，惟北面濵江。以江中有石孤立爲北山之首，因以名縣。大江遥縣城北，又東南流一百二十里至監利縣城南，沿江築堤。自公安交界之軍堤起，歷楊林、烟堆、馬林、响嘴、楊樹各工，至縣城南。又自縣城門外分十工，至列貨山北止，名梓楠大堤，上下共十六工，長八千八百七十五丈。又於楊樹工之東南山崗起，有黄金、白洋二堤，至列貨山南止，共長三百六十八丈，係禦黄金剅外九湖之水，與江堤無涉。又對江南拆距縣七十里有毛老垸堤，界江陵、監利間，長九百八十丈。以上各堤，均係按畝徵土，官爲經修。縣南有調弦口，分江水支流，經縣東之焦山，下名焦山河，入湖南華容縣境，達洞庭湖。繞縣之西南，有内外九、湖曹屯諸湖。又西通公安之上下九湖。四境山重水複，洵樂土也。惟濱江堤塍，時虞汛漲，舊有楊林、宋穴、調穴、小岳四穴以殺江水之勢，今惟調弦一穴宣流，防禦更關緊要，且地居松滋、江陵、公安各縣之下游，堤與唇齒相依，尤不無鄰壑憂也。

監利縣水道堤防圖

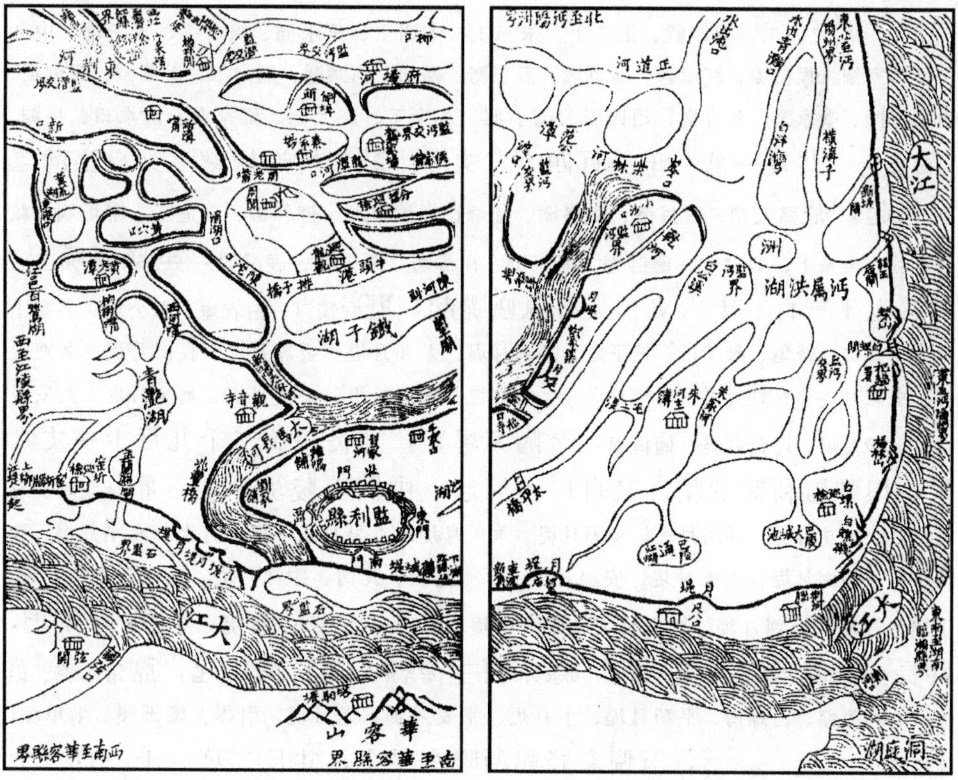

監利縣水道堤防説

監利縣，在春秋時爲楚容城。漢置華容縣，屬南郡，後漢因之。三國吴析置監利縣，尋省。晉太康五年復立，屬南郡；永嘉中，屬成都國，建興中，仍還南郡。南北朝宋孝建元年改屬巴陵。梁廢華容入監利，屬荆州。隋屬沔陽郡，唐屬復州，五代梁屬江陵府。元屬中興路，明屬荆州府。東西廣二百五十里，南北袤一百五十里。東至漢陽府沔陽州界一百七十里，南至湖南岳州府華容縣界二十五里，西至江陵縣界八十里，北至沔陽州界一百三十里。東南界湖南岳州府臨湘縣，西南亦界華容縣，西北亦界江陵縣，東北亦界沔陽州。境轄三山：一曰獅子山，上有軒轅井；一曰楊林山，與湖南之臨湘山對峙；一曰白螺山，其下有磯。俱濵江，在縣之東南。大江自石首縣南流百二十里至縣城南，又東南流六十里至華容縣界，沿江築堤。自石首交界起，歷曾大工、朝鎮觀、王二工、朱三工、宋四工、黄水淵、鐵牛寺、卡子壋、中九工、秦家舖、程公堤、紅旗營、蒲草壋、五工灣、闕廟、狗頭灣、荆南山、孟蘭淵、黄師堤、孟家馬頭、李家淵、冬青樹、趙四工、高小淵、八十工、高大工、鄭家淵、浾水口、長淵、祖師殿止，共長一萬一千一百四十二丈零，隸窑圻巡檢轄。又自窑灣羅家巷起，歷鄭人淵、張景灣、胡洛淵、仙峰山、譚家淵、柳林淵、奈進工、窑圻腦、鎮華月堤、吴家工、烟舖子、藥師庵、湯家剅、福壽坊、龎公渡、護城堤，至鳳凰嘴止，共長七千三百三十六丈。又有鳳凰嘴起，歷蝦螟口、白衣庵、黄公垸、嚴家土地、半頭堤、新集、獅子口、線子廠、護國月堤、太和月堤、靈護月堤、長保月堤、久奠月堤、史家月堤、秦姓月堤、萬年月堤、永安月堤、永定月堤、安全月堤、萬全月堤、久安月堤、保障月堤、連黄月堤、楠梅廟，至陶家埠止，共長一萬二千九百十一丈六尺。俱隸監利縣丞轄。又自口子河起，中間巴陵堤一段，歷林家潭、長護月堤、成功月堤、補防月堤、長固月堤、永久月堤、袁吴月堤、定江月堤、高厚月堤、義成月堤、磐固月堤、朱鄭月堤、安慶月堤、孫張月堤、瓦灣、順江月堤、鎮江月堤、直堤、下鎮江月堤、趙劉月堤、帑金月堤、楊劉月堤、彭劉月堤、周李月堤，至觀音洲止，共長一萬四千零八丈一尺，隸朱河主簿轄。又自碼口起，歷清水垸、彭家潭、何家潭、白螺街、平順月堤、小月堤、平安月堤、老月堤、引桿、鄒碼頭、牛車垸、崔家垸、鄭家垸、張家峰，至倪家峰與沔陽交界止，共長二萬一千一百二十三丈，隸白螺巡檢轄。以上各堤，皆禦江水之泛漲也。再太馬長河，自東北迤南，有河堤一道，長二萬三千二百二十丈，隸朱河主簿轄。蓋以縣西諸水，一由江陵白鷺湖，上承潛江，分支漢水，至古井口流入境，南出柄樹嘴，爲南塞口，出西河嘴，爲蓮台河，又迤東斜南流入太馬長河；一由江陵草市襄河，北滙潛邑大澤口，支分漢水，合流出楊林關，爲府場河，至董家港，南接太馬長河，入沌口，注於江。又東流，西南會沙湖，林長河白灎湖之水，入青灘口，注於大江。又東流，至沔屬洪湖，南滙巴陵屬之通江湖、朱家河、大城地[1]，分注於沔陽屬螺山、龍王廟、新堤三閘出江。是堤蓋以禦漢水支流之浸灌也。太馬長河，一名魯袱江，即夏水，相傳魯肅嘗屯兵於此而名。《方輿紀要》云："《尚書大傳》'華容有夏水，首出於江，尾入於沔，亦謂之沱'"，即此水。縣境周逕四百五十里，地本膏腴，惟當江湖滙注之區，全倚堤防爲命，各工以窑圻腦新集車灣尺八口最爲頂冲險要。至鐵牛寺、卡子壋、紅旗營等處，雖冬春水涸，距江甚遠，而一經夏漲，擯[2]拆盈堤，每遇南風鼓浪，亦有衝嚙之虞。近十餘年來，堤塍潰決，幾於無歲無之，民困斯極。以其地西當荆江之滙注，南受洞庭之頂衝，併力東下，又有楊林山與湖南臨湘山兩圻對峙，口門偪狹，扼束其流，益復湍激爲害。故堤工之患較他邑爲尤甚，非致力於畚鍤之功，無他策也。若北慮潛水浸灌，則惟疏濬牛頭港、拖船埠、新溝嘴、周老嘴、龍潭河渡口，下達沌口各支河，修整福田、孟蘭二閘，與下游沔陽州修閘疏河各工同時並舉，斯亦可暢歸墟而消積潦矣。

[1] 大城地　文前圖中作"大城池"。

[2] 擯　別本作"拍"。

嘉魚縣水道堤防圖

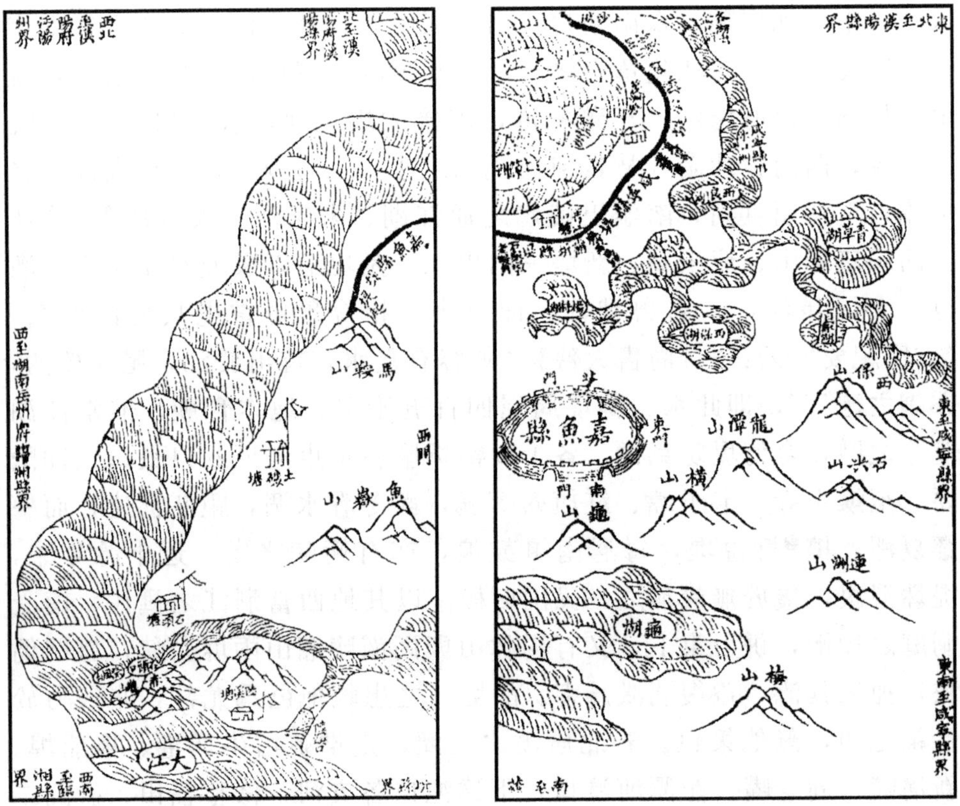

嘉魚縣水道堤防説

嘉魚縣，本漢沙羨地。晉太康初，分置沙陽縣，屬武昌郡。南北朝宋元嘉十六年，改屬巴陵郡。孝建初屬江夏郡。齊爲江夏郡治。梁置沙州。陳廢。隋省縣入浦圻，於其地置點濆鎮。五代南唐保大中升爲嘉魚縣，屬鄂州。宋熙寧六年析復州地入焉。元屬武昌路。明屬武昌府。東西廣二百十五里，南北袤一百五十里。東至咸寧縣界八十里，南至蒲圻縣界五十五里，西至湖南岳州府臨湘縣界一百三十五里，北至漢陽府漢陽縣界一百里。東南亦界咸寧縣，西南亦界臨湘縣，西北界漢陽府沔陽州，東北亦界漢陽縣。縣境三面依山，北臨大江。山之著者，西南濱江曰赤壁，山西界烏林，有諸葛武侯拜風臺古蹟，漢建安十三年周瑜敗曹操於此。東北曰蜀山，漢昭烈與吴會兵拒曹操處。大江自湖南臨湖縣而東百十里至石頭口驛，有陸溪口，上承陸水及龜湖水。又石頭口上承臨湘、蒲圻諸水，自南來注之。又東北七十里至嘉魚縣城西北七里。又東北九十里至上、下簰頭鎮，下入江夏之金口鎮。沿江之北拆，自馬鞍山起，築以堤，編“四邑上游，萬民保障”八字，至石家墩止，計長三千二百三十九丈五尺，係本縣自修。又自老堤角起，編“居然江上一長城”七字，至應家馬頭止，計長二千五百二十六丈五尺，係蒲圻縣協修。又自平字號起，編“康寧永慶歲昇平”七字，至老貫嘴止，計長三千三百七十九丈，係咸寧縣協修。又自夏田寺起，編“金城同樂”四字，至上沙袱陶家馬頭止，計長二千七百九十丈，係江、嘉、咸、蒲四縣公堤，由府派修。向俱有民捐堤工專欵，生息作每年歲修之用。東南有楊林、西保、斧頭等湖及西通咸、蒲二縣之青草、百家、西梁諸湖之水，在堤之南，東注於金口長港入江。迨江水盛漲，則從長港逆流倒灌，嘉、蒲、咸三邑均受其患。《通志》謂“宜相其要害，於兩灌南廟兩山之間建以兩閘，春則啟之以洩湖水，夏則閉之以禦江流”，是又保障四邑之長策也。近年江底淤墊、堤遭浸潰者屢矣，四邑田廬民舍攸關，卑者高之，薄者厚之，守土者可不知所當務與！

江夏縣水道堤防圖

江夏縣水道堤防説

江夏縣，在漢爲沙羨縣，屬江夏郡。後漢因之。三國吴爲江夏郡治，後省。晉太康五年復立。東晉嘗爲荆州治，咸和中僑立汝南縣，太和三年省，沙羨入之。南北朝宋孝建初爲郢州及江夏郡治。齊移郡治沙陽，梁、陳因之。隋開皇郡廢，改曰江夏，爲鄂州治，大業初仍爲江夏郡治。唐仍爲鄂州治，五代、宋因之。元爲武昌路治。明爲武昌府治附郭省會。東西廣七十九里，南北袤二百七里。東至武昌縣界七十二里，南至咸寧縣界一百三十七里，西至漢陽府漢陽縣界七里，北至黄州府黄岡縣界七十二里。東南亦界咸寧縣，西南界嘉魚縣，西北亦界漢陽縣，東北亦界黄岡縣。縣治爲楚北省垣，依阻河山，襟帶江漢。山之著者曰黄鵠山，在府城西隅，其首隆然，黄鶴樓枕焉。其西有鸚鵡洲，在大江中，與漢陽縣分界，後漢黄祖爲守，長子射大會賓客，有獻鸚鵡於此洲，故名。又洪山在縣東十五里，舊名東山，有宋岳武穆手植松。又青山磯濱江，宋黄陂端平三年寓治處。大江自嘉魚縣東流至上沙洑入縣界，稍北至金口鎮，歷白沙洲鮎魚口，凡九十里，抵黄鵠磯下。又西北過府城，會漢水，歷青山，至白滸山，九十里抵武昌縣界。城垣逼臨大江，北受漢水之衝。又東南諸湖水出而灌江輳於城下，黄鵠磯巖石陡峭，水迴環激射，每有泛漲之患。宋紹興間，築萬金堤，建壓江亭。今堤半在城内，爲民居址，後於江坼。自望山門外王惠橋起，至武勝門外土城磯止，甃石爲堤，計長一千三百一十九丈，護坼六百八十八丈，舊係鹽商照引捐建。又自保安門外金沙洲起，至金口山後龍牀磯止六十里，謂之路堤，編“安瀾永定恭寬信，敏惠道泰豐秋成”十四字，號並老堤十四段，計長六千二百八十一丈五尺。又自金口赤磯山起，至陶家馬頭嘉魚交界止，編“日月光天德，山河壯帝居”十字，連月堤，共長三千六十三丈，均有民捐堤工專欵生息以爲歲修之用。各堤近患卑弱，亟宜加高培厚，乃可以資捍禦。至若道光辛卯水灾，則望山、文昌、平湖、漢陽、武勝五門俱進水，各門以外，舟行於市，平地高至丈許，城内半爲波濤，是又難以畚鍤之力與陽侯馮夷争於汪洋之際矣。又有塗水，源出咸寧縣鍾臺山，西北入江夏縣界，滙嘉魚、咸寧諸縣水爲斧頭湖，又北流至塗口，亦名金口，入於江。又有陸水，源出通城縣上雋鄉，合秀水、桃溪、荆港，逕崇陽河、蒲圻港，西北流入嘉魚縣界，至縣西南七十里陸溪口入於江。又西南五里有鮎魚套，洩清寧、黄家、湯孫等湖及賽湖之水，俗呼爲裹河，折而西北流入於江。稍西南與白沙洲對面有陳公套，向商船泊此避風，今淤。又縣南三里有南浦，一名新開港，源出景首山，内通南湖之水，西入江，今惟夏秋泛漲可行小舟。又梁子湖，在縣東八十里，由武昌縣樊口入江。又白洋湖，在縣東北十五里，西北流逕青山磯入江。縣本以水名，大江合漢、沔，北遶而東，幅内又多湖澤，雖金沙洲與王惠橋沿江一帶有土石堤百餘里，而洪濤衝嚙，傾圮時虞，防川之責，是所望於賢牧令也。

廣濟縣水道堤防圖

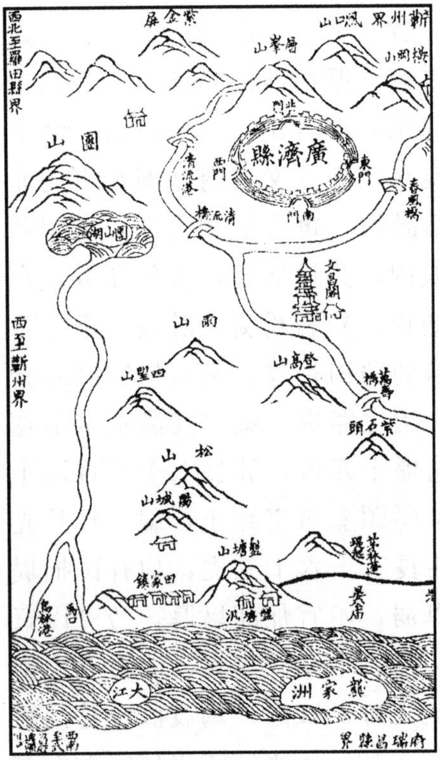

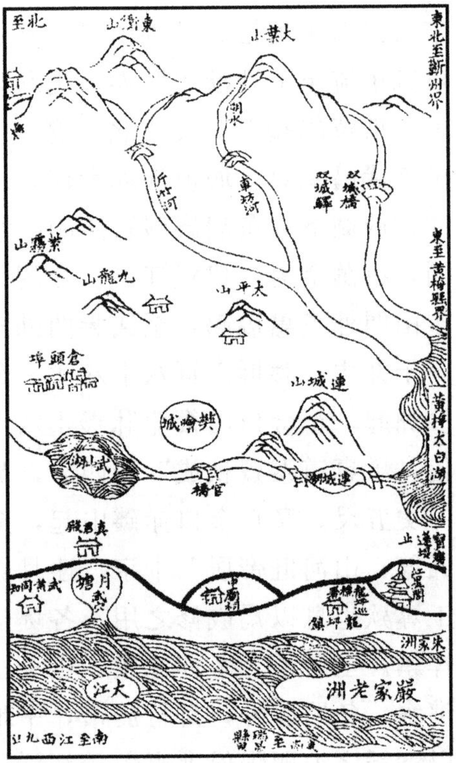

廣濟縣水道堤防説

廣濟縣，爲漢蘄春、尋陽二縣地。唐武德四年析置永寧縣，屬蘄州，天寶元年改曰廣濟。宋、元、明因之。國朝改屬黄州府。東西廣八十五里，南北袤一百二十里。東至黄梅縣界七十里，南至江西九江府瑞昌縣界七十里，西至蘄州界三十里，北至蘄州界五十里。東南亦界江西瑞昌縣，西南界武昌府興國州，西北界羅田縣，東北亦界蘄州縣。境多山，南七十里臨大江，由馬口港東下五里逕田家鎮，十里逕盤塘，三十里逕青林即武穴鎮，又三十里逕龍坪，又三十里爲蔡山即黄梅縣界。自盤塘沿江築堤，歷茅林、急水、狗兒、龍塘、窩陂、穴下、青材、汪家、中廟、五里、黄花、寶賽，共十二篷，計長七千一百四十丈，雖臨江而無頂冲之工，惟以歲修加高培厚即可免洪流之患。他如梅川，源出縣北之横岡山，滙諸谿谷水，合而爲川，逕縣治北，又南逕春風橋，西流至清流橋，有清流港之水自北來注之，折而東南流，逕紫石頭，滙武山湖、由官橋、連城港，入於黄梅之太白湖。又縣東北有斤竹河，源出東衝山，與同源分流之車防河合而滙注於黄梅之太白湖。均由望江縣之急水溝入江。其由縣西北之團山河、朱家淵諸水，則附於蘄州之蘄水，分由馬渡口、烏林港入江，皆有水利而無水害。惟江水雖居下游，亦虞泛溢，全以堤防爲保障，其歲修向係按畝派夫。近聞有胥保包攬之弊，歛費入己，每歲直無畚土到工，宰斯土者可不加察與！

黄梅縣水道堤防圖

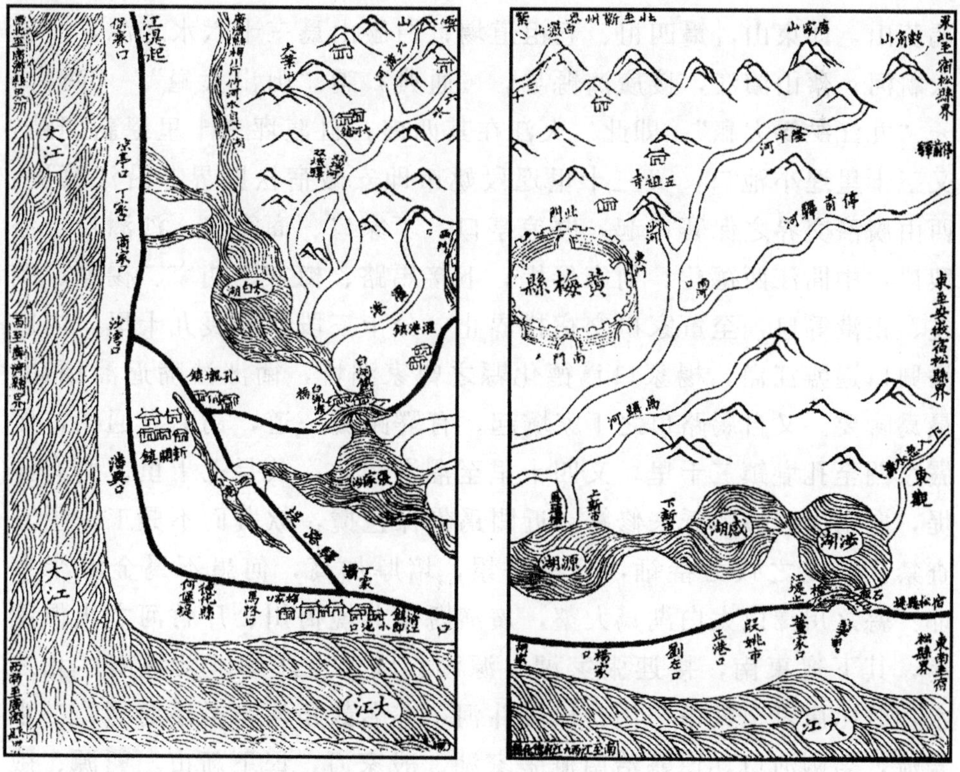

黄梅縣水道堤防説

黄梅縣，本漢置尋陽縣，屬廬江郡。三國吴屬蘄春郡。晉太康元年屬武昌郡，二年仍屬廬江郡，永興初徙尋陽於江南柴桑，遂爲蘄春縣地，寧康初置南新蔡郡。南北朝宋因之，屬江州；齊分置永興縣，屬齊昌郡。隋開皇初改曰新蔡縣，十八年改曰黄梅縣，屬蘄春郡。唐武德四年置南晉州，十八年州廢，以黄梅屬蘄州。宋、元、明因之。國朝改屬黄州府。東西廣五十里，南北袤一百七十里。東至安徽安慶府宿松縣界二十五里，南至江西九江府德化縣界一百里，西至廣濟縣界二十五里，北至蘄州七十里。東南亦界安徽宿松縣，西南、西北俱界廣濟縣，東北亦界安徽宿松縣。《府誌》謂爲“南距尋陽，東臨宿豫，爲全楚閭尾，當七省通衢”，的其形勢也。縣境東、西、北三面多山，黄梅即以山名縣，其著名者：西北之破額山，即西山；東北之馮茂山，即東山，爲四祖、五祖道場；白巖山爲三十六水之源，北流入蘄河；蔡山濵江，接廣濟縣界，《通典》謂“山出大龜”，《尚書》云“九江納錫大龜”，即此。大江在其西南，自龍坪三十里逕新開鎮，又三十里逕小池口，又三十里逕段姚市即安徽宿松縣界，沿江築堤。西由廣濟交界之保賽口起，歷凉亭口、丁家口、商家口、沙灣口、潘興口，中間江西德化、何家堡堤，下接馬路、梅家、胡家、楊家、劉左、正港等口，至董家口交宿松界止，分十三段，共長九十里。内以潘興口逼臨江滸，楊家口爲德化縣之曾家洲圻，衛洲沙嘴逼溜頂冲，最爲險要。又自馬路口之丁家壩起，有驛路堤一道，爲七省通衢，歷嚴家閘至孔壠鎮三十里，又四十里至濯港鎮止，共長七十里。所有江堤，向由民間按畝派夫修築。近聞爲胥保包攬，歛費而不興工，亟宜查禁。若以之致力畚锸，日積月累，培厚加高，何患不爲金城半壁耶？縣之川澤以太白湖爲大壑，廣濟縣東北境梅川、斤竹河之水俱歸焉，其下迤東南，接連張家湖、源湖、咸湖、涉湖。又縣南、北之水，源出唐家、鼓角二山，曰隆斗河，亦名鼓角河，過停前驛，二水合流，名兩河口，逕縣治南滙張家湖、殷家河，逕下新市，與源、咸二湖會。又縣西北之水，源出紫雲山，會三十六水，逕大河舖、濯港，又源出安德山之漆水港，並西大業山之水，逕雙城驛、舒城山，亦入濯港，與東北之水會，入源湖，均西通太白湖，至東觀市，經安徽宿松縣境，至望江縣之急水溝入於江。蓋邑當江、漢下流，地勢最窳，而彭蠡水又衝突之，故其堤塍潰决之患，視廣濟爲尤烈矣。

卷　下

漢水來源及楚北諸水附入攷

漢水出陝西寧羌州嶓冢山，東流經沔縣南。又東經褒城縣南，又東南經漢中府城南。又東經城固縣南，又東經洋縣南。又東北經西鄉縣北，又東北流經石泉縣南，折而南流經漢陰縣西。又南經紫陽縣城西，復折而東北流經漢陰縣之南。又東北經興安州北，又東北經洵陽縣南，又東南經白河縣北。以上隸陝西境，其水之附入者不具考。又東南入湖廣省之鄖西縣南界，有甲水源出秦嶺山，自陝西白河縣界流至縣西境，受五峪、八里、冷水諸河之水南流入焉。又東經縣治南，有天河受縣境諸水南流入焉。又東經竹山縣北，東南經鄖陽府城南，有堵水源出陝西平利縣界，入白土關，東流至竹谿縣，與源出縣境雞籠山之竹谿河會，並納净峪、龍堰、樊定諸河之水，東入竹山縣界，又納房縣之霍水，與柿河、羊腸河合，至東兩河口北流入焉。又有神定河源出縣南十堰店北流入焉。又東經均州北，有浪河出太和山北流入焉。又東流經光化縣北，有均水自河南淅川縣流入均州，至光化縣界名小江河南流入焉。又東南經穀城縣東，有筑水納粉漬、古羊二河，自鄖陽、保康縣流至縣境北流入焉。又東經襄陽府城北，其北岸即古樊城，夾江對峙，爲古今形勝阨要之區，漢水中流如峽口，且唐白河從北來亂之，波濤激射，爲郡城患，故襄陽築老龍石堤一千八百五十四丈，樊城舊有土堤，今亦甃以石，以資捍禦。樊城之東有濁水，源出河南新野縣，至縣北境名白河。又淯水，源出河南唐縣，流入縣境與濁水合，名唐白河。又白水，源出棗陽縣大阜山，西南流名滚河，至兩河口三水合而南流入焉。由此益折而南，凡百二十里，經宜城縣東，有鄢水源出南漳縣西康狼山，流至宜城縣南，合源出保康縣之泲水東流入焉。又南經安陸府城西、荆門州東，西岸有夷水，源出中廬縣，自南漳而下，舊由轉斗灣直達於漢，今移上二十里至倒口東入焉。又有利河，源出靈鷲山，流至朱家埠東流入焉。又有權水，源出章山，一名内方山，逕古權城東流入焉。又有豐樂河，源出大洪山，南至豐樂驛入漢，今移上至流水溝西流入焉。又有敖水，名直河，俗名池河，源出黄仙洞山西流入焉。又有枝水，名富民河，源出大洪山，會金港之水，至獅子口西南流入焉。又東南經京山縣西。又東南經潛江縣北，有二河口分漢水支流旁洩：其一口名夜澤口，今謂之澤口，直逕南流爲夜汊河，稍東南出要口，至南北汊分入江陵、監利二縣及荆門州境，下達沔陽，由青灘口歸江；又一口名排沙渡口，直逕南流爲蘆洑河，又東南爲縣河，又北分一支東流爲通順支河，俱播於沔陽諸湖，由沌口合流歸江。按：《一統志》云："此即《禹貢》'沱潛既道'之潛水。"今水由漢出，與《爾雅》正合。又東經天門縣北，有乾灘河，今名牛蹄河，亦分漢水支流，至沔陽界之麥旺嘴仍與漢水合，又東經沔陽州北仙桃鎮，亦分漢江支流，經漢川，下注漢陽縣之蔡店河入漢。凡此潛、沔所出各支河，皆分漢水以爲消長者。又東經漢川縣南，稍折而東北流，有算河今名腰帶河，引松湖等水從縣城東流入焉。又東至漢陽縣界，有涢口，上承德安、孝感等縣之涢水，及鍾祥、天門縣之臼澨諸水、隨州之溠水、應城之富水西流入焉。又東經漢陽縣城北、漢口之大别山南入於江。

按：《通志》載："鍾祥縣有臼水，發源於聊屈山，西流合寨子河，注於漢水，其入漢處謂之臼口。"今以沿岸築堤，改由澨水至涢口乃入漢。又應城縣之富水，今名西河，南流逕達於漢；天門縣汊水，源出潼泉山，南達於漢。二水今亦以堤阻，均改由涢口入漢。至鍾祥縣之權水，出章山，一名内方山，即《禹貢》"内方至于大别"是也，俗名馬良山，經權國城，故以城名水，今山内爲馬良湖，其下别爲小江湖，舊係漢江故道，自漢江東陡，湮而爲湖，漸淤成田，後接山麓堤之，並建閘以洩水，故址遂不可考，近惟餘一港，爲山水及漢江消長出入之口而已。

又按：《通志》載：“漢水之源有二，水道有三。出鞏昌府秦州至保寧府入江爲西漢水，出漢中府寧羌州至漢陽入江爲東漢水。”《漢志》：“東漢水受氐道水，一名沔，過江夏，謂之夏水，故又名夏口”，則漢口、沔口、夏口名異而實同也。自夜澤口分流注太白諸湖達沌口入江者爲一道，自潛之張巖口至沔陽之仙桃鎮注於漢川會溳水至大别山入江者爲一道，自張巖港分入蘆洑河距沔南蓮子口合復池諸河而總滙於太白諸湖者爲一道。又云：“漢水故道在今漢口北十里許，從黄金口入排沙口，東北折環，抱牯牛洲，至鵝公口，又西南轉北至郭師口，對岸曰襄河口，約長四十里，然後下漢口。”明成化初，忽於排沙口下郭師口上直通一道，約長十里，漢水逕從此下，而故道遂淤，今魚利略存，不通舟楫。俗呼爲襄河，以上流自襄陽來也。

鍾祥縣水道堤防圖

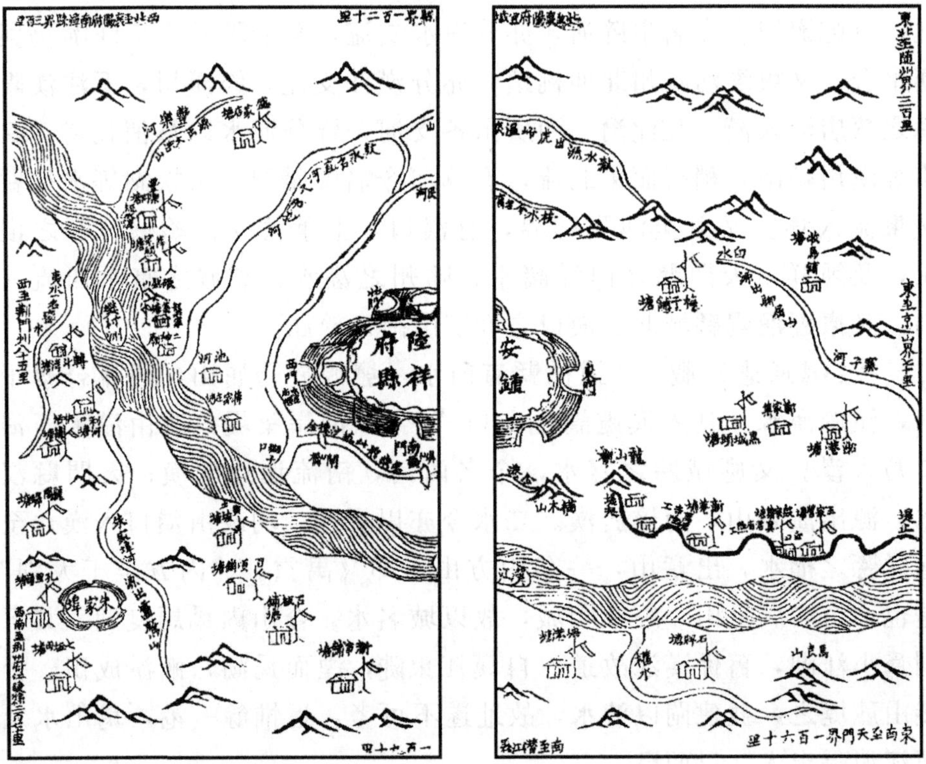

鍾祥縣水道堤防説

鍾祥縣，在漢爲雲社縣，屬江夏郡。晉元康九年分置竟陵郡，改縣爲萇壽屬焉。梁改爲長壽。後周分置石城郡。隋大業初仍屬竟陵郡。唐武德初爲郢州治，貞觀元年屬鄀州，八年屬温州，十七年復爲郢州治。元爲安陸府，隸河南行省。明洪武八年省爲安陸州，嘉靖十年改爲承天府，置鍾祥縣。國朝改承天府爲安陸府，鍾祥縣仍附郭。東西延一百五十里，南北袤三百一十里。東至京山縣界七十里，西至荆門州界一百二十里，南至潛江縣界一百九十里，北至襄陽府宜城縣界一百二十里。東南界天門縣，西南界荆州府江陵縣，西北界襄陽府南漳縣，東北界襄陽府隨州。境内多山。漢江上自宜城古鄀縣南入境，東南至王家營鍾、京交界止，幾三百里。自縣城南門外龍山觀鐵牛闕起，歷法華庵、許家堤、新庵、大潭口、從家口、營房、關王廟、草廟、永鎮觀、劉公庵、三官廟、楚堤、王家大廟掛嘴、臼口、中心祠、王家營，分十六工，計長一萬六千七百三十丈，内以許家堤之萬佛寺、劉公庵之真君廟及王家營爲迎溜頂冲之險要，每年歲修，按畝徵土，官爲經辦，與京山縣同，諸多浮費，未能實用在工。漢之東有樂豐河，源出大洪山並諸山溪澗之水，向至樂豐驛入漢，今移上由宜城界流水溝入焉。又有敖水，名直河，俗名池河，受虎峪、温峽二口之水，西北流逕古鄀縣界注於漢。又枝水，古名富水，自敖口入城北湖，繞東、西、北門，合金港之水，至獅子口入於漢。又臼水，源自聊屈山，流爲寨子河，向自臼口鎮入漢，後以堤阻，改由潰口入漢。縣之西有夷水，一名蠻水，自南漳、荆門而下，由轉斗灣直達於漢，今移上二十里許臼倒口，横決而入焉。又利河，源出荆門州靈鷲山白龍潭，東流至朱家埠入於漢。又權水，源出荆門州章山，東入於漢，今爲小江湖，詳見於《漢水攷》。縣境地居上游，爲京、潛、天、沔、漢各州縣門户，堤關數邑要害。如道光壬辰秋，縣之季公橋、法華庵、草廟漫潰，四口下游，俱成巨浸，是其明驗。大率患於土性夾沙[1]，且多卑矮之病，若不以畚鍤自固，田其沼矣，且以殃鄰也。慎之又慎！

京山縣水道堤防圖

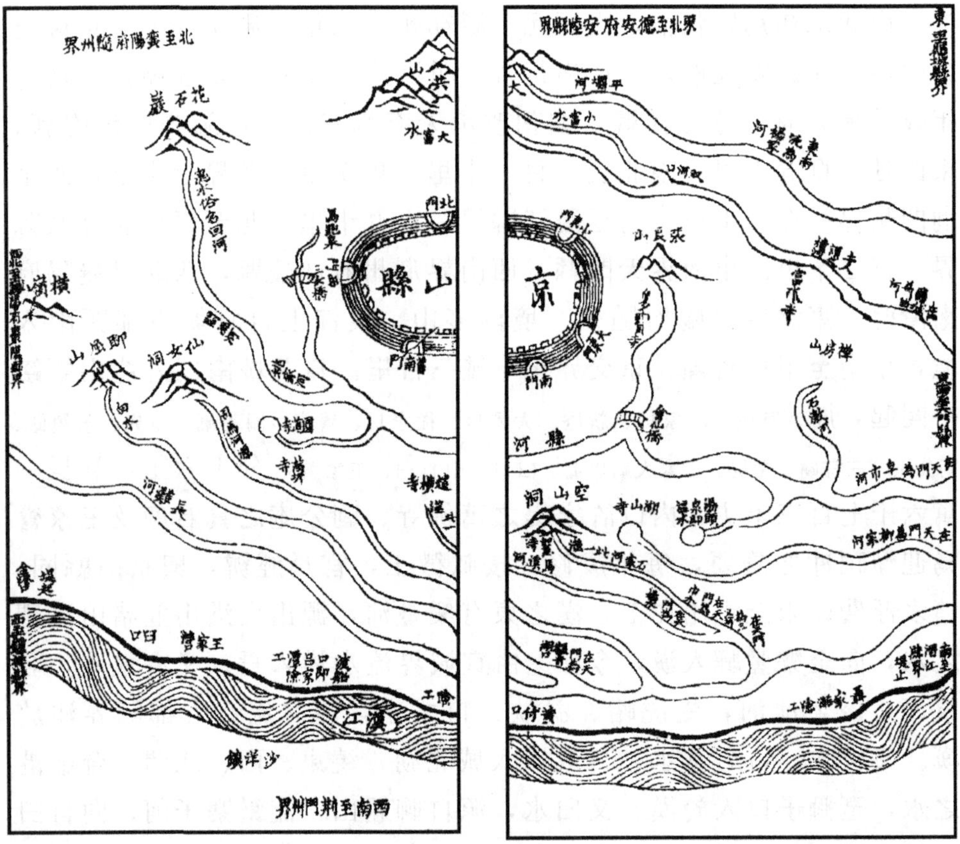

京山縣水道堤防説

京山縣，漢爲竟陵縣地。晉末析置新市縣，屬竟陵郡。梁晉通末於縣置新州及梁寧郡。西魏改州爲温州、縣爲角陵。隋開皇初郡廢，大業初州廢，改縣曰京山，屬安陸郡。唐武德四年復置温州，貞觀十

---

[1] 夾沙　别本作“沙鬆”。此本剜改之迹甚明。

七年州廢，屬郢州。元屬安陸府。明屬安陸州，嘉靖十年屬承天府。國朝屬安陸府。東西廣二百五十五里，南北袤一百八十里。東至德安府應城縣界一百二十里，西至鍾祥縣界一百十五里，南至潛江縣界六十里，北至襄陽府隨州界一百二十五里。東南界天門縣，西南界荆門州，西北界襄陽府棗陽縣，東北界德安府安陸縣。境内多山，大抵派起桐栢而衍於大洪，迤邐東南行，東盡應城，南盡天門，崇巒叠嶂，非川澤之區，惟西南一隅，地濵漢水，自鍾祥界起至潛江界止，皆東以堤，計八十段，曰金港口，曰楠栅廟，曰王家營，曰馬林口，曰張壁口，曰操家口，曰陳洪口，曰渡船口即吕家潭，曰樂豐垸，曰王萬口，曰長豐垸，曰丁家潭，曰黄付口，曰唐心口，曰鮑家嘴，曰楊堤灣，曰吕家灣，曰聶家口，長百有餘里，其迎溜頂冲之工，以王家營渡船口、黄付口、聶家灘最爲危險。其餘水道，縣東北一百二十里有平灞河，在富水之北，源出大洪山，逕隨州入縣界，東南流爲楊家河，東入德安府應城縣界。又縣東北八十里有大、小二富水，今名富河，源出大洪山，分東、西流至雙河口合而爲一，土人爲[1]之撞河。又東南流入應城縣西，爲西河。又有溾水，在縣城北，源出縣西北六十里花石崖，俗名田河，東南流爲閤流河。又南北流爲姚家河，有圓通寺等峡口諸水南來注之。又會三女橋，源出馬跑泉水北來注之。又東過縣城南，有會仙橋水源出張良山逕多寶寺北來注之。又東南會湯頭泉即温水，又東有石激河源出禪房山之水自北來注之。至天門縣東，逕皁市南，謂之早山河，南入蒿台湖。又有寨子河源出縣西八十里之横嶺山南流滙爲河，逕鍾祥縣之聊屈山西，東南爲長灘河，左合臼水，下注於天門縣境。又有三澨水：一源出縣南三十里之仙女洞者爲司馬河，南逕蒲圻寺，合長灘臼水名三汊河，注於小河；一源出趙横寺黑龍洞、南經馬頭山、又東南入官橋者爲馬溪河；一源出空山洞如意寺、南流合馬溪，上通司馬河注於天門境者爲石家河，天門人亦謂之三汊口。又有湖山寺泉，下注於天門境爲柳家河。該縣河渠不爲不多，惟故道近多淤塞，漸不可復考。若相地而利導之，亦可收灌溉之利。至漢水堤防之决，則以

[1] 爲　疑爲“謂”之訛。

天門、漢川爲壑，本境僅辦頓、羊田、三里受害而已。惟鍾祥潰決，本境西南均當其衝，是堤之關於鄰邑，尤至重也。

荆門州水道堤防圖

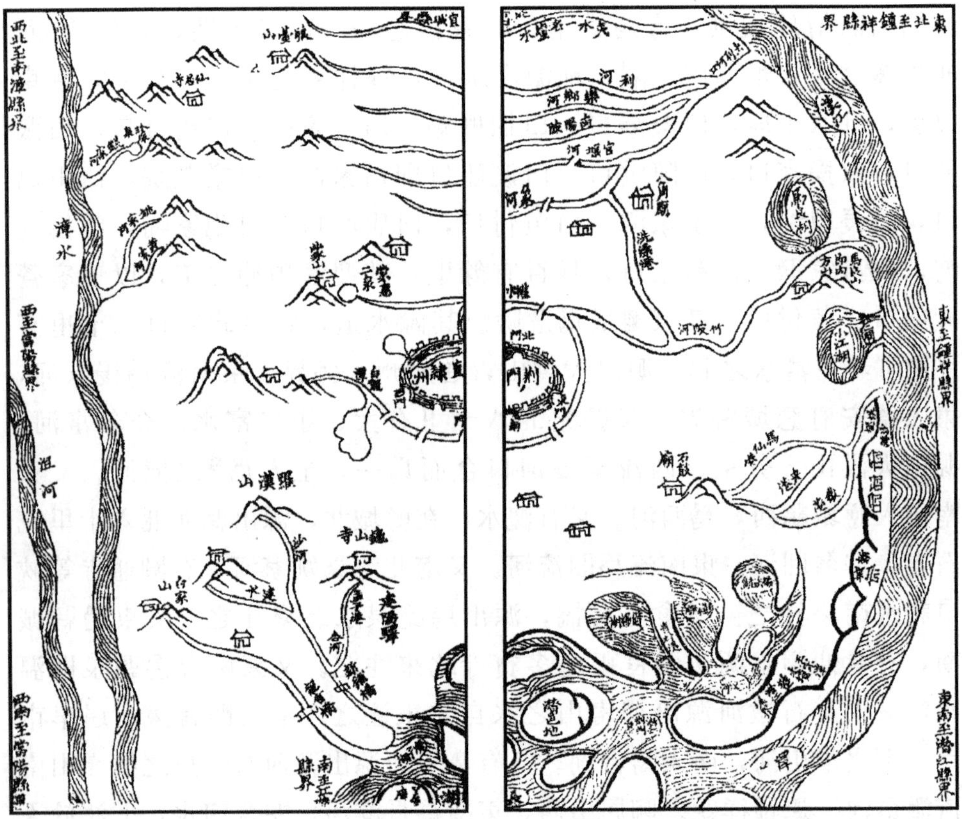

荆門州水道堤防説

荆門州，漢置編縣，屬南郡。晉安帝分置長寧縣，並置長寧郡。宋明帝改郡曰永寧，屬荆州。齊置北新陽郡，以長寧縣屬焉。後周二郡俱廢。隋開皇十八年改長寧曰長林。唐武德四年置荆州，貞元二十一年分置荆門縣，亦屬荆州。五代梁時建荆門軍。宋熙寧以長林縣屬江陵府。元祐三年復置荆門軍，元至正十四年升爲府，十五年移治古荆門城，降爲州，屬荆湖北道。明洪武初以州治長林縣省入荆州府，嘉靖十年改屬承天府。國朝初屬安陸府，乾隆五十六年升直隸州，領當陽、遠安二縣本治所轄。東西廣一百四十五里，南北袤三百四十里。東至安陸府鍾祥縣界八十里，南至荆州府江陵縣界一百六十里，西至當陽縣界六十里，北至襄陽府宜城縣界一百八十里。東南界安陸府潛江縣，西南亦界當陽縣，西北界襄陽府南漳縣，東北亦界鍾祥縣。州境重山環列，其名之最著者惟北七十里之内方山，一名章山，今名馬良山，《一統志》謂即《禹貢》“内方至於大别”是也。漢水在其東北自鍾祥縣馬良山口流入界，爲小江湖，至王家潭與潛江交界止，共長八十里。馬良口下爲小江湖，三面環山，一面濱臨襄河，有民堤一道，長五十餘里，保衛四圍田畝，偶遭潰漫，不能爲鄰邑患。向以該地窪下，每夏、秋陰雨，山水漲發，渟積爲害，故於最低處分建二閘，爲出水尾閭，以時啓閉而宣洩焉。其下爲沙洋鎮官堤一道，自何家嘴起至王家潭止，連月堤分工十九段，計長五千七十二丈。該地控荆門、江陵、監利、潛江、沔陽五州縣之上游，最關緊要。《方輿紀要》載：明嘉靖二十六年堤決，漢水直趨江陵龍灣寺而下，分爲支流者九，於是下游州縣俱被淹没。今幸沿堤漲有沙灘，可資捍禦。向有歲修生息專欵存司，官爲領修，民命攸關，當局者不可不慎。此外，州之東南有權水，會蒙、惠二泉及洗澡港、竹坡河，由馬良湖東入於漢。又王子港，源出内方山，由小江湖閘東注於漢。又馬仙港、夾港、後港，滙彭塚湖水東注於漢。又州之南有建陽河，一名建水，會沙河、孟子港及源出白家山之左溪河，由直江注於江陵長湖。州之西北有沮水，與漳水自北而南注於當陽縣界。凡境内錢家河、姚家河、黄家河，俱附注於漳水。又州之北有夷水，一名蠻河。又麗河，源出聠臺山，並樂鄉河、南陽陂、官堰河、象河，均滙於利河口，由鍾祥縣界入於漢。至小江湖，古無此湖名，乃漢江故道自漢水南徙，遂湮爲湖，漸淤成田。該堤屢築屢潰，業民近已棄令放淤。再沙洋之西南，俗名青村，有楊鉄、彭塚、借糧等湖，水勢浩淼，各由支河滙注於三汊河，一由潛江而達襄河，一入荆河而歸長湖、濱湖各垸，向亦築堤自衛，由業民自修。要所重者，則在沙洋二十五里官堤而已。

潛江縣水道堤防圖

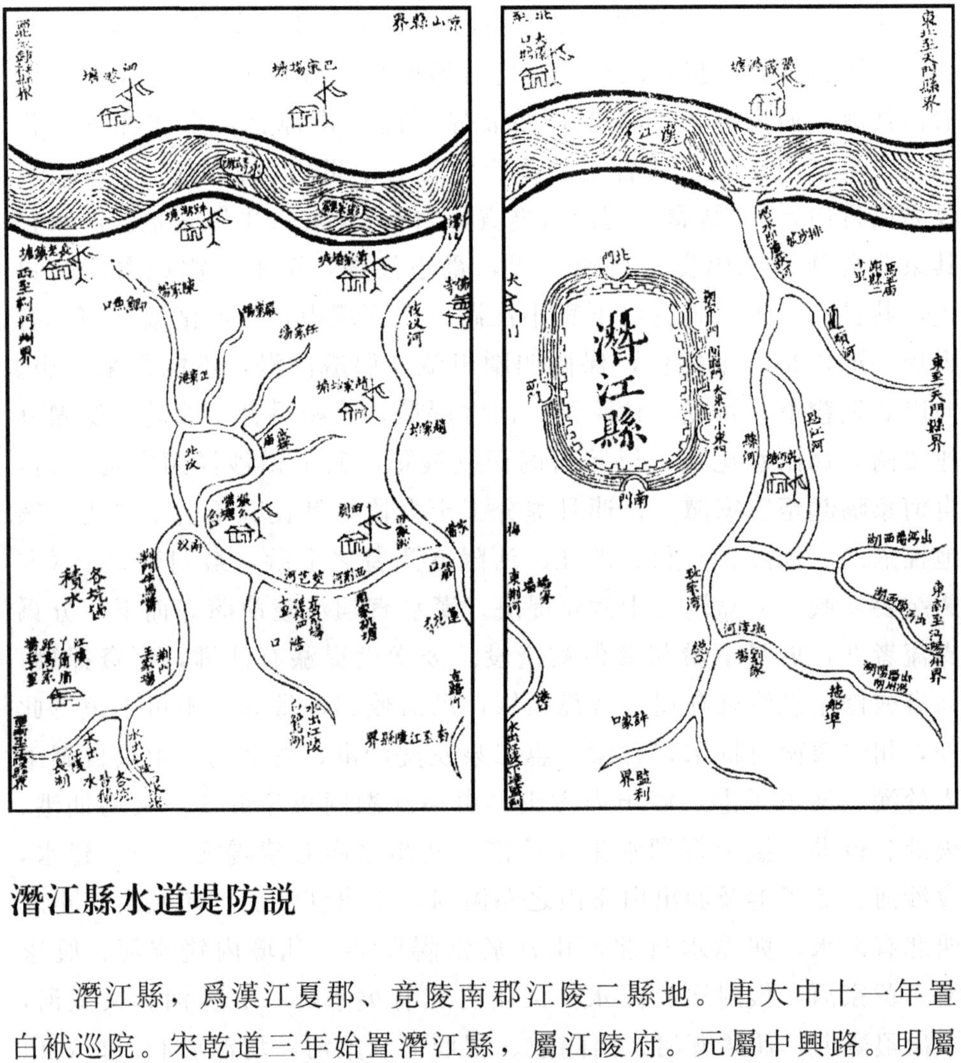

潛江縣水道堤防説

潛江縣，爲漢江夏郡、竟陵南郡江陵二縣地。唐大中十一年置白袱巡院。宋乾道三年始置潛江縣，屬江陵府。元屬中興路。明屬荆州府，嘉靖間改屬承天府。今屬安陸府。縣治本在道德鄉，後患水遷之斗堤，即今城址。東西廣一百五十里，南北袤一百四里。東至沔陽州界三十里，西至荆州府江陵縣界一百二十里，南至荆州府監利縣界八十里，北至京山縣界六十里。東南亦界沔陽州，西南亦界江陵縣，西北界鍾祥縣，東北界天門縣。縣境惟長壽一山，水以漢江爲大澤，在縣之北，其分衍於四境者，皆漢水之支流也。漢江兩拆皆束以堤：南拆西自荆門州王家潭入境起，歷長一上垸、長三上垸、坦豐垸、蜱湖鎮月堤、新豐垸、栗林垸、白袱垸、社林垸、黄獐垸、沙窩垸、莫獐垸，至天門交界止，共長九十餘里；北拆西自京山交界之顔家垸起，歷中泗垸、楊湖垸、樂豐垸、趙林垸、計家垸、太平垸、沿江垸、車墩垸，共長一百餘里。此外，支河各堤，不啻倍蓰，每歲由民間按畝派夫修築，官爲督催。北有二汊，支分漢江爲潛水。《爾雅》云："水自漢出爲潛。"縣之得名以此。《一統志》云："此即《禹貢》'沱潛既道'之潛水。"《府志》云："沱水在縣南，自江陵郝穴口分江水東北流，至縣南沱埠淵合蘆洑河。"而《方輿紀要》則謂沱在枝江縣百里洲之南北江。是地之相去甚遠，惟按《尚書大傳》云："華容有夏水，首出於江尾，入於沔，亦謂之沱。"以其地考之近是，第自郝穴塞而潛已不通江矣。其一汊名蘆洑河，自楊林直南流爲排沙渡，南逕縣城爲縣河，又南爲總口，又南爲許家口，稍西折一支爲監利塘，稍下至栢口爲沔陽州境。又自縣河分一支東流爲洛江河，東入沔陽州西湖。又縣河東門外折一支直南流入洛江河者爲恩江河。至《誌》載自總口分一支爲馬丹河，西通直路河，今已無考。惟自總口由班家灣分一支東流爲班灣河，經拖船埠下達沔陽之陽明湖，疑即近是。特西通直路河，與《誌》互異。又自排沙渡南分一支東流爲通順河，下入天門縣，又爲《誌》所不載。其一汊由夜澤口今名澤口，直南流逕夜汊河，過雙雁，又南爲直路河今名西荆河，至港口爲江陵縣境，下入監利縣境，又自雙雁下西折一支，逕梅家嘴爲茭苞河今名東荆河，歷周家磯，直西流至么口分南北汊，汊南至枒角廟入江陵縣境，汊北逕王東港至鲫魚嘴爲荆門州境。又先自周家磯至張么口折一支東南流，逕浩口入江陵境，下達監利界。以上支河及夜澤、排沙渡二口門，在在淤塞，僅漢水夏漲可通舟楫而已，徒有分洩之名而無其實。漢江上下千數百里，惟賴此宣流以殺其勢。今使併力東下，每當盛漲，不特大河時防横溢，即支流亦浩瀚靡涯，蓋以旁無豬蓄故也。雖縣之堤塍現無險要處所，而稍形卑弱則有因漫致潰之虞。且與鍾祥、京山頂上之漢堤，江陵、監利腦後之江堤，呼吸相關，同其憂患，疏瀹與版築，去其一而可乎？

天門縣水道堤防圖

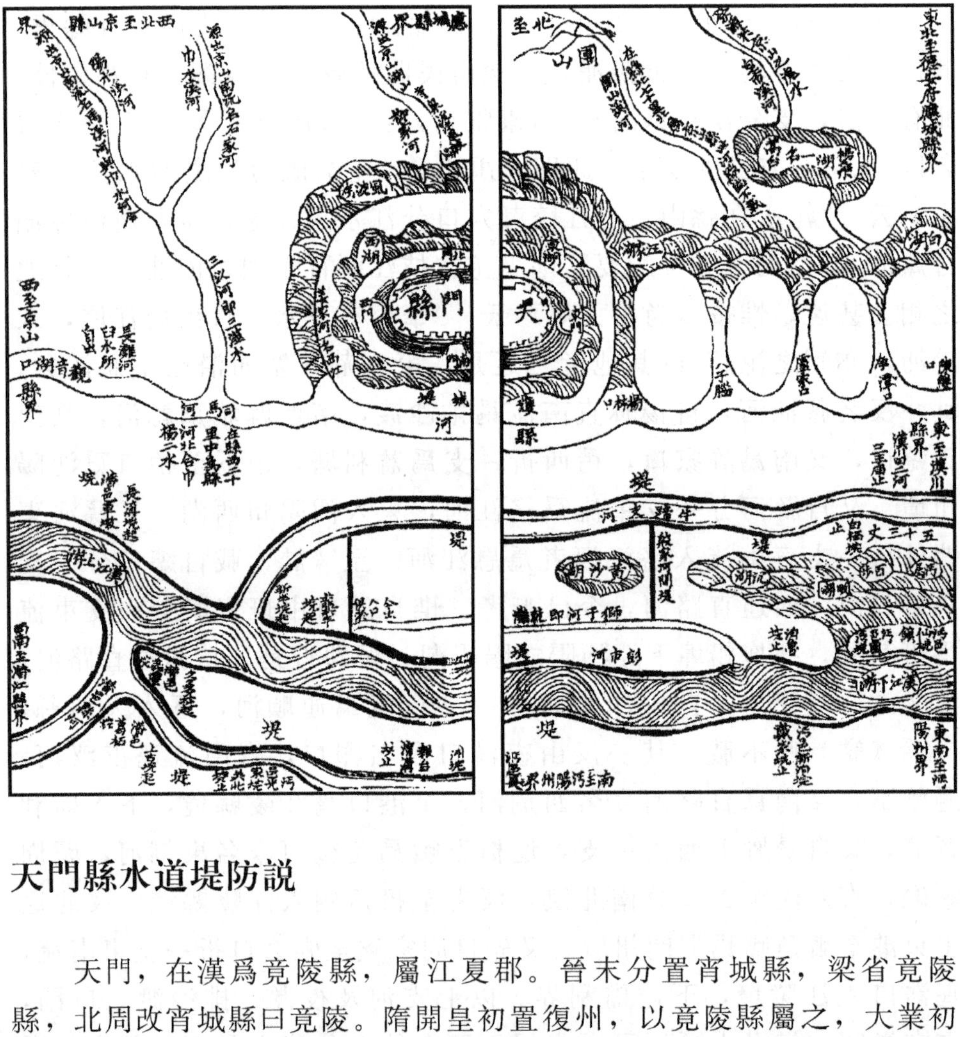

天門縣水道堤防説

天門，在漢爲竟陵縣，屬江夏郡。晉末分置宵城縣，梁省竟陵縣，北周改宵城縣曰竟陵。隋開皇初置復州，以竟陵縣屬之，大業初屬沔陽郡。五代晉天福初避諱改縣曰景陵。宋熙寧六年州廢，縣屬安州，元祐仍置復州，紹興三年移州治沔陽，仍以縣屬焉。元屬沔陽府。明初屬沔陽州，嘉靖十年改屬承天府。國朝屬安陸府，雍正四年改爲天門縣。東西廣一百八十里，南北袤二百一十里。東至漢陽府漢川縣界九十里，南至漢陽府沔陽州界一百二十里，西至京山縣界九十里，北至德安府應城縣治九十里。東南界沔陽州，西南界潛江縣，西北界京山縣，東北亦界應城縣。境西北有天門山，兩峰峙天，其中如門邑，即以山得名。漢水西由潛江入境，南北兩岸皆束以堤：南曰多多垸、牙旺垸、馬家垸、上中洲一區、上中洲二三四五六區、下中洲二三四五區、五垸、下老觀垸、石泉垸、長湖垸、猪豕垸、濫泥垸、犴獐垸、漚麻垸、官湖垸、北河垸、七家垸、青泛垸、桑林垸、夾洲垸、戴家垸，共堤長一萬六千八百六十七丈五尺；北曰長溝垸、孫埸垸、月兒垸、上老觀垸、范獐垸、洋潭垸、沙溝垸、上中下牛蹄垸、新半垸、龔半垸、上陶林首區、上陶林二三區、下陶林一二三四區、雙湖垸、彭市河、黄沙垸、吴家垸、團湖垸、查家垸、中下殷垸、泊魯垸，共堤長一萬六千九百四十四丈。又漢江之南爲通順河，亦有堤：南岸自潛邑葛柘垸起，歷上、中、下三古垸、吴孔垸止，堤長四千八百一十三丈；北岸自潛邑適遏垸起，歷蘆林垸、大刭垸、牛槽垸、梁成垸、穀家垸、報台濫溝垸，共堤長四千九百六十五丈五尺。漢江之北爲牛蹄河，亦有堤：南岸自龔半垸起，歷潭家垸、白湖垸、虎獐垸、河湖垸、黄洋垸、萬貢垸、殷老垸、麻細裴湖垸、毛湖胡小垸、夾洲垸、施家垸、新冲垸、鄭家垸、河灣垸、馬灣垸、倒套垸、鴉鵲垸、柴頭垸、釵子垸、下沙垸、寶栖垸、白栖垸，五十三丈止，共堤長二萬三百七十四丈，内五十五丈堤計長一千一百餘丈。《天邑誌》載，分爲六形，天門修一三五形，漢川修二四六形，俱有成案。今據漢川業民呈稱“堤内田畝屬漢川者，自河心量至堤裏僅五十五丈寬，其裏首之田盡係天門、沔陽二州縣田業，以堤址坐落漢川地界，故只派漢屬承修事，係偏枯致相觀望”等語，查與《誌》載“兩邑分修”之案互異，道光辛卯是堤潰口，已據湖北候補縣丞安徽王溶度認爲捐修，此後若不明定章程，必致仍前互相推諉，坐視廢棄，七十二垸田糧保障攸關，亟宜會勘，清丈堤内受益田若干頃畝，按畝派土，三州縣分年承值，似爲公允，宰土者可不加意耶？北岸自尹家垸起，歷塞土垸、截河垸、花台垸、趙家垸、高作垸、新堰垸、陳昌垸、南灣垸、西以垸、横林垸、張台垸、馮思垸、高宋垸、鄒曾彭垸、截築漚麻垸、便文垸、李港垸、灌溉垸、□❶魯蘇垸、尹家垸、台坡垸、程鐵垸、長樂垸、左腦垸、觀音堂、社湖垸、三王廟，至漢川田二河止，共堤長一萬七千七百六十丈。又大河之左牛蹄之右，中分一流爲獅子河，即乾灘河，下至中

❶ 原文漫漶不清。

殷河堤入漢，今受水出入口俱淤，至城南有護城堤一道，係防上游堤潰，漢水自西建瓴而下，頗爲城患。舊堤長七八里，擁西、南、東三湖爲保障，自明迄今，屢决屢築，本年復以鍾祥、京山二縣决堤冲潰成灾，與漢堤並重矣。又縣境自西至東横亘百數十里有縣河一道，總名曰汉水，在縣南、東納鍾祥臼水、京山長灘河入縣界爲觀音湖，又東流，隨地易名，三十里至漁薪河，又東五十里爲司馬河，即蔡傳指爲三澨之一。又東三里爲三汊河，納巾、楊二水。按：楊水源出京山，南流名馬溪河，與巾水合。巾水源出京山，南流名石家河，均蔡傳各指爲三澨之一。又東十里爲姜家河，東折入縣北風波湖，又八里爲楊林口，北達汪家湖，又東三十里爲八字腦，北達沿湖，又東十五里爲盧家口，北達楊桑湖，又東十三里爲浄潭河口，北達白湖，又三十里出縣界，逕漢川禹家港，北達三臺湖，出涢口至漢口入大江。又縣西北有柳家河，源出京山縣湖山寺泉，下注縣北首之風波湖，逕楊林口入汉水，又縣北有團山溪河，源出縣境之團山，南注楊桑湖即蒿台湖，爲《誌》所不載。又縣北皂市河，源出京山縣之溾水，入蒿台湖，下通三台湖。縣境地勢，東南多水，西北多山，附沔水者地卑而坦，界京山者地高而隆，故迤北則資山泉之灌塘堰瀦蓄，尚可以人力致之，惟邑南襄、漢之流潰决靡常，有害無利，雖有南北堤防各百餘里，而地居鍾祥、京山、潛江各縣之下游，堤與唇齒相依，勢難首尾兼顧，守土者惟以不及防者信諸天，而以可自固者力諸己，斯不愧民之父母矣。

沔陽州水道堤防圖

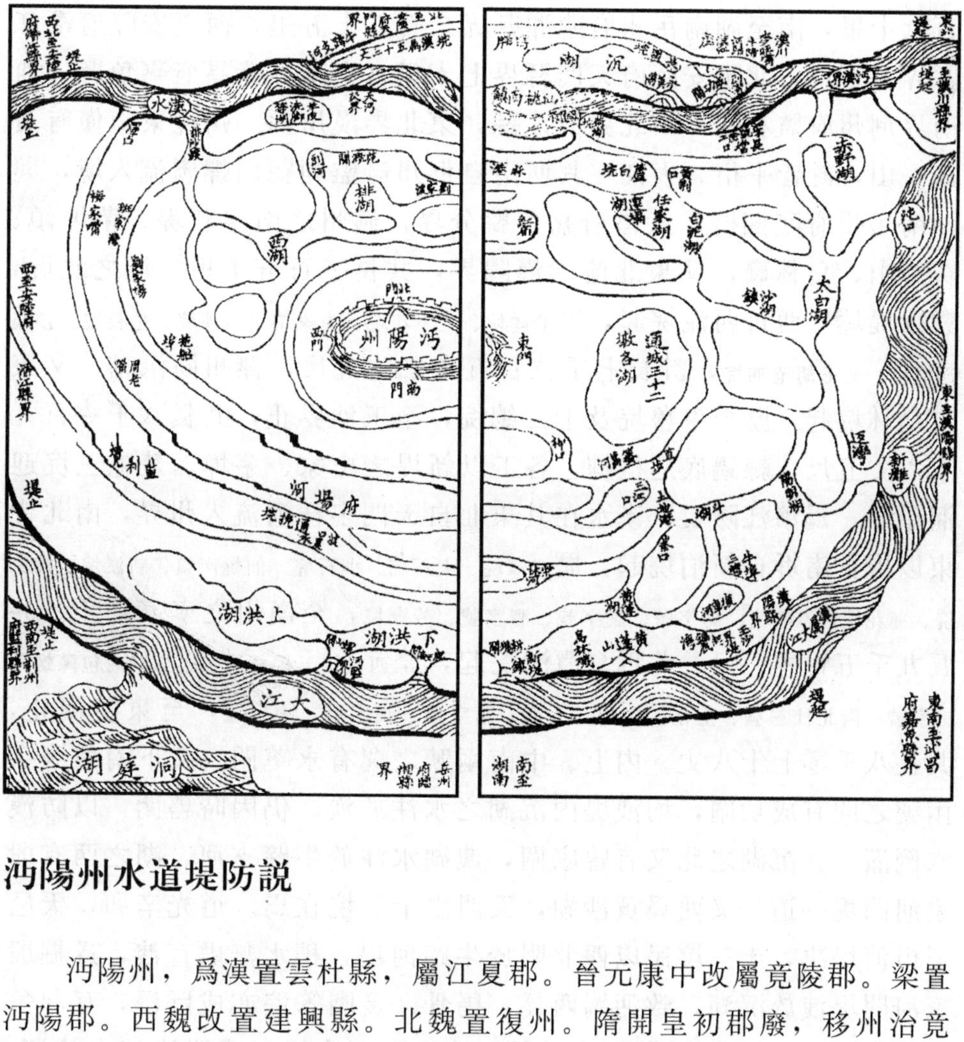

沔陽州水道堤防説

沔陽州，爲漢置雲杜縣，屬江夏郡。晉元康中改屬竟陵郡。梁置沔陽郡。西魏改置建興縣。北魏置復州。隋開皇初郡廢，移州治竟陵，以建興縣屬焉，仁壽三年仍爲復州治，大業初改州曰沔州、縣曰沔陽縣，尋又改州曰沔陽郡。唐武德五年改郡曰復州，移治竟陵，以沔陽屬，貞觀七年又移州來治。宋乾德三年分置玉沙縣，寶元二年廢沔陽入玉沙，熙寧六年又省玉沙入監利縣，元祐元年復置玉沙縣，仍屬復州。元至正十三年改復州爲復州路，十五年升爲沔陽府。明洪武九年降爲州，嘉靖十年改屬承天府。國朝初屬安陸府，乾隆二十八年屬漢陽府，又於州屬之新堤添設文泉縣，並隸漢陽，三十年裁文泉，仍屬州。東西廣二百七十里，南北袤二百九十五里。東至漢陽縣界一百七十里，南至湖南岳州府臨湘縣界二百二十五里，西至安陸府潛江縣界一百里，北至安陸府天門縣界七十里。東南界武昌府嘉魚縣，西南界荆州府監利縣，西北界潛江縣，東北界漢川縣。州境東南僅有黄蓬一山，餘皆平衍。大江在其西南自荆州府監利縣白螺磯流入境，與湖南岳州府臨湘縣、武昌府嘉魚縣分界，過州之南崖新堤、茅埠鎮、黄蓬山、烏林磯，又東北流入漢陽界，共長一百五十里。江之北圻，禦以堤塍。西自西流垸起，歷龍陽垸、上下花垸、史家垸、茅埠垸、楚長垸、預備河堤垸、葉王胡范洲垸，計長七千二百五十二丈五尺，隸州同汛轄。又東自烏林垸起，歷李牛魯垸及十二總垸，至玉沙界止，共長八千一百九十六丈五尺，隸鍋底巡檢轄。各工以新堤之史家、茅埠、楚屯三垸迎溜頂冲，爲濱江險要，漢水在其東北自天門多祥河流入州界，南北皆束以堤：南圻自新泊垸起，歷童潭垸、大石垸、小石垸、仙桃南鎮、新淤垸、楊家垸、蓮花垸、恩隆垸、高字號、嚴字號、泗字號、芳洲垸，至漢川之寧家垸止，共長九千五百零一尺；北圻自潭灣垸起，歷西長垸、楊林垸、馬骨垸内包陳螺關三字號、陶北杜三號、上南、中南、下南、湃字號、長字號、國字號，至東横堤止，共長八千零七十八丈。内上、中南兩號之間有永奠閘。又下南與湃字兩號之間有成功閘，均洩堤内沉湖之水注於漢。仍因時啓閉，以防漢水倒灌。其沉湖之北又有曾家閘，洩湖水注於牛蹄支河，湖之西有殷家河間堤一道。又西爲黄沙湖，天門之十三垸在焉。道光辛卯，天邑彭市河堤決，十三垸民以西北阻於牛蹄河堤，積水無處宣洩，遂掘殷家河間堤洩於沉湖，致沔屬西長、馬骨、長團等垸亦成巨浸，互起争端。應令十三垸於黄沙湖下開渠，於牛蹄河南堤，建閘洩積水於河，自不致掘間堤以鄰爲壑矣。又南圻繞仙桃鎮，左右分二支，合流而東，其濱南岓之垸曰桂子、曹家、師娘、新豐、長寄、新勝。又稍南分支河東流達於漢川，其堤向歸民修。又漢堤之北，上承天邑牛蹄支河，逕天門下十三垸。漢川屬五十三丈自馬腦垸起，内包下新字號、灣字號、内白字號、外白字號、中白字號、凉字號、南字號、金字號、八字號、上新字號、張婁字號、馬字號，至北垳脉旺嘴止，達於漢川，共長一千四百九丈零，均隸川判汛轄。各工以南垳嚴泗號、北垳陶北杜及長團垸迎溜頂冲，最爲險要。其餘由漢出之濳水自西北而至東南，縈紆流注於州之四境：一支自監利入者名夏水，東北過柴林河，至直步與漢水合；一支由澤口入梅家嘴，過監利之周老嘴爲府場河，至沔之通挽垸渡口入柴林河，達土地港與班家灣之小河會，同注於洪湖，經黄蓬山，至鍋底灣，出新灘而入江；一支由濳江排沙渡南流至班家灣。自劉家塲分一支爲小河，歷拖船埠，至土地港與澤口之支河會，同瀉於洪湖。其由西湖者一小支環沔城，出柳口與班灣下流之水合。又一小支走紅廟諸湖澤中，北達黄荆口，注於仙鎮之河，復迴旋於長壋口，注於赤野湖。又城河一小支，經接陽，抵沙湖鎮，至沌口入江。又一支爲漕河，自柳口環城，西北達於三江口。又自排沙渡一小支折而東爲剅河，南注西湖，又自蘆洑河，逕剅河、范溉關、麻港，至黄荆口，又分一支自范溉關南流播於劉家渡。其在東北境者則漢水由仙鎮東西兩垳分支，一由荷湖等垸經長壋口，一由蘆白等垸至黄荆口，均注於太白湖，由沌口歸江。其在東南境者自黄蓬湖東流爲復車河，經牛埠三灣東，出新灘口。又一支自三灣經斗湖入陽明湖，亦出新灘口歸江。沔陽固一澤國也，江溢則没東南，漢溢則没西北，其穿穴經絡於沔之腹者則濳水也，在昔湖藪襟帶，烟波浩淼，水有容納之區，久而民漸芟剔，墾爲阡陌，各修堤以障之，大者輪廣數十里，小者十餘里，謂之曰垸，如京爲陵，盡佔水道爲田畝，且境之府場、柴林等河及入洪湖青灘口、沌口下游支河，口門節節淤塞，既無瀦蓄，復阻歸墟，故無論江、漢堤决，有其魚之憂。即濳水一經暴漲，則巨浸彌天，並積潦無從宣洩，十年九潦，未可盡諉之天意也。如洩洪湖之新堤、龍王廟、白螺三閘，經前督院汪稼門制軍於嘉慶十三年開濬，雖白螺閘依山，微嫌地勢外高，龍王廟閘出水形勢過直，未盡適宜，而疏洩亦頗有效。近患外江淤灘漸仰，内港水道漸湮，並閘門過狹，難資宣暢，尤相度經營之宜先務者。

漢川縣水道堤防圖

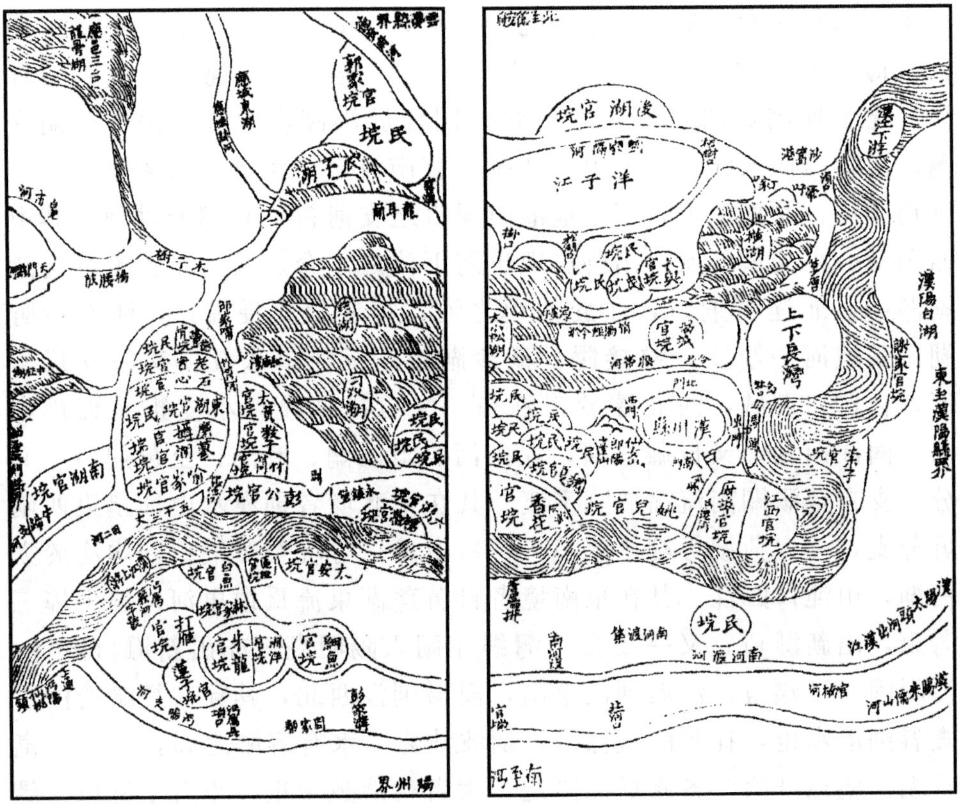

漢川縣水道堤防説

漢川縣，古沙羨安陸縣地。梁置梁安郡。西魏改爲魏安郡，兼置江州，尋改郡曰汊川，廢帝三年改江州曰沔州。後周置甑山縣，爲州郡治。隋開皇初廢郡，以縣屬沔州，從屬沔陽郡，大業末縣廢入漢陽。唐武德四年復析漢陽縣，置汊川縣，屬沔州。宋初改漢川屬漢陽軍，熙寧四年省爲鎮，元祐元年復置，紹興五年又省，七年復置。元屬漢陽府。明初屬武昌府，後還屬漢陽府。東西廣一百二十里，南北袤一百五里。東至漢陽界三十里，南至沔陽界一百里，西至安陸府天門縣界一百里，北至德安府雲夢縣界四十里。東南亦界漢陽，西南亦界沔陽，西北亦界雲夢，東北界孝感縣。縣非山鄉，而實澤國。山之著名者曰陽臺山，即宋玉《高唐賦》楚襄王夢神女處。又縣西五十里曰内方山，《寰宇記》云："《禹貢》'内方至於大别'，乃此山也。"《一統志》謂"内方即章山，在今荊門州界"，《方輿紀要》謂"内方山亦名馬仰山，即權水入漢所經地"，是《一統志》所載近是。漢江在縣之南，由沔屬脉旺嘴流入境，自西而東歷沉波亭、分水嘴、三汊潭、蚌湖鎮、城隍港、廟頭集、楊池口，折而北流，逕繫馬口，遶縣城東門，過石滚壋，到溳口抵漢陽縣界，計長一百五十里，此漢之正流也。北拆接沔陽之彭公及裙帶、六湖、香花、姚兒、江西、麻埠等垸，至縣城東南止，均築以堤，長一百一十里。南岸則惟太安、索子、謝家三垸有堤，長三十里餘，俱民垸及廠畈，毋庸官爲督理。又一支西由天邑之牛蹄支河，自乾鎮驛入田二河，下至張池口，南合漢水，北達竹筒河蝦子溝，折而東入東湖口，分由洋子港劉家隔河注溳口以歸漢。又分一小支由喻家官垸斜東北流，至鄧家民垸蝦子溝集與乾鎮驛之水會。又一支自沔屬仙桃鎮支河，經縣之南境周家帮，過漢陽朱儒山新老帮河，下注於蔡店河以入漢。此皆漢之支流也。又縣西北境有西自天門皁市河，至禹家港入境，由張家渡東北流，滙三台東湖等水下注東湖口，過洋子港入溳。又西北自應城五龍河，出三台龍骨湖，至左家渡東流，會東湖北來之水，過洋子港同注於溳口以入漢。又西自應城縣長江埠滙德安府雲夢諸水入境，東南流至新河口，出劉家隔河，名曰府河，下注溳口以入漢。又東北自孝感縣淪河來源，南流入縣境名安河，至柘樹口達府河，下注溳口以入漢。此在溳口以上諸水出漢者也。又竹筒河東分一支，下達城隍港，環縣東門馬頭入漢；又一支北入汈汊湖、松湖、慈湖達腰帶河，又名新河，東逕入漢，北出横湖，歸溳口以注漢。其由慈湖北出者爲甘河口，由松湖北出者爲掛口，並經劉家隔河東注溳口以入漢。此又漢水之别流也。又縣之西南自蓮子垸東流，繞西江亭，集過南河渡、集至漢陽邑之太頭河，注於蔡店河入漢，是又本境之水也。川澤縱横，爲衆水滙歸之委，且鍾祥、京山、潛江、天門、沔陽五州縣俱居其上游，各堤塍一有潰决，縣之四境俱成巨浸，雖有刁汊、大小松慈湖、横湖等以備儲蓄，而來源汹湧，其下游又有溳口受德安、安陸二府屬之水西北來注之，横截漢江去路，兼以江水同時並漲，襄水下至漢口宣洩不及，每易旁溢横流，一綫危堤，兩面受敵，縱令版築屹者崇墉，豈能如鐵石之固？議者以爲各淤河及湖口如竹筒河、劉家隔河、洋子港、腰帶河、消渦涇、南河渡、周家帮、邵家嘴、掛口、松湖口、柘樹口、丁家口、濠子口、草廟口、烏鉢口等下游處所導之濬之，藉可以資宣洩，然吾圉雖固而鄰壑難防，亦不能爲斯民策久安也。

漢陽縣水道圖

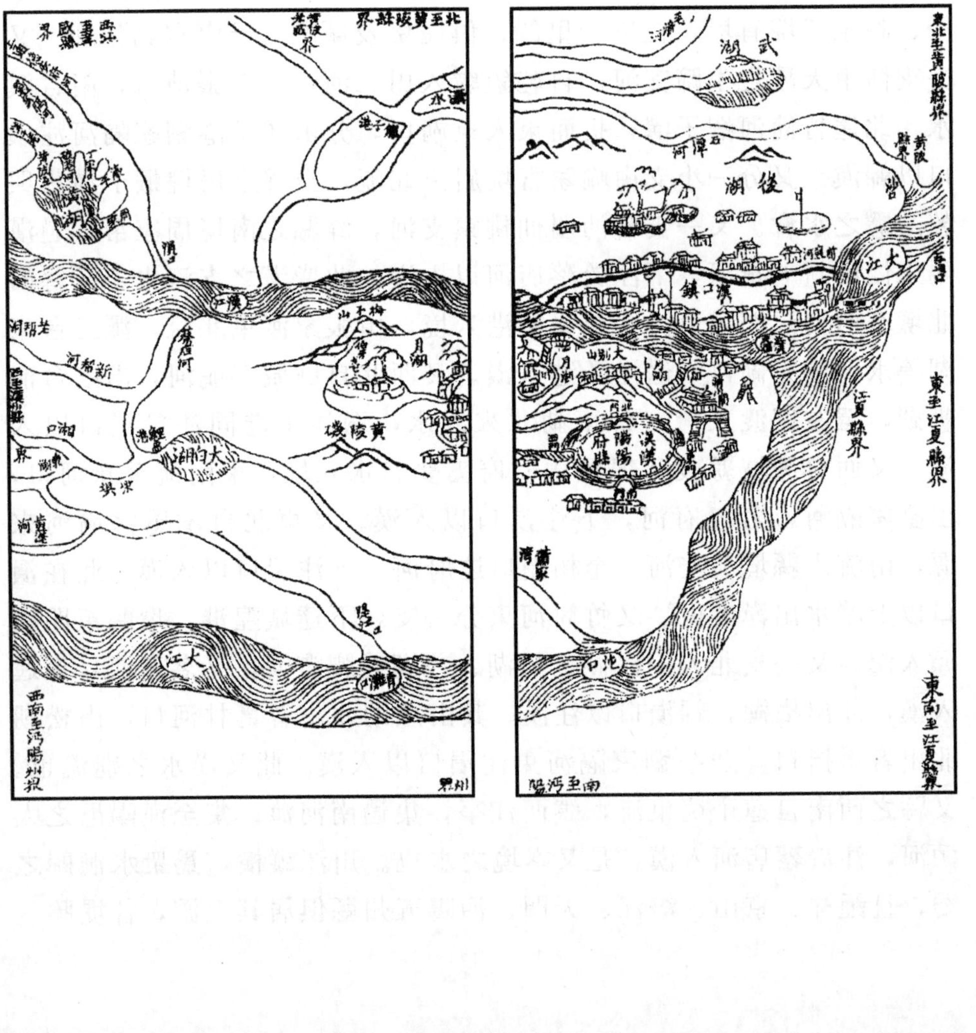

漢陽縣水道説

漢陽縣，漢爲江夏郡沙羡縣地，晉置沌陽縣，屬江夏郡。梁爲梁安郡地。隋開皇十七年改置漢津縣，大末初改曰漢陽，屬沔陽郡。唐初爲沔州治，寶曆二年州廢，縣屬鄂州。五代周爲漢陽軍治。元爲漢陽府治。明初屬武昌府，後復改爲漢陽府治。東西廣九十三里，南北袤二百六十里。東至武昌府江夏縣界七里，西至漢川縣界九十里，南至沔陽州界二百四十里，北至黄陂縣界五十里。東南亦界江夏，西南亦界沔陽，東北亦界黄陂，西北界孝感縣。境内山脈西源中幹，則江漢爲經七省水會之區。山之著名者曰大别❶，即《禹貢》“漢水入江處曰漢陰”，以漢陰丈人得名曰臨嶂，晋陶侃督荆州鎮。此《水經注》曰“沔水又東逕林嶂”，故城北是也。大江在縣之南自荆州監利而下，經沔陽之玉沙界流入縣境之東江腦，又東北流經大、小軍山一百五十里至縣城南抵大别山東北與漢合者，大江之正流也。其經沔陽播爲陽明諸湖、滙於太白湖自沌口出江者，與經沔陽播爲黄蓬諸湖、至新灘口出江者，及自孝感經漢陽之石潭河入黄陂垸至沙口出江，則皆漢水瀠滙鄰境，江弱則下流歸江，江盛則逆漾轉灌於鄰境諸湖。其諸口入江之處，總爲漢水入江之道也。漢水自涓口入縣界，東過蔡店明嶂山，南流至縣北郭師口，一支逕大别山後至漢口凡百二十里入大江，又一支北出亦至漢口名前襄河，乃漢水故道，近已淤塞，不通舟楫矣。其由沔陽仙桃鎮鳳凰頸南出之漢水支流，逕境之新帮河至蔡店鎮入漢者名蔡店河，又縣北四十里西北通孝感縣界者爲籐子港，南入於漢。又分一支，東北會黄陂縣界之毛清河及通武湖之灄水，東流爲石潭河，至沙口亦名五通口入於江。其沿江漢兩坼無山處所，俱係廠畈無堤，故値盛漲，僅一漫而過，旋長旋消，不恒爲患，惟如道光辛卯大水，則不得免焉。至漢口，爲宣洩漢之咽喉，近爲二水壅遏，漢江底益淤高，是其隱患。縣轄江漢交滙之地，故圖、説併及之，以誌源委。

---

❶ 自“山之著名者曰大别”至此段結束，此本缺頁，據他本補。

道光壬辰盧制府奏定修築湖北堤工章程

一、應專責成也。堤塍保護田廬，國計生民，關係緊要，向係官督民修，誠以任民自修，非廢弛即違抗，甚至包攬漁利，百弊叢生，是以重其責於官。若交官爲承修，非書侵即役蠹，甚至勾串分肥，毫無實濟，是以分其事於民。立法本至周詳，乃日久玩生，官以爲民修而漫不加意，民不見官督而虚應故事，有歲修之名無歲修之實，連年漫潰，民困賦懸，其所由來者漸矣。州縣父母，斯民休戚相關，應責成視如己事，如家事，勘估必親身週歷，審度機宜，修築則硪夯堅實，丈尺如式，防護則籌畫周詳，有備無患，悉心經理，處處不遺餘力。而官督之職分始盡，仍當督率汛員，一體妥辦，毋任疎懈。

一、蠹書宜嚴禁也。堤之敗壞，皆由於工書。向雖官督民修，而官盡諉其權於書吏，於是僉首事有費，造估册有費，驗收工有費，甚至串通册書，要結首事，浮派侵吞，無弊不作，公項遂盡飽私囊。應力行禁約，不許干預。至於申報文册，應捐給紙筆之費。

一、應多選首事。州縣爲親民之官，公正紳耆，何地無之，留心延訪，足供使令。况此項堤工數百餘年，凡近堤之民，無不身習其事，且利害相關，自必竭盡心力。應將估定工程，或加高、或培厚、或加子埝查明，近堤紳民圩業人等，着落分段承修，所估土方錢數、高寬丈尺，先行榜示，使人人共知共見，再於堤上分插標記，各按原估丈尺土方，勒限修築，在近堤之民，出作入息，便於趨事，既免搭棚舉炊之費，而大汛偶有險工，一呼即至，無不思保護身家，則責有攸歸，防護更爲得力。

一、向來堤費，有設公局收支者，有册書按糧派征、首事執單催納者，有首事承辦、花户自行赴工兑收土方者，有大户出錢小户出夫、民間自派自修者，各州縣情形不一。惟一概聽之於民，而何人完欠，官不過問，於是慣於包攬之册書，刁抗遷延，致累首事賠墊，因而視爲畏途。不肖衿棍，又與册書、工書朋比爲奸，把持分肥，視爲利藪，遂置要工於不顧。又有按地派錢，交納在官，久之相率抗延，官亦因之受累，於工程不免草率，仍屬有名無實。應各就地方情形，向係設立總局者，選公正紳士，經管度支，官爲稽查出入；向係民間自派自修者，官爲親歷督催，勿任偷減，苟且塞責。即按地派錢，交官承修，亦當延訪公正紳士，分段修築，親身稽查，較之任用書差，似爲得力，於循照舊章之中，變通以核實辦理之法，庶民間派土出夫，皆歸實濟，工程可期鞏固。至於工竣之後，凡緊要險工，亦應籌備餘錢，以備防守之用，俟安瀾後，邀集紳士，公同核算，則通工需費，共見共聞，司事者亦可明其心跡，來年歲修派土，更不難於集事。立法周密，亦可行之久遠。

一、勘估須相度形勢也。堤塍防禦汛漲，而高下必審機宜。地處低窪，雖堤身高鞏，仍須加培；地處高阜，即堤身稍形單薄，足資捍衛。總以本年盛漲水痕爲度，須督率汛員，悉心履勘，按十丈一纏，逐段丈量，並向近堤居民詢問明確。如盛漲時堤出水面一尺者加高四五尺，堤出水面二尺者即應加高三四尺，若水漫堤頂一二尺者即應加高七八尺。倘必須大爲加估高出水面七八尺或一丈數尺方資抵禦，即可以此類推。蓋以水痕定水平，則上下、遠近無不一律相稱，工程既不至緩急失當，經費亦用得其宜，不致虛縻。

一、修築應如式也。查築堤以二五收分，底頂相配，須於鋪底時先照原估丈尺，間段插簽標記，使其一律寬濶，不得任將堤脚收小，偷底短鋪。仍於未鋪底之先，按照原估寬長丈尺，將地面用重硪排築堅實，免致根脚浮鬆，謂之盤底。然後加上底坯，嚴督夫工鋪踩平勻，不得結塊成團，每上土一坯，只許一尺二寸打實八寸，不得過厚。至每層行硪，總須連圜套打三遍，以硪花爲驗，隨時週查，錐試不漏，不得稍存遷就，至頂底固應如式。而坦坡尤須肥滿，不許減瘦，將來收工時，逐段丈量，頂坦兼行錐試，如有偷減草率，責令翻築賠修。

一、交界地方宜會同修築。州縣堤工，接連在居民，無不各分畛域，有堤在此縣而近堤地屬彼縣，業户不准取土，遂多觀望因循，終留缺陷，一遇汛水泛漲，漫潰堪虞，雖上下各堤極力修培，不免前功盡棄。嗣後凡交界地方，應由兩縣會辦，示諭居民，離堤二十丈外取土，有地之户不得藉詞阻撓，修工之人不許藉端推諉。但附近堤根，往往有民間廬墓，仍嚴行示禁，如敢恃强挖壓踐踏，定予究處。

一、應酌辦石工堤以束水。不過堵禦汛漲，而迎溜頂冲之處，一經風浪鼓盪，勢必崩塌潰缺。是以向來退挽月堤，亦係不與水争地之義。然退讓僅止數里，仍屬無濟，且所費不貲，終歸虛縻。似不若拋砌碎石攩護，庶可一勞永逸。荆州一帶，取石較易，運脚船價亦廉，此外工險石近之處，均須相度機宜，權其經費多寡，酌量辦理，不必拘泥。

一、慎防守。堤工雖修築完竣，而每當大汛經臨，凡迎溜頂冲之處，風狂浪激，難免汕刷崩塌，應多備蘆草繩柍，紮枕擋護。其硪夯畚鍤之具，亦必於各段酌量備用，安瀾後存貯公所。

一、積土牛。自來江河皆漫淹爲患，必堤身高聳，方資保障。現在查照盛漲水痕，一律加高，可無汎濫之虞。然水勢靡定，倘有危險，風雨交加，不但難以施工，兼且無處取土，應乘冬令水涸之時，責令圩業人等先積土牛，每土牛高四尺、長二丈、頂寬二尺、底寬一丈，隔五尺堆積土牛一座，可備緩急之用。

一、修堡房。伏秋兩汛，風雨不時，水勢長落無定，正堤工吃緊之際，自應責令圩業人等小心防守。然無棲止之地，則露處爲難，應按四里添蓋堡房三間，存貯一切防守器具，派圩業三名，常川駐工，一經險要，即鳴鑼集夫，協力防守。

一、定勸懲。督修堤工，原屬地方官應辦之事，然果能督率汛員盡心經理，安瀾後自應分别量予鼓勵，或由本省調劑，或奏請加銜，或請應陞，以昭激勸。若漫不經心，一任胥吏衿棍把持漁利，或縱容家丁侵蠹悞工，亦應分别懲處，以儆怠玩。至紳民首事，如果始終出力，辛勤最著，由府、州、縣查明，或給花紅，或給匾額，隨時詳請優奬。若慷慨樂輸，捐銀在三百兩以上及數至千萬兩者，照例詳明。奏請議叙。

續行修築堤工事宜

一、改築新堤及修培舊堤，均應一律挑取淤土。如該堤坐落處所，俱係浮沙，實無淤可取，必須將浮沙揭去，再挖深三尺取土應用，不准土夫貪圖便易，率以近沙面土挑挖塞責。如帮修委員，不能認真查禁，經錐試時滲漏，責成該委員翻築着賠，決不寬假。

一、無淤處所，雖挑去浮沙，挖深三尺取土，究屬沙多土少。如堤係迎溜濱江，斷不足恃，應照原估高寬丈尺内於堤面外坦二處，改包淤土一坯，計厚一二尺，方可免潰决之虞。倘實值頂冲，仍須照前發章程，擇要抛砌碎石，以資攩護。

一、江漢各堤，遇有殘缺及矬蟄處所，自應估修，一律加高培厚。第須將原堤底面高寬丈尺若干、現經殘缺若干，做成時應收高寬丈尺若干，挨段分號，詳晰註於册内，不得籠統載稱自某處至某處共若干丈尺、需土若干，冀圖朦混，致收驗時無從查核。如違駁，飭另造。

一、舊堤殘缺，須估培補工程，興工時必須先將舊土刨鬆，以水潑潤，再加新土，按坯行硪堅築，庶新、舊土可以膠粘。斷不可率以新土堆積其上，以致兩不融洽，易於剥落。應責令監工委員，隨時留心督率，毋許懈忽。

一、各堤上多有佔造房屋及浮埋屍棺者，實屬違例，自應押遷，以固堤身。第相沿已久，如黄梅縣轄之段姚市、廣濟縣轄之武穴鎮、荆州之沙市郝穴等處，現瓦屋雲連，又未便概令遷移，致滋騷擾。至浮葬之棺，刨挖深坑，尤於堤身有損。此等棺骸，率皆無力貧民偷葬，該地方官應倡勸捐資，多買義地數邱，設局瘞埋。一面出示曉諭地保傳知各該屬認識，如願領埋改葬者，迅飭依限自遷，其無力遷葬及無主認識之枯骸，悉由局遷於義地内埋葬，嗣後勒碑永禁，毋許於堤上建屋埋棺。如違，定提法究。

一、各縣工次，須照部頒銅尺，做成十丈篾繩及旱平、丈竿各一分，三尺長鐵錐一桿，以備驗收應用。將來逐段丈量，按定堤底、堤面、腰坦，均須一律試錐，如有滲漏，定令翻築重硪，決不遷就。該縣莫若於做工之際，隨時自行錐驗，稍不如式，即飭加硪，免致彼時翻築多費，勿謂言之不預也。

詳定江漢堤工防守大汛章程

一、長堤大汛，應設立堡房器具，招募兵夫，以資防守。查楚省堤工，惟荆州萬城堤官工，向有卡房五十二座，例係汛兵與圩甲等分半住守，近已率多坍塌，視爲具文，緣汛兵不給油燭，圩甲並無飯食，焉能令其枵腹從事？其餘江漢各堤，則併堡房、兵夫無之。此次興辦堤工，限期既迫，經費尤艱，瞬届大汛將臨，各工尚未一律完竣，其建置堡房一節，斷難趕辦。然有堤而無人防守，與無堤等；有人而無錢養贍，與無人等。必得預籌經費，明定章程，以爲思患預防之計。除萬城堤舊有卡房，宜速修整，并議給汛兵油燭，酌發圩甲飯食，按堡製備器具，責成該管守備及汛員督飭駐守。此外各堤，雖例無防兵，亦應令圩甲僱募長夫，按十里搭蓋蘆蓬一所、派夫三名駐宿，日間填補雨溜、溝槽，夜間分班往來巡查。每夫一名日給飯食錢八十文，每蓬日給油燭錢三十文，均由該縣籌給，以五月初六日上堤起，至寒露日下堤止，按蓬挨次編號，飭汛官造具各蓬夫的實花名清册四分，分送道、府、縣及留該汛備查。嗣後臨堤查點，如缺少一名，即提該圩甲責處，並照扣飯食錢文。俟本年安瀾後，仍須籌欵建置堡房，以資永久。

一、各堡房、蘆蓬應備器具開後：插牌一面，上寫離江若干丈里，堤長寬各若干，南北高各若干。雨笠各夫一個，燈籠按堡二個須驗有燭簽，火把十根，銅鑼一面，鐵鍬二張，筐扛三副，榔頭三個，夯雨架，鐵簽兩根，鐵鍋二口，舊棉袄兩件，布口袋四条，循環簽二根。

一、大汛盛漲，該汛員爲防守專司，應駐宿堤上，於該汛内往來晝夜梭巡，不得安坐衙署，并遴委妥員往來於兩汛地方，會同汛員稽查。至迎溜頂冲險要處所，須另委勤幹一員住劄督防。該管州縣，仍不時親往各汛查察，如遇危險，即督率汛員，多雇人夫，搶築子埝；巡道本府，並先後輪流往勘，查出汛委各員，稍有懈忽，立予揭參。倘堡夫名數短缺，堡房器具不齊，亦惟汛員是問。

一、堤頭、堤坡，除巴根草外，凡有長草，必須割去，以清眉目。堤頂草須全割。裏坡草應割至腰路爲止，總須留根二三寸，以護堤身，不得連根鏟拔。至外坡之草，不可割去，應留以禦風浪。

一、漫灘水到堤根，必須日夜巡查大堤裏坡有無滲漏。如裏坡一見潮潤，即須時刻留心。倘有浸滲，該堡夫一面稟知防汛官，一面鳴鑼，照堵漏子章程，如法辦理。日間由堤頂行走，一目了然。夜巡更爲吃緊，必須發給燈燭，由底路去腰路囬，細心查看。

一、外灘如有普面江套及窪形河溝，一經漫灘，水面愈濶，每遇風暴，必致傷及堤身，最爲危險。如有碎石之處，亟宜抛護，冀以一勞永逸，抑或放大坦坡包淤亦可。倘二者俱不可得，當於該處堆積柴料，並預備長大簽樁數十根，榔頭足用。如水至堤根，猝遇風暴，赶緊搶護，每一尺五寸釘橛一根，用柴掩護，尚可捍禦。

一、大堤有滲水之處，無論何項人等，有先舉報因得搶護平穩者，賞錢十千文，於伏汛前出示曉諭。凡大堤外連年水至堤根者，尚無大患，惟或因灘高，或因外有民垸，多年未經水之堤，轉爲可慮。緣灘唇塌卸，一經盛漲則江水出槽，民垸失事則溜勢奔騰，直注堤身，一有滲漏，猝不及防，往往因而漫溢。如此等工程，總須於平時留心察看，帮築土戧，防患於未然也。

一、江勢裏卧塌灘，須將塌崖之處用鍬放坦，并多掛柳枝，以免續塌。

一、江水漫灘，各堡門前設立小誌樁一根，計若干丈尺。其誌樁頂以矮堤頂五尺爲度，連空高共若干丈尺。飭堡夫隨時査看長落，遞傳下段報汛。該汛員按三日一次，彙報道、府、縣查考。如遇陡長陡落，該堡夫刻速飛報，由汛員隨即轉報道、府、縣，不在三日彙報之例，毋得稍延。

一、各堡夫每見官長巡查，應名充數，迨官過後，即便回家，并往他處遊蕩。惟在該縣督率汛員，到處留心察看。如查該夫內有日間割草及挑土填補水溝、夜間在堤巡鑼者，即分別給賞。否則，薄責示懲，庶知勸懲。

一、大堤走漏，爲至險至急之事，必須察其形勢搶救。先知堤身是淤是沙、離江遠近、有無順堤江套，測量堤根水深若干，見有漩窩，即是進水之門，速令人下水踹摸，一經踹著，問明窟竈大小：如係圓方洞則用鍋扣住，令其用脚踹定，四面澆土，即可斷流；如係斜長之形，一鍋不能扣住者，應用棉襖等物細細填塞，或用口袋裝土一半，兩人抬下，隨其形象塞之。仍用散土四面澆築，亦可堵住。此外堵法也。或臨河一面，不能進水形象，無從下手，只得於裏坡搶築月埝，先以底寬一丈爲度，兩頭進土，中留一溝出水。俟月埝周身高出外灘水面二尺，然後趕緊搶堵。如水流太急，紮一小柴枕攔之裏面，再行澆土，更爲穩當，仍須外面帮寬夯硪堅實，俟裏外水勢相平，則不進水矣。此内堵法也。如堤頂寬濶，或於走漏處堤心挖一溝，務須大坦坡，見水而止，即用棉襖等物於進水處塞之，亦可斷流。此又一法也。倘大堤土性沙鬆，諸法搶辦不及竟至塌透者，不可驚慌，因彼時口門不過數丈，當於見漏時先紮一柴枕較外灘水深高一二尺，如水深三尺枕高五尺。倘竟塌透，即將此枕攔於口外，用橛釘住，使水流少緩，一面多雇掀手排立兩堤頭將土粉下，一面令兵夫數人立於缺口内，連臂閉眼，齊力跳踹，以免瞇目傾跌，所粉之土須從人頭上潑下，漸跳漸稠，亦可閉氣。然亦僥倖於萬一耳。

擬堤工修防善後事宜

一、各段宜釘立石碣，載明高、寬丈尺，以資查核也。各縣堤工，每年既有估土歲修之例，如果工歸實用，自必繼長增高，何致轉形卑矮殘缺？皆由堤身丈尺未有明文，辦工者得以從中偷減，漫無查考。本年各堤既經一律修整，應按土名分段釘立石碣一座，照現在丈量實數，載明某土名、堤長若干丈、堤身内高若干、外高若干、底寬若干、有無下坎，及某年月丈量字樣，分晰鐫於碣上，豎立各工之首，爲衆目所共睹。該汛員并照式造册三分，一送該管巡道，一送府，一移縣備查。日後歲修，於何段續估加高培厚，即添註册内，年終另造申送，俾驗收時按册可稽，自無從高下其手。

一、大汛宜籌經費，設立堡房器具，以資防守也。江漢長堤，南北兩岸各千有餘里，每值夏、秋水漲，拍岸盈堤，或迎溜頂冲，或漫灘走漏，在在堪虞。若駐堤搶護無人，則事出倉猝，一經潰決，億萬民生身家性命攸關，豈容玩視！查荆州萬城堤，官工向有卡房五十二座，例應汛兵與圩甲等分半住守，近已率多坍塌，視爲具文。緣汛兵不給油燭，圩甲并無飯食，枵腹從事，焉能實力奉行？至各民堤，則併堡房無之，殊不足以昭慎重。此次堤工興修之後，除萬城堤舊有卡房固應修整，并議給汛兵油燭，責成該管守備督飭駐守外，其餘一律須籌備經費、添設堡房、製備器具，相工段之險易，定建置之多寡。將交大汛，即飭令該汛員僉派圩甲駐工防禦，倘遇危險，即鳴鑼集夫搶護，其所派之圩甲花名，並造册送道、府備查，器具即貯堡房，交其收管，每年大汛將臨點驗一次，如有遺失着賠。但該圩甲等，自交汛至撤汛期内，常川駐堤，以供驅使，不能不給以飯食、油燭，以示體恤。此項若由縣捐發，恐日久仍屬虚名，因思保堤所以爲民，防汛與集土事同一例，似宜將某汛駐堤圩甲若干名，每名酌給錢若干，限以定額，即於歲修派土内照數提出解存府署，俟大汛時由府發交汛員，按月按名領給。倘圩甲等仍敢玩不駐堤，立提究處。如該汛家丁、書役從中尅扣，察出定行重責，枷示工所，該汛員并干撤參。

一、堤工隱患宜防也。凡堤非頂冲而每遭潰決走漏者，皆由獾洞、鼠穴、水溝、浪窩，平時將堤内淘掘一空，一經浸水，立見崩卸，殊不可不慎。查水溝、浪窩，每在夏雨時行之際，其時圩甲等駐工防汛，即責成督率填修，用夯堅築。該汛員務須隨時督率，毋任草率苟減。至獾洞、鼠穴，亦有形迹可尋。該縣須出示曉諭，如拏獲獾、鼠呈驗，分别捐賞，獾皮發還，任其變賣。倘有尋出獾洞報驗得實者，從優賞賚。所有開挖堤身工費及補築土方，俱由縣捐辦，方可核實辦理，切勿吝小費而貽大患。

一、大堤防汛巡察宜勤也。查圩甲人等，積習相沿，縱此後議給飯食，而經管官督察稍不認真，必致仍循故轍。汛員爲防守專司，固宜往來梭巡，不容稍懈。即該管巡道，每值大汛，亦應督率府、縣，先後輪流，各往查一次，如遇險要，即飭汛員及圩業人等搶築子埝，所有動用土牛，仍令照數補還，毋許虧短。倘查出堡房無人住宿，立提重究，並將汛員參撤，俾知警惕。但不可多帶隨從夫役，且須嚴禁需索，以免騷擾。

一、派土催徵宜改爲知縣經管也。查歲修各工，惟荆州府屬及京山、鍾祥向歸印官辦理，其餘各州縣堤塍，雖係官督民修，實則汛員專司其事。劣衿刁監，夤緣交結，較印官呼吸易通，每飛派業户僉點圩長汛書汛差，無不視爲利藪，一任工程偷減，慢不加察。緣汛員未必盡念民生，而知縣究欲冀徵國賦，賦從垸出，堤成而垸乃有秋。同一督修，似不若責成地方官較爲得力。至傳催夫役及防汛稽查圩甲人等，仍惟汛員專責，不得推諉。

一、每年大汛安瀾，宜定勸徵，以示鼓勵也。查湖北武、漢、黄、荆、安等府，濱臨江、漢上游，最爲險要，每年夏、秋盛漲，奔騰浩瀚，與黄河無以異。近年堤垸工程日漸廢弛，沿江、漢一帶州、縣疊被水灾，於上年爲尤甚，國計民生，所關最鉅。經此次修整之後，應請嚴定章程，不特汛員不得侵蝕偷減，即地方官敢於怠忽從事，亦應隨時責成道、府嚴參，倘涉徇隱，經督院閲兵便道臨勘並于參處，庶可以矯積弊而知儆畏。惟堤工防汛，固屬地方應辦之事，然有懲無勸，究不能收實效而得人心，既欲禁其營利，不可不策以近名。應請奏明，於每年具報安瀾後，該管州、縣汛員中果有盡心經理、特著勤勞者，懇恩准保一二員，或加銜，或應陞，以昭激勸。其稍次者，由本省存記，或調署，或調繁，酌予調劑，則人思奮勉，咸與維新，實於堤工大有裨益。

一、楚北省近十年來水患頻仍，各州縣被灾者每有沙壓田畝，碍難墾復，甚如江陵、監利、公安、潛江、漢川、沔陽等州縣，地之最窪者，至今積潦不消，平地變爲湖澤，並挽築月堤，佔用地畝，俱應請飭各該州縣，親查確丈具詳，分別奏請，照例減則豁免糧賦，以免民累。

附録《天門縣誌》載王觀察概《詳定歲修派土條規》並知縣方遵轍、王希琮《條規附》

一、估報册籍宜早。歲修工程，例應印河各官逐段勘估，老堤原高寬丈尺若干、某處應加高厚若干，務於七月二十外造册，八月初十外賫道查核，庶便九月興工，不致稽延矣。按：堤有灘㪷，各分形式，其已合式堅實者宜緩其㪷，險未及合式者宜急。理應公修，須據實估造，不得徇私濫報。

一、均派夫工宜公。按田受土，計土派夫，自有成例。但取去有遠近，須相上之遠近、酌夫之多寡，秉公均派。按：圩役分堤，每不論堤身之大小、取土之遠近，一律攤派，勞逸不均，以致低薄者驟難高厚，且奸猾之徒復挪移堤段，詭寄躲夫。須酌定丈尺使公當，則人自踴躍。

一、取用土方宜遠。堤脚愈寬愈厚，則堤身愈安愈固。凡附近堤邊之土，永不許輕取。查愚民惜土，或田畝承業不一，每多争論抗工，須酌定二十弓外，諭令如一，若挖取成坑之地，但向内坑岸邊取土。

一、修築工程宜實。凡㪷險堤塍，務要層土層硪，或多用牛工踐踏，簽釘試水不漏，不許鬆填浮土。餘堤加帮，亦不許鏟草見新跡。按：堤面須外高數寸，則霖雨泥濘所流之土盡歸堤脚，不致洗入河流，因而殘缺坍塌。又堤之得力，全在腰身飽滿。腰身不滿，脚長徒屬空形，面寬仍歸崩圮。

一、工作之期宜定。成規：九月興工，至來歲二月告竣，須酌定分數，每月約做幾分，以紓民力。其有自願趕築完工者，聽從其便，不得故苛。

一、垸落之界宜分。每一垸，須用木牌一面，上寫某垸堤長若干丈尺，插堤上，則各垸工程一目瞭然，不特勤惰易分，而堅實與否亦便考察矣。按：土方交界處彼此惜力，每多溝缺，須令上下均匀丈尺，犬牙交築，自成一片。

一、柳荻宜栽。堤岸修完，每資柳荻根蒂盤結，更爲堅實，須令遍插，不可視爲泛常也。按：插柳不徒資盤結，實以備搶障。但只可植堤内，在河外者須盡砍伐。每見河坼崩圮，多因根濡風摇所致。

一、土牛宜備。防患貴在機先，堤工既就，須各分遠近丈尺，各用土牛堆積堤上，以便急需搬取，免致臨期無土，有費周章。按：土牛宜從堤腰堆積，出堤面不必高，面須寬三尺、高長各一丈，以間二丈爲率。次年接堆，如之三年，堤面俱寬矣。後此培腰撑脚，亦易爲力。

一、巡護宜週。新築難免剥落，雨淋尤多坍損。務須勤視補苴，如貛洞、鼠穴，立刻挖填。至届汛期，汛員更督率巡警，方保無虞。

一、包攬之棍徒宜究。各處堤工，每有一種土棍，自恃豪强，勾結無頼，衿蠹攬充堤總，從中包折侵蝕，以致工不堅實，應嚴察拏究。

一、胥役之勒索宜禁。堤工雖官責，而差遣書役，按籍查催，勢不能免。但勤慎奉公者少，借事需索者實多，須嚴加約束，必時加訪查，不得疎忽。按：民修民堤，查催只須傳差數名，往來巡警。若每垸委坐差終歲傳食垸中，且生端苛索，深爲民累。

一、管堤之書識宜剔。修堤估計丈尺、繕造册文，原需書識經理，然使冗役太多，保無弊蠹叢生。應遴選老成精書算者，視所部垸分，多則二人、少則一人充當，則蠹弊清而民累可除。

一、陋規宜永禁。修堤原係保民善政，水利員役，每多需索，小民何克堪此？歷奉各憲查禁，現無違犯，而法久玩生，弊難永絶，應逐一指出，勒石縣署門首，刊榜鄉村集鎮，永行禁革。

一、大工宜實派。凡屬有田業户，均宜派畝出夫。乃有紳衿，恃符阻抗，應將家屬枷示，罰令倍出夫工。更有奸猾花户，或不照派應役，或以老弱塞責。老弱應以二折一，違派應倍罰重懲，則民心服而工易集。

一、月修宜預挽。頂衝之堤，日見汕刷，徒苦民力無益。伏秋汛後，週視堤圻，倘有極險難保之處，立即確核估報，照例辦理。

一、嘉慶十五年知縣方遵轍詳定《條規》，各垸圩長每年八月白露節乘歲修未興時報更新圩。

一、嘉慶二十四年知縣王希琮詳定《條規》，各垸紳衿不得充當圩長。

查江、漢堤工歲修，如荆州府屬之松滋、江陵、公安、石首、監利各縣，安陸府屬之鍾祥、京山二縣，按畝徵土，官爲經修，其中之有無侵冒，果能實用到工，固視乎官之賢否，殊未可盡恃。即按畝派夫，各州縣亦每爲胥吏包攬侵吞，百弊叢生，致有虚名而無實濟。兹閲《天門志》載，前官斯土者，詳定章程，極爲周備，故附録以質諸來者，試變通而行之可也。

萬城隄防輯要

徐國彬 編

整理説明

《萬城隄防輯要》兩卷，民國徐國彬編。徐國彬（1866—1946），字文陔，湖北黄陂人，民國元年（1912 年）任荆州萬城隄工總局總理，民國 19 年（1930 年）調省建設廳與水利局供職，兼任漢口張公隄工程處處長，民國 22 年（1933 年）辭職歸家，民國 35 年（1946 年）病逝於武漢，享年八十歲。徐國彬已刊行的著作有《萬城隄防輯要》《詩牌集句》等。

該書分上、下兩卷，共十二目。卷首有民國 5 年（1916 年）湖北巡按使段書雲序、湖北省長范守佑序、江陵張雯煐序及徐國彬總叙，隨後是例略及目録，正文卷上爲修築撮要、防護撮要、測勘全案、私挽禁案、條陳彙録及土費改良六目，卷下分大堤章程、堤警簡章、請獎成案、改編局員、職員銜名及藝文雜誌諸篇。該書“繼望江倪氏、長白舒氏兩《隄志》而作，凡已載《隄志》者概不贅述。惟自民國改革以來創設總局、改訂章程，所有辦理重要事實文件有裨於隄務者，悉依類編次”（卷首《例略》）。因此，該書較爲完整地輯録了民國元年至 5 年（1916 年）間有關荆州萬城大隄修防的事實文件，是繼《荆州萬城隄志》及《荆州萬城隄續志》之後又一部關於荆州萬城大隄修防資料的彙編性歷史文獻，具有重要的史料價值。

此次整理以民國 5 年新鐫本爲底本。若有不當之處，敬請批評指正。

目　録

〔段書雲〕序[1]

予於甲寅之秋，受任為鄂省畺吏。畺吏應治之事無慮千百，而必舉其於民生國計尤為切要者汲汲以圖之。既得其要矣，而事非畺吏所能獨治，必擇其才者使專心致志於所事，而事乃治。然量才受事，抑豈易言！以為才而試之，試之而不效，則貽累於知人者尚淺，貽誤於民生國計者實深。用是凛凛於履鄂之初，凡昔日任事之有成績者不輕移置，使得益盡其所長，如徐君國彬之於萬城隄工，众其一也。萬城隄防，二百餘里，百萬生靈所託命，責任之重，無逾於此。徐君之任此，以其才也。試之而效，則量才授事者有知人之明，而予得假手以濟其美。今去鄂數月矣，每念寮寀贊助之勞，輒低徊不置，況隄工尤夙所注意，其企望永久之安瀾，固無異於在鄂之日。而徐君適以所著之《萬城隄防輯要》郵示，並囑弁言於簡端。其編輯之法，分目十有二，各繫以說，體例既善，而事迹亦囊括無遺。披覽再四，益歎徐君用心之勤而措施之不易。且舉累歲之經驗，立其規而示其的，使後之來者鑒及往事，不徇一隅之偏見，不遺百密之一疏，使隄防日益鞏固，而民间之生計日舒，庶不負徐君編輯之意也夫。

民國五年仲秋月前任湖北巡按使蕭縣段書雲序

江陵鄭之彦書

[1] 爲方便閲讀，本編纂單元中序言題名前均補入作序者姓名。

〔范守佑〕序

登大别山之巔，俛瞰川流，南國之紀，厥惟江、漢，江水宜竹，漢水宜稻，大利出其中焉。有利即有害，欲興利必先備害。後世隄防之設，豈得已乎！第鄂省流域之大，支河曲港，未易覼縷，而最要者無如江陵之萬城隄。前清乾隆時隄決，横流衝突，下游各城邑蕩析離居者何止億萬計？噫，酷矣！嗣後防護周密，狂瀾弗逞，民命稍甦。今《萬城隄志》并《續志》諸書具在，可考而知也。雖然，今與昔異時，高與下異勢，剥者何以復之？損者何以益之？有治法尤賴有治人，斷斷然矣。民國肇造以還，楚北水利經諸君子悉心講求，漸臻完善，而著作無聞焉。予自下車以來，得識萬城隄總理徐君文陔，聆其言論，挹其丰采，稔知為經世才，暇日覽其所著《萬城隄防輯要》，頗自信賞識之不謬！其書於大隄數百里之間，規時度勢，條分縷晰，如數螺紋，洵治隄之寶筏也。間嘗讀昔賢水利諸書，心竊疑其有未安，何者？陳法雖號詳審，然或不熟察乎時勢之變遷、財力之赢絀，刻舟求劍，失之太迂，必且徼功糜款，窮於因付。夫以吾民擔負之艱，而不求一確定之法，不惟後來者無以守，即當事者亦無以濟。是編於工程而外，復拳拳於經費之豫籌與存放之得所，勒為專章，公之輿論。古語云“仁人之言其利溥”，吾於徐總理驗之矣。先是，江陵人士太息痛憾於前清官治淫威猾蠹侵蝕，僉議萬城大隄官督紳辦，總理由省公署遴委，協理由地方人公舉，意美法良，無所偏倚，甚盛舉也。文陔莅荆五載矣，迭慶安瀾，彼都人士相與接虚衷而講實際。鴻編壽世，百禩不刊，津梁後來，此其左券。行見江漢朝宗，如游禹间，有利無害，闓澤滂洋，豈不懿哉！

民國五年七月湖北省長范守佑敘

〔張雯煐〕序

荆州之有萬城隄，由來舊矣。吾邑歲供上費以巨萬計，與國税並輸於官。前清道光中，隄工始專責郡守，其間勤求民瘼、實心修築者，望江倪公、長白舒公而外，無聞焉。晚清末造，防政益弛，守土者甚或取民膏以肥私橐，能舉其費而用之隄防者十無二三，敲扑朘削，百弊叢生。諮議局與都人士乃臚陳其弊，介代議士而上之大府。時雯煐由東瀛返鄂，忝厠法官，並力請上峰派員查辦，未幾而鄂軍起義，其議遂寢。改革後，府治剗除，邑之人怵於官治之淫威及修防之廢弛，僉議民隄民辦，環求縣議會贊成斯舉。而收納土費，或議歸縣轄，或主歸師部，或設局自收，眾論紛龎，莫衷一是。縣議會公推雯煐晉省，稟請於軍政府。今大總統黎派員監視，開議於荆州同鄉會，始決定土費納縣署、工程責總理，總理由省委任，復由地方公舉協理以襄助之。於是有萬城隄工總局之設，此總理徐文陔先生奉檄來荆之所由昉也。伏念先生莅荆五載于兹矣，溯其下車伊始，舊籍陳規，强半散佚，費用無絲毫儲，曹司如風雲散，而查勘隄工，其中剥削傾圮而滲漏者，觸目皆是。庶務草創，當事者幾於束手。先生虚懷若谷，悉心諮訪，日臨議會，與邑人相接洽，復集父老探詢而討論之，不膠己見，不私一人，集思廣益，下採芻蕘。邀土人之熟諳防務者，竭跋涉之勞，周巡江隄，察其衝要，相其緩急，考隄身之堅瑕，辨江流之遷徙，閲數月，而全隄之情形犁然于胸臆，若燭照數計而靡遺。因而籌、墊、借、遴員司無一不取鄉人之同意，乃本其議而條陳於長官，即小有捍格，必婉曲陳説，以求其事之底于成。載歷五稔，剥削者壅培之，傾圮者增築之，滲漏者堵塞之。當衝流則建磯以分其勢，遇激湍則拋石以殺其威。竭蹶經營，於是袤延二百餘里之江隄，無不屹金城而鞏磐石。濱江之民，比户鳩居，如登衽席，莫不歌頌先生之功德，而不知實由其勤慎撝謙、輯睦上下，始能成此偉業也。雯熿初厠身於縣議會，嗣被選爲省會議員，每有要工，輒參末議，故與先生覿面之日夥。甲寅，忝爲局中協理，得親炙先生之光儀，知先生益悉。詣局之初，雯熿商減土費、增夫價，凡所獻替，均蒙採納施行。又因沙市七里廟之役，争執未決，委曲籌商，卒竣其工。至是益信先生之和氣謙光，所謂不膠一己成見者，洵不誣已。今年夏，先生手編五年成績，訂爲《萬城隄防輯要》一書，目録十有二，都爲二卷。舉民國以來，先生之虚心咨訪、博採旁搜，所以鞏固斯隄，悉概括于是編。後之人欲遵行先生之書，復當效先生之爲人，實事求是，折衷群言，以蠲晚清之積弊，以奠荆楚之生靈，則《萬城隄防輯要》一書，豈僅與望江倪氏、長白舒氏兩《隄志》媲美而已哉！雯熿親承教澤于是書，得争先快覩，因縷述先生涖荆顛末，而推原其功之所由成，泚筆弁其端，以諗後來之讀是書者。

民國五年七月江陵張雯熿拜撰

總　敘

江陵古稱澤國，倚隄爲固，而彬所居黄陂，山邑相距蓋千餘里，於江隄建築之勢、防捍之法，茫如也。民國建元之始，奉檄董萬城隄工，於是有總局之設。當是時，庶務草創，曹司星散，昔之所謂官文書者，殆什不存一。久之乃獲見前荆州守倪文蔚《萬城隄志》及舒惠《續志》，然距今四十年與二十餘年不等。江湍衝刷，厥趨靡常，形勢之變遷，緩急之制裁，與當日情事，亦稍稍殊異矣。綜計是隄，上流捍沮、漳之水，西抵萬城馬山與當陽枝江爲界，下捍江、湘各巨漲，迤邐達拖茅埠以接監利，長踰二百餘里。彬之往來上下其間者無慮百數十番，由是舉全隄之利病，得以僂指而稽，凡號稱要工者，庶幾次第施行焉。雖然，所謂要工，亦至無定，隄内居人往往各私其所處，或勘甲而乙争，或東築而西怨。以綿亘數百里之隄，經費有程，報銷有稽，一旦興工大舉，畚鍤如雲，楗薪相屬，期盡當於人人之意，不綦難乎！主其事者，持以兢業，酌以經權，精白乃心，通全局而籌之，挾毅力以赴之，歲修宜慎而防護尤週，支給縱窮而籌備必裕，此其中蓋亦不能無法以範圍之也。竊念于役斯隄五載矣，幸當軸諸公鑒顓顓之愚，與此邦人士贊助之雅，每有所陳請，獲臻實際，塵牘日積，皆有裨於防務。適省友以彬受事以來工程槩要見詢，局中同事諸君爰議輯而刊之。夫自古水利之書甚繁夥矣，元祕書少監沙克什《河防通議》於修隄之法，條目備具，顧治河而非治江；清傅澤洪《行水金鑑》一書，繪圖列説，詳及江漢，顧不切於荆隄之用；倪、舒二《志》專爲萬城隄作也，迄今視之，則有沿而亦有革。天下事固未可狃成法以自安，亦不徒持一説以相濟。然有法與無法，則必有閒矣。彬不敏，抑豈敢膠執己見，舉是編以概括將來！惟及今江流趨勢之殊與隄身堅瑕之異，皆身勘而目驗之，曰“修築”，曰“防護”，去陳言而取確當者也；曰“測勘”，準地勢以施防者也；曰“禁案”，慮病隄且遵部令也；曰“條陳”，備甄采也；曰“土費”，重要工，應緩急之需也；曰“章程”，嚴考核也；曰“獎案”，廣大府之意也；曰“職員”，明所守也；附以“銜名”“雜誌”終焉。卷分上下，目列十有二，民國以來，凡所以鞏固斯隄者，略具是編，後之覽者，匡其不逮，與時通變而賡續之，是尤彬之所厚望也夫。

民國五年九月黄陂徐國彬自序

例　　略

一、是編繼望江倪氏、長白舒氏兩《隄志》而作，凡已載《隄志》者概不贅述。惟自民國改革以來創設總局、改訂章程，所有辦理重要事實文件有裨於隄務者，悉依類編次，以便流覽。

一、是編各目録悉繫以括要、弁言，所輯“成案”皆擇緊要者全鈔，其餘案牘繁賾概從刪減，故爲卷二，爲目十有二，以示提綱挈領之意。

一、大隄正、續《隄志》“圖説”及徐稚蓀續刻《隄圖》繪之甚詳，無庸爲貂尾之續。惟測勘大隄濱江南北岸所載應行禁止挽築地點，與江面寬狹、河流緩急、水泓深淺、河底性質，另繪一簡明《圖説》，詳細表誌，以補前人所未逮。

一、是編終以“銜名”“雜誌”，意在凡盡力於斯隄者，不没其姓氏。“雜誌”“詩文”，多關係大隄之作，故博取兼收，藉資參攷。

卷上

修築撮要

隄防要務，修築爲先。其修築之方法與利弊，前人講求完備，載諸《堤志》，歷歷可稽，祇以河流之遷徙靡定，沙灘之淤墊無常，向之險者今化爲夷，向之夷者今變爲險，治斯堤者斷不可拘成法以相繩也。查萬城大堤昔日之險要多在上游，今日之險要全在下游，今昔之情形不同，即建築之工程互異，以故昔之土工多於石工，今之石工多於土工。緣淤灘南峙，水泓北趨，因時制宜，勢不能不修砌石坡、拋護石塊，以資抵禦耳。爰將已修及應修各石工大概情形臚列於左，以告來者。

一、沙局二郎門當沮漳河、川河合流之衝，民國二年冬修築條石磡岸，長八十一丈六尺、寬四五丈不等、高一丈一尺，又修板石坦坡，長八十四丈、高一丈八九尺及一丈一二尺不等，計費錢一萬七千有奇。董其役者曹鈞、甘霖、韓毓蔭、賀法前、朱黼成諸人，沙市紳商因建立石碑，以紀其實。

一、二郎門毗連者爲劉大人巷，亦當流水之衝，舊有石磯並磡岸二層，然地勢太低，不足以資抵禦，民國三年冬加修磡岸二層，長三十六丈一尺、寬二三丈不等、高九尺零，計費錢四千餘串，沙鎮上流從此可無顧慮。

一、距劉大人巷二百餘丈爲七里廟，該處與南岸窖金洲對峙，激湍廻旋，實爲最險。舊有條石磡岸，然堤身單薄，江水泛漲時居民異常驚恐。四、五兩年，用毛碎石四千餘方，拋護填脚，加修磡岸，長五十二丈二尺、寬二丈、高二丈有奇，計費錢一萬五千餘串。董斯役者甘霖、汪延祜、韓毓蔭、賀法前、莊先選、何芝軒諸人。從此全鎮商民恃以無恐，因勒諸貞珉以爲紀念。

一、登局黄灘堤、楊二月、柴紀、登南四工皆爲險要，宜一律修砌石工，藉資捍衛。然經費有限，不能同時並舉，因年抛毛碎石數百方或千餘方，以資保護。

一、馬局下游工段皆屬最險。冲和觀一、二號向有灘脚，近已崩至堤邊，急宜修砌石坡，以資抵禦；三、四號舊有石磯，年久崩矬，四年春大加修補，並加護毛碎石數百方，始免冲刷之患。

一、祁家淵五號日形溜矬，然較之雙聖壇、周家坑兩工猶爲次險，五年以前故衹抛護石塊以爲治標之計。

一、雙聖壇四五號之間崩矬已逼堤身，二年修築之擺石、拱石越兩年溜矬净盡。該處水泓深數丈，激流冲刷，駭目驚心，相度地勢水性，非修築條石磡岸不足以資抵禦。五年春加護毛碎石約二千方，庶根脚漸稳。俟是年冬晴水涸，再行勘估施工。

一、周家坑四號水泓更深。於雙聖壇二年接修之擺石、拱石及舊有石工，至四年春均已崩矬净盡。四年冬，估修小石磯一座，石磯上下復修築擺石、拱石，脚底翻挖深槽，填築三合土，槽外排釘木樁，共長三十四丈五尺、高二丈，連護脚毛碎石二千數百方，計費錢五千餘串，該處堤身庶幾可臻稳固。

一、郝局工段以龍二淵爲最險，激流洶湧，水泓甚深。舊有石磯及板石坦坡，日久多有損壞，歷年逐漸修補完全，並多抛毛碎石護衛根脚，乃不爲急流衝刷，而原有石工庶免跌踒之患。

一、上新壋一帶亦屬最險。舊有條石磡岸及板石坦坡，因係郝穴堤街民房櫛比，碍難培厚加高。年來惟修整缺壞，多抛毛碎石，以期堤脚鞏固，而免意外之虞。

一、冉家堤二號崩矬已近堤身。二年冬估修擺石三層，高一丈三尺二寸、長二十六丈，迭經大汛，稳固如常。

一、冉家堤四號崩矬亦逼近堤身。四年冬估修擺石及斜面拱石，高一丈五尺、長三十三丈，抛護石脚毛碎石七百餘方，計費錢一千九百餘串文。

一、上熊良五號堤身挺出，崩刷非常。四年冬估修擺石及斜面拱石，脚下翻挖深槽填築三合土，槽外排釘木樁，共長三十五丈、高一丈五尺，拋護石脚毛碎石九百餘方，計費錢二千四百餘串文。

其餘修築改良辦法，詳後《大堤章程·歲修》章。

防護撮要

防護之法，前人言之詳矣，無庸贅述。惟修築既與時爲變通，防護自宜因時而預備。大堤向設有堤防營，烟夫、堤老、圩甲，民國以來一律裁撤，僅存九分局，常設員警三十餘名，藉資巡邏，實未週密。若多方佈置，經費又慮不敷。故於撙節之中，仍籌一完全之策。現每屆防汛期間，加添臨時堤警十七人，上下梭巡，傳簽報水。如遇水勢泛漲之年，每工復添雇近堤居民一人帮同梭巡查看，俟霜降安瀾時工食即行停支。傳簽之法及防護器具，多循照舊章辦理。夫法古宜今，襲沿舊制；鼎新革故，斟酌時宜。後之視今，亦猶今之視昔。思患預防，仍不外因時制宜之意也云。

擬定防汛時傳簽報水並搶險辦法

一、各局傳簽，自陽歷六月起九月止，均責成隄警料理。

一、各局隄警，只有額設二名，傳簽時恐力有未逮，故臨時添雇二人，帮同隄警料理。

一、萬城僅下傳，拖局僅上傳。萬、拖兩局，臨時添雇一人。至送報水單，由沙局另雇一人照料。

一、傳簽限定時刻、地點，無論上傳、下傳，均以送至各管工段地點爲限。該局員應各責成堤警，往返梭巡，無論晴雨，不得稍有懈怠，致悮要公。違者立即開除，並從嚴究辦。

一、各局臨時添雇傳簽之人，工食與堤警同，自傳簽之日起，簽畢即行停支。

一、大汛時傳遞夜簽，每人每夜給口食錢一百二十文。惟登、馬、郝三局工段較長，口食酌加，以示鼓勵。

一、報水公署局所，如江陵縣及沙市水陸警察、商會等處，皆宜知會。此外，如有駐防荆沙師旅團部，亦當報聞，藉資協助。

一、燈籠、火把、斗笠制備若干，分存各局應用。至傳夜簽時需用牛燭，由各局臨時墊給，開單送總局核發。

一、大汛期間，所有近堤義務紳耆及居民人等均有身家性命之關係，務宜帮同各局委員生警，認真防護，毋得視爲具文。

一、江水泛漲時，萬一有搶險事故，即由該局員紳協同附近水警臨時彈壓，督率民夫竭力搶護，以保無虞。

上段傳簽以江局爲中心點。

晝循

早五點半鐘自江局中斗篷發簽上傳，限九點至中獨陽，十一點半至李局，午後三點至下漁埠頭，七點至萬局。

早五點半鐘自江局中斗篷發簽下傳，限七點半鐘至下斗篷，十點半鐘至沙局，午後二點半鐘至横堤，六點半鐘至登局。

晝環

早五點半鐘自萬局發簽下傳，限八點半鐘至上漁埠頭，十二點至李家埠，午後二點半至上獨陽，六點半至江局。

早五點半鐘自登局起上傳，限九點鐘至阮家灣，午後一點至沙局，四點至黑窑廠，六點半至江局。

夜循

晚七點半鐘自江局起上傳，限十點至中獨陽，十一點半至李局，二點至下漁埠頭，四點半鐘至萬局。

晚七點半鐘自江局起下傳，限九點鐘至下斗篷，十一點鐘至沙局，二點鐘至横堤，四點半鐘至登局。

夜環

晚七點半鐘自萬局起下傳，限十點二十分至上漁埠頭，十二點三十分至李局，二點鐘至上獨陽，四點半鐘至江局。

晚七點半鐘自登局起上傳，限十點二十分至阮家灣，十二點三十分至沙局，二點五十分至黑窑廠，四點三十分至江局。

下段傳簽以郝局爲中心點。

晝循

早五點半鐘自郝局起上傳，限八點三十分至上潭子湖，十二點至馬局，午後三點至梧桐橋，七點至登局。

早五點半鐘自郝局起下傳，限九點四十分至上雙淵，十二點至金局，三點至下金果，七點至拖局。

晝環

早五點半鐘自登局起下傳，限九點二十分至范家淵，十二點三十分至馬局，午後四點至周家坑，七點至郝局。

早五點半鐘自拖局起上傳，限九點三十分至孟家淵，十二點三十分至金局，午後二點五十分至下雙淵，七點至郝局。

夜循

晚七點半鐘自郝局起上傳，限九點半至上潭子湖，十一點五十分至馬局，二點至梧桐橋，四點三十分至登局。

晚七點鐘自郝局起下傳，限十點至上雙淵，十一點五十分至金局，二點十分至下金果，四點四十分至拖局。

夜環

晚七點鐘自登局起下傳，限十點至范家淵，十二點三十分至馬局，二點五十分至周家坑，四點四十分至郝局。

測勘全案

治水者貴因勢以利導，治隄者尤貴因地以制宜。萬城隄長二百餘里，皆屬濱江臨河，其地勢之險夷，河流之緩急，水泓之深淺，隄面之高低，全恃悉心體察而後修防，乃得其宜。然閉户造車未能出門合轍，專憑理想難得真情，是非從事測量不可。民國元年冬，稟請派委來沙，凡關於大隄之荆江一帶，靡不切實踏勘，詳測無遺。爰舉《測勘全案》，都爲一類，附以圖表，後之從事修防者，當知所着手焉。

呈請委派專員測勘荆江南北岸疏濬淤洲刨毁洲隄文

竊荆州萬城大隄，關係北岸下游十餘州縣生靈、財賦、田廬，責任綦重。國彬等奉内務司劄諭轉奉副總統命令來荆設局，專辦修防事宜，叠將辦理情形呈报在案。惟國彬等每於督工防險時沿隄巡視，體察情形，博訪輿評，覺大隄安危之所係，有非僅恃修防之力者，用敢覼縷陳之。查閲《隄志》，前清乾、嘉間萬城大隄係由督、撫輪年親駐隄次督防，於廵防時查有阻塞江流之洲隄，飭令地方行政官嚴督居民一律刨毁。迨後奏委知府代防，靡不三令五申，嚴禁居民私築垸隄。同、光時代，川民墾土，沙礫冲流，輪船往來，水泓改道，江心愈填愈高，江面愈淤愈窄，南北兩岸幾於無段無洲，無洲無垸，私築之垸堤既多，大堤之危險愈甚。然尚畏地方官之查辦，已築者輒令平毁，未築者不敢私修。自軍興以來，居民遷徙，行政無權，不法小民遂勾引外來刁棍，乘機私築，阻塞江流，肆無忌憚。即如蕭子淵口之堵塞，是其明徵。若非仰仗副總統德威，幾乎釀成巨案。蕭子淵之事甫經了結，又有江陵虎渡、東鄉及公安横堤各處於前清不准修復之舊堤外，私築洲堤佔江面三四里，綿長約共百餘里。經屬局調查親勘，會同江陵縣知事暨上級自治會議决，令其自行刨毁，該處居民堅不承認，嗣邀請該汛紳首，曉以大義，繩以公理，始允派夫督同前往，於最低處刨毁三口。然屬局甫經刨毁，而該處居民旋復堵築。一隅私挽，效尤者接踵而來，鞭長莫及，防不勝防。然屬局所慮，猶不止此。竊思水道變易，今昔之地勢不同，淤洲日寬，河流日狹，江水盛漲，危險異常，若不及早設法維持，竊恐與水争地，進佔不已，數十年後，其害有不堪設想者。欲爲久遠計，必須疏瀹淤洲，多開口門，以殺水勢，北岸大堤方可永保。淤洲尚宜疏濬，洲堤何得私築？然非特派專員沿江測勘，勒碑立案，終不足以杜後患而息争端。前清光緒時督署曾委專員暨測繪生測勘荆江南北兩岸，不准私挽洲堤，有案可稽。現因民國成立，政尚共和，所有前清奏案，民間已視爲敝帚。屬局再四籌思，惟有呈懇遴委熟習堤務之專員暨測繪生一二人，沿江履勘，將南北兩岸勘明何處可修築，何處宜禁止，凡有阻塞江流妨礙大堤之淤洲私垸，責成地方官一律疏通刨毁，出示刊碑，永爲民國鐵案，庶民間可無争競，大堤永保無虞。國彬等爲慎重堤防起見，管蠡之測，是否有當，伏乞鈞裁。

奉都督批：呈悉。據稱“保護隄防，嚴禁私垸”各節，深合機宜，其如何辦理之處，既經呈明民政府，仰並候民政長核議飭遵可也。

奉内務司批：呈悉。萬城大堤，保障十餘縣生靈財賦，關係至爲重要，該處居民乃於南、北兩岸淤洲擅築私垸，阻遏江流，殊增隱患，亟應遴派專員會同該總局暨縣知事沿堤兩岸確實履勘，其有妨害該堤之私垸應行刨毁，及淤洲應行禁止修築之處，逐一指定呈覆，以憑核辦。由司轉呈民政府請示立案，勒碑永禁可也。

奉民政長批：查萬城大堤，爲十餘縣賦命保障，利害關係極鉅，護持之方，應從疏暢江流着手，修防不過治標之一端。所呈“委員履勘測繪”各節，事實、理論均屬正大，洵一勞永逸要圖。惟肇端甚大，未可輕率從事。仰内務司併入前擬堤工水利局案，詳加核議，妥籌辦法，呈候核奪，并飭該局總理知照。此批。

内務司派委胡、劉二員測勘飭知文

案據該總理呈稱“荆州沿江居民私築，懇飭專員沿江測勘，勒碑立案，以杜後患而息争端”等情前來。除批云云見前。等因印發外，兹查有胡丙鈞、劉士道諳悉水利，堪以委派前往測勘，合亟諭飭。諭到該總理即便遵照，迅速會同委員暨江陵知事前往沿江兩岸確實測勘，其有妨害官堤應行刨毁及淤洲應禁私築之處，逐一指定，會同呈覆，以便轉呈請示核辦。

呈會同測勘荆江兩岸形勢宜平毁洲堤嚴禁私挽文

竊國彬、賓琅前以“荆州大江南北兩岸私築垸堤，阻塞江流，關係於萬城大堤甚鉅，非由鈞司特派專員沿江測勘勒碑立案，不足以杜後患而息争端”備文，呈請鈞司賞派專員暨測繪生沿江測勘等情一案奉批云云，見前。當蒙諭派丙鈞、士道前往會同確實查勘，遵即束裝起程，馳赴沙市，會晤堤工總理徐國彬、協理龔賓琅暨縣知事黄炳言，於十月二十日會同測勘。

江南岸江陵虎東汛禹王宫右首邵家碼頭堤面高現時水平面二丈一尺，地平面距現時水平面一丈六尺九寸，邵家碼頭下接蜡林洲，長約十五里，老堤距江岸寬約三四里、五六里不等，地平面高現時水平面二丈三尺，且江心現有數小沙洲，水漲時急溜南趨，南岸老堤頗受危險，對面北岸爲江神廟楊林洲大堤，堤面高現在水平面二丈五尺九寸七分，堤内地平面距堤面三丈八尺八寸七分，低現時水平面一丈二尺九。以元年水高楊林洲石磯一丈計算，水高堤内地平面三丈二尺。以現時水平面比較，南岸地面高於北岸地面二丈一尺九寸，北岸大堤高於南岸大堤四尺九寸七分。此江神廟楊林磯與蜡林洲兩岸之大概也。

江神廟下爲賓塔河，堤面高現在水平面二丈八尺七寸九分，堤内地面距堤面三丈五尺四寸一分，低現在水平面六尺六寸二分，對面南岸爲窖金洲挺峙江心，内有小河套洲，寬約四五里、五六里不等，長約十里餘，地平面高現在水平面一丈九尺。洲有私垸高約四尺許，該處江面寬僅一里七分，以本年水大時計算，水高北岸堤内地面二丈四尺六寸，兩相比較，南岸地面高於北岸地面二丈五尺六寸，北岸大堤高於南岸洲垸五尺七寸。此窖金洲與賓塔河兩岸之大概也。

窖金洲之内有迤西洲，其下有好兒洲、小江洲、上江洲、雷家洲、魏家洲、伍家渡、趙家河等處蟬接毗連，距老堤二三里、三四里不等，堤高現在水平面一丈八尺九寸，地平面距現在水平面一丈四尺四寸，該處上自迤西洲起下至趙家河止，統名之曰江心洲，綿長六十里，築有私堤阻遏江流，今年水漲時僅刨毁三小口，且好兒洲、上江洲外兩處現有數小沙洲，若再淤高淤寬，甚爲可慮。對面北岸大堤爲沙市洋碼頭，下至柴紀、登南等處，沙市堤面距現時水平面二丈八尺二寸，堤内地平面距堤面二丈七尺六寸一分，高現時水平面四寸，以本年水大時計算，水高堤内地平面一丈八尺。該處江面寬僅一里八分，登南堤面距現時水平面三丈一尺，堤内地平面距堤面三丈三尺二寸，低現時水平面二尺二寸。登南江面寬僅二里，以本年水大時計算，水高堤内地平面二丈零二寸。兩相比較，沙市地面低於南岸地面一丈二尺三寸一分，堤面高於南岸堤面九尺三寸，登南地面低於南岸地面一丈四尺三寸，堤面高於南岸堤面一丈二尺一寸。此南岸江心洲各處及北岸沙市登南各處地勢高低之大概也。

北岸登南下爲長樂堤、岳家嘴等處，堤面距現在水平面三丈一尺九寸一分，堤内地平面距現在水平面三丈四尺六寸，低現在水平面二尺五寸，以本年水大時計算，水高堤内地面二丈零五寸。對面南岸爲楊家潭，堤面距現在水平面二丈二尺五寸三分，地平面距現在水平面一丈七尺五寸。兩相比較，北岸地面低於南岸地面一丈七尺一寸，北岸堤面高於南岸堤面八尺四寸七分。該處江心有突起洲，綿長十餘里，寬約七八里。南岸楊家潭外現有小沙洲，二處阻遏江流。此北岸長樂堤、岳家嘴各處與南岸楊家潭上下各處之大概也。

北岸岳家嘴以下至馬家寨約十六七里許，外有青安洲、二聖洲，寬約二三里、三四里不等，均築有私垸，二聖洲外現日淤寬，與江南岸陡湖堤對峙，江面寬僅二里，其水直射南岸公安之楊公大堤。此北岸馬家寨以上各處與南岸陡湖堤上下各處之大概也。

馬家寨下爲祁家淵、雙聖壇，該處堤面距現在水平面二丈七尺二寸五分，堤内地平面距堤面三丈五尺三寸七分，低現時水平面八尺一寸二分，以本年水大時計算，水高堤内地面二丈六尺一寸二分。馬家寨冲和觀對面之南岸有新淤洲、白沙洲二處，地平面距水平面約一丈七尺餘，比較北岸，地面高一丈八尺三寸。此北岸祁家淵、雙聖壇各處及南岸公安所屬新淤洲、白沙洲各處之大概也。

雙聖壇以下至郝穴、上新塏、下新塏一帶，江面極窄處僅一里三分，堤面距現在水平面二丈八尺三寸五分，堤内地平面距水平面三丈四尺零五分，低現在水平面五尺七寸。郝局龍二淵對面之南岸有新泥洲，地平面距現時水平面一丈八尺二寸，比較北岸，地面高二丈三尺九寸，以本年水大時計算，水高北岸堤内地面二丈三尺七寸。南岸新泥洲内有私垸寬里許，私垸外淤洲日高日寬，與北岸郝穴磯頭對峙。此北岸郝穴上下各處及對面南岸新泥洲之大概也。

郝穴下二十餘里爲金果局石首南堤，堤面距現時水平面二丈三尺七寸八分，堤内地平面距堤面二丈四尺二寸七分，低現時水平面四寸九分，以本年水大時計算，水高堤内地平面一丈六尺四寸九分。堤外有洲，長約四十里餘，寬約四五里、八九里不等，該洲地平面距水平面一丈八尺五寸九分，高於大堤内地面一丈九尺零七分。自下熊良工起，至下孟家淵止，計長三十餘里，均築私垸，大水時亦阻遏江流。石首南堤對面爲蕭子淵口，亦名消滯淵，寬三十一丈餘，係江水分銷之處。上由此口，下至監利，流水溝入江，水漲時泛溢，蕭子淵河兩岸藉資消洩。此金果局大堤内地及外邊洲地蕭子淵等處之大概也。

金果下爲拖茅大堤，與監利大堤接壤，堤面高處距現在水平面一丈六尺五寸，低處距現在水平面一丈四尺三寸，堤内地平面距堤面二丈五尺二寸，低現在水平面八尺七寸，以本年水大時計算，水高堤内地面二丈二尺七寸。由永定堤至拖茅埠，堤外爲朱陽湖，即清將軍馬廠，湘人及石首北鄉人叠次稟懇修築之護堤垸是也。測得該處洲頭地面距現在水面平一丈零一寸四分，距大堤堤面高處六尺一寸八分，低處僅四尺一寸八分。若如湘人、石首人所請，低大堤八尺修垸，則此湖地面淤高，距堤面僅五六尺、三四尺不等，應行疏通，萬不能修築。此拖茅埠大堤各處及朱陽湖洲地之大概也。

就以上比較兩岸情形而論，是南岸淤墊日高，已佔天然地勢，即無堤塍可資捍衛，北岸地形窪下，僅恃一線大堤爲數縣億萬生靈所託命，南强北弱，不待辯而自明矣。總之，荆江南、北岸均有大堤，大堤之外多有淤洲，治堤者當相地勢之高低，權利害之輕重，通籌全局，不可拘守一隅。綜全體大勢，切實測勘，其中利害，可爲鈞司縷陳之。蓋荆江河至太平口，下與沮漳河水交滙於沙市上游，該處上有蜡林洲、下有窖金洲阻遏江心，若非禁止蜡林洲之私挽、平毁窖金洲之私垸，則急溜北射沙市古月堤一帶，極爲可危。古月堤下對面南岸姸兒洲至魏家洲等處，洲地日淤日寬，流水直射北岸柴紀、登南各處，均爲可慮。此南岸姸兒洲至趙家河數十里之私堤所以宜一律平毀也。登南長樂堤以下馬家寨以上突起洲挺峙江心，青安洲、二聖洲綿亘於北，楊家潭上下數小沙洲淤墊於南，大水泛漲，南岸之楊家潭、北岸之長樂堤均極危險。此突起洲之所以宜禁止私挽，青安洲、二聖洲之私垸所以宜平毀也。公安尖洲日向南淤，南岸楊公堤當突起洲南北合流之衝，亦屬危險，此洲頭尤宜禁止私挽。馬家寨下對面南岸新淤洲、白沙洲日向北淤，若不禁止私挽，則急流北射，北岸之祁家淵、雙聖壇均極可危。郝穴龍二淵對岸之新泥洲亦日向北淤，若不禁止私築，則洪濤直射郝穴北岸之上新壋、下新壋，大有妨礙。金果堤以下至拖茅埠、蕭子淵河内外洲地，長寬四五十里，大水盛漲時，上游之太平口、寶塔河以下，郝穴以上，節節淤洲阻塞，江面窄處寬僅一里餘及二里不等。下游之藕池口，因洞庭湖日漸淤高，每逢湘水大漲，轉由此口倒灌於荆江，全賴蕭子淵河内外洲地爲消洩江水之區。本年水高楊林洲石磯一丈時，拖茅埠大堤水痕低於沙市上游三四尺不等，誠以該處面積甚寬、容量甚廣，百餘年此堤得慶安瀾者，恃有此蕭子淵内外洲地能消水耳。設使蕭子淵内外洲地概挽私垸，則夏秋水漲，消路不暢，不獨郝穴上游一帶南北岸均受危險，即下游南岸石首亦大有妨礙。此蕭子淵内外洲地已築私垸者所以宜平毀、未築私垸者所以宜禁止也。故自寶塔河以下至蕭子淵、拖茅埠止，綿長近二百里，測勘大勢，凡南北岸老堤外之淤洲，均係逼窄江面、阻遏江流，爲一勞永逸之圖，非疏瀹支河、排決淤洲不可。第所費不貲，一時力難辦到，惟有於已築之私垸飭令平毀，未築之淤洲嚴禁私挽，防患未然，是亦保固大堤之一策也。所有遵諭會同履勘荆州南北兩岸江堤，測量江面之寬狹、形勢之高低以及堤外洲堤，已築者宜即刬毀，未築者禁止興修，各緣由里合逐一指定地點、繪圖立説具文，會呈鈞司俯賜查核，轉呈民政長批示祇遵。

奉内務司批：據呈及繪圖，均悉。該印委等測勘該堤南北兩岸情形，按之所呈圖説，於江面之寬狹、地勢之高低，均能縷晰條分，瞭如指掌。呈内所稱“治堤者當權衡利害之輕重，通籌全局，不可拘守一隅”，尤爲中肯之論。所有指定私垸應行刨毁及淤洲應行禁築各處，自係確切不移，惟查各處私垸均係久經挽築，勢難遽令概行刨毁，已由司酌擬通融辦法，呈請民政長核示，應俟奉批後另檄飭遵。至該委員胡丙鈞等勘辦此案，往返奔馳，不憚勞瘁，其調查情形亦極爲詳晰尤徵，辦事精細，深堪嘉許，應將該員胡丙鈞、劉士道均酌予記大功一次，飭科註册，以示獎勵。仰該局總協理轉移江陵縣暨胡委員等知悉。

奉内務司轉呈民政長酌定辦法並民政長批示文案“查前奉民政長批”云云見前。等因。當即由司遴委諳習水利之胡丙鈞、劉士道兩員馳往勘辦。兹據該委員胡丙鈞等會同江陵縣知事黄炳言、萬城堤工局總理徐國彬、協理龔寶琅呈稱“遵即前往會同測量江南岸”云云見前。等情。前來職司覆查該員等測勘該堤南北岸情形，按之所呈“圖説”，於江面之寬狹、地勢之高低，均縷晰條分，瞭如指掌。呈内所稱“治堤者當權衡利害之輕重，通籌全局，不可拘守一隅”，尤爲切中肯綮之論。所有指定私垸應行平毁及淤洲應行禁築各處，自係確切不移。惟民間已築私垸如窖金、江心、青安、二聖等洲，以及新洲並蕭子淵内外洲地等處，均係久經挽築，生命財産託賴於此亦既有年，若遽令概行平毁，勢必挾全力以相抵抗，難保不别起風潮，自不得不揆理準情，通融酌辦，職司詳加審核，擬令該堤兩岸所有已築私垸，嗣後如有被淹坍潰，即不准再行修復，平時亦不得私自加修，以期漸次消毁。其未築之淤洲，併即一律嚴禁私挽，庶江流不虞阻遏，而堤防足賴保全。是否有當，理合照繪圖説，具文呈請民政長俯賜鑒核。如蒙批示允准，即行轉飭江陵等縣暨萬城堤工局遵照，嚴切出示，勒碑永禁，以杜後患而息争端。

奉民政長批：查核轉呈該印委等。測勘荆州大堤南北兩岸情形，甚屬詳盡，所擬該堤兩岸已築私垸，嗣後不准修復或私自加修，及未築淤洲一律嚴禁私挽。各辦法於明示限制之中仍寓體恤民艱之意，籌畫尤屬允協。應准轉飭江陵等縣暨萬城堤工局遵照，嚴切出示，勒碑永禁，以重堤防。至呈内所舉測勘金果堤以下至拖茅埠、蕭子淵河内外洲地，實爲消洩江水之區，亟應嚴禁挽修。仰即查照前此批飭該司擬辦石首縣護堤垸夏海濤等稟請飭縣捍分一案，迅速轉行遵照爲要。此繳，等因。奉此除分行外，合亟繪圖抄呈論飭諭到該局，即便會同江、監、公、石四縣遵照呈定辦法，嚴切出示，刊碑永禁，以重堤防。並由各縣抄録全案，照繪圖説，照送各該縣議事會，一體查照。仍將遵辦情形抄録示稿，會呈查核暨由該局分移胡、劉兩員知照出示刊碑文，"照得荆江自沙市以下，當川江及沮漳河諸水之衝，北岸萬城大堤爲下游十數州縣保障，關係極爲重大。比年堤外淤洲日寬，居民希國私挽，一值盛漲，水無所洩，大堤岌岌可危。現奉内務司諭飭，奉民政長批據：本司呈據測量荆州萬城大堤"云云見前。等因。查荆江南北兩岸，類皆以堤爲命，南岸淤高，北岸愈形薄弱。兹測量南岸地平面高於北岸地平面一丈八九、二丈二三、二丈五六尺不等，以水大時計算，水面高於北岸堤内地面二丈八九尺或三丈有餘。推原其故，緣荆江上下數百里，節節沙洲横梗江心，南北岸老堤之外淤洲日益寬厚，江面窄處僅一二里，若再聽其修築私埸，則秋夏水漲，無地消洩，急溜奔趨，不惟北岸大堤異常危險，即南岸亦大有妨礙。倘不申明禁令，何以固官堤而暢江流？合行出示永禁。爲此示，仰南北兩岸居民人等知悉。自示之後，所有荆江南岸之窖金洲、江心洲、新淤洲、新泥洲，北岸之突起洲、青安洲、二聖洲，以及蕭子淵内外洲地各處之私垸有礙江流者，應遵照民政長批飭，嗣後不准修復或私自加修，及未築淤洲一律嚴禁私挽。他若馬厰湖灘，雖經納課，亦不得徇一面之利，藉端要求加築塍梗而阻消洩。倘有不遵禁令，故意抗違，定即拿案重辦，決不姑寬。除遵民政長批示取具切結外，凡軍民人等，須知此係爲億萬生命田産起見，事在必行，其各凛遵毋違。元年十月。

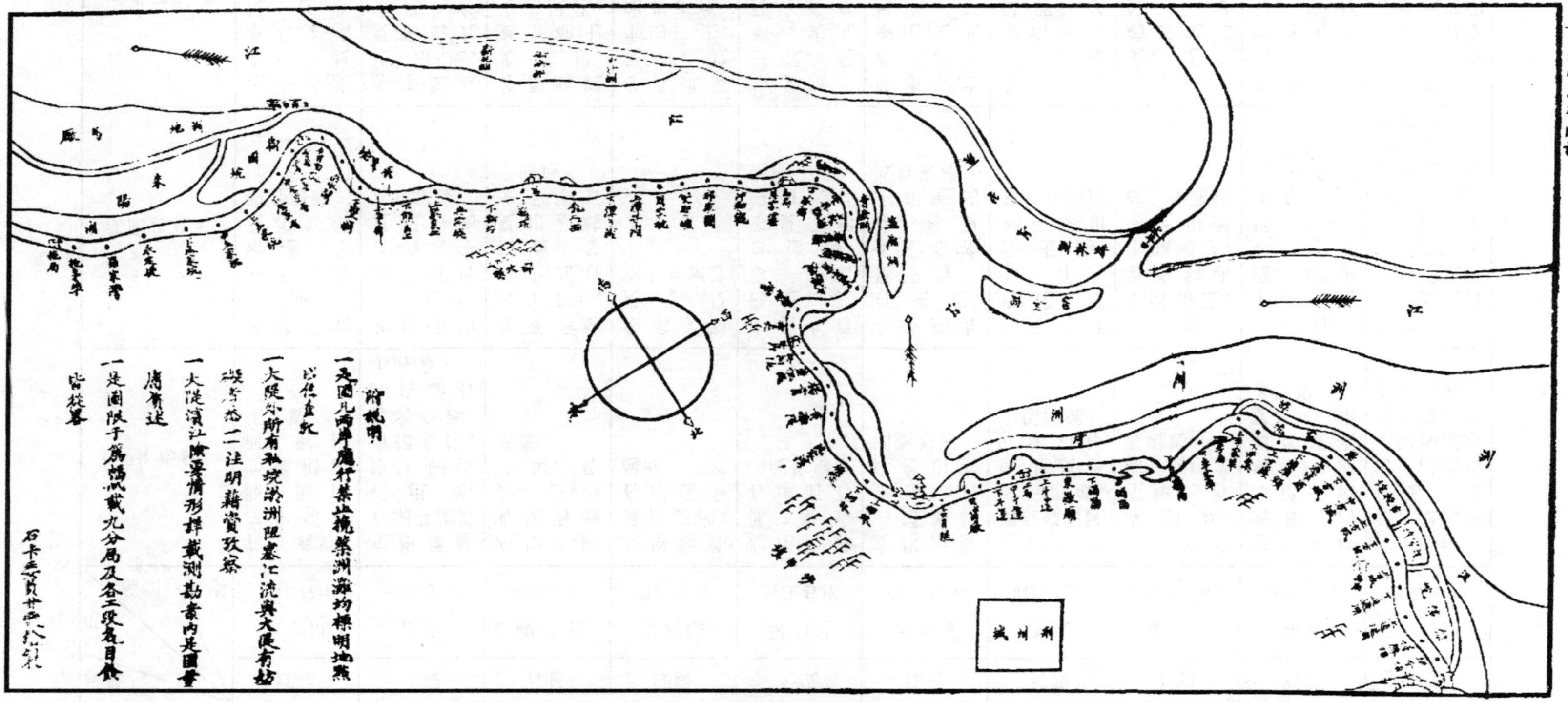
荆州城
附說明
一是圖凡兩岸廟行莊山桅築洲灘均標明地點以便查考
一大隄外所有私垸淤洲阻塞江流與大隄有妨礙者均一一注明藉資考察
一大隄濱江險要情形詳載測勘書內是圖毋庸備述
一是圖限于篇幅只載九分局及各工段名目餘皆從畧

萬城大隄濱江兩岸上自太平口下至天心洲等處水道調查表

縣屬／汛地／種類　區別	江陵 太平口 荊江右岸	江陵 沙市 荊江左岸	江陵 觀音寺 荊江左岸	江陵 文村峽 荊江左岸	公安 斗湖隄 荊江右岸	江陵 馬家寨 荊江左岸	江陵 郝穴 荊江左岸	石首 藕子淵 荊江左岸	石首 新廠 荊江左岸	石首 天心洲 荊江中心
兩岸形勢	右岸磯頭，左岸係沙洲，洲內面係沮漳河，河內係大堤	左岸係條石磡岸及板石坦坡，岸上即沙市鎮右岸，係窖金洲，洲內面有小河滄	左岸大隄有擺石磯頭，右岸平坦，係淤灘	左岸隄外係青安洲，右岸係突起洲	左岸隄外係二聖洲，右岸有石磯陡坎壁立	左岸沿隄一帶崩坎壁立，右岸係白沙洲新淤洲	左岸係石磯及條石磡岸石坦坡，岸上及郝穴鎮右岸全係沙灘	左右岸均有崩坎，左岸係沙洲，與大隄毗連	左岸係沙洲灘，內即藕子淵河，河北即萬成大隄，右岸多崩坎	左岸係沙灘，灘內仍係藕子淵河，河內爲朱陽湖湖左爲大隄，右岸，有崩坎
江面之寬窄	冬夏季約一千四百、一千八百密達，冬夏相差約四百密達	冬夏季約一千七百、二千五百密達，冬夏相差約八百密達	冬夏季約八百五十、一千九百密達，冬夏相差約一千零五十密達	冬季水洞見底，夏季七百密達	冬季九百密達，夏季一千七百密達，冬夏季相差約八百密達	冬季約九百密達，夏季約一千七百密達，冬夏季相差約八百密達	冬季九百密達，夏季一千九百密達，冬夏季相差六百密達	冬季約二十餘密達，夏季約四十餘密達，冬夏相差約二十密達	冬季約一千一百密達，夏季約二千五百密達，冬夏相差約一千四百密達	東西兩岸，冬季約九百至一千二百密達之譜，夏季約一千四百密達，寬窄之度時有變遷，不能指定
河泓之深淺	冬季六丈六尺，夏季八丈八尺。江心有洲，冬夏相差約二丈二尺	冬季約六丈五尺，夏季約九丈零。冬夏相差約三丈	冬季約四丈三尺，夏季約七丈三尺强。冬夏相差約三丈	冬季水涸現沙，夏季約二丈。此非正泓，係指夾江而言	冬季四丈三尺，夏季八丈五尺，冬夏相差四丈二尺，此係指南邊正泓而言	冬季五丈八尺，夏季七丈九尺强，冬夏相差二丈一尺	冬季三丈三尺，夏季六丈二尺强，冬夏相差二丈九尺。此係指北岸正泓而言	冬季約二丈，夏季約二丈二尺，冬夏相差二丈。此處專走民船，輪船不能行駛	冬季二丈八尺，夏季五丈五尺，冬夏相差三丈三尺	春、秋、冬三季正泓在正南，夏季南北兩邊均有正泓，惟係活沙，航行宜慎

續表

縣屬 / 汛地 / 種類 區別	江陵	江陵	江陵	江陵	公安	江陵	江陵	石首	石首	石首
	太平口 荆江右岸	沙市 荆江左岸	觀音寺 荆江左岸	文村峽 荆江左岸	㪷湖隄 荆江右岸	馬家寨 荆江左岸	郝穴 荆江左岸	蕭子淵 荆江左岸	新廠 荆江左岸	天心洲 荆江中心
水流之緩急	冬夏季每秒一密達一密達弱、五十生的，冬夏相差六七十生的	尋常每秒一密達上下，冬季緩至六十生的，夏季漲至一密達五，冬夏相差約九十生的	冬季每秒一密達上下，夏季每秒一密達五十生的，冬夏相差五十生的	冬季水涸無流，夏季每秒約一密達	冬季每秒一密達，夏季每秒一密達四十生的，冬夏相差四十生的	冬季每秒一密達上下，夏季每秒一密達五十生的，冬夏相差約五十生的	冬季每秒一密達，夏季每秒一密達五十生的，冬夏相差五十生的	冬季無流量，夏季每秒約五十生的，冬夏相差五十生的	冬季一密達，夏季一密達五十生的，冬夏相差五十生的	冬季每秒一密達，夏季每秒一密達六十生的。强時作漩流，甚危險，且中央多花水
河底之性質	沙質，性質偏硬	沙泥兼半，性質尚弱	沙泥兼半，性質尚弱	净沙，性質稍硬，水退時行大商稍有妨碍	沙泥兼半，性質尚弱	沙泥兼半，性質尚弱	沙泥兼半，性質尚弱	沙土，冬季水涸時可走行人，其質甚堅	活沙，航行宜注意	活沙，其色黑，其性硬。河泓時有變更，航行往往擱淺，最宜注意

攷備

一、自太平口至天心洲重要地點，凡十處，約計水程一百七十里。
二、兩岸形勢係指現在情狀而言。
三、江面係依現時情況用密達尺及測遠器二種測定，兼有用目測者。
四、河泓、河底均于航行有密切關係。除實地偵察測量外，並徵求老于航行者之實驗記入。
五、流率係採用地形學教程第三章水理第一節第四條所示諸要領記入。
六、江流灣曲最多，若分方向記載，僅爲不確，故别以左右岸。以人面向下流而立，在右手者曰右岸，在左手者曰左岸。

民國五年　月　日　　湖北水警第三專署長徐國瑞調製
　　　　　　　　　　沙市萬城隄工局總理徐國彬參訂

私挽禁案

兩利相權取其重者，兩害相權取其輕者，利害之間自應熟權輕重。蓋江面多一私垸，即少一容水之區。河身日窄，水勢日高，萬一汛漲頻臨，消洩不暢，官堤一有潰溢，貽害曷可勝言？與其貪私垸一隅之利，不若謀大堤千里之安。故凡挽築私垸有碍大堤者，必一一垂爲厲禁。成案具在，按籍以稽焉可耳。

呈明"履勘蕭子淵築口危險，請派兵刨毀"文。竊國彬等奉委專辦萬城大堤修防事宜，曾將開局啟用關防日期具文呈報在案。伏查萬城大堤爲荆郡及下游各屬民田廬舍保障，關係匪輕。國彬等接事後，即據"江陵議會暨地方紳耆僉以蕭子淵（亦名消滯淵）即江水分消之處，一經堵築，則萬城大堤立見危險。並云倡修之王輔廷，查係向不安分，專恃霸荒，築垸漁利，以鄰爲壑，曾爲湖南所不容，逃之公安，又經驅逐，復至石首，煽惑石邑北鄉士民，乘去歲大局紛争之際，朦禀魯知事，興工堵築。力請履勘刨毀，庶大堤鞏固，賦命兩全"各等情，前來細考。荆郡堤至前清乾隆年間荆南道來任内，曾有人堵築蕭子淵口，經江、監、石三縣紳士禀請，出示刨毀，刊勒石碑，永爲鉄案。嗣後迭次禀懇修築，均經前清督撫委員詣勘批飭，永遠不准堵築。各在案。國彬等旋於赴堤，復估各局工段，時遴派在堤年久、熟習堤工之曹委員鈞隨同前往，逐細履勘，並相度江流緩急各形勢。查蕭子淵之淤洲，挺峙江心，自金果局堤外洲頭之口名蕭子淵，迤邐附堤而下，至拖茅埠洲尾出口，長約四十餘里，寬約里許及二三里不等。彼處江面亦不過四五里之寬，是該洲已淤佔江面三分之二。向之嚴禁堵築者，實爲受水濬流起見。今王輔廷等將洲頭蕭子淵口堵築，則江面僅存三分之一，洩水泓道愈窄，激流阻遏上溢，大汛泛漲，則郝穴、馬家寨等處大受影響。蓋彼處堤身素稱險要，内臨深潭，外無餘地，輪船鼓浪汕刷堪虞。每年歲修，全賴碎石護脚以資抵禦。若一旦激流上溢，豈能與水争勢？此蕭子淵以上大堤受害之實在情形也。大汛泛漲時，洪流澎湃，由北迂繞南行，順石首南岸而下，復由南轉折而北，直射監利之堤頭與上車灣等處。此下游殃及監邑堤身之實在情形也。設使萬城大堤有潰決之虞，則江、監、潛、沔及下游各縣均爲澤國。關係之大，莫此爲甚。今王輔廷等堵築蕭子淵口，不過欲收萬餘畝荒洲之利益，請以江、監、潛、沔及下游各縣生命財産田廬賦税較之，豈止天壤相殊！似不能謀此小利而遺害大局。國彬等身負萬城大堤責任，考之志乘，博訪輿論，證以洲堤水性各形勢，實屬關係重大，萬不能聽其堵築，致遺巨患。理合將履勘蕭子淵築口與大堤下游各屬賦命攸關實在情形，並志載前清荆南道來出示禁築蕭子淵口原文及大堤簡明圖説一紙，一併繕摺，據實呈請鑒核。查該處聚衆千人，每逢印委履勘，陽爲乞憐保全，陰實抵抗觀望，務懇一面諭飭該縣知事設法解散，一面諭飭荆宜司令部選派兵隊，會同江、石兩縣，勒令刨毁，洵屬萬城大堤及下游各屬生靈莫大之幸福。管見所及，是否有當，伏候批示祇遵。

奉内務司電，黄知事與徐總理各稟均悉，已呈請副總統電飭荆宜司令部，迅速派兵刨毁，嚴拏王輔廷，從重懲辦，務獲毋縱在案。魯知事迭經本司電飭曉諭，何以迄今並無隻字呈復？殊深詫異。其中有無扶隱狥庇情弊，仰速明白具覆，毋再宕延，致干查究。夏海濤稟請扦分田畝，既係蕭子淵口内距離四十餘里之朱陽湖，實即從前藉以分消江水之處，應即停止勘扦及升科，以杜將來藉口國賦民生加高堅築垸堤與堵築蕭子淵、劉家溝、拖茅埠各口之據。仰即遵電認真辦理，勿稍朦混，同干未便，並俟電到，即由江、石兩縣知事嚴密協拏王輔廷，先行電覆候示，慎毋疏忽，致任漏網，是爲至要。

内務司飭令。案據撤任石首縣魯知事稟稱“本年六月二號奉司長諭，奉副總統批示，飭令知事移往蕭子淵口，會同江陵黄知事暨第七鎮調撥營兵，妥慎辦理，設法遣散刨毁，並緝拏王輔廷，務獲毋縱，總期寬嚴適中，彌患無形，不得過事操切，釀成巨案”等因。奉此知事當即親詣蕭子淵口，傳集各垸紳首，切實開導，並赴各垸演説，曉以大義，該鄉人民均願自行刨毁，隨出具甘保結附卷，並由第七鎮統制率帶軍隊，同黄知事暨堤工徐總理到口，開工刨毁，協力彈壓，知事親駐堤工，招夫二百餘名，督令開刨，僅一晝夜之間，將該口刨毁盡净，水道業已通利，昨經電請副總統派委查勘在案。此次知事謹遵鈞諭，寬嚴適中，以期弭患無形。今幸口工挖毁地方静謐，堪慰廑系。至倡議築口之首士魯封侯、王輔廷，現均聞風潛逃，除飭嚴密查緝務獲訊明請示辦理外，合將此案詳細情形縷晰，稟陳司長俯賜查核批示祗遵等情，據此除批稟悉。據稱“王輔廷等私築蕭子淵口，業由該知事遵諭督夫刨毁盡净”，是否屬實，應由該知事出具實已遵諭督率刨毁盡净切實印結，並仍遵前諭移會江陵知事協拏王輔廷等到案重辦，務獲毋縱，暨會銜出示曉諭，永遠禁築，以杜覬覦而免後患。即將辦理情形分别呈報備核等因印發外，合亟諭飭諭到該總理查照。元年六月。

湖北行政公署訓令。内務司案呈二年十二月一十二日，奉内務部指令，内開據呈稱“黄岡、壽昌、大冶等縣紳民呈請建築樊口堤閘。又湖南客民王輔廷等堵塞蕭子淵口私築堤垸，並敢糾集人衆以圖抵抗，當經咨請軍政府派軍隊前往駐守彈壓，並委員碻切勘明。爲維持全省水道起見，斷不能任奸民專顧一偶，貽害全局。現在業已分别平毁取銷，一律嚴禁。特恐各該屬人民，但便私圖，不顧公益，仍復狡焉思逞，再起競争。一面令由各該縣知事嚴切佈告，刊勒碑石，永遠禁止，以杜患萌”等因到部。本部查“鄂省壽昌縣之樊口、嘉魚縣之韓家磯、石首縣之蕭子淵、天門縣之獅子口、潛江縣之大澤口等處，均經前清歷任長官嚴切禁止堵築，並奏明永遠遵守在案。今該省黄岡各縣人民擅築堤工，妨遏江、漢二水經流，實屬專圖私利，貽害全局。該民政長督飭挖毁，並請軍隊駐紮彈壓，辦法甚妥。所請勒石永禁一層，亦切實可行，應即照准。除由本部函知農林部備案外，爲此令行該民政長迅即飭屬認真辦法，以重宣防而弭隱患”等因。奉此查本署“呈部立案，永禁堵築私挽”，係指關係江流之樊口、韓家磯、禹觀山、蕭子淵、護堤垸即朱陽湖，並濱江萬城大堤之南北兩岸淤洲及關係漢水支河之大澤口即吴家改口各等處。兹奉部令内列地點，如武昌縣之禹觀山、石首縣之護堤垸即朱陽湖、江陵縣之萬城大堤南北兩岸淤洲，均漏未叙及。所列天門縣之獅子口，早經堵築，亦非現請禁堵之處，恐有錯誤。全案既經核准，除分别令飭遵辦，一面呈明内務部請予更正外，合亟抄發本署原呈令，仰該局總協理遵照，迅即按照呈内所指應禁堵築私挽之處，嚴切佈告，勒石永禁，以杜患萌。仍將遵辦情形具報查考。二年十二月□日。

民政長呈内務部原文。内務司案呈，竊查鄂省水道，以江、漢爲二大經流。江水自宜昌以下，東盡鄂境，雖兩岸堤塍綿亘，而江面寬紓，又有支流分洩，足以殺水勢而減漲率。且自太平藕池口潰，荆、宜一帶之水直達洞庭，而向爲輸納江流緊要門户。如壽昌縣屬之樊口、嘉魚縣屬之韓家磯及與藕池口並重之石首縣屬蕭子淵等處，均經前清歷任各督撫嚴切禁築後，數十年來無敢倡言堵口者，以故消暢路寬而江水不致横溢爲患。漢水則自鄖、襄至鍾祥以下，經五六百里平地始出漢口，節節皆以長堤束縛。天門屬之獅子口、潛江屬之大澤口即吴家改口，舊爲漢水兩大支河，厥後獅子口築，僅止吴家改口一道，分洩襄流，經江、監、沔各縣境達於漢陽屬之沌口、新灘口入江，賴以殺漢水建瓴直瀉之勢。前清時，江、潛、監、沔等屬人民屢圖堵築該口，糾衆釀禍，迭經各任督、撫嚴拏懲辦，奏明示禁，並于光緒三十四年經陳前督派委大員，督同府縣及各屬紳首，議訂善後辦法七條，咨部立案，永遠遵守。良以此口一堵，則漢水更無可以消洩之處，襄南、北十數縣之人民均受其害，而關係大局，實非淺鮮也。及自反正以後，沿江沿漢各屬人民，僉以爲檔卷散失，無可稽考，或朦混陳請，或恃强堵築，訟争競起，枝節横生，兩年之中，幾於層見疊出。如黄岡、壽昌、大冶、武昌等縣紳民堅請建築樊口堤閘一案，發生之時鄂省軍民尚未分治，由都督府批准委員督辦，集費興工，堤甫告竣，旋即潰決，耗欵甚巨。本年仍派原委接續辦理，又復旋修旋潰，且以各屬紳首担任工費，虚懸無着，徒滋糾葛，迄無成功。業經由署咨請軍政府核復取消前准建築之案，仍飭永遠嚴禁堵口矣。又，嘉魚縣民劉蘭亭等集衆强築韓家磯堤塍一案，迭據咸、蒲等縣知事及各該縣紳民電禀力争，當即嚴飭刨毁。一面派員會勘，以韓家磯歷經禁築，改議于武昌縣屬之禹觀山建閘，復經迭次委員會同各縣勘復，由司核明。禹觀山爲江流内輸第一重門户，一經堵塞，則外江漲流速率倍加，下游一帶堤防必呈特别險象，實未便圖一區之利而貽數縣之害，應仍不准其建築，呈署令飭取銷。乃該縣民等竟敢先於禹觀山施工訂樁，復仍强築韓家磯堤，並有聚眾擾商情事。迭經咨請軍政府先後派添軍隊暨飭水警廳派撥砲船馳往，會縣妥爲解散，一律平毀具報，仍飭嚴拏爲首，務獲究辦矣。又，湖南客民王輔廷等堵塞蕭子淵口私築堤垸一案，據荆郡治安會函轉據石、江兩縣人士報告，暨據江、潛、監、沔、川、陽六縣士民稟控，并據萬城堤工局總理徐國彬呈稱，堵塞該口實足妨害江堤，先後電檄飭毀，並經委員勘辦。乃王輔廷等聚眾抗拒，幾致釀成巨禍，亦已由軍政府飭派炮船會同萬城堤局馳往刨毀具報，並仍飭縣從嚴拿究矣。至湖南客民夏海濤等在石首縣挽築護堤垸工，經江陵縣拖茅埠人民群起争阻，前清宣統元、二年間已紛紛控訴，兩次派委勘查，迄未定築。上年復據夏海濤等以墊欵築垸呈請飭委扦分荒畝，先後派員會縣查勘，復司核明，以護堤垸。即朱陽湖雖距蕭子淵四十餘里，而接壤之處與萬城堤脚緊連，若經挽修，非特爲拖茅埠之所必争，且江水不能下洩，堤防實形危險，亦與王輔廷等修築蕭子淵口名異實同，應飭迅停垸工，並不准扦分荒畝，呈署批准，轉行遵照。嗣又據萬城堤局總理徐國彬以該處居民率於南北兩岸淤洲挽築私垸，阻遏江流，於該堤大有妨碍呈，經由司派員會同縣局測勘，指定私垸應行平毀及淤洲應行禁築各處，復司核議。以民間已築私垸，如窖金、江心、青安、二聖等洲，以及新洲並蕭子淵内外洲地等處，均係久經挽築，生命財産托賴於此，亦既有年，未便遽令概行平毀。應飭嗣後如有被淹坍潰，即不准再行修復，平時亦不得私自加修。其未築之淤洲，並即一律嚴禁私挽。呈由本署核准，分飭江、監、公、石四縣暨該堤局，會街出示，勒石永禁。此又因蕭子淵事而連類發生、委勘定案者。而其風潮之最爲激烈者，則莫如本年三、四月間沔人陳炳坤等倡謀堵築吴家改口一案。其始僞張告示，徧發傳單，訂期開工，集眾且以千計，經各縣知事及議、參等會並各屬商民人等合力争阻，情勢危極，文電紛來，當經請由軍政府先後派添軍隊並委員會縣禁阻解散、刨毀具報。乃事未及月，該沔人又復糾合人眾，仍圖堵塞該口，並敢假黎、蔡二師長之名，肆行鼓動，致襄北眾情洶湧，咸竭力以圖抵制。接據各電，又經請派重兵妥爲彈壓，迨該潛江縣知事會同軍警前往勸導，而堵築人等猶敢聚衆，圍燒知事駐紥之彭公祠屋，刃傷排長，搶失槍械，勢甚兇横，經軍警極力嚴防，人夫始各走散。復又咨請軍政府飭令原派軍隊即在該處久駐防守，藉資鎮懾，以免軍退復來，一面催飭各縣查明爲首嚴拿，務獲重辦。數月以來，雖尚相安無事，然目前且又有沔、潛、江、監等縣人民赴署呈懇委勘興築者，蓋其覬覦之心固仍未嘗一日忘也。本署竊維治水之法，主於因勢利導，與水争地本向例所必禁，以鄰爲壑尤公理所不容。綜計以上各案，如關係江流之樊口、韓家磯、禹觀山、蕭子淵、護堤垸即朱陽湖，並濱江萬城大堤之南北兩岸淤洲，及關係漢水支流之大澤口即吴家改口各等處，或爲前清時歷經禁堵有案，或爲現時派委勘明，萬難准其堵築、聽其私挽，要皆維持水利，決不敢專顧一隅，貽害全局。現在雖已分别平毁取銷、一律嚴禁，特恐各該屬人民之便私圖而忘公益者，仍復狡焉思逞，再起競争，則此後之隱憂方大。思維再四，惟有彙案呈請鈞部，俯賜核明，准予一併立案。所有以上不准堵築及私挽各處，均由各該縣知事分别嚴切佈告，刊勒碑石，永遠禁止，保全大局，杜遏患萌，實於國賦民生兩有裨補。爲此鈔録各案縷，呈鈞部鑒核指示，飭遵施行。

湖北行政公署指令。内務司案呈"本署前將關係江、襄二流，應禁堵築私挽各處彙案，呈請内務部核明立案，勒石永禁"一案，經奉部令核准，當即分飭遵辦，並以令内所列地點恐有錯漏，一面據實呈部，請予更正。去後兹於一月二十一奉内務部令，開呈悉前鄂省呈請"永禁堵築私挽"一案，當即照准，令飭該省飭屬認真辦理。去後惟全案所指，如關係江流壽昌縣之樊口、嘉魚縣之韓家磯、武昌縣之禹觀山、石首縣之蕭子淵及護堤垸即朱陽湖，並江陵縣之濱江萬城大堤南北兩岸淤洲，及關係漢水支流潛江縣之大澤口即吴家改口各等處，前令未經一一列舉，應即准予隨案更正。至天門縣之獅子口地方，既據申明，並非禁堵之處，亦應一併摘除，以清界限。除由本部函知農商部，合再行知該民政長，轉飭各該縣知事及萬城堤工局，按照上開應禁堵築私挽各地點，嚴切佈告，勒石永禁，俾暢水道而杜患萌等因到署。除分行外，合亟令仰該局總協理，即便遵照先今令飭，按照上開應禁堵築私挽各地點，嚴切佈告，勒石永禁，具報查考毋違。再，本署前次呈部立案，文内以天門縣屬之獅子口爲襄水支河，援引偶誤，前據天門縣駐省同鄉會長胡子明等呈請更正，業經批示，准予更正。其文曰“潛江縣屬之大澤口即吴家改口暨小澤口，舊爲漢水兩大支河，厥後小澤口築，僅止吴家改口一道（水）〔分〕洩襄流”等語，並將原呈批示登載公報，俾各周知在案，併飭知照。三年一月。

朱陽湖私挽詳文。竊據屬局拖茅分局委員索鴻先等報稱“現有石首縣知事史維、財政濡、委員姜鑄陶帶同客民夏雲峰等親到該局，面稱‘因奉委扦分田畝，須將朱陽湖口門挽築成垸’等語，風聞有湘人王輔廷等招夫多名，預備興工，報請核辦”等因。據此，查朱陽湖即護堤垸在蕭子淵口門以内，民國元年刨毀蕭子淵後，湖南客民夏海濤等即擬挽築此垸，經屬局會縣嚴禁，嗣經前民政長於民國二年彙案，呈請内務部立案，勒石永禁，挽築在案。原呈内載“護堤垸即朱陽湖，雖距蕭子淵口四十餘里，而接壤之處與萬城大堤緊連，若經挽修，非特爲拖茅埠之所必争，且江水不能下洩，堤防實形危險，亦與王輔廷等修築蕭子淵名異實同。應飭迅停垸工，並不准扦分荒畝”等語，實於大堤私垸利害情形，洞若觀火。蓋萬城大堤因江心日高，洞庭湖身亦强半淤墊，以致盛漲，水痕高過堤内地平三丈有餘，沙、登、馬、郝等局處處可危，即趕辦石工，亦恐緩不濟急。幸蒙呈部立案，禁挽私垸，江水有所消洩，大堤得以保固。倘此端一開，私垸林立，恐一二年後江、監、荆、潛、漢、沔等邑將爲洪流所滙。即該客民等所稱“扦分田畝，足裕國課”，然取十餘里垸田小利，貽十數縣生靈大害，兩相比較，輕重懸殊。且江、監人民害等切膚，勢必群起力争，竊恐滋生事端，屬局職司所在，不敢壅於上聞，惟有仰懇鈞使飭下史知事、姜委員勿徇湘民貪利忘害之請，顧全大局，慎重水利，實於國賦民生，兩有裨益。爲此詳請鈞使俯賜查核批飭祇遵。

奉巡按使批：詳悉。查朱陽湖禁築私垸，並不准扦分荒畝，曾經前民政長彙案呈請内務部核准立案、勒石永禁，分飭各縣遵照，並登載二年《湖北公報》宣布在案。據詳前情，候飭財政濡轉飭姜委員暨飭石首縣史知事，一體知照辦理，毋得聽該處人民之請，謀一隅之利，致貽害於大局，並由縣查案，再行出示嚴禁可也。仰即知照奉飭詳勘朱陽湖、蕭子淵等處情形，會同詳復文。竊立鋭奉鈞使飭開案。查蕭子淵口暨護堤垸即朱陽湖等處，早經禁築有案，前因石首縣詳請弛禁挽修護堤垸，當經迭飭該委前往會同各縣局勘查集議，迄未能決。原有俟夏秋水漲之時再行詳勘之議，現當江水盛漲，即應切實履勘，詳細考查，以重水利。飭仰該員，即便遵照前往，再加詳勘該護堤垸即朱陽湖與蕭子淵口各處，當此伏汛，水勢若何？確查情形，究竟與萬城堤工有無妨害？據實詳覆，以憑核奪，並順道查看監、石等縣及萬城各堤有無危險情事，一併查明具報。事關水利堤防，至爲重要，務須確切勘查，以副委任等因。奉此，遵即乘輪赴沙，當往堤工局會晤國彬，詳詢各工水勢情形，並言仍須履勘蕭子淵、朱陽湖等處及監、石兩岸堤防。國彬因現在江水尚漲，未敢擅離，當派屬局熟悉情形之工程課員韓毓蔭隨同立鋭乘坐紅船，沿江而下，俾得臨時指詢，詳切測勘。由沙出發，道經陡湖堤、馬家寨、郝穴等處，入蕭子淵口，逕達拖茅埠之朱陽湖，順流至監利劉家溝出口，直至下車灣，止遇有南岸公、石兩邑堤防緊要處所，間亦渡江周視。因江、監堤前每多淤灘，勢難臆測，即由車灣舍舟而陸，沿堤上行，仍回沙市。以現時江流而論，尚未十分盛漲，周歷兩岸，均無新險發生。惟公安縣屬斗湖堤地方近年新築石磯三處，逼溜北趨，直射堤根，萬城大堤之冲和觀、周家坑一帶較前加險，防護頗形吃緊，且溜勢層遞下擠，若非下游蕭子淵分洩，稍舒其勢，則郝穴一帶上逼下兜，更不知若何危急也。監利江隄以上汛周家河、下汛車灣最形險要，幸本年水勢平和，尚足抵禦。至測勘蕭子淵、朱陽湖一帶，計蕭子淵河口門寬約三十丈、水深二丈四尺，至監利劉家溝出口，長七十餘里，兩岸洲頭高處距水面四尺，自淵口至拖茅埠長四十五里。以本年盛漲水痕計之，沿河水深二丈一尺至二丈四尺不等，朱陽湖在蕭子淵河北岸，緊傍萬城大堤，南面約長二千丈，北面約長三千三百丈，上寬約一千八百丈，中寬約二千丈，下寬約九百丈。本年水大時，低處約深一丈三尺，四週高處約深五尺。以平積之法計之，共有面積四百一十四萬九千九百丈。據此查勘情形，蕭子淵口實爲分洩江流之要道，朱陽湖位置確爲向來受水之區，即以目下容量分配水方，若護堤垸堵築合口，則挽堤一尺，其積水即少容四百一十四萬九千九百方。合而算之，此外附近處所水勢必然加漲，較之全體高灘因勢挽垸者實有不同。雖該垸地居萬城堤尾，似無特别妨碍，而大溜由蕭子淵河直冲下游監利茶塘灣、周家河等處，堤身卑薄，非若萬城大堤之可恃，此堤一有不測，直與萬城大堤失慎無異。是以立鋭前有"勘定江界，設立誌樁，限制外垸"之議，國彬有"濬江洩水以餘灘興懇"之説，立言雖異，皆無非慎重堤防、疏暢江流，先保固有之利源，然後以流域廢棄之灘地開闢發生之新利爲宗旨。如全國水利局總裁張籌設河海工程測繪養成所呈文内稱"各省水患，其大要在宣洩之失宜、淤窒之不治，或專恃隄防而致潰决，或貪填圩蕩而成漲溢。良以昔日之治水偏於一隅，今日之治水宜籌其全局"等語。今朱陽湖挽湖成垸，適蹈其弊，自應俟荆江全局籌定後再行酌議。是否有當，謹會同備文，詳請鈞使俯賜查核批示施行。

奉巡按使批：據詳會勘各處，本年水勢尚屬平和，無甚危險，自係實在情形。至稱蕭子淵、朱陽湖一帶已經詳細測勘，蕭子淵口實係分洩江流要道，朱陽湖確爲受水之區，以現在容量分配水方，護堤垸如挽修一尺，其積水即少容四百一十四萬九千餘方，勢必至附近各處水勢加漲，諸多妨害，是該垸實不應堵築，毫無疑義。候飭水利分局暨荆南道轉飭石首江陵以及關於荆江水利各縣知事一體查照，仍遵部准定案，認真禁築，毋得聽其謀一隅之利貽害全局，外仰即知照並轉萬委員查照。

奉水利分局批：會詳閲悉。朱陽湖地點既經該員等詳悉勘丈，核計水方，其爲向來受水之區無疑，自與他處高灘因勢挽垸者情形不同，似應暫從緩議，以重全局。近時愚民往往狃於小利，不知遠圖，曲防病隣，與水争地，迨至一遇盛漲，水無所容，泛溢潰决，其禍患將有不可勝言者。來詳所稱"先保固有利源，後闢發生新利"，尤爲扼要之論。惟既據逕詳，仰候巡按使批示辦理，並咨萬委員查照。四年九月。

詳姜鑄陶等在朱陽湖違禁私挽。奉巡按使批：詳悉。並據夏雲峰電稱“護堤垸平安合口，惟掩茅埠堤局意見未化，恐釀事端，迫懇維持”等情，前來查該護堤垸即朱陽湖私挽一案，曾經咨部永禁，通飭有案。前該民等挽而復毀，並在監利縣具有永不挽修切結，嗣經本署飭委萬委員一再往勘，會同該堤局徐總理詳復，該朱陽湖確爲受水之區，以現在容量分配水方，該垸實不應堵築，亦經飭荆南道轉飭各縣查照，仍遵部准定案，認真禁築在案。乃該民等竟敢違抗擅築，捉搶滋事，實屬藐法已極。該各縣知事身任地方，亦竟置若罔聞，並不認真查禁，亦屬疏忽。除先電飭監利縣親往密拿勒毀外，並抄録電詳分飭荆南道暨江陵、石首、監利等縣查照辦理，仰即知照。五年四月。

條陳彙録

集思廣益，古有明箴。一得之愚，藉資參考。大堤修防事宜，至爲繁賾，有積習已深急須整頓者，有襲沿既久急須改良者，有宜妥籌善後者，有宜及時進行者。凡有裨於堤務，靡不隨時隨事博採兼收，期臻妥善，葑菲無下體之遺，流壤亦高深之助。故凡留心隄防者意見所及，皆可爲借鏡之資，彙各項條陳爲一帙，覽斯編者，或不無裨益云。

荆江洲灘築垸開墾意見書

竊查國彬前對於石首北鄉朱陽湖一案，曾力持禁挽之議，蓋恐部案一廢，私垸如林，既未謀江水宣洩之路，必馴至官堤横決之災。責任所在，不敢不言。今細閲財政濬稟稿，乃將舉荆州全屬南北兩岸私洲、私垸百餘萬畝一律化爲財賦之區，則兹事體大，利害關係都凡二十餘縣，我鈞使及財政濬長必能外拓洲民生殖之機，内謀官堤保全之法，統籌全局，爲兩利無害之舉。惟國彬對於此案之意見有三，敢爲我鈞使條晰陳之：查江心逐年淤墊，北岸官堤危險殊甚，增卑倍薄，而外所賴以支持者堤外各淤洲，逐年尚在過水，盛漲之際有所消洩耳。然識者每謂各洲過水一次即淤高一次，縱使加高老堤，無異束水行於城上，終有横決之一日，非計之得也。現既擬將各洲挽築成田，即當爲水另謀去路，否則盛漲之際，官堤既增危險，新垸必無倖存。利國福民，徒成虛語。國彬詳查荆江滯溜增淤之故，蓋由下游有天心洲爲最著之積淤，此處江面僅存里許，輪舶往來，時虞擱阻。又太平口、藕池口、調弦口三處，爲江水分洩入湘要道，現均淤阻江水，遂至抬高。擬請先將天心洲一帶江心及三支河分年疏濬，務使水行地中，則各洲既成恒産，官堤亦無危險。此國彬之意見一也。疏濬之議既定，然後分派測繪委員將江、監、松、枝、公、石等六縣濱江内外分别高下，繪具總、分各圖，詳具地勢堤形，在適要地點設立水表，並測定新、舊各堤各能抵水若干。倘遇奇漲之年，江水宣洩不及，不得不舍輕救重。應將新立各垸，指擇挑破，以殺水勢。此種辦法，全以水痕爲準，其挑破之先後及其地點，當明定章程，著爲定案，勒石江干，使内外農民一體週知。臨事之際，仍當董以官吏，督以軍警，方免要挾懇求之弊。此國彬之意見二也。經界既明，制度既定，然尚有可慮者，則以新立之垸亘數百里，分隸六縣官堤所在之地，又利害相反，設遇必須挑破之時，民間既各護其財産抗死力争，官吏亦或私其子民飾詞袒庇，俄延片時，形勢立變。况文牘往返，動逾數日，安能立赴事機？惟有將六縣水利堤防設立一總機關，畀以特權，凡修防疏導之事，均歸管理。又荆江一帶水上警察，亦必予總機關以兼屬指揮之權，如遇水勢急迫，必須挑破某垸，或須設法搶護者，准其遵章處置，再行詳聞。如此組織，其益有二：既赴機迅速，不虞坐誤；又南北皆其隸屬，必不致偏私争執。此國彬之意見三也。以上三端，國彬再四思維，似爲荆江一帶興利除害之至計，而亦爲解決歷來争執之必要政策也。而難者或謂：疏江濬河，經費浩繁，現今何能有此財力？不知國彬所陳爲荆江一帶局部之疏濬，費財不至太多，且可分年籌辦，先儘天心洲淤沙開工疏刷，次及於太平口，次及於調弦口。至藕池口較爲深通，可置稍後。而挽墾之事，亦必分年舉辦，先儘兩岸内垸多年失修現已淤復之處築堤啟徵，次及江心私垸民間已佔墾成熟者加修定賦，次及於逐年過水之淤洲挽垸扦荒。逮江河疏竣，水勢深通，即最低洲灘，亦可逐漸招墾矣。此種地畝，既由疏江而成恒産，儘可加徵地價，以爲疏濬經費。即内垸十餘縣受益業户，亦不能不略分担負。又天心洲疏濬，於輪船上下，大有利益，各公司亦當酌認捐欵，則所須國家補助之費必有限也。五年之後，將見南北兩岸皆成沃産，其爲湖北永久之利源，實非淺鮮。若僅顧此百餘萬畝洲地，築堤進佔，與水争地，而農業收入仍在不可預期之數，無論貽害内地得不償失，即以拓墾洲田論之，亦非策之上者也。國彬書生之見，是否有當，伏候鈞使採擇施行。

奉巡按使批：稟悉。候飭水利分局暨荆南道核議會詳察奪，再行飭遵。四年六月。

沙紳齊詠蘋等疏江條陳稟

竊治水之道，首曰濬源，次曰暢流，又次曰修隄。誠以源不濬流不暢，雖百計防隄，猶俗所謂“頭痛醫頭，脚痛醫脚”也。荆州大隄綿亘二百餘里，前清時首重堤防，次曰刷沙洲、開支河以暢流爲慎防之輔，不聞有進“濬源”之計者，其治已落第二層矣。其後江心淤墊，堤亦層累遞加，乃堤愈高而江心亦愈高，於是有“舍南救北”之説，而南岸一帶遂日在波濤浩渺之中，尤爲下策之下策。又其後，淤土成洲，刷不勝刷，於是專重堤防，並刷沙之令亦銷滅無聞，而兩岸之垸田以興，以致興訟興鬬，迄無已時。或有距堤較遠垸已成立者，亦姑聽之，而北岸大堤遂日受巨浪之衝激。當事者無法，惟有逐年增高，至今遂峭爲危壁，脱有不虞，何堪設想！蓋由歴年郡守皆有五日京兆之心，堤工所餘悉歸中飽，委幕書差亦迭生弊竇，是以因陋就簡，因簡而益簡，此治水之策所以愈趨而愈下也。清末時尤爲腐敗，罅漏極多。今民國成立，掃除積弊，徐總理勤謹穩成，事尚切實，於全堤險要已補綴十之三四，地方父老方額手相慶，謂如此措置，十年以後此堤可完全無害。玆據各委員條陳財政廳長清丈淤洲、准築垸田，并南岸堤亦准修補，裕國課，利民生，收地利，一洗從前“舍南救北，阻碍江流”之説，亦足娓娓動聽。然衡之大局，竊以爲猶未盡周詳者。何也？據原文云“兩岸挽築垸田不下一百餘萬畝”，其利可謂大矣。然北隄關乎江陵、潛江、沔陽、監利及荆門之低下處約數千萬畝，因百餘萬畝未成之田而不計數千萬畝已成之田，得失孰重？不築垸田，其失不過在曠土，其民亦可別謀生計。有碍北堤，則五縣人户約千萬家，不惟數千萬畝田盡在水鄉，并身命亦難保其得失，又孰重？又謂南岸已高於北岸，不挽垸田無益於北岸，似也不知南岸雖高於北岸，而不能高於北岸之堤，萬一水漲，北堤不潰南岸仍受其害，北堤若潰則五縣均受其害。且淤洲比兩岸均低，挽做垸堤，何能敵多年之舊堤？水漲即潰，無益於田而有害於堤，所謂“裕國課、利民生”者，僅屬理想之談，終至不兩敗必有一敗也。况現今太平口、調絃口、藕池口等處一切支流均漸淤塞，非復從前之暢流，再於江面堵塞，非速大堤之潰乎？所以堅執一説者，蓋緣各委員僅勘兩岸之洲而未勘北堤之内地，僅於冬令水涸履勘而未於夏秋水漲時親閲也。前清太守陳公、慶公均於泛漲時到任，乃陳公視事一月鬚髮盡白，慶公視事數月嘔血數升，親見險危，故由焦灼而生諸病，至今人猶思念。不置，則當時之危險可知。方今國用支絀，民生窮困，各委員所陳未必不可爲吏治之小補，惟兩利相權則取其大，兩害相權則取其小，利害各執則又宜探其原而擇其中。竊謂從前之説，守舊之下策也。然至漸淤漸廣則江心益高而堤身益危，則下策終歸於無策。各委員之説，急進之下策也。然至田垸益多則江流愈塞，兩岸均受其害，則下策亦終至失策。而執守舊之説，其患在百年以後；行急進之策，其患即在十年之内。若欲正本清源，爲一勞永逸之計，則統籌全局可以扼要而圖，并兩存其説而兼收其利。前清時湖北諮議局議員董欽墀曾倡五省疏江之議，因民國反正中止。惟五省合辦經費巨浩，且指臂不聯，動多掣肘。查漢江水勢至寬且深，苟由宜昌以下疏至漢江，則其工較小、其費較輕、其勢亦操縱裕如。萬一力尚難給，查荆江口而下水勢平鋪，無兩岸逼處之患，其事又省一半，則疏至荆江口亦可。况查荆州情形，萬城之街市高於郡城者五尺，萬城之江心高於萬城之街者又數尺，所恃者一堤爲之間隔，是郡城已在釜底矣。沙市舊有城基，觀音磯下半里許有阜康門遺迹。前三四十年其城門之上圓處在堤之腰若一橋，然今已在堤基之下，非六七十歲老人不能知其處，可挖而證也。蓋由江心高則水勢高，故堤亦日加而日高也，是沙市亦在釜底。而江陵之下三汊及潛江、沔陽、監利視郡城沙市尤低，又爲釜底之底矣。此疏江之計在荆州，爲必不可少之計也。且方今頻年水泛，必有隨流崩下之砂土，是以淤洲益多，加以往來輪船之炭灰每年不下一萬噸，合此二者之堵塞，終有塞滿江流之時，即堤身終有不支之時。故挽築田垸者非計，即禁止挽築而日聽其淤塞亦非計也。今擬先籌墊巨欵，自宜昌下疏至漢江或荆河口，再責令各堤局繕完堤工，分别最險、次險，認真修理，然後清丈淤洲，其阻碍江流或尚未成田者悉剗平之，不必貪尺寸之利以妨大局。南堤則仍令修補，以裕國課而濟民生。至此項經費，即就所墾之田抽出，所謂官荒者，聽民開墾，每畝取田價若干；手續費若干；所謂民荒者以券契爲憑，每畝但取手續費若干。合計可得數十百萬，即以付還墊欵。惟事有秩序：首疏河，次修堤，再次築垸。由本至末，方不至倒置而可收成效。如此則國課可裕、民生可濟、地利可收、堤防無害，庶爲萬全之計。萬一勢不能行，則與其紛更成例迫而爲目前之患，不如暫守舊説，付其患於百年之後，以待後之挽救也。伏乞查核，轉詳。

奉巡按使批：據詳已悉。候飭水利分局核議覆奪，再行飭遵。四年六月。

萬城大堤改良善後辦法八條

一、石工浩大。查沙市、登南、馬家寨、郝穴四分局地段多係内潭外河，輪船泓道日趨北岸，激流衝刷崩矬，逼近隄身，非分别修築板石坦坡與碎石雙擺，不足以資抵禦而策安全。除次要各工暫行不計外，其濱江之最險要者約長二千丈，必須一律修砌石工以資保護。計算工料需欵不下二十萬，欲取之民間則歲修土方有常，未便格外加派。若遷延時日以待將來，又恐險生不測。再四籌思，惟有勸集商捐、挪借國税之法。大堤向章，遇有特别工程，或勸集沙市商帮捐集鉅欵，或挪借國家釐税分年攤還，歷經辦理有案。良以大堤爲江陵及下游數州縣生命田廬之保障，無大堤則無沙市商埠，即國税亦無從取給。商家捐欵建築保隄即所以自保，國家墊欵興修爲民實所以爲國。如蒙允准，即懇令飭江陵縣轉知沙市商帮籌集捐欵，庶欵項有着，可分年擇要趕修。此宜善後者一也。

一、磚工重要。查汛漲發生時，拖茅埠江面寬濶數十里，自中孟家淵起至拖茅埠止，適當風浪之衝，歷年歲修，届時仍冲刷崩矬，糜費甚鉅，毫無裨益。前清倪守曾將該埠改修磚工，長五百五十五丈，迄今四十年依然鞏固，洵屬一勞永逸之圖。惟磚工每方約需錢八串，每丈三方需錢二十四串，自中孟家淵至羅家灣長二千二百七十八丈，一律修築磚工，需款總在五萬以外。然使土費收數較旺，擬將全隄次要土工展緩注重，拖茅磚工提前趕修，兩年即可辦到。此宜善後者二也。

一、組織堤警。查大隄綿長二百餘里，興工之日，沿途夫匠動輒千餘人，違禁舞弊、滋生事端，在所不免，若一一送交地方官懲辦，手續既繁，工程亦多阻碍，故必有直接拘留懲罰之權，該夫役方知忌憚。去、今兩次呈請試辦堤工警察，良以警察寓司法性質，易於彈壓夫役，辦事人員不形棘手，故欲整頓夫役，惟仍有增加名目，組織堤工警察之一法。此宜善後者三也。

一、整頓石船。查採辦毛碎石石船全係宜都、枝江、松滋三縣船户，往往領受大堤運資、護照、封條、旗幟，私運江南岸松滋、公安、石首各私垸銷售，或另運柴炭在上游販賣。本年馬、郝二局石工無多，因來船稀少，延至五月二十以外始行告竣，致令沙市、登南二局險要各地點應行抛石護脚者尚未抛護，遲誤要工，殊堪痛恨。大堤修防，向係荆州府督辦，所有公、石、松、枝、宜各縣均屬治下，石船如有以上情弊，即札飭松、枝、宜三縣從嚴懲辦，並分飭松、公、石三縣，非大隄要工告竣，不得私購大堤、封雇石船，是以各縣不敢不遵照辦理。擬懇鈞署俯念大堤關係重要，令飭松滋、枝江、宜都，如大堤封雇石船運往南岸私售，或另運别貨販賣，一經堤工局咨會，即應拘案重懲，並乞令飭松滋、公安、石首，必俟大堤石工完竣，方可購買大堤封雇石船。如此辦理，庶船户狡猾之技倆無所施。此宜善後者四也。

一、嚴禁私挽。查萬城大堤濱江南北岸，多有洲灘淤塞，致使河身逼窄，阻遏江流，小民無知，反於洲灘上挽築私垸，雖經三令五申，仍復不免。禁阻之法，非借用水警不可。查荆江險要各地段，均有水上巡警，專以緝捕水面盜犯，本未便干涉隄防事務，然人民挽築私垸，與水争地，貽害無窮，較盜賊爲尤甚，似可由水警干涉禁阻。緣水警係軍隊性質，警勇所至，愚民咸知震懾，如有私挽，一經總局調查，即函請該處水警立時禁阻，較之咨縣派隊拘拿與呈請飭派軍隊彈壓，難易迥别。此宜善後者五也。

一、借助警威。查大堤綿長二百餘里，分六十七工三百二十七號，明清防汛，每工隄老一人，每號圩甲一人，沿堤共三百九十四人。此外，尚有堤防營分駐險要各工段，大汛時局委督同營兵、堤老、圩甲傳遞夜簽，往返梭巡，以備不虞。倘有臨時危險事件，即由該局員紳率同防兵召集近堤居民搶護，立法極爲周密。民國元年縣議會提議以隄老、圩甲止供局委驅使、受堤差淩虐，業經呈請前内務司批准出示裁免，隄防營亦早經裁撤，雖本届擬定每工添設防險居民一人，而人數既少，復無威力，設有危險，呼應仍覺不靈。查大堤濱江險要各處多有水上巡警砲艘駐紮，設江水泛漲時萬一有搶險事故，即由該局員紳協同就近水警臨時彈壓，庶策應較靈，防險易於爲力。此宜善後者六也。

以上二項，如蒙允准，即懇令飭水警總廳轉飭荆江一帶水警專署及分署長知照辦理。

一、疏濬支流。查荆江舊有九穴十三口分洩江流，現時强半湮塞，餘存不過十之一二。况近年河心日漸淤高，堤身加修不及去年，大汛時堤面低處距水面僅三尺餘，設水勢再行增長，危險即不堪言狀。大堤之修築有限，而江流之潮汛無常，萬一沮漳河水、川水、南水同時異常泛漲，縱極力防閑，安知危險不出於所防之外？故必多有支流消洩，方可以殺奔騰之勢。爲治本之計，應疏瀹江心。第所費不貲，一時萬難辦到，惟有於現有之太平口、藕池口二支流，因勢利導，俾資宣洩，庶江流消暢，水患可以無虞。此宜善後者七也。

一、嚴催土費。查大堤土費，向例未完者帶徵一年，一年之後即行豁免。前清時荆州府收土費之法凡二，限未完之券一律裁交，保正按户追繳，設再有抗延者，即予以押追之罰，故征收較旺而抗欠絶無。民國改良，不准裁券，僅設催征丁數名，催花户赴櫃完納，未完者聽其抗延，絶不予以懲處，是以豐稔之年所收不過五六萬有奇，比較前清每年減少一萬餘串，長此優容，以後土費將無人完納矣。查江陵縣以堤爲命，無隄則生命財産莫保，國賦將何所出？是江陵之土費重於錢漕，長官之催科宜與錢漕無異。故土費征收，其辦法宜與錢漕一律，庶土費收入較豐，而大堤之修築鞏固，永保無虞。擬懇令飭江陵縣查照辦理。此宜善後者八也。

萬城大堤善後辦法條陳詳文

竊國彬於民國元年四月奉命總理萬城堤務，到差以來，以大堤爲下游十數縣生命財産之保障，關係重要，熟察宣防利害，力謀所以整頓之方，用以爲久遠之計。如刨毁蕭子淵口及測勘荆堤濱江南北兩岸淤洲私垸各案，凡於大堤有妨害者均悉心研究，先事預防。本年正月內復擬《改良堤土進行事件八條》，呈奉鈞署核准立案遵行。惟江防形勢逐年不同，辦理利弊亦隨時方見。本届歲修完竣，汛漲適臨，國彬等體察情形，仍有種種碍難，亟應妥籌善後辦法，用特臚列八條，繕具清摺備文，賫請鈞使俯賜查核批示祇遵。

奉巡按使批：詳暨清摺均悉。所陳《萬城大堤改良善後辦法八條》，係爲慎重堤防、力圖整頓起見，用意甚善。查第一、第二兩條以沙市、登南、馬家寨、郝穴四分局地段內衝刷崩矬逼近堤身，擬於濱江最險要之處分别修砌板石坦坡與碎石雙擺以資抵禦，並將自中孟家淵至羅家灣止一律改築磚工，自係一勞永逸之計。惟據稱該兩項工程需欵在二十五萬串以外，即分作三年辦理，而歲收土費不敷甚鉅。值此商情艱窘、國帑空盛，所擬勸集沙商捐欵及於税釐項下借撥，兩層恐均不易辦到，應由該總協理再行通盤計畫、妥慎酌籌，或擇其工程較小，能就原有土費支配應用者先行舉辦，庶尚易於着手也。第三條所擬組織堤警一節，上年曾據該總協理呈請試辦，當經批飭，暫從緩議。兹既據稱，堤段綿長，夫役繁衆，違禁舞弊、滋生事端，時所不免，必一一送縣懲辦。殊多阻碍，仍須組織堤工警察，庶有直接拘留懲罰之權，易於彈壓夫役，辦事人等不形棘手，自屬實在情形。檢核該總協理上年所呈辦法，係就總、分各局原有員役，改設名目，人數略有增加，需費無多，亦尚簡而易行，應即妥擬章程，專案詳請核示辦理。又第七條以疏江費鉅，一時猝難籌辦，擬“于現有之太平口、藕池口二處支流，因勢利導，俾資宣洩，庶江流消暢、水患可紓”等語，自係切要之論，併即具文，詳請水利總局查核妥議，轉詳察奪。至“石船積弊亟宜整頓，土費延抗尤應嚴催，以及私垸挽築函請水警立時禁阻，庶愚民有所震懾，盛漲搶險，協同水警就近彈壓，則策應自較靈通”，所請各節，均屬可行，仰候分飭各該縣知事查照辦理，並飭水警總廳轉飭該管各分署長遵辦。民國三年七月。

萬城大堤借助水警威力詳文

竊查萬城大堤爲十數縣生命財産攸關，至爲重要，宣防利害，尤宜深思遠慮。爲久安長治之謀，前經國彬籌畫《大堤善後辦法八條》繕具清摺，於民國三年七月詳奉前巡按使吕批准遵行。祇以江防水勢年有不同，利弊亦因之而見，非隨時整理、施以威力，不足以寒奸胆而策安全。兹就前次詳准辦法細加規畫，有稽查不便而宜改歸者，有權力太薄而宜改隸者，亦有條陳已載而未實行者。整頓之法，厥有三端，而借助於水上巡警之威力則一也，敬爲我鈞使覼縷陳之。查大堤工用石料，向由平善壩採運接濟，其石船全係宜都、松滋、枝江三縣，船户往往領受大堤運資、封條、旗幟私運松滋、公安等縣及湖南各私垸銷售，或另運別貨在上游販賣，躭延時日，貽誤要工。曾經詳請飭縣拘懲，原以杜絶流弊，現查濱江要隘各處，均有水警炮艘駐紥，宜都、枝江、松滋各縣城距江寫遠，查察難週，行之已久，仍屬無裨實際，莫若藉水警沿江之緝捕，兼巡大堤封雇之石船，如遇船户有私售販賣情事，一經查覺，即由水警隨時逮捕重懲，事屬便利，巡緝較易。此借助水上巡警之查緝而宜改歸者一也。查前清大堤設有堤防營，原爲彈壓修防，藉資震懾，自裁撤以後，絶無聲威之可言，而各夫匠刁猾如故。即經詳准組織堤警，名額過少，勢有莫及，而堤局又乏懲治之權，以致各夫匠刁狡異常，往往恃眾玩延，不服員司之約束，若一一送交縣署懲戒，手續實嫌繁頤，擬懇嗣後如有偷減延玩、不聽監工員之指揮及强梗不馴之夫匠，似應隨時函請大堤附近之水警，從嚴懲辦，庶夫役知所忌憚，而修築益覺認真。此借助水上巡警之懲處而宜改隸者二也。查荆江南北兩岸多有洲灘淤塞，致使河身逼窄，阻遏江流，小民無知，反於洲灘上挽築私垸，雖經三令五申，仍復狡焉思逞。本年朱陽湖挽築合口，迭經咨江、石、監三縣飭隊查禁，純屬無效。上年詳准《善後辦法》，内有"嚴禁私挽"一條，就近請水警禁阻，迄未實行，擬懇嗣後遇有洲灘私挽、在部准禁案之列者，即由該處水警立時禁阻，較之咨縣拘拏與詳派軍隊彈壓，事最便捷而易行。此借助水上巡警之禁阻而宜實行者三也。總之，水懦則民玩，火烈則民畏，洵爲探本之論。若非雷厲風行、猛以濟寬，則船户之私售、夫匠之疲玩、洲灘之私挽，弊害迭生，伊於胡底？國彬責有攸歸，深悉前情，既未能緘默自安，亦何敢因循誤事！爰亟謀整頓之方，爲久遠之計。查荆江一帶，凡石船採運所經過之區與大堤所管各工段，隨在皆有水警駐紮，就近緝捕，彈壓查禁，似屬便利可行。可否仰懇憲恩迅飭水警總廳轉飭所屬荆江一帶水警專分各署長，如遇大堤封雇石船沿江經過，有私售及販賣别貨情事，准予查緝懲戒，以及夫匠疲玩、洲灘私挽，均予以嚴懲禁阻之權。如此切實進行，則船户不患其偷漏，夫匠無虞其狡猾，而私挽之風藉可稍戢矣。所有借助水上巡警威力藉資整理緣由，是否有當，理合詳請鈞使察核批示祇遵。

奉巡按使批：詳悉。所陳借助水警緝捕石船、懲治夫匠、查禁私挽各條，均爲慎重堤防、革除積弊起見，應即照准，仰候飭水警總廳轉飭各該分署遵照辦理。五年五月。

土費改良

興工作必先籌的欵，經費足乃克措置裕如。大堤歲修之資，實本於歲征之土費，曩時辦理土費，虧挪蒂欠，流弊滋多。三、四兩年因謀一改絃易轍之方，既不使花户倖免，亦不致公欵挪移。近年雖險工迭見，需欵孔多，而欵不虚糜，工歸實用，量入爲出，逐年修防，均有金錢之豫備，無支絀，無虧欠，豈非土費改良之效果也哉？

改良徵存土費詳文

竊查萬城大堤工程土費，前清均歸荆州知府兼管，事權統一辦理，毫無碍難。民國以來，劃爲兩橛，土費改歸知事徵收，工程另委專員督辦。在立法之初，原以清權限而分責任，行之數年，其中頗多窒碍難行之處，敢爲鈞使縷晰陳之。收入土費雖爲知事權限，然毫無考成，多不見功，少不爲過，恐再歷一二年，花户刁玩者必存觀望倖免之心，土費將致減色。再，江陵知事常有更换，民國以來已九易其人，土局經理既爲知事所任用，多隨之爲去留。去年詳定章程，雖蒙批准，由屬局會委考覈，然以新舊交替，均未實行，所委局員亦未會商，屬局平日辦事亦未通知，更何從施其考覈之法？土券存根向例於次年開征以前一律核算清楚，上年經理方能脱離責任。本届因去年土局經理更换太多，無人負責，竟未舉辦。此端一開，流弊不可勝防。至土局進出欵項均由縣署主政，向來收支曾否詳報鈞署審核，屬局無從查悉。逐年縣署交付之欵，僅以印摺爲憑，於征收年度絶不相合，是以土費出入數目，屬局不能稽核清算也。其尤可慮者，每年存欵，數至鉅萬，去年曾經詳定，收入土費應隨時撥交沙市商會或中國銀行存儲，業蒙批准在案，乃知事以此鉅欵利於挪用，屢次咨催，延不遵行。竊思大堤修防事宜歸屬局負完全責任，而土費操縱之權全在縣署，任意挪移撥欵，動行遲滯，是公欵無絲毫之利而受無形之累，殊屬非計。且現在大堤險象日形，設遇修防吃緊之際，有誤工用，咎將誰歸？國彬再四思維，惟有仰懇鈞使，將所有征收土費、用人辦事之權，飭由江陵縣知事與萬城堤工總理，切實會同管理，征數衰旺，共負考成，每月征獲數目及征收用欵，由縣局會銜詳報鈞署查核。所收土費，隨時解由屬局交中國銀行存儲，不必由縣署轉撥，以免挪移。倘有花户疲玩抗公，應由縣署照抗糧例罰辦。如此辦法，似于堤防、土費均有裨益。倘蒙允准，即乞飭下新任江陵縣知事遵照辦理，實爲公便。國彬爲慎重堤費起見，是否有當，理合備文，詳請鈞使俯賜查核批示祇遵。

奉巡按使批：詳悉。查上年據該局總理等《詳擬章程》請示，前來曾經吕前巡按使批准在案。兹據詳《陳改良徵收土費》及《存欵辦法》，尚屬妥協。惟每月收欵若干，仍即由縣局按月會交中國銀行存儲，所有交欵日期、計息數目具報查考。至該局額支、活支以及工程各用欵，應由該局隨時知照該縣會函憑摺撥取應用，以昭慎重。餘均如詳辦理。四年九月。

卷　下

大堤章程

無規矩則不能成方圓，無準繩則不能昭平直。立一定不易之範圍，始克有所遵守，此規定《大堤章程》之所由來也。曰總綱，曰編制，示提挈要領之意也；曰職守，曰考成，示綜覈名實之意也；曰委任，杜倖進也；曰經費，儲工用也；曰歲修，曰防護，明宣防之有專責也。綱舉目張，犂然畢具，輯而刊之，或亦治斯隄者之藍本也已。

第一章　總綱

第一條　萬城大堤舊屬荊州府辦理，故名"荊州萬城堤"。但堤身所在，純屬江陵，且土費由江陵一縣負擔，故定名曰"江陵萬城大堤"。

第二條　萬城大隄之隄線，上自堆金台起至横隄止，共二十七工，謂之官工，分爲萬城、李家埠、江神廟、沙市四局。下自阮家灣至拖茅埠止，共四十工，謂之民工，分爲登南、馬家寨、郝穴、金果寺、拖茅埠五局。綿亘二百一十七里有奇，爲江陵及下游各縣之保障，關係至爲重要。

第三條　此隄向歸荊州知府承修，所有堤工一切事宜悉假手書吏，以至侵蝕剋扣，百弊叢生。民國之後改爲官紳合辦，特設總局於沙市，另委專員辦理，俾從前積弊一律剔除。

第二章　編制

第四條　總局以交通便利設於沙市，石卡附設沙市分局。至九隄工分局、六土費局悉仍其舊。

第五條　總局設總理一人、協理一人、稽查一人、文牘一人、收支一人、書記一人、臨時帮繕一人，九堤工分局各設經理二人，石卡設經理一人，六土費局各設經理一人。其餘隄工算寫丈量生、土費執事生、隄局傳達差遣雜役局丁、土局催丁雜役，各按職務繁簡，分別雇用。

第六條　堤工總局附設隄工警察署，署長由稽查兼任。各分駐警官，由各分局經理兼任。共設堤警廿二名、看守所丁一名，隄警内有十八名由原有隄兵改充。其餘職務均由隄局人員分別兼攝，照另案詳定《萬城隄工警察簡章》辦理。

第七條　員生、兵役，按月給予薪水、工食。另表詳定之。

第三章　職守

第八條　總理負萬城大隄完全責任，任免總分局員生，考核工程，稽查土費及總分局出入款項，並會商江陵縣知事及地方正紳籌議修防事務與一切進行方法。

第九條　協理襄助總理執行一切事務，總理有事故時得由協理代之。

第十條　稽查巡視全隄修築工程及購辦工料與防汛時應備之材料器具，凡關於工程之利弊、隄身之險要，有隨時報告之責。

第十一條　文牘專司一切往來公牘函件，並保存文卷，起草主稿，送總、協理覆核執行。

第十二條　收支專管欵項出入及總局庶務，保存公有器具一切置籍。掌管之所有收支欵項，須按季分造四柱清册，賫請巡按使公署核銷。

第十三條　書記兼核算專司繕寫公牘册籍及核算工册、收發文件，帮繕襄助書記繕寫核算。

第十四條　各隄工分局經理按所管工段監察工程，巡視隄身，冬春修築、夏秋防護均須常川駐局石卡經理督催石船切實量收，陸續運赴工次，接濟工用，不得遺誤。

第十五條　各土局經理於所管土費，切實經理，認真督催，務期依限完納，以濟工用，不得有放棄責任及浮收苛索之弊。

第十六條　各局算寫丈量生應受各分局經理員節制，凡估工、清工、收工，均須切實丈量，計算清楚，繕具清册，送交總局復核。至防汛時，應測量水痕高低，填報總局，以便下届勘估修築。各土局執事生應各按所有職務，勤慎辦公，不得稍有舞弊情事。

第四章　考成

第十七條　萬城大堤，關係重大，工程浩繁，在前清時督修、承修之道、府各員均有考成，惟僅照成案辦理，並未分別規定。現定尋常歲修工程，所有承修及監工各員，均應保固一年，經歷三汛。其特別工程，如修築潰口、退挽月堤須另行籌欵。不在歲修經費之列者，應保固三年，以專責成。

第十八條　新修之工，如在保固期内萬一有潰口情形，所有曾經保固人員，應由巡按使查取銜名，分别輕重，加以懲戒。但盛漲漫溢人力難施者，不在此限。

第十九條　堤工總、協理及總、分局人員於每届工程切實督修並能認真防護者，得詳請巡按使酌核給獎；其在工有異常勞績或繼續修防連慶三届安瀾者，得詳請巡按使核明，咨部奬叙，以示鼓勵。

第二十條　堤工各員有曠職日久、怠忽職務，或扶同舞弊情事，應分别輕重，或記過罰薪，或立予撤换，其情節較重者，應詳請巡按使交文官懲戒委員會加以懲戒。

第五章　委任

第二十一條　總理由湖北巡按使委任，協理向由江陵縣自治會公舉。現自治停辦，應由堤工總局會同江陵縣知事及地方正紳，於捕、沙、龍、郝四汛内延訪老成公正、熟悉堤務紳士，會詳巡按使加札任用。

第二十二條　總局稽查文牘收支各員，由總、協理聘用，詳報巡按使公署存案。

第二十三條　各土局經理由縣知事與堤工總局會銜委派，執事生由該局經理自行擇用。

第二十四條　各堤局及石卡經理由總、協理遴選熟悉堤務、强幹耐勞人員委用。

第二十五條　捕、沙、龍、郝各汛如有熟悉隄務、結實耐勞者，得由總、協理酌量選用，各該汛紳士不得藉端要挾。

第二十六條　總局書記、帮繕及分局算寫丈量生均由總、協理分别録用。

第六章　經費

第二十七條　隄工用欵，全恃土費項下開支。收土費之法，向例按照地丁銀每兩派土不得過二十方，現定辦法每届安瀾估工後，由隄工總局會同地方正紳妥慎籌議，將歲修防汛及額活支欵作一預算，照中等年歲收入數目，每兩應派土若干方，咨會江陵縣知事查照辦理。

第二十八條　收土費之法，分爲三限：舊曆四、五、六月爲頭限，七、八、九月爲二限，十、冬、臘月爲三限。每土一方定價一百六十文，頭限完納者每方減少四十文，二限完納者每方減少二十文，三限完納者照價不減，所以懲刁狡而重堤防。如本届未完之工，仍應帶征兩年照價完納。

第二十九條　土費由縣知事與堤工總局會銜徵收，用人權限歸知事主持，堤工總理有稽核良窳之權。

第三十條　收入土費，應咨會沙市商會覔殷實錢庄隨時代爲存儲，非關修防要務，不得擅行挪用。

第三十一條　大堤用費，逐年入不敷出，向例每届歲修先行設法借墊，或由夫頭重息墊作工用，俟夏秋後徵收土費償還，既費息金又多手續，公家尤吃暗虧。現本届僅將餘存土費擇要估修，並未挪借鉅欵，下届即可以上年土費存儲之多寡定工程之大小，既省稱貸之煩，且免息金之累。

第三十二條　前條規定係指每届歲修而言，如遇重要工程土費不能敷用，須借資商力勸集捐欵，或詳請借撥國税，由土費籌還。

第三十三條　萬城大堤應於土費項下每年節存錢三千串爲萬城大堤預備金，以爲臨時搶險及凶荒費絀之備。此項預備金應折合銀兩存放國家銀行，照章起息。

第三十四條　預備金之動用先以息金爲限，如萬不得已動及母金時，須於次年籌還。

第三十五條　堤工收支之決算，於陰曆次年正月行之。所有堤工總局及九分局、六土局常年收入支出，由隄工總、協理會同江陵縣知事邀集地方公正紳耆查核對算，以昭大信而重公欵。

第七章　歲修

第三十六條　歲修項下分土、石兩工。土工全堤擇要培修，石工以沙、登、馬、郝四局爲最。如遇重要情形須辦大工者，謂之特別工程，不在歲修之例。

第三十七條　歲修向例每延至仲春開工，時限迫促，轉瞬桃汛發生，取土艱難，加以農忙期邇招夫不易，現自下届爲始，一律改爲冬工，庶工多土易，可收事半功倍之效。

第三十八條　土工歲修向例九局勘估匀派，現擇其最要、次要者輪年次第培修。凡工程無多之局，得由總、協理酌量情形，將該局經理調往工程重要之處協同督修，工竣仍回本局防汛。

第三十九條　石工分毛碎石、板石、條石各項，毛石專以抛護堤脚，碎石除護脚外兼以修砌雙擺及魚鱗斜坡，板石、條石專爲修理坦坡及磡岸磯頭之用。向來船户帮寬加高壓浮蓋面無弊不有，書差受賄習以爲常，現將方價酌加，凡石船到卡時由總局人員協同經理專員核實驗收，以杜以少報多之弊。

第四十條　歲修工程，前清時工書、夫頭通同舞弊，以致欵項虚糜、利歸中飽，民國以來切實改良。本年又另案詳請，將夫匠、方價核實酌加，工程開辦時應由總局人員隨時上隄，督同該局經理認真監察，不令夫匠有減料偷工情事。至工竣驗收，偷減者除核扣外，仍分別懲罰；其有修築異常結實、土方溢乎原估之外者，除按方給價外，仍分別工程之大小，酌量獎賞，以資鼓勵。

第四十一條　土、石兩工，每届估工、收工，應由堤工總局咨會江陵縣知事邀同地方正紳認真辦理。至知事及地方正紳夫馬火食，由隄局按日供給，不另送薪資。

第八章　防護

第四十二條　萬城大堤，前清舊例應由湖北督撫輪年駐隄防汛，如省城另有要務，亦應奏委道、府大員代防，極爲鄭重。現在民國，應由堤工總、協理督率在事員役切實防護。惟江陵縣知事及水陸警察，遇大汛時均有協同防護之責。

第四十三條　防汛定例，於陽曆六、七、八、九四個月，由總局發循環板簽八枝，註明時刻，填寫水痕，由各局堤警按時傳遞，輪流梭巡。每工選用近堤老成居民一人，帮同堤警常川巡視，如有崩矬浸漏，立時報告，以憑酌量辦理。設遇重要情形，由該局經理立時招集近堤民夫上堤搶護。至一切器具，均歸公家置備，分儲各局，以資防禦。

第四十四條　遇大汛泛漲，水痕高過楊林洲石磯一丈時，須通宵傳遞板簽，認真巡視。各堤警雨夜奔馳，備極辛苦，應按路程之遠近，酌量加給口食。

第四十五條　防汛期内，總、協理稽查均須分途巡視，督率防護。各局經理有防守專責，尤不得擅離局所，違者應予懲戒。

第四十六條　沙、登、馬、郝四局爲濱江險工，段落綿長，大汛時除將石卡專員調派協防外，仍當察看情形，臨時加派一二員協同防護，惟水勢平定時不得援以爲例。

第四十七條　萬城堤外濱江南、北兩岸多有洲灘淤塞，小民無知，每挽築私垸，與水争地。前經咨部立案，永遠嚴禁。恐日久玩生，應由堤局人員隨時查視，如有違禁私挽及修復舊垸，即行設法禁阻，以暢江流。

第九章　附則

第四十八條　萬城大堤向行舊案及歷年詳定《改良事件》《善後

辦法》《堤警簡章》不與本章程相抵觸者，仍得援用。

第四十九條　本章程由奉巡按使批准之日實行。

第五十條　本章程如有未盡事宜，得隨時增改，詳請巡按使核奪。

《江陵萬城大堤章程》詳文

竊查萬城大堤，前清時遵照歷來奏案辦理，並無確定章程。民國以來，新設總局，未遑遠圖，僅依據舊案，並隨時酌擬改良、進行、善後辦法，詳請核奪遵行，歷經辦理在案。現在修築防護均歷三届，一切利弊經驗已熟，似宜及時規定章程，以期久遠。國彬等用特約集江陵四汛地方正紳，就當事者歷年之考察，參以衆人之輿論，審慎再三，擬定《江陵萬城大堤章程》，都爲九章五十一條[1]，詳請鈞使核奪。如蒙核准，屬局擬即排印多分，分給在事員生及地方紳士，俾以後從事修防者得以有所遵守。是否有當，國彬等未敢擅專，理合繕具《擬定章程》一本備文賫送，仰乞鈞使俯賜查核批示遵行。

奉巡按使批：據詳賫《擬定萬城大堤章程》已悉。查所擬第四章第十九條有“依文官委任職敘官之例詳請咨敘文官”等語，查前奉文官敘官令，係指實官而言，該局堤工差事人員是否能一律辦理，尚無明文，該條應改爲“隄工總、協理及總、分局人員於每届工程切實督修並能認真防護者，得詳請酌核給奬；其在工有異常勞績或繼續修防連慶三届安瀾者，得詳請核明，咨部奬敘，以示鼓勵”。其第二十一條應即刪除，餘條均尚妥協。准予備案，仰即知照。三年九月。

堤警簡章

堤工之有警察，自民國三年創始，緣大堤長二百餘里，每届歲修，沿堤夫役衆多，争鬭滋事，時有所聞。防汛期間，水勢變幻莫測，巡防既貴周密，策應亦須靈通，組織警察，係爲慎重堤防起見。

---

[1] 五十一條　據前，實爲五十條。

嚴彈壓、勤梭巡，庶宵小望而生畏，夫役知所服從，實於修防事宜大有裨益。謹列《簡章》於（右）〔左〕，以備稽攷。

第一條

萬城堤工總局爲保堤防之安全、謀工程之堅固，詳奉湖北巡按使批准，設立堤工警察。

第二條

堤工警察，以萬城堤工總、協理爲主任，暫以本局稽查兼署長並管看守所事務，以九分局委員兼各處分駐警官。所有文牘、收支一切事宜，均由總局人員分别兼任。

第三條

堤工警察，於堤工總局添設堤警四名、看守所所丁一名，各分局即以原設堤兵改充堤警。

第四條

堤工警察，江陵縣知事有協助之義務，遇有危難事件堤警力有不逮者，須派警隊協同辦理。

第五條

堤工警察署長承總、協理之指揮，負防衛堤身及督率工程之責任，有指揮各分駐警官辦理該管事務之權；關於督工防險，有懲責本局夫役之權；對於各界人民，認其有妨害堤身安全之行爲時，須禁止之。惟事關重大及不服禁阻者，得暫時拘管，禀請總、協理送交縣知事辦理。

第六條

各分駐警官承署長之指揮，管理該段堤工警察事務，對於該管夫役得施懲責。各界人民如有妨害堤身之安全，須立時阻止。設遇不服阻止及事關重要者，即報告總局辦理。

第七條

隄警受署長及分駐警官之指揮，服保衛堤身安全及巡視工程之任務，當巡察時遇有情形，隨時報告於分駐警官。如有怠誤，由署長及分駐警官予以相當之懲罰。

第八條

堤工警察人員於萬城大堤防衛修築以外之事，一概不得干預，並不得收受範圍外之陳訴。

第九條

添設堤警及看守所所丁，月給工食七串文。分局堤警由堤兵改充，原有職務仍由堤警服任，不得曠廢。

第十條

本《章程》由批准開辦之日實行，並得隨時改良，詳請湖北巡按使核准。

《萬城堤工警察章程》詳文

竊查萬城大堤，督工防汛，辦理困難，於本年六月妥籌《善後辦法》八條，内擬"請組織堤工警察以資整頓，詳奉鈞使批開所擬組織堤警"一節，既據稱"堤段綿長，夫役衆多，違禁舞弊，滋生事端，時所不免，必一一送縣懲辦，殊多阻碍，仍須組織堤工警察，庶有直接拘留懲罰之權，易於彈壓夫役，辦事人員不形棘手，自屬實在情形。檢核該總、協理上年所呈辦法，係就總分局原有員役改設名目，人數略有增加，需費無多，亦尚簡而易行，應即妥擬《章程》，專案詳請核示辦理"等因。奉此，查堤工警察原就屬局員役酌量增改，所有《章程》前經酌擬呈核，惟與現時情形稍有不合，謹另行妥擬《章程》十條備文，詳請鈞使俯賜查核批示遵行。

奉巡按使批：據詳已悉。所擬《萬城堤工警察簡章》十條，核與上年詳賫《章程》略有增減，一切規定，尚屬妥協，應准備案，仰即查照改組妥速辦理，仍將開辦日期具報察攷。三年八月。

請獎成案

職守所在，功過攸分，凡百執事皆然。任宣防者，考成尤爲重要。故營私舞弊，處分不得不嚴；竭力從公，勞勩亦未可没。優予獎叙，所以勵賢能也；嚴予懲戒，所以儆貪劣也。民國以來，堤務維新，待人而理，其供職各員尤宜悉心查察，從嚴甄别，得使賢者益知奮勵，不肖者亦資觀感。黜幽陟明，其亦古人三載考績之意也夫。

荆南道尹公署詳文

案據道屬江陵萬城堤工總理徐國彬詳稱："竊查萬城大堤爲荆郡江陵及下游數縣之保障，工段綿長，關係重要。自前清乾隆五十三年隄潰，發帑二百萬，特命大學士阿桂來荆督修完固，比照黄河工程，嚴定考成。每年由湖廣總督、湖北巡撫輪值一人赴荆駐防，如省城有應辦要件不克分身，另委道、府大員駐工代防，仍須專摺奏報。設有潰決，其承修防汛之員，處分綦重。如果修防得力，而保獎成案亦極優渥，除興辦大工、著有勞勩者隨時奏獎外，每遇連慶三届安瀾，繼續修防之道、府專案保奏，多獎以鹽運使銜，亦有特給二品頂戴者，其餘出力人員或内獎升階，或外給功牌。逮及宣統年間，均歷經遵辦在案。民國開幕，飭於沙市設立總局，一切修防事宜責成總、協理督率員紳妥慎辦理。本年屬局擬有《章程》五十條，詳奉前巡按使吕批准施行。國彬因大尹職在分巡，而此隄又隸於轄境，是以將《章程》批示均録，報鈞署備案。現計元年迄今已歷三載，迭逢盛漲，水痕竟高過楊林洲石磯一丈二尺有奇，其時各處隄身危險萬狀，經國彬督率在事員紳生兵晝夜梭巡搶護，幸皆仰托福庇，轉危爲安。水退後認真修築，一律穩固，刻已連慶三届安瀾，在工人員似不無微勞足録。查前次詳定《章程》第四章第十九條内載'堤工總、協理及總、分局人員於每届工程切實督修並能認真防護者，得詳請巡按使酌核給獎；其在工有異常勞績或繼續修防連慶三届安瀾者，得詳請巡按使核明咨部獎叙，以示鼓勵'等語，自應遵照辦理。兹經國彬將總、分局人員在工未滿三年以及防護不甚得力者一概剔除以免冒濫，外謹擇其在工扣滿三届異常出力、核與定章資格相符、堪膺保獎者共計四員，理合開造各員銜名履歷、到差年月、辦工事實清册，詳請查核加考，轉行咨獎等情，並賫到銜名履歷事實清册一本。"據此，職道查江陵地勢低窪，形同鍋底，民賦田廬，胥恃堤爲保障。而萬城大隄濱臨荆江，計長二百餘里，尤爲江陵及下游潛、監、沔陽等縣特別屏蔽。前清時係由荆州知府收費承修，金融在其掌握之中，辦理尚無捍格之虞。迨民國紀元，府制取消，土費改歸江陵知事經收，解局濟用。其時以民氣囂張，催徵無術，收獲之數不及前清遠甚。而險工迭出，需欵孔殷，與從前究無二致。加以湘民王輔（亭）〔廷〕等挽築私垸，既加妨害於先；劉鐵攻犯荊州，復欲挖掘於後。照該總理册開事實，其經過、困難情形，殆不一而足，以言修防，實非易易，遑論安瀾。乃該總理自元年四月到差，迄今日以講求隄防爲事，湘民王輔（亭）〔廷〕所挽私垸凡與大堤有碍抗不刨毁者，均經該總理請兵彈壓，一面督飭稽查韓毓蔭不避艱險，前赴各處，押令刨毁，刊碑立案，以杜後患。其歷次所出險工，亦經該總理會同江陵知事認真催費，量其輕重緩急，先後督飭協理楊紀南暨在工人員認真修理，切實防護。並查明二郎門磡岸關係重要，前清時議修未成，特向官商籌借鉅欵，加派員紳修築如式，以致時歷三年，安瀾迭慶，其功誠不可没。且土費日增，支銷仍不敢濫，卒能以撙節所餘，將官商借欵一律繳還。本年更爲騰挪工用之規定，以上年之欵作次年之用，並設大堤豫備金，以爲臨時搶險及凶荒費絀之備，是真爲該局謀永久之宏規，非僅爲斯民增一時之福利，謀深慮遠，任事實心，求之今日誠不多得。其協理楊紀南、稽查韓毓蔭，或協助進行出力較多，或認真查修不辭勞怨，就其册叙事實，詳加查看，亦非尋常勞績可比。兹既連慶三届安瀾，核與該局，詳准有案之大堤章程第十九條請獎辦法，實屬相符。如不詳請優予獎叙，其何以酬勞勩而勵將來？查該總理册開擬請内獎僅有協理、稽查二員，在該總理謙抑爲懷，雖不敢仰邀獎叙，而總理係一局首領，凡事均賴以主持，厥功尤偉，似未便令其獨抱向隅，合無仰懇鴻慈俯念隄工重要，在事人員均屬異常出力，據情咨部將萬城隄工局總理徐國彬、協理楊紀南、稽查韓毓蔭三員從優分別給獎，該局收支員王華栴經手出納亦不無微勞足録，既經列册請獎，併請准由鈞署量予獎叙，以資鼓勵。除批示外，所有道屬萬城隄工連慶三届安瀾，據情轉請分别獎叙，緣由是否有當，理合將該局册開各員履歷事實，照造清册具文，詳請鈞使俯賜查核批示祗遵。

奉廵按使批：詳暨清册均悉。仰候轉咨核辦，俟准部覆再行飭遵。至王華栴一員，亦應俟部准後另議獎叙，並轉飭該堤工局知照。

四年一月。

荆南道尹公署飭文

奉巡按使飭開承准"内務部咨開前准咨陳江陵萬城堤工三届安瀾、在工出力人員徐國彬等擬請給予獎叙"等因到部。當經調查成案，備具呈文，援案給予獎勵。於本月初四日奉大總統批令：准如所擬給獎，交政事堂飭銓叙局查照單摺併發。此批。奉此，相應恭録批令録鈔原呈並單咨行遵照飭知可也等因。附抄原呈一件、單一件到署。承准此查該道尹原詳該局收支員王華栴經手出納籌畫樽節，不誤工需，自應酌予記大功一次，飭科註册，以示獎勵，並飭各該員一體知照。四年四月。

内務部原呈

竊准湖北巡按使段書雲咨陳"萬城大隄地段，綿長二百餘里，關係江陵及下游數縣田賦生命，至爲重要。前清舊案，凡承修防汛之員，處分綦嚴，其修防得力三届安瀾者亦歷經奏請保獎有案。前據該局總理等擬定《章程》載明，其在工有異常勞績或繼續修防連慶三届安瀾者，均詳請核咨獎叙"等語，詳由巡按使核准備案在案。兹據荆南道道尹淩紹彭將江陵萬城堤工總、協理及總稽查員等四員履歷、事實清册，詳經覆核相符，咨陳查核辦理等因到部。當經本部檢閲舊卷，僅有"宣統三年湖廣總督具奏荆門州沙洋堤工出力人員，請援案擇尤保獎"一案，今准該省咨開。據荆南道道尹詳稱"該總理徐國彬等於辦理江陵萬城堤歷次險工及二郎門磡岸一處要地，均能切實搶護修築如式，所支經費又能樽節動用"等語。是該堤工局總理徐國彬等歷年防護搶險，不無微勞足録，現已三届安瀾，似應援案給獎，藉資激勸。但此次江堤工程較黄河河工情形不同，自未便援照直、東、豫三省河工獎案辦理。惟安徽黄絲灘下八圩堤工獎案，曾於上年奉令給獎有案，鄂省事同一律，自應援照此案分别獎叙，俾足以昭核實而免岐異。所有請獎湖北萬城堤工三届安瀾在工出力人員，緣由是否有當，理合繕具清單並履歷清册呈請大總統鈞鑒訓示施行。

分等給獎清單：

萬城堤工總理徐國彬，以上一員，擬請仿照安徽省下八圩堤工局長給獎成案，獎給七等嘉禾章。

萬城堤工局員協理楊紀南、總稽查員韓毓蔭、收支員王華栴，以上三員，擬請仿照下八圩堤工局員給獎成案，獎給九等嘉禾章。

萬城大堤請援案給獎文

竊查萬城大堤綿亘二百餘里，爲荆郡江陵及下游數縣之保障，關係重要，迭逢水痕盛漲，危險萬狀，端賴群策群力即時搶護，始得轉危爲安。是以前經國彬釐定《章程》五十條，第四章第十九條内載"總、分局人員於每届工程切實督修並能認真防護者，得詳請酌核給獎；其在工有異常勞績或接續修防連慶三届安瀾者，得詳請巡按使核明，咨部獎叙，以示鼓勵"等語，詳奉前巡按使吕批准施行。查上年三届安瀾時業將屬局在差韓毓蔭等員服務勤勞，詳請獎給嘉禾章在案。兹查屬局石卡經理員甘霖、郝分局經理員柳勛臣，每届險工迭出之時，均能切實督修防護，勤慎自矢，勞瘁不辭，迄今已歷三載，核與定章相符，且與前請獎給嘉禾章之韓毓蔭等三員事同一律，擬請援照前案，呈請給獎，以昭激勸。所有李分局經理員孫炳鏞、登分局經理員歐陽澤、拖分局經理員袁策勛、石卡襄助員賀法前，以上四員均能結實耐勞，尚無遺誤，擬請各予記大功一次，以示鼓勵。除在工各員未滿三年或辦事不甚得力者一概剔除免致冒濫外，理合開造甘霖、柳勛臣二員銜名履歷、到差年月、辦工事實清册，詳請鈞使查核示遵，並懇分别援案給獎。

奉巡按使批：詳暨清册均悉，候咨部核辦。至稱"各分局經理員孫炳鏞等四員，結實耐勞，尚無貽誤，准予各記功一次，以示獎勵"，仰即轉飭知照。

巡按使公署飭文

承准内務部咨開准咨陳"江陵萬城隄工局局員甘霖等二員防汛搶險，援例擬獎，請核辦見覆"等因到部。本部查舊案，此項堤工，每届三慶安瀾，始得由該局擇尤詳由該省咨請獎給一次。上年該堤工三慶安瀾，曾由部援案，請將該局總理徐國彬暨委員韓毓蔭等四員分别獎給勳章在案。現在甫經一載，復准咨請將局員甘霖等援例給獎各節，核與舊案，不甚符合，未便照准。惟原咨所稱"該局員甘霖等在差三載，迭慶安瀾，平時於監修督工、防汛搶險事宜，均能奮勇從公，異常出力"等語，應准由部暫行存記，仍俟下届三慶安瀾時再由該局彙案請獎。相應咨行查照轉飭遵照。五年三月。

湖北巡按使段片呈《修防堤工總理徐國彬請優加擢用》文並批令

再，鄂省襟江帶漢，堤垸林立，修防工程，實爲全省命脈所繫。而江陵萬城大堤，關係下游十餘屬生命財産，尤爲重要。年來洞庭淤墊，江流頓異於前，工防異常喫緊。前清時係荆州知府管理，歲計所需，攤徵民間畝費，然支用浩繁，民力頗形凋敝。兵燹後即委員紳徐國彬充任總理，力剗舊習，樽節開支，隄身日臻穩固，而工欵逐漸減少。值此悉索之際，民力頗賴少紓。三年十月因三届安瀾，曾經宜昌道道尹凌紹彭詳請咨部，獎給七等嘉禾章。年來該總理益自振勵，每遇伏秋盛漲，岌岌可危，均能隨時搶護，化險爲夷，其勞實不可没。查該員誠樸勤廉，實事求是，由前清增貢生援例報捐縣丞，歷在本省辦理學堂保升，以知縣分省補用，應如何優加擢用之處，出自睿裁。爲此，附片具陳，伏乞大總統鈞鑒訓示，謹呈。奉批令交國務院飭銓叙局核議，旋奉批令交全國水利局酌量任用。五年九月。

改編局員

法制與時爲變遷，即官制因時而損益。改革之初，創設大堤總局，所有九堤工局、六土費局員司薪俸，尚仍其舊。近年來熟察情形，各分局所管地點，程途有遠近，工段有險夷，勞逸大有區分，即員薪不無增減。他如總局分課理事，各按職務之繁簡、責任之重輕，以定月薪之多寡。局有等差，即責有大小；量能授職，各盡其長。此改編局員之所由來也。

萬城大堤改編局員辦法十二條

一、萬城大隄，關係重要，擬請改設隄工專局，專司修防事宜。

一、原設隄工總理，擬請改爲局長，定爲荐任人員，以重職守。

一、原設協理，擬請改爲襄助紳，延訪地方公正老成、素有聲望紳士，詳請加札任用。

一、專局設工程、文牘、收支三課，各以課員一人掌之，另用僱員辦理庶務、書繕及各工段算寫、丈量事務。

一、原設九分局經理員十八人，查沙市、登南、馬家寨、郝穴四局最爲險要，擬請每局改設一等局員一人。萬城、李家埠、江神廟、金果、拖茅埠五局，每局改設二等局員一人，掌該管工段及警衛隄身事務。

一、原設石卡經理員三人，擬請改設一等局員一人專管石船事務。

一、各局卡酌設僱員，勷助各局員辦理一切事務。

一、原設各徵收土費局與隄工局有直接之關係，應作爲二等局員，其經費列入隄局預算。

一、課員、局員均定爲委任職。

一、依此改編，較原設人員有減無增，其俸給應依職務之輕重酌量改定。

一、原設隄警及雜役人等，均仍其舊。

一、修工防險必要之時期，得酌量情形，詳請添派臨時委員。

改編局員詳文

竊查全國經流，以長江爲重，自峽口放注平原，直射荊州江陵以下十數縣，爲湖北膏腴腹地，然皆湖沼羅列，地勢低窪，隄内地平低於水面者三丈有餘，曾經測量有案，數千里建瓴直下之水所賴以抵禦者惟此萬城隄，十數縣之生靈財賦所賴以保障者亦惟此萬城堤。自乾隆戊申上游漫決，殆舉鄂境之半沉之波底，朝廷始知此隄關係之重，發帑二百萬，特命首相阿桂蒞荊修復。嗣後欽定章程，以荊州知府專管隄務，荆南道員職任監修，並年輪督、撫一人，駐工防汛，較黄河隄工責之廳、縣，殆尤過之。歷任道、府，以位尊責重，自顧考成，苟遇危險，皆能迅赴事功，非盛漲漫潰、人力難施之年，莫不獲慶安瀾。國賦民生，保全甚大，此權重責專之效也。改革後，道尹移駐，知府裁撤，乃另設隄局，專司修防。惟至今尚未編列官制，地方人民視爲公益機關，群思干涉，每以不能辦到或無甚裨益之工要求舉辦，且辦事人員自忖係臨時差使，隨長官爲去留，群懷難進易退之心。人無固志，策勵維艱。又在工人員參用本地士紳，非幕非吏，責任不明，既無確定官階，即難遽繩以官吏服務命令。而協理一職，輪充更换尤多，視如傳舍，且或各私其鄉，致啟争端。此編制未定、事權不專之害也。國彬承乏三載有餘，在職一日，須盡一日之責。然隄防事重，非一手一足之力所能收效。查萬城隄長二百一十七里有奇，自前清乾隆以後改歸知府承修，設工程、文牘各一員，總收支一員，分收支二員，九分局委員各二員，石卡、石工各一員，隄防營弁三員，加以工書、弓正、隄老、圩甲、營兵，全隄凡五百餘人。修防之法，極爲周密，歷二百餘年，遵行無替。民國以來，創設隄局，減去分收支二員、石工一員，弁兵吏役悉已裁撤，隄老、圩甲亦經議會稟請革除，權力薄弱，窒碍諸多。幸三年之内江水未異常盛漲，徼天之福，得保無虞。然近來水泓北趨，險象發生，今春江流奇涸，隄根顯露，始知原有石工，强半損壞，奇險林立，怵目驚心，有急須補救者，有非一二年所能奏功者。大隄已成積弱之病，較之前清時尤爲吃緊，倘遇江流盛漲，實屬可危。且徵收土費、防護汛漲，非予以特權、重以專責辦理，必多棘手。惟有將萬城隄工局編列官制，遴選熟悉工程之員荐爲局長，予以久任，所用局員視同委任，待遇之掾屬，責任既明，障碍自去，必能專心服務，規畫久遠，庶于堤防水利，大有裨益。國彬一得之愚，未知當否？謹將應行改編事宜，酌擬辦法十二條，賫請核奪。如蒙採擇，伏乞會同全國水利局呈請大總統飭下法制局核議施行。所有大隄關係重要，擬請編列官制各緣由，謹備文詳請鈞使鑒核。

奉廵按使飭據水利分局查復詳稱，伏查萬城隄綿長二百餘里，爲下游十數縣田廬保障，關係本極重要，該總理請定官堦條陳辦法，自爲慎重隄防、力圖整頓起見。奉飭前因遵即逐條詳加審核。如第一條萬城隄工“擬請改爲專局，專司修防事宜”。查萬城隄前清時向由荆州知府管理，民國成立以後裁府留縣，由省特派專員前往設局綜司其事，已與專局無異，修防一切自係該總理一人專責，似可不必再立專條。第二條“原設隄工總理擬請改爲局長，定爲荐任，以重職守”，自係因萬城隄工緊要，取事權統一、任重責專之義，惟鄂省濱臨江漢，隄塍林立，派充總理者不止萬城隄一處，聞現在管理河海工程各員應叙官堦，中央將次規定，似可從緩議改。第三條“原設協理擬請改爲襄助紳，延訪地方公正老成、素有聲望紳士，詳請加札任用”，查萬城隄協理，每年由地方公舉正紳，稟由縣局會核轉詳加委，歷經辦理有案，惟輪年舉充，該協理自不免視同傳舍，然使去留毫無限制，用人者恐亦不無瞻徇，究應如何任用、如何延訪之處，應仍飭該總理妥籌辦法，另行陳候核定。其餘第四條至第十條，或“專局改設工程、文牘、收支三課，各以課員一人掌管”，或“九分局經理員十八人”改爲“一等局員四人、二等局員五人，每局各設局員一人管理”，以及“石卡經理員三人改設一等局員一人，各徵收土費局均作爲二等局員”一切辦法，查萬城隄原定總、分局章程權限，該總理本有支配總、分各局在事人員之權，且此次改編既較原設人員有減無增，尤見辦事核實，不辭勞怨，應請責成該總理體察情形，隨時酌量裁減，分別請示辦理。又，第十一、十二兩條“原設隄警及雜役人等”，既稱“皆仍其舊”，自可勿庸再議，至“修工防險，必要時酌量情形，詳請添派臨時委員”，查萬城隄每遇汛漲，事關緊急，原許臨時添委汛員，藉資策應，惟汛員薪貲應以防汛之日起至安瀾時止，不得長年支給，致涉虛糜，亦不得視爲成例，年年添委。總之辦事期有實際，用人尤貴廉明，庶法立而弊無由生、責重而事乃畢舉矣。所有“議復萬城隄工總理徐國彬條陳辦法是否有當，理合遵飭具文詳請鑒核示遵”等情，前來查核所議各條，尚屬妥協，除批示外合亟飭仰該堤工局總理即便查照辦理。

改編詳文

竊查屬局詳請改編各事宜，既經水利分局審議，詳奉察奪，理應遵照辦理。除原詳第一、第二、第十一、第十二等條奉飭從緩議改及毋庸再議外，所有第三條改編協理一節，嗣後請改由屬局總理在江陵縣捕、沙、龍、郝四汛内博採輿論，延訪公正殷實、夙孚衆望之士紳，會同江陵縣知事，詳請加札任用，定爲任期三年，不得仍沿按汛輪年舊習，以杜流弊。第四條總局改編事宜，所有稽查、文牘、收支三員，擬請改爲工程、文牘、收支三課，課員仍設書記一員、算丈生六人，定爲僱員；至庶務、帮繕兩項，現因收工以後，事務無多，暫緩設置，由收支課員及書記分别兼任。第五條"原設九分局經理十八人，請將沙市、登南、馬家寨、郝穴四局改爲一等局員各一人，萬城、李家埠、江神廟、金果寺、拖茅埠五局改爲二等局員各一人，掌該管工段事務"。現查金果寺分局外有洲灘，修工防汛均極清簡，擬請不設局員，暫派僱員一人代行局員職守，以後如淤灘日高，再行將該局裁撤，堤段分劃管理。第六條石卡仍請派一等局員一人，加派僱員一人，帮辦催船運石事務。第七條應設僱員處所，除金局外，萬城、沙市、登南、馬家寨、郝穴、拖茅埠各設一人，李家埠、江神廟共設一人，帮同局員辦理。第八、第九兩條徵收土費局經理改爲二等局員，各課員、局員定爲委任職，均從緩議。第十條總、分局各員薪水按事之繁簡酌量增減，另行列表，賫請核奪。以上各條，均係遵照水利分局議復再行詳加籌議，惟員額較少，如遇有特别工程及江水盛漲，應隨時察看情形，詳請添派臨時委員，以資策應。國彬爲改良堤務起見，是否有當，伏乞鈞使俯賜察核示遵。再現在已届秋汛，距安瀾時不過兩月，除將總局人員先行改編外，所有各分局應俟安瀾後再行核改實行，合併陳明。

奉廵按使批：詳表均悉。查核改編該總分局員額以及薪水數目，較之原薪每月減少錢八十六串文，自屬核實，應准備案。至所稱"現届秋汛，距安瀾時不過兩月，擬先將總局人員改編，其餘各分局俟安瀾後再行核改實行"，亦應照准，仰即知照。四年八月。

萬城隄工局改編職員薪水一覽表

改編職名	員數	薪水單數	薪水共數
總局總理	一人	捌拾串文	同上
總局協理	一人	伍拾串文	同上
工程課員	一人	叁拾陸串文	同上
文牘課員	一人	叁拾陸串文	同上
收支課員	一人	叁拾貳串文	同上
書記兼核算員	一人	貳拾肆串文	同上
一等分局局員	五人	各貳拾捌串文	共壹百肆拾串文
二等分局局員	四人	各貳拾陸串文	共壹百零肆串文
局卡襄助員	九人	各貳拾串文	共壹百捌拾串文
算寫丈量生	六人	各壹拾貳串文	共柒拾貳串文
考備	一、總、分局人員原定薪水月支錢捌百肆拾串文		
	一、現定薪水月支錢柒百伍拾肆串，較原薪減少捌拾陸串文		
	一、石船巡緝、磡岸監工及防汛、帮繕各員，係臨時添派，故薪水均未列入計算		

職員銜名

古之官署，例有題名，如《藍田縣濡丞題名記》是也。堤局微員未秩，非必冀姓字之昭垂，惟念修防責任至重，凡盡力於堤務者似未便没其名稱。大堤之保障無窮，從事大堤者其名氏亦應隨之而傳播。别以職守，有專司也；標其姓氏，無浮冒也；係以籍貫，稽里居也；誌其出身，明甄進也。以供差之久暫，覘資格之淺深。後之覽斯表者，其亦可以屈指而稽矣。

元年份職員一覽表

職别	姓名	籍貫	出　身
總局總理	徐國彬	湖北黄陂	前清增貢肄業，經心書院湖北學紳法政講習所畢業，田縣丞保升補用知縣

續表

職別	姓名	籍貫	出　身
總局協理	龔寶琅	湖北監利	前清舉人，歷任四川州縣洊升候補道
總局文牘	黄廷樞	福建漳平	前清附生，湖北補用縣丞
總局總稽查	莊銘心	湖北監利	前清附生
總局分稽查	余鼎臣	江蘇常州	前清湖北補用知縣
總局分稽查	莊以臨	湖北宜昌	調查海軍駕駛科畢業生
總局分稽查	毛濟美	湖北江陵	前清監生
總局分稽查	王海谷	湖北江陵	前清監生
總局收支	王華栴	湖北黄安	前清監生，候選州判
總局分收支	王遠鍾	湖北江陵	前清監生
總局書記	張承熙	湖北漢川	湖北鐵路學堂畢業生
總局帮繕	胡寅亮	湖北監利	俊秀
萬局委員	李鎮國	湖南	前陸軍特別小學畢業
萬局委紳	歐陽廉正	湖北江陵	前清廩貢
李局委員	孫炳鏞	浙江山陰	前清監生，湖北候補典史
李局委紳	蔡若緩	湖北江陵	前清廩貢
江局委員	周麟甲	湖南湘潭	前陸軍特别小學畢業
江局委紳	陳益新	湖北江陵	公立師範畢業生
沙局委員	曹　鈞	安徽當塗	前清監生，湖北候補巡檢
沙局委紳	李成九	湖北江陵	前清附生
登局委員	歐陽澤	湖南長沙	前清監生，湖北候補按察使經歷
登局委紳	胡治鎬	湖北江陵	前清廩貢，候選訓導
馬局委員	張毓琦	福建	前清監生
馬局委紳	湯懋遠	湖北江陵	日本早稻田大學法政豫科畢業
郝局委員	吴曾貽	江蘇常州	前清監生，湖北候補府經歷
郝局委紳	楊紀南	湖北江陵	日本宏文速成師範經緯學堂長期警察，早稻田大學法政豫科畢業

續表

職別	姓名	籍貫	出　　身
金局委員	吴昌均	安徽休甯	前清監生，湖北候補巡檢
金局委紳	李敘賡	湖北江陵	前清附生
拖局委員	郭之萬	湖南長沙	留俄建築科畢業生
拖局委紳	馮鼎春	湖北江陵	前清附貢
石卡委員	方寶樹	江蘇上元	前清監生，湖北候補典史
石卡委紳	賀法前	湖北江陵	前清監生，河南試用通判
石工經理員	韓毓蔭	浙江蕭山	前清監生，湖北候補典史

二年份職員一覽表

職別	姓名	籍貫	出　　身
總局總理	徐國彬	見前	見前
總局協理	索龍浦	湖北江陵	前清監生，候選通判
總局文牘	黄庭樞	見前	見前
總局稽查	韓毓蔭	見前	見前
總局收支	王華栴	見前	見前
總局書記	索鴻藻	湖北江陵	前清監生，候選州同
總局帮繕	劉立甫	湖北江陵	俊秀
萬局委員	李鎮國	見前	見前
萬局委紳	歐陽廉正	見前	見前
李局委員	孫炳鏞	見前	見前
李局委紳	宋乾三	湖北江陵	前清隄防營把總
江局委員	索鴻先	湖北江陵	前清附貢，候選訓導
江局委紳	魏灼三	湖北江陵	前清監生
沙局委員	曹　鈞	見前	見前
沙局委紳	趙鴻鈞	湖北江陵	前清附生
登局委員	馮德炘	浙江山陰	前清監生，湖北候補巡檢
登局委紳	袁策勛	湖北江陵	前清附生，荆南師範畢業

續表

職別	姓名	籍貫	出　身
馬局委員	湯懋遠	見前	見前
馬局委紳	陳學良	湖北江陵	前清監生
郝局委員	楊紀南	見前	見前
郝局委紳	柳勛臣	湖北江陵	前清附生，荆南師範畢業
金局委員	毛濟美	湖北江陵	前清監生
金局委紳	隗超湘	湖北江陵	前清附生
拖局委員	蔣國霖	湖北江陵	前清監生
拖局委員	鄭德埏續補	湖北江陵	前清監生
拖局委紳	田春森	湖北江陵	前清監生
石卡委員	歐陽澤	見前	見前
石卡委紳	賀法前	見前	見前

三年份職員一覽表

職別	姓名	籍貫	出　身
總局總理	徐國彬	見前	見前
總局協理	楊紀南	見前	見前
總局文牘	黄承宗	福建漳平	前清監生，候選縣丞
總局稽查	韓毓蔭	見前	見前
總局收支	王華栴	見前	見前
總局書記	鄧振雍	湖北江陵	前清附貢，候選訓導
總局帮繕	劉立甫	見前	見前
萬局委員	歐陽廉正	見前	見前
萬局委紳	李　濱	湖北江陵	前清監生
李局委員	孫炳鏞	見前	見前
李局委紳	黄震東	湖北江陵	縣師範畢業
江局委員	索鴻先	見前	見前
江局委紳	宋祖煒	湖北江陵	縣師範畢業

續表

職別	姓名	籍貫	出　　身
沙局委員	曹　鈞	見前	見前
沙局委紳	賀法前	見前	見前
登局委員	馮德炘	見前	見前
登局委紳	魯明裕	湖北江陵	簡易師範畢業，檢定兩等小學教員
馬局委員	甘　霖	湖南湘陰	前清監生，湖北候補典史
馬局委紳	胡治鎬	見前	見前
郝局委員	袁策勛	見前	見前
郝局委紳	鄭伯昌	湖北江陵	前清增生
金局委員	張在鎔	湖北江陵	日本安文速成師範經緯學堂長期警察畢業
金局委紳	薛達煊	湖北江陵	縣師範畢業
掩局委員	柳勛臣	見前	見前
掩局委紳	胡有瑜	湖北江陵	前清監生
石卡委員	歐陽澤	見前	見前

四年份職員一覽表

職別	姓名	籍貫	出　　身
總局總理	徐國彬	見前	見前
總局協理	張雯熯	湖北江陵	前清附生，留學日本，法政大學法律科畢業，漢口地方檢察廳檢察官
總局文牘	黃承宗	見前	見前
總局稽查	韓毓蔭	見前	見前
總局收支	王華栴	見前	見前
總局書記	鄧振雍	見前	見前
總局幇繕	徐　標	湖北黃陂	前清監生，縣師範自治畢業
萬局委員	歐陽澤	見前	見前
萬局委員	李濱	見前	見前

續表

職別	姓名	籍貫	出　　身
李局委員	孫炳鏞	見前	見前
李局委員	譚俊心	湖北江陵	前湖北警察學堂畢業
江局委員	宋祖煒	見前	見前
江局委員	鄢福基	湖北蘄水	前清監生，江蘇按察使照磨
沙局委員	梁景鏞	河南汲縣	前清監生，湖北補用巡檢
沙局委員	汪延祜	湖北黄岡	前清監生，福建候補府司獄
登局委員	馮德炘	見前	見前
登局委員	魯明裕	見前	見前
馬局委員	柳勛臣	見前	見前
馬局委員	黄兆奎	湖北江陵	前清附生
郝局委員	曹　鈞	見前	見前
郝局委員	袁策勛	見前	見前
金局委員	張在鎔	見前	見前
金局委員	薛達煊	見前	見前
拖局委員	索鴻先	見前	見前
拖局委員	鄭伯昌	見前	見前
石卡委員	甘　霖	見前	見前
石卡帮辦員	賀法前	見前	見前

五年份職員一覽表

職別	姓名	籍貫	出　　身
總局總理	徐國彬	見前	見前
總局協理	張雯煐	見前	見前
總局文牘課員	韓志遂	浙江山陰	前清附生，上海法政學校畢業
總局工程課員	韓毓蔭	見前	見前
總局收支課員	王華栴	見前	見前
總局書記	鄧振雍	見前	見前

續表

職別	姓名	籍貫	出　身
總局帮繕	張繼宗	湖北黄陂	縣師範暨江漢法政學校法律科畢業
萬局局員	馮德炘	見前	見前
萬局襄助員	魯明裕	見前	見前
李局局員	孫炳鏞	見前	見前
李局兼江局襄助員	鄢福基	見前	見前
江局局員	鄭伯昌	見前	見前
沙局局員	汪延祜	見前	見前
沙局襄助員	莊先選	湖北江陵	前清附生，經心書院肄業
登局局員	歐陽澤	見前	見前
登局襄助員	胡治鎬	見前	見前
馬局局員	宋祖煒	見前	見前
馬局襄助員	譚俊心	見前	見前
郝局局員	柳勛臣	見前	見前
郝局襄助員	李　濱	見前	見前
金局襄助長	索鴻先	見前	見前
拖局局員	袁策勛	見前	見前
拖局襄助員	薛達煊	見前	見前
拖局襄助員	王永祚續補	江蘇	前清監生
石卡卡員	甘　霖	見前	見前
石卡襄助員	賀法前	見前	見前
巡緝石船委員	陳英明	湖北武昌	前清湖北將校講習所畢業

藝文雜誌

《傳》曰：言之無文，行之不遠。文亦安可忽乎哉？然遊覽選勝之篇、綺麗言情之作，無益於民生世俗，其文固不足稱也。是篇所誌藝文，多有關於大堤事實。宣防有策，紀險要之週知；建築有碑，幸大工之告竣。夏祈秋賽，祀典惟昭；叙事攄懷，讜言丕著。他如見諸謳吟、形諸酬答，大都以修防事務即境言情，固非漲墨浮烟可比，列入雜誌，或亦博覽旁搜之一助也。

荆州江防策　鄭世炷瓣香

《粤稽輿圖》所紀，東南爲澤國之區，《禹貢》所書江漢有朝宗之慶，况江爲四瀆之宗，在荆據上游之勢，地當衝要，代有治人。孫叔敖爲宣導川谷之謀，國家殷富；召信臣有分瀉長江之跡，積水流通。晉杜預三益頻興，宋汪業寸金早築。元趙通爲二縣開穴之計，轉網罟爲鋤犂；明賢佑成六縣築隄之功，易菰蒲爲禾黍。總之，三海八櫃，皆厮渠溝洫之遺；瀉險通漕，賴勤恪廉明之吏。亶其然乎？良有以也。夫江當出峽之時，有建瓴之勢。夷陵而上，山阜高而難溢；嘉魚而下，江面闊而順流。易瀰漫者中間郡縣，受決害者多在荆州。所以兩漲夏秋滔天作勢，夾江南北沿岸爲隄。自松滋至城陵磯亘六百餘里者，南隄之蜒蜿也。自當陽至拖茅埠亘七百餘里者，北隄之迂廻也。宛爾周垣，大力能回乎奔馬；居然砥柱，奇功克邁彼鑄牛。此固前代以來千百年所恃爲定策者矣。然而防疏蟻穴，禍慘魚池，或楗竹之儲未豫備，或激箭之流不能支，或當急湍之廻沙不知隄宜峻，或遇奔流之直注不知隄宜遷。故屢築而難成，亦一決而致患且也。化（蛾）〔峨〕眉之積雪，勢欲浮天；鼓颶母之狂風，高將踰岸。豈盡因隄防之不固，又由於穴口之未開。看峽流直倒，夫三躉叢路闢；嗟古穴惟存，其二虎渡帆稀。加之枝河淤平、注壑失道，欲以分水勢，而勢何由分？欲以殺江流，而流無由殺。是以宣防徒事，屢聞秋風瓠子之歌；濁浪仍驕，不獨春雨桃花之漲。古人於南郡設掌水之官，於西漢垂河渠之志，非無見也。當兹鉅任，端賴奇才。固兩岸數百里之長隄，乃無咫尺不堅之勢；復九穴十三口之故道，乃有同條共貫之途。水之横者不使之濫，水之聚者復導之通。修葺維勤，共仰龔黄之作吏；貫輸致富，何殊鄭白之開渠。庶幾蓄洩同謀，疏築並用。安瀾共慶，不貽旅人投璧之憂；江貢頻通，無非郢客獻琛之路。

沙市舒公隄記　鄭世炷瓣香

五代倪可福、宋張孝祥築荆南寸金隄，自城西門至紅門路與濱江大隄接，已舉沙市全局擁護之，而示以沙市名也。沙市濱江大隄創始於宋鄭獬，《宋史·河渠志》云：沙市據水陸之衝，“地本沙渚，當蜀江下流，每遇漲潦奔衝，沙水相盪，摧地[1]動輒數十丈”，獬請發帑築隄，自是地志始以沙市名隄矣。然閱顧亭林《江陵隄考略》謂：沙市正古江陵地，陵埠自荆門西北來二百里，臨江正阨水衝，南北皆有穴口殺江流，趙宋前無大水患。迄元以來，沙市高陵半崩入江，穴口復堙塞。至明嘉靖十一年江決沙市之上隄而南，二十一年復遭巨浸，各隄防蕩洗殆盡。夫《宋史》云“沙渚”，亭林云“高陵”，顧公得毋失考？然取沙渚而高陵之，安知非有見於土隄易圮、期於石隄永固，因爲是遥度前功、豫圖後效之辭也！夫石工十倍於土，共存化石之心，安得點金之術哉？而沙市隄必欲復高陵之舊，則尤亟岷江東於蜀、放於夔而狂蕩於荆，挾清江沮漳之助，值江淤洲複之鄉，激湍廻漩，迸北趨而恣狂嚙。乃當以民居稠密，難施夯築，較上下獨形低薄之隄，將來南淤堅寬，夏漲驟騰猛擊，北岸沙市直穴口耳。奚由全巨鎮億萬生靈之命，固下游數十州縣之保障乎！《湖北通志》云當衝要處，非石隄不能回水怒而障狂瀾，則取沙渚而高陵之，正有待於人矣。乾隆戊申，純廟軫，念民艱，發帑增築雞嘴壩、黑窑廠、觀音寺石磯，逼溜南徙，沙刷窖金，萬世永賴已。同治間，觀察孫公復勸捐修建，自米廠河至康家橋磡岸橋以下，活土浮沙，因難施工而止。光緒丁亥，長白舒公膺簡命守荆，慈惠勤恪，全郡百務隱蒙其福，而維純廟軫念之殷，繹今上簡畀之旨，尤重修全隄，而以當衝缺陷之沙市爲急。辛卯，承制軍張公命增卑培薄，自二郎門至九根桅五百丈已一律坦平，猶慮隄外缺保護，願自籌款捐廉，通建磡岸，不虧帑、不累民，爲一勞永逸計，禀大府，皆報可。壬辰夏，二百丈落成，前後計費錢四萬七千餘緡，興築固而勞，成功大而速，具見公自作《沙市磡岸碑記》中。近聞由九根桅而下接砌磡岸，已全障沙市有餘，又成二百十六丈，費二萬三千緡矣。士民歡忭，悉呼爲舒公隄。江陵鎮流之砥，復見於今沙市；“高陵”之言，實徵諸古往哲。有知，鄭公必爲之驚愕，顧

---

[1] 摧地　《宋史·河渠志》作“摧圮”。

公必爲之欣慰也。隄屬於舒公，我朝深仁厚澤，與夫各大府眷注之隆，群有司勷贊之績，皆得因舒公而詳考焉。已同感功德，因銘以昭之，銘曰："昔揺沙渚，今峙高陵。金隄石城，舒公肇興。澤國地變，陽侯怒懲。生靈奠定，庶績載凝。大功經始，勵精運籌。凝基本立，平鑿工鳩。篇笱鐵錮，灰汁環周。尾土堅密，襯磚旁搜。逆溜夯杵，順水分收。移山抵缺，鞭石鎮浮。林蟠水府，柱砥中流。碎石沈江，歲糜巨萬。塊石累砌，底面營建。檣繫舟航，階通商販。蛟龍瑟縮，敢出噴濮。百怪盱睢，郤顧東遯。柱地均功，補天償願。示後勒碑，來賢激勸。千丈嵯峨，數州安處。士庶歡康，饕商歌舞。大府卓薦，聖皇嘉予。鞏固億齡，永昭來許。"

彙纂測勘全案記　龔寶琅耕廬

治水者，順水之性而已。恃堤以爲固，非策之至者也。然與其氾濫横决，無寧兩害取輕，棄地與水，就固有之堤增高培厚，猶可相持於不敝。荆江南北兩岸皆有堤久矣，江之轉徙無常，沙洲林立，或南徙而北淤，或北徙而南墊，凡所淤墊，皆江之經流或港汊，受水之區也，法宜剷削刷治。細民不察，則藉洲牟利，墾闢繕築，節節進佔，與水争地，而江患烈焉。民國元年，黄陂徐君文陔實總萬城堤事，既熟察工程與夫江漲所以消洩之處，則具呈鄂政府遴員會勘，測其高下、容積，灼知灘堤之害鉅也，奉飭勒石，垂爲厲禁。文繁，石不可以盡載，彙案付梓，冀廣流傳，俾南北居人之恃堤爲固者觸目知警，用心亦綦苦矣。持異議者，或援國體共和，灘民宜兼顧，不知以十餘縣民賦與洲田相較孰重？以上腴沃産與私築灘堤待成熟之土相較又孰重也？故取決多數，凡有阻塞江流、危害此荆江大堤者，去之惟恐不速，遑言兼顧乎！彼細民無知不足論矣，甚願明達士夫之勿逞偏私而昧大局也，則兹編蓋不無裨益云。

建修二郎門磡岸坦坡碑文　齊詠蘋

荆江居岷、峨下游，一瀉千里，自枝江而下，無高阜巨陂以障之，此萬城大堤所以爲數縣之保障也。惟自堆金台至白合滗尚有淤洲擁護堤基，其患僅在堤身。沙市一帶，與水逼近，南岸日高，江流北徙，日在洪濤汕刷之中，二郎門尤爲岌岌，諸父老憂之，屢議屢梗。歲壬子，黄陂徐君文陔總理堤事，先後協理爲龔君耕畬、索君石泉，首以建修磡岸爲務，特向民政府暨沙市商會挪借鉅欵以資進行。徐君委曹君敬之、甘君澍之稽查，韓君仲良、索君覺人、趙君鴻鈞董其役，監事者爲李君子珊、賀君效先、朱君麗春，贊襄義務者齊詠蘋、鄧振璣、趙錫藩、任焕章、定洪鈞、隗超湘、李桂林、向廷秀、鄭德耆、鄧振庠、王燮寅、龔寶琛、鄧彝鏡、梁朝柱、鄭世𧫴、熊鵬翮、鄧振鳴、鄒兆蘭、張鑑堂等諸君。於壬子冬月鳩工，癸丑八月蕆事，凡增高磡岸一丈一尺、寬四五丈不等、長八十四丈，斜坡二段長八十餘丈，外嵌巨石，中填釘保，馮馮登登，曾無虚日，計費錢一萬七千餘串，向之卑附者今則崇高矣，向之危聳者今則坦厚矣。夫大工大役，其始患議之不決，其繼患財之不給，而其弊尤患用之不實，故往往沮於衆論，廢於半途，迄無成功。今徐君能不畏難、不避怨，成斯大舉，銷患無形，是數縣之休戚皆重賴有此擔負也。前清時自七里廟至拖船埠磡岸建於荆郡太守倪公豹岑，稱倪公堤；自劉大人巷至七里廟建於荆郡太守舒公暢亭，稱舒公堤。斯堤之成，宜歸功徐、龔、索三君矣。三君不有，謂沐雨櫛風、重趼流汗，賴曹、甘、韓、索、趙、李、賀、朱諸君之偏勞也。諸君不居，謂襄助監修爲紳首之合作也。紳首爲地方應盡之義務，仍以歸之徐君。惟沙市全堤，其形如帶，沿堤居民鱗比，不惟興作動多掣手，即利病亦難周知，而七里廟一處尤爲險峻，倘徐君繼續總理，或後有來者能悉心研究，使危者安、薄者厚，庶免其魚之患，是則江陵父老所馨香以祝者也。是爲序。

建修二郎門磡岸坦坡碑文跋　徐國彬

荆江之有萬城堤，爲江陵及下游數州縣之保障，關繫至爲重要。第河流之遷徙靡定，洲灘之淤塞無常，向之險者今化而爲夷，向之夷者今變而爲險，僅就固有之堤一律增高培厚，非策之善者也。治斯堤者所當權利害之重輕，相水勢之緩急，因時因地以制宜也。民國元年，予奉鄂督命總理萬城堤事，熟察大堤情形與夫江流緩急之處，而知該堤之修築不可拘成見以相繩也。查萬城、李家埠、江神廟、金果寺、拖茅埠五局地段，堤外沙洲擁護，堤脚鞏固，就原有者逐漸加增高厚，即可相持於不敝。至沙市、登南、馬家寨、郝穴四局，外河内潭，堤身極爲險要，而激流洗刷堤脚，空虚日以崩矬，非相度地勢修築砌石坦坡與條石磡岸，不足以資抵禦而策安全。沙鎮爲通商巨埠，堤身濱江，尤爲最要。二郎門一帶激湍迴旋，實可驚駭。前十餘年，沙市紳商向郡守禀請建修砌石坦坡與條石磡岸，而卒未果。壬子歲，予奉命來荆，創設堤工總局于沙市，紳商等復堅請于予，以建修磡岸爲前提，予以責任所在，不能推諉，因順大衆之請，先後向民政府暨商會挪借鉅欵，于壬子冬月鳩工，癸丑八月告成。斯役也，監察督率皆員紳等之勤勞，而沙鎮紳商勒碑鎸石多歸功于予，是直所謂貪衆人之功以爲己有，撫衷自問，能勿汗顔？爰綴數語，誌是役之本末，以爲紀念云。

加修七里廟磡岸碑文　齊詠蘋

民國元年，黄陂徐公文陔來荆總理萬城隄工，視事伊始，閲視全隄，審知沙市、登南、馬家寨、郝穴四局向恃石工抵禦水勢，最爲重要，因分别最險、次險，於二、三兩年修築沙市二郎門、劉大人巷及馬家寨、郝穴等處石工，其餘則量年入土費，薄者厚之，窪者填之，卑者崇之，杜漸防微，以是四年地方無纖芥之患。嗣因沙市七里廟一帶隄面險薄，當對岸洪水之衝，前太守屢議培修未果，爰於四年春提議加修以防未然。惟民居鱗次，有碍興作，且繁衍衝要，稱爲寸金之區，不惟無地可遷，並於商業民生頗多滯碍，公與協理張君海丞籌計再四，協理深維大計，提議加修磡岸，則民無重擾。雖工費較巨，要當勉爲其難。因於四年投碎石二百餘艇以固隄基，再推廣磡岸三層，則隄面寬綽，可維永久。乃始基甫定，夏漲突生，輟工數月，是冬始繼續興修，至五年五月，凡八閲月而工竣，計增磡岸長五十二丈、寬二丈餘、高二丈，並於臨江推出階石二處各四十八級，以便商船各貨之上下，共費錢一萬五千有奇。里人既慶磐石之安，又樂交通之便，邀同合鎮勒石紀事，問序於蘋，蘋謂一隅有失，全鎮固首受其害，然咫尺不堅，千里爲壑，下游數縣均將淹没於魚鼈之窟，此實關數十萬生靈、數千萬財産之存亡，是數縣固隱受徐公之覆載，所宜買絲繡之者歌功頌德，豈徒在沙市一區哉！又有慨夫世之奉公者，幸獲一差，不權事之輕重，惟計羅掘幾何、刻減幾何、侵蝕幾何，一切應爲應盡之務，悉敷衍塞責，甚或巧爲鋪張，欺餙上官耳目，此通病也。新學肇興，力矯者又或負性太急，任事太鋭，雷厲風行，不可嚮邇，於下民之委曲顛連，曾不爲設身處地計圖兩全，怨者聽之，詈者聽之，泣者亦聽之，而顧津津自詡曰“吾盡吾職也”。上峰弗察，亦或稱之曰“某能吏，某幹材”，而不知民生之瘡痍固已鉅矣。嗚乎！由前之弊則失之貪玩，由後之弊則失之操切。至合二弊爲一人，尤爲下之下者。古今來良法美政不能利民而反以病民者，皆奉行不善之咎也。如公之急公愛民、人溺己溺、細心深體、同好同惡者有幾人哉！是則斯碑之作，爲全鎮之紀念也可，爲隄防之模範也可，即爲凡爲政者之準繩亦無不可。至公之操守廉潔、綜覈切實，余於《二郎門徐公碑文》言之詳矣，兹不贅述。執事者爲甘君澍之、韓君仲良、汪君承之、莊君仲青、賀君效先、何君芝軒，皆能以徐公之心爲心，潔己勤公，故能克蕆乃事。夫徐公任諸君而用以伸，諸君附徐公而名益顯，德星滙萃，聚於一時，是誠地方之幸福矣。余喜事之成，欽佩徐公之績，因掇述之，以誌不忘，且以風世云。

六月六日祭江神文　黄廷樞

惟神西川著績，南紀紆尊。渟蓄萬彙，福佑群生。鎮兹天塹，固我隄塍。循源赴壑，浪静波平。宣防捍衛，靈爽式憑。虔修祀臺，禱告維殷。

祭沮漳神文

惟神流彙荆渚，望重楚邦。朝宗於海，輸貫於江。兹逢伏汛，有事宣防。冀邀神貺，虔薦馨香。神其格思，福佑江鄉。長隄鞏固，黍稷豐穰。

安瀾祭江神文

惟神百谷之王，四瀆之尊。導源岷嶺，順流海濱。奠安南國，保障隄塍。狂瀾不作，安堵無驚。禮隆報賽，用告秋成。式昭明德，鑒此苾芬。

祭沮漳神文

惟神雙流吐納，二水靈長。同條共貫，輸委沱江。既恬驚浪，遂鞏隄防。福佑林總，禾稼豐穰。思維神貺，報以烝嘗。惠我黎元，保障無疆。

〔無題〕❶ 鄧裕聰子彝

甲寅三屆安瀾，題此聯以誌慶。

二百里綿亘金堤一望增高培厚，伊誰之力歟？僉云東海人豪作鎮中流，逝水悠然赴東海。

數萬緡經營砥柱幾番化險爲夷，民不能忘也。惟盼西川神眷奠安鄰省❷，狂瀾從此挽西川。

〔無題〕 徐國彬

民國乙卯年四慶安瀾，適予年五十，因書此聯于江神廟，以爲紀念。

四載慶安瀾，力瘁金堤，差告慰荆州父老。

五旬慚知命，心盟白水，幸不愧屋漏鬼神。

工次追和倪豹岑先生磯夫曲原韻 龔耕廬原名寶琅

長（江）〔虹〕❸ 西折捍沮漳，不止沱江一面當。二百里中生聚託，捫心何策答宣防。

---

❶ 此詩無明確題名，以“無題”代之。下同。

❷ 省 底本此字有塗改痕迹。

❸ 虹 底本此字用红筆改爲“虹”，據改。

吸將膏血竟年年，墨吏何曾費一錢？銷册造成官事了，豈知落紙盡雲煙。清末，郡守玩視要工，貪惏爲歷任罕見，而工於彌縫。大吏反獎擢之。

度支秋晚豫綢繆，緩急端詳上下游。最是愁心先著處，頂衝急溜浩難收。

簿册倪舒略可稽，兩賢差信大名齊。誠求弭患機先燭，不待王尊誓塞堤。

伏處江干邵一窠，補苴留意缺痕多。熟諳故事吾能説，亟遣經營雨後硪。

石磯漲没了無驚，畚鍤毫釐辨析清。衹有推誠能馭物，土功荒度是平成。舊立石誌驗水，没則防務吃緊，然工程要在平時結實，臨事張皇無益也。

亂流逼處暗潮生，買石量磚貼砌平。莫怨江脣相囓苦，須知風浪本無情。

螺洲三議潡中邊，異論紛陳敢自先。北弱南强形勢在，試權水利與蕿田。灘淤築圩，與水争利，江患益烈，則私堤在所必毁。願邦人平情論之。

傳籤急足勝郵筒，警報還增漏夜工。知否綿長鞭莫及，請添邏卒更廵風。堤身坍薄之處，風浪捲及堤面，如拖茅一帶，應特别注意。

堤甲成規指臂供，末流弊竇一朝封。法當輕變談何易，他日難招石户蕿。堤老、圩甲居近害切，練習堤情，但袪末流之弊，實得衆擎之力，偏狥者妄擬裁盡，非策也。

萬緑参差古渡頭，甘棠遺愛里人謳。願從賡續勤培護，蔭徧垂楊北岸洲。倪公於堤外植楊柳，能護堤根，今猶存一二。

吉戊新占土旺辰，無勞犀鑄懔丹宸。陽侯亦慰祈年意，弭節安流信有神。

〔無題〕　龔耕廬

南岸灘淤違章興築，不得已毁之。

豫愁鄰壑浪心驚，逼處年年澤鴈聲。畚鍤衹今興未艾，暑寒終古怨難平。三章有約言猶在，兩害相權法取輕。溝洫不傳神禹意，有誰疏鑿問蒼生。

〔無題〕 徐國彬

民國三年，馬局經理員胡君建周適以詩見貽，因率成俚句十二首以答之。非敢言詩，不過以鄙陋口占藉紀三年事實云爾。

荆沙任職已三年，奔走長堤路幾千。慚愧修防無善策，素餐虚耗萬家錢。

長堤一綫似垂虹，百萬生靈保障中。咫尺不堅千里壑，全憑人力挽天工。

穴口支流湮塞多，險夷今昔不同科。權衡緩急分輕重，修築端宜砌石坡。沙、登、馬、郝四局，險要異常，均宜修築石工以資抵禦。

測勘兩岸已成書，私挽洲灘弊剔除。部案森嚴頒訓令，江公石監永藏儲。《測勘全案》及《部准禁案》均由民政府分飭各縣存查。

工程險要數沙津，砥柱經營兩萬緡。碑誌倪舒欽不朽，前清倪、舒二守各修剥岸數百丈，沙市紳商爲之建碑，以誌不忘。論功終覺媿前人。

沙灘南壅北泓深，崩矬時聞碎我心。最險下游登馬郝，年年糜費萬千金。登南、馬家寨、郝穴三局堤段水泓最深，日形崩矬，每歲以毛碎石抛護堤脚，費錢一萬數千串文。

沿堤夫匠最刁頑，減料偷工技素嫻。三令五申仍不改，而今始信督工艱。

江流漲落總關情，簽遞循環上下行。報道一聲潮汛發，梭廵不憚夜三更。盛漲時傳遞夜簽，應督同員紳、生警往返梭廵，通宵不遑假寐。

綢繆未雨法周詳，督撫輪年愼駐防。前清督撫應輪年駐大堤防汛。營伍堤圩廵守密，率由難復舊時章。前清防汛有堤防營、堤老、圩甲共五百餘人，改革後一律裁撤，勢難規復。

善後條陳爲改良，關心賦命重修防。連番獻策皆褒答，成案遵循十二章。兩次擬定《改良》《善後辦法》各八条，《創辦堤警簡章》十条，《規定大堤章程》九章五十条，先後共十二章，均經公署核准立案。

辭差再四愿難酬，文電交馳競挽留。自憾駑駘非遠到，敢因戀棧重貽羞。

大堤三度慶安瀾，酬賽江神父老歡。但愿後來續辦者，宣防莫作等閑看。

和胡建周七律一首

長虹綿亘大江邊，億萬田廬賴保全。士費催收關賦命，歲修層累耗金錢。法良争頌倪舒志，創鉅難忘戊己年。供職荆沙逾兩載，總期積弊剔從前。

贈水警徐藍田七律二首　徐國彬

水警三專署二年移節荆州時，彬供職大堤，同居沙鎮，凡堤局修防事務有權力所不能及者，靡不借助警威，而每届出廵，輒與藍田偕行止焉，過從既密，切劘尤多，契合之深，逾於昆仲，偶綴數語，用誌相得之歡，非敢言詩云。

宦游同是駐荆沙，草草勞人歲月賒。字句推敲詩筆健，蒹葭洄溯畫船斜。言親蘭臭逾三載，誼篤棠華本一家。萬里江天資勝覽，安瀾歌徹水之涯。

常華恩誼勝同盟，序齒年衰愧伯兄。入座幸猶叨鯉對，着鞭還要戒鷄鳴。須知盤錯方成器，莫爲懷安竟敗名。九萬鵬程期遠到，聲威豈止播南荆。

水警徐藍田和並序　徐國瑞

民國二年，瑞移防沙市，凡水警駐紮地點多係沿江大堤，故修防事宜惟瑞知之最悉。而訂交三載，亦惟瑞與彬兄爲最深，承贈七律二章，獎掖殷勤，更加銘感。謹和元韻兼呈四絶，攄詞表愫，尚乞誨之。

荆江逶迤護平沙，市井殷繁極目賒。玉樹亭亭資庇蔭，金堤屹屹勢横斜。南洲遠派承先澤，東海分支溯世家。同姓同寅舊兄弟，不須咫尺悵天涯。

耿耿初心白水盟，况教樂得有賢兄。安瀾久聽郵庚報，屬汛欣無越甲鳴。驥尾執鞭原素志，螭頭勒石著芳名。同僚且喜同宗派，竊比田家一樹荆。

七絶四首　徐國瑞藍田

昔年曾讀《隄工志》，每念吾鄉鄭毅夫。宋鄭獬守荆請發帑築沙市堤。城北有人今繼起，齊名不患後來無。

恩波遠被三春浪，宦味清餘兩袖風。贏得兒童語音好，舒公而後有徐公。昔舒太守建石岸四百餘丈，人德之，名舒公堤。今公亦建石岸二百五十餘丈，洵可與舒公媲美。

天從缺處功能補，瀾到狂時力可回。公與斯隄同不朽，萬城萬古鎮江隈。

一綫長隄萬頃田，沿江修築厚而堅。採風喜听途人語，共慶安瀾已數年。

〔無題〕　徐國彬

五年三月，赴萬城、李家埠、江神廟三分局清工途中口占七律一首。

風和日煖百花飛，三月韶光愛夕暉。繞屋青連春樹簇，平疇緑擁豆苗肥。氓吡犢扶犁去，婦女騎驢掃墓歸。萬頃田廬誰保障？鄉民作息自忘機。

連日狂風大作，夜半雷雨交至，因口占七絶一首以誌感。

連朝風勢竟狂摧，沙礫飛揚拂面來。賴有中途雷雨作，大公爲我洗塵埃。

翌日，天氣晴和，途中賦此。

陌路無塵水不波，雨餘天氣倍清和。役夫努力勤工作，層土經營亟築硪。

懷古七律四首　徐國彬

由萬、李、江三局清工回沙途中詠此。緣章華寺、叔敖墓、沙市、荆州均在大堤之内，大堤鞏固，斯名勝得以保存，故有感而作。

章華寺

巍巍廟貌闢蒿萊，荆楚雄圖霸業開。閣尚藏經觀自在，寺内有藏經閣。佛能化刼現如來。遺蹤競覔沈香井，寺東有沈香井，相傳楚昭王夫人溺死處。故址空尋眺遠臺。古木殘鴉寒照裏，警人暮鼓不妨催。

叔敖墓

數株老柏影紛披，碑碣千秋楚相遺。河繞陵前波蕩漾，山横道左草迷離。埋蛇陰隲慈顔慰，逐鹿奇才霸業垂。艷説來公重表墓，靈魂曠代有心知。傳聞此墓係來鳴謙觀察重修。

沙市鎮

萬家亭閣枕沙洲，第一商場踞上游。土堞依稀門北峙，金堤保障水東流。西通巴蜀經宜郡，南達衡湘接澧州。輪舶往來車輻輳，文星高眺步岑樓。

荆州城

崇墉屹屹古荆州，萬井提封一望收。祠宇荒涼空蔓薜，樓台岑寂半松楸。龍山勝覽遊人聚，城外有龍山，即孟嘉落帽處。虎渡關心激溜遒。對岸有虎渡口，激流直射荆州。世事滄桑多變幻，孤忠壯繆獨千秋。

〔無題〕

五年，舊曆六月六日，江水盛漲感而賦此。

萬里奔濤下三峽，狂瀾駭目膽崩摧。輿人不識隄防險，戲看江潮逐隊來。

送段少滄廵按使作　徐國彬

少滄廵使撫鄂兩年，於萬城堤最爲注意，彬受知亦最深，故一切修防事務得以積極進行。臨歧送别，倍切瞻依，偶成七律二章，用誌永矢弗諼之意云爾。

福星照耀武昌臨，善教覃敷愜衆心。葑菲也曾資採擇，彬爲隄防事迭上條陳，悉蒙褒答。壤流何以助高深？萬家生佛歌遺愛，兩袖清風返故林。知遇恩隆慚報稱，詩箋一幅寫微忱。

節麾卸却繫征驂，送别情深千尺潭。望重范韓欽砥峙，澤流荆楚頌棠甘。荆堤得慶安瀾，實隱受段公之庇蔭。攀轅迎餞筵争肆，解組還山徑覓三。蕭縣多山，公于西關外建築園亭，灌溉花木，並于虎山種樹數千株，大有陶靖節怡懷松菊之概。蓴菜鱸魚鄉味好，麥秋風雨返江南。

題《萬城隄防輯要》七律　鄧裕聰

岷江出峽注荆州，衝浪鄢沙日夜流。一髮隄防兆萬井，千人邪許疊三收。近年陪隄改二五收爲三收，愈徵鞏固。奠居今賴廻瀾力，興堵長勞晝箸籌。老壩危磯都鞏固，歡聲百里動歌謳。

督修支帑溯阿公，百載遷流迹不同。乾隆年間阿文成公督修萬城隄，距今已百餘年矣。江塾淤高隄受挫，洑洄激久壑愁空。多儲楗石施工巧，休侈蘆灰止水功。舊蹟能因終是剏，波臣郤步自徂東。

版築年年預斂錢，堪盟白水誓青天。瀾安五度徵成蹟，舊章每年霜降酬祀江神，謂之慶安瀾。公總理隄工，已慶安瀾五次。土費群氓定急捐。砥柱中流人有幾？填星作鎮語非偏。舒公隄尚傳碑口，東海聲名繼昔賢。

提要鉤元仔細論，殷殷告後數千言。也同一卷河渠志，且認他年泥雪痕。神赫沮漳添掌故，測量坡澤證心源。公曾測量江心隄址，沿江二百里田廬皆在釜底，較江心低丈餘。潛郎托庇安眠食，快把叢編相對翻。

〔無題〕　鄭世錟

世運新開進大同，江波順軌慶成功。一編纂集紆籌策，五載勤勞慎始終。郢里瀾安平怒蜃，金堤風静矗長虹。倪舒舊蹟因兼剏，錦軸摩挲識苦衷。

脂膏剥盡縱蛟鼉，百萬金錢委逝波。太息遺規今蕩覆，有易倉穀塾修以充私橐者，變後册籍蕩然矣。關心善政古修和。淵襟默運消紛競，群策兼資泯側頗。卓識深憂勳底績，萬言編訂恐蹉跎。

經綸草昧焕新型，舊典旁搜祕啓扃。巨石嵯峨留炯鑒，禁止兩岸挽築。扁舟來往辨真形。測勘必親行。神姦象著周王鼎，荒誕圖刊伯翳經。補圖尤得樞要。禦患捍菑誰繼起，開函芒欲燭天青。

斗室欣逢肺腑傾，虚懷近挹寵如驚。細流廣納中無擇，前事能師志戒盈。精衛石填多易壅，海舶傾煤者多，江身日淺。賈生策善怒能平。九穴十三口湮塞太半。乘時利導他年績，宛委藟應取次成。

〔無題〕　吴庭溶

荆南自古重宣防，千里奔濤一綫當。五載束薪肝鬲碎，萬民安堵口碑揚。岷江東下灘無阻，砥柱中流浪不狂。我輩奠居資保障，城池鞏固頌金湯。

熙載得人原匪易，大川奠定莫争功。古歡誰設陳蕃榻，宦味饒留張翰風。六法官箴廉報最，千秋美德儉能崇。沿堤指點垂楊岸，不減先賢治績豐。

陶冶一爐良窳别，似君重器火純青。大江東去流波澤，吾道南來見典型。江漢炳靈才蔚起，邯鄲學步我曾經。溶曾襄辦沙洋隄工。泥塗況瘁躬嘗遍，勒作他年治水銘。

雌黄局外究何如？治戒多言總不虚。柱石經營分緩急，里閭恩怨聽乘除。編成地理賡隋志，著到河渠仿漢書。條縷分明金鑑在，後先同揆有倪舒。

題萬城隄防輯要七古　張雯煐

長江蜿蜒二百里，縣民所居盡釜底。賴有隄防一面當，不然吾其爲魚矣。閭閻歲歲糜金錢，括盡脂膏不計年。假使胥吏不中飽，築之高可齊山巔。前清修隄責郡守，嚴刑峻法隨其後。除却倪舒二公外，歷任均不理人口。任内忙把負租催，任滿却將挾資走。吾民有寃莫能伸，祇得疢心而疾首。徐公捧檄來宣防，儘把隄工大改良。五載經營始至此，險阻艱難實備嘗。當其工程始着手，萬彙紛紜頗掣肘。先生不擾[1]又不屈，作事不肯絲毫苟。苦心孤詣告成功，一洗前清多年詬。從此金隄萬萬年，屹立天長與地久。吁嗟乎！屹立天長與地久，先生之名永不朽。

書《萬城隄防輯要》後　龔耕廬

在昔郡伯尸荆隄，處脂不潤賢者稀。僚吏侵牟皆怙威，雖有弊竇無由稽。隄則日瘦官斯肥，一朝改革崇民依。選賢爲長餘爲司，不啻一堂相友師。二百里間日奔馳，規度形勢察險夷。緩急一一勞措施，若綱在綱栝赴機。土工石工辨厥微，不使廩給剋毫釐。收分乃得窮奸欺，又以其暇富諏諮。不蔽於己撓於私，經費有程孰主之？儲俟冬工

[1] 擾　疑爲“撓”。

懲虛糜，萬目睽睽責有歸。計數不贏亦不虧，大本既立安能隳！此皆專制之世所難爲，豈惟吾隄奠扃基。著之簡編爲世規，鐵案如山誓不移。誰其始者徐黄陂，我勸後來陳此詩。

參訂姓氏

應山徐國瑞藍田
監利龔寶琅耕廬
江陵鄧裕聰子彝
江陵張雯燡海岑
蕭山韓毓蔭仲良
長沙甘霖澍之
淅江韓志遂何蓀
江陵鄧振雍橋門

江漢隄防圖考

〔明〕施篤臣 編

整理説明

《江漢隄防圖考》三卷，明施篤臣編。施篤臣（1530—1574），字敦甫，號恒齋，安徽青陽人。嘉靖三十五年（1556年）進士，授工部主事，嘉靖四十五年（1566年）升湖廣按察副使，其在任期間，加築堤防，治理水患，并於隆慶二年（1568年）輯成《江漢隄防圖考》一書。

該書共三卷，卷首有《紀略》一文，述長江中游、漢江、九江山川河流及水利形勢等，隨後是凡例部分，正文卷之上、卷之中爲地圖及考文，共載圖三十幅，其中總會圖一幅、三江堤圖三幅、府州縣堤圖二十六幅，每圖後附考文一篇；卷之下爲四考一論，即《修築隄防揔考》《護守隄防揔考》《開穴口揔考》《濬淤河揔考》《揔論》，詳細闡明了隆慶年間長江中游地區水利隄防形勢及治理過程。綜觀全書，有三個特點：一是圖、考并重，體例獨特；二是專工親歷，資料可靠；三是内容翔實，價值重大。該書對我們系統地研究明代中後期長江中游河道變遷、堤防工程修築及防護等提供了豐富的史料。

歷史上，該書未受到足够重視，原書（明刻本）在民國時期流傳至美國國會圖書館。2012年前後，美國國會圖書館在互聯網上發佈了該書的電子掃描版，此次即據此爲底本進行標點整理。若有不當之處，敬請批評指正。

目　録

紀　略

按：《禹貢》，治水之大者凡有四，曰江、淮、河、漢是也，而獨於荆州之域則曰“江、漢朝宗于海，九江孔殷，沱、潛既道，雲土夢作乂”，是導流荆地者大居其半，而水之為楚患，匪振古而已然耶！然嘗以今古之輿圖叅互考之，我國家以翼軫之分野盡隸為湖省，即古荆州區也。其區多川澤淵藪洲渚，故名省曰“湖廣”，盖一省之郡縣大都皆水鄉矣。然槩其水勢之大者有三，曰江、漢與洞庭之九江而已。江自岷山經蜀抵三峽灩澦始入荆州郡境，由秭歸、夷陵、松滋、江陵、公安、石首、監利、華容至于岳陽巴陵之東南與洞庭水合。漢自嶓塚抵漢中洵陽始入鄖陽郡境，由上津、鄖西、竹山、鄖邑，經襄郡之均、陽、光、穀、襄、宜，抵承天之鍾祥、京山、景陵、潛沔，至于漢陽之大别始出漢口與大江流合。洞庭自沅，漸、元、辰、溆、酉、澧、資、湘九江之水，北繇辰、沅、常、武，南繇衡、永、星、沙，同注入湖，沿滙八百里，經岳陽樓西北出湖口與江流合。江、漢、洞庭三水俱合流於武昌，會城之黄鵠磯，東南流入海，此所謂“江、漢朝宗于海，九江孔殷”是也。夫三水所經地亦云廣且永矣，而自古稱水患獨於鄖、襄、承、漢、荆、岳、武、黄八郡為切，何耶？盖江從夷陵以西，漢遡竹山以上，洞庭自常、武以北，星、沙以南，尚未會合滚流，且有諸山連亘以為之隄障，故水不能為大害。而荆、鄖以下八郡則皆下流也，陵阜斷續，地脉平衍，山不足以為障，澤不足以為壑，此固八郡水患之原也。夫八郡均為被水之地矣，而從來所議隄防獨於荆、岳、襄、承四郡更為要害，何耶？盖均、鄖以上水患衹在郡治，其所轄境内多有山阜夾岸，雖水漲不能漫流也。至武、漢、黄三郡以下則為衆水注瀉之地，注則易盈，瀉則易消，雖有隄防，莫能禦焉。惟荆、岳、襄、承正當沱潛汩没、雲夢滙瀦之地，依山而城者尚有一面襄陵之患，環洲而垸者，能無四顧滔天之憂？苟匪隄防以為之捍禦，何能使沱潛之既道，而雲夢之土乂耶？此固四郡隄防之所由設也。然議者有曰："元時有《開古穴記》云'江陵路古有九穴十三口，沿江之南北以導荆水之流，夏、秋水溢，分殺水怒，民賴以安。自宋有興事功者出，始畫荆南屯田之策，築江隄以防水，塞南北諸古穴，土木之工日興，而决隄之患益甚。至元大德間始下開六穴之令，凡江陵之郝穴，監利之赤剥，石首之楊林、宋穴、調弦、小岳並開，而水勢稍殺'，以此觀之，築隄、開穴之利害較然矣。今何必苦興畚插之役哉？"噫！此盖未審地勢、不達时宜者也。穴雖開，堤其可以不築乎？篤臣嘗徧歷荆江之南北，遡尋六穴，至調弦尚有故道，在楊林、宋穴猶可識其故處，而赤剥、小岳則不可復識矣。所僅存者，惟江陵之郝穴及虎渡二處耳。虎渡流經公安安鄉入洞庭幾三百餘里，郝穴流經監利、潛沔出漢口，遠更倍之，中間夾岸枝堤一有不完，民且嗷嗷，不獲聊生，而况江漢南北之大堤耶！先年虎渡盛流，而朝陰諸堤一决則渰没無涯，竟莫能捍；近日郝穴復開，而艾堰月堤一决則巨浸四漫，亦莫之如何。然則穴雖開，堤其可以無築耶？又有議者云，自宋訖元，沿江隄防，此築則彼决，歲無虛患。如元大德間，夏决石首之陳瓮港，有司急挽築之，工甫就而公安之竹林港即大潰，然不一再歲陳瓮再决，被及數邑。即此驗之，則荆南、荆西之水患必不可免者，而挽堤亦徒費耳。况善治水者，不與水争尺寸之地，而何必汲汲於東捍西禦哉？噫！此盖因咽而廢食者也。今果能盡捐郡縣之地而為川澤乎？抑能盡徙江皋之民廛而為魚鱉窟耶！我朝制"凡郡縣户口、田賦自原額一定，百世不易"，比荆南、荆西諸郡，當國初時苦無大水患，雲夢之區猶覺平腴，故勘量者盡田而租、盡户而庸。迄今則畎畝崩洗者不知其幾疆埸矣，户口逃亡者不知其幾閭里矣，而南北起運之租賦倍夫初也，郡縣編派之差徭倍夫初也，額外無名之科派亦倍夫初也。計部取足於監司，監司責備於守令，守令搜求于閭閻之小氓。田已汙潦矣，而尚有孑遺者必取其盈；丁已逃絶矣，而比鄰共户者必代之輸；田與户已不可查詰矣，而所遺之賦徭必洒派于通邑之餘喘。以故，有濵水而廛者，往歲汩其父母，近歲没其妻孥，而蓬棲故處竟不他徙，曰“某何所之也？”縱欲往，其能免於勾攝之患乎！又有臨水而耕者，始盡其力於春種，而夏水潦之；既盡其力於覆種，而秋水又蕪之；秋既無望矣，而更將為藝蕎蒔蔬之圖。夫屢置力于無用而屢作不已者，豈其得已哉？盖欲徼成于萬一以給公家之輸耳！小民依依江臯，雖死不出鄉有如此。然則為民牧者可忍棄殘喘之民於魚鱉而不為之拯救、捐有賦之地於川澤而不為之隄防耶？夫沿江、漢之隄防將數千里，水勢叵測，誰能盡保其無虞也？但隄防一修，猶可有奠居之望。不然，是坐以待斃而已。然則隄防興廢之利害，不皎然而易見哉！但今之人各為私圖，江北者惟利南塍之不固，江南者亦冀北防之易決，故近有議郝穴者云：“此穴一開，将為郢中害。”嗟夫！此《圖考》之所以不可已也。夫郝穴當江之北，承、郢居漢之東，中間相去尚隔江陵、監利、潛、沔諸州縣地不下數百里，真所謂風馬牛不相及者也。此議何從而興哉！篤臣嘗巡歷江、漢至此，始知土著者尚有信耳之病，而况宦遊者耶？嗟夫！此《圖考》之所以不可已也。然自嘉靖庚申歲以前，水災未甚而古堤尚固，其地勢猶可圖勘，惟邇來歲遭巨浸，波濤千里，凡陵阜之高竣者且有激裂衝削之患，而况歲久垂壞之隄防耶？隄防一决，則市廛半津渡矣，畎畝盡淵藪矣。雖欲圖之，亦何以察其高下斷續之形、遠近蓄洩之宜哉！近日三院目擊時災，痛恤民隱，即徧訪水勢泛漲之故、河道開塞之原、軍民利害之情、城堤修築之方，備疏其事于朝。荷蒙聖明軫念一方生靈胥溺之災，屢降明旨，凡繕城築堤、鳩材飭工之務，悉聽撫按官便宜行事，故督之司道、承之郡縣，措處工費，雇募夫役，大興畚插，以為捍禦之計。而篤臣濫列監司，亦得以殚心恊力、奔走其間，凡三閲歲矣。故江流之淺淤者以濬，枝河之湮塞者以開，城堤之頽塌者以築，低薄者以修，而汙下之區漸復畆矣，林藪之地漸復廛矣，流離遷徙之氓漸復故里矣，高下斷續之形、遠近蓄洩之宜漸可圖而考矣。篤臣乃属之谷郡縣有司，将江、漢、洞庭三水分合之原，及隄防穴口興廢之故，與修築護守堤垸之事，宜俱圖而誌之成一帙，總目之曰“江漢隄防圖考”，蓋以便後之觀風者采焉。

隆慶二年戊辰歲十一月朔日
青陽施篤臣書于陽春堂

凡　　例

一、湖省河渠溪澗諸水，盡會流于江、漢、九江三水之内，至武昌，三水復合為一，故有“三水揔會圖考”。

一、“揔會圖”不能詳載隄防始末，故江、漢、九江三水又各自為“圖考”。

一、江水患在荆州一郡，故以“荆州郡縣圖考”属于川江之後。

一、漢水患及鄖、襄、承、漢四郡，故以“四郡縣圖考”属于漢江之後。

一、九江洞庭水患在常德、岳州二郡，故以“二郡縣圖考”属于九江之後。

一、有水患而無隄防者無圖，盖圖為隄防設也，故安鄉、臨湘、光化、穀城諸縣不另為圖，衹見于“府考”内。

一、無隄防而患在郡治者圖之，盖以城為堤也，故鄖陽另為一圖。

一、縣無隄防而有水患者圖之，盖以當江水洩流之地也，故漢陽縣亦為一圖。

一、各府圖考揔該属縣，載不及詳，故凡縣有隄防者，各自為圖，以便查閲。

卷之上

刓垸：三十四年衝洗戴家垸，三十五年決車公腦，四十五年決藕池。隆慶元年，知縣竇如蘭督修，南岸自公安沙堤至調弦口堤，凡四千一百餘丈，北岸自江陵洪水淵至監利金果寺，堤凡千有餘丈，其間楊林、瓦子湾、藕池、袁家長刓尤爲要害。二年春工成，堤長凡二十五名。

湖廣江漢九江三水總會之圖

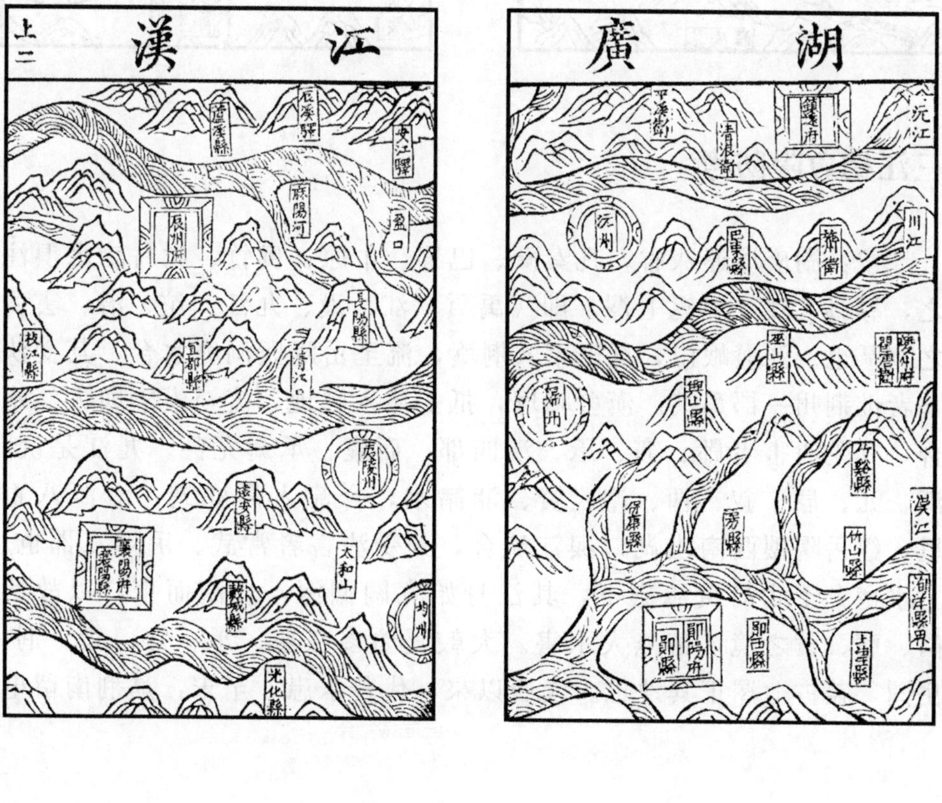

三江揔會隄防考

按：湖廣境連八省，凡秦關、巴蜀、中原、貴竹、嶺右諸水俱注之，導爲三江，瀦爲七澤，即《禹貢》江、漢、九江、沱、潛、雲夢之故區也。江發岷山，抵巴東入荆壤，流至岳陽與洞庭水合，其受決害者惟荆州一郡爲甚。漢發嶓塚，抵上津入鄖地，流至漢陽與大江水合，其受決害者鄖、襄、承、漢四郡，而襄、承爲尤甚。九江是沅、漸、元、辰、叙、酉、澧、資、湘諸水，合流入洞庭湖，沿滙八百里，經岳陽樓西南出湖口與江流合，其受決害者常武、岳陽二郡也。三水揔會于武昌黄鵠磯下，其江身始寛闊淵深，直瀉而東，以故武昌、蘄、黄之境，苦無大水害。大較隄防多在襄、承、常、武、荆、岳間，盖古七澤正其地也。漢唐以來，代苦水患。至宋，爲荆南留屯

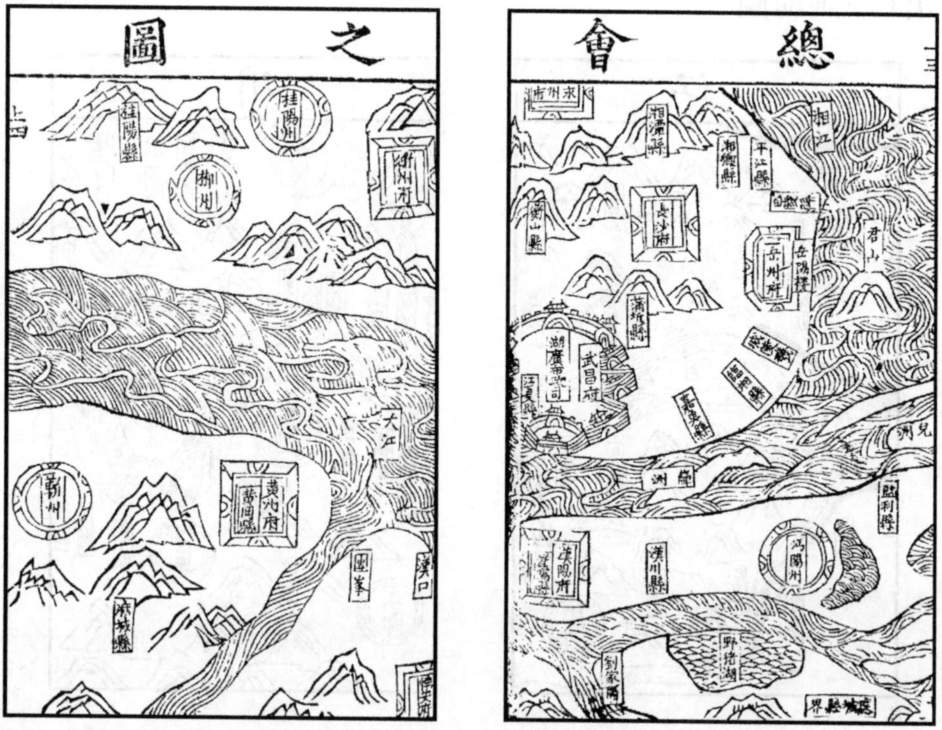

之計，多將湖渚開墾田畝，復沿江築隄以禦水，故七澤受水之地漸湮，三江流水之道漸狹，而溢其所築之隄防亦漸潰而塌。迨我國家二百年來，水或時氾，隄或間决。惟嘉靖三十九年庚申歲，三江水氾異常，沿江諸郡縣蕩没殆盡，舊隄防存者十無二三。連年有司建議修築，竟以錢糧無措而寢。近蒙撫院朋石楊公、唐岩劉公，撫治虹江劉公、淮海孫公，廵院紉溪陳公、丈川部公，先後議處錢糧，仍奏留全楚一歲有半贓贖銀兩，行各司道督率各郡縣大小有司，盡將江、漢决口相度挽修，自嘉靖四十五年春興工，至隆慶二年冬，凡三載就緒。

川江總滙堤圖

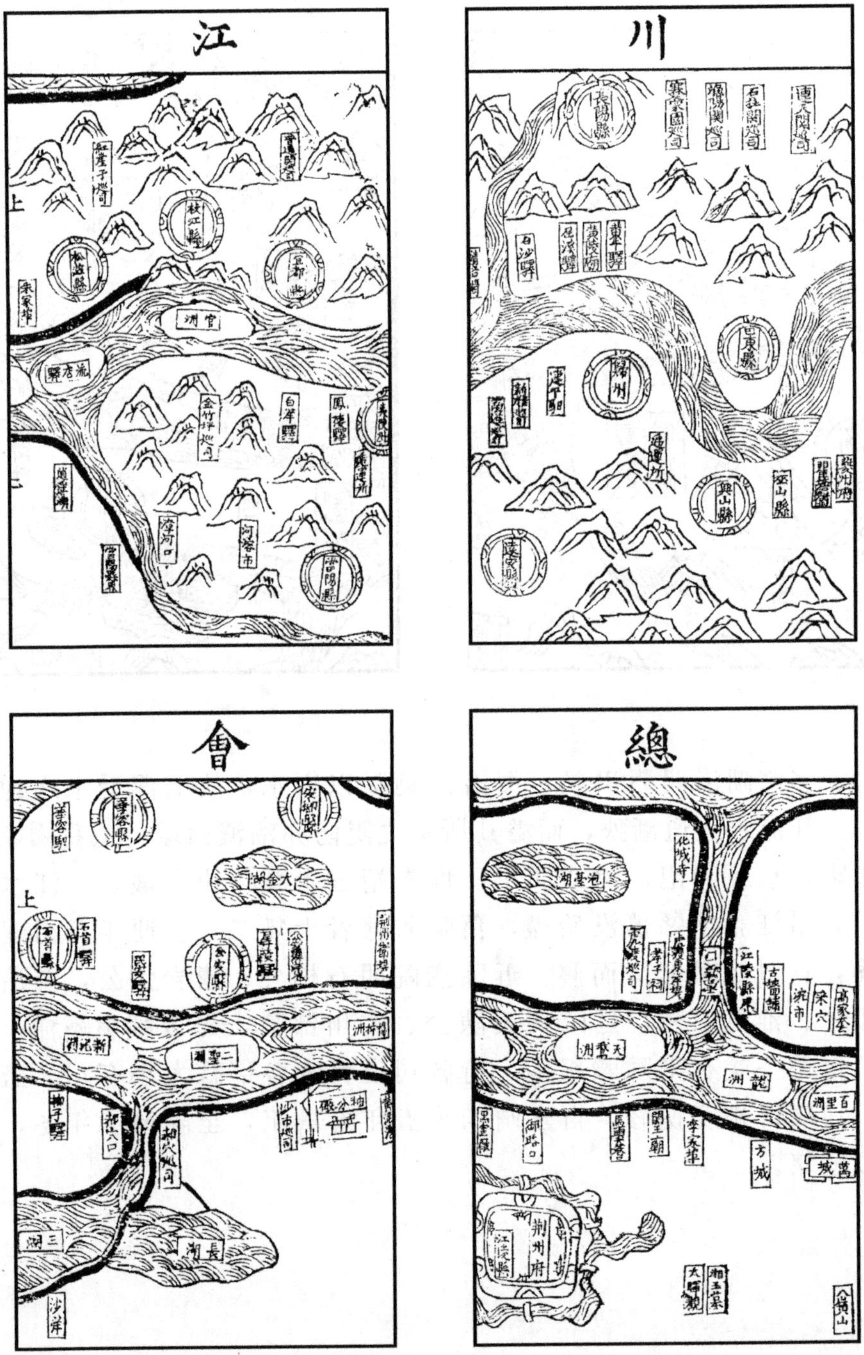

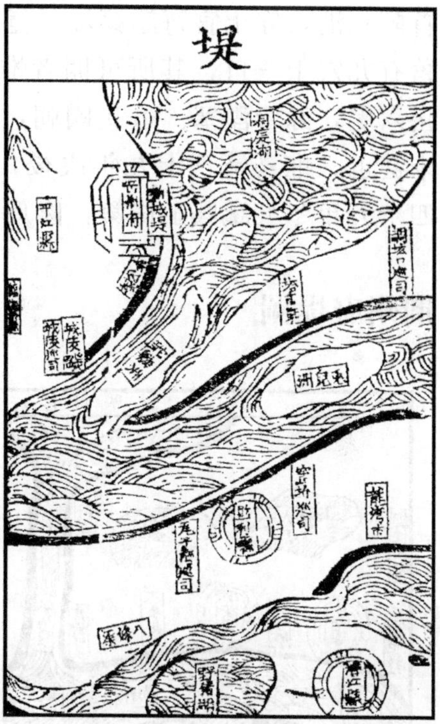

川江隄防考

按：《禹貢》：“岷山導江，東別爲沱，又東至于澧，過九江，至于東陵，東迤北會爲匯，東爲中江，入于海”，今荆、岳、武、昌，正澧與九江東陵故地也。江水方出三峡口，如建瓴勢，夏秋一漲，頃刻千里。然遡夷陵而上，山阜夾岸，勢不能溢。嘉魚而下，江面廣闊，順流直瀉，中間郡縣，兩岸俱平衍下隰，水易漫流，但江當江陵、公安、石首、監利、華容間，自西而北而東而南，勢多迂回，至岳陽自西南復轉東北，迸流而下，故决害多在荆州。夾江南北諸縣，縣各沿岸爲堤，南岸自松滋至城陵礬，堤凡長亘六百餘里。北岸自當陽至茅埠，堤凡長亘七百餘里。一寸不堅，千里徒費。且决口四通湖泊，盗賊竄伏其間，江陵之龍灣市，監利之分塩所，公安、石首、澧州、安鄉之四水口，嘉魚之簰洲、東江腦，俱爲盗賊藪，盖以隄防不修，則津渡散漫，盗可四出故也。自元大德間决公安竹林港，又决石首陳瓮港，守土官每議築堤，竟無成績，始爲開穴口之計，按江陵路舊有九穴十三口，其所可開者惟郝穴、赤剥、楊林、宋穴、調弦、小岳六處，餘皆湮塞。迨我國朝，六穴復湮其五，故隄防不時泛决，然未甚也。惟嘉靖三十九年决後，殆無虛歲，而荆岳之間幾爲巨澤矣。四十五年冬大議興工修築，隆慶二年冬各工告成。

荆州府堤圖

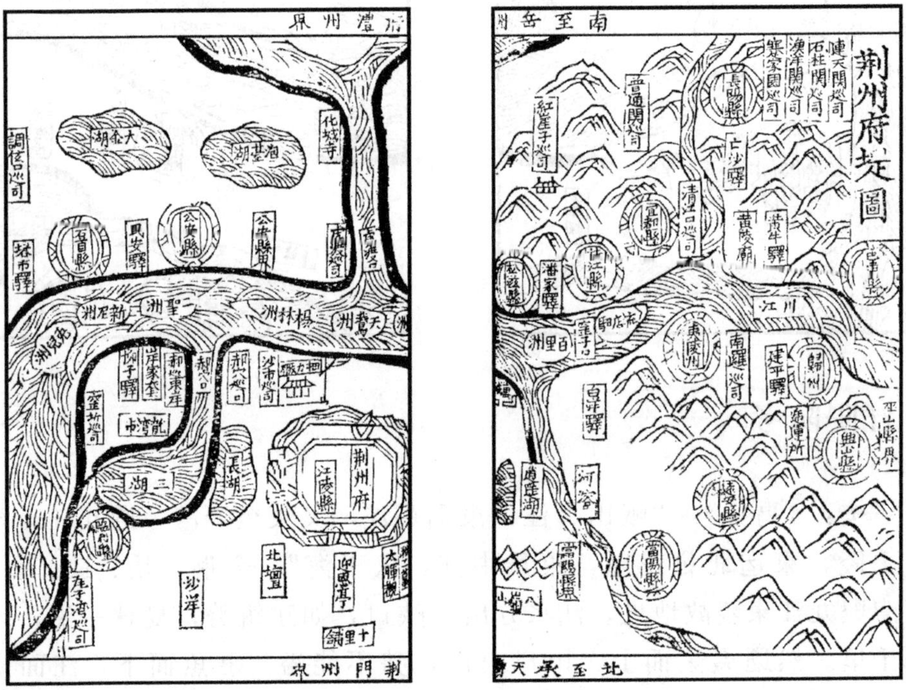

荆州府隄考

江水之患，全在荆州一郡，夾岸南北凡六縣，北岸則江陵、監利，隄凡四萬九千餘丈，南岸則枝江、松滋、公安、石首，堤凡五萬四千餘丈。嘉靖庚甲歲，洪水决堤無慮数十處，而極爲要害者，枝江之百里洲，松滋之朝英口，江陵之虎渡、黄潭鎮，公安之窑頭舖、艾家堰，石首之藕池。諸堤衝塌深廣，最雖爲力者也，每歲有司隨築隨决，訖無成功。至四十五年丙寅歲冬十月，篤臣偕荆州知府趙賢、通判鄭延年、推官王之垣徧歷諸决口，相度估議，詳蒙三院允行，散穀募夫，於是月廿九日告神興工。堤脚横闊凡十五丈許，狹亦不下九丈；結頂凡五丈許，狹亦不下三丈；高以水痕高下爲則，每過痕六七尺許。分守道叅政馮成能、兵備道僉事李堯德與篤臣遞相巡閲，自丙寅歷戊辰，凡三冬。六縣隄稍就緒，始立堤甲法。每千丈一堤老，每五百丈一堤長，每百丈一堤甲、夫十名。江陵北岸揔共堤長六十六名，松滋、公安、石首南岸揔共堤長七十七名，監利東、西岸揔共堤長八十名。夏秋守禦，冬春修補，歲以爲常。然荆州郡治濱江，郡西上六十里有萬城堤，在當陽、江陵之界，嘉靖十一年一决，直衝郡西，城不浸者三版，十二年有司挽築，更築李家埠重堤護之。此堤乃郡治之大要害也。當陽縣有司每以害在江陵，漫不加意，近日盡屬江陵修理，始得無虞，守郡者尤宜預防於此。

枝江縣堤圖

枝江縣隄考

按：《誌》："江流至此地分派，如木之有枝，故以名縣。"該縣東至江陵，南至松滋，西北至宜都，週圍廣三百八里，縣治頗依高阜，向無堤防。惟縣東南有百里洲，延袤百里；南有蘆洲、澌洲、洋洲、滗洲，皆夾生大江之内者。故北自百里洲、楊林洲、賽磚灘、蔣斗湾、窑子口至流店驛，復轉北，自量灘口、土臺、古城腦而下，至嚾嘴灘流店湖，又自嚾嘴灘而南，轉至澌洋洲觀音寺，直抵松滋朱家埠對岸，皆有堤。舉其最要害者，莫過於古城腦、蔣斗湾二處，係通洲上流一决，則勢若建瓴，莫能捍禦。又洲内軍民雜虜，互相規避，故堤甚矮薄。嘉靖四十五年衝决古城腦、澌洋洲等堤凡二十餘處，計長六千八百一十五丈餘。隆慶元年春正月與工修築，夏五月告成。

松滋縣堤圖

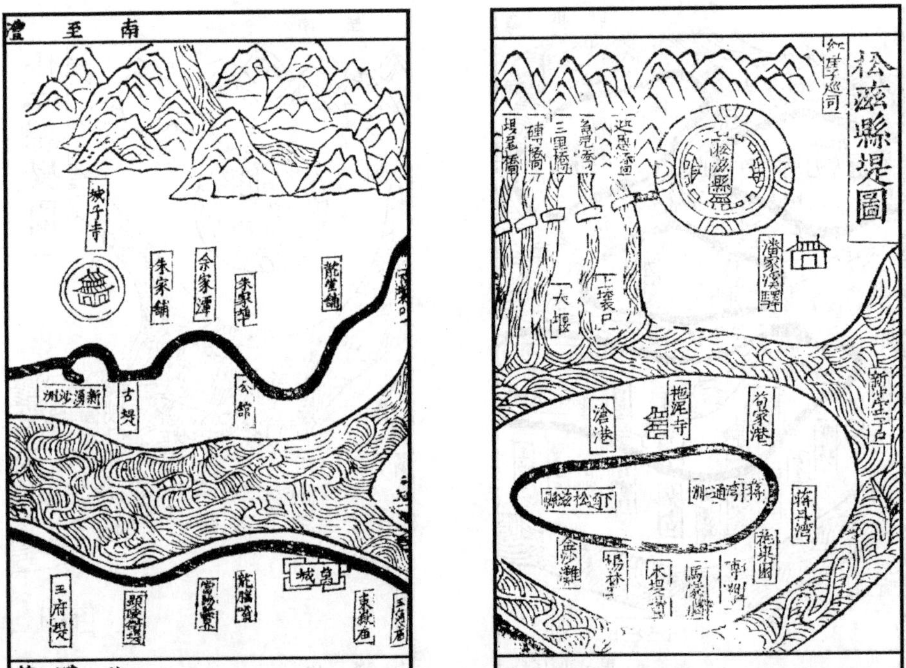

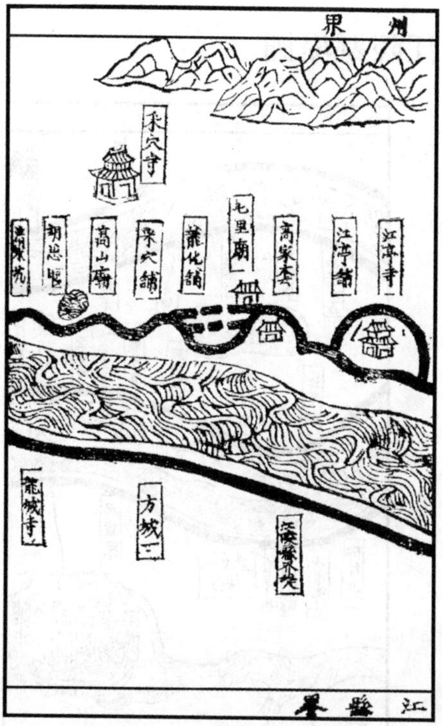

松滋縣隄考

該縣地勢平衍，三峽之水迸流到此，始得展蕩，勢若攊馬脱韁，隨性奔逸，最難防禦。而該縣又當公安、石首諸縣之上流，江隄一決，正衝諸縣胸腹而下，其形勢尤為要害。縣東五里有古堤，自堤首橋抵江陵之古墻舗，長亘八十餘里，且舊有采穴一口可殺水勢。宋、元時故道湮塞，迨國朝洪武二十八年決後時或間決，自嘉靖三十九年汉後决無虚歲，下諸縣甚苦之。較隄要害，惟余家潭之七里廟、何家洲之朝英口、古墻之曹珊口爲大。其餘五通廟、胡思堰、清水坑、馬黄岡等堤，凡十有九處，中多獾窩蟻穴，水易浸塌。通判鄭延年督率各衛縣官，自四十五年冬十月興工，至隆慶元年春三月，凡六閲月告成。二年，推官郇存正署縣事，重加培補。

江陵縣堤圖

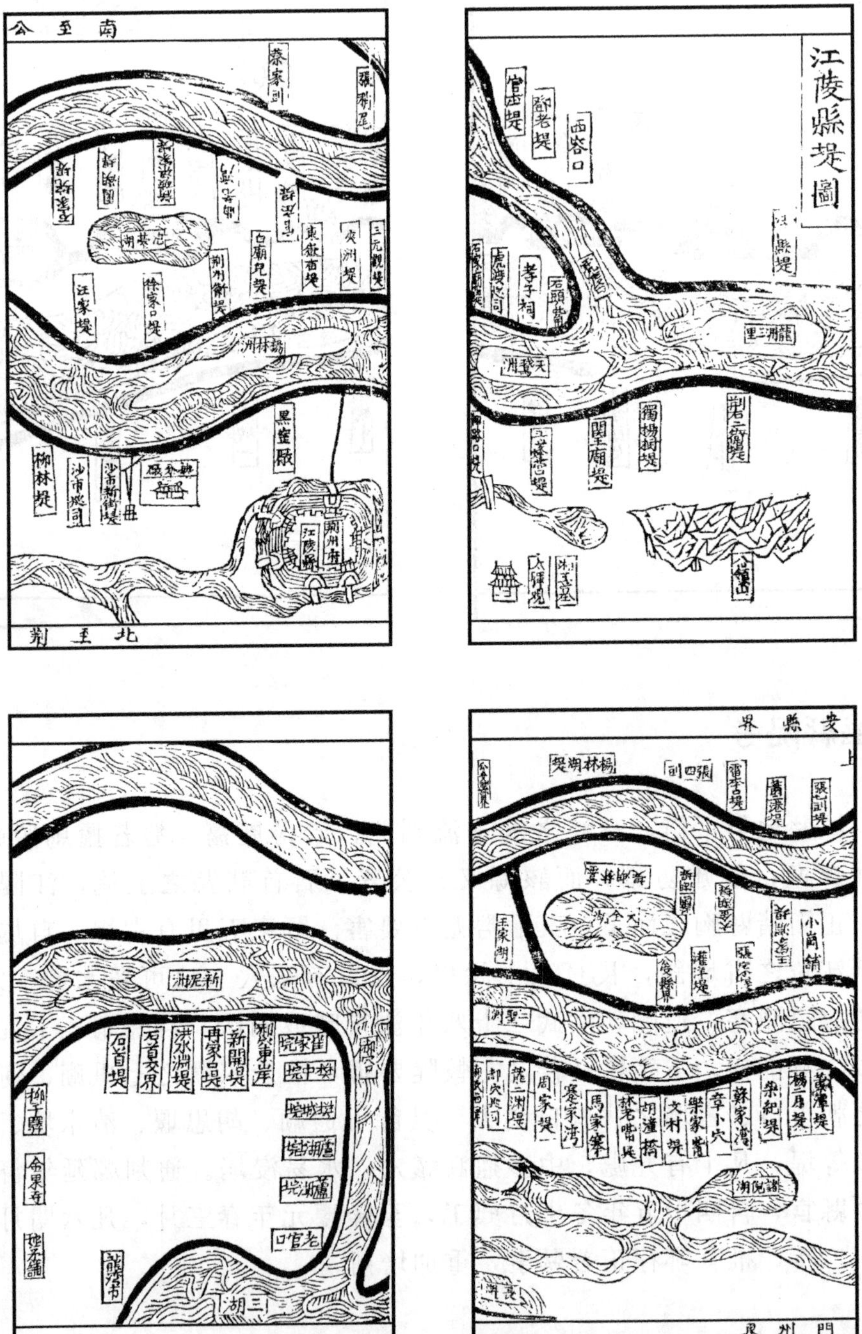
江陵縣堤圖
南至公
北至荊
安縣界
柳林堤
沙市巡司
黑窑廠
江家堤
徐家口堤
東嶽廟堤
白廟兒堤
荊州衛堤
三元觀堤
西脊口
郝老堤
孝子祠
獨楊樹堤
新開堤
再家口堤
洪水淵堤
石首堤
小嶺舖
周家堤
馬家寨
文村堤
楊二月堤

江陵縣隄考

按：該縣沙市，正古江陵地，陵阜自荆門西北來二百里臨江，正扼水衝，南有虎渡穴口分流入洞庭，北有章卜、郝穴二口殺流出漢口，而譚字湖、洪水淵、三湖等處俱爲湖渚蓄水地，故趙宋以前苦無大水患。迄元以來，沙市高陵半崩入江，章穴口復湮。遞我國朝嘉靖十一年，决萬城堤，水遶城西，决沙市之上堤而南。二十一年後，又以浮議築塞郝穴口，諸湖渚又多淺淤。三十九年，一遭巨浸，各隄防蕩洗殆盡。四十五年冬，篤臣偕荆州知府趙賢，通判鄭延年，推官王之垣、郇存正，知縣周渤屡，偏歷江南北决口，估議修挽，先後凡三歲。南岸起自古墻，至公安灌洋界，隄凡萬有一千五十餘丈，内有虎渡口枝河一道，至公安三穴橋夾岸枝堤，亦以萬餘丈計。北岸起自當陽逍遥湖，至石首洪水淵界，隄凡二萬三千四百餘丈，内有郝穴口枝河一道入龍湾市，河至監利界夾岸枝堤，又以数萬餘丈計。較其中堤最要害者，南則古墻、虎渡二處，北則萬城、黄潭、石頭口、楊二月堤、章卜穴、譚字湖、新開堤、洪水淵等處，俱當水直衝，勢難捍禦。各工興於嘉靖四十五年冬十月，至今歲春三月，工漸就緒。六月江漲，楊二月堤復决，即蒙三院嚴行該縣有司散穀募夫挽修鑿成其郝穴口，又詳蒙允議，於今歲春正月開通故道。以故各堤得不至潰决者，盖此穴之殺江流也。北岸堤長凡六十六名，南岸堤長凡一十五名。

公安縣堤圖

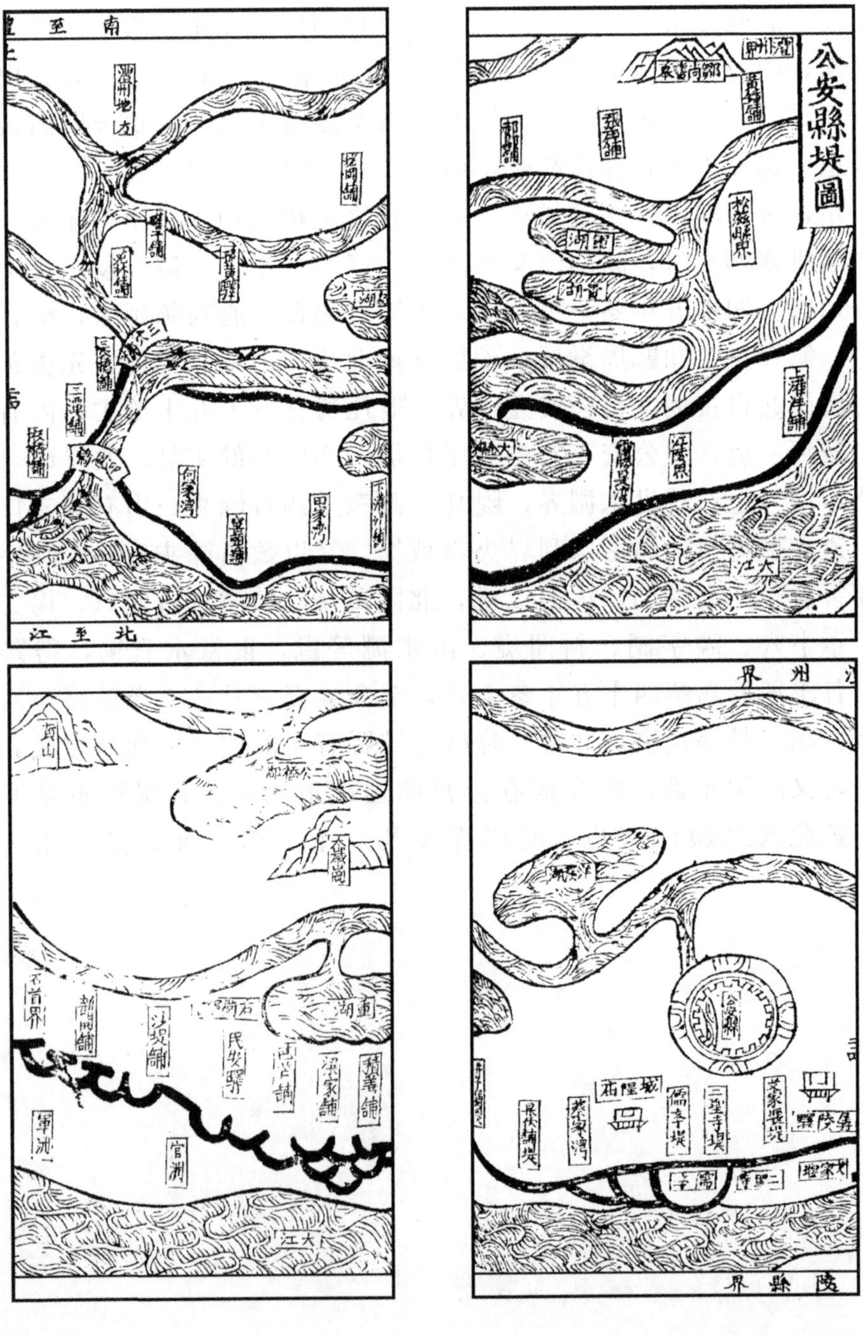

公安縣隄考

按：該縣東西廣一百三十里，南北袤一百一十里，地皆平曠。縣治舊在栽林街，因避三穴橋水患，移至江臯，勢若原隴。宋端平三年，孟珙築隄防以禦水，有趙公堤在縣東，斗湖堤在縣南，油河隄在縣西北，倉堤在縣東北，横堤在布政分司，後世傳為五堤云。至元大德七年，竹林港隄大潰，自是隄不時決。迨我國朝修築沿江一帶隄塍，西北接江陵上灌洋，東南接石首新開堤，堤凡萬有二千五百餘丈，其間雷勝旻灣、堽頭舗、艾家堰、竹林寺、二聖寺、江池湖、狹堤淵、沙堤舗、新淵堤、郭家淵、施家淵諸隄更爲要害。成化五年决施家淵，弘治年間决狹隄淵，正德十一年决郭家淵，嘉靖十一年决江池湖，三十五年决新淵堤，三十九年决沙堤舗，四十年决深淵堤，四十四年决大湖淵及雷勝旻灣，四十五年崩洗竹林寺，隆慶元年崩洗二聖寺，二年决艾家堰，水患殆無虚歲。縣境内有軍湖、貴湖、紀湖、重湖、大金、洋溪諸湖，惟大金一湖通虎渡枝河，江漲湖溢，毛穗諸里軍民常苦之，知府趙賢會同通判鄭延年、知縣錢匡之徧歷大江枝河決口，募夫修築。自四十五年冬十月至隆慶二年冬十二月，凡二載，各工就緒，堤長凡二十六名。但縣治城垣内湖外江，勢甚危迫，儒學復在城堤外，學宫去江不数十步，北岸文村洲江流正激射縣城，恐遷徙之計，不可不預圖耳。

石首縣堤圖

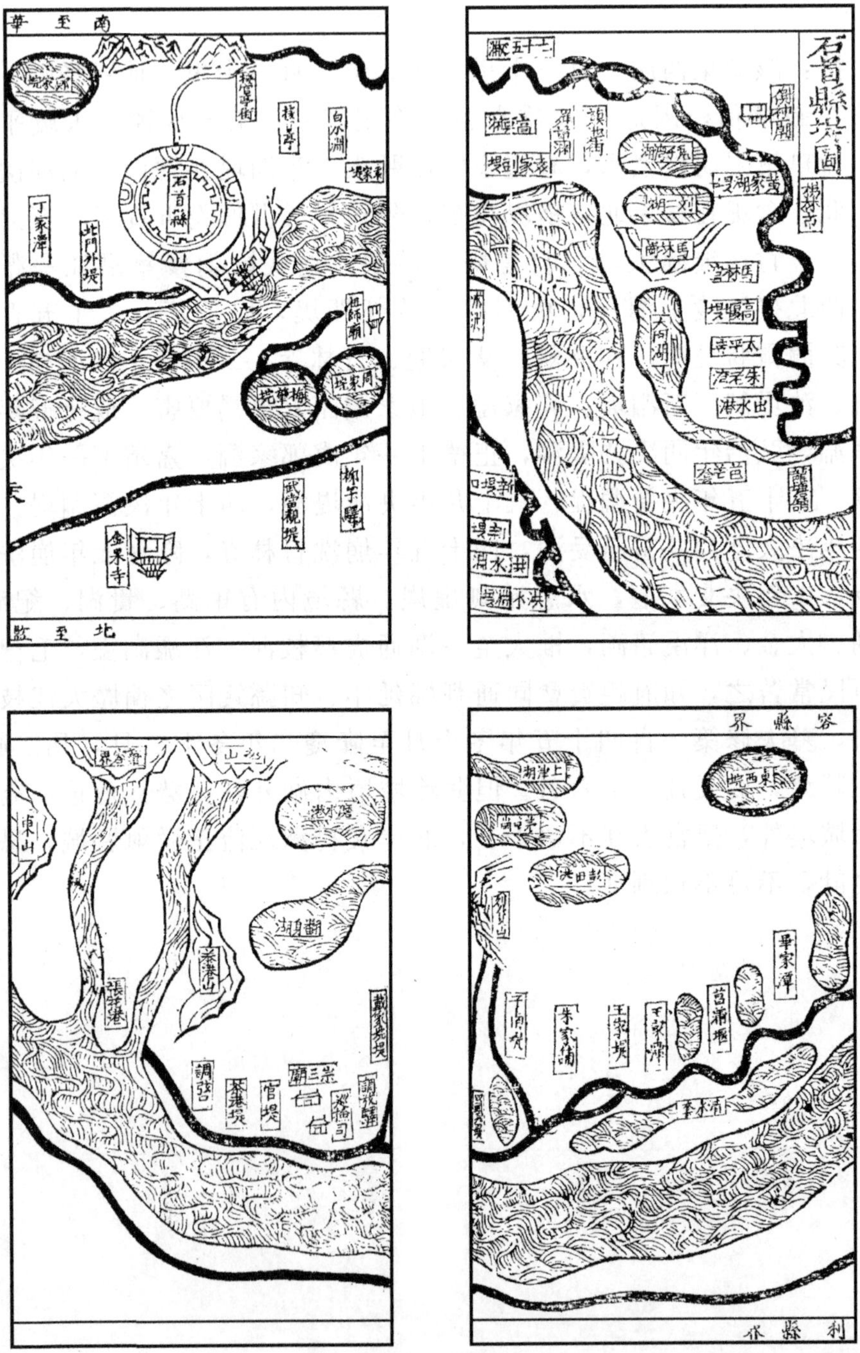

石首縣隄考

按：該縣東西廣三百八十里，南北袤一百里，俱夾江南北，而縣治一面濱江，勢復下隰。自元大德七年決陳瓮港堤，薩德彌實挽築，再築黄金、白楊二堤，護之不一歲，陳瓮再决，趙通議始開楊林、宋穴、調弦、小岳四穴，水勢以殺。迨我國朝，四穴故道俱湮，堤防漸頽。嘉靖元年决雙❶。

監利縣堤圖

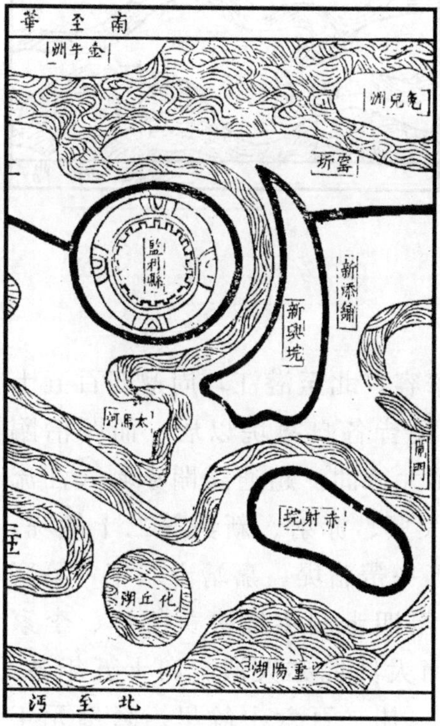

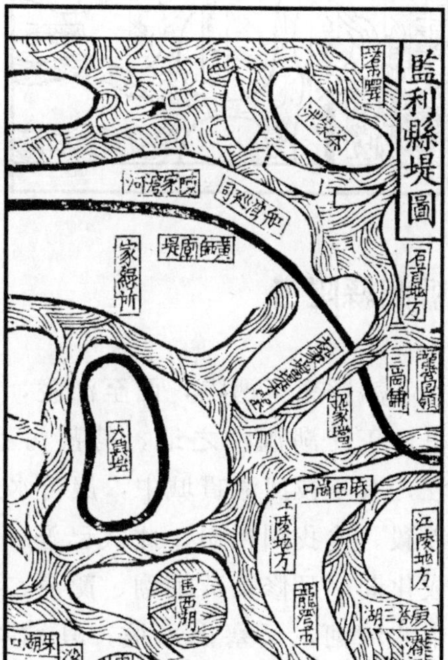

❶ 以下底本有缺失。

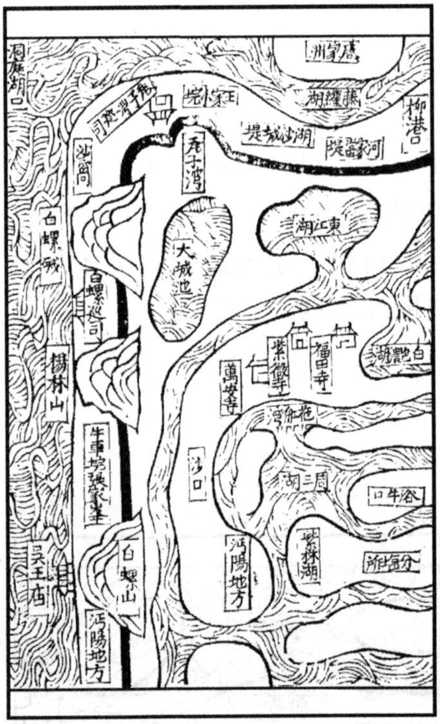

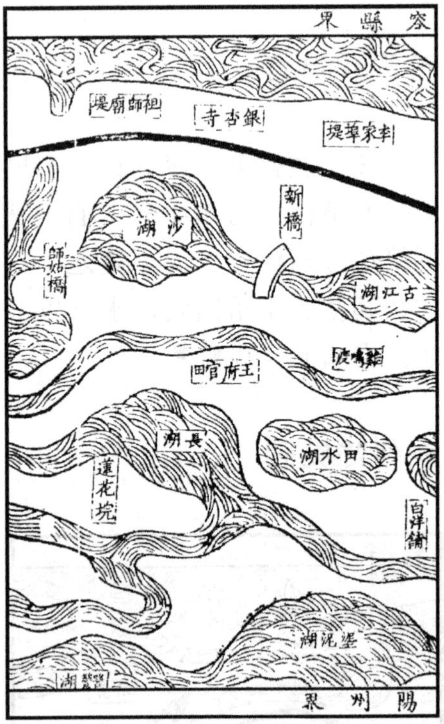

監利縣隄考

該縣東至沔陽，西至江陵，南至華容，北至潛江，周遭四百五十里，正江湖滙注之地，勢甚汚下，鄉民皆各自築垸以居，而縣治臨江，有一枝河流貫城中，歲苦水患。元大德間，趙通議開赤剥穴江流以殺。迨我國朝初，此穴已湮，乃築大興、赤射、新興等二十餘垸。成化間，又修築黄師廟、龍潭、鼉淵等一帶諸堤。嘉靖十八年，築塞十八灣河，又塞祝家壋，其壋隨决。至四十四年堤决黄師廟、李家埠、何家壋、文家垸、金沙湖諸堤，而大興垸亦大潰。四十五年冬，知縣殷廷舉督修，自龍窩嶺至白螺磯，凡二百六十餘里。隆慶元年冬，工始成，東堤長凡五十八名，西堤長凡二十二名。

漢江總會堤圖

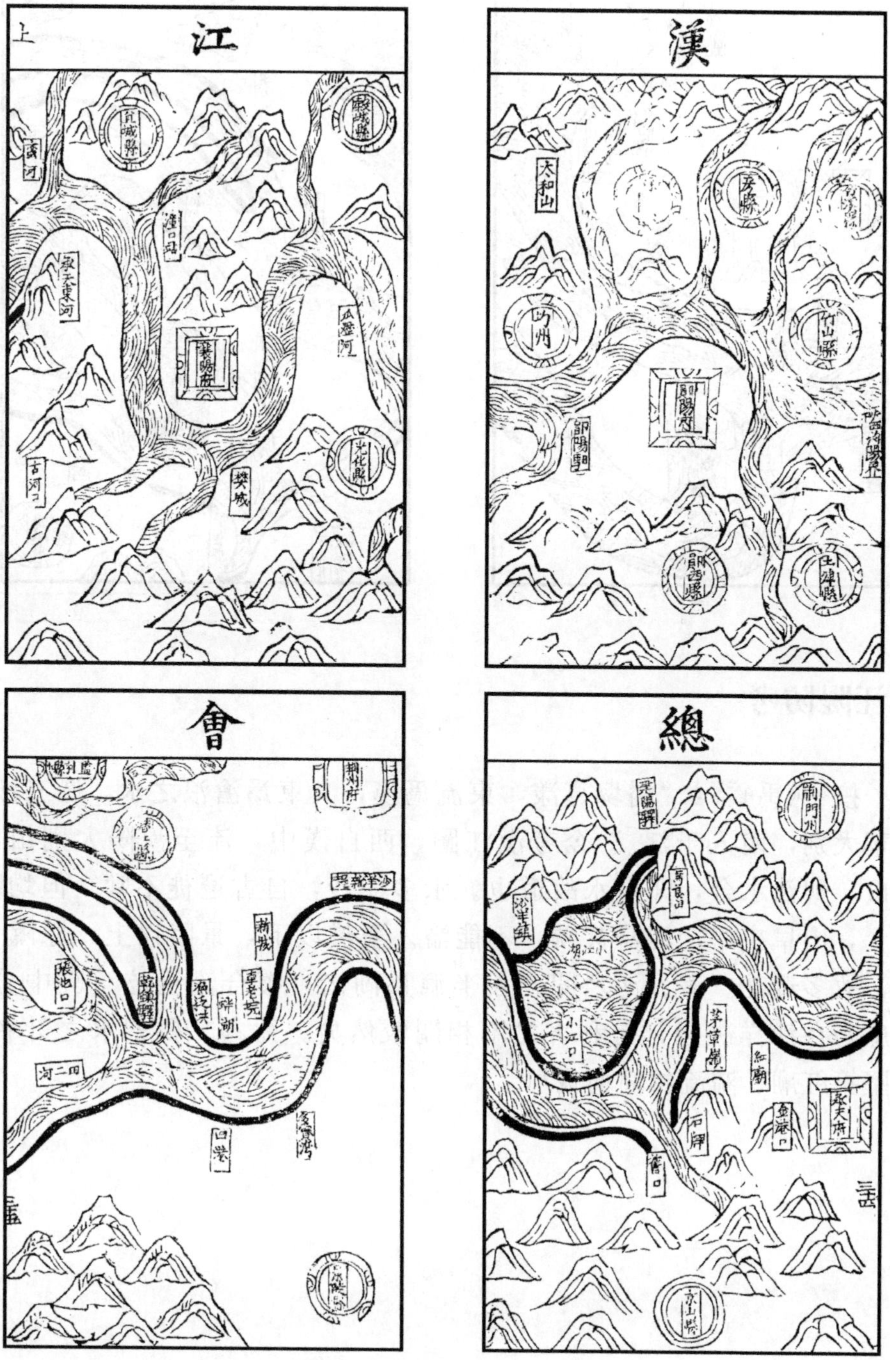
江
上
襄陽府
樊城
光化縣
瓜澄河
古河口
漢
太和山
均州
房縣
竹山縣
鄖陽府
鄖西縣
上津縣
會
總
荊門州
承天府
茅草廟
小江口
舊口
石牌
京山縣

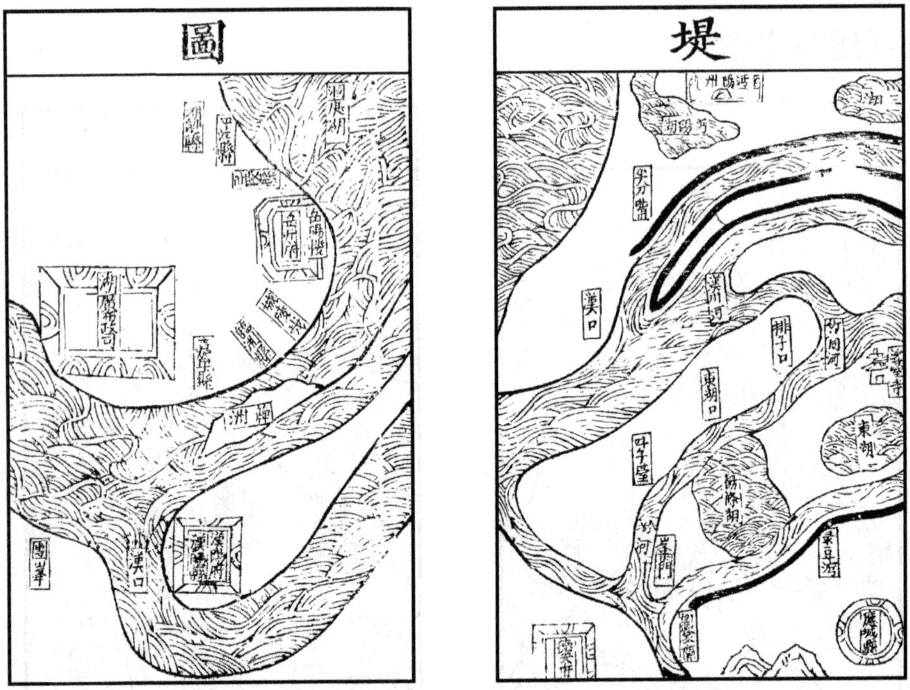

漢江隄防考

按：《禹貢》：“嶓塚導漾，東流爲漢，又東爲滄浪之水，過三澨，至于大别，南入于江。”今考漢江圖，西自漢中，流至漢陽大别山出漢口，與江水合，即漢水故道也。水多泥沙，自古遷徙不常。但均陽汉上，山阜夾岸，江身甚狹，不能溢。襄樊以下，景陵以上，原隰平曠，故多遷徙。潛、沔之間，大半滙爲湖渚，復合流至乾鎮驛中分，水患乃在沙洋决後，是利害之不相關較然矣。欲為二縣禦水之計者，必堅築紅廟、疏流竹筒而後可。

鄖陽府〔堤〕圖

鄖陽府隄考

按：鄖陽郡，西北控扼秦豫，東南接連荆襄，四面皆叠山峻嶺，屬邑半依山城，獨郡治孤立川原之間，正當水衝，故上津、竹山諸縣雖臨漢濱，不必隄防，其水患衹在郡治，而禦水又以城爲堤，自古無大决害。至嘉靖四十五年九月九日，衝决東南門外土堤，城半崩塌，民多漂没。是年冬，知府介一清修築就緒。

襄陽府堤圖

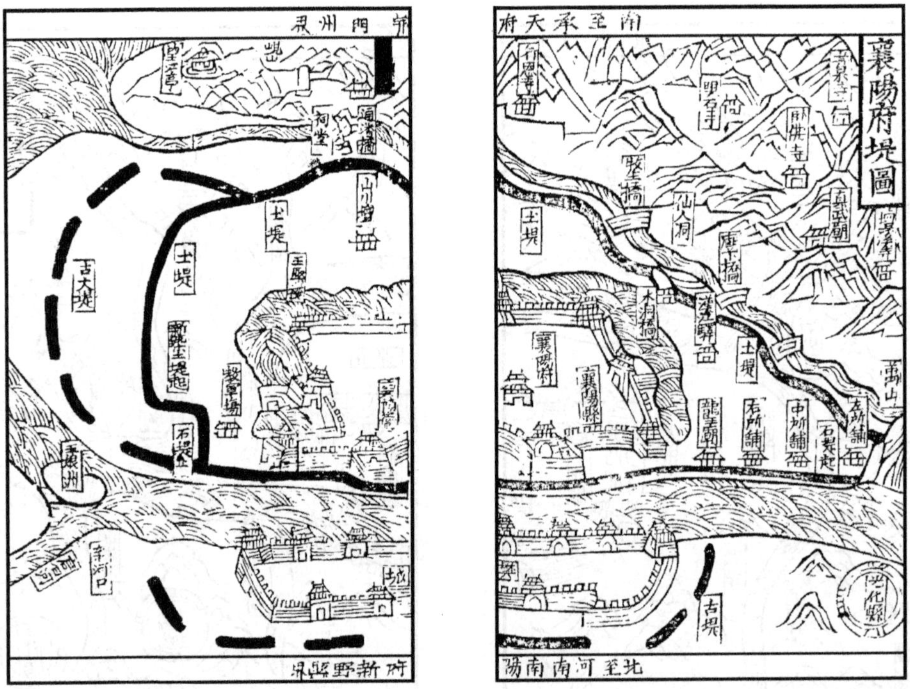

襄陽府隄考

嘗考襄陽，古有大堤曲，是隄防之設，自商周已然矣。後漢時，壽亭侯決水灌樊城以掩于禁，是漢水之爲襄、樊患最切要害。然我國朝以來，水流故道不溢爲災，故大隄漸塌，民多侵爲已業，而有司並無築堤慮。嘉靖四十五年秋九月十日，洪水四溢，郡治及均、穀、光、宜各州縣城俱潰，人民漂流以数萬計，而郡西老龍堤一决，直衝城南而東，故郡治之患為尤甚。分巡道副使金世龍、秦淦、徐學謨暨篤臣以署道事，先後條議，詳蒙三院允行，給發貤贖銀兩，行知府陳洙、同知何祥、通判高持、推官朱一松督修城堤，自四十五年冬十一月興工，至隆慶二年冬十二月告成。

襄陽縣堤圖

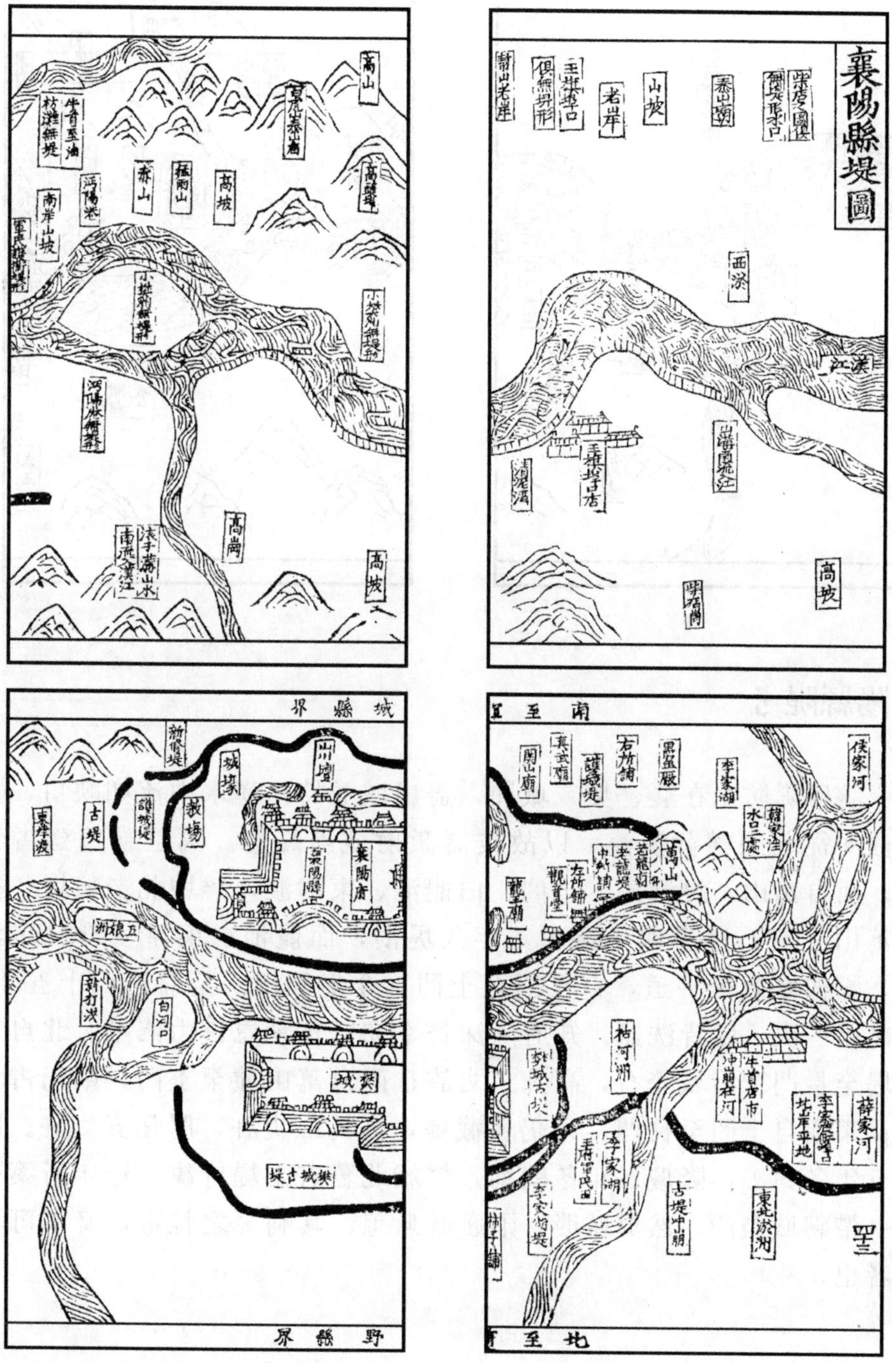

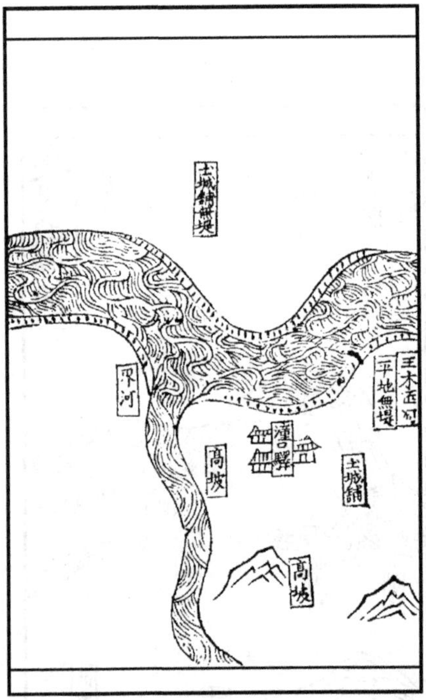

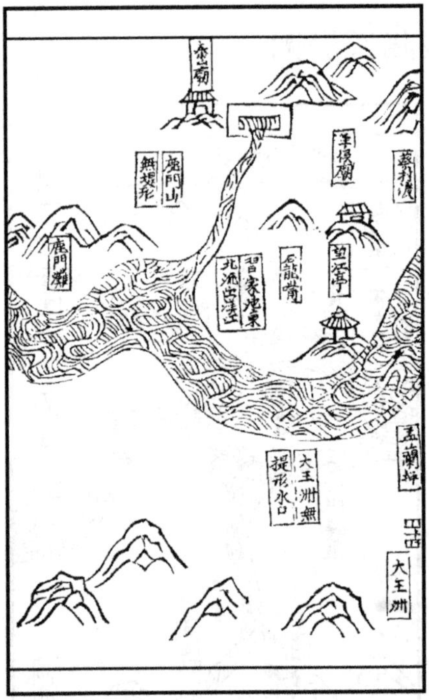

襄陽縣隄考

該縣隄防全在襄、樊二城間，盖二城並峙，漢水中流如峽口，且唐白河從北來横截漢流，以故波濤激射城隄爲患。篤臣嘗徧廵古大堤，西自萬山，經澶溪、土門、白龍池、東津渡，繞城北老龍堤，復至萬山之麓，週遭四十餘里，年久堤潰，而龍池、東津一帶又多浮沙，國初修截堤一道，自長門至土門，今半頽塌。至嘉靖四十五年，老龍堤一决，餘皆洗盡。知府陳洙督率知縣黄承恩併力修築，北自老龍堤至長門皆沿城甃石，高凡三丈許；南自萬山麓至土門，則仍古大堤；東南自土門至長門，則仍舊截堤，高凡二丈許，厚凡五丈許。四十五年冬興工，隆慶二年冬就緒。樊城北舊有土堤皆决，近年所築面江一帶磚城盡潰。然樊城潰，則襄城無恙，其利害之輕重，又不可不審者也。

宜城縣堤圖

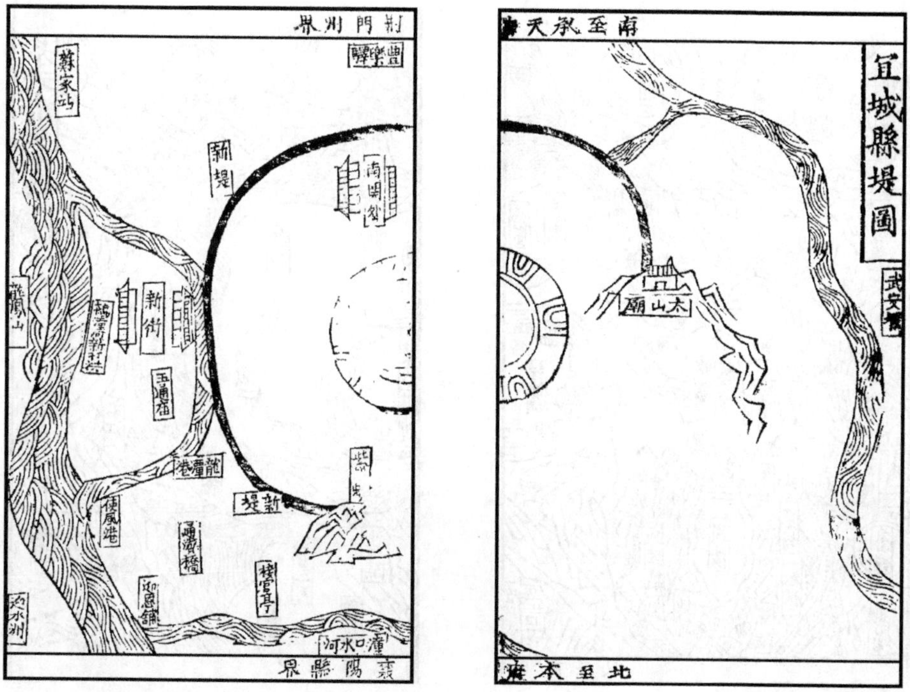

宜城縣隄考

該縣東至棗陽，南至安陸，西至南漳，北至襄陽，祇一面踞山，三面臨江，江故道遶龍鳳山而下，去城二十餘里，舊有使風、龍潭二港，接大江流灌入城壕，然未聞爲城患也。迨嘉靖四十五年九月江溢，直衝迎水洲而下，改從鴇潼河，新洪逼城五里許，又由使風、龍潭二港衝洗南北城樓，自此水漲徑撼城堤殆無虚歲。知縣張鳳起估議繕修，隆慶元年春興工，是年冬告成。二年冬議築使風、龍潭二港，父老皆謂港口不塞，城堤終難保障也。

承天府堤圖

承天府堤考

按：江故道逼近郡治石城而下，嘉靖初年徙，新洪遶沿山湾東，去城彌遠，水患日甚。考其故，在豊樂則舊有九龍灘、龍扒港、桐木嶺、金花、熨斗等湖之分洩，至石城則舊有城北湖、池河、殷家等河之注蓄，今皆淤平，軍民官庄，争墾爲業，而下流竹筒河復淤。下滯上氾，固一郡水患之原也。厲邑大半濱江，而受害甚者，北岸則鍾祥、京山、景陵之紅廟，南岸則荆門、潛江、沔陽之沙洋也。嘉靖二十六年以來，歲苦決害，守廵該道叅議鄭洛，僉事劉志伊、方新，暨篤臣以署道事，先後估勘條議，詳蒙兩院允發贓贖銀兩，行知府何子壽、同知曹子朝、通判張肅、推官胡邦奇募夫修築。四十五年冬興工，隆慶二年冬漸次就緒。

鍾祥縣堤圖

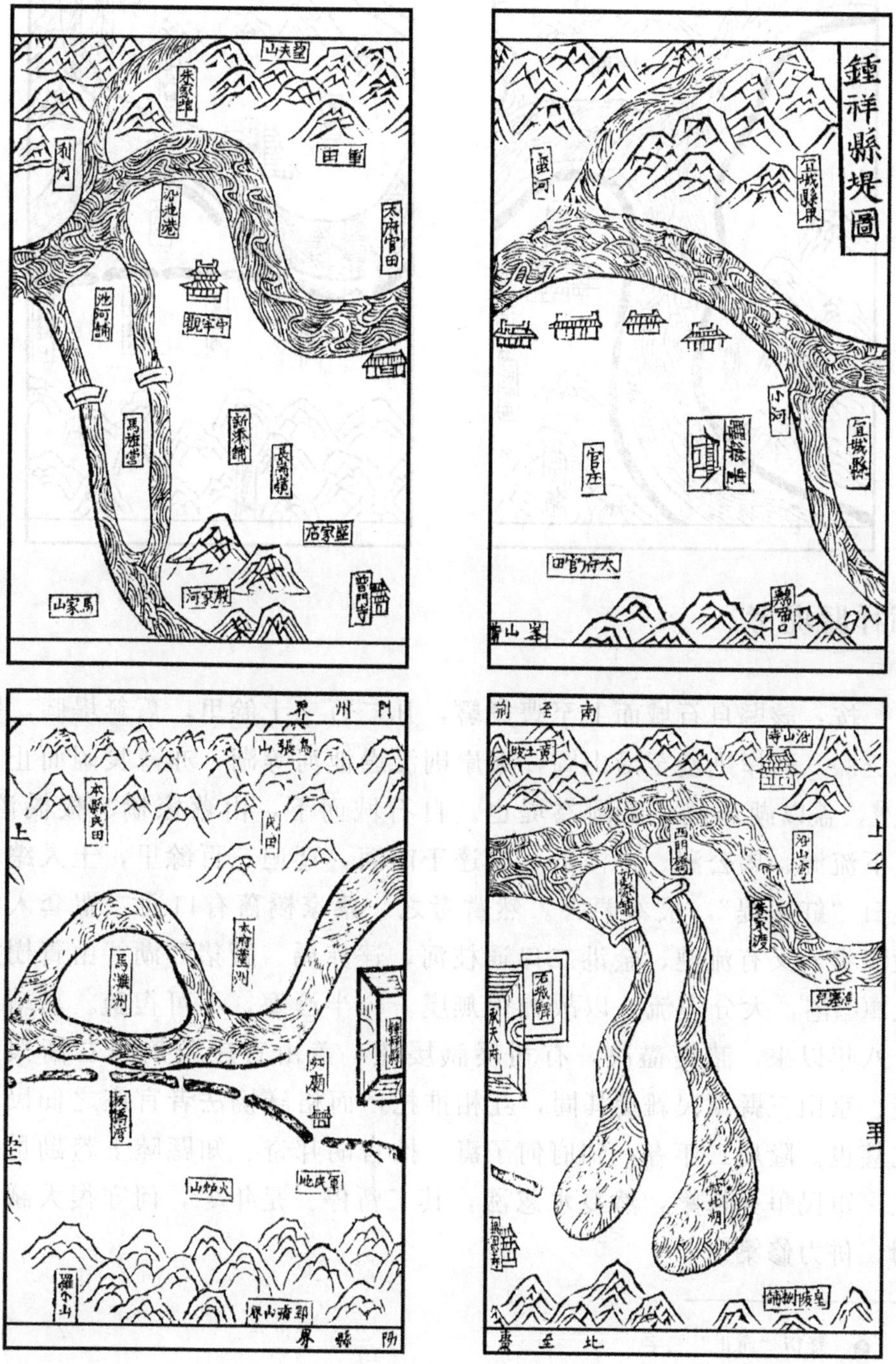

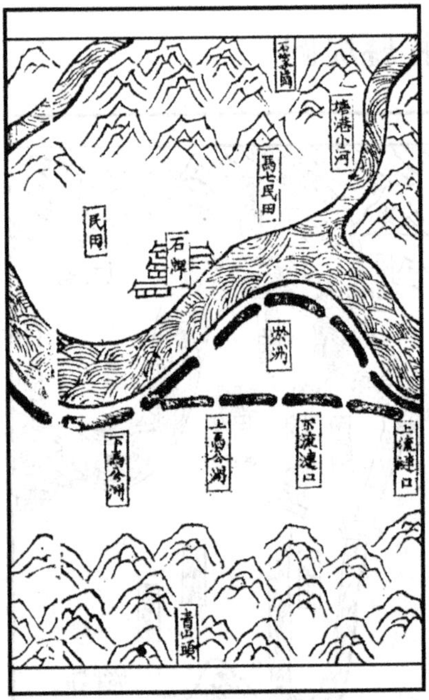

鍾祥縣堤考

按：該縣自石城而上至豊樂驛，凡二百二十餘里，舊無堤塍，每水泛漲，西岸則漫至沿山岡，東岸則漫過池河等湖，亦薄長岡而止而止❶，盖以湖為壑，以岡為堤也。自石城而下，由蔡家橋、板橋湾、上下流漣、馬公洲、小河口，以達于南河，迂迴三百餘里，土人總名之曰“紅廟堤”，最為要害。然嘗考之，蔡家橋舊有口通二聖套入湖殺漢勢，又有流漣、金港二口通枝河，達赤馬、野猪等湖，由青樹湾入軍臺港，大分漢流，以故堤得無虞。今半湮塞，不可復疏。嘉靖二十八年以來，諸堤盡决，有司屢議屢輟，盖由官庄及荆州右衞與景陵、京山三縣軍民雜處其間，互相推托，而格議撓法者官庄之佃民爲尤甚也。隆慶二年春，知府何子壽、推官胡邦奇、知縣陸士鰲勘量分工，軍民争先修築，然夏水忽漲，其工暫停。是年冬，何守復大議錢糧，併力修築。

---

❶ 疑衍“而止”二字。

京山縣堤圖

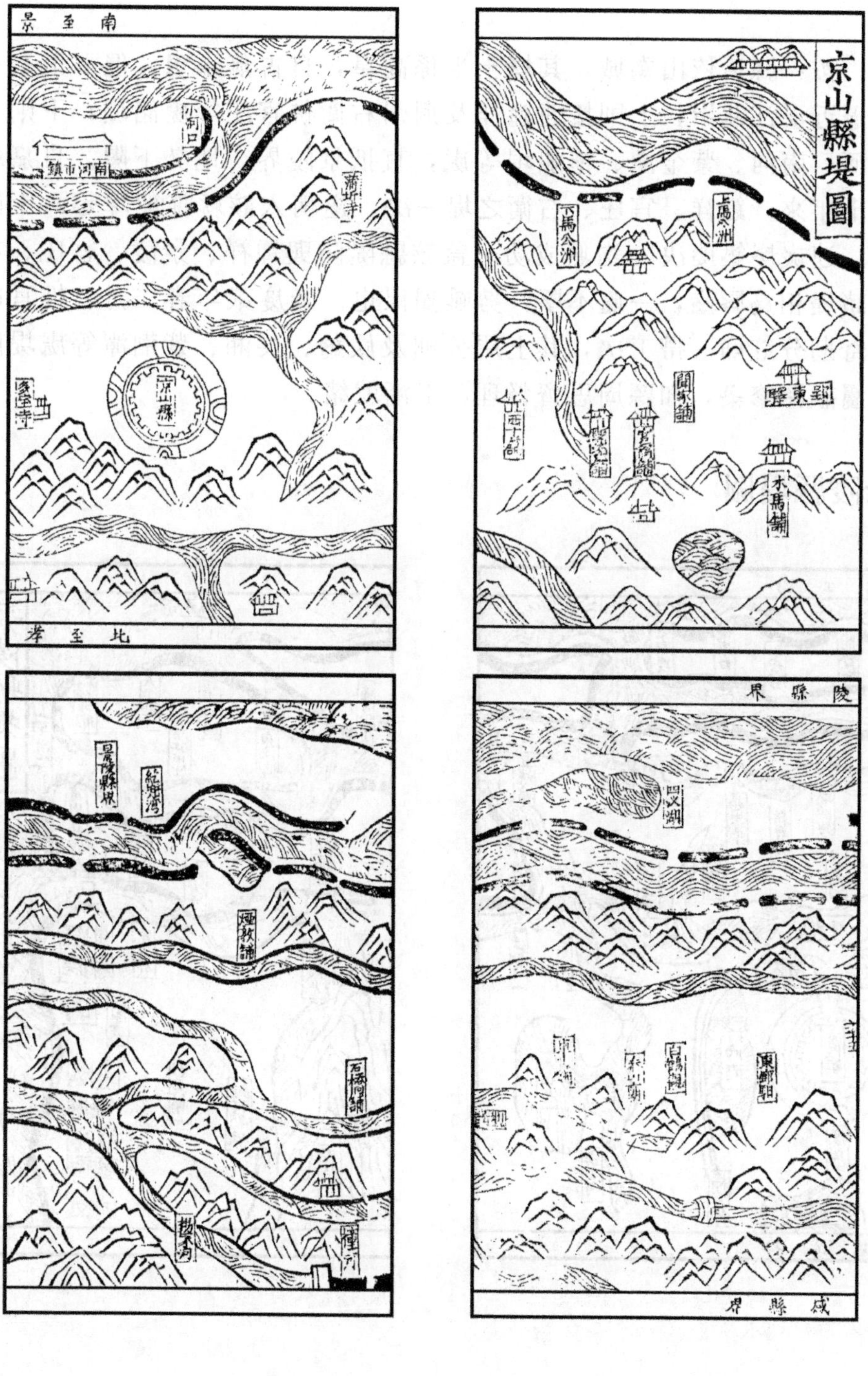

京山縣隄考

按：縣治依山為城，其境土半係高阜，自古無水患。但下里有一面逼近漢江北岸，上則接連鍾祥及荆州右衛併官庄等處諸堤，下則有小河、南河、紫金潭、拖船埠等處，直抵景陵界，地勢下隰。自嘉靖三十年來，鍾祥、官庄、右衛之堤一决，遂衝入該縣拖船埠等六十餘處，連歲屢築屢决，訖無成功。盖該縣隄防與鍾祥、景陵、官庄、右衛諸堤相爲唇齒，一處不堅，勢難獨保也。隆慶貳年春二月，推官胡邦奇勘分紅廟一帶工次，其上馬公洲及嚴繪、吴湘、紫荆潭等處堤防盡屬該縣修築，知縣周思齊督理，工漸就緒。

景陵縣堤圖

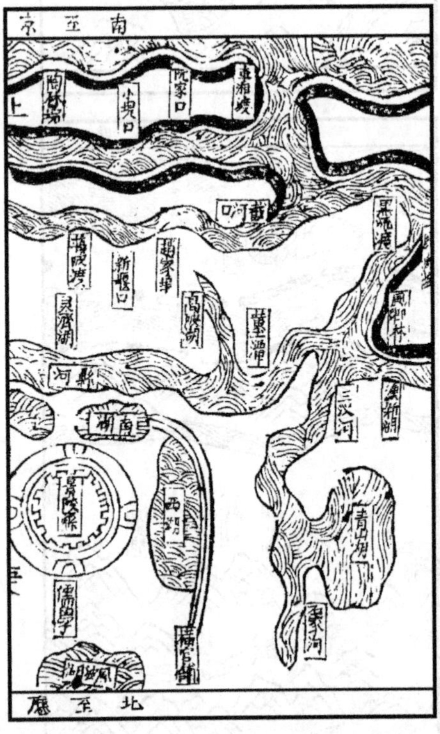

景陵縣隄考

按：縣治低窪，圍遶四汊、竹臺等湖，即《禹貢》“三澨”故地也。漢水至此分流，一由黑流渡經張池、竹筒二河分入漢川劉家隔者為正流，一由小河口經漁新河、中臺河、牛角灣出風門者爲枝流，二流會合，經雲口、蔡店並出漢口，此水故道也。嘉靖二十六年以來，四汊等湖半淤淺平，而竹筒河、牛角灣二處水道中湮，故縣治長苦水患，其最要害者，青山頸、林里澤、急走灣、上下洲河直衝縣治，抵楊林垸、灌海堰，則一邑皆爲水壑矣。又有嗒兒灣決口在潛江，而景陵實當其害，俱可慮也。隆慶二年春，知府何子壽估議興工，漸次就緒。

荊門州堤圖

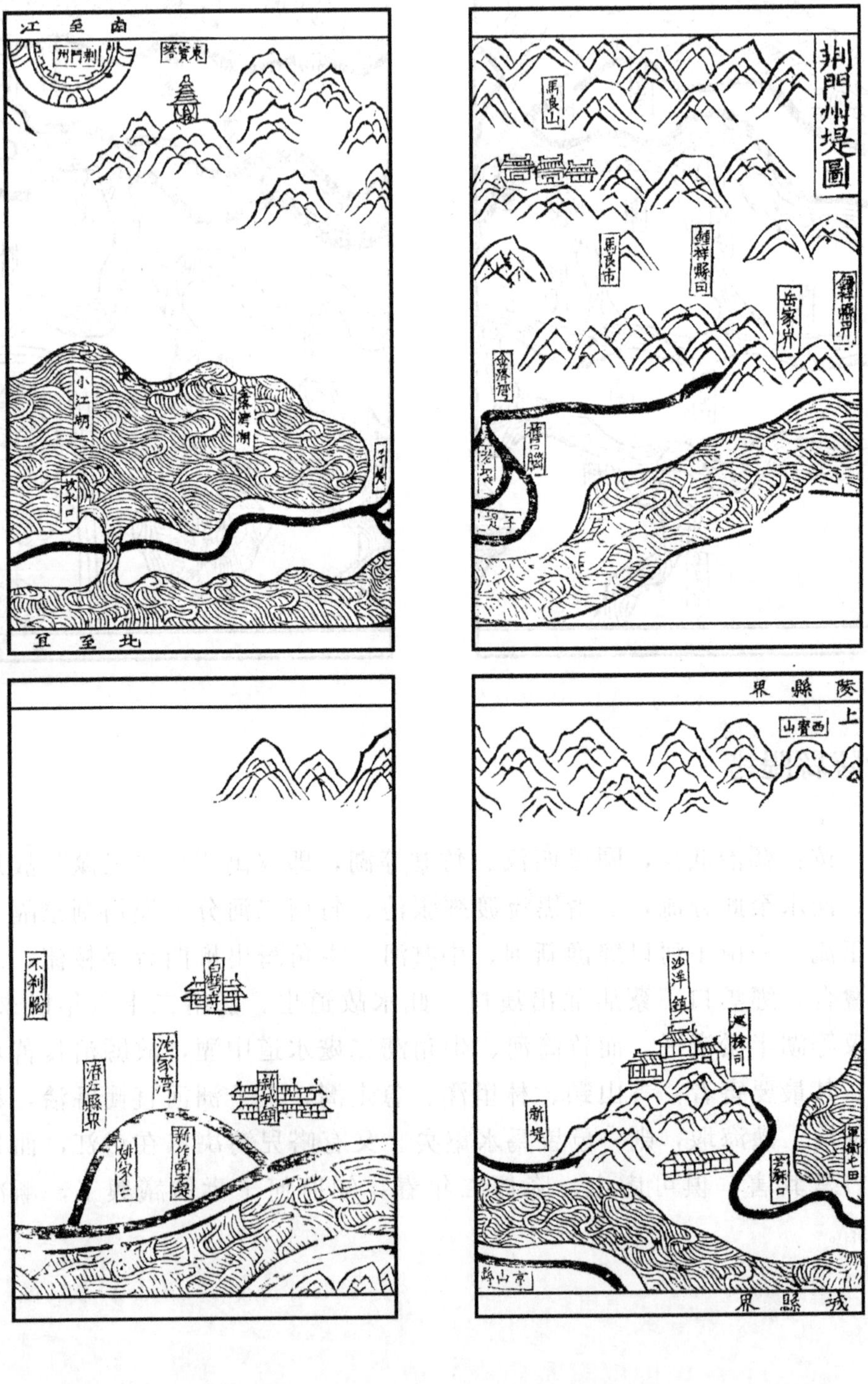
南至江
荊門州
東寶塔
小江湖
北至宜
荊門州堤圖
馬良山
馬良市
鍾祥縣界
陵縣界
上
西寶山
沙洋鎮
巡檢司
新堤
城縣界
白鶴寺
潛江縣界

荆門州堤考

該州堤防要害全在沙洋鎮一帶，夫此鎮控荆門、江陵、監利、潛江、沔陽五州縣之上流，漢水自蘆麻口直衝沙洋北岸。舊有堤接連青泥湖新城鎮，由沈家灣至白鶴寺不刹腦至潛江界，凡二十餘里，惟沙洋堤勢獨寬厚，軍民廛居其上。嘉靖二十六年堤決，漢水直趍江陵龍灣市而下，分爲枝流者九，以此五州縣歲遭渰没之苦。二十八年，承天有司官修築，議多異同，乃不塞舊决口，而退讓二百餘步，中挽一堤，反成水囊，北浪一入，勢難東廻，其堤不一歲再决。舊江身漸狹，南北相對止二十餘丈，决口東西相對約三百餘丈，反為正派，幾不可復障而東矣。隆慶元年春，知州應存性陳議，詳蒙撫院朋石楊公、唐岩劉公、巡院幼溪陳公、文川部公，先後奏留贜贖官銀，雇募五州縣民夫修築守廵，荆西道糸議鄭洛、僉事劉志伊、方新與，篤臣綜理稽核，荆州守趙賢、承天守何子壽、二府通判鄭延年、張肅估勘調度，是年冬十一月興工，二年春夏間唐岩劉公、文川部公親閲工程，是年秋八月告成，北岸自河家嘴至南岸新堤頭，長凡四百七十七丈五尺餘，闊凡十四丈許，高凡五丈許，當堤心鑄二鐵牛鎮之。此堤一成，淤沙日積，勢可永久。但青泥湖、新城沈家灣一帶堤甚矮薄，六月水决，沈家灣波流逆浸沙洋堤内，幸堤堅無虞，而唇齒之慮更宜預圖。且此堤與紅庙對岸，紅庙居民每遇水漲，多有欲盗决此堤以洩水者，故盗决河防之禁，尤不可少弛也。

潛江縣堤圖

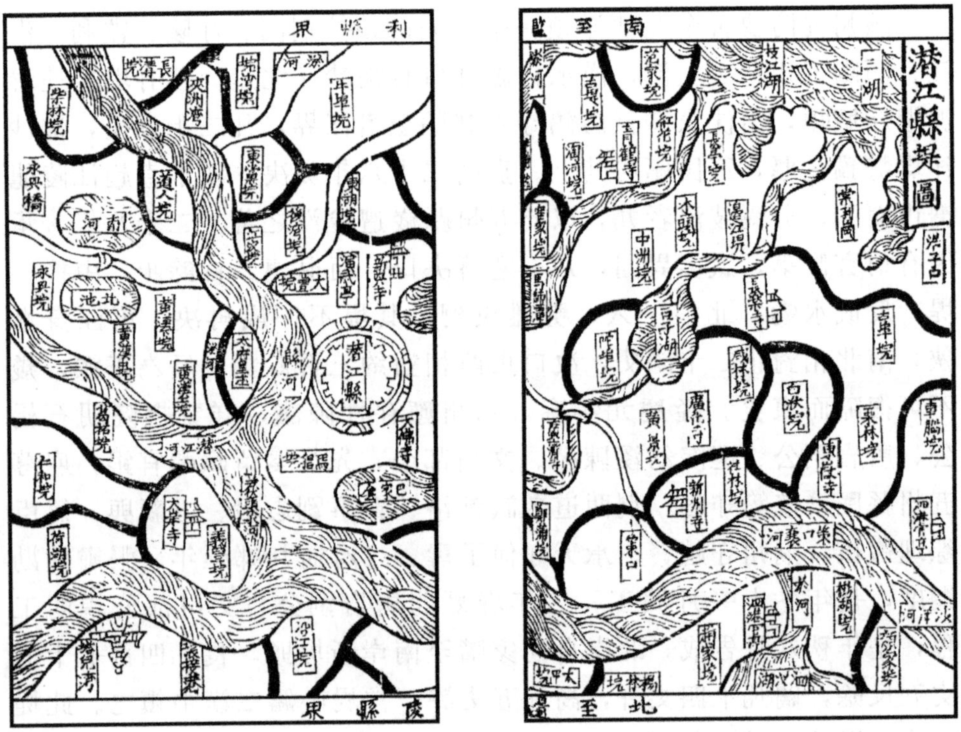

潛江縣堤考

按：《爾雅》云“水自漢出爲潛”，潛江之得名以此。宋乾德間，縣治在道隆鄉，後患水遷之斗堤，即今縣治也。周廣七百二十八里皆爲重湖地，民多各自爲垸，故南則淘河、牛埠，北則太平、馬猖，西則白洑、咸林，東則荷湖、黄漢等，凡百餘垸，俱環堤而居。五季時築花封、高氏等堤，至國初修築各垸堤塍，又有潭子湖、四港、年心口各枝河分殺水勢。嘉靖三十九年，諸堤半決，而枝河更多湮塞，民甚苦之。隆慶二年春，興工修築，漸次就緒。然有馬家垸一決口在景陵，而潛江實受其害，此又所當預圖者。

沔陽州堤圖

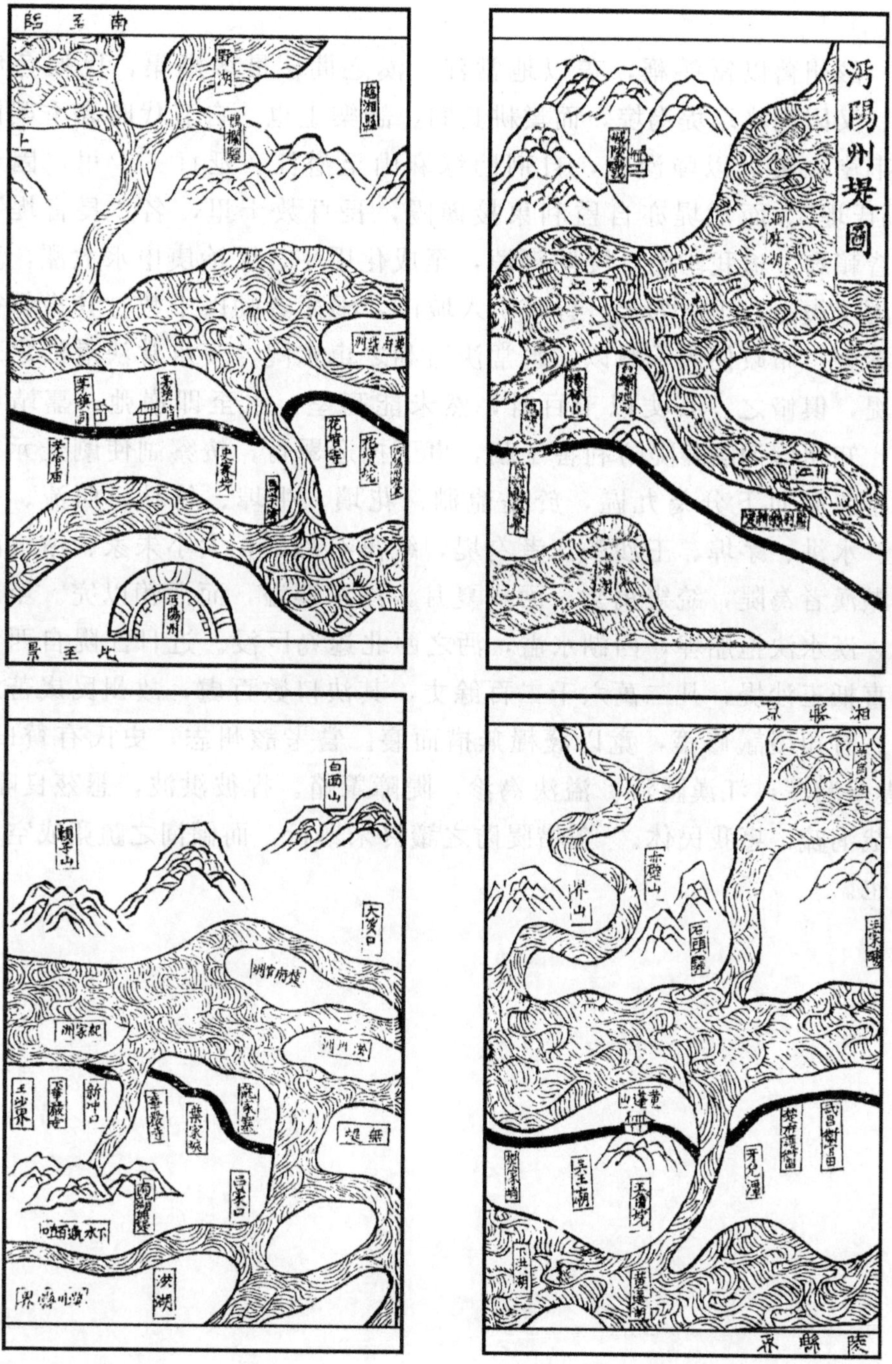

沔陽州堤考

該州舊以富饒稱，盖以地當江、漢之間，最多湖渠，民便魚鮮利。又因湖渚環堤為垸，而業耕其間，誠樂土也。自五代時高季興節度荆南，築堤以障漢水，自荆門緑麻山至潛江，延亘三十里，因名“高氏堤”。而江堤亦自監利東接漢陽，長百数十里，名“長官堤”，沔皆賴焉。迨我國朝，隄防漸潰，至成化甲午、弘治庚申水大漲，正德丙子復漲，丁丑如之，皆乘舟入城市，溺死者動以千数。其後都御史秦金、布政使周季鳳以江水常決監利之車木隄，漢水常決潛江之班家堤，俱脩之。其丈以千百計，然未能高堅，水至即崩弛。嘉靖甲申，知州儲洵疏陳隄防利害于朝，事下撫巡舉行，按察副使劇士元復建議龍淵而下分為九區，於是龍淵、花壙、牛埠、竹林、西流、平放、水洪、茅埠、王沙瀕江者為堤，統萬有餘丈，大小朱家、滄浪南池瀕漢者為隄，統幾萬丈。丙戌夏月，漢水連溢，而沔賴以完。至庚寅，漢水決拖船埠，西湖水溢，沔之西北遂為巨浸。近日江隄自西流窩直抵玉沙堤，凡二萬六千二百餘丈，其決口数百處，故州民歲苦水患。有司屢議修築，竟以錢糧無措而寢。嘗考該州志，史氏有賛曰：“雲夢瀦澤，江漢匯流。溢決為沴，隄障肇脩。捍彼洪波，惣兹良疇。傳哉洵疏，惠我民休。”盖惜隄防之議終未舉行，而儲洵之疏竟成空言故也。

漢川縣堤圖

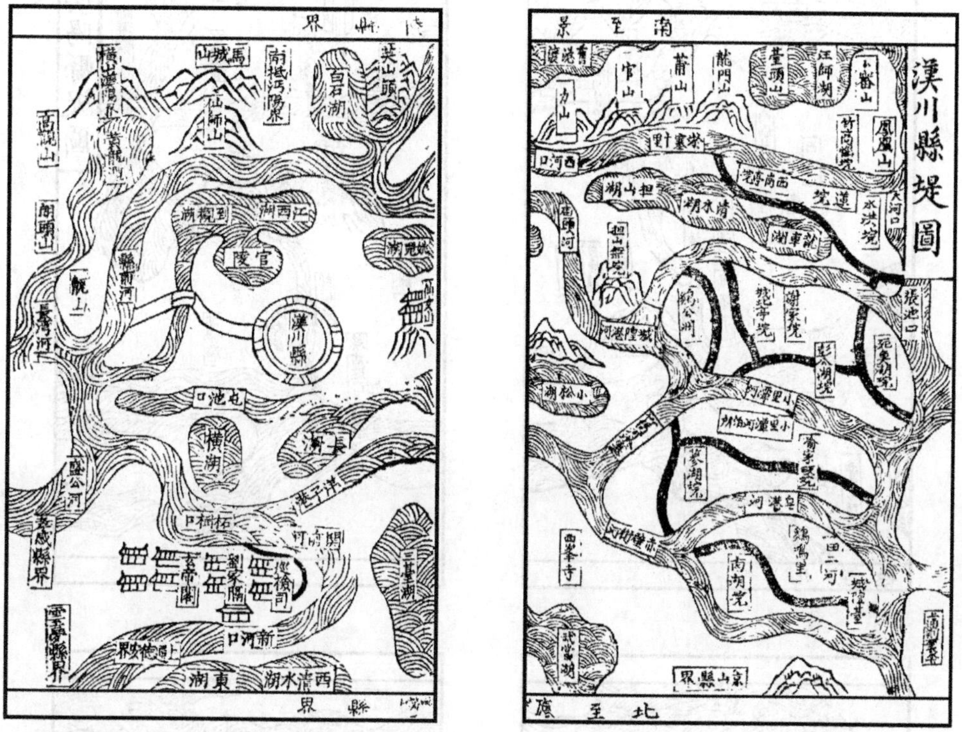

漢川縣堤考

按：該縣東至漢陽，南至沔陽，西至景陵，北至雲夢，正當漢江下流，故有長湖、横湖、觀湖、龍車、小松等湖以蓄水，又有城北南湖、魚湖、蓼湖、西崗、水洪等垸以禦水。且漢江至此分流，一由張池口經縣治，一由竹筒河出劉家隔，二水復合流出漢口，故無大水患。嘉靖三十九年，漢水大溢，各垸堤俱潰，而竹筒河中塞十五里許，其張池口江身又復淺狹，以故水多壅滯於鍾祥、景陵間，而劉家隔之估舶不得通於漢川，民亦病之。故欲治漢川之水患者，必以濬河爲先。

漢陽縣堤圖

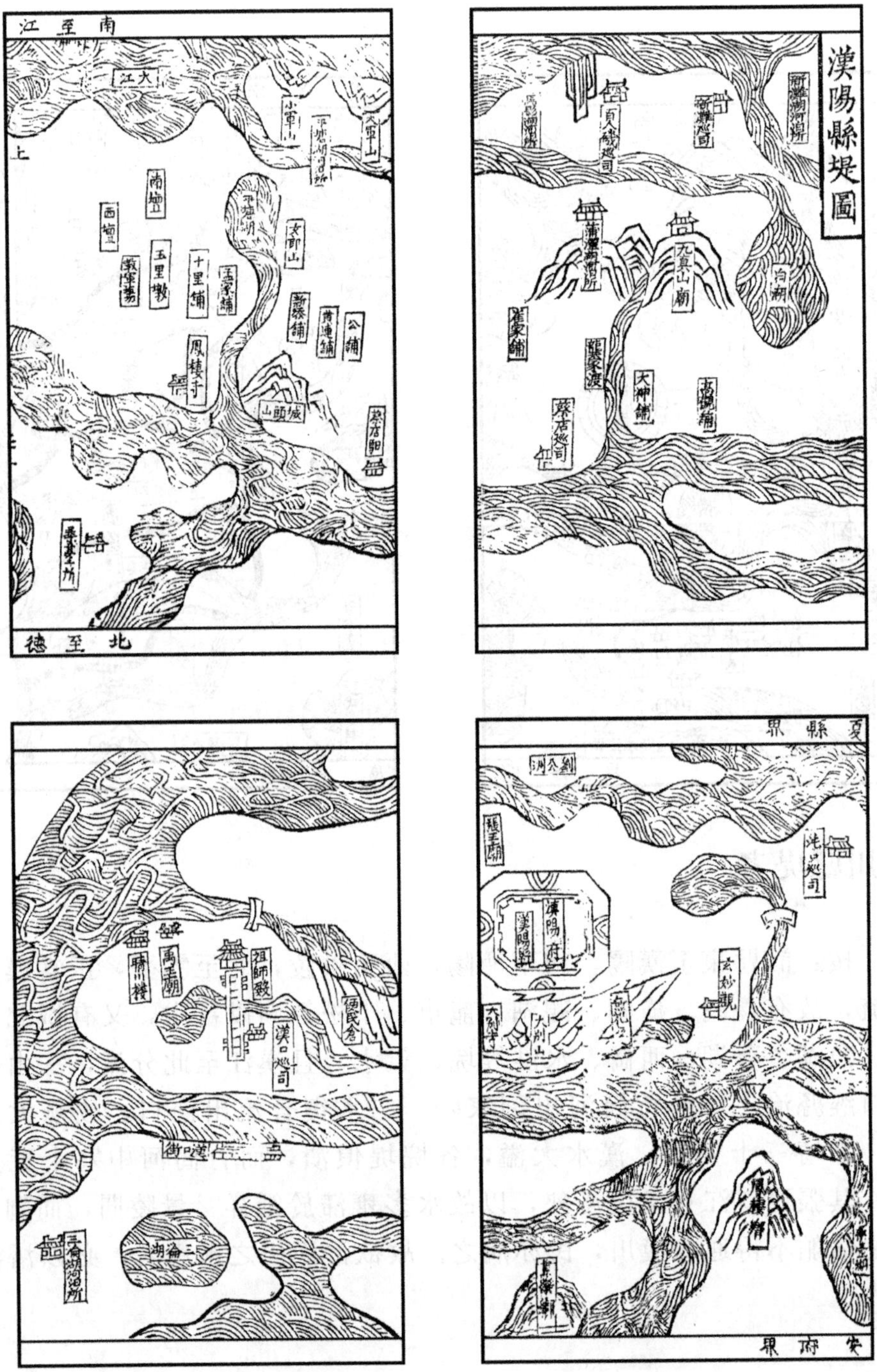
南至江
大江
小軍山
大軍山
女郎山
十里鋪
公鋪
鳳棲寺
城頭山
北至德
漢陽縣堤圖
九真山廟
大神鋪
蔡店巡司
祖師殿
禹王廟
晴川樓
漢口巡司
夏縣界
漢陽府
漢陽縣
大別山
玄妙觀
鳳棲寺

漢陽縣堤考

該縣舊有襄陽，在漢口北岸十里許，即古漢水正道。漢水從黄金口入排沙口，東北轉折，繯抱牯牛洲至鵝公口，又西南轉北至郭師古對岸，曰“襄陽口”，約長四十里，然後下漢口。成化初忽於排沙口下、郭師口上直通一道，約長十里，漢水徑從此下，而古道遂淤。且漢口雖爲漢水瀉流之地，但爲江水洶湧横截，其口流不能洩，復逆折而上。故太白、新灘、馬影、蒲潭、沌口、刀環等湖易以泛溢，而春夏水漲，郡治常苦浸没之患，其障禦全藉大別一山，故從來未設隄防。

卷之中

九江總會堤圖

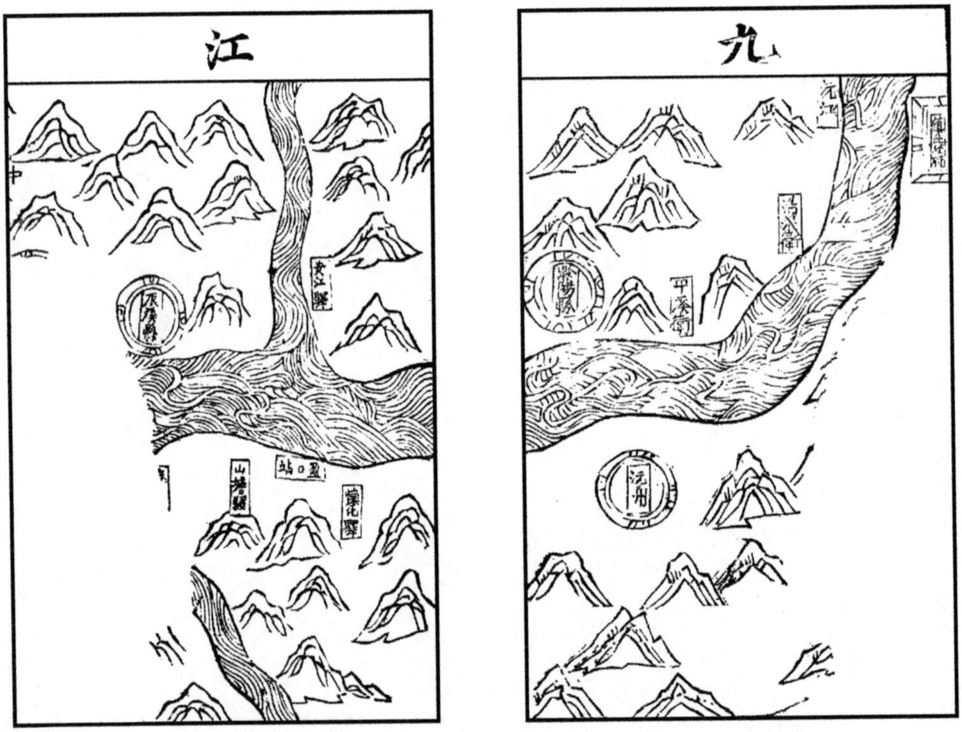

會

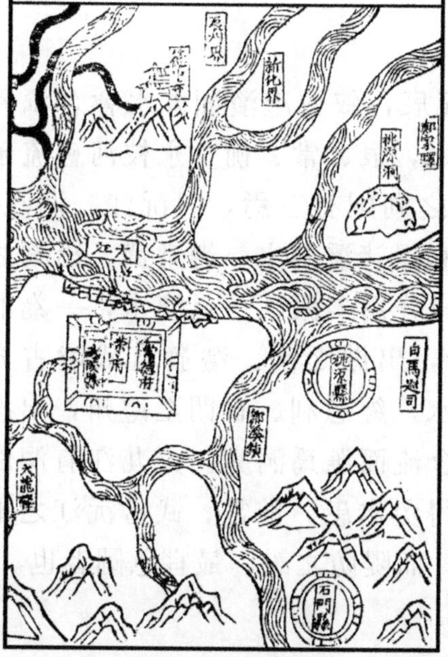

總

圖

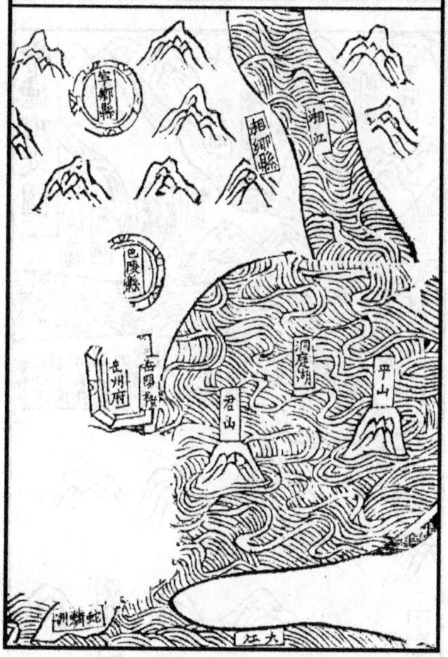

堤

九江隄考

按：《禹貢》九江孔殷，謂沅漸元辰，叙西澧資湘九水會合滙爲洞庭湖是也。今以國朝《郡縣志》考之，辰、常、衡、永枝河會流于洞庭者無慮数十水，而其會衆流而注之湖則有三焉，曰沅江、湘江、澧江而已。沅發自牂牁，經辰溪，合麻陽諸溪洞水，過常武，出湖之北。湘發自廣西興安海陽山，至分水嶺分爲二派，一爲漓水，一為湘水，至永州，合瀟水、汨羅，過長沙，出湖之南。澧發自武陵古充縣，東流過武水口，合焦溪、茹溪諸水，經慈利、石門至澧州，出湖之西。而漸、元、辰、叙、西、資共合流而滙爲洞庭。夫九江有洞庭以爲之壑，故沅、辰、衡、永、長沙得免水患。惟常、武當沅江之下流，岳陽當江湖之會合，故歲遭浸溺，而隄防之設，最宜急圖者也。

常德府堤圖

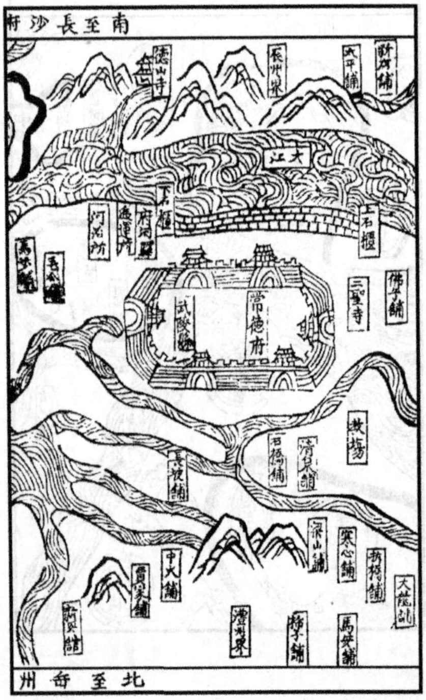

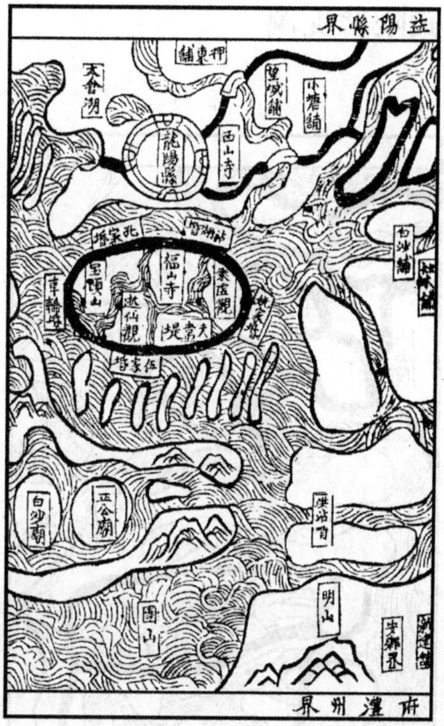

常德府隄考

按：郡治與武陵、龍陽二縣地皆濱江，自古苦水患。南朝齊永明十六年，沅、靖諸水暴漲，至常德没城五尺。宋淳熙十六年，没城一丈五尺，漂民廬舍。後唐同光初，沈如常砌二石櫃禦水以保障城垣，至今賴焉。元延祐六年，郡監哈㑳於府學前又砌石櫃一座，高二丈餘，而水勢以殺。迨國朝嘉靖元年，大水决隄防。十二年，江漲幾破城垣。三十九年以來，歲遭渰没。四十五年，知府葉應春建議修築郡治沿江一帶及武陵、龍陽二縣槐花、宿郎堰、大圍等堤，至隆慶元年春二月工成。

武陵縣堤圖

武陵縣隄考

按：該縣臨江多設堤防，故郡城清平門外有槐花堤，又有花猫堤，縣西十五里有南湖堤，又西三十里有皂角堤。嘉靖十三年俱決，知縣鍾鑾重修。縣西自南湖至河有趙家堤，又東九十里有宿郎堰堤，周廻九十七里一百一十步，廣、德二村民居之，俱知府歐陽恂方仕先後修成。三十九年以來，諸堤復決，知府葉應春估勘大修，宿郎堰堤修決口一十二處，計長二千二十餘丈；槐花、佛子、南湖等堤修決口二十四處，計長一千九十餘丈。其宿郎堰又有水堷二座，以便蓄洩，曰上堷、曰下堷，各長九尺、高六尺、闊五尺。四十四年秋八月興工，四十五年春三月竣事。

龍陽縣堤圖

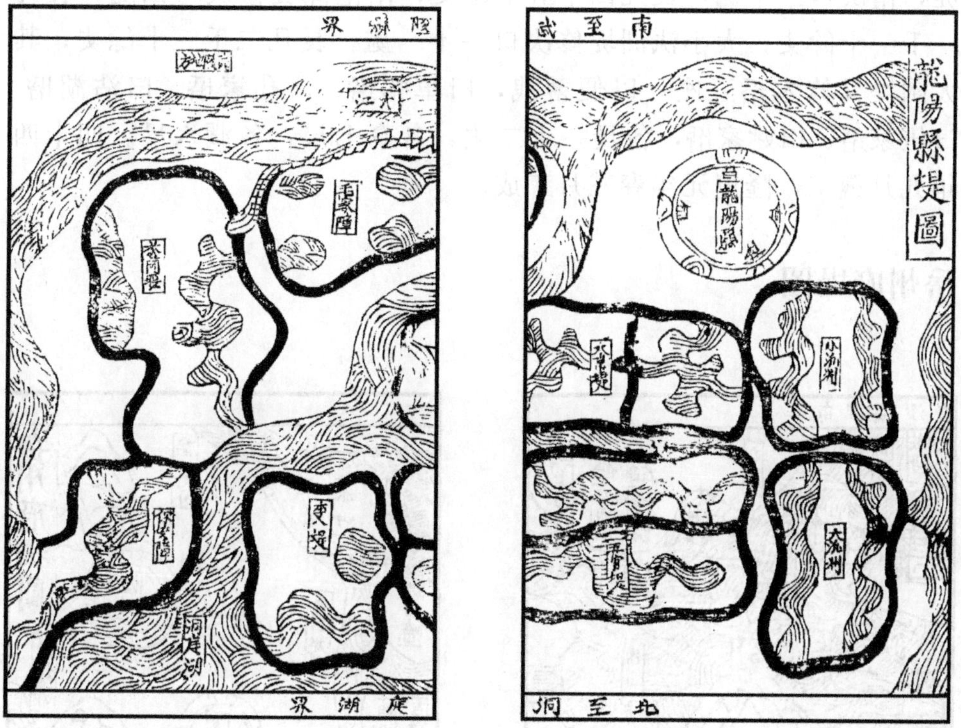

龍陽縣隄考

按：該縣北有大圍堤，周廻三萬五千八百餘丈，有孔家、車輪等壻五座；又北二十五里有李八堤，周廻二千八百餘丈，內有水壻二座；又北四十里有南港障，周廻五千七百五十餘丈，內有水壻二座；又北五十里有保障，周廻三千五百叁拾餘丈，水壻一座。縣西一里有河洪堤，三里有隄門堤；又西二十五里有小汛洲堤，周廻四十丈，內有業塞壻二座；又西四十里有大汎洲堤，周廻一十八百六十餘丈，內有江西金釵等壻四座。縣東十五里有肅公大堤；又灰步堤，周廻三千一百餘丈，内有范陽墖一座。縣南五里有新堤，東南半里有南城堤，五里有股堤。諸堤並設墖，居民得倚以耕種。正德十二年，灰步、南港障堤浸塌重修。嘉靖十三年，決大小汣洲及肅公、李八等堤，俱知縣薛炳重修。三十九年，諸堤復潰。四十四年，知府葉應春估議大修大圍堤，脩決口三十處，長凡四十五十餘丈；南港障堤修決口四處，長凡一千一十餘丈；大小汣洲堤修決口一十一處，長凡二千三十餘丈；其大圍堤又修木墖五座，以便蓄洩，曰車輪墖、曰孔家墖、曰沾湖墖、曰伍家墖、曰姚家墖，各長一十二丈，各高七尺，各濶六尺。四十四年九月興工，隆慶元年春三月工成。

岳州府堤圖

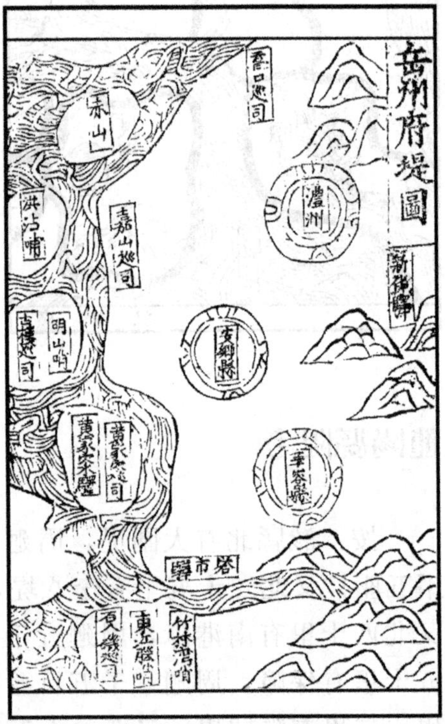

岳州府隄考

按：郡治城西岳陽樓一帶正臨洞庭湖，春夏水漲，淚濤撼城，勢甚可慮，宋滕公家築蝘虹一堤，自岳陽門西距金鶚之右。迨國初，堤漸崩洗，城漸退縮，近年移城於岡阜。至嘉靖三十九年以後，岡阜半摧，而懸城孤危，岳陽樓亦将頽塌，知府李時漸詳蒙兩院給發官銀，雇募夫役，取辦磚石，繕修城垣，自岳陽樓而南凡二百六十餘丈，城下築土隄以障水。分守道条政金淛、馮成能，江防道僉事屠寛、李惟觀，與篤臣逓相勘閲，自隆慶元年秋九月興工，二年冬十二月告成。其属邑臨湖，常苦水患者有四：安鄉、華容、巴陵、臨湘也。但安鄉四面皆水，勢難設堤；臨湘半依山城，猶可捍禦；巴陵隄防祗在江北諸里。惟華容四十八垸之堤，最爲要害。

巴陵縣堤圖

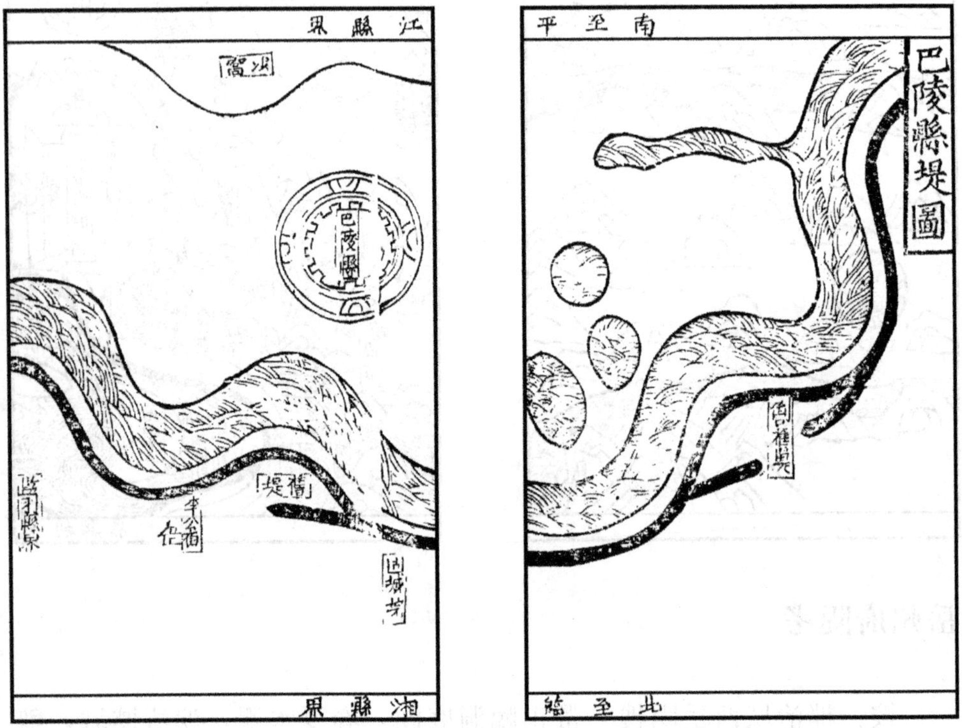

巴陵縣隄考

按：該縣正當洞庭湖沿滙之地，故有楓橋、白石等湖，又有南津、乾沙等港，湖水一泛，半没田廬。然東南諸里尚倚山阜，其最要害者：江南則有永濟一堤，自演武廳至城陵磯，係知府李鏡創築；江北則有固城垸堤，與監利接境。嘉靖三十九年諸隄俱决，隆慶元年知府李時漸、知縣李之珍修成。

華容縣堤圖

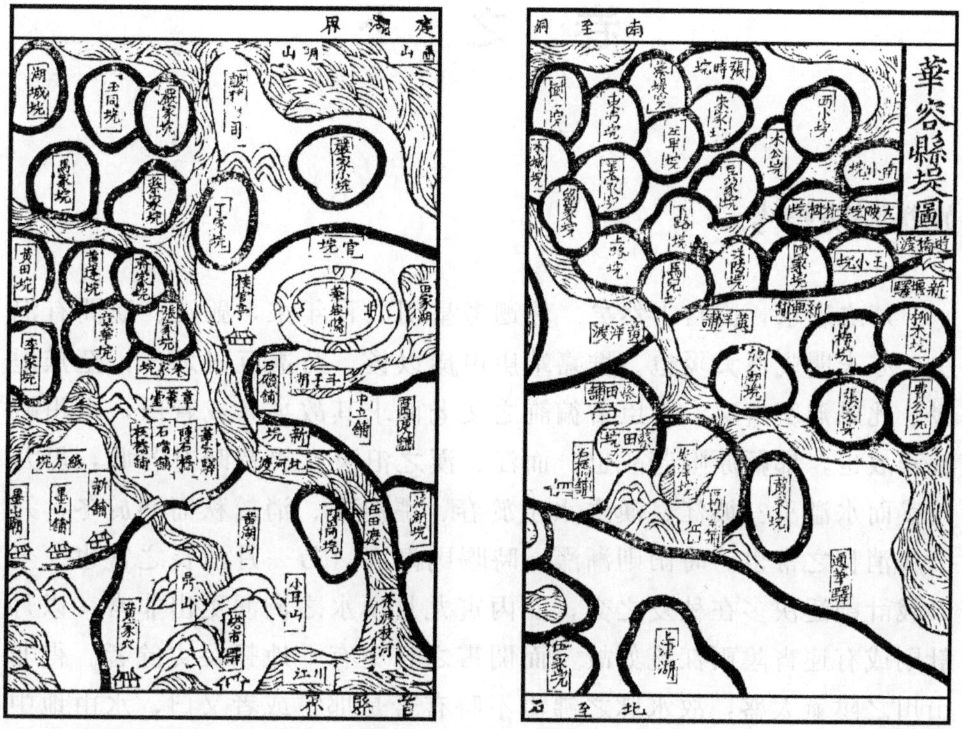

華容縣堤考

按：該縣北臨川江，南濱洞庭，中有斗子、漸城、褚塘、蘇池等，凡十有三湖。南北水漲，殆無遺土，非環土爲垸，而居民不能以旦夕安也，故南則有上路、木城、官垸等垸，北則有伍田、濤湖、安津等垸，西則有白梅、龔湖、蔡田等垸，東則有章華、黄蓬、紙方等垸，大小凡四十八垸。嘉靖三十九年，江湖水溢，諸垸堤盡潰，勢難盡築。其垸大最爲要害者，惟官垸、濤湖、安津、蔡田四垸，各周廻四十餘里，該縣錢糧半出其内。四十五年秋，知府姜繼曾修築，隆慶元年秋，知縣李炤、經歷冉夔重修，至二年春三月工成。

卷之下

修築隄防揔考

楚之患水，固自古然矣。然遡考皇明二百年來，雖江、漢間有氾決，亦未聞歲為大災也。惟嘉靖庚申歲以後，乃遭巨浸之害，至無虛歲。此果無所自耶？篤臣嘗徧詢之父老而求其故矣，或者曰，山川峙流若故也，郡縣原隰若故也，而江、漢之氾決大異昔時有若此，毋乃陰盛而水溢乎？彼江、漢之水生於春、漲於夏、消於秋而涸於冬，乃一歲消長之常也。時雨則漸漲，時暘則漸瀉，乃一月消長之常也。今以歲計則泛決多在秋夏之交，而丙寅九月漢水之洶湧更出非常。以月計則或有連宵陰雨江流如故，而開霽之日更有平地頓長丈餘者。得非山川之陰氣太盛，故水脉之沸溢不時有若是耶？或者又曰，水由地中行則不沸不騰，故先年江身淵深不測，正流並無壅滯之患，而諸湖停蓄甚廣，枝流又有注瀉之地，此水災之所以未甚也。邇來生齒漸繁，無以為業，凡深山窮谷、石陵沙阜，莫不芟闢耕藕，以圖收蒔種之利。然地脉既疏，則沙礫易崩，故每雨一番，凡山谷之泥沙盡入江流，而江身之淺澁、諸湖之湮平，皆職此故也。江淺則流漫，湖平則勢壅，水其有不為民患者哉！或者又曰，古之善治荊楚者必以治水為首務，善治水者必以隄防為上策。故襄陽大堤之曲，自古云然，而古人舉工更不為目前苟且之圖，此隄防之所以可垂久遠，而江、漢之所以不至大氾也。嘉靖庚申歲以前，堤尚無恙，惟此歲洪水為災，而数千里之隄防盡決，其決口甚廣且深矣，深則一簣不加終爲弃隄，廣則一寸不堅千里徒費，故不必異常之水即已渰没城市，而連歲漂溺之患可盡委之於天地之災沴耶？以此三説觀之，江、漢先後利害之原，大較已明矣。但君子不自諉於不可取必之数，而惟自勉於所可用力之地，今日求其可盡心力以捍民患者，惟修築隄防一事耳。夫修築之方略古已備矣，然散見于諸帙，不易考見，故篤臣會集荆州守趙賢、岳州守李時漸、承天守何子壽、襄陽守陳洙，備考古人營度之法，而糸以土俗布置之宜，逐一條議，詳蒙三院允行，而驗之已成之効可經久而通行者盖有十焉：一曰審水勢，二曰察土宜，三曰挽月堤，四曰塞穴隙，五曰堅杵築，六曰捲土埽，七曰植楊柳，八曰培草鱗，九曰用石甃，十曰立排樁。有司肯於此十法少加意焉，堤其有不可堅且久者乎！謹以十法考列于左。

一曰審水勢

禹之治水，水之道也，由其道而導之流，順其流而為之防，其機一也。夫水之流也，有直衝，有曲洄，有逆注，有順瀉，有急湍，有緩漾，故東洗者必西淤，下溢者必上湧。若築堤者匪審其勢而為之址，不將置工力於無用之地耶夫！水勢雖有曲直、順逆、緩急之不同，而最難禦者莫如直衝之勢，故議者往往見衝波蕩激勢難障禦，即退為曲防以避水怒，自謂得計矣。殊不知堤形一曲則内成水囊，故當水漲之時，狂瀾逆注，既不能順瀉，而更有颶風以激其怒，其有不潰隄而决者鮮矣。故荆州虎渡穴口之堤，先年愈退愈決，而近日直逼江口以遏水衝，乃得無恙。至如襄陽之老龍堤、江陵之黄潭鎮石頭口，正當江、漢奔騰之衝，而堤更溢薄勢甚孤危，然二百年來猶能峙立如故不至大潰者，盖能砥柱中流故也。若稍一退縮，則勢不可為矣。至若襄陽之土門、缺口、長門一帶地方，雖歲遭水患，要皆漢水之逆注緩漾者也。初議修挽舊堤四十餘里，竟無成工。而近日郡守陳洙審度地勢之遠近，外浮沙而内實地，舉修截堤，漸将就緒，盖又地勢之不可不退縮者也。他如順瀉之傾涯則堤勢宜迂，急湍之廻沙則堤勢宜竣，固有不可以一律齊者，要在順水之道而已，故築堤者必以審勢爲先。

二曰察土宜

制水者土也。土有黄壤，有白壤，有赤埴，三者皆真土也。外有黑墳，有浮沙，有塗泥，三者皆客土也。水急則泥沙隨水而汰其根土乃見；水緩則沙浮而泥沉，皆為無根之客土矣。故决口之下，必成深淵；深淵之外，悉為泥土。凡堤口接壤山阜者，則土近而力易；若湖泊洲渚之處，則土遠而工難矣。考之古人築堤者，不阻難，不憚遠，一遇决口，必掘浮泥，見根土方築堤基，其所加挽者，必用黄白壤，故鮮有浸漏圮塌之患。邇來有不盡然者，方其築基也，則仍舊淤地以爲址，及其培土也，又雜用泥沙黑墳之類，既非真土，則杵築雖力，必不能堅，故往往水至土鮮，匪漏即塌，又何能止堤之不决耶？如荆州之楊二月堤、承天之沙窩二處，屡築屡壞者，正坐此病。此“土宜”所以不可不辨也。

三曰挽月堤

江、漢之水雖行由地中，然洲渚有消長，故水道有開塞，数歲之間，遷徙不常，其勢則然也。夫水之所向，勢不可禦，雖数十里之遠，不旬月而崩洗殆盡。然洗在東涯則沙廻而西，淤在南塍則波漩而北，故往往古堤反抱江流者為水所齧即臨傾涯之上，勢極孤懸，若非重挽月堤以爲預防之計，則舊堤一塌，直瀉千里矣。雖有知者，何所用其力耶？近日艾家堰、楊二月堤之决，正以慮不出此也。故凡治水者，必先勘要害之地而預築重護之堤，盖用力於未壞之先易、用力於既决之後難，而較約所費，豈可以倍徙論哉！古云“勿謂何害，其禍將大”，此之謂與？

四曰塞穴隙

松滋有朝陰口，舊隄甚麗厚寬大，且荆棘叢祼，菁林蓊蔚，可禦波濤，偶爾水漲，未及堤之半而忽决矣。土人皆神其説，謂此地出妖物，能鑚土穴以開水罅，人伺捕之不可得。郡守趙賢行、通判鄭延年出捕令，凡能捕獲者賞穀二斛，土人即朝夕伺穴外，得之獻于官，視之乃貛属也。於是刈苴草尋穴口而掘得之者甚多。穴入土且深丈餘，漸将為積水之窟，以此知舊堤之忽决者，此物爲隙害也。且沿江一帶最多螻螘，循堤爲垤，窠穴其中，天一陰雨而土膏已踈解矣，江濤又從而激之，則浸水立透，而堤其有不決者乎？古云“河潰蟻孔端，山壞由猿穴”，信不誣也。凡遇秋冬水涸之時，行令各堤甲人等，盡撥草艿，徧察孔端，極抵穴窠而填築之。至春夏水漲之時，巡視堤内有水浸透者，即探其原而爲之防，則堤塍庶幾無滲漏之虞矣。此雖細故，所係匪輕，實不可以忽心視者。古云“涓涓不息，将成江河”，盖防微杜漸之深意也。

五曰堅杵築

夾江、漢之左右多淤謚地，其土膏元疏，間有黄白壤者，久晴則堅塊不相粘合，久霖則泾濘為行潦矣，雖堅築之，尚易鮮散，而况築之不力者乎！且古云“人作土工，盡力而杵，可堅入三寸許”，三寸之下，雖力大者必不能使之堅也。曩日築堤者，每覆土一二尺餘方用杵築，堤面雖平，而中則皆踈土也。當春風解凍之時，土膏盡散而虚隙已生，雖江水少長即不可支，而况颶風逆浪之排激乎！凡築之法有三：木杵不如石㮏，石㮏不如牛轢，牛一轢而土無罅隙矣。且如堤有一里許，必各分工次，人方齊力。然二工首尾之交，往往彼此苟簡，形雖連亘而土脉未相聯属，洪水一至，其有不擣虚而入者耶！岳陽有沿湖一堤，下接城陵磯東，每遇水漲即平洗其半，道路以阻，土人皆謂此患必不可禦也，故修之春冬，潰之夏秋，歲以為常。篤臣甚訝之，乃親驗其頽洗之處，皆由泥土漫覆，未經一杵，而稍加杵築者俱保無虞。以此益信，堅築之工，真匪細故也。

六曰捲土埽

嘗考治黄河有捲埽法，初未覺其為治水之良策也，近日試之於沙洋，始信其善。夫此法用之有二：塞决口為上，護成堤次之。盖江、漢之水一决，勢如山崩，聲如雷吼，故决口之深淵，必不可以丈尺計者。投之以石則怒激而流，湮之以土則排浪而散，固将何所措手足耶！至于沙洋决口，則尤為難塞者，江面横三里許，深不可以竿測，臨流望洋而思為填湮之計，必非捲埽法不可。盖埽以萑葦為衣，以楊柳枝為筋，以黄壤為心，以穀草為紼纚，因决口之深淺、水勢之緩急而為長短、大小者也。故沙洋所用者最長且大，始自南北之涯，下之漸捲而中，下埽一寸，則實土一寸，未旬月而南北堤成，各百八十餘丈矣。其龍口未合者僅三丈許，初視之易易也，繼而下大埽無数，一激浪而走如游龍，然人心披靡，莫可誰何。督工通判鄭延年、張肅設法採巨柳一株，圍合抱、長四丈餘，橫置於龍口之上涯，以短樁依巨柳排立於口外，編之以竹席以當水怒，復以舟載土入口内而下埽實之，舟沉埽定，千人齊擁之以土，而頃刻之間即斷江流矣。然則捲埽之法，不誠善哉！但漢江水自北來，而沙洋之隄南障之，其所慮者惟北風之排浪也，況堤方初成而土尚未實，北浪一撼而勢甚危矣。故必以楊柳枝為埽横棲於堤外，則可以禦波濤而堤無恙爾。然則欲塞决口而護成堤者，必不能舍此法。而時議有謂“治黄河法，不可以治江漢”者，亦非定論也。

七曰植楊柳

嘗考古人治黄河有植柳法，有編柳法，有卧柳法，三者皆固堤禦水之常策也。但編、卧二法間或行之，而植柳一法乃通行於天下者，盖以楊柳之根株可以盤結土址，而枝葉又可以眠恬風浪故也。篤臣嘗巡歷江漢之間，見楊柳所叢，浮苴棲焉，流沙積焉，積淤既久，非為高嶼，亦成平洲矣，而洲居之民又多繞廬舍而植者，雖甚水災，廬得以不徙，要皆植柳之效也。但植之非其地，更反有為堤害者，尤不可以不察爾。先年江陵之虎渡堤上一里許盡皆市巷廬廛，而有大梵宇當堤之要害，堤涯半古楊柳，一夕水至，悉衝没無遺址，併楊柳不知所届。一父老道其故，盖由堤上植柳，或有根株不固者，或有傾菑未剪者，為風所撼，土已成隙，而水復乘之，堤其可保乎？此虎渡所以浸决之原也。故植柳者必離堤丈餘方為有益，而徑植於堤上者反將為堤患矣。至於察栽培之時，宜防牛羊之戕害者，顧在有司一加之意耳。

八曰培草鱗

楚天四时最多風雨，故有堤甫成形，而連雨旬日，上成汙潦，左右成溝洫，而新土淋漓，遂将有冰解之勢矣，故土人相傳有培草鱗法。江皐之土多生馬蘭、芒茵諸草，土草相結甚堅，土人每塊取之方尺餘，鱗砌於新堤之左右，其諸草蓊欝若故，堤然以此風雨不能侵、波濤不能齧。至春氣發生之時，草株叢茂，土脉連属，而屹然一林箐之岡阜矣。荆南人謂之草筏，蘄、黄人謂之草楂云。沙洋新堤用此法，築一寸則培一寸，故雖盛夏凍雨之時，竝無淋漓冰觧之患。但沿江一帶，江陵、公安、石首地方多有浮沙，苴草不堪栽植者，故徃徃築堤，隨成隨頹，職此之故耳。然則護堤者，慎毋以小故而忽之。

九曰用石甃

嘗考常武郡瀕大江，自古苦水患，後唐同光初副將沈如常氏作二石堤，水乃不為災，俗呼為上、下櫃，至今賴之。又我朝夏忠靖公治江南，太湖、茆湖沿海一帶橋梁陂堰，俱用石甃，至今百餘年來，湖水迭漲而橋梁陂堰如故。至浙省錢塘之江涯亦以石甃，故當海潮之怒激，而堅久無虞，信有以也。但江漢地方，曠野多而丘陵少，縱有土陵，亦無石砠築堤者，每苦於取石之難，故因陋就簡，衹用土築，此隄防所以無数歲之固也，而誰能為百年計乎？夫夾江漢之郡縣，地将数千里，焉能一一甃堤以石耶？此固勢有不能也。但當衝波之要害處，若非石堤，必不能回水怒而障狂瀾耳。荆州舊日江水直向北洗，将沙市之街衢半傾入江，有司不得已，疊石作鎮流砥以禦之，不数年而此地淤成高阜，兹非用石甃之效乎！他如襄陽之老龍堤，荆州之虎渡、黄潭，岳陽之臨湖城堤，舊無石甃，徃徃衝洗，而近日俱以石疊砌，有高数丈、寛数尺許者，連歲雖水災非常，而石堤處所獨得無恙，然則用石之利較然矣。凡修築要害者，慎毋徇目前之易，而忽久遠之圖也。

十曰立排樁

沿江漢地方，每里各自為垸，潛、沔尤多，盖勢不得不爾也。地勢平衍遼曠，一寸水决，則千里受害，周遭四面皆堤，而人户廬舍耕牧於其中，故垸以外江漢之波必不可入垸以内，雨集之水亦不可洩，中間多湖渚陂堰，一值水漲之時，夾堤之内外盡為風濤所撼，而堤不可支矣。土人舊用排樁法，將大木長丈餘密排植於堤之左右，聯以綁纜，結以竹葦，故風浪可及排樁而堤得恃以不傷也。華容之安津、蔡田二垸，各周圍四五十里，而西南一帶，內依具澤，外泊洞庭，其堤勢甚危險而近保無虞者，用此法之力耳。若江涯險峻之處，又不可以泥此也，故備一法，以俟採擇。

護守隄防揔考

東南之防水，其猶西北之防虜乎！防水之堤塍，其猶防虜之邊墻乎！防虜者修築邊墻於春夏，盖以禦秋冬虜馬之馳突也。防水者修築堤塍於秋冬，盖以禦春夏洪水之衝激也。然不時整勑，猶有踈漏之虞，而況因循怠玩、漫不加意者乎！議者有曰：沿江漢郡縣之民，近被水災，不亡則徙，所存者亦無幾矣。然所存者又皆菜色之遺孑，雖終歲傭工，猶不可以作活計，而再驅之以防守堤塍，不將置之於死地乎？噫！嘗考之歐文忠公云："智者之於事，較其利害之輕重，擇其害少而利多者為之。"此確論也。譬之防虜者，驅困憊之士卒以赴修堡之工役，信有不堪饑寒之苦者。然視之戎馬剽掠之患、士女俘虜之慘，其利害相去，孰輕孰重？孰少孰多耶？篤臣嘗巡堤至枝江之百里洲、公安之大金湖、石首之藕池、華容之濤湖、官垸一帶，所見皆衰羸之孤獨蓬栖官堤，將有垂死者，而詢及脩堤一事，即張目控訴，似有趨事赴工之意，得非以土木之苦，猶有愈於魚鱉之災乎！以此知民雖至愚，其於較利害之輕重、多少為至審也，是故堤之不可不防明矣！然欲知防堤之法者，必先察堤決之故，故嘗詢之耆老，皆云堤決之故有三：有堤甚堅厚而立勢稍低，漫水一寸，即流開水道而決者；有堤形頗竣而横勢稍薄，湧水撼激即衝開水門而決者；有堤雖高厚而中勢不堅，浸水漸透即平穿水隙而決者。要皆修築既踈而防守復怠，故坐致此患耳。近日荆州有柳林堤，當江水泛漲，幾踰堤面，而郡守趙賢督同江陵知縣周渤，呼集土人，即培土為壋，計所不踰者衹分寸間耳，而堤卒得以無虞，以此知漫水之可障也。襄陽之老龍堤、松滋之朝陰口、公安之瑶頭舖，正當急流之衝，而諸有司培土甃石，卒殺水怒，以此知湧水之可禦也。章卜穴等處，偶爾水將透堤，已有漏痕，而有司即以土草築塞罅隙，堤亦得保如故，以此知浸水之可塞也。然則水決之患，果天数之難囬乎？抑人謀之未臧耶！然規畫不一難以齊衆，法禁不嚴無以懲玩。故篤臣會集諸有司，令各陳人情土俗之便，以為防範護守之計，逐一條議，詳蒙三院允行，而有司得以遵守畫一，盖有四焉：一曰立堤甲，二曰豁重役，三曰置舖舍，四曰嚴禁令。此外，仍有未盡事宜，固在有司官臨時酌處耳。而較其經久可行之策，槩不出此也。謹以四者之事宜，考列于左。

一曰立堤甲

嘗有数耆老具一詞為防隄之計，且曰江漢之堤，民命係焉，守隄之役，雖拮据竝作，妻孥從事，亦所不辭者，但恐堤甲之法不立，無以齊衆心而舉大工耳。故因查沿江郡縣，各舊設有圩長，護守堤塍，但所轄地方甚遼遠，至有週廻百里者。夫江漢之波，勢如山倒，故呼吸之間，利害立分，若以一夫而守禦百里之堤，何異以一葦而障狂瀾？即近日有司詢之輿情，更置一法。每千丈僉一堤老，每五百丈僉一堤長，每百丈僉一堤甲，凡堤夫十人，各依信地，立石為界。一應防堤事宜，官司責成於堤老，堤老責成于堤甲，堤甲率領堤夫守之。而有垸處所亦設有垸長、垸夫，其法與堤甲同。盖當冬春水涸之時，各廵視信堤，有卑薄者培之，穴隙者窒之，浸塌圮壞者挽而築之。至夏秋水漲之時，晝夜運土採枝，以俟風濤而禦之。故雖千里之遠，真如心之使臂，臂之使指，頃刻之間，可指顧而集也。但荊南、荊西地方多有軍屯、官庄及王府洲地，與民廛畆相襍。其軍屯原有屯總、屯甲，即以之防守屯堤，猶與民不相妨害也。至於官庄與王府洲地種辦人户，惟攘民之利而不供民之役，故往往阻格。堤甲之法不行者，皆此類為梗也。近蒙三院嚴申法紀，不論軍民、官庄、王府，凡受利者各自分堤若干丈，凡守堤者各自派夫若干名，一有踈虞，罪難他諉，稍覺彼此恊力、首尾相顧，而無日前抗違掣肘之患耳。然勢不歸一，其法易撓；法不畫一，其事難久。凡有水利之責者，慎不可阻勢而廢法也。

二曰豁重役

堤甲之法，誠為防守之要務也。但查江漢之濱，半為淵藪沮洳地，居民從來稀少。而連年水災以後，雖市廛閭巷，多被漂溺，故人户徃徃逃徙。而官司所僉堤老、堤長、堤甲人役，多非居鄰，信地甚至相去有二十餘里之遠者。夫堤防修以春冬，防以夏秋，各役終歲勤動，真無旦夕之暇。而徃來奔走，亦有終日不獲再食者，此役不為獨劳且苦乎！官司復以此原非正徭，不為除豁審編之差，則一身兩役，將自匍匐奔命不暇，而何暇盡力於守堤之務哉！在各役固不專於赴工，在官司亦不便於責成也。近蒙三院申令，凡堤老、堤長、堤甲及垸長、垸甲人役，各復其身，每遇審編，有司即與除豁別差，則彼得一意於隄防。而萬一踈虞，官司以法繩之，亦將何所辭罪耶！至若堤夫，多起派於受利人户，而有事則集，無事則散，亦非常川在工者，又盡難以免役議也。

三曰置鋪舍

嘗考之漕河兩岸，各置淺鋪，相去三里許，每鋪令一淺老轄之，徃來巡守，盖有深意存也。今沿江漢堤防一帶，人烟踈闊，而菁草叢欝之處又多，豺虎虺蝪竄伏於其中，豈惟防堤人役無所棲止，而官司廵堤者亦至無可駐足之地。篤臣嘗自李家埠道萬城，渡流店，經百里洲至松滋，閱視夾江之南北堤塍，適際風雨如注，求一草舍少憇頃刻，方数里竟不可得。以此益憐守堤者之苦，更慮守堤者之難，而節年防護不堅，以致水漲即决，得非有所自耶！夫川江北自當陽之萬城，以至沔陽之茅埠，堤約六百餘里；南自松滋之縣治，以至巴陵之城陵磯，亦約六百餘里。漢江東自鍾祥之蔡家橋，以至景陵之縣治，凡紅廟一帶，堤計三百餘里；西自荆門之沙洋，以至沔陽之諸湖，堤亦計三百餘里。中間有驛遞巡司官舗及軍民居集之所，固不必重立舗舍，以滋紛擾，凡人户空闊地方，已詳蒙三院允行，查照漕河事例，於堤上創置舗舍三間，令堤長、人役守之，則往來棲止，不患無所，而防護之事務，亦庶幾不至妨誤矣。况江漢爲盜賊淵藪者，正以村落稀而道路阻耳。舖舍一立則人烟漸密，人烟漸密則守望相助，其於防盗之務，亦未必無少補云。

四曰嚴禁令

律例：凡河南地方盗决及故决河防、毁害人家、漂失財物、渰没田禾犯，該徒罪。以上為首者若係旗舍餘丁，民人俱發附近充軍，係軍調發邊衞者，盖重黄河也。凡故决、盗决山東南旺湖、沛縣昭陽湖、属山湖，安山積水湖各隄岸并阻絶山東泰山等處泉源者，罪與前同，盖重漕河也。然不知楚省盗决江漢堤防之患，最有甚焉者。江漢兩涯，各有堤防，水或泛漲，左右俱危。故無知小民，往往盗决彼岸，盖彼决則此消，亦不過為自利之圖耳。然大堤一决，則千里漂溺，而人民、廬舍、田禾渰没之苦可勝言哉？是盗决、故决者之罪，真不容誅。而有司擬律罪止於杖，此所以人心愒玩而决堤之患無息期也。近日沙洋之堤尚未竟工即有盗决，新鎮之東沈家湾堤者幸而相去稍遠，水勢微緩，堤得保以無恙。不然以数千金之錢穀、以数千户之工力，不為一盗决而置之無用之地哉！近日詳蒙三院允行，凡有奸徒盗决、故决江漢隄防者，即照依河南、山東事例發遣，揭示通衢，以警偷俗，庶法禁嚴而人心畏，将來决堤之患亦漸冀其可免也已。

開穴口揔考

按：古江陵路舊有九穴十三口以殺江流，今十三口湮盡，名亦不可復考矣。其九穴，在松滋者曰采穴，在江陵者曰虎渡、章卜、郝穴，在監利者曰赤剥，在石首者曰楊林、宋穴、調弦、小岳。今穴湮者凡七，惟虎渡、郝穴二處獨存，荆南人甚病之。

夫古江漢之水一也，何沿江郡縣獨有穴口可殺水勢耶？篤臣嘗以此詢之故老能識水勢者，曰穴口所以分大江之流豈徒爾也，必下流有所注之壑，中流有所經之道，然後上流可以分江瀾而殺其勢，不然水入原隰，莫知所極，不幾於引盗入室耶！全楚有三大水，惟川江獨據中流，故穴口在南者以澧江為所經道，以洞庭為所注壑；在北者以潛沔為所經道，以漢口為所瀉地。若漢水則僻在一隅，将以何者為分流受水之區耶？此川江所以獨有穴口也。

夫川江穴口之原明矣。然古有九穴十三口，不為不多也，何爲至今湮塞殆盡耶？曰：荊南郡古雲夢澤也，當神禹時大都皆為澤藪，及土乂之後，漸變為平陸，而窪下之地仍滙爲湖渚，湖渚所瀉仍流為枝河，故江水分流於穴口，穴口注流於湖渚，湖渚洩流於枝河，枝河瀉入於江海，此古穴口所以竝開者勢也。迨我皇明以來，生齒漸盛，耕牧漸繁，湖渚漸平，枝河漸湮，凡穴口故處，皆為廛舍畎畆之疆埸矣，此今穴口所以多塞者亦勢也。

夫穴口湮没之故固有然矣，然虎渡、郝穴二處猶得獨存，何耶？曰虎渡流經泡臺、大金諸湖，注澧江，同入洞庭，而江南之溪水俱注之。郝穴流經三湖、龍灣及潛沔枝河，出漢口與大江復合，而江北之溪水俱注之。衆水會合則流行不絶，注瀉有壑則水道不壅，此二穴之所以獨存也。他如章卜等穴，則多為高阜平陸，而備勘故道俱無復有舊跡矣。夫惟穴口之枝流多湮，則江水之正流易泛，而將來浸决之患，其終可免乎？故荊南人往往建議以開古穴口為策，此固遡源探本之論也。然豈知開穴之難，豈獨阻於人謀之未悉乎？亦勢有所不可行耳。夫郝穴故道，自古迄今未湮也，近年忽被浮議築塞其口，未及一紀而兩涯之枝堤半已頹塌，中流之河身間有淺平者。今歲議開舊口，必先將枝堤修築就緒，然後開水門以受江流，方無東西泛溢之患。是穴口之有故道者尚且開濬之難如此，而况故道湮没者乎？且元大德間曾開六穴，郝穴、赤剥、楊林、宋穴、調弦、小岳之故道並開矣，迄今祗存郝穴，而他皆不可識焉。此果人謀之踈略使然耶？抑地脉水勢之靡常故爾耶？盖計當時六穴之可開者，亦猶今日郝穴之可開也。不然，采穴、章卜何獨不可踈耶？此所以知開穴之難，亦勢有所不可行也。然荊南人猶有可幸者，惟藉虎渡、郝穴可以分大江南北之勢也。但二穴之枝河中多淺澁者，使復湮如諸穴，則荊南昏墊之災可忍言哉！在轄水利者，誠不可不預為之慮。

濬淤河揔考

江、漢同一巨流也，漢水之遷徙獨甚於江，而其正河之下流又多湮塞者，何耶？曰凡水多泥沙者則易徙，多遷徙者則易湮。黄河之水三而泥沙七，漢江之水與泥沙等，江水之泥沙七之三，而洞庭、九江之水皆清流也。故黄河之湮徙甚於漢，漢之湮徙甚於江，江之湮徙甚於洞庭之九流者，水源清濁之勢然也。且漢水入楚，其勢有三：均、穀以上勢甚狹，襄、宜以下勢漸廣，沙洋以下復漸狹。故其遷徙多在襄、宜、承、郢間，而湮塞則在潛沔、漢陽之下隰地也。水一泛漲，其有不為民患者乎？篤臣嘗詢之耆舊而得其槩矣。襄城水道正當襄、樊南北之間，兩城對峙如峽口然，故水勢一漲，左右激射，此襄陽水患之槩也。流經鹿門，抵宜城之韓公渡，循山而下，去城二十里許，故道也。丙寅秋，直衝迎水洲而下，新開鴇潼河洪，與城相去不数里，且有使鳳、龍潭二港，上通江流，下灌城濠，水勢一漲，四波渰没，此宜城水患之槩也。舊流經沿山湾，直抵安陸之石城而東，近徙去城十里許，郡治可無患矣。而故道汙下，復與城北湖口相接，江流一漲，盡被渰没，此承、郢水患之槩也。漢水之遷徙為災，固有如此者。沙洋以下，中多洲嶼，其流始分，舊經乾鎮驛，一由張池口，一由竹筒河，直瀉出漢口，故上流無壅患。近日乾鎮淺狹，竹筒湮平，而正流由張池口者又不及承、郢水道之半，真若壺口然，此承、郢、潛、沔水患之槩也。漢水之湮塞為災，又有如此者。夫漢水遷徙湮塞之原固有然矣，然疏源導流以防水患，在今日所當汲汲者也。其因勢利導之機，果孰先孰後？孰緩孰急耶？議者有曰，上流之遷徙其害小，下流之湮塞其害大，故襄、承之防水，惟以修築堤防為上策，而其遷徙之勢，非人力所能為也。若竹筒一河，上接漢流，下通漢口，真如咽喉，不可以一日或塞者，且查勘水道，上下如故，惟中淤十五里，而其淤平絶流者又抵七里許，人力尤可為者也，然則今日治水之急務，其必以濬此河為先乎！夫濬河之議，非一日矣。然而屢議屢輟、竟難興工者，其故何耶？古人云：以焦頭爛額為上客，以曲突徙薪為下計。豈特小民之狃目前者為然，而有司之為民計者亦不能無此病也。竹筒河當漢川、潛沔之間，而其害在鍾祥、景陵為尤急。故每議興工，近者以無受害之苦而謂濬之無益，受害者亦以害非目前，雖欲濬之急而不樂急濬之役也。然則此河何時而濬耶？此河不濬，而欲求荆西之無水患，亦難矣。近蒙三院惓惓於此，既親臨其地，復行諸有司，估勘務為曲突徙薪之計，而有司奉行者，慎毋蹈常襲故，仍狃於小民目前之見可也。

揔論

湖省沿江、漢郡縣地方，隴阜、原畝、林藪、洲渚、津港延袤方数千里，較之東南諸省為甚廣，所産禾麻、麥菽、竹木、果蔬、絲棉、毛角、鱗介爲甚饒，東南諸郡縣常資之，其俗質朴、澹素、簡約、吝嗇又為甚儉，以此富庶，宜甲東南諸省，而其市井、村落、閭閻大半四方游商寄籍之民，其土著者不及十之五六，且多消乏窮窘不能自給衣食，而流離死亡、散之四方者又為甚衆，然則觀風者抑何能詰其所由自耶？篤臣嘗以此詢之地方諸父老，其一曰吾楚民多游惰，無終歲資身策，故地雖廣而耕、牧、漁、樵不能徧也，産雖饒而生、養、積、聚不能豫也，俗雖儉而經營、貿遷不能蓄而充也，如此而有不消乏窮窘以至流亡四散者鮮矣。其一曰全楚西南叠山，東北重湖，中間郡縣幅員相去遼闊，使民果得盡業其所有，則養生送死，真不可勝食與用也，寧復有遺憾哉？然據山為生者半是土夷司隘犬羊踐牧之區，倚湖而漁者又多窠窩亡命嘯聚刼掠之徒，而其幅員密邇郡縣可以耕牧漁樵者仍多污莱瘠薄磽荒之地，以此人民雖終歲勤動，而改歲之夕即有不能得一飽者。然則窘乏流亡，可盡病之於民力之未殫哉？其一曰吾楚地以瘠磽稱，民以呰窳稱，自古云然也。但我國家二百年來，閭閻小氓雖未能如他省厦屋良疇、綺羅珍羞、壯麗豊贍之富者，然菽粟之食不至啼飢，布帛之衣不至號寒，無論貧賤，俱尚可以聊生，而商賈貿易此地者亦得以有無化居、彼此相資，故無騰踊虧負之患。惟近來江漢歲決，居民之漂溺百無一存，隴畝之污潦蕭條千里，遺孑盈途，固有不忍言者，而昔日商賈湊泊之處，如漢陽之漢口，襄陽之樊城，荆、岳之沙市、城陵磯，亦無不蕩廢而蕭索也。然則楚民之窘乏流亡，誠未有甚於今日者！而捍禦賑恤之計，惟在司民命者一加之意耳。噫！篤臣一聞此言，不覺扼腕而嘆，始信此方之民之所以不獲聊生者誠有所由自，而可盡委之於惰民瘠土也哉！今日欲濟民艱莫急於防水患，欲防水患莫急於修决堤、濬淤河、開穴口，而興工舉事、思患預防之策，前言固已悉矣。至於欲為千百年經久之謀，其首務盖有二焉：一曰明職掌以便責成，一曰處錢糧以裕工料而已。比查舊制，荆州府同知與江陵、公安、石首、監利、松滋等縣縣丞俱專一管理水利，我國家為地方命官設職之意亦深矣。緣職掌不明，法紀漸弛，故司水利者每視隄防如尸祝之視庖厨，與己若無相關涉然。以此先年每遇堤决，監司移行於該府，該府移行於該州縣，該州縣正官行委於佐貳首領，佐貳首領行委於地方里老，地方里老責備於管堤之圩甲長，圩甲長率流離殘疾之一二窮丁以供畚插守禦之役。司水利官若罔聞知，而詵府、州、縣正官亦不復問其工程次第，惟責取完工之册籍以報監司，而其堤實猶夫故也，屡築屡决，固有然矣。夫何視轄地如秦越，輕部民如草菅而不為之一注念至此耶？近日三院洞悉弊源，申飭官常嚴行各司、道轉行各府、州、縣，凡原設有水利專官者，專一管理隄防事務，不許別委，以妨職事，其未設有專官地方，亦議委該府佐二官一員總理、該州、縣佐二官一員分理。如有不行用心經理以致浸塌踈虞者，查照南糧不及事例送部降用。或有冒破錢糧致壞堤工、渰没人民者，從重条究。故邇來水利官員，各知用命，以求自效，而至於創築大工，則有不可以常職拘也。一遇興舉，該府呈委大小廉幹官数員以董其事，而掌印官不時往來催督司道官以時親詣稽勘，復蒙三院按臨工次閲驗勤惰刑賞以鼓舞人心。此所以虎渡、黄潭、沙洋、老龍等隄防得以就緒堅固，良有以也。但隄勢雖成，而江漢之水决溢不常，培補防禦之策，誠有如北鄙防虜之謀略，不可以一日少懈者也，該司水利者可以一日忘其所有事哉！此所以明職掌為隄防之首務也。然沿江漢隄防方数千里，雖少有倒决，非費数百金工料不可修築，而附近受利人户又多遷移死亡，縱有存者，難以重役，故有司往往藉口於錢糧之無措，雖坐視斯民之填溝壑，而終莫能之救也。近日荆、岳、承、襄四郡隄防得以如期底績者，蓋由三院大破常格，奏晋湖省贓贖銀兩一歲有半為修理城堤之費。荷蒙聖明即下部覆議，允從所請。以此民不擾而事濟，賦不加而功成，而災傷之民又得藉此顧募之粟以活殘喘者数萬餘人，捍禦賑恤，一舉兩得，固有自也。但隄防有不時之費，而錢糧無額設之儲。日後有司不得已，終派役於殘民，殘民不得已，亦竭家以供役，而甚勢有所不能徧，力有所不能及，勉强從事，圖了目前，不能為一二歲堅固之謀者，亦勢使然也。然則隄防何由而固？水患何由而禦？楚民之窘乏流亡者何由而得更生哉！水利官雖欲求盡其職，而工料不敷，終難措手，此所以議處錢糧尤為隄防之首務也。嘗考之黄河、漕河事例，俱額設有樁草錢糧及濬淺夫役等項，歲有儲積，工無掣肘，此事所以可指顧而集爾。使江、漢地方得照此例，從長議處，俾歲有額儲之工料，而司水利者又悉心經營調度其間，則決堤可脩，淤河可濬，穴口可開，而土著之民咸得以一意耕牧漁樵，其廣地日以墾，饒産日以聚，而儉俗仍不改其舊，有若此，然則日前之窘之流亡者，将不轉而爲含哺鼓腹之民哉？噫，誠在司民命者一加之意也！

李渠志

〔清〕程國觀 編纂

奉系志

整理説明

《李渠志》，清程國觀編纂。李渠原爲唐元和四年（809 年）袁州刺史李將順於宜春城内所開鑿，後屢浚屢塞，至宋曹叔遠（1159—1234）重修，并著《李渠志》，但該志衹記渠源及修復本末。其後，李渠又經多次浚塞。清道光三年（1823 年），程國觀任江西省宜春縣令，乃捐廉興役，再次疏浚李渠，歷時一年而工竣。李渠全長一千九百六十五丈，分十二段，有减水溝三條，接水溝三條，大小斗門三十七座，大小橋二十七座，是宜春水利史上的重大工程，曾起到防火、排澇、溉田的重要作用。

李渠修浚后，程國觀編纂《李渠志》一書，并於道光六年（1826 年）刊刻行世。全書共六卷，卷首爲序、凡例及繪圖，卷第一爲各憲示諭，卷第二悉照原文具録宋曹修本《李渠志》，卷第三爲“新修李渠雜載”，卷第四爲“歷代修渠名宦傳”，卷第五、卷第六爲“藝文”。

方志猶如史書，宋曹修本《李渠志》衹載修渠始末，未暇徵文考獻，較爲簡略。清程修本《李渠志》不僅具載曹本原文，以“不没始事之功”，而且備載興工各諭、善後章程，繪圖標示十二段丈尺，詳考宋修所經各地名，録唐至清修渠名宦十五人，選詩、賦、銘、記等藝文近六十篇，爲我們今天瞭解李渠自宋至清修浚的歷史提供了豐富的史料。此次整理所依版本爲清道光六年刊本。若有不當之處，敬請批評指正。

目　録

序 李宗昉

道光三年，雲南程公廵撫江西，法古爲治，檄境内脩隄防、浚陂池，爲利農計，于是宜春令程君遂濬其治邑之李渠。李渠者，唐李公將順刺袁时所鑿也。公以郡多火災，於城西築防疏溝，引清瀝江水入城，邦人德之，名曰“李渠”。自唐以來，遞濬遞淤。國朝雍正年重濬，迄今九十餘年，渠益淤塞，程君捐廉興役，壅者疏，涸者注，堤則固之，壩則培之，斗則深之，溝則通之，心殫力瘁，越期年而竣工。又慮後来者之無由考舊章也，手編《渠志》，謁余乞弁首簡。嘗曠覽前史，如孫叔敖、西門豹、召信臣等，皆以疏鑿，利濟一方，而白渠、賈渠、石史渠之類，以姓爲官，萬姓歌功不置。

中丞公急急於斯，可謂知治本矣。然古今之患，莫患乎上作而下不應，大官創於上，而爲之屬者莫肯承於下，苟且塞責，塗飾耳目，居高者固無如何也。李渠因火災既開以後，溉田無算，功施到今，程君能承中丞之意，使數十年將湮之績復還舊觀。昔宋王懿重濬此渠，民有“李渠塞，王渠開”之謡，君其後先輝映者歟！循良奏最，吾將拭目竢之矣。

道光五年乙酉秋七月誥授資政大夫禮部侍郎
江西督學使者山陽李宗昉撰

序 徐輔忠

古之稱循吏者，必以興利除弊爲首務。然弊固宜除，而利之所由興，非有幹濟之才者不能任。有才矣，而無其時，亦不能任。用其才，乘其時，而胸無果斷之略、決幾之勇，則撓於旁言，艱於營運，勢必至畏首畏尾，遷延歲月，因疑生阻，事可成而卒歸無成。何者？凡民可與圖終，難與慮始，其習尚然也。況以數百年就湮之蹟、難興之利，一旦而欲樹新猷、復故道，不避嫌怨，毅然用成，此豈無兼濟之略者能幾歟！

袁郡舊有李渠，始自唐李公將順，慮民間多火災，欝攸不時發，乃謀於瀘水上流，導源浚渠，引入西城，深溝廣塹，縈繞城市，由西徂東，曲折入江，蓋取以水勝火之義。自是民不患災，享其利者數百年。其時如盧肇、黄頗、鄭谷輩，接踵蜚聲，人文蓋蒸蒸焉。然城渠雜民居久而漸淤，後太守李復起而濬之，規制仍舊，而特加厲禁，令民以時修濬，毋稍怠，并重修大小二十橋，橋植柳垂蔭，渠廣可通小舟，供遊觀風景，幾與廣陵争勝。當世《李渠》一編，本有成書，歲久漸佚，其原委猶可攷見於《康熙丙子志》，奈後之修郡志者俄而略焉，遂不傳。往年臨海黄潤川先生曾議興修，卒以艱於費不果。蓋興復之時，猶未至也。

今明府程六皆先生以先賢之裔，出涖吾邑，勵精求治，凡有利於民者，次第舉行。聞其下車伊始，即改建義學，崇禮師生，且重修百餘年未修之縣志，真光前而軼後矣。今復慨然有事於李渠，自詹家橋導源，連綿十餘里，舊渠可仍者仍之，不可仍者即鑿石而更張之，計弓三千八百有奇，閲數月而告成，繪圖見示。余於是竊嘆公之才敏而心堅，智深而力果，舉前人所累歲籌議、欲行而未敢遽行者，奮然更新，力復古制，此非大有力者不能也。昔韓昌黎爲王仲舒記亭，名其邱爲“竢德之邱”，以其蔽於前而顯於後，有竢之道；又名其池爲“君子之池”，取其虛能鍾美，盈可出惡。夫一荒邱耳，而文公且艷稱之不置，以視今李渠之修，舉前人所籌之、累年而未敢行者，一旦淤者通，廢者振，真若神明默相俟有德而始顯，其不謂之“竢德之渠”歟？且規模鴻遠，環郡固皆通流，更瀦水於郡學前，以涵蓄衆水，則以渠之虛而鍾文物之美，以渠之盈而除淫濫之惡，其有利於民者又不知幾何！而公顧歉然不自謂已功，吾於此益信公之智足以定謀，仁足以惠衆，勇足以决幾，以視古之循吏，何多讓焉！故樂爲之序云。至渠之廣狹，工之多寡，費之豐殺，時之久暫，自有記事者在，不復贅。

賜進士出身勅授文林郎前知湖北襄陽府
南漳縣今調宜昌府長樂縣治愚弟徐輔忠拜撰

目　録

凡　　例

一、李渠作《志》，本之宋寶慶曹叔遠。然曹《志》只具渠源以及修復本末，未暇徵文徵獻。嘗攷三都兩京以及忭都之著，無不詳及溝渠，率鮮專志。夫志猶史也，惟當循舊。今仍郡縣志中所存者，加之蒐輯，亦猶固仍遷書之意耳。

一、首列卷宗，以今修渠，皆係稟承各憲示諭，乃克集功。備録批示，爲繼修者之成規，非欲以紀載爲揚厲也。

一、曹《志》雖存郡縣志中，仍照原文録收。至渠所經地名，今昔不同，别爲攷證，存之亦不没始事之功也。

一、曹《志》已詳，修復以後，歷修諸記，亦爲後人籌慮通塞。今以《善後章程》及胡捐渠田號畝，悉爲登載，以便參稽。

一、志家類載名宦，郡守倅儘多名賢，然無及於渠，未便希光，故只録出十五人，亦紀實也。

一、曹《志》本無《藝文》，所見舊記數篇耳，所採詩文及題圖詩不免過情褒讚，本不敢録，然其寵嘉，凡以爲渠也。至於叙次，以徵到之先後彙集。原鑒幸甚！

一、曹《志》本無圖繪，曹訓所刊圖經亦久湮失。今添出分段十二圖，俾益觀覽。

一、此《志》未能廣徵書籍、細爲校勘，誠知掛漏訛舛，所望博雅君子，惠以教言，補其固陋。

繪圖

三百六十五丈
土亭子
詹家橋
渠源
新砌石堤

古碑
新建龍王廟
即古報功祠之舊址
湧泉社
渠
鑿石處
大江出沙陂

百五十丈
獅子山
鑿石處
沙陂橋大江

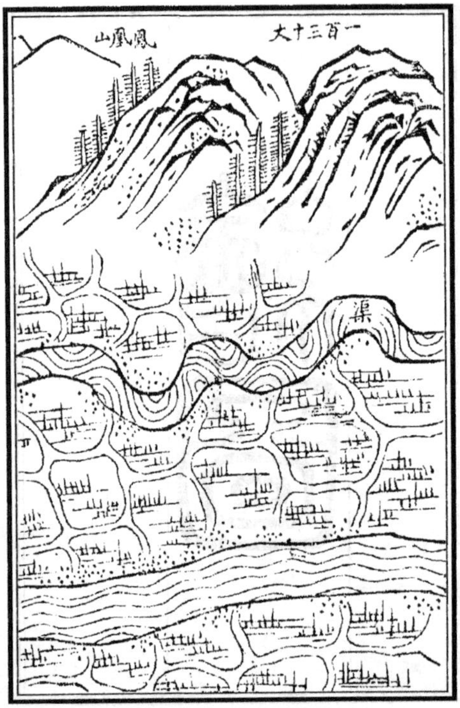
鳳凰山
一百三十丈
渠

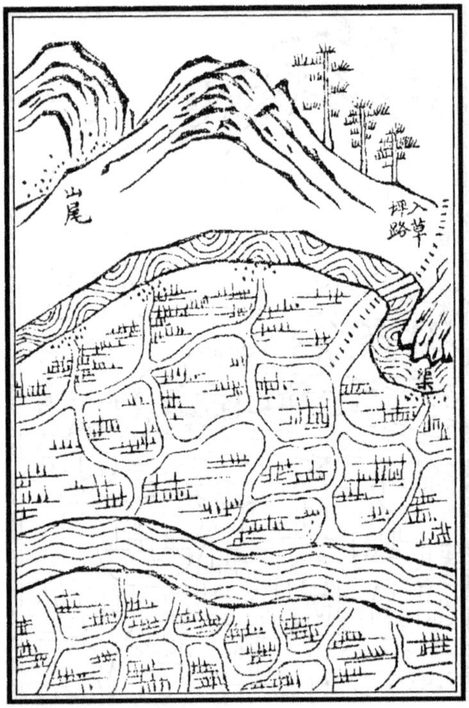
山尾
入草坪路
渠

三百丈
鳳凰山背
渠

鳳凰山背
渠

一百二十五丈
渠

渠
分水入江
沙陂橋
林橋
水出

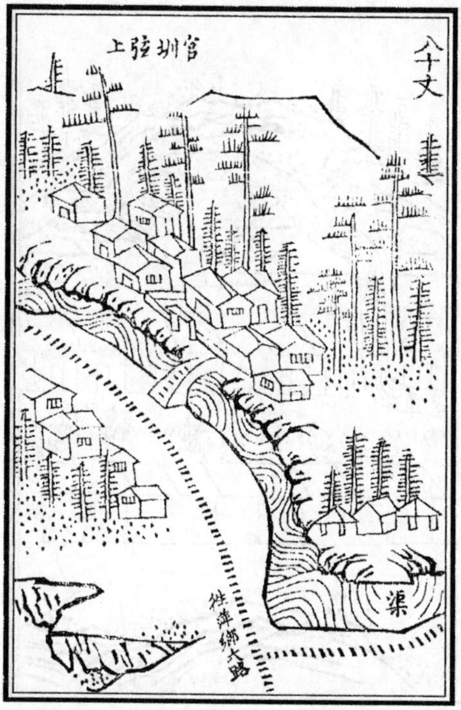
宫圳弦上
八十丈
往萍鄉大路
渠

渠

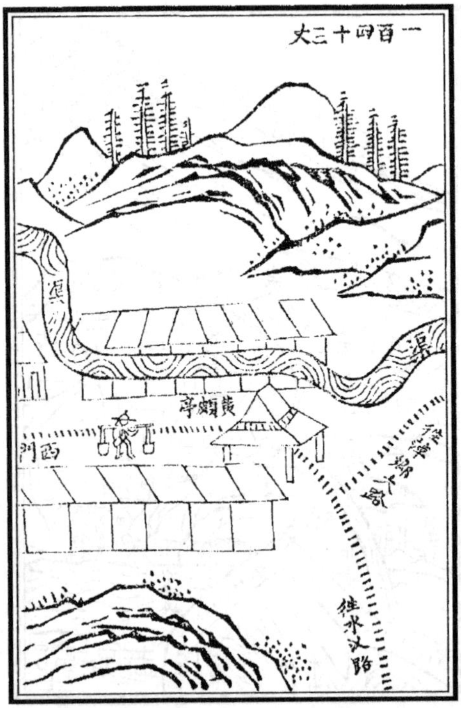
一百四十三丈
渠
渠
黄烟亭
西門
往水汶路

渠
白馬廟

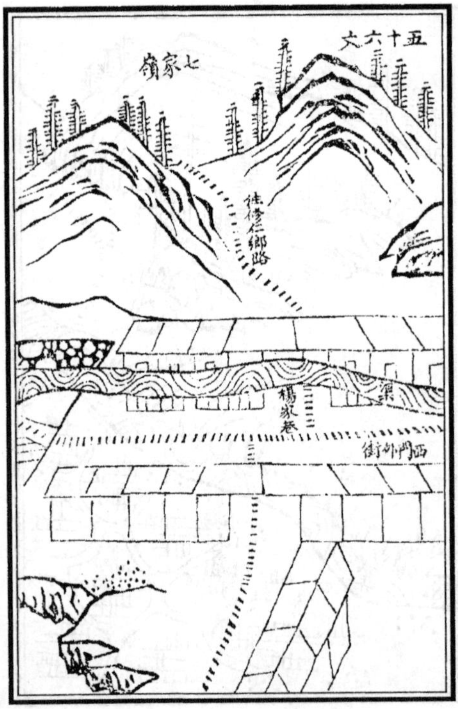
五十六丈
七家嶺
往修仁鄉路
楊家巷
渠
西門外街

黄泥巷
渠
渠
外街

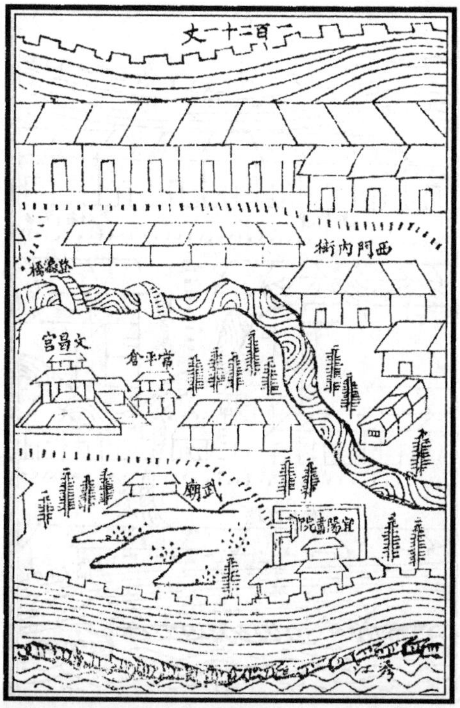
二百二十一丈
西門內街
文昌宮
常平倉
武廟
宜陽書院
秀江

西門
渠

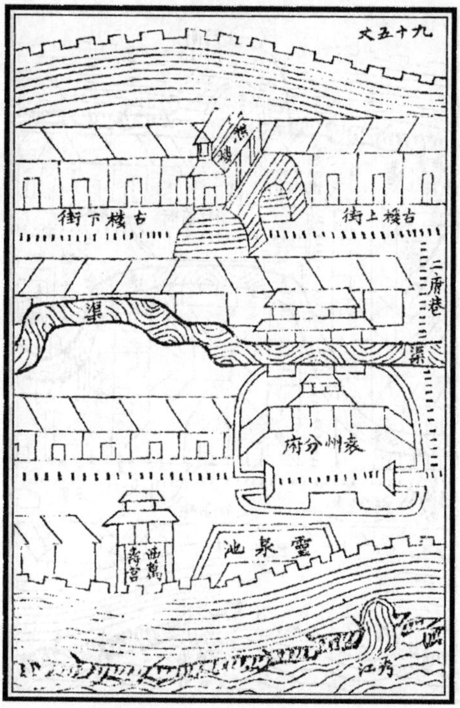
九十五丈
古樓下街
古樓上街
府巷
渠
袁州分府
靈泉池
萬壽宮
秀江

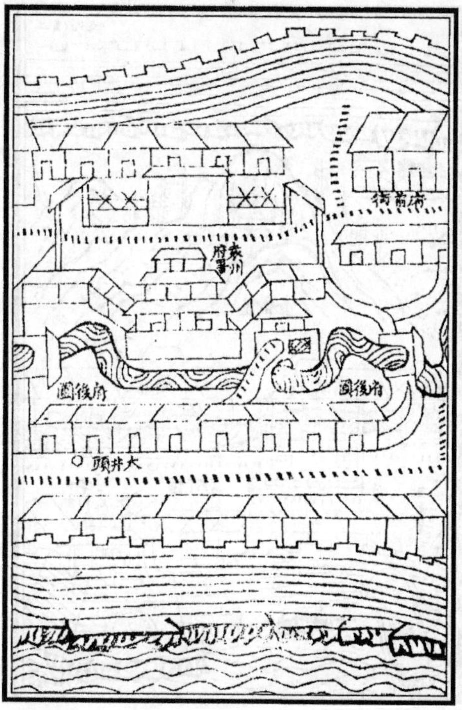
府前街
袁州府署
府後園
府後園
大井頭

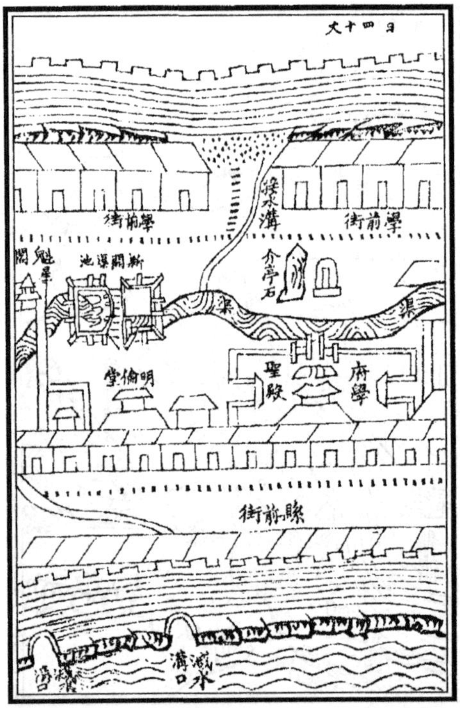
學前街
學前街
接水溝
新開渠池
魁星閣
介亭石
渠
渠
明倫堂
聖殿
府學
縣前街
減水溝口

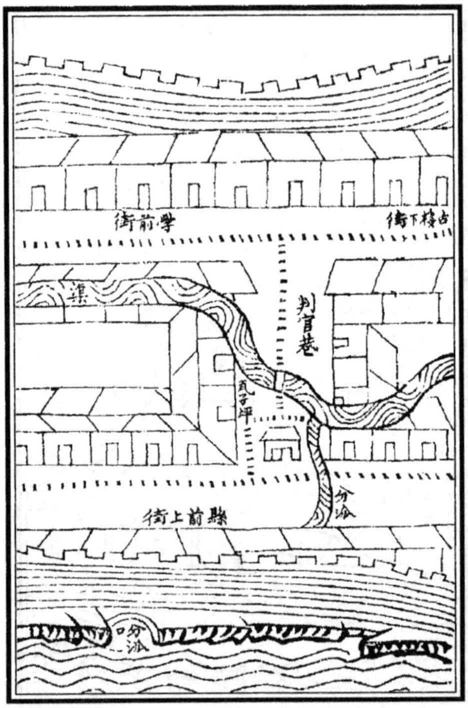
學前街
古樓下街
渠
判官巷
縣前上街
分沴
分沴口

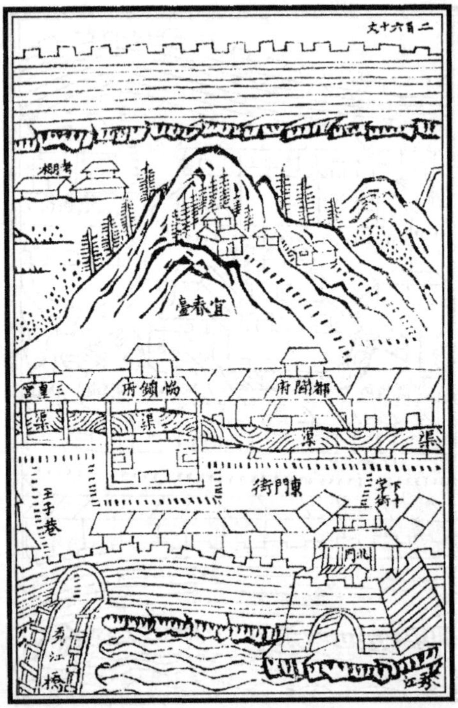
二百六十丈
宜春臺
協鎮府
都閫府
渠
渠
渠
渠
東門街
王子巷
下十字街
秀江橋

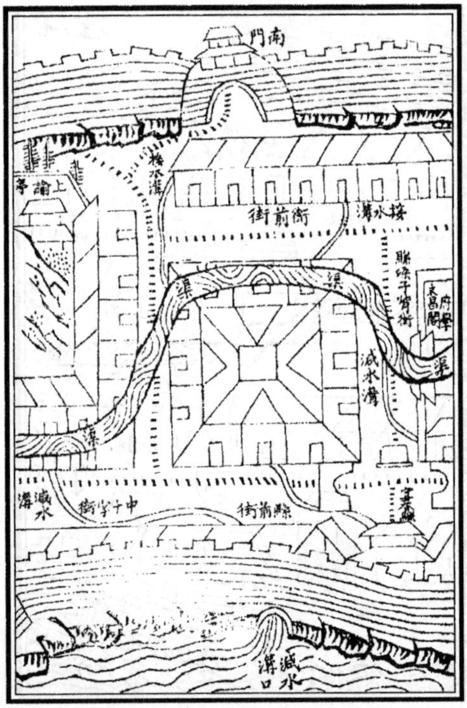
南門
接水溝
渠
渠
渠
渠
減水溝
中十字街
縣前街
減水溝
減水溝口

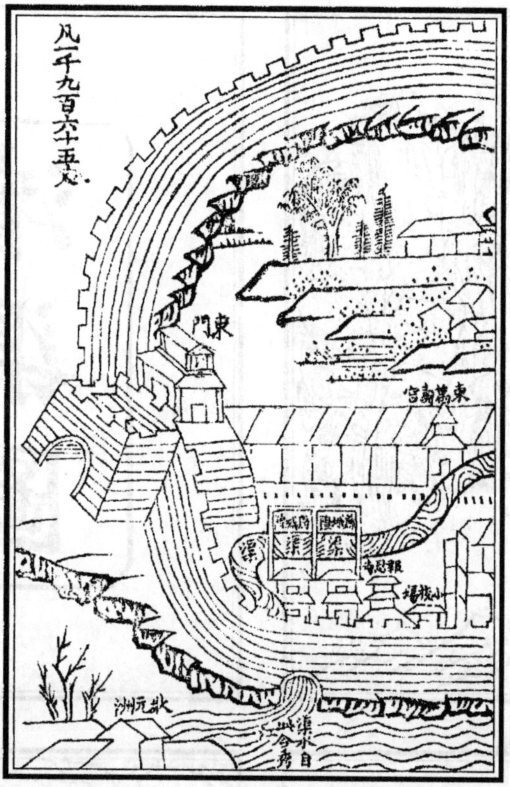

右圖爲邑童生潘巘所繪，入志乘者段落明晰，頗見工苦，且悉載今地名。余嘗爲作《圖記》矣，所鋟板較斯《志》稍濶，乃復令邑蔭生王大經縮臨之如此，所惜未具開方之法，使每段長短不齊，欲更定而未暇，亦聊以見渠之所經由云爾，并識之。

濬渠圖

此桃學源非桃李園憂樂之先衣食之源田畔壺觴春中杖履民卬其勤以受以祉

受業樊世威

卷第一

新修李渠卷宗

諭重修李渠告示稿　道光三年八月二十六日

爲曉諭事，道光三年八月十八日奉府憲札開，會查袁郡地方，唐時李刺史因州多火灾，且居民負江，汲溉甚艱，於西南十里鑿渠，引水溉田，又引而入城，繚繞閭巷，使可通舟，名曰“李渠”，迄今千餘年，屢興屢廢。兹查自雍正六年疏瀹以後，未經一修，現在城外堰壩傾圮，水不到渠，莫資灌溉，城内居民覆壓，糞除填淤，亦爲民病，急宜大加疏鑿，以通水利，以甦民困。合行札。查札到該縣，立即遵照查明李渠舊蹟，確勘淤塞處所，逐段丈明，繪圖貼説稟復，以便倡捐修築。慎速慎速！此札等因奉此。

竊以李渠源出仰山，下趨官圳，溉田二萬，垂利千年，自龍王陂繞入西城，循登瀛橋，迂出府署，次由東北出，達秀江；始開於唐之元和，大修於宋之寶慶，中間屢經淤塞，叠次濬修，凡以護我比盧，疏其積穢，灌溉農畝，利賴民居；且爲科名所係，文風攸關，一經開鑿，盧易相繼掄元，幾次興修，甲乙蟬聯登第。渠之不可不復也。本縣下車以來，即欲興修，時常確訪，歷覽渠堰，多已傾頽，以致城外淤高，灌溉無自，城内填塞，積潦不除，一遇旱年，泉枯地赤，利病若此，庸可緩乎？

現奉府憲、軍憲札飭，親爲履勘，本縣詳觀淤塞之處，歷相水溝所由，爲之逐段丈量，親與紳士經畫，特捐辛俸，謹率寅僚，凡係李渠舊溝，通爲挖深砌石，冀成素志，以副憲委。除轉札飭巡典、按段分查外，爲此示，仰闔城内外各居民、舖户人等知悉。本縣諏吉，先由渠口逐段進修，凡爲明渠暗溝，悉照古墻深澗，即在居民房屋之下，不妨拆砌，一體疏濬。倘敢抗違，除責懲外，仍將該房屋垣墻拆出，以清溝路。必須趁此農隙之時，刻日告成，庶幾源疏流暢，溝復利興，田畝無旱潦之虞，郡邑享安居之福，即以副大憲教養至意，本縣樂觀厥成焉。各宜凛遵毋違。特示。

稟府憲濬修李渠稿

敬稟者：道光三年八月十八日接奉憲札，以會查袁郡地方，唐時李渠，迄今千有餘年，屢興屢廢。兹查自雍正六年疏瀹以後，未經一修，現在城外堰壩傾圮，水不到渠，莫資灌溉，城内民居覆壓糞除填淤，亦爲民病，急宜大加疏鑿，以通水利，以甦民困。飭即查明舊蹟，確勘淤塞處所，逐段丈明，繪圖貼説，稟復倡修等因奉此。

卑職遵查，得李渠在郡西南十里，引仰山之水入城。《郡志》載：唐時元和四年，李將順守袁州，因州多火災，且居民負江汲溉甚艱，知南山之水可堰，乃溝渠引水，溉田二萬。又决而入城，繚繞閭巷，使可通舟，邦人利之，號曰“李渠”。迄今盖一千一十五年矣，屢興屢廢。中間修於宋者六：至道初則有州守王懿，天禧時則有通判袁延度，宣和時則有通判孫琪，淳熙時則有州守張杓、曹訓，寶慶時則有州守曹叔遠；修於明者五：洪武初則有知府劉伯起，弘治時則有知府朱華，正德時則有知府徐璉，萬曆時則有知府鄭惇典、黄鳴喬；修於國朝者二：康熙八年己酉則知府李芳春，雍正六年戊申則知府薄履青、知縣王淑京。皆因歲久淤塞，水泉不通，民甚苦之。是以歷經疏瀹，惟自雍正戊申以後，閲今九十五年，未經一修，遂廢如故。其在城外者，堰壩傾圮，水不到渠，且渠身淤高，莫資灌溉；而在城内者，民居之所覆壓，糞除之所填淤，幾於不可復識。以故旱潦，皆爲民病。

卑職查明舊跡，確勘處所，逐段丈量，計自官陂口分清瀝江水入渠，依山曲折，循畝穿林，東達于城西萍實橋下以入城，共一千三百餘丈。其中百餘丈，舊《志》所謂“既出茂林，地勢寖高，隱隱若岡隴狀，渠深二丈餘，始可通流”者，更須大加疏鑿。又自西壕入城，繞出東城，北達于秀江，計五百二十餘丈，工費尤倍。所有勸捐、開浚、庀石、募工、章程，議由紳士按照市值給價，官吏絶不經手。闔邑士庶，無不踴躍樂輸。

兹擇於九月二十七日興工，自下游開起，並派委卑縣典史平震隨同監修，卑職仍不時赴工查看，趁此農隙務閒、天氣晴霽，加夫趕辦，約至來春可告成功，足以仰慰大老爺重農務本利濟民生之至意。

惟是李渠遠資灌田，近便民汲，徒以費繁工鉅，淤經百年，該紳士等或捐資集腋，或竭力襄工，均屬急公好義。查前次捐修石橋之徐宏鵬，曾奉撫憲批飭，給匾旌獎。今該士民出資修渠，與橋工同爲義舉，將來事竣之日，可否由卑職擇取最爲樂善好施者，稟請一體給與匾額，以昭激勸之處，出自憲恩所有？卑職遵查李渠舊蹟，確勘段丈，興工濬修，緣由理合，繪圖貼説，肅具蕪稟，恭呈鈞鑒，虔聆訓示，並請福安。除稟府憲、軍憲外，卑職國觀謹稟九月二十一日奉府憲批仰，即督飭紳士，趕緊挑挖深通，以資灌溉，以甦民困。一俟工竣，即將捐輸姓名、銀數，開摺稟呈，以憑詳請，給匾示獎。該縣辦理妥善，殊堪嘉尚，並候會稟鼓勵。仍候分府批示繳圖存。

府憲通稟各憲督修李渠稿

敬稟者：竊卑府識見迂拘，罔知治要，惟謬膺郡守，於地方利病，不敢不時刻留心。伏讀大人示諭各州縣興養五條，首重水利，以爲民計在農，民命在水，塘堰溝渠，均需隨時修濬。此誠重農務本美善之良規，實深欽佩。卑職兼司水利，尤應倍加奮勉，以期稍副職守。當即會同，諄飭各屬，認真遵辦。並會查得袁郡西南十里，舊有渠水入城，爲唐時刺史李將順所鑿。《郡志》載，將順以元和四年守袁州，因州多火災，且居民負江汲溉甚艱，知南山之水可堰，乃鑿渠引水，溉田二萬，又引而入城，繚繞閭巷，使可通舟，邦人利之，號曰李渠。迄今盖一千一十五年矣，屢興屢廢。中間修于宋者六：至道初則有州守王懿，天禧時則有通判袁延度，宣和時則有通判孫琪，淳熙時則有州守張杓、曹訓，寶慶時則有州守曹叔遠；修於明時者五：

洪武初則有知府劉伯起，弘治時則有知府朱華，正德時則有知府徐璉，萬曆時則有知府鄭惇典、黄鳴喬；修於國朝者二：康熙八年己酉則知府李芳春，雍正六年戊申則知府薄履青、知縣王淑京。皆因歲久淤塞，水泉不通，民甚苦之。是以歷經疏瀹，惟自雍正戊申以後，閲今九十五年，未經一修，遂廢如故。其在城外者，堰壩傾圮，水不到渠，且渠身淤高，莫資灌溉；而在城内者，民居之所覆壓，糞除之所填淤，幾於不知其處。以故旱潦，皆爲民病。

卑府等會議，倡捐修築。隨據宜春縣程令禀稱：現在訪得李渠舊蹟，勘明處所，逐段丈量，計自官陂口分清瀝江水入渠，依山曲折，循畝穿林，自北折東，達于城西萍實橋下以入城，計共一千三百餘丈。其中堰壩，均須修築。尚有百餘丈，舊《志》所謂“既出茂林，地勢寖高，隱隱若岡隴狀，渠深二丈許，始可通流”者，更須大加疏鑿。又自入西城，繚繞街巷，由東門北出于城外之秀江，計五百二十餘丈，半屬民居、暗溝，逐段開尋，工費尤倍。已與各紳耆議，有勸捐、開浚章程，凡庀石、募工，均由紳士按照市值給價，官吏絶不經手，閤邑士庶，無不踴躍樂輸等情。當經卑府等督同該令，逐加覆勘，並派委同城之經歷、照磨、廵檢、典史，隨同該令，分段監修，於九月二十七日興工，自下游開起，現已開通二百九十餘丈。卑府等仍不時赴工查看，民情歡躍。趁此農隙務閒，天氣晴霽，加夫趕辦，約至來春，可告成功，藉以仰慰大人利濟民生之至意。

惟是李渠遠資灌田，近便民汲，徒以費繁工鉅，淤經百年。今該令於數月以來，日與紳士訪求，悉得唐渠故道，設法勸辦，不憚辛勤，尚稱能事。至各紳士等，或捐資集腋，或竭力襄工，均屬急公好義。查前次捐修石橋之徐宏鵬，先奉批飭，該縣給匾旌獎。今該士民出資修渠，與橋工同爲義舉。將來事竣之日，可否由卑府擇取最爲樂善好施者，禀請一體給與匾額，以昭激勸之處，出自憲恩所有？卑府等督同宜春縣修濬李渠緣由理合，繪圖貼説，肅具蕪禀，恭呈鈞鑒，虔聆訓示，並請福安。除禀督、撫二憲暨臬、藩、廵憲外，卑府心一、卑職體重謹禀。

閣督部堂孫批：據禀，督同宜春程令修築袁郡李渠，以資灌溉，所辦甚好。各紳士急公襄事，亦當予以獎勵。仰江西布政司速飭，妥爲籌辦，一俟興修工竣，將捐輸姓名、銀數，開摺禀呈，由司詳請給匾示奬。仍候撫部院批示繳圖存。

巡撫部院程批：據禀，興修李渠緣由已悉。自古循良之吏，莫不以農田水利爲急務。良以王政莫大於養民，而養民莫大於水利也。本部院由縣令起家，所到之處，皆以此事爲先。以之自勉，並欲以之勉人。是以到任之初，即經剴切出示，并將前作興修水利諸記，分發各守丞牧令閲看在案。豈敢謂所作之足爲程式哉！亦存拋磚引玉之心，欲諸寅僚之稽古循良，奠安黎庶耳。玆宜春縣令程國觀，能將九十餘年來堙塞、一千九百餘丈之李渠，督率紳民，大加疏濬，俾農田灌溉有資，居民汲飲甚便，可謂深得爲政之本。該守丞表率有方，均堪嘉尚。仰布政司會同按察司糧鹽道，將程國觀記大功一次，以示奬勵。仍着令督率紳民，務須挑挖深通，毋稍草率。此外如有未興之利，未除之害，亦即次第舉行。至紳士中之急公好義者，事竣之日，由該府等擇其尤者，酌給匾額，不得過濫。該司等并即通飭各府，轉行所屬，將有可興修水利之處，加意講求，毋謂王道迂濶而莫爲，毋置民生休戚於不問。自古循良事蹟，盡人可爲，本部院誼切同舟，有厚望焉。圖存禀抄發。

布政使司潘批：已據禀奉撫憲，批司移行，通飭各屬，一體查辦，並將宜春程令記功奬勵在案。仰即查照，另札遵行。仍候督憲暨臬司、巡道批示繳圖存。

按察使司魏批：此案已奉撫憲批行，藩司飭遵辦理。仍候督憲暨巡道批示繳圖存。

塩法兼巡道丁批：據禀，督修李渠緣由已悉。該府丞表率有方，縣令實心任事，均堪嘉尚。仍候各紳士修竣之日，查照定例，禀請分别奬勵，並候兩院憲暨兩司批示繳圖存。

布政使司潘札

札開奉巡撫部院程批等因，前録查例載各省地方，遇有收成歉薄、捐資修城築堤等項工事，官紳士民樂于捐輸：地方官捐銀五十兩者記功一次，一百兩者記功二次，一百五十兩者記功三次，二百兩以上者紀録一次，三百兩以上者紀録二次；士民捐銀十兩以上至五十兩者，令該州縣酌給花紅匾額，五十兩以上至八十兩者由該管府州給匾，八十兩以上至一百五十兩者由本管巡道給匾，一百五十兩以上至二百兩者由司給匾，二百兩以上至三百兩以內者詳請院憲給匾；其有捐至三四百兩者據實奏請，給以八品頂帶；如有頂帶人員於奏請時聲明聽候，另行議叙；如捐至一二千兩及三四千兩者，題請從優議叙各等因，遵奉辦理在案。今宜春縣程令督率紳民，捐資疏濬袁郡李渠，足資灌溉，可謂深得爲政之本。該守丞表率有方，均堪嘉尚。除將程令先記大功一次，註册以示獎勵，並通行各屬一體遵照查辦云云。

稟渠工告竣稿

敬稟者：道光三年八月十八日奉到憲札，以會查袁郡地方李渠，迄今千有餘年，屢興屢廢，自雍正六年疏瀹以後，未經一修。現在城外堰壩傾圮，水不到渠，莫資灌溉；城內民居覆壓，糞除填淤，亦爲民病。急宜大加疏鑿，以通水利，以甦民困。飭即查明舊蹟，確勘淤塞處所，逐段丈明，繪圖貼說，稟復倡修等因。

奉此，卑職當因工程浩大，用費孔多，首先倡捐，並勸諭各鄉紳民捐助。一面查明舊蹟，逐段丈量，並與本邑貢生蕭元善、劉樹芸議定工程，擇於上年九月二十七日興工。業經繪圖貼説，稟奉批飭，赶修在案。卑職自興工後，逐日監查，隨即開通二百九十餘丈。開至郡學西首，即失古蹟，徧查無從開挖，詢之居民耆老，僉云城內溝渠，多年湮没，歷來修濬，皆止於此。卑職細思，該處皆因民居久年填塞，致成高阜，遂莫察其形勢。因復商從西城入口處挖深二丈，始見舊日兩墻溝脚，按磚循挖，皆深二丈餘，約百十餘丈。至登瀛橋又復無迹可尋，因從憲台署後空園中，向有舊溝，寬皆二尺，深僅尺餘，令工深挖，亦有兩墻舊磚，知係古溝，按照開挖。歷軍憲內署階下，由東首出，由民居穿判官巷，又由民居始接出。郡學前均係暗溝，蓋因渠水久不入城，渠在民居屋內，皆砌墻垣，早經湮没，即有兩墻舊磚，亦皆挖去，遂使向來修濬，第從此止，今悉開挖如舊，於是城內古渠悉通。是則城内溝渠七百一十六丈之工程也。

城内既通，爰及城外。卑職伏查水源自清瀝江分來，舊有堰壩，久皆衝壞，而攔江一壩，亦皆無跡，於是先將堰壩重新築建。渠身既狹，近江尤廹，爰添建木栅護堤，江流乃得背隄而下，即從龍王廟一帶傍山開濬，均深二三尺不等。有山石處，焚以積薪，淬鑿令深。於是傍山遶田，循舊疏通，清出水斗，迤邐出至茂林，地勢雖高，倍深開鑿，乃❶由民居轉出西城萍實橋下，復轉入城。是則城外至陂口一千二百四十九丈之工程也。

中間凡建華表三處，匾曰“古李渠”，新石堰二座。又渠水入城處，向日展壕爲湖，旁爲一閘，渠漲則開，分水入湖，以殺水勢。今俱傾塌，重新砌築。又龍王廟爲庇護古渠鄉民報賽❷之所，久亦廢圮，重建廟屋一重、週圍垣墻，附近居民司祀香火。

又於城内府學齋署門首，開挖方池，約寬三畝，爲渠水渟蓄之處，圍以石欄，中甃石橋。凡城内古渠兩墻，俱皆砌以新磚。其暗渠，并用大磚捲甕，盖以土石，不致復有糞除填塞。逐段間留水斗，以覼渠水通塞，以便民汲。其明溝，兩墻各用巨石盖壓，不致日久傾圮。自城内以至城外，一律堅固。凡其用過工匠、磚石等項，銀七千餘兩，悉皆貢生蕭元善、劉樹芸一手經理。茲於本年十月初七日放水入城，渠工告竣。除飭即造具捐銀姓名及用費工料細册，另文申送外，合將李渠開濬、蕆功日期具稟。

憲鑒俯賜轉稟，實爲恩便，並請鈞安。除稟府憲、軍憲外，卑職國觀謹稟。

十月初十日稟。

十四日奉府憲批：據稟，李渠開濬、蕆功日期已悉。該縣督辦經年，不辭勞悴，能使九十餘年之故跡復通，殊屬可嘉。仰候轉稟各憲，仍即造具捐銀姓名及用費工料細册申送。仍候分府批示繳。

---

❶ 乃　後文爲“仍”，當是。

❷ 報賽　古時農事完畢後舉行謝神的祭祀。

府憲通稟各憲李渠告竣稿

敬稟者：竊卑府前查袁郡西南十里，舊有唐時李渠，引水溉田，農民便益，歷經興修，今復淤塞，計自雍正戊申以來，已閲九十五年，未曾續修，即經卑府會同前任同知劉丞督飭宜春縣程令籌議興修。嗣據程令勘丈舊蹟，設法勸捐，并將興工日期稟經卑府轉稟各憲批飭籌辦。又蒙程撫憲批示奬勵，并將程令先記大功一次在案。

茲據宜春縣令稟稱，奉飭開濬李渠，當因工程浩大，需費孔多，首先倡捐，並勸諭各鄉紳民捐助，一面查明舊蹟，逐段丈量，並與本邑貢生蕭元善、劉樹芸議定工程，擇於上年九月二十七日興工，隨即開通二百九十餘丈。開至郡學前西首即失故蹟，遍查無從開挖，詢之居民耆老，皆云城内溝渠，多年湮没，歷來修濬，皆止於此。因思該處民居闐壓，日久成阜，無從察其形迹，因復轉從西城入口處挖深二丈餘，始見舊日兩墻溝脚，按磚循挖，皆深二丈餘，約百十餘丈入登瀛橋，又復無迹可尋。因從卑府署後園中土溝寬皆二尺、深僅尺餘者，令工深挖，亦有兩墻磚脚，知係古溝，按照循挖，歷同知署内東出，由民居穿判官巷，又由民居始接出。郡學前一路均係暗溝，蓋因渠水久不入城，渠在民居，通砌墻垣，致令湮没，即有兩墻舊磚，亦皆挖去，遂使向來修濬，第從此止，今悉開挖如舊，城内古渠於是悉通。是則城内溝渠五百二十餘丈之工程也。

城内既通，爰及城外。渠源自清瀝江分來，舊有堰壩，久已衝壞，攔江一壩，亦皆無跡，於是先將兩壩重新建築。渠身既狹，近江尤廹，爰添建木栅，實以土石護堤，江流乃得背堤而下，即從龍王廟一帶傍山開濬。有山石處，焚以積薪，淬鑿令深。一路循舊疏通，清出水斗，迤邐至茂林，地勢雖高，倍深開鑿，仍由民居暗溝轉出城西萍實橋下入城。是則城外至陂口一千三百餘丈之工程也。

中間凡建華表三處，悉匾曰“古李渠”，石堰二座。又渠水入城處，向日展壕爲湖，旁爲一閘，渠漲則開閘，分水入湖，以殺水勢。今俱傾塌，重新砌築。又龍王廟爲庇護古渠附近鄉民報賽之所，亦早傾圮，復建廟屋一重，圍以墻垣，俾祀香火。

又於城内府學齋署大門外，開挖一池，約寬三畝，爲渠水渟蓄之處，圍以石欄，中甃石橋。至城内古渠兩墻，皆以新磚砌甃。其暗渠，仍用巨磚捲甃，上盖土石，不致居民積塞糞除。其明溝，兩墻均蓋巨石，不致日久傾圮。逐段仍留水斗，以觀渠水通塞，以便民汲。自城内以至城外，一律堅固。

凡用過工匠、磚料等項，銀七千餘兩，悉皆本邑貢生蕭元善、劉樹芸二人一手經理。於十月初七日放水入城，渠工告竣。所有捐銀姓名、用費工料銀數細册，另文申送具稟。

前來卑府親歷察視，均皆一律完整堅固。惟查得渠工自上年九月二十七日動工興修，迄今本年十月初七日放水告竣，歷經一年，宜春縣程令認真督修，能將久失舊蹟，設法討尋，無間寒暑，遂使一千一十五年之渠，悉復故道，邦人歡呼，樂復其利，尚屬能事。至各紳士，或樂輸多金，或出力勸捐，俱屬可嘉。統俟飭縣查明造册，另行詳請，分别給匾奬勵，以彰善行。合將卑府督修李渠、濬通緣由並蒧功日期，先肅稟明，以期仰副大人利濟民生之至意。肅此謹稟。伏祈憲鑒，並請鈞安。除稟督憲、撫憲暨臬憲、藩憲、巡憲外，卑府心一謹稟。

督憲閣部堂孫批：該守督飭捐修，引水李渠，一律濬通，洵爲地方之利，所辦甚好。仰江西布政司會同按察司，即飭開造捐輸紳士姓名及董辦出力之守令各員，由司詳請會核奏獎，以示鼓勵。仍飭補稟撫部院批示繳。

撫憲成批：據稟已悉。該府縣與劉丞實力濬渠，興水利以便民，深堪嘉尚。仰布政司轉行奬勵，並令將出力紳士擇其最尤者，由該府等酌給匾額具報。仍候閣督部堂批示繳。

藩憲嵩批：已據稟奉撫憲批司，仰即查照，另檄遵行。仍候督憲批示繳。

臬憲邱批：據稟已悉。仰候兩院憲暨藩司批示繳。

巡憲丁批：百年古渠，一朝修復，水利民生，實資利賴。該縣程令，盡心民事，於此可見，殊堪嘉尚。仍候兩院憲暨兩司批示繳。

卷第二

宋《李渠志》

水源

李渠之源，出於官陂，在州西南十里，今福昌里新田橋下十數步即陂口也。其水自清瀝江來。在州西南六十里。清瀝江其源又出老山，在清瀝南十里。地名仰下。仰山周回千餘里，仰下在其西。山頂有瀑瀉山下，爲此江。過了山，在州西十五里。至渠口分爲二派：正派爲沙陂，支派爲官陂。

事始

按：《唐書・地理志》云，袁州西南十里，有李渠，引仰山水入城，刺史李將順鑿。蓋將順以憲宗元和四年守袁州，時州多火災，且民居負江汲溉艱甚，將順以州城地勢高，而秀江低城數丈，不可堰使入城，一日與僚屬出西郭門，知南山水可堰，乃鑿渠引水，溉田二萬。又決而入城，繚遶閭巷，其深濶使可通舟，邦人利之，目曰“李渠”。仍於城外西北築塘，名曰益州。中留二島，曰卧龍。作亭其上，曰仁智、曰義政。自塘穿渠遶州治與李渠接，東流直出宜春縣，南至赤板橋入於石潭。今益州塘，以爲阜陸間有水濼，居民占以種藝，所謂亭島悉廢，不可尋究。而渠水自城東北隅入秀江，亦無復過縣落石潭矣。

繼修守倅姓氏

王懿，宋至道三年距將順一百八十九年。守袁州，時州人頻困於火，懿曰郡之火無水備耳，命衆協力分治舊渠，民歌之曰：“李渠塞，王君開。四城惠利，絶火災。”

袁延度，舊《志》誤作“延慶”，石碑係“延度”。天禧三年距懿二十三年。通判袁州，有能名。時民新罹火，延度復濬舊渠，爲備刻石，記其事甚悉。仍創疏泉亭，賦詩以見志。詩云：本與居民禦火災，不辭迢遞費紆迴。夜澄明月家家到，春泛餘光處處來。激渌寒聲喧巷陌，碎光紅影見樓臺。凭欄如鮮思經始，知我爲亭有旨哉。

孫琪，宣和六年距延度百有六年。通判袁州，到官未幾，民三罹火，琪贊大守林徽之治西陂、濬舊渠，琪自爲記。

張杓，宋淳熙四年距琪五十四年。守袁州，教民導渠千五百餘丈，民賴其利。及闤闠中自古有義井，亦可爲火備，乃爲濠民障據湮塞，亦皆浚，治而揭其名。郡人孟浩爲之記。

曹訓，淳熙十年距杓七年。守袁州，以李渠廢而不治，命工疏導，水遂復通。又刊《圖經》所記李渠事，龕於疏泉亭壁間，以告後人。記文並見《宜春集》。

寶慶丁亥修復始末

唐元和四年，距今踰四百載矣。自刺史李將順而後，所傳浚渠名氏僅五人，而亟於成者至不浹日奏功，堙塞於積久之餘，而浚治於旬日之頃，欲其勿壞，不可得也。閱歷益久，堙塞益甚。其在城外者，僅如一線；而在城内者，民居之所覆壓，糞除之所填淤，窒不復通。以故倉卒之際，求水甚艱。且春夏之交，疫癘間作，郡之士民，每以爲病，而鄉大夫序圖志，亦於此致不滿之意。寶慶丁亥，直華文閣曹侯叔遠實來，下車之初，訪民利病，亟議修復。然堙塞歲久，或者難之。侯曰：“興利除害，郡守責也。一郡之利，孰有大於是渠者？其可以堙塞之久、工役之殷而遂已乎！”乃春正月之四日，單車出郭，相水源，觀地勢，規撫經畫，一出於新，授而官吏聽焉。甫閱月渠城，邦人莫不鼓舞相慶。今以其浚治次第，條具於後。

陂頭至西城下

渠水自官陂口東流，越三十餘丈，有鄉民毀隄，分水而北，以爲水磑[1]，由是渠水入城者無幾。乃首命役夫塞罅增庳，嚴其毀撤之禁。越九十五丈，跨渠爲橋，以便往來。自橋以東，渠與江並流，僅隔一隄，堤不滿一二尺，江流湍急，日夜衝囓其下，隄以此輒壞。越百餘丈，隄沿山曲轉，山下多巨石，渠以北益狹。且去江尤迫，常岌岌欲潰。今植木爲栅，實以土石，高濶視舊。踰數尺，仍截江築乾陂四，俾江流背隄而趨，隄自是始固。山下巨石，焚以積薪，淬而鑿之，渠自是始寬。過此渠與江相去漸遠，江則趨沙陂落麟橋以合於秀江，渠則傍山遶田迤邐東注。越二百五十餘丈，地名小水口，闢其地爲一斗，係第一斗。深五尺、長九尺、濶二丈七尺。又越二百五十餘丈，其地古有水斗，久爲民居冒佔，浸以堙廢，今斥而廣之，周遭可三十七丈、深一尋，係第二斗。由是西至陂頭，展築新隄七百餘丈。隄舊不容一武，今可通車。首尾立二華表，扁曰“新隄”。越八十餘丈，北至茂林，渠轉而東，復爲一斗，係第三斗。濶二丈、深丈餘。凡斗，皆因渠流奔湍，使之渾涵，停蓄盈科[2]而後進。既出茂林，地勢寖高，隱隱若岡隴狀，渠深二丈許，水始可通流，鑿之工倍費焉。又越百餘丈，由崇勝院前過西墅橋，歷社壇，出官圳巷，居民以板覆渠，屋於其上者三十餘家，官給費以助其開浚。至州城西門萍實橋下，即其處立華表，扁曰“唐李公渠”。渠抵西城下，曲轉入城。恐卒有暴漲，水口不足以受之，乃於城下展濠爲湖，旁爲一閘，渠漲則啓閘分水於湖，以殺其勢，因扁之曰“分水湖”，濶可二百丈，中植荷，旁植柳，雜以花竹，刱亭五間，扁曰“玩芳”。北望多李花，扁其軒曰“雪映”。總扁之曰“李渠亭”。去亭十許步，爲屋三間，扁曰“药房”，俾護渠者居之，以司是閘之啟閉。又於水閘之北，創亭曰“激湍”。

西城渠口至貢院入江處

西城下渠口，蓋渠水入城之衿喉[3]。傍城舊有斗，歲久遂爲比近居民傾貯糞除之所，水不復通，今浚深丈餘、濶一丈二尺，即其上創

---

[1] 磑　同“碨”。石磨。

[2] 盈科　水充滿坑坎。

[3] 衿喉　比喻要害之地。

屋三間，爲仰山祠，使民有所畏，無敢踵前之爲者。自渠口越三登坊大街，過子城背，將入郡圃，復爲一斗，繚以垣墻，屋於其旁，以爲看守者居止之地。自此穿郡圃，遶延月橋，過虛舟，入鏘璆亭下，下漱玉亭之左，向修禊亭東墻而出。歷袁公祠前，屈曲四十丈，析而爲二：其一越龜石巷小街，入判官廳西池內，流入倅圃石澗，此係古渠正派。經花園內穿墻而出；其一小派北流過判官廳迴屈曲數步即落江，此處地屈水活，未可阻滯，遂置澗焉。其一正水遠流從古渠橫越疏泉坊大街，遂折而東，歷民居八。過韓文公祠，歷民居五。至泮水，又歷民居五。轉獎廉坊，斜歷民居三。越大街而東，歷民居十有一。過常家巷小街，歷民居九。過鐵爐後巷小街，歷民居四。又折而北，穿神問坊大街之西，歷民居十有二。越街東，復折而北，歷民居三。過治平院，又歷民居三。過蔡家巷小街，歷民居十有九。轉而入市，過獅子橋南，歷民居六。經右龜目井華表內，歷民居四。過蔡家後巷小街，歷民居九。過萬家巷小街，歷民居十有七。過論思坊小街，歷民居三十有三。又斜穿集雲坊大街，歷民居十有四。過牢城營口，歷民居八。自此越大街而北，復折而東，又歷民居十有五。穿迎恩愛棠，東行衙三驛，過報恩寺，入貢院，轉而北，會於秀江。

此渠古稱可以通舟，則其初深濶可想。兵火之餘，民居日益包占。今慮爲民擾，不欲毁撤，止令家自開浚，貧者官侑其費，餘則官自浚之，濶皆三尺以上。凡渠水所經巷陌之衝，舊爲暗溝，覆以磚土，今悉撤爲明溝，深廣皆丈餘，非特可以驗通塞，而亦可以便汲溉，里巷之好事者争願出力。跨橋其上，丹堊焕然，橋下清流汩汩，繚繞城市，耆老聚觀。以爲前此未睹云。

减水溝

减水溝，凡三所：一在獎廉坊之街東，穿民居而北，又自甘棠坊口轉而西流，復折而北，落通泉坊，注於秀江；一在市心，越大街而北，經阜通坊街西，自善利坊注於秀江；一在育材坊前，越大街而北，經育材坊內注於秀江。此三溝者，所以防渠水之溢。竊意古人必於此各置一閘，時其啟閉，今漫不可考。兼渠流居民舍下，置閘亦難，但於三處溝口砌高三尺許，水溢則俾自流而北。每溝各浚斗架橋。

接水溝

接水溝，凡三所，乃諸溝水與李渠相接者：一在州學西桂僊坊前，每雨驟至，溝狹既不足以容，而渠堙塞不泄，率泛溢於街，深至尺許，往來者以爲病。今於學之西墻外，拓地幾二丈，鑿新溝，深與渠等，而瀾過之，以其餘地創亭三間，扁曰“濯纓環亭”，植竹，以爲諸生遊息之所；一在積慶坊；一在熙春坊。每溝各浚斗架橋。

斗總數大小共三十七。

小水口	古斗	茂林路前
城西仰山祠下	三登坊大街橋下	子城背
疏泉坊橋下	獎廉坊橋下	常家巷橋下
鐵爐後巷橋下	神問坊橋下	蔡家巷橋下
右龜目井橋下	蔡家後巷橋下	萬家巷橋下
論思坊橋下	集雲坊橋下	牢城營門口二
營前大街橋下	迎恩坊橋下	報恩寺門內二
貢院二		

右係李渠所經處。

靈泉坊口橋下

右係自通判廳墻下一派向北流去。

桂仙坊口橋下	積慶坊橋下	熙春坊橋下

右係接水溝。

甘棠坊橋下	通泉坊橋下	市心獅子橋下
育材坊大街橋下		

右係減水溝。

涌泉坊橋下即鮮魚巷。	阜通坊大街橋下	飭化坊橋下

右係市北諸處溝水，與減水溝東西相接。

橋總數大小計二十七，西城外者不與。

三登坊内	疏泉坊内	靈泉廟巷口
通泉坊口	獎廉坊内	甘棠坊内
桂仙坊前	積慶坊内	神問坊内
市心獅子橋	右鼃目井路	阜通坊内
集雲坊内	育材坊前	

以上大橋十四。

子城巷内轉處	子城背斗邊	常家巷内
鐵爐後巷	熙春坊口	蔡家巷口
涌泉坊内	蔡家後巷口	萬家巷口
論思坊口	飭化坊内	育材坊内
迎思坊内		

以上小橋十三。

役夫條目

凡役夫，每旦畢集於庭，十五夫分爲一甲，别以色旗。分渠以二丈爲限，每二丈用役夫一甲或二甲，視渠難易以定多寡。中留二丈，以次更浚，使役夫不相貿亂，工役有所稽考。每甲督以一卒，兩甲總以一胥。不時委官至役所，檢察其傭金，一視市直，遇晚，親自給散，吏不得預毫髪。遠近聞之，荷鍤而至者，日幾千夫。方春，小民艱食，賴此以濟者甚衆。至治陂及築新隄，則付之陂户，以其習熟陂事故也，傭金亦與役夫等。委宜春丞徐徹尉、余紹貢士李發給之。渠在郊外者，濶約一丈、深約三尺，唯茂林路傍極深。其在城内者，濶皆三尺以上，深約六七尺。

渠長十員渠長之稱見《唐志》及《舊圖經》所載。

渠水雖已流通，又慮向後或有侵占淤塞及陂頭長隄有衝决等事，州郡未即知覺，須得有公心好義之士，常加覺察，時以告州郡修整施行，然後可以永久。迺選請州士十員爲渠長，專任其事。

陂户

陂户乃佃氓自沙陂而上至官陂受此渠溉田者爲之，計六十餘人。而甲首六人，甲首每歲輪着六人。遇有小小損壞衝决去處，本保即報知渠長，令甲首唤集陂户自行修整。而所費或重，則十渠長參酌，申官助之。

甲户

甲户自城西至東城，凡李渠所經，近二百家。今令五家結爲一甲，互相糾察，不許侵壞淤塞。如棄糞除破缶及架厨溜溷漏於渠上者皆有禁。三甲内又擇一人爲甲首，常切檢點，遇有此等及渠岸頽圮之類，甲首即報知渠長，渠長差人監視修浚，違者申官或諭厢廵。督治。内有甲首隱而不告或因他人報知者，罪其甲首。

委李貢士掌管分水湖地

判府曹華文台判開濬李渠，功力浩大，今已周全。最要緊是，渠水到西城下蚪口一帶堤岸，日前常是被城下壕塘租賃人不時盗掘放水，以至侵壞及填塞作住屋，或據渠作厨厠等，使一城官渠之水斷阻不通，委實利害。今來已於城下起蓋官亭一座，臨李渠作朝夕照管之處所。是亭前分水湖地，今雖擇人掌管，切見本州學直學貢士李發平昔有信義、有幹略，爲一邦推重。又今來於濬復李渠，從上流分江成陂處捍築新堤，及次第開鑿淤塞，謀畫最爲詳細，不憚勞煩，迄至周備。一城内外渠水通流，可以坐息疾疫、火燭之憂，其功力不淺。合將此處湖地付李貢士掌管，併令專一照管李渠入城下蚪口一帶水流通塞等事。基界南自萍實橋下，東至渠上官亭，西連益州塘路，西下平地一段至易監税莊屋前，北至新立堤岸爲界。

右所載開浚李渠始末甚詳，具存陳修《郡志・陂渠》之後。其役夫條目、渠長、陂户、甲户，雖代異事殊，仍舊備列新修邑志，間有點竄，今一照《郡志》録之。愚以爲，宋時原本當不止此，惜遍蒐不得。人謂康熙《丙子志》猶可攷見，後之修志者略焉，遂不傳。今仍題曰《宋李渠志》，亦存其原始云爾。

附《通志》原按

宜春之珠泉、濘泉等水，灌畝蔭澮，均屬天地自然之利，非人力所能爲也。若以人而輔相天地，則惟將順鑿渠，功力兼至，自唐宋迄今，屢湮頻復，民受厥賜多矣。夫稠江清瀝，雖曰洪流，以視贑水鄱湖，渺乎小矣。乃李渠之名，獨冠江右，儼然與鄭國龍首輝映史册，是豈過情倖獲者耶！仁人有言，其利亦溥，况乎以實心行實政，有不澤流窮壤而聲浹來兹者哉！

附《縣志》宋後復修各官長姓氏

明洪武初年，知府劉伯起修復；弘治間，知府朱華繼疏之；正德八年，知府徐璉大加修冶，建亭於嶅溪，顔曰“浚渠”，自爲記；萬曆三年，知府鄭惇典復循故道重修；四十七年，知府黄鳴喬重疏，同知侯世屏爲之記；明末，迭遭兵燹，水泉莫通。

國朝康熙八年，知府李芳春定議修濬，委照磨吴允慶、巡檢魏映奎分董其役，於仲冬月興工，迄明春告成。芳春自爲記，新建鄒檢討度琪亦有記。歲久復湮。雍正六年，知府薄履青、知縣王淑京倡衆捐修，渠水復通。

按：陳修《府志》載：雍正六年，嘗一修之，旋廢如故。乾隆二十四年，知府陳廷枚復行按視，命工挑濬，惟上流積淤，水源不通，方議庀材選石，大加修築，會有郡城大工，未遑畢役。又乾隆五十年間，署知府張五緯亦經倡修，甫至郡學前即失溝築故道，旋亦畢役云。

卷第三

新修李渠雜載

重修李渠善後條規

余於道光元年十月莅任斯邑，每嘗治事，自慙淺學，日惴惴於拊循蒼赤、勸課農桑，以期於人有濟，惟恐不逮。二年，大中丞程月川先生來撫江右，諄諄以教養條告各郡屬，咸皆凜承辦理，毋或後。時則移建宜陽書院添設膏火詳報外，先已從事李渠爲致力焉。閲一週年，乃克告竣，凡用匠石工程費七千錠。然而舊浚諸記載或云半月蕆事，或云一月成功，或云不廢民間一絲一粟，邦人歡呼，咸樂其利。何其難事而易辦也？

國朝三韓李焕章先生，爲世名臣，自無飾語。至雍正六年，薄公之修，既無記載，而乾隆二十四年，陳公廷枚亦已按視，命工挑濬，方議庀材選工，旋即罷役，則其工程浩大，不易濬復可知矣。即李修之時，距舊修迄今，不過百數十年，而渠失古道，踪跡全無。尋得溝脚，僅止尺餘，而没深丈數尺，則其修濬並未流通可知矣。今興鉅工，久歷歲月，時奉府憲、軍憲督率，乃得一律疏通。又經邑貢生蕭子元善選匠結砌渠身、暗溝，捲甕蓋石，極堅極固，謂可永保不圮不塞。然而竇慶大修之後，非不記載之詳、慮防之密，仍復屢修屢廢，則不特復修之難，而保固之爲難也。是渠也，經始於二年九月，落成於四年十月，放水入城報竣矣。而土石之崩陷、居民之殘遏，所在傾頽，已遂如此，又安知數十年後不成廢渠耶？往見西城田二萬畝，稍遇旱魃，即爲焦土。今則禾黍載登，豐收迭慶。今七月二十七日之水災，城中不至過傷者，亦渠身納水逆灌官陂，有所消導故也。人亦何爲不共相保固耶？是善後之無策也。於是思維倣照《寶慶志》，委重李貢士掌管條例，判交附貢生蕭子元善一人掌管，歲收租穀，以備工用，乃有責成。竊以蕭貢生平昔信義幹略，勇於公事，人所共服，未遜於李貢士。渠工是其出力，合將全渠事宜交付辦理，每歲報銷，一手經理。嗣後仍聽蕭貢生選擇邑中端士，交代管理，不致或倦。又有成規久遠，可以倣照施行，斷無湮塞填廢之時，豈不懿哉！爰商定善後條規十則，詳列於左，後之攬者，其能無意於斯乎！

一、慎守堤堰水壩，以利渠源也。源自詹家橋下清瀝江來，夾洲分水，全在攔江一壩。此壩頹圮，水多趨下，不入陂口。是則壩爲最要，堰次之，堤又次之。堰以蓄水，堤以護渠，皆不可不加意慎守焉。所宜隨時察看，一有罅隙，即便修補，并責令龍神廟廟祝[1]守護查報，仍諭令近堰村庄人家，不得殘害，擅自挖坍壩身，阻塞堰口。一有傾圮，責令該户稟報，廟祝一面報知首事。倘或坐視頹坍，一經查出，即將該村户枷號示衆，廟祝亦即革換。

一、查察渠塘水口，以通渠流也。渠自龍王廟陂以至入城，隨處皆有水口引灌田畝，以資利用，渠所宜然。乃有一等壟斷村民，只知有己，不知有人，竟將渠身塞斷，僅利己田，致使前路頓涸，是爲可恨。宜令上流隨時開啟，本路水口不得攔渠築塞，致令渠身日高日廢。違者廟祝、保正扭稟究懲。

一、編審沿渠民户，以便稽查也。渠之左右村庄、店屋、民居、園塘，皆關利害於渠。其中人民，儘多良善，教以培修渠圳，應無不遵。然須專以責成，某段渠壞即責某段居民。且或掘渠作坑蓄水，或傾倒糞除於渠中，或小有傾圮聽其倒坍，均所不免。宜編審渠所經過人家，逐户編册，按照段落，使護渠身，一有淤塞，即惟該户是問。或有傾圮，許其報知首事修復。仍令保正一月一巡，不得懈惰。

一、慎簽城鄉保正，以時查報也。余相視渠源，即有西城外保正陳爲之嚮導，詢以渠之利弊，頗能熟悉。則凡渠之通塞，保正當查。

---

[1] 廟祝　寺廟中管香火的人。

誠得數人常川查報，可爲首事耳目，宜令逐月巡查，無論完好，或有小圮，必向首事報明。或有懈怠，首事禀官革退，另僉勤謹之人。有可嘉獎，仍聽首事計功給賞，以示鼓舞。

一、勸諭居民、舖户，以時疏濬也。渠在城外，有各村庄分管。自過白馬廟，即入居民園内屋旁。至黄泥巷，又入舖店。人難日至其處查察，小有淤塞，漸至填壅，最爲渠害。宜切諭居民、舖户人等，凡渠經其屋店之内，本係暗溝捲甕，蓋有土磚，乃或舖户居民自行開斗，以便汲溉，亦所不禁，誠恐任意傾倒糞除，以爲水可推去，不知便至填塞。抑或小有坍塌，亦不修理，久之遂没。宜飭保正按段逐月稽查，諭令舖户、居民，不得因渠身小陷，遂以糞除傾倒。自行開斗者，須自疏濬，不得損壞渠身。違者該地方保正禀明拘究。

一、常川疏濬各斗，以防遏注也。城内暗渠，逐段有斗，所以時視渠水盈縮，以稽來處流通。如府憲後園、軍憲園各有兩斗，聞得園户竟將斗作井，就渠身挖深蓄水，既壞渠身，又不令水流通，殊爲可惡。除已經修復不懲外，宜諭園户，不得挖深。如蹈故轍，查出禀逐。至街巷各斗，人所共見，乃有附近居民傾倒齷齪糞除以及磚土瓦礫，積久堆填，無不壅塞。且有拾柴小孩，擲磚入斗，亦爲渠害。如常平倉前明溝、府學前教場頭兩池塘亦然。宜令保正嚴拏禀究，小孩子究其家長，庶不敢再行傾倒，可保流通。

一、查收莊户租入，以資工用也。本邑胡培志捐輸𡋯源庄民田三十畝，歲收租穀，折錢卌千，永爲渠業，具載《志》中。即須歸與首事掌管，親自收租，設立渠局，總簿出入，具登每歲羡餘[1]，存爲續修經費，每年仍具報本縣核算存册。渠田號畝、佃户姓名、租穀簿，仍載《志》中。

一、酌定每年支銷，以節經費也。渠工全賴歲修，一歲不修，即有壅塞，久久便至費力。宜令保正巡查無間，隨時修濬，所費無幾。應酌給保正月米錢若干文，濬渠夫役每工若干文，又龍王廟廟祝歲給月米錢若干文，不得過多。其餘鍬鋤、土畚、木擔，一切均須置辦。

---

[1] 羡餘　盈餘、剩餘。

畢工，首事收藏，一體支銷可也。

一、寬贍廟司香火，以責勤力也。龍王廟設有廟司，所以伺奉香燈、稽查水口、守護堤堰。乃或私受近渠村庄規禮，便須聽人遏流利己，豈肯報明？是使防弊，乃更作弊。然所給或不足用，便生他想。不若略爲寬給，使得贍家，毋許私取村庄錢文，庶幾辦公，無復贍狥之弊。使再縱狥，便當叱退另换。

一、清查城西基地，以謹分水也。西城下㪷口一帶堤岸，久被城下壕塘侵占作園，往往掘放渠水，不令入城，遂使城内溝渠水流不旺，甚爲患害。今已砌石斗，高與閘齊，水旺乃分流入湖。向來此處建有官亭一座，既已傾圮，基地尚存，仍有人占作園子，曾經清出，當即造一亭館，種植桃柳，使復舊觀，亦可稽察渠水入城。三間兩架，便堪遊憩，後之人擴而增之可耳。

一、時常宣諭禁條，以警頑惰也。今立條規，要使家喻户曉，人人知道，爲了我們農業，以及城中汲溉。李渠不塞，則近渠之田皆得有水，雖旱年亦獲豐收；李渠淤塞，則水不到渠，田亦無收。是可知遵此條規則有利，不遵此條規則有害。父詔其子，兄詔其弟。一家如此，十家亦如此。雖十世亦共知聞，何有淤塞？宜令保正時時傳諭近渠各村庄店户，使得咸知，仍恐久久懈怠，不知渠爲何事，又將壅廢矣。更可懼者，西岸水碓，不樂有壩，一遇乾年，或暗中掘斷壩身，放水入江，以供碓磑，最爲渠害。然一渠所利萬畝，斷不令其偷放。各自保固，人亦不敢。是在守護之勤耳。

以上十條，均係渠之利害，要當隨時遵守，挨家宣諭，村村共察，處處同查，則永遠可以不塞，農享其利，民賴其安。登科發甲，又其餘事也。

新修李渠分段丈尺圖記

渠凡一千九百六十五丈，分十二段，繪之圖，以可斷處爲起訖。仍載所丈數目於各圖之眉，并彙記於此。

第一段，自詹家橋下引源，由新堰分水入陂口至鑿石處，計二百六十五丈。沿河障以長堤，鑿石處有橋渠，旺水可從橋下閘口分注大河也。重建龍王廟，在其上又有明太守徐璉浚渠亭記大碑。

第二段，自鑿石處至獅子山尾，計一百五十丈。

第三段，自獅子山至鳳凰山背，計一百三十丈。

第四段，自鳳凰山背至鳳凰山背尾上，計三百丈。此三段渠傍山行去，大河逐漸而遠，至山尾河從沙陂橋東注入秀江合流矣。沙陂橋者，即廣惠橋，今請議叙邑監生徐汝亨所獨建者是也。

第五段，自鳳凰山背尾上至官圳弦上，計一百二十五丈。此處兩岸夾渠，多民居。

第六段，自官圳弦上至白馬廟前，計八十丈。立有華表，渠亦折入民居矣。

第七段，自白馬廟前至黄泥巷，計一百四十三丈。皆穿繞民居，或屋後曲折而行，間有塘圳蓄水處，既折而北，乃出黄泥巷。

第八段，自黄泥巷至西門城脚，計五十六丈。渠既出黄泥巷，折而東，出西門外大街，皆從民居屋内暗溝出，復折而北，過萍實橋下，曲趨城脚矣。此處向有關水閘，水旺則啟閘分水入湖。今並甃石作一池，俾有渟蓄。又其上有仰山廟，基久圮，今當復建，仍造一閣，以供憑眺，邑人士亦可肄業其中。湖水下注秀江。是則西城脚至陂口一千二百四十九丈之工程也。

第九段，自城脚至二府巷，計二百二十一丈。由城脚入民園内水塘，折出常平倉前，至登瀛橋，皆東行明溝，復折而北，靠府署圍墻，皆暗溝，有斗。又入府署後園，三折出二府巷。

第十段，自二府巷至府學黌墻右，計九十五丈。此段一路均失故道，就形勢於二府署左右尋挖，皆丈數尺深，得有古溝脚沿至民居屋内，出判官巷瓦子坪，復穿民居，始接府學前之明溝，今悉作暗溝。二府署園内有二斗。又上房階下甃一池，上架橋。又判官巷凡六斗。渠向經泮水，今稍前，乃於學署門首開一池，中甃石橋，水可稍蓄，亦以視渠之盈縮也。

第十一段，自黌墻左至中十字街口，計一百四十丈。

第十二段，自中十字街至府城隍廟後園循城脚出城，計二百六十丈。渠出秀江矣。此二段悉多暗溝，至城隍廟後園仍係明溝。又校場頭開一小池，圍以花墻。具註圖中。

是則城内七百十六丈之工程也，蓋即竇慶時浚治次第如此。惟第十段溝脚多没，非若前後兩墻顯然。竊以康熙、雍正時所浚，或未必悉通？不則，何以僅隔九十年獨此段湮塞無跡，至減水溝、接水溝悉如舊？圖中亦不詳其段落。渠既告成，邦人相慶。爰記其浚治次第，以附於篇，亦使知功不易就云。

《宋志》李渠所經地名考註

城外所經：小水口、今稱詹家橋下。陂頭、今稱龍王陂。前踰長隄過鑿石處有龍王廟，久圮，今重建。茂林、今稱獅子山下。崇勝院、久圮。傳聞約在鳳凰山背。西墅橋、今稱飛蛾掩壁山下。社壇、飛蛾掩壁山前。官圳巷、今稱官圳弦上。萍實橋。今存。在西門外大街。

城内所經：仰山祠、渠入城處，久圮。三登坊、子城背、以上約在今文昌宫背，其處有登瀛橋。郡圃、今府署後園。延月橋、今府署後園跨溝有橋當即此橋。虚舟、鏘璆亭、漱玉亭、修禊亭以上均圮。袁公祠、在今府署前。龜石巷、即今二府巷。判官廳、倅圃石澗、花園内、以上爲通判署裁廢，今名判官巷瓦子坪。疏泉坊、在今判官巷口。韓文公祠、在今府學右。泮水、重建大成殿時移入渠前。今渠由儒學大門外即其處開方池，中架石橋三甃，環以石欄。獎廉坊、《縣志》云在鐵爐巷，今約在縣垜子背。大街、即衛前街。常家巷小街、今稱旗纛廟。前廟本向南，未久改向北。鐵爐後巷小街、約在今上十字街口。神問坊大街、約在今十字街。治平院、今圮。蔡家巷、今稱上十字街。獅子橋、涌泉坊、《嘉定志》云在魚巷口，今約在中十字街。右龜目井、今都司署左。蔡家後巷、萬家巷、《縣志》云在東門，今約在協鎮署前。論思坊、《縣志》云在府城東南，今約在十字街。集雲坊、牢城營、今爲協鎮署。迎恩愛棠東行衙三驛、皆在今東門。報恩寺、今存。貢院。今改爲府縣城隍廟。

減水溝所經第一路：獎廉坊、縣垜子背。甘棠坊、《嘉定志》云在酒税務巷。通泉坊。即縣署左。《縣志》云在治北七十步落驢巷。第二路：市心、即獅子橋。阜通坊、《縣志》云在縣治東，約在中十字街。善利坊。第三路：育材坊、縣治東，約今在中十字街。

接水溝所經第一路：州學西桂仙坊。《縣志》云在縣治西三十步，今約在府治前接天符廟。第二路：積慶坊。《縣志》爲集慶坊，今在邑西北六十步。第三路：熙春坊。今同在邑治東七十步，在上十字街至南門。

城内外斗記

攷《宋志》，斗總數大小共三十七，而渠所經處只二十五，其餘通判廳墻下者一、接水溝者三、減水溝者四、市北諸處溝水與減水溝東西相接者三，均皆架橋。今則定爲三十六斗，詳列其地，以備稽查疏浚焉。

城外：白馬廟徐屋内　城脚下渠口。

城内：城邊棃園内　文昌宫側　府衙園内二

二府衙園内二　判官廳側　劉家公館二

判官巷三　府學前糞墻下　魁星閣下

衛前街巷内　大生堂藥店内　李元盛店前

同仁堂以上上十字街。　開泰藥舖内

義豐錢舖内以上中十字街。　箭道前

協署前二　沙子巷　三皇宫上首。煙舖側

五眼井巷口　萬壽宫門前　丁家門首

小教塲頭　宋家公館前廳　報恩寺園内門首二

縣城隍廟　府城隍廟

以上係城外入城至東門渠所經處，於《宋志》所載接水溝、減水溝所經悉如舊，亦不詳其處所。

渠田號畝附庄屋山地

一處高路下二畝，計八坵。上下至袁姓田左右，俱鍾姓田。

一處門首窩坵二畝三分，計三坵。上至袁姓田，下至鍾姓田，左至袁姓、鍾姓田，右至河路。

一處隴裡二畝，計五坵。上至袁姓田，下至鍾姓田，左至水圳，右至袁路。

一處隴裡八分，計一坵。上至謝姓田，下至郭姓田，左至謝姓田，右至水圳。

一處李子樹下一畝二分，計五坵。上至袁姓田，下至郭姓田，左至郭姓田，右至山。

一處望上一畝七分，計十二坵。上至山脚，下至謝姓田，左至郭姓田，右至山。

一處横路下四畝，計五坵。上至袁姓田，下至謝姓田，左至謝姓田，右至山。

一處烏石坑八分，計五坵。上至袁姓田，下至謝姓田，左至山，右至水圳。

一處柳下一畝二分，計五坵。上下至袁姓田，左至袁姓塘，右至河。

一處樟樹下八分，計四坵。上至路，下至謝姓、袁姓田，左至路，右至袁姓田。

一處橋仔邊八分，計三坵。上下至袁姓田，左至山，右至河。

一處隴裡五分，計一坵。上至袁姓田，下至謝姓、郭姓田，左至河，右至山。

一處門首二畝，計三坵。左至路，右至河，前至水圳，後至袁姓屋基。此處田已造作庄屋，間數詳後。

一處竹山下二畝五分，一連不計坵。上至山，下至河，左右至山。

一處楊梅坑一畝五分，一連不計坵。上至山，下至鍾姓、袁姓田，左至山，右至水圳。

一處石岸上一畝三分，一連不計坵。上至山，下至河，左至謝姓、袁姓田，右至胡姓田。

一處上官口五分，不計坵。上至山，下至袁姓田，左至山，右至謝姓田。

一處下官口一畝五分，計四坵。上至鍾姓田，下至袁姓田，左右至山。

一處茶盤坰一畝五分。上至謝姓田，下至鍾姓田，左至謝姓田，右至鍾姓田。

一處烏石磜八分，計一坵。上至袁姓田，下至謝姓田，左至山，右至河。

一處嚴塘一畝，計一坵。上至袁姓田，下至袁姓田，左至山，右至河。

一處南山下一畝三分，計二坵。上至謝姓田，下至鍾姓田，左至謝姓田，右至河。

右田計二十二處，共三十二畝。其門首田二畝，今造庄屋，實只田三十畝。每年收額租四百桶，折實錢四十千文。除還糧銀二兩六錢二分四鳌五毫，南米一斗六升八合八勺，爲每歲修渠之用。愚意再有近渠之田能爲此處田照租兑易，更能責成佃户護渠，其租入亦附近便收。是在善理者耳。用特志之。

附庄屋一所、山地一塊。

一處庄屋一棟：六榻，五值，牛欄、猪欄四只，灰寮一只，魚塘菜園在內，木倉二只。右基址即門首二畝，計三坵之田。

一處對門方山一張：上至李姓山，下至河，左至袁姓山，右至李姓山。其山內有燕鍋形一塊，係易姓之業。現有墳墓屋宇。

右庄屋本之田基，山地佃人薪爨所需，應附田。胡培志仍復捐出者，慮之至周，亦徵其爲善不倦也。

卷第四

歷代修渠名宦傳

唐

李將順，元和四年自員外郎出知袁州，時州多火災，將順一日與僚屬出西郭門，見南山水可堰，乃命築防疏溝，引水入城，使可通舟，郡人利之，名曰"李渠"。又於城外西北築塘，名曰"溢洲"。功施後世，民立祠以祀。載明《一統志》。今崇祀府學名宦祠。

宋

王懿，字文德，大名府莘縣人。父祜[1]手植三槐於庭，《志》曰："後世必有爲三公者。"懿勵志爲學，登進士。至道三年，以秘書丞知袁州，有政績。時多火災，疏唐李渠以備之。民歌之曰："李渠塞，王君開。四城惠利，絶火災。"未幾，召還。卒年四十九。懿弟，旦、旭。旦相真宗。旭尤篤友義，真宗尹京，知其能，及踐祚，三遷至殿中丞，旭引嫌不仕。王矩薦旭材堪治劇，上召旦面諭："前代弟兄同居要地多矣，豈以卿故屈之耶?"歇歷中外，早有政績。懿子，睦。

袁延度，天禧初通判袁州，有能名，刺史李龜從異待之，州務多委决。復舊渠以避火災，立疏泉亭，刻石記其事。

孫琪，宣和六年通判袁州，到官未幾，民三罹火，琪見袁延度疏

---

[1] 祜　《宋史》卷二六九本傳作"祐"，并有校勘記曰："'祐'原作'祜'。據本書目録中和《太宗實録》卷四二、《東都事略》卷三〇本傳、王珪《華陽集》卷三七《王素墓誌銘》改。"

泉亭記，欲濬舊渠爲火備，以告州守林徽之。守懼勞民，琪曰天下事不少勞，何以久逸？不暫擾，何以長治？今民困於火，可坐視而不知備耶？守服其言，遂治西陂、濬舊渠如故。琪自爲記。

張杓，字定叟，唐相九齡弟，九皋之後，六世祖遷漢州綿竹。父浚相高宗，謚忠獻。兄栻，謚宣。杓蔭授承奉郎，累廣西經略，司機宜，通判嚴州。差知袁州，戢豪强，弭盜賊。改衢州，請祠以營兄塟。遷湖北提舉常平，改浙西，督理荒政。尋遷兩浙運判。以直徽猷閣，差知臨安，奏除逋欠四萬緡、米八百斛。都城浩穰，姦盜聚匿，畫地警捕，夜户不閉。張師尹納女掖庭，恃以恣横，杓因事痛繩之。歷兵、户、吏三部侍郎，後移鎮江。高宗崩，以集英殿修撰知紹興，董山陵事。孝宗即位，權刑部侍郎，兼知臨安內侍。毛伯益昌西湖茭地爲亭，杓奏復之。外戚有殺僕者，按如律。遇上觀湖，杓伏謁道，左止輦問勞，賜以酒炙。進焕章、徽猷、龍圖三閣，并端明殿學士，知襄陽、建康、隆興三府。以疾奉祠卒。在袁州，方年少，已有能稱。尤崇尚儒雅，修郡學明倫堂、稽古閣，兄栻爲之記。又創周程三先生祠，朱子有記。杓生平天分高爽，吏材敏給，遇事不凝滯，多隨宜變通，所至以治辦稱。南渡以來，論尹京者，以杓爲首。子忠恕，字行父，魏了翁許其拳拳體國似其祖，撥繁剸劇似其父，斂華就實，明義理之學，嘗有聞乎伯父之教矣。

曹訓，字子序。自贛移知袁州，奉法鋤奸，廉得萬載，有豪民武斷者，盡繩以法。總、倉二司委郡和糴，訓曰："袁免和糴舊矣，不可一旦開病民之端。"祈懇切至，竟得免。

曹叔遠，字器遠，温州瑞安人。從止齋陳傅良講學，以經世爲務，登紹熙進士。李壁薦爲國子學録，迕韓侂[1]胄，罷通判涪州。後守遂寧，營卒莫簡，稱亂相戒，無敢犯人。爲工部郎。寶慶二年出知袁州，事減秋苗斛面米七千四百餘斛，浚李渠，復龜、目二井，修泮宫，行鄉飲酒禮。每月兩詣學宫，講論發明經史大旨。又刊止齋《周禮説》《春秋後傳》《左氏章旨》《開基事要》四書，併發所藏書籍數

[1] 侂　當爲"侘"之訛。韓侘胄爲南宋權相。

十帙，以惠學校。他如懲嚚訟、戢盗賊、蠲關市苛細之征，美不勝書。又助建御書閣，爲下户代輸，修舊起廢，山川城郭，率皆改觀。會旨命赴行在，邦人咸惜其去云。入爲太常少卿，權禮部侍郎。遇事獻替，多所裨益。終徽猷閣待制。謚文肅。嘗編《永嘉譜》，識者謂其有史才。子臧，孫邵，皆登進士。

明

劉伯起，洪武初知袁州，興學校，戢吏胥，有清介聲。當干戈瘡痍之後，勞來安集，俾袁民安堵，伯起之功也。以召去。

朱華，字待攷，長霑人，進士。弘治十三年，由大理寺副任袁州，砌仰山石路，濬袁城五井，政績可述。

徐璉，武邑人，弘治進士，由户部郎中出爲袁州知府。宸濠變起，璉爲起兵會王守仁於樟樹鎮，同臨江知府戴德珊、贛州知府刑珣等，各將精兵破宸濠於黄家渡，獲首功。事定，遷江西右參議。世宗録功，增秩二等。

鄭惇典，字維勑，侯官人，宋萍鄉知縣鄭强裔孫也。爲袁州知府，嚴毅清慎，律諸士以禮。時勤課閲，整修聖殿，繕葺明倫堂，飾治祭器，虔供祀典。尤重農務，盡力溝洫，一切政事具舉。僚屬士民，兢兢奉法，又樂其寬仁。

黄鳴喬，字啟融，莆田人，萬暦進士。知袁州，清心惠政，治行兼優。修郡學，濬李渠，表黄太常廟塋，百廢具舉。尤念袁賦加浮，重修《郡志》，具列誤報始末。升河南副使。

國朝

李芳春，奉天舉人。康熙二年知袁州，實心愛民，勇於有爲。郡經兵燹後，城市殘疲，閭左凋耗，芳春招徠綏靖之，百廢具舉。建文廟，新公堂。四邑之城郭毁於兵者，修築完固；萬載之田賦詭於册者，清釐均平。重輯昌黎書院，課士優其廩餼，請增諸生録科名額，輯萬暦以後《郡志》。是大有功德於袁者，至今猶利賴之。

薄履青，字以階，江寧人。雍正五年，以編修出知袁州府，振興學校，拔生童之秀者肄業昌黎書院，始設廩餼，躬親課試，後之通籍者多出其門。萍邑奸民，奏告欺隱，奉文清丈履青，竭誠盡慎，無狗隱，亦無刻覈，委員某以事中傷，不爲動，萍士民德之。歲旱，露頂步禱三旬，始獲甘霖。中暑受毒，卒於官，遠近哀奠者如織。其子扶櫬歸，囊橐蕭然。

鄭心一，字魚梵，浙江桐鄉人。父淦，諸生，能文，精究濂洛之學。心一補邑庠生，即習申韓。處大幕，既遵例捐縣丞加通判，先後至江蘇、廣東，皆以幹練詳慎著勞。後入雲南，以軍功升普洱府知府。道光二年，任袁州府知府。心一喜詩酒，爲治簡易，至袁三年，士民懷之。先是，郡圃有雨，老桂隔置墻外，心一破墻治亭廡，叠石蒔花竹，名其軒曰“桂香書屋”，花時會賓客。又嘗種菊，題詩集和，隱寓歸興。督修李渠工成，即引疾去。與兄卜宅於蘇州之楓橋，踰年卒。

卷 第 五

藝文一

古近體詩

題濬渠圖 福申禹門

卓犖宜春令，吾門政事才六皆昔從吾學。星軺前夕至時余典試西江即留視學，聞説李渠開。

三篙水繞町畦，一載心勞畚挶。杏花風裏春晴，處處秧針簇緑。

課耕小隊碧潭西，令尹風流孰與齊？應憶錢塘賢太守六皆錢塘人，故云，鄴侯其井白公堤。

前題 沈毓蓀蘋濵

龍門良史才，著述千秋擅。河渠列入書，循吏别成傳。君今合一之，卓然濟時彦。李渠開自唐，灌田民利便。迭濬迭淤填，波壅失噴漩。召父重耕桑，擘畫心無倦。勞勞畚（局）（挶）間，轍跡四郊徧。期年復舊觀，溪光看瀲灎。敢云神禹功，疏鑿山川奠。白渠右史渠，同一仁風扇。陽春天放晴，東作更躬勸。小車侵曉來，夾道柳垂線。秧歌水聲中，前村喧一片。陋彼風雅徒，但栽花滿縣。嗤彼石隱流，但聽黄鸝囀。後樂憂在先，心與民相見。祇期閭井安，那冀封章薦。民曰我侯賢，年豐願加膳。得人工寫生，尺幅精神現。豳風古有圖，今日開生面。

前題　舒夢蘭白香

科頭野望策耕漁，畚揷歡聲遍里閭。賢宰功能各千古，李渠今已號程渠。

同龔漚舸尋李渠源至龍王祠　黃邦達辰垣

官渠曲折九迴腸，野徑荒祠過雨凉。十里溪光雙翠羽，橋邊時透早梅香。

欲掬清泉一澣腸，潺潺溪籟自生凉。村前樹杪炊烟起，正是人家午飯香。

爲民爲國熱心腸，不避風霜透體凉。想到春城通活水，桃花流得滿渠香。

龍王陂上轉羊腸，祠圮苔荒草樹凉。千載水雲空往跡，穹碑猶是姓名香。

探李渠源至清瀝江和黃辰垣　龔鉽漚舸

渠源未得總牽腸，幾度來尋趁早凉。莫道此時腰脚健，年來清夢水泉香。

笑煞楊朱有冷腸，蒼生不問德何凉？使君領略田家味，記得茅檐午飯香。

澗繞渠環曲曲腸，泉聲入耳似伊凉。元和太守高天寶，贏得農歌一瓣香。

先生錦繡作心腸，笑語含風故故凉。誰與尋源到清瀝，重君家學説黃香。

聞李渠告成詩以紀事　楊振綱立之

疏河導江源，神績千年底。即此濬溝渠，事亦關治理。苟非致力專，捍患患何弭！苟非宣力勤，濟利利何禆！況復年久湮，壅塞勢必圮。所賴賢司牧，經營圖終始。良法古所遺，望古無弛企。袁城地勢高，秀江波屬委。南山水可堰，導引入城裏。其源出官陂，清瀝來迤邐。二派支正分，有本如是爾。深潤可行舟，繚繞達巷里。飛花泛曲陂，明月澄芳址。迢遞轉石潭，赤坂卧龍倚。亭翼凌鳥翬，橋跨錯雁齒。樓臺重復開，寺宇参差起。鱗瓦連城闉，煙火接郊鄙。居人本稠疊，汲引便於此。以之禦火災，熒惑斗不指。豈惟火災禦，水利亦云美。良田千萬頃，灌潤澤無已。瘠壤成膏腴，食德及孫子。脉絡通地維，時尤啟秀士。滯出而鬱宣，文運亦振靡。一舉三善兼，治功良有以。邦人永賴之，此渠名歸李。崇報曷有極？户祝隆廟祀。元和迄寳慶，四百餘年已。浚者凡五人，功與將順峙。中歷宋元明，屢興復屢毁。劉朱徐鄭黄，諸公事堪紀。我朝治具張，百川悉順軌。考渠繙邑乘，修築不一止。三韓李焕章，厥功獨稱偉。近兹九十年，堙塞没舊址。宣洩不由道，漲溢及坊市。廢者莫能興，是亦有司恥。漁帆賢郡伯，擘畫授意旨。表率先群僚，其地常躬履。司馬梅坪公，柱作中流砥。贊襄不遺力，工材速鳩庀。篤惟令尹程，夙夜公勤矢。相度循陳規，瀹疏功日累。勞勩閲歲周，民事視如己。非比濘珠泉，注此但挹彼。人工資輔相，巧力并所恃。渠長與陂户，一一惟任使。經始至落成，詛祝不聞耳。李冰鑿離堆，導岷接玉壘。溉田堰都江，蜀民世受祉。韋丹開陂塘，江右歌樂只。斗門走潢潦，旱澇備以是。古來循良績，利興多在水。矧兹李渠修，追配唐刺史。事半恒倍功，澤可百世被。勿曰溝澮小，不堪江河擬。德惠在宜民，後先衹一揆。玉燭更調和，歌叙譜宫徵。札厲已全消，熙春福是禔。葱鬱氣佳哉！登臺咸誌喜。摭實告衰人，端末悉付梓。曹公圖記後，綜核增數紙。來兹休浹聲，風示光遠邇。猶聞蕭湖堤，白蘇要竊比清江張春槎亦修蕭家湖堤。

題濬渠圖 武穆淳小谷

我愁作吏難，難與古人比。君才克有爲，直追前刺史。昨上宜春臺，欣看風景美。秀江分一線，曲護人烟裏。家家資灌汲，遥遥通地理。我愛流水聲，泠泠滌城市。人稱邑宰賢，千年此渠水。

重濬李渠詩寄程六皆明府 徐輔忠巽山

清瀝江前會瀘潇，沄沄碧水漲春潮。滙入大江清且駛，别派繞郡勢迢遥。憶昔賢守神君李，政綜大綱兼五美。欲澹民災息燄威，特度形勝通渠水。剔決爬疏導泉源，瀠洄入城分沼沚。地脉既通百體和，炎風銷盡文明起。是時英才多鍾靈，後先輝映光前史。歷年既深蹟漸腐，重來復遇賢守土。爲尋舊址疏滯淹，更闢新裁識甲户。二十四橋亞字欄，碧柳紅桃藏花塢。小舟蕩漾疑畫圖，閒吟歌遊真安堵。風流寥落數百年，水利争引漑稻田。此渠若明復若滅，一水不絶如絲牽。瓦屋鱗次多佔溢，垢穢坌壅誰滌蠲？潤川先生志好古，曾議興修仍遷延。浮言空談行不力，徒讓祖生先着鞭。卓哉明府播賢聲，儒術吏治嗣二程。慷慨復古勇且斷，不畏艱阻撓紛更。鑿石表道濬舊踪，城廂内外一逕通。舊水淪漣歸故轍，新堤蜿蜒如長虹。計途盤紆里十許，度長三千八百弓。財不重煩民不擾，居然改觀告成功。如此賢能真民牧，人傳口碑盡至公。曾憶坡公濬杭湖，茅山鹽橋取次輸。老葑二十五萬丈，一朝席卷蒼雲孤。六井重開六橋麗，頌德名堤士女呼。君今治具法前謨，十頃玻璃正相符。我愧作宰宦楚北，未及登堂親顔色。聞君賢明遠相思，桑梓應知共戴德。遠來索題寄雙魚，披圖不覺重欷歔。與襄起廢良不易，君獨勇行力有餘。海潤千里河潤百，愷澤應與滄波儲。繞城堤水年年緑，從此人稱程公渠。

李渠六觀用蘇　龔鉽漚舸

《李渠六觀詩》，觀李渠而作也。渠則復矣，而湖亭之勝、郡圃之跡有未復者。蘇公謂子長、太白自傷不見古人，而勤觀其遺迹，作《鳳翔八觀詩》，以告欲觀而不知者。余於此《六觀》亦云。

李渠歌用石鼓歌韻

元和四年歲己丑，渠開千古頌李叟。度長千有九百丈，蜿蜒蟠屈龍蛇走。導源何處堰南山？引水於兹重陂口。蔭二萬田利在農，弭八人災昌厥後“八人”乃“火”字。見《酉陽雜俎》。歷修王袁孫張曹，每百六歲阨陽九。吾稽寳慶丁亥志，如讀遊記柳州柳。陂頭入城城入江，經廿七橋州七斗。中間縈紆十餘里，凡萬五千七百肘。其旁祟墉復比櫛，所興蓬蒿並藜莠。佃氓甲首與渠長，出入居然若相友。年豐時傳襦袴歌，政成早渡於菟穀。虬蟠大碑負贔屭，蠹蝕奇字幻蝌蚪。又稽正德癸酉歲，有亭紀事頌商考。此公平濠具韜略江西宸濠畔，徐公璉自袁州起兵，會於樟樹鎮，獲首功，一若修渠任指嗾。曰功曰庸拜天貺，釐爾圭瓚秬鬯卣。我朝康熙李復生，興起豐功奏矇瞍。吾鄉鄒公記明德，文存碑没想岣嶁。維時瘠痍喜新復，漸出水火慶單厚。此後填淤又周甲，雍正己酉到薄某。凡經疏鑿十三人，屈指盛時今復有。民之父母惟程侯，長歌萊楊共栲杻。萬頃看畊繡壤牛，四境不吠花村狗。事無先謀効誰集？工非早度就亦偶。親見鳩工庀材日，喜得疏泉通胍首。室不成築爲阻撓，道謀用潰緣攻揺。占夬告邑公不疑，浚恒利往偏有取。敦厚以居利自復，明決以斷理無垢。作事謀始賢司馬，知人善任廉太守。我來幸際通流泉，爲作此歌同不朽。渠兮渠兮於樂胥，永利民兮億千髩。

徐碑用詛楚文韻

循歷龍王陂，有碑字可觀。浚渠記何詳，徐璉名不爛？攷時正德年，星移物幾换。碑形剡上鋭，有若玉石瓚。特立受風露，雕性忒揵捍。巍然屹不動，媿死宸濠叛。徵兹七尺材，制彼千里難。憂樂相貫穿，仁義爲羈絆。吾來拂拭之，炯炯光淩亂。古有文章碑，牽之牛亦汗。焂爾没蒼苔，後代所疑謾。胡爲此碣石，長共南山粲？

分水湖用東湖韻

吾觀李渠圖，幅幅寫雲藍。中有分水湖，開鑿次第堪。即以湖肇名，風景殊不慙。何妨食無魚？有餘況足泔！傳來緑千折，滙此月一潭。要知如許清，源自南山南。從來致淪漪，往往妙泓涵。於湖境亦拓，於水取亦貪。寶慶重其地，非徒重泉甘。見人每填淤，侵占心耽耽。乃一展其濠，豈僅成幽探！其間曾剏亭，時常會纓簪。寧云問魴鯉，豈或拾螺蚶？使君憂念此，一心在田蠶。甌窶穰滿篝，桑葉採滿籃。歡欣堰水足，欲殺惟斯戡。且能號名勝，對面生晴嵐。雜以花冥冥，種之柳毵毵。上有萬李花，彌望思李聃。年年三月裏，佳會食駕鵝。又有玩芳亭，人士樂且妉。修禊集羲獻，訪古來僑郯。今看掌湖判，英華耐咀含。何以盡傾頽？有地守不諳。好事當重興，美利非言談。幾回過城闕，總乏遊人驂。教以神道設，道爲佛法參。立祠祀仰山，民畏或包函。補作西湖詩，相戒當再三。鼓鐘發清聽，莫笑微聲韽。

龍王廟頽垣用真興寺閣韻

渠水鑿石處，山窪有真形。兀坐面江水，赫赫流江聲。中有古頽垣，傳爲宋代營。猶然祀龍神，椽瓦無零星。殘霞映或赤，滛雨洗盆赬。是曾棲金雀，乃遂無觚稜。有力或因高，俯視仍崝嶸。嗟嗟壁蠍聚，往往蛇蝮驚。報賽伊何人？作廟豈不勝！靈渠功已成，告爾鄉曲英。

古郡圃用李氏園韻

吾來郡閣坐，滿眼新生竹。當前兩桂樹，千載蔭書屋。漁帆太守葺爲桂香書屋。又有就樹亭，疊石擬幽谷。是爲今郡圃，無復古題目。誰知渠源來？久已迷其族。有水過其旁，百步或一曲。穿畦復沿墻，活活四時緑。尚有射圃亭，不復設正鵠。問彼舊時渠，各各雙眉蹙。誰云溝作箐？意似瀆言獨！夷攷宋時圃，猶存宋時木。至今爛銀殻，玉果歲千斛袁枚《續齊諧》：袁州府後園有大樹，高十餘丈，時有怪異者，即此銀杏樹，至今尚存。人以爲牛□樹者，非。今亦無怪異。其下十畝園，御冬多旨蓄園多種菜。其前百弓塘，成群泛鳧鶩。魚鳥致相樂，花草亦芳馥。時時客求看，亦有蝶可撲。尋源尚有跡，逈異彼平陸。蜿蜒數十丈，中涸首尾秃。有橋豈延月，鏘璆何處築？想像瞰虚舟，漱玉憩曹叔。延月橋、鏘璆亭、虚舟漱玉亭，皆曹《志》所載。有形仍昧昧，無能應粥粥。比以失道恥，幾成岐路哭。倏與浚之深，前過一齊贖。由西達比東，隱如傍山麓。何其久韜藏？快如刀出韣。使復舊園亭，足以集華轂。乃擲之園丁，無乃譏局縮。渠通自慶幸，詩成漫薰沐。寄言賢太守，新築是須卜。護渠作遊觀，永與豐美逐。

袁天罡墓和秦穆公墓

天罡，益州人。少攻象緯，精天步。自知終於火井令，安得袁州復有墓？鑿龜克火，理固明。然而鑿龜目，孰與鑿渠？良渠能利農且克火，至今農田活活。流從横人，言墓在府，又言近渠身。今人尋渠不尋墓，得毋讓能於後人？吁嗟！渠可望，有墓亦可傷。

頌程明府復修李渠 張建英朗亭

郡西山麓隱靈泉，鑿石疏渠遠潤田。故跡久淤今復濬，功兼造化澤流傳。

碧水灣環灌溉周，鄉民欣躍感賢侯。農田到處沾滋潤，從此袁陽歲有收。

興利益民心始安，同寮傾倒頌言刊。不留餘力思培補，真是仁慈父母官。

三載同舟契好堅，憐君辛苦敬君賢。情關痛癢誠良吏，留得循聲四野宣。

前題 徐輔仁荊山

渠道新開豈偶然？精勤爲理即民天，曾將濬畎師神禹，不學濟輿比鄭賢。澤溥從知通萬井，功成詎必待三年。城中幾處春波活，流出謳歌到耳邊。

千年積水久難通，恰似人須導滯功。應手纔經施妙劑，和神便爾笑春風。引流頻灌千畦緑，分潤長銷一炬紅。恬養昇平民氣樂，敢忘賢令德恩隆！

前題 文鵠子立

幾度沙陂過，循渠入畫圖。功成今鄭白，心溯舊黃盧。盧肇、黃頗同中會昌三年進士。一郡科名在，三農食飲俱。吾鄉雙鳳目，同此致歡虞。吾萍鳳凰池，公到即爲疏濬。

謁西城官陂龍王廟 曹夢鶴琴軒

千山似虎跳，一水如龍游。山山水水周復折，有廟矗立龍之湫。爽塏頗類晏子宅，移山不待愚公愁。歷唐元和宋寶慶，千十五年今重修。古殿新題晃金碧，神功報賽香花積。我亦隨班學葉公，偵伺鞠䠃龍王側。門前卓立千金陂，蜿蜒恍覩龍行迹。魯靈光殿問何年？一堵猶存吾家壁。廟既久頹，後墻經風雨不仆，傳是宋寶慶時曹叔達所建者。憐君風雷性不馴，如何肯戢深山翼！年來抱珠睡更濃，癡坐羊舘意從容。分我黌宫一池水，清流繞出東城東。天上作雲下作浪，屈伸變化功何窮！我與龍王本一派，圖書抱負君能同。未肯魚服作游戲，長願叱鯉寄郵筒。

竭官陂龍王廟　蕭元善廉初

喜謁龍王廟，官陂一水東。古碑留客好，新社祝年豐。渠逆沙橋上，泉隨石瀨通。臨江清瀝美，陟澗玉溪同。崱屴峰如障，㕒㕒境欲空。徐侯亭影外，李相樹聲中。冷映藤蘿月，香分穲稏風。幾年餘宋壁上有頹墻，傳是宋寶慶時築，今日俯幽宫。靈應微雲黯，歡生春酒紅。神絃歌窈杳，村鼓報籠銅。引到甘棠伯，迎來竹馬童。篝車歌滿滿，雞犬樂融融。鄭白原從祀，江河亦比功。在田潛未異，爲德澤何窮！六代馨香續，千秋肸蠁隆。題詩爲展敬，彷彿瑞煙籠。

題濬渠圖　衛鵷鳴魏博

宜陽名勝地，飾治有賢侯。磊磊古人跡，涓涓春水流。千家俱潤澤，數里好觀游。有客思觴咏，蘭亭禊可修。

前題　龔鉽滙舸

從行曾屢過沙陂，滿耳歌聲畚挶時。願作州民買陽羡，催畊勸稼揔相隨。

李渠一千九百丈，丈丈有公行迹存。我亦常循新堰水，圖中能指導來源。

農家栽插向渠來，認得勤民狀貌回。十五人中誰有像？自李公將順以下，歷宋、元、明暨國朝，修渠者凡十五人。好圖今始爲公開。

欲摹一幅與宜陽，消得千秋渠水香。一樣科頭紅杏外，添他吟客是龔黄。時黄辰垣孝廉與余常探渠源於清瀝江。

前題　鄭廷桂問谷

古來賢父母，興利爲斯民。清畎二千丈，如公十五人。渠自唐李侯開濬迄今，重疏者惟明府十五人。李渠疏歷歷，禹甸潤畇畇。繡壤青旂外，分明自寫神。

使君勤畚揭，兼有勸農情。秀麥碧浮野，夭桃紅到城。行春花解笑，飲水馬知清。此後渠流遠，心源共溯程。

前題 王駉蘭皋

水田漠漠盡南東，畎澮從來屬禹功。夙駕星言賢令尹，循名早入畫圖中。

惠政憑教素練開，宜春嘉種盡君栽。丹青妙繪龔黄績，引得清渠活水來。

前題 石家紹瑶辰

我來爲吏二年餘，逐日忽忙理簿書。何似宜春賢令尹，棠陰閒坐看修渠。

李渠湮塞幾何年？春及農人嘆石田。今日秧歌重起處，惟君疏濬繼前賢。

前題 霍陳猷遠亭

小隊郊原外，甘棠幾樹紅。兒名呼賈子，惠政説樊公。飲水民知福，耕田歲兆豐。使君親到處，四野盡春風。

前題 吴覃延甫

心勞撫字費籌謀，湮塞溝渠起復修。雨不水災晴不旱，宜陽比户頌賢侯。

官衙無事踏春芳，坐喜三農競插秧。偶爾郊原經税駕，紅桃緑柳是甘棠。

寄呈程六皆明府兼憶漚舸 鄭廷桂問谷

輕輿曉趁李渠行，翠聳袁山眼角横。遊子曰歸先有夢，故人愛我忒多情。同舟秋水方吟杜，到眼春田總憶程。修渠後，良田千頃，咸沾利賴，故及之。此下臨江三百里，橙香蠏滿慰平生。

渠上謡　唐大年夢齡

獅子山頭空採茶，鳳凰山下水難車。李渠一夜生新水，樂煞渠邊一萬家。

渠上人家渠下田，田家作水向渠邊。衡來頏往熙熙樂，怨煞乾荒是去年。宜春呼“你”曰“衡”，呼“我”曰“頏”。

詹家橋下水筒多，無奈橋邊水碓何。祇有民田一渠水，大家歡喜到沙陂。讀作波。

手車脚踏旱年成，望斷渠源不得行。今日家家田水足，秋收纔罷又秋耕。

李渠今日屬程公，一路人家血脈通。飯得飽餐衣得着，水災年分也年豐。

喜詠學前新池　曹夢鶴琴軒

李渠千丈喜重開，一脉心源滚滚來。爲愛天機流活潑，不妨文勢蓄紆迴。餘波敢向龍湫借，有洞還將月窟猜。彈指春風向桃李，石欄杆外倚雲栽。

春臺乍駐一車輕，靈沼新看不日成。自古黌門多近水，此閒詞客快登瀛。芹香早種科名草，雲氣潛通錦繡城。最是仙橋天路近，龍池長聽海潮聲。

和前韻呈琴軒進士　汪立均又雲

鱣堂門對古渠開，坐看源頭活水來。十畝池新泉濬利，千秋文盛派縈迴。雲霞蒸蔚天長潤，藻荇參横影共猜。况復春官施雨露，滿城桃李總親栽。

爲貪清境一官輕，倚馬才高賦早成。管領群仙游太液，招邀上客到蓬瀛。當年手種花爲縣，此日春添錦作城。最愛石欄杆外立，遥聽池上詠詩聲。

題濬渠圖　黄邦達辰垣

種得桃花滿縣紅，清泉曲折一渠通。賢侯心事真如水，流遍恩膏萬井同。

渠尋十里聽溪聲，政績源頭溯二程。正是陽春歌有脚，百花香裏看春畊。

重遊盧洲和前放歌韻 龔鉽漚舸

以李名渠盧名洲，一時遥映同千秋。洲撑秀渚屹江口，渠緣清瀝環城流。此是元和四年事，李公若爲盧公求。不知渠以濟民力，只利村墅兼城陬。文心既濬尾閭谷，星源亦落崑崙邱。渠開乃合洲生色，洲重要使渠通舟。即今渠已浚深利，乃有太守同賢侯。誰其科名繼唐代？我知俊髦争龍頭。昨日文宗試五學，詩古文字供勤搜。有緣仙李作渠記，爲渠吐氣皆仙儔。自兹洲益以人重，况復重起齊雲樓。我來又疊放歌韻，洲前再紀探花遊。新編渠志載名勝，人物豈僅盧公收？

樂　府

袁之山 曹翼

袁之山，鳳皇來。窠城南山名。袁之河，不溉田禾，遶城而過。民曰嘻嘻出，出將如之何？一解。亦有李渠，在河之滸。匪斯今而振古，不知幾世幾年？是爲滄海，是爲桑田。二解。惟程使君，來從天目，將挽東湖西湖入於城。曲召詹尹而占之，其卦遇坎變之復。三解。詹尹釋筴，而賀曰吉。習坎有孚水，流而不盈也，反復其道，七日來復。動而以順行也，是其仍舊而營，功成而不名乎？四解。乃召司徒，乃召司空，登登馮馮。使君曰：民亦勞止，鼛鼓勿勝。五解。渠水滔滔，有灌畦之丈人，弗引桔槔。滔滔渠水，有浣紗之女子，不濡其履。灌萬千百畝之秔田，經東西南北之花市。民曰使君，使君不有，曰我其御李。六解。有龍眠，畫爲圖。桑麻井里，人來于于。將飲水思源，博使君之胡盧。七解。昔張商英，德政動天。一禾七莖，八節如鞭。績瑞圖，進九重。惟使君之圖，將毋同。八解。

詩　餘

慶春澤題濬渠圖　黄濬壺舟

袁隱居前，湛郎橋下，百年不見清波。萬頃春田，望雲空切秧歌。琴堂一旦來賢尹，共吾民雨笠煙簑。試凝眸，緑柳陰中，畚鍤何多！

一年勤苦千年利，較當時李老功績如何？此後民間訟庭定，滿青莎山川，况繫人材運。看今秋，幾輩登科，請添描鶴。書遠至，螭板新磨。

漢宫春前題　文晟

如許春光，到西陂渠口，柳緑桃紅。使君閒暇自喜，時近三農。黄童白叟儘情看，將入圖中。抵多少元和繡陌，寶慶花驄。

總爲官渠流不到，人家田上，似帶憂容。關心鑿雲鏤雨，鬼斧神工。何時濬，得消受，此吹面東風。應比似，君家湖上，六橋春曉蘇公。

陂塘柳過沙陂橋望李渠　龔鉽漚舸

過沙陂，長橋百尺，望見新渠飛溜。粼粼清瀝生春漲，流出一溪紅縐。人家外，有十里桃花，開遍西陂口。鯉魚潭上看隴頭，小立牛背横吹，清暇總消受。

經行處，聽慣泉鳴玉漱，一犁春雨應透。迷離雲樹炊煙裊，買醉前村沽酒。曾記得，來此處尋源，有客同携手。正當重九，又啼到，鵓鴣翻來芍藥，寒食清明後。

蘇幕遮　高際春寅谷

李渠開，南水堰，十里沙陂，新漲平蕪遠。何處桃花楊柳岸？緑笑紅嬉，識得東風面。

引春泉，通碧澗，鑿井耕田。好箇宜春縣，千載功成，詩一卷。

料得喬遷，喜聽鶯初囀。

賦

李渠賦 龔鉽漚舸

癸未歲，宜春修志，言李渠久塞，相得其源，爲作此賦。

懿《史記》與《漢書》，紀河渠與溝洫。開歷代之陂塘，爲一方之滋埴。兩山之間必有川，八尺之廣可爲則，以行奠水奠讀若亭。以順地防。善溝者，漱惟高，善淵者，通以塞。知水利之在兹乃濬，導所宜亟。夷攷袁州，古曰宜陽，實爲漢縣，隸於豫章。今附郡郭，分十三鄉。城之四隅，是爲四廂。繞東北以秀浦，峙西南爲坤長。昌黎有慶雲之奏，商英有瑞禾之祥。井列龜目，路闢羊腸。於渠也，而相視有力；惟李也，其德澤無疆。蓋李刺史之來袁州也，旬宣所至，風化一更。廛里端直，甍宇齊平。稗販熙穰，商賈經營。求者不匱，鬻者兼贏。乃苦於鬱攸之一遑，使鄉邑之殷賑，而沸卉而軿訇。且附郭之田畝有二萬，而逢年之日歲無一亨。庶民愁苦，刺史無語。一騎獨遊，四時延佇。溯岡巒之参差，穿林麓以修阻。見屼嵂之南山，下渟泓於沙渚。負大河以前趨，夾小洲而右拒。本一壩之可曲，胡一滴而莫禦？自上下下，將出沙陂，可以作堰，可以爲池。於是循複，陸鑿逶迤。磅磕象而百轉，礔礰擊而千錘。民氣既動，民力多資。始於㞦嵷，搜於峽崥。度蓄畝之奕奕，望畇野以膴膴。行雨其泄，屯雲其漪。千夫是作，一日而治。擬以西門之汲漑，何殊史起之灌滋！其中則有利高之黍、利下之稌、生穫之穛、熟穫之稰。有虋有芑，有秠有秬。千箱所運，億廩所露。入既夥而委積，食不給而紅腐。豈農夫之克敏？實甽畎之就緒！當其歷伏獅山前，沿鳳凰山背，去官圳之弦上，逾茂林之岡埭，黄頗之亭實臨，白馬之廟斯在。錯列蕃盧，宛延闤闠。出萍實之古橋，破重垣於爽塏。面常平以倉儲，繞文昌而川滙，則有郝、許、田、彭之樓苑，卓、鄭、猗、頓之駔儈。居肆者橐爐以遊，屠狗者鼓刀以待。無不聽沄沄以溶溶，看湜湜而浼浼。蓋創始於元和之己丑，大修於寶慶之丁亥。維時入郡圃，傍虚舟橋，惟延月亭有鏘璆。倅廳在其前，南園當其湫。過泮池則涵潤滉瀁，入衛塘則灝溔淲漻。淑湙瀲灩於報恩之寺，潲汈溛瀤於狀元之洲。紀年千十五載，記時一十三修。然觀東湖之泳游，盧石之倡和，張成已田利山崗，祖無擇歌勤東作，皆賢太守之風流，爲都人士所稱賀。豈無事於治渠？乃讓能於明佐！是知不垢不净、不塞不流，洩湊之至，潰沔之由。芍陂復而廬江大熟，鑑湖開而會稽豐收。許景山之修蕭堰，則沃壤之窶甌也；趙尚寬之治召渠，則荒瘠亦耘耰也。今不異昔，治惟其能。責之明府，督以守丞。是在今日之興作，籌至計於民生；復李渠之舊觀，能無望於茂宰之權衡也哉？

銘

李渠銘有序　曹夢鶴琴軒

渠繫以李，猶之山繫以袁，皆以氏傳者也。然山不培而自高，既高矣，即不待捧土以附之。非若渠之浚而後深，或浚矣，而不能長深。此無李即無渠。即僅有一李而亦無渠。蓋流峙異勢而成，虧因之理固然也。考渠之始浚，自唐之元和，中歷宋、元而至本朝，興修屢矣。康熙間，李公芳春修復後，歷久復湮，有如黄河之失其故道，而徒駭太史僅存其名者，渠亦危矣哉！

今上御極之道光二年，宛平程侯來令宜邑，百廢具舉，首從事於渠，又得紳耆之好義而才者爲之經理，閲一年而功蕆。余以四年甲申歲司鐸來袁，渠既成，而頖池之連類而及者，活水瀏然，纖鱗如浮空際。既而隨長官謁龍王廟，溯渠之上游，然後盡得昔人往跡，深嘆渠之爲工鉅而侯之單心力於兹者爲不易也。蓋渠上自鯉魚潭陂而堰之，由西門城濠注入，綿綿延延數十折，東北而合於江。其源遠，故流不竭；其派分，故水不溢；其曲折多、明暗殊，故環城鈞潤而不偏。即以學宫論，近市而窊。從前，每遇淫雨，行潦屋溜，猝難洩宣，輒排闥入室，如惡客焉。雖不一炊黍旋消，然一歲中苦湫隘、思更爽塏者數四矣。近年以來，無復此患。即本年山水陡發，北關告災，城不没者三板，縣學漂没而吾廬幸免者，不可謂非渠之力也。然則侯之功，不惟都人士尸祝之，余且身受之矣。嗟乎！此渠自李公興鑿後，起而濬者，於宋得五人，宋寶慶至今僅得六人。前《誌》載之詳矣。夫由今日以指李唐，已逾千年，官斯土者何啻數十百人。其間，玆渠豈必盡能堅好？而事事者僅此數公！然則渠之危，天下之不爲，李者危之也。嗟乎！使人人不爲李，則今日安得有渠？然使人人能爲李，則踵事而揚其休者，又奚止前所傳若而人哉！如程侯又其一矣。繼自今官斯土居斯地者，皆能以侯之心爲心，則李渠且與袁山並永，而侯之功亦與山水並峙，固宜邑之幸也！既又爲之條例以善其後，因倣輿圖之意爲之圖，此又前此諸公所未及者。嘻！此可以觀侯之心與侯之政矣。予於泮池及龍王廟皆有詩，而玆復序而銘之，曰：渠水沘沘，厥姓惟李。與袁公隣，或罄而耻。公喟曰吁，涸轍無魚。得姓將終，不承權輿。問渠何如？得清如許。渠亦無言，沙泥其府。奕奕程侯，載蒞鳧旌。推袁御李，兩息其争。山不曾移，水歸其壑。星源尾閭，爰究爰度。劚石屬薪，貫舊謀新。如九曲折，計十由旬。溉畦不競，流惡不病。分厥餘波，芹藻胥慶。侯未來只，井谷其空。侯既來只，山澤斯通。河渠志就，乃繪之圖。匪云飾觀，爲後之模。袁山不朽，李渠長有。我侯領聞，召父杜母。

頌

李渠名宦頌有序　龔世咸澤山

世咸自道光元年隨父居宜春，幕日親承六皆夫子政教，所見有利必興，而於李渠，殫心尤勤。玆幸際渠已竣功，仍編《渠志》，以繼宋判守曹公叔遠之蹟。世咸得與校字，愧無以綴名篇末，以爲渠之成一郡之利，《志》之成千古之利，千十五年從事於渠者，皆利賴於渠者也。宜有頌。不揣固陋，爰作頌一篇，並補繪濬渠圖以贊之。

頌曰：古傳鄭白，利國開渠。衣食所資，田畝是儲。自漢以來，渠不勝書。惟我宜陽，有事鑿疏。恂恂李公，舊有德心。爲唐刺史，有清白箴。苦民之災，西出城陰。相彼水源，南山是尋。作堰作陂，鑿石穿林。始利於民，元和至今。至道距唐，百九十載。有宋王君，令德壽豈。渠塞復開，惠利所在。乃至天禧，疏泉作亭。郎中温雅，鑱石立銘。宣和孫琪，以濬爲事。不勞不擾，以逸以治。其功媲袁，乃自爲記。南軒之兄，人呼定叟。同彼曹訓，先後作守。並事濬修，圖經不朽。堂堂華文，寶慶大修。邦人鼓舞，作《志》備周。具有史才，今所率由。越厥有明，劉朱繼績。瘡痍初復，仰山路闢。武邑徐公，治龍王陂。作浚渠亭，刻穹窿碑。乃擒宸濠，功媲於斯。鄭强裔孫，名曰惇典。學有淵源，水利世纘。莆田黄公，治行並優。清心惠政，惟渠之留。迨至我朝，李公復生。兵燹之餘，三韓振名。功在黔赤，渠其所更。薄公之賢，啟英未秀。畚鍤是興，甘霖應候。今惟我師，卓哉程子！繼十五人，清風振起。念功惟德，作事謀始。渠賴以通，《志》賴以紀。猶有圖存，是爲道揆。瞻仰前賢，興歌樂只。作爲此頌，敬告良史。

贊

四君贊并序集選　龔鉽漚舸

六年《文憲集序》十一月十一日《陶給事誄》，居今稽古《勸進牋》，强著一書《答臨淄書》。指渠口《蜀都賦》，揚樂頌《難蜀父老》。於其陂澤《南都賦》，褒讚成功《文選序》。故述往事，思來者《報任安書》。觀其姓名《與孫權書》，並標能擅美《靈運傳論》。勞來不怠《講德論》，嘯咏溝渠《興茂齊書》。用厭火祥《西京賦》，於傳載之《封禪文》。十有四位《西都賦》，紛披風什《靈運傳論》。故不能徧舉也《西都賦》。此四君者《過秦論》，文成作師《功臣頌》。平陽樂道同上，仲宣獨步《與德祖書》。偉長擅名同上，願言之懷《與朝歌書》。可略而言也《與德祖書》。乃申舊章《東都賦》，集録如左《文憲集序》。以爲之贊云《名臣贊》。

王懿

仲宣獨步《與德祖書》，經緯成德《李善表》。槐楓被宸《景福殿賦》。父手種三槐，公源流間出《文選序》。决渠降雨《西都賦》，茂育群生《東都賦》。宏亮洪業典引，於其哲兄《功臣頌》，公兄旦。

張杓

文成作師《功臣頌》，訓若風行《閒居賦》。友於兄弟同上，始見知名《懷舊賦》。公兄栻。妙簡邦良《憂常侍誄》，惠洽百姓《揚荆州誄》。控清引濁《吴都賦》，洪恩所潤《講德論》。

曹叔遠

平陽樂道《功臣頌》，搆兹盛則《石闕銘》。慮經盛襄《恩倖傳論》，揆度得失《非有論》。厥田上上《西京賦》，一畝十斛《養生論》。衣食之源《西都賦》，家給人足同上。

徐璉

偉長擅名《與德祖書》，發言可詠《王仲宣誄》。仁洽道豐《東京賦》，順時立政《景福殿賦》。源泉灌注《西都賦》，捷獵鱗集《靈先殿賦》。豫章距命《與孫權書》，書名竹帛《答臨淄牋》。

卷第六

藝文二

記

疏泉亭記　宋　袁延度

亭之建，由官渠復治作焉。考唐元和刺史李將順，以民嘗苦火，公指源引水，灌城而入，周遶民居，不獨爲火備，亦以灌溉灌滌，民獲利焉。公罷去，繼者不能循其績，渠于是堙。後二百年，王公懿典是郡，復以州人頻爲火困，王公察治舊渠以爲備。然經制靡固，王公適去，渠隨塞。又二十年，延度自同得罪倅是郡。至郡時，居民新爲火焚，蕩然如野處。噫！民何知居上者不與之爲備耶？由是訪耆老，詢故迹，深決而浚，引溢城西池，循環宛轉，無所不周，潺潺泠泠，聞之使人有山林興。接郡之左，因瀦爲池，池中築洲，洲植以竹，其下種蓮，復爲是亭，意蓋欲其登則思李之經始、王之嗣興，而延度復大其迹，將以防民患、建民利，無使如李公。後二百年間，無若李公之用心者，乃命之爲《疏泉賦》詩一章，刻于壁。天禧三年九月十五日記。

疏泉記　宋　孫琪

宣和六年春正月，予始至袁。未幾，民居三火，而求水艱甚。詢其故，則曰井泉不豐，歲旱輒涸，仰水於江，汲遠而售貴，常以爲病，故緩急之際，不足供綆缶。昔嘗堰取仰山水爲西陂溉田，而以其餘轉繚城中爲火備。今渠塞陂壞，田變爲陸，不知幾何年矣！博訪耆老，莫知其端。而老吏劉澄者，出天禧三年通守，袁延度《疏泉亭記》具載始末，顧其石雖亡而跡可考。又按令許歲委軍吏部役開决以防火災，則知興廢之跡、開浚之法，其詳如此！惟吏多苟且慢令，不恤民瘼耳。予曷敢不勉？冬十一月，農功既休，乃召宜春尉馬緘治西陂，乃召兵馬監押趙士夘浚渠，未浹日，已告功。支分派通，皆復其舊，田不病溉，居不病汲，緩急之際不病救。邦人歡呼，樂復其利。予於是樂斯民之樂而嘉前人之志，感興廢之迹而懲苟且之習。蓋自唐元和及今，凡三廢而三復矣，焉知今日之復，能無後日堙廢之患乎？因復刊袁公《記》於石而書其後，庶幾異時體國愛民者有考云。七年三月望日記。

浚渠亭記　明　徐璉

宜陽官渠，考諸《志》，唐元和中刺史李公將順，因郡民恒罹火患，距西郭外南行十里許，舊俗名鯉魚潭下，兩溪夾洲，相地勢築陂漲水，鑿石開渠，延山麓引入城，縈迴曲折，可容小舟，抵東門北隅，注秀江。其始爲弭火災，而民田藉以□灌者不可頃計。其智謀訏遠，比之白公穿池陽渠、鄧艾開白水陂，功尤過焉。郡民目之曰李渠。後二百年淤盡。宋至道中，王守懿大疏之。元禧年，通判袁延度再疏。宣和年，通判孫琪繼疏。年久堙塞。至我朝洪武初，劉守伯起重疏如舊。迄今弘治年，朱守華疏後，壅頽日甚。正德癸酉歲，璉來守抵袁，江北嶺火起，左右告曰："舊有官渠備火，久塞，當疏。"予拒之曰："甫下車，未能反風以拯民災。遽興征役，勞民力，費民財，殆有不可未及。"旬日，回禄❶三報，民心驚悸。予曰："古渠之疏，或有待於予耶？"乃詢及吏民耆老，謀諸僚友，皆曰當疏。遂督集夫匠，循舊堰址，疊石覆土，高數尺，濶丈餘，堰固勝昔，瀹渠培圳，决壅砌頽，未半月告成，上下流通，外而原隰坵畦，內而井塘池圃，灌溉霑足，居民飲食滌濯咸取給焉。繼後，防微杜漸，視其塞者即疏

❶ 回禄　相傳爲火神名，引伸指火灾。

之，水流不息。適今戊寅上巳前，予與諸同寅廵行渠堰處，見嶅谿委會，地勢殊勝，嘉其景而憩焉。縣尹張參亦與晝經久之計，欲建亭立石以記事。逾月，亭完，予攜僚友會飲以落之，棟簷軒昂，窻扉耿爽，背巖谷，面洄流，穿石越嵌，湍激潺湲，前有怪石盤踞，巋然嵬然，如企如伏。其遠岫翠巘環列，巃嵸傍林，多楓、柟、松、篁；近渚多蒲、荷、蘭、芷，野花競香，幽鳥諧鳴，娱心悦目。予歡曰："山水之景，在在有之。顧所遇，何如耳！會稽山陰不有蘭亭，則崇山峻嶺、茂林修竹，付之荒没。斯亭之作，山增其輝，水益其媚，於浚渠不信有徵乎？"令尹請予名亭以記，予遜。在坐者各立名擇之。少頃，有曰"香泉"，有曰"清流"。"香泉"則取醉翁"瑯琊泉香酒洌"之義，"清流"則取"五柳東皐臨流賦詩"之義。命名雖美，吾懼後人欣慕異景，將以爲登游逸樂之所，與古渠之通塞不加之意焉。予因名曰"浚渠"，使登斯亭者知爲渠而建，又知渠開創於前者如彼之難，繼浚於後者如此之易，利澤及民者又如此大且遠，修葺疏導自不容懈，利民之功將垂之無窮。豈特專美於前哉？衆皆稱善。遂扁諸亭而刻諸石。

重修李渠記　國朝　李芳春

按：《郡志》袁之有渠，起自唐憲宗元和四年，刺史李公將順，以袁多火災，且居民負江汲溉維難，及堰南山水，鑿渠通流，抵郡幾十里，溉田至二萬。决而入城，繚繞閭巷，深廣可容小舟，迄東城隅，北折合秀江。邦人利之，名曰"李渠"。其始爲禦災，而惠且無算，故袁民到今尸祝焉。宋太宗至道三年，距元和百八九十載矣，渠壅盡，州頻火，太守王公懿大治故道而新之，災頓息，歌頌興焉。自至道至天禧三年，爲時廿有三載，袁公延度通判是州，濬之。歷徽宗宣和六年，又百有六載，通判孫公琪因民災，力贊太守林公徽之復濬之。後五十四載，爲淳熙四年，太守張公杓濬之，并治郡中諸井。又七年，太守曹公訓再濬之。迄宋理宗寶慶二年丁亥，太守曹公叔遠實來，距元和逾四百載矣，渠歷久，塞益甚，民用告病，公亟議修復，閲一月而渠成，諸災不作，袁人稱慶。刻有《李渠志》，凡地形、水勢、高卑、廣狹、險易，並與江遠近、迤邐曲折，纖微畢具。其治渠，如某處用疏，某處用鑿，某處用堵築，某爲斗若干以貯水，某爲橋若干以便往來，某爲減水溝若干處、接水溝若干處，與夫坊市地名、役夫條目及銓次渠長、陂户、甲户等，悉有深謀遠慮，無不修舉。蓋自元和至寶慶四百年間，浚渠名氏僅得五人，此爲修復第一大功，載在郡乘，班班可考也。由宋歷元，至明洪武初，又百十餘載，太守劉公伯起濬之。弘治十三年，太守朱公華濬之。正德癸酉，徐公璉因郡多火，大濬之，刻有《浚渠亭記》。萬曆三年，鄭公惇典濬之。又四十七年，黄公鳴喬濬之。自明之季至國朝，有待焉。上溯宋寶慶丁亥，曹公治渠到今，又逾四百載，而屈指修有實蹟者亦僅得五人。嗚呼！何前後時與人之相侔一至此也？余自蒞袁來，諮訪紳士父老，討論掌故，無日不有一李渠在意中，且日思得一當疏瀹，學步前賢，然未敢率意輕舉。會因郡治多故，查復唐袁天罡先生所開五井，大加浚治，民不苦汲，地方稱便。會重修郡乘，至宋曹公修復渠志一帙，披閱久之，恍然指掌，若躬履其地也。先委照磨吴允慶、廵檢魏映奎前往察閲，具覆訖，乃於康熙己酉仲冬朔，大會文武僚屬暨鄉先生父老士民及其地之所稱渠長、陂户猶有存者，親行按驗，不憚跋涉水草中，且往來殘堰之上，週遭殆徧。詳討寶慶原《志》而講求之，見其水勢日趨而東，蓋緣春夏之交，山漲暴發，堰既廢壞，水隨所潰而去，决民田居，散溢阡陌間，漸與江會，既横不可制，而渠源以積壅反塞，所經故道，或淤爲洲，或高爲阜，即其存者，茫茫平砂中，僅若一綫，殆不可識，其所潰之水，亦或亂流莫定，並壞民田。余語諸公曰："此渠廢之由也。不治其本，渠未可復。"乃議大修故堰，諏吉祭告，循其舊址而加增廓焉，以防水之横決、壞民田居者。其法，夾堰内外俱植松爲樁，其堅期密。每於其底，選松之最大者，截爲枕木，伏厭其旁，作樁外護，取固取穩。然後兩面依樁，疊石覆土，加砂積薪，層次修築，務俾牢實。其東西偏各廣至數尋，而高與濶視故堰倍之，又於其上設牽木，隨樁首筍接安放，施以維縶，不使稍有所摇動而後止。蓋自始事以來，遴匠選材，鳩工給值，雖委有專官，而予必躬必親。間日單騎按視，料既精良，工無冒濫。亦閲一月而渠成，始自陂頭至西城下，計十里。

按：古 渠力行疏鑿，必復其舊，由西城渠口入城，至報恩寺東轉而北，會於秀江，凡幾十折。雖坊巷異名盡改，其故猶可得之想像髣髴間，皆務徹底開浚，而後乃合，水循故道，清流汩汩，如縈如繞。郊外之原隰坵畦，郭内之井塘池圃，既霑既足，而居民飲食滌濯，無弗取給焉。屬比歲夏初，雨稍愆期，賴此渠水，自我西郊，田用優渥，邦人聚觀，莫不踴躍相慶，即予亦自賀素志之獲遂也。惟是樂成雖易，慮始實難。歲月漸遠，典制就湮。使非考驗有據，規畫粗定，其能長有此今日？爰謀之紳士父老，銓次善後，每月以一耆民、六堰長專理其事，週而復始，凡以時加減堰口。並偶有殘缺壅淤，即時修補疏瀹，毋俾蔓延，大有損失，則此渠之利賴，可以傳之，世世不朽矣。總計用過松椿若干，枕木、牽木各若干，及總管、分管之耆民，與正充、朋充之堰長，其數目、姓名，悉另有册存。南昌太史鄒公，聞其事於其同門胡學博文衡，爲余作記以誦余，愧未敢當。謹摭其實，以告來者，竊附於曹公《李渠志》之後云耳。

修復李渠記　國朝　鄒度琪

聞之：一年之計樹穀，十年之計樹木；百年樹人，千年樹德。皆不欲爲其僅也。僅則爲目前所謂筐篋之智，一世而止是也，不僅則不爲目前所謂難與圖始易於樂成是也。今我李公之復修李渠，誠樹德務滋者哉！郡之有渠，起於唐憲宗之元和四年，刺史李公將順以員外郎守袁時，袁多火災，公迺堰南山水入城，繚繞閭巷，深濶使可通舟，此渠之始事也。至宋太宗之至道三年，州守王公懿以秘書丞任袁，因渠梗，州頻困於火，乃理舊渠而新之，民是以有"李渠塞，王君開；四城惠利，絶火災"之謠。後間有疏瀹，堙塞相仍，亦未有經久之規理。宋寶慶丁亥，直華文閣曹侯叔遠實來，下車之初，訪民利病，亟議修復，而渠成孅繼。諸如溝之減水、接水，斗之在内、在外，橋數之大小，渠長所率之陂户、甲户，《李渠志》詳哉言之，遂爲兹事底績焉。此渠之繼事也。明郡侯徐公璉修之，則有《浚泉亭記》。而鄭公淳典、黄公鳴喬，皆赫赫治聲者，靡不究心於此，爲地方求莫計。

至國初，而渠猶名具。涖郡者非不志修，而格於久廢、狃於動衆者有之。即今日修矣，而無當前此之修；抑今年修矣，而無當後此之不修。噫！又曷能爲兹事底績？是則渠之待人而舉於我公，信然矣！一日，幾務之暇，同協鎮許公壯猷、邑侯陸公柄謙、鄉先生袁公繼梓及文武屬，往視渠源於陂口，再四審量，不憚紆步，相水勢，度地宜，謂某處當堵、某處當浚，不屑爲從前增卑培薄之智。凡所規劃，一出中裁，而復僉稽之。此治其源者，善一也。自陂口至西城約十里，必親歷，其沿務所疏濬，皆得其舊。自西城渠口至報恩寺入江，迤而北而東，凡數十折，其深廣皆務徹底。此清其流者，善二也。經始於臘之初吉，告成於月之念五。不費民間一絲一粟，唯倣古"至冬，乃役公旬三日之力"。每越日，單騎出郭，且慰且勉，爲時無幾，而遠近内外，一如子之趨父事，而渠乃集大成焉。此節其力者，善三也。一舉而三善，得謂非事之待人而興有若此哉！至若水利之溉田二萬，地脉之流通滋遠，與夫汲引之甚便，疾疫之不作，又皆良法之種種相連者，而謂我公之德不慶遠流長哉！雖然，公之造袁，匪僅一渠，其多所修葺、爲輪爲奂者，載在口碑，未易悉數然。即渠以論其入人深，又何如也！昔狄梁公爲魏州刺史，民祀之生祠，及徵入朝，民猶於祠月朔舉酒灌奠，而梁公在朝有醉色。今者渠成，而使後之君子臨流而觴詠，小人擊壤而謳歌，知我公之在朝端亦必有洋洋盈耳之聲，則袁與魏人之思將無同時。余以同門胡諱文衡授郡士，具以巔末，請余記，余誼不敢辭，得總其要略而爲之言，且以志私竊嚮往云。公諱芳春，號焕章，三韓人，登順治甲午鄉進士，歷宰沈邱、刺岢嵐，俱有循卓聲。

重疏宜陽宫渠記　胡希賢　臨汾進士

袁控豫章上游，居萬山之中，其山水奇秀甲江右。州治中聳春臺，瑰偉絶特，爲一郡大觀。出郭門以北，爲秀江橋，自橋而西北可五里，有化成巖、唐吕嵓祠、李衛公臺在焉。由秀江順流以東，越三百武，有盧洲，居河之洲，迴瀾障流，若砥柱然，唐狀元盧公肇讀書其上，因名地。距郭門以南不數里，有珠泉水，若湧珠而出，故額其亭曰"珠泉"，明司理徐公之孟之遺蹟也。夫之數者，凡今昔名人韻士，選勝探幽，輒登臨嘯詠焉，所稱"宜陽多游觀之美"謂此也。若乃利民之大，無若李公一渠。余攷郡乘，渠之流出於官陂，其水來自清瀝江，其發源自老山，迤邐曲折，過了山，析爲二派，其正爲沙陂，其支爲官陂。唐元和中，刺史李公守袁，時窮水源，相地勢，首鑿此渠，引水灌城，繚遶街巷，邦人利之，李渠之名，自此始也。蓋其由來遠矣。嗣是自唐而宋而明，歲久壅淤，修葺濬治，代不乏人，若王公懿、袁公延度、曹公訓、徐公璉其著也。其間疏導之功、經畫之勞，前《誌》記之詳矣。兵興以來，十餘年間，堙塞殆甚，民居蕩析，其僅存者，落落晨星，或曰此渠塞不通之所致也。然有復於當事者，雖知之，卒莫能議疏鑿也。今余十有五年，奉簡書出典是郡，下車之始，延見士夫，咨以利獘，僉謂"一郡之利，所當首議修復，莫有大於李渠"者，以固風水，以通氣脉，以弭火災，以溉民田，悉於是乎在。余曰"唯唯"。既而憚勞民傷財，徐以俟之。越明年，歲稔人和，由是訪於故老，謀諸僚友，躬履其地，鳩工庀事，循堰修決，溝之淺者浚之，隄之頹者理之，協力分治，殫心修築，兩閱月渠成，水流瀠洄，綿衍貫通。某月某日，大合樂，設水嬉，會賔佐僚屬，將校熊羆之士，以落之。於時，士民龢會，皷舞稱慶。既卒事，宜陽令張君請余爲文以記。余惟自古利民之爲，賢者之興而愚者之廢，廢而墜之恒易，興而復之恒難。然而，復其事，必由乎賢者。是役也，余與諸君，夫豈敢自謂能賢？顧紀其成蹟，刻於茲石，俾知是渠鄉者堙塞之久與今也修復之，自以附於王、徐諸君子之後。後有作者，嗣循其跡，得以防患而興利焉，豈與夫遊春臺化成諸勝紀、一時登臨嘯咏之適云爾哉！時順治十七年庚子季冬望日記。

重修李渠記　祠鄉　鄭心一漁帆

今上重農興學，詔復前經直省封疆大臣，莫不欽遵聖天子明訓，宣力恐後。時則大中丞程月川先生來撫江西，加意水利，以生民之本在農，農夫之命在水，檄守令興修渠塘。惟謹心一守袁州，州爲湖西上游，瀕於楚環郡，多山，其間水道源溯羅霄，而仰山之水，經清瀝江趨秀江，下新喻以合於貢水。而郡城雖負江，地勢則高，城西南負郭，良田二萬畝，遇旱即赤地，乃不得一滴之溉，農民苦之。城中雖穿井，亦往往病涸。於是唐刺史李公引清瀝江水爲渠，蓋千十五年來所仰賴至今者也。歷宋、元、明以及我本朝，凡十三修。自雍正戊申後，屢修屢塞，何其易廢而難修也。余來袁，閱兩寒暑，時攷志乘，知渠之始末。又幸今升廣信府知府劉公來佐郡，同訪渠源，相視經畫，禀大憲一委之宜春縣知縣程公，經年而渠工成。凡開千九百六十五丈，爲費七千餘鋌，視舊渠加拓，而善後益詳。又何難修而似易修也！夫今之視昔，猶後之視今。古人之勤求水利，動關民瘼。創事者圖其始，繼事者踵其成。即一渠，爲立章程，爲書歷修之守倅姓氏，咸諄諄不憚其煩。凡以事之相屬也，靡不有初，鮮克有終，舉必待人，功非易就耳。余之獲覩厥成也，邦人咸慶，以爲功不替於竇慶時，又何其幸也！既告成於大憲，余且將告疾，去邦之人，求記鑱於石。余何能記？余爲後之人求，不替於前人焉已耳。吾家鄭國間説秦，令鑿涇水爲渠；又趙中大夫白公復奏穿渠引涇水。所謂“鄭白之沃，衣食之源”者，今其在此渠乎？於以仰荅聖政，潤澤生民，庶幾農服先疇、士食舊德，或不覩此，故墟而忘其所典司也。始終其事者，爲邑貢生蕭元善、劉樹芸，例得並書。道光五年正月望日記。

沙陂橋記 羅允成懷谷

距城西三里許，有沙陂橋，出清瀝江上流，與官陂分派，正派爲沙陂，支派爲官陂。官陂水引入城，深濶可通舟，邦人利之，今所稱“李渠”是也。沙陂水北注秀江，勢頗洶湧，迨李渠湮而其流益大。舊有橋，名“廣惠”，自明迄國朝，屢修屢圮，往往醵金編木爲渡，經雨雪，不數年輒毁。地當孔道，斷岸朽板，如履春冰。國子生徐君汝亨，好義士也！尊甫明經鍾賢先生曾督汝亨捐數千金，創建下浦石橋，工成即屬事，此有《志》未逮而明經没。汝亨遵遺命，鳩工伐石，所費至萬餘金。橋分長、短兩折，首坐庚向甲，趾坐申向寅。起手爲大瓮者七、爲墩者八，濶二丈，袤三百餘尺，高一丈有六，東折爲隄，較長橋低三尺，濶殺六尺，袤十餘丈。自隄右折爲趾，小瓮

二、墩三，崇廣與隄等，袤五丈有奇。經始於嘉慶丁丑年五月，告竣於戊寅年十月。橋名不襲"廣惠"，即以"沙陂"稱，從其地也。時會郡伯隆公保齊秩滿將入都，而攝府篆譚公琴巖適來，兩大守偕方鎮托公率文武僚屬往落成，余亦與焉。時江流潺湲，官道一線，旌旆飛揚，車馬絡繹，父老鄉氓緣兩岸觀者不下萬人。兩太守咨嗟嘆賞，以爲此盛舉也，而顧余屬筆焉。余謂徒杠、輿梁，政治攸關，而汝亨以獨力任之，其補政治之遺，而勛有司之所不逮，宜太守之稱許不置也。郡之擁貲自豪有數倍於徐氏者矣，而徐君父子，獨急公赴義，如饑渴之於飲食，一之不足，至再至三。當下浦橋初竣，此舉尚未興工，會省垣改修號舍與豫章溝，散募各郡縣，鍾賢先生毅然囑汝亨貸千金賫局，局中諸君子高其義，嘖嘖稱頌。綜計先後建大小橋已數十處，此舉又經營浩費如是，汝亨之善成父志，可謂不遺餘力矣！余司鐸此邦，見聞既稔，今從長官後，攬山水之秀靈，紀郡邑之勝跡，深羨慕焉。獨惜李渠湮而官陂之水盡注沙陂，倘得好義如徐君者濬復李渠，實於郡縣大有裨益。水主文運，查唐自開渠後，盧易相繼，大魁在城在鄉，皆得其力。又引水入城，血脈宣通，主文人居官福壽至。沙陂之水分注官陂，則水勢漸殺，山溪暴漲，不至衝突，而橋愈加鞏固。渠之裨益於橋者，豈淺鮮哉？既以復兩太守，遂書遺徐君，俾鐫諸石，用志不朽。嘉慶二十四年己卯二月。

右記沙陂橋，即跨水源正派以通湖湘大路者。往時惟建木橋，渠既湮塞，所謂官陂支派之水均由此出，水勢洶涌，橋每多傾，此徐氏石橋所緣獨建也。記中及之頗詳，故特録出，亦以見渠之所關係者不僅農田，其於行旅亦資利濟也。

鄭公陂記　潘粢

蘆溪鎮在縣之東五十里，其地號爲沃壤者。二溪之水可陂以溉田，神陂其一也。陂居鎮之上流五六里，而其圳貫市中以出，流膏泛膩，盡注於田，故其所收，視他所常倍。歲在己丑，山水暴泛，陂圳盡圮，興作之費，民力難辦，遂荒茀不治者二十餘年，昔之所謂良田者，皆化爲茅葦之墟，民以困憊。宣和六載，三山鄭公强來宰是邑，適會朝廷巖水利之法，遵奉詔條，不敢自暇，首詢民間利病，而父老以陂事告。公曰："吾受天子百里之寄，所當憂者，孰急於此！吾敢憚役費之艱而使一邑之內有失所之民邪！"遂躬行相視，其堙塞者闢之，其傾頹者補之，鳩工度材，斂率不苛，勸督有方。民樂於赴功，斤斧交揮，畚築具舉。不三旬，而神陂崇成，圳路通流，一方之民再遂其業。逮公瓜期甫及，則禾黍雲屯，豚彘布野，家有餘粟，租税畢給，爲酒爲食，以御田神，以享祖考，相與醉飽，婦子嬉嬉，簫鼓之聲弗絶。於是一方樂公之德，永永無窮。予宦遊南荒，既歸里閭，有來告者曰："君去鄉里時，吾徒不免於饑。今得鄭公復神陂而濟矣。吾將何以報功楽？"曰："古之君子，潔已從仕，蓋將行斯道以濟斯民者也。今公興爾役，復爾陂，以濟爾豐，乃其道然也。汝烏乎而報之哉？雖然，汝之意則善。吾將因爾之意而廣之，以爲後來者之勸可也。昔韓患秦之伐，使鄭國爲閒，説秦鑿涇水灌關中之田，及渠成，關中爲沃野，且無凶年，因名曰'鄭國渠'。爲閒，其事至陋也。其爲利大，則尚能使聲稱流於千古之下。况公爲民父母，能爲爾興既廢之陂，以溉斥鹵之地乎？吾將名是陂曰'鄭公陂'，則公之遺愛有傳爾子孫，其無忘公之德而竭力修治公陂，使無敗壞，則爾於報公也得矣。審如是，則非特以報公，而爾世饘於斯，粥於斯，以享有斯利也，豈不美歟！"衆曰"唯"。宣和乙巳八月望日記。

右記鄭公陂，即宋萍鄉縣令鄭强所修之陂也。明時，强裔孫惇典作袁州府知府，亦修李渠，别有傳録。此記以見賢太守勤於民事，有所淵源也。

碑　記

新修龍王廟碑記　曹夢鶴

袁州西門外七里許，有龍王廟，踞李渠之上游，報功也。老[1]之古《誌》，建於李唐，遞修於本朝。雍正年間，官民祈晴雨，朔望致

---

[1] 老　似爲"考"之訛。

敬焉。自雍正時薄公浚渠後，渠廢而龍王廟之祀不廢。然修建年久，陊阤剥落，勢且不支，官民時用欽欽，而事難慮始，卒亦莫之舉也。甲申歲，李渠蕆事，都人士樂之。既又請於邑侯程公，曰：“渠成矣，惟龍王廟之弗飭，非所以肅觀瞻、妥神靈也。願重新之。”公曰“可”。爰諏日鳩工，撤舊材而從事焉。經始於是年九月，不踰時告成。基仍其舊，貫謀其新，以妥神。爲之正祠，以處祝。爲之寮，以息賔客。往來之士，爲之燕室。計共若干楹，凡厨、湢、厠、溷亦如之。而且丹碧之以焕其采，粉堊之以平其疥。地隆窊者夷之，階傾倚欲墮者甃之。朽者固，裂者堅。曶爽闇昧者，得耀乎光明。雖規模未甚鉅，麗已焕然改觀矣。余隨長官謁廟落成，見夫廟在渠之右，背山面水，清潭如鏡，爽塏窈静，誠神仙之窟宅也！稍左，石磴通人，横接溪流，萬斛斜注，爲渠之口。蓋渠水上接鯉溪，下注郡垣，而此爲之受。去龍王廟百步而近，如泰山之有配林、河之有惡池也。既而私飭於衆曰：“渠塞而廟舊，渠開而廟新。然則斯廟也，其與渠爲盛衰乎？諸君子其始終此渠計久遠，無墮前功，所謂成民而致力於神，斯神之所由妥也。”或曰：“不然。郡之祀龍王多矣，焄蒿肸蠁，豈沾沾此一渠哉？”雖然，神之靈猶水，掘地得水而曰水專在是，誠不足以言水；然必曰水不在是，亦非所以論水也。然則謂渠有神而神專在渠，誠不足以言神；謂神必不在乎此，又豈所以論神也哉？古者井有祀，坊有蜡。塞井而祀神，夷坊而索饗，吾未之聞。况渠之功不繼，廟之修亦不永。安知不久而頹敗如前所云云哉？諸君子勉之而已。既以諗之於衆，因以質於邑侯。侯曰：“善。是吾心也。盍記之於是？”退而叙其興功之日月及其創建之規模，慶膚功，昭神貺，著於篇，并系以辭，使工祝歌以祀。辭曰：“神之來兮，雲行雨施。神之御兮，此降依渠。長千丈兮，如神之逶迤。渠利萬畝兮，爲神所昭。鼇渠上兮，豚蹄。靈皇皇兮，鑒兹。願渠長通兮，鄭白之遺。爲民降福兮，焦且沃之。我民報祀兮，無窮期。自今永延兮，視此辭。”

渠田碑　程國觀

余既治渠之明年，方籌善後於邑人。士人或曰：“今且不贍，後於何恤？”然後之不恤，保無墜之不舉、廢之不興，渠不且復塞乎？有問前署崇義縣教諭胡公，來告曰：“渠慶成矣，吾且得爲吾兄聿昭伸其志矣。”余曰：“何也？”曰：“吾家世耕讀。吾祖安榮公生三子，吾父家槐生吾兄弟二人，伯父家梅生四子，叔父家杏亦二子。伯父子名器、聿昭、明軒、倬瞻。聿昭既不永於年，讀書明大義，瀕危握吾手謂伯父曰：‘兒必有後，與兒田，必以半濟人。’顧吾曰：‘謹記之。’至今不敢忘。然三房中只名器與吾有兩子，明軒子夭。倬瞻不禄，名器子繼倬瞻矣。繼聿昭應吾子，然有所嫌也。謀之族，慎選賢嗣，得以昭穆相當之培志繼焉。仍撥出坰源田三十畝，存以待捐。今渠慶成矣，不能無善後矣。捐於渠，渠不賴以濟乎？吾今而後乃得爲聿昭伸其志矣。”余聞之曰：“甚哉！子之不忘遺言也。爲擇賢者爲之後，爲撥貲田利於渠，爲述遺言成其志。一舉而三善備焉已，聿昭雖没而不没矣。昔陸務觀叙東陽陳氏之義莊也，曰：‘陳君自其先世勤勞節約，以致饒餘，而不敢私有之。’又曰：‘陳氏，布衣也，其貲産非能絶出一鄉之上，而義倡於鄉如此，以爲仁於朝，宦於四方，雖未必皆厚禄，然聞陳氏之風，不知媿且慕者，非人情也。’夫陳氏義莊贍一家，此三十畝贍二萬畝，利濟之大小，必有能辨之者。子能成聿昭之志，使後之人知聿昭，因以媿慕於聿昭。聿昭之名垂，子之德亦且不朽。”因詳具其田畝，刻於碑陰，并書其告語，以遺之司渠者。田與渠俱遠，而胡氏不且與渠俱遠也哉！胡公名雲登，字支洲云。

引

勸捐重修李渠引　程國觀

唐元和四年，袁州刺史李公鑿渠，自官陂口入西城，繚繞數千百丈，出東門，入秀江。既利民居，溉田畝，城中火患悉除。乃數年間，盧狀元遂發跡焉。又逾年，易公重相繼掄元。四邑科名鵲起，則關乎文風爲尤大。渠爲邦人利賴者何如乎！自淤塞以來，屢經修濬，今且漸失故道，障據莫尋。本縣下車以來，按《志》確訪，已得原委，現奉府憲諭令濬修。前已隨同軍憲履勘，且蒙撫憲示諭：凡有舊陂渠圳，一律興修。此其仁心仁政，大有造於我民居。本縣自當仰體憲意，實力奉行。兹擇九月廿七日親臨興工，委員監督，捐廉首倡，并集紳士捐銀，以資用費。惟工程浩大，不得不藉衆力成之。凡我袁州，同心盛舉，應慶源清流遠，共期霞蔚雲蒸，協力隨緣，普願樂助，拭目古渠並復，竚見文教蒸蒸日上，我居民亦共享樂利焉。現在新《志》告成，所有樂輸紳民名姓，悉與登載，垂芳不朽，無量福德，即具見於斯矣。其各勉旃。是爲引。

祭　告　文

告城隍開渠文

郡昔有渠，民資爲利。城外之農田二萬畝，城中之户宇幾千鱗。曲折沿洄，水泉通達。既經淤塞，當事濬疏。兹奉憲檄督修，用告神明昭佑。謹擇於九月二十七日吉時開工，畚鍤並興，鬫濘盡出。恐有觸患太歲，或多驚起蟄蟲。蛇蝮難防，夔兩莫避。仰仗神威所至，律令先驅。神之佑民，時宜降福。余爲衆倡，不憚勞煩。敬待成功，上酬靈貺。謹告。